清华大学土木工程系列教材

钢筋混凝土原理

第3版

过镇海 编著

清华大学出版社
北京

内 容 简 介

本书为《钢筋混凝土原理》一书的修订第 3 版,共 4 篇 20 章,主要内容有混凝土的基本力学性能,混凝土的多轴强度和本构关系,钢筋和混凝土的组合作用,基本构件的承载力、裂缝变形及其分析方法,结构的抗震、疲劳、抗爆、抗高温和耐久性等特殊受力性能。

书中详细介绍了混凝土材料的各种受力性能,并以此为基础和以试验为依据,深入地分析钢筋混凝土构件在各种受力状态下的性能变化规律、受力机理、计算原则和方法等,以展示钢筋混凝土作为一种组合结构材料的基本原理和分析方法。

本书可作为建筑、水利、交通、地下、海洋工程等结构工程类专业研究生的教材,也可用作高等学校本科的教学参考书,并供从事钢筋混凝土结构科学研究、设计和施工管理的技术人员参考。

图书在版编目(CIP)数据

钢筋混凝土原理/过镇海编著. —3 版. —北京:清华大学出版社,2013.4(2024.2重印)
(清华大学土木工程系列教材)
ISBN 978-7-302-30348-0

Ⅰ. ①钢… Ⅱ. ①过… Ⅲ. ①钢筋混凝土结构—高等学校—教材 Ⅳ. ①TU375

中国版本图书馆 CIP 数据核字(2012)第 240827 号

责任编辑:张占奎
封面设计:陈国熙
责任校对:刘玉霞
责任印制:沈　露

出版发行:清华大学出版社
　　　网　　　址:https://www.tup.com.cn,https://www.wqxuetang.com
　　　地　　　址:北京清华大学学研大厦 A 座　　　邮　　编:100084
　　　社 总 机:010-83470000　　　　　　　　　邮　　购:010-62786544
　　　投稿与读者服务:010-62776969,c-service@tup.tsinghua.edu.cn
　　　质量反馈:010-62772015,zhiliang@tup.tsinghua.edu.cn

印 装 者:三河市人民印务有限公司
经　　销:全国新华书店
开　　本:185mm×260mm　　印　张:28　　　　　字　　数:678 千字
版　　次:1999 年 8 月第 1 版　2013 年 4 月第 3 版　印　次:2024 年 2 月第10次印刷
定　　价:79.80 元

产品编号:044285-05

第 3 版前言

自从 20 世纪 80 年代初我国全面推行研究生学位制以来,清华大学曾为结构工程专业和相近专业的硕士研究生开设"钢筋混凝土结构理论"、"混凝土强度理论和本构关系"等课程[0-1~0-4]。经过多年的教学实践,教员数次更迭,课程的名称和教学大纲多有演变,教学内容的侧重点也有较大变化,至 1990 年已合并成为一门课程——"钢筋混凝土原理",并一直沿用至今。

为适应课程教学,作为教材的本书第 1 版[0-5]于 1999 年出版,是以作者多年讲授该课程的讲稿为基础编写的。2001 年底,北京市教育委员会开展"北京市高等教育精品教材建设",该书经评审,选定为教材建设立项项目。原书经过修订,并增补 2 章后,更名为《钢筋混凝土原理和分析》[0-6],于 2003 年出版,实为原书的第 2 版,合作编著者还有时旭东教授。

这两版教材发行至今,先后共印刷 10 次,近乎每年加印一次,表明每年都有新的读者群。且不时有高校教师、研究生和工程技术人员等通过多种途径来咨询或讨论书中的有关技术问题。似说明本书尚合新老读者所需,书中内容尚属可用。

本书第 3 版是前两版的修订本,保持了原书的编写体系和原则,主要修改的内容如下:

(1) 原书第 2 版的初次发行至今已有 8 年,最近 3 年正值结构工程各主要技术规范的新修订期。其中与本书内容密切相关的《混凝土结构设计规范》、《建筑抗震设计规范》等都有较多修改,又新增了《混凝土结构耐久性设计规范》、《纤维增强复合材料建设工程应用技术规范》等。这些规范中新增和修改的内容,多数属于设计工况、材料应用、构造措施、计算参数、限制条件等,涉及"原理"的极少。本来,归结为"原理"的就应该比较成熟和相对稳定,因此本书的主要内容并不受影响,只是对相关局部作出相应的修正。

(2) 第 2 版中曾增设了"第 15 章 构件分析的一般方法",主要介绍有限元分析方法在钢筋混凝土结构分析中的应用。据了解,采用此书作为教材的各高校,都已经开设有专门的有限元分析课程。与之相比,本章的内容既重复,又过于单薄,因此予以撤除。作为补偿,在第 10 章中增加了(其实是恢复了第 1 版中的)一节:"截面分析的一般方法"。

(3) 增设"分阶段制作和承载的构件"一章,介绍截面由不同材料组成,且存在先后应力史差的构件,在荷载作用下的特殊性能。涉及的主要构件有:具我国试验研究特色的叠合梁,以及工程中时遇的加固构件。

(4) 全书正文后添设了符号表,将本书中引用的主要符号和工程中的常用符号大体按各章节的内容和顺序分类列出,以便查对。

(5) 原书(第2版)的多次加印过程中,虽然经过勘误,但图文中仍遗留一些错误。这一次修订,又仔细阅读全文,改正错误,并对部分词句作了修改。经过上述各方面的修改,全书中约有半数页面上有不同程度的订正和改动。

(6) 书名恢复为《钢筋混凝土原理》(第3版)。

修订后的本书仍维持第2版的4篇20章。

第1篇在阐述混凝土材料的基本特点和受力破坏机理的基础上,比较详细地介绍了混凝土在基本受力状态下的强度和变形规律,以及多种因素的影响,并给出了多种结构混凝土的主要力学性能。还全面概括了混凝土在多轴应力状态下强度和变形的一般规律,简要介绍了混凝土的破坏准则和本构模型,为分析和设计二维和三维混凝土结构提供必要的依据。

第2篇首先介绍钢筋的基本力学性能,后着重分析和解决钢筋和混凝土共同作用的一些重要问题,包括相互粘结、共同受力、横向约束和变形差等。这是钢筋混凝土作为组合材料区别于单一结构材料的特殊问题。

第3篇给出钢筋混凝土基本受力构件(即压弯构件)的承载力、裂缝和变形,以及抗剪和抗扭构件等的一般性能规律、受力机理和分析方法等。还单设一章介绍分阶段制作和承载构件的特殊性能。

第4篇针对结构常遇的几种特殊受力状态,包括抗(地)震、疲劳、抗爆和抗高温等,介绍钢筋和混凝土的材料和基本构件的特殊性能反应及其分析方法。最后简要介绍混凝土结构耐久性失效的若干问题,及其机理分析和防治措施。

在高校结构工程类专业的本科学习期间,有关钢筋混凝土结构的课程中,一般先简要介绍钢筋和混凝土的材性,后以较大篇幅着重说明各种基本构件的性能、计算方法、设计和构造要求等,较多地遵循结构设计规范的体系和方法,以完成结构设计为主要目标。

本书和相应研究生课程是以研究和分析钢筋混凝土结构的性能及其一般规律,并以解决工程中出现的各种问题为目标。全书用很大篇幅系统地介绍主要材料——混凝土在单轴和多轴应力状态下,以及各种特殊条件下的强度和变形的一般规律,以此作为了解和分析构件性能的基础。在表述钢筋混凝土构件在各种工况受力条件下的性能时,强调以试验结果为依据,着重介绍其受力变形和破坏(或失效)的全过程、各种因素的影响、机理分析、重要技术指标的确定、计算原则和方法等。希望读者在阅读本书后,不仅能理解钢筋混凝土材料和构件受力性能的一般规律,还能对分析和解决钢筋混凝土结构工程问题的一般途径和合理方法有所了解。

本书除了作为结构工程类专业研究生教材之外,也可以用作本科生有关课程教学的参考书,以及从事钢筋混凝土结构的科研、设计和施工管理的技术人员作为研究、分析和处理工程问题之借鉴。

在本书完稿之时,作者特别感谢历年来在清华大学土木工程系工作的前辈教授们,他们严谨的治学精神和认真的工作态度为后人作出了榜样,他们在钢筋混凝土结构学科方面的教学经验和科研成果丰富了我的学识,在许多方面构成了本书的基础。作者还感谢多年来在研究工作中合作的同事们和研究生们,他们大力协作与辛勤劳动的研究成果充实、并不断地改进了本课程的内容。当然,本书的刊印和出版还有许多编辑和审校专家的努力,以及读者的关爱和支持,在此一并致谢。

限于作者的学术水平和分析表达能力,书中的错误或不足之处在所难免,敬请专家和读者批评指正。作者还真诚地欢迎与读者通过不同方式,就书中有关技术问题直接进行交流和讨论。

过镇海

2012 年 9 月于清华园

目 录

第1篇 混凝土的力学性能

第 2 篇 钢筋和混凝土的组合作用

第 3 篇　基本构件的承载力和变形

绪　　论

0.1　钢筋混凝土结构的发展和特点

自从世界上首次制成钢筋混凝土制品,并用于结构工程,至今略过百年。比起原始人类最早所用的土、木结构,文明史初期出现的砖石砌体结构,以及在工业革命后大量发展的钢结构等来说,钢筋混凝土结构是最年轻的结构工程成员。但是,它的性能和制作工艺不断地获得改善和提高,结构形式变化多样,应用范围逐渐地扩大。现今,在世界各国,特别是在我国,钢筋混凝土已成为结构工程中最为兴旺发达的一族。

目前,最广泛使用钢筋混凝土结构的工程领域有:

建筑工程——各类民用和公共建筑,单层和多层工业厂房,高层和大跨建筑,……;

桥梁和交通工程——板式、梁式、拱形和桁架式等上部结构,礅台和基础,护坡,公路路面,铁道轨枕,……;

水利和海港工程——大坝,水电站,港口和码头,海洋平台,蓄水池和输水管,渡槽,……;

地下工程——隧道,地下铁道,矿井和巷道,各类结构和重大设备的基础,沉井,沉箱,桩基等,以及军用防御工事,……;

特殊结构——电视塔,输电杆塔,栈桥,简仓,烟囱,机场跑道和停机坪等。甚至,钢筋混凝土已进入传统的钢结构独占的机械制造行业,占有一席之地,例如核反应堆的压力容器和安全壳、万吨级水压机、船舶、大型机床床身等。

钢筋混凝土结构的应用范围如此广泛,形式变化多样,其内在的必然性是钢筋和混凝土二者的材性互补,充分发挥各自的优越性。混凝土作为结构材料的主体,有着制作工艺简便、就地取材、价格低廉等显著优点;但是它的抗拉强度低,质脆易裂,只有加入适当形式和数量的钢筋后,才能提高结构的承载力和延性,保证其安全性和使用条件。同时,钢筋的一些缺点,如环境稳定性差,易腐蚀,不耐火等,当其埋入混凝土内后,受到保护而克服。钢筋和混凝土的有效组合形成了承载力强、整体性好、刚度大、抗腐蚀、耐火和适应性广的结构工程材料。

此外,混凝土材料无定形,只需制作和安装好模板,就能很容易地建造任何形体复杂、尺寸大小不一的结构而不受限制。钢筋混凝土结构既有大量不同形状的实心或空心截面的梁、板、柱等一维构件,又适合于平板、墙板、剪力墙、折板等二维板式结构,以及薄壳、厚壳和不规则的实体三维结构。

钢筋混凝土是由两种材料组合而成。它作为一种整体材料,又很容易通过不同构造方式与其他结构材料构成多种组合结构,如钢筋混凝土-型钢组合结构,钢筋混凝土-砖墙混合结构等,更扩大了它的适应性和应用范围,增加了结构方案的多样性。

由于钢筋混凝土结构应用日广,生产需求的巨大推动力促进了研究工作的全面开展,在结构材料、施工工艺、结构整体方案、构件性能、构造措施、计算理论和设计方法等方面都取得了丰富的成果和重大的进展。

针对混凝土材料的一些缺点,如自重大,抗裂性差,强度增长缓慢,施工季节受限制等,已经从材料选择、配制和养护工艺、配筋构造、施工管理、预加应力、改进计算方法等方面采取措施后予以解决或大大改善;

为了提高混凝土的材料性能和减轻结构重量,研制和应用了高强混凝土($>$C50)、多种轻质混凝土($\gamma=500\sim1\ 900\ \mathrm{kg/m^3}$)、纤维混凝土等,近年又发展了高性能混凝土;

改进和发展混凝土的制备工艺,混凝土内注入各种添加剂,以促使高强、早强,增加和易性、抗冻性,采用泵送混凝土、免振混凝土、喷射混凝土、耐热混凝土、耐酸混凝土等,以适应不同的施工和使用条件;

钢筋由低强钢发展为以中强和高强钢种为主,对低松弛钢和有防腐蚀涂层的钢筋使用日益增多,用高强和抗腐蚀的树脂或碳素纤维(筋)取代钢筋的研究已取得成功;

混凝土在简单受力和多轴应力状态下的性能,及其破坏准则和本构关系的研究已有很大进展,混凝土在荷载反复作用、高速加载、荷载长期持续,或高温状态下的强度和变形试验资料已经较多;

钢筋和混凝土之间的粘结性能,包括受力机理、强度和滑移的特征值、τ-S 曲线的形状和计算模型等,经过多年的试验和理论研究已有较深的认识,工程中关心的钢筋锚固问题也有了比较稳妥的构造措施;

各种钢筋混凝土的梁、柱基本构件在静载、动载和拟动力荷载作用下的性能,是历来研究工作的重点,大部分都有明确的结论和成熟的计算方法,在灾难(如地震、爆炸、火灾等)情况下各种构件的力学反应,也有较多的试验和理论研究成果;

结构的设计原则和计算理论,初期是从钢结构移植过来的"弹性分析-允许应力"法,发展为单一安全系数的极限承载力法,以至现在基于概率统计可靠度分析的极限状态设计法;结构的内力计算,由最简单的古典弹性分析法,发展为考虑塑性变形的极限平衡法,以至进行结构受力非线性全过程分析。有限元分析方法和计算机技术的结合,为复杂结构的准确分析提供了强力的有效手段,在实际工程中已日益普及。

试验方法的进步和设备、仪器的高技术化,提高了结构试验与检测的能力和精度,能更好地模拟结构的各种环境和受力条件,获取更多、更精细的信息和数据,有助于更深入地理解结构的性能反应,并探索新的物理现象和规律。

所有这些研究成果,加深了对钢筋混凝土的材料和结构性能的规律性认识,提高了结构设计和施工的技术水平,促进了钢筋混凝土结构的发展。今后,随着建设事业的发展,钢筋混凝土结构必有更广阔的前景。

0.2 本课程的特点

《钢筋混凝土原理》是为结构工程和相近学科的研究生所开课程的专用教材。他们在本科期间已经学习过钢筋混凝土基本构件和结构设计等课程,对于钢筋混凝土的特点和设计方法已有所了解。本课程是研究和设计钢筋混凝土结构的主要理论基础和试验依据,其内容和作用如同匀质线弹性结构的"材料力学"。但是钢筋混凝土是由非线性的、且拉压强度相差悬殊的混凝土和钢筋组合而成,受力性能复杂多变,因而课程的内容更为丰富。

钢筋混凝土结构作为结构工程的一个学科分支,必定服从结构工程学科的一般规律:从工程实践中提出要求或问题,通过调查统计、试验研究、理论分析、计算对比等多种手段予以解决。总结其一般变化规律,揭示作用机理,建立物理模型和数学表达,确定计算方法和构造措施,再回到工程实践中进行验证,并加以改进和补充。一般需经过实践—研究—实践的多次反复,渐臻完善,最终为工程服务。

钢筋混凝土既然是由性质迥异的两种材料组合而成,必定具有区别于单一材料结构(如钢结构、木结构等)的特殊性。所以,钢筋混凝土的性能不仅依赖于两种材料本身的性质,还在更大程度上取决于二者的相互关系和配合,例如:

不同的配筋方式——纵向或横向配筋,集中或分散配筋,超量或少量配筋,自然配筋或预加应力,……

材性指标的相对值——强度比,面积比或体积比,弹性模量比,特征应变比,温度、收缩和徐变的变形差,……

因此,钢筋混凝土的承载力和变形性能的变化幅度很大。有时甚至可以按照所规定的性能指标设计专门的钢筋混凝土,合理选用材料和配筋构造,以满足具体工程的特定要求。

众所周知,混凝土是非匀质的、非线性的人工混合材料,力学性能复杂,且随时间而变化,性能指标的离散性又大;而钢筋和混凝土的配合又呈多样性,更使得钢筋混凝土的性能十分复杂多变。至今,钢筋混凝土构件在不同受力状态和环境条件下的性能反应已有较多的试验和理论研究成果,建立了相应的计算方法和构造措施,可以解决工程问题。但是,还缺乏一个完善的、统一的理论方法来概括和解决普遍的工程问题。

考虑到混凝土材性和钢筋混凝土构件性能的这些特点,撰写本书时遵循如下原则:

(1) 立足于试验依据

混凝土材料的力学性能指标和钢筋混凝土构件的性能反应,一般只能在精细的试验中确定。根据一定数量的试验数据,研究其变化规律,并通过机理和统计分析,总结成理性认识,建立物理和数学模型加以描述,最终还用试验或工程实践加以验证。这也是研究和解决钢筋混凝土结构问题的一般方法。

（2）宏观的力学反应

结构混凝土中的应力、变形和裂缝的微观力学分析，因为混凝土材料的非均匀微构造、局部缺陷和离散性大而极难获得精确的计算结果。本书讨论的钢筋混凝土材性和构件性能都是指一定尺度范围（约$\geqslant$70 mm 或 3～4 倍粗骨料粒径）内的平均值，在结构工程中应用有足够的精度。

（3）受力性能的规律和机理分析

混凝土材料和构件在不同受力状态和环境条件下的性能反应，受到多种因素的影响而变化，其变形过程、破坏形态和极限承载力等都有一定的规律性。本书希望通过机理分析，寻求结构受力特性的内在本质，这是相对稳定且更重要的。而具体的计算方法和公式，将因数据的积累或增删而改变形式和参数。

（4）实际的力学性能和指标

书中给出的混凝土材性和构件性能的试验结果，以及计算公式的理论值等，一般都是指试验实测值或平均值，可以直接用于验算结构的实际承载力和变形。这些数值与结构设计中考虑必要的安全度后的设计值有一系统差别，转用时需作相应的折算。

（5）反映国内外最新研究成果

钢筋混凝土材料和结构不断发展，工程中积累了新的经验并提出了新的课题，相关的试验和理论研究日新月异，成果累累。本书在保留相对稳定的基本概念和分析方法的基础上，注意吸收和反映最新研究成果和不同的学术观点、方法。

此外，本书侧重于为钢筋混凝土结构的研究和分析服务，一般不对配筋构造等具体细节作出规定和限制，也不涉及设计规范的条款要求。在处理实际工程问题时，请参阅有关文献和资料。

第 1 篇　混凝土的力学性能

　　混凝土是一种以水硬性的水泥为主要胶结材料,以各种矿物成分的粗细骨料为基体拌和而成的人工混合材料。它是钢筋混凝土的主体,容纳和围护各种构造的钢筋,成为合理的组合性结构材料。因而钢筋混凝土结构(构件)的力学反应,在很大程度上取决于混凝土的材料性能,及其对钢筋的支撑和约束作用。

　　混凝土的强度和变形性能显著地区别于其他单一性结构材料,如工业冶炼而成的钢材、天然生成的木材等。混凝土的拉压强度(变形)相差悬殊,质脆变形小,性能随时间和环境因素的变异大。此外,由于混凝土主要材料的地方化、配制的质量和性能的稳定性受制于施工单位的技术和管理水平,使混凝土的各项性能指标都有较大的离散度。

　　本篇介绍混凝土材料的一般特性和破坏机理,在基本应力状态(压、拉、剪)下的强度和变形性能,在主要因素影响下的性能变化规律,以及在多轴应力状态下的强度和本构关系等。这些都是了解和分析以下各篇中钢筋混凝土及其构件的各种性能的基础。

　　本书中讨论的混凝土,一般指用硅酸盐水泥和天然粗细骨料配制的普通混凝土,其密度为 2 200~2 400 kg/m^3,强度等级为 C20~C50。第 3 章中则介绍其他几种常见的结构混凝土,及它们的主要力学性能特点。

基本力学性能

在钢筋混凝土结构工程中，混凝土的实际应力状态千变万化，因而有不等的强度和变形值。显然，最简单也是最基本的应力状态是均匀的单轴受压和单轴受拉。工程中最大量存在的梁、板、柱等简单构件，虽然其中的混凝土并不处于理想的单轴受压或受拉应力状态，但按此计算仍能满足工程精度的要求。

混凝土在单轴受压和受拉状态下的强度和变形性质，最清楚地显示了它区别于其他结构材料(如钢、木、砖石等)的力学性能特点。它们作为混凝土力学性能的最重要指标，既是确定混凝土强度等级的唯一依据，又是决定其他重要性能特征和指标，如弹性模量、峰值应变、破坏特征、延性指数、多轴强度和变形等的最主要因素[1-1]。

1.1 材料组成和材性特点

混凝土是以水泥为主要胶结材料，拌和一定比例的砂、石和水，有时还加入少量的各种添加剂，经过搅拌、注模、振捣、养护等工序后，逐渐凝固硬化而成的人工混合材料。各组成材料的成分、性质和相互比例，以及制备和硬化过程中的各种条件和环境因素，都对混凝土的力学性能有不同程度的影响。所以，混凝土比其他单一性结构材料(如钢、木等)具有更为复杂多变的力学性能。

1.1.1 材料的组成和内部构造

已有的试验研究结果表明，混凝土力学性能复杂多变的根本原因在于：它是一种非匀质、不等向的，且随时间和环境条件而变化的多相混合材料。

从混凝土结构中锯切出一块混凝土，肉眼就可以看出混凝土内部的非匀质构造(图 1-1)，其主要组成成分有固体颗粒、硬化的水泥砂浆及气孔和缝隙。

(1) 固体颗粒

具有不同颜色、尺寸、形状和矿物成分的粗骨料，未水化的水泥团和混入的各种杂质，如砖块、木片等。它们随机地分布在混凝土内部，占据了体积的绝大部分。

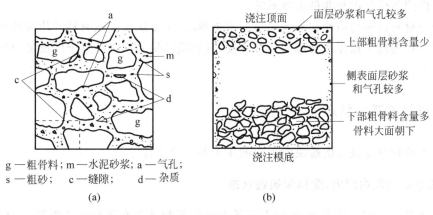

g —粗骨料;m—水泥砂浆;a —气孔;
s —粗砂;　　c —缝隙;　　d— 杂质

(a)　　　　　　　　　(b)

图 1-1　混凝土组成材料的不均匀分布

（2）硬化的水泥砂浆

大部分细骨料（砂）和水泥、水一起混合,搅拌均匀后构成的水泥砂浆填充在固体颗粒之间,或称包围在固体颗粒的周围,凝固后成为不规则、不均匀的条带状或网状结构。

（3）气孔和缝隙

在搅拌和浇注过程中混入混凝土的少量空气,经振捣后仍有部分残留在砂浆内部,约成圆孔状。多数气孔位于构件的表层和较大的石子或钢筋的下方。在混凝土的凝固过程中,由于水分蒸发和水泥砂浆干缩变形等原因,使粗骨料和砂浆的界面上以及砂浆的内部形成不规则的细长缝隙。混凝土的孔结构详见20.1.3节。

混凝土的两个基本构成部分,即粗骨料和水泥砂浆的随机分布,以及两者的物理和力学性能的差异（表 1-1）是其非匀质、不等向性质的根本原因。

表 1-1　粗骨料和水泥砂浆的物理力学性能指标的典型值[1-2]

性能指标	抗压强度 /(N · mm^{-2})	抗拉强度 /(N · mm^{-2})	弹性模量 /(10^4N · mm^{-2})	泊松比	密度 /(kg · m^{-3})	极限收缩 /10^{-6}	单位徐变 /($10^{-6}\times$N · mm^{-2})	膨胀系数 /(10^{-6}/℃)
硬化水泥砂浆	15～150	1.4～7	0.7～2.8	0.25	1 700～2 200	2 000～3 000	150～450	12～20
粗骨料	70～350	1.4～14	3.5～7.0	0.1～0.25	2 500～2 700	一般可忽略	一般可忽略	6～12

此外,还有一些施工和环境因素引起混凝土的非匀质性和不等向性。例如浇注和振捣过程中,比重和颗粒较大的骨料沉入构件的底部,而比重小的骨料和流动性大的水泥砂浆、气泡等上浮;靠近构件模板侧面和表面的混凝土表层内,水泥砂浆和气孔含量比内部的多;体积较大的结构,内部和表层的失水速率和含水量不等,内外温度差形成的微裂缝状况也有差别;建造大型结构时,常需留出水平的或其他形状的施工缝;等等。

当混凝土承受不同方向（即平行、垂直或倾斜于混凝土的浇注方向）的应力时,其强度和变形值有所不同。例如对混凝土立方体试件,标准试验方法规定沿垂直浇注方向加载以测定抗压强度,其值略低于沿平行浇注方向加载的数值。再如,竖向浇注的混凝土柱,截面上混凝土性质对称,而沿柱高两端的性质有别;卧位浇注的混凝土柱,情况恰好相反。这两种柱在轴力作用下的强度和变形也将不等。

混凝土材料的非匀质性和不等向性的严重程度,主要取决于原材料的均匀性和稳定性,以及制作过程的施工操作和管理的精细程度,其直接结果是影响混凝土的质量(材性的指标和离散度)。

1.1.2   材性的基本特点

混凝土的材料组成和构造决定了它的 4 个基本受力特点。

1. 复杂的微观内应力、变形和裂缝状态

将一块混凝土按比例放大,可以看做是由粗骨料和硬化水泥砂浆等两种主要材料构成的不规则的三维实体结构,且具有非匀质、非线性和不连续的性质。混凝土在承受荷载(应力)之前,就已经存在复杂的微观应力、应变和裂缝,受力后更有剧烈的变化。

在混凝土的凝固过程中,水泥的水化作用在表面形成凝胶体,水泥浆逐渐变稠、硬化,并和粗细骨料粘结成一整体。在此过程中,水泥浆失水收缩变形远大于粗骨料(表 1-1)。此收缩变形差使粗骨料受压、砂浆受拉,应力分布见图 1-2(a)。这些应力场在截面上的合力为零,但局部应力可能很大,以至在骨料界面产生微裂缝[1-3]。

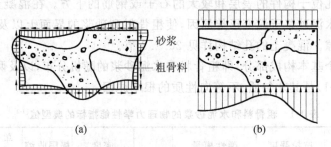

图 1-2   微观的内应力分布
(a) 收缩和温度差引起;(b) 均匀应力作用下

粗骨料和水泥砂浆的热工性能(如线膨胀系数,见表 1-1)有差别。当混凝土中水泥产生水化热或环境温度变化时,两者的温度变形差受到相互约束而形成温度应力场。更因为混凝土是热惰性材料,温度梯度大(见第 19 章)而加重了温度应力。

当混凝土承受外力作用时,即使作用的应力完全均匀,混凝土内也将产生不均匀的空间微观应力场(图 1-2(b)),取决于粗骨料和水泥砂浆的面(体)积比、形状、排列和弹性模量值,以及界面的接触条件等。在应力的长期作用下,水泥砂浆和粗骨料的徐变差(表 1-1)使混凝土内部发生应力重分布,粗骨料将承受更大的压应力。

混凝土内部有不可避免的初始气孔和缝隙,其尖端附近因收缩、温度变化或应力作用都会形成局部应力集中区,其应力分布更复杂,应力值更高。

所有这些都说明,从微观上分析混凝土,必然是一个非常复杂的、随机分布的三维应力(应变)状态,对于混凝土的宏观力学性能,如开裂、裂缝开展、变形、极限强度和破坏形态等都有重大影响。

2. 变形的多元组成

混凝土在承受应力作用或环境条件改变时都将发生相应的变形。从混凝土的组成和构造特点分析,其变形值由 3 部分组成。

(1) 骨料的弹性变形

占混凝土体积绝大部分的石子和砂,本身的强度和弹性模量值均比其组成的混凝土高出许多(表 1-1)。即使混凝土达到极限强度值时,骨料并不破碎,变形仍在弹性范围以内,即变形与应力成正比,卸载后变形可全部恢复,不留残余变形(图 1-3(a))。

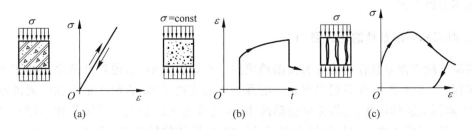

图 1-3　混凝土变形的组成部分

(a) 骨料弹性变形;(b) 水泥砂浆变形;(c) 裂缝扩张

(2) 水泥凝胶体的黏性流动

水泥经水化作用后生成的凝胶体,在应力作用下除了即时产生的变形外,还将随时间的延续而发生缓慢的黏性流(移)动,混凝土的变形不断地增长,形成塑性变形(图 1-3(b))。当卸载(应力)后,这部分变形一般不能恢复,出现残余变形。

(3) 裂缝的形成和扩展

在拉应力作用下,混凝土沿应力的垂直方向发生裂缝。裂缝存在于粗骨料的界面和砂浆的内部,裂缝的不断形成和扩展,使拉变形很快增长。在压应力作用下,混凝土大致沿应力平行方向发生纵向劈裂裂缝,穿过粗骨料界面和砂浆内部。这些裂缝的增多、延伸和扩展,将混凝土分成多个小柱体(图 1-4),纵向变形增大。在应力的下降过程中,变形仍继续增长;卸载后大部分变形不能恢复(图 1-3(c))。

后两部分变形成分,不与混凝土的应力成比例变化,且卸载后大部分不能恢复,一般统称为塑性变形。

不同原材料和组成的混凝土,在不同的应力水平下,这三部分变形所占比例有很大变化。当混凝土的应力较低时,骨料的弹性变形占主要部分,总变形很小;随着应力的增大,水泥凝胶体的黏性流动变形逐渐加速增长;接近混凝土极限强度时,裂缝的变形才明显显露,但其数量级大,很快就超过其他变形成分。在应力峰值之后,随着应力的下降,骨料弹性变形开始恢复,凝胶体的流动减小,而裂缝的变形却继续加大。

3. 应力状态和途径对力学性能的巨大影响

混凝土的单轴抗拉和抗压强度的比值约为 1∶10,相应的峰值应变之比约为 1∶20,都相差一个数量级。两者的破坏形态也有根本区别(见 1.4 节)。这与钢、木等结构材料的拉、压强度和变形接近相等的情况有明显不同。

正是这种在基本受力状态下的力学性能的巨大差别,使得混凝土在不同应力状态下的多轴强度、变形和破坏形态等有很大的变化范围(第 4 章);存在横向和纵向应力(变)梯度的情况下,混凝土的强度和变形值又将变化(见 2.2 节);荷载(应力)的重复加卸和反复作用下,混凝土将产生程度不等的变形滞后、刚度退化和残余变形等现象(见 2.1 节);多轴应力的不同作用途径,改变了微裂缝的发展状况和相互约束条件,混凝土出现不同的力学性能反应(见 4.2.3 节)。

混凝土因应力状态和途径的不同而引起力学性能的巨大差异,当然是其材料特性和内部微结构所决定的。材性的差异足以对构件和结构的力学性能造成重大影响,在实际工程中不能不加以重视。

4. 时间和环境条件的巨大影响

混凝土随水泥水化作用的发展而渐趋成熟。有试验表明,水泥颗粒的水化作用由表及里逐渐深入,至龄期 20 年后仍未终止。混凝土成熟度的增加,表示了水泥和骨料的粘结强度增大,水泥凝胶体稠化,黏性流动变形减小,因而混凝土的极限强度和弹性模量值都逐渐提高。但是,混凝土在应力的持续作用下,因水泥凝胶体的黏性流动和内部微裂缝的开展而产生的徐变与时俱增,使混凝土材料和构件的变形加大,长期强度降低。

混凝土周围的环境条件既影响其成熟度的发展过程,又与混凝土材料发生物理的和化学的作用,对其性能产生有利的或不利的影响。环境温度和湿度的变化,在混凝土内部形成变化的不均匀的温度场和湿度场,影响水泥水化作用的速度和水分的散发速度,产生相应的应力场和变形场,促使内部微裂缝的发展,甚至形成表面宏观裂缝。环境介质中的二氧化碳气体与水泥的化学成分作用,在混凝土表面附近形成一碳化层,且逐渐增厚;介质中的氯离子对水泥(和钢筋)的腐蚀作用降低了混凝土结构的耐久性(详见第 20 章)。

混凝土的这些材性特点,决定了其力学性能的复杂、多变和离散,还由于混凝土原材料的性质和组成的差别很大,完全从微观的定量分析来解决混凝土的性能问题,得到准确而实用的结果是十分困难的。

另一方面,从结构工程的观点出发,将一定尺度,例如 ≥70 mm 或 3~4 倍粗骨料粒径的混凝土体积作为单元,看成是连续的、匀质的和等向的材料,取其平均的强度、变形值和宏观的破坏形态等作为研究的标准,可以有相对稳定的力学性能。并且用同样尺度的标准试件测定各项性能指标,经过总结、统计和分析后建立的破坏(强度)准则和本构关系,在实际工程中应用就具有足够的准确性。

尽管如此,了解和掌握混凝土的这些材性特点,对于深入理解和应用混凝土的各种力学性能和结构构件的力学反应至关重要,有助于以后各章内容的学习。

1.1.3　受力破坏的一般机理

混凝土材性的复杂程度已如上述,在不同的应力状态下发生的破坏过程和形态(4.3节)差别显著。混凝土在结构中主要用作受压材料,最简单的单轴受压状态下的破坏过程最有代表性。详细地了解其破坏过程和机理对于理解混凝土的材性本质,解释结构和构件的各种损伤和破坏现象,以及采取措施改进和提高混凝土质量和结构性能等都有重要意义。

混凝土一直被认为是"脆性"材料,无论是受压还是受拉状态,它的破坏过程都短暂、急骤,肉眼不可能仔细地观察到其内部的破坏过程。现代科学技术的高度发展,为材料和结构试验提供了先进的加载和量测手段。现在已经可以比较容易地获得混凝土受压和受拉的应力-应变全曲线(1.3节、1.4节),还可采用超声波检测仪、X光摄影仪、电子显微镜等多种精密测试仪器,对混凝土的微观构造在受力过程中的变化情况加以详尽的研究[1-4]。

一些试验观测[1-5,1-6]证明,结构混凝土在承受荷载或外应力之前,内部就已经存在少量分散的微裂缝,其宽度一般为$(2\sim5)\times10^{-3}$ mm,最大长度达 $1\sim2$ mm。前面已说明,其主要原因是在混凝土的凝固过程中,粗骨料和水泥砂浆的收缩差和不均匀温湿度场所产生的微观应力场。由于水泥砂浆和粗骨料表面的粘结强度只及该砂浆抗拉强度的 35%~65%[1-7,1-8],而粗骨料本身的抗拉强度远超过水泥砂浆的强度,故当混凝土内微观拉应力较大时,首先在粗骨料的界面出现微裂缝,称界面粘结裂缝。

混凝土受力之后直到破坏,其内部微裂缝的发展过程也可在试验过程中清楚地观察到,图1-4就是一组试件在不同荷载阶段时的观测结果。该试验采用方形板式试件(127 mm×127 mm×12.7 mm),既接近理想的平面应力状态,又便于在加载过程中直接获得裂缝的X光信息。试件用两种材料制作。理想试件用3种不同直径的圆形骨料(厚12.7 mm)随机地埋入水泥砂浆(图1-4),另一种为真实混凝土试件。两种试件的受力过程和观测结果相同,前者更具典型性。

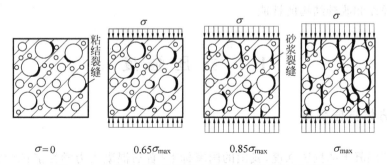

图 1-4　用 X 光观测的混凝土单轴受压的裂缝过程[1-6]

试验证实了混凝土在受力前就存在初始微裂缝,都出现在较大粗骨料的界面。开始受力后直到极限荷载(σ_{max}),混凝土内的微裂缝逐渐增多和扩展,可以分作3个阶段:

1. 微裂缝相对稳定期($\sigma/\sigma_{max}<0.3\sim0.5$)

这时混凝土的压应力较小,虽然有些微裂缝的尖端因应力集中而沿界面略有发展,也有些微裂缝和间隙因受压而有些闭合,对混凝土的宏观变形性能无明显变化。即使荷载的多次重复作用或者持续较长时间,微裂缝也不致有大发展,残余变形很小。

2. 稳定裂缝[1-9]发展期($\sigma/\sigma_{max}<0.75\sim0.9$)

混凝土的应力增大后,原有的粗骨料界面裂缝逐渐延伸和增宽,其他骨料界面又出现新的粘结裂缝。一些界面裂缝的伸展,渐次地进入水泥砂浆,或者水泥砂浆中原有缝隙处的应力集力将砂浆拉断,产生少量微裂缝。这一阶段,混凝土内微裂缝发展较多,变形增长较大。

但是,当荷载不再增大,微裂缝的发展亦将停滞,裂缝形态保持基本稳定。故荷载长期作用下,混凝土的变形将增大,但不会提前过早破坏。

3. 不稳定裂缝[1-9]发展期($\sigma/\sigma_{max} > 0.75 \sim 0.9$)

混凝土在更高的应力作用下,粗骨料的界面裂缝突然加宽和延伸,大量地进入水泥砂浆;水泥砂浆中的已有裂缝也加快发展,并和相邻的粗骨料界面裂缝相连。这些裂缝逐个连通,构成大致平行于压应力方向的连续裂缝,或称纵向劈裂裂缝。若混凝土中部分粗骨料的强度较低,或有节理和缺陷,也可能在高应力下发生骨料劈裂。这一阶段的应力增量不大,而裂缝发展迅速,变形增长大。即使应力维持常值,裂缝仍将继续发展,不再能保持稳定状态。纵向的通缝将试件分隔成数个小柱体,承载力下降而导致混凝土的最终破坏。

从对混凝土受压过程的微观现象的分析,其破坏机理可以概括为:首先是水泥砂浆沿粗骨料的界面和砂浆内部形成微裂缝;应力增大后这些微裂缝逐渐地延伸和扩展,并连通成为宏观裂缝;砂浆的损伤不断积累,切断了和骨料的联系,混凝土的整体性遭受破坏而逐渐地丧失承载力。混凝土在其他应力状态,如受拉和多轴应力状态下的破坏过程也与此相似,详见以下各章。

混凝土的强度远低于粗骨料本身的强度(表 1-1),当混凝土破坏后,其中的粗骨料一般无破损的迹象,裂缝和破碎都发生在水泥砂浆内部。所以,混凝土的强度和变形性能在很大程度上取决于水泥砂浆的质量和密实性。任何改进和提高水泥砂浆质量的措施都能较多地提高混凝土强度和改善结构的性能。

1.2 抗 压 强 度

1.2.1 立方体抗压强度

为了确定混凝土的抗压强度,我国的国家标准《普通混凝土力学性能试验方法》(GB/T 50081—2002)[1-10]中规定:标准试件取为边长 150 mm 的立方体,用钢模成型,经浇注、振捣密实后静置一昼夜,试件拆模后放入标准养护室((20±3)℃,相对湿度>90%);28 天龄期后取出试件,擦干表面水,置于试验机内,沿浇注的垂直方向施加压力,以每秒 0.3 ~ 0.5 N/mm² 的速度连续加载直至试件破坏。试件的破坏荷载除以承压面积,即为混凝土的标准立方体抗压强度(f_{cu},N/mm²)。

试验机通过钢垫板对试件施加压力。由于垫板的刚度有限,以及试件内部和表层的受力状态和材料性能有差别,致使试件承压面上的竖向压应力分布不均匀(图 1-5(a))。同时,钢垫板和试件混凝土的弹性模量(E_s,E_c)和泊松比(ν_s,ν_c)值不等,在相同应力(σ)作用下的横向应变不等($\nu_s\sigma/E_s < \nu_c\sigma/E_c$)。故垫板约束了试件的横向变形,在试件的承压面上作用着水平摩擦力(图 1-5(b))。

试件在承压面上这些竖向和水平力作用下,其内部必产生不均匀的三维应力场:垂直中轴线上各点为明显的三轴受压,四条垂直棱边接近单轴受压,承压面的水平周边为二轴受压,竖向表面上各点为二轴受压或二轴压/拉,内部各点则为三轴受压或三轴压/拉应力状态

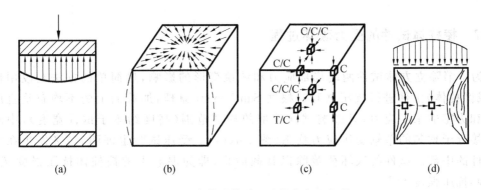

图 1-5　立方体试件受压后的应力和变形

(a) 承压面压应力分布；(b) 横向变形和端面约束；(c) 各点应力状态；(d) 破坏形态

(图 1-5(c))。注意这里还是将试件看做是等向的匀质材料,若计及混凝土组成和材性的随机分布,试件的应力状态将更复杂,且不对称。

试件加载后,竖向发生压缩变形,水平向为伸长变形。试件的上、下端因受加载垫板的约束而横向变形小,中部的横向膨胀变形最大(图 1-5(b))。随着荷载或者试件应力的增大,试件的变形逐渐加快增长。试件接近破坏前,首先在试件高度的中央、靠近侧表面的位置上出现竖向裂缝,然后往上和往下延伸,逐渐转向试件的角部,形成正倒相连的八字形裂缝(图 1-5(d))。继续增加荷载,新的八字形缝由表层向内部扩展,中部混凝土向外鼓胀,开始剥落,最终成为正倒相接的四角锥破坏形态。

当采用的试件形状和尺寸不同时,如边长 100 mm 或 200 mm 的立方体,$H/D=2$ 的圆柱体[1],混凝土的破坏过程和形态虽然相同,但得到的抗压强度值因试件受力条件不同和尺寸效应而有所差别。对比试验给出的不同试件抗压强度的换算关系如表 1-2。

表 1-2　不同形状和尺寸试件的混凝土抗压强度相对值

混凝土试件	立方体[1-10]			圆柱体($H=300$ mm, $D=150$ mm)[1-12]				
	边长/mm			强度等级				
	200	150	100	C20~C40	C50	C60	C70	C80
抗压强度相对值	0.95	1	1.05	0.80	0.83	0.86	0.875	0.89

混凝土立方试件的应力和变形状况,以及其破坏过程和破坏形态均表明,标准试验方法并未在试件中建立起均匀的单轴受压应力状态,由此测定的也不是理想的混凝土单轴抗压强度。当然,它更不能代表实际结构中应力状态和环境条件变化很大的混凝土真实抗压强度。

尽管如此,混凝土的标准立方体抗压强度仍是确定混凝土的强度等级、评定和比较混凝土的强度和制作质量的最主要的相对指标,又是判定和计算其他力学性能指标的基础,因而有着重要的技术意义。

---

① 有些国家(如美国[1-11]、日本)和国际学术组织(如 CEB-FIP[1-12])规定以圆柱体为标准抗压试件,高 $H=300$ mm(12 吋)、直径 $D=150$ mm(6 吋)。测定的强度称圆柱体抗压强度,以 f'_c,N/mm² 表示。

1.2.2 棱柱体试件的受力破坏过程

为了消除立方体试件两端局部应力和约束变形的影响,最简单的办法是改用棱柱体(或圆柱体)试件进行抗压试验。根据 San Vinent 原理,加载面上的不均布垂直应力和总和为零的水平应力,只影响试件端部的局部范围(高度约等于试件宽度),中间部分已接近于均匀的单轴受压应力状态(图 1-6(a))。受压试验也证明,破坏发生在棱柱体试件的中部。试件的破坏荷载除以其截面积,即为混凝土的棱柱体抗压强度 f_c,或称轴心抗压强度[1-1,1-10]。

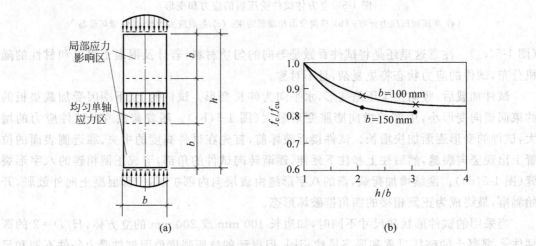

图 1-6 棱柱体抗压试验

(a) 试件的应力区;(b) 试件高厚比的影响

试验结果表明,混凝土的棱柱体抗压强度随试件高厚比(h/b)的增大而单调下降,但 $h/b \geqslant 2$ 后,强度值已变化不大(图 1-6(b))。故标准试件的尺寸取为 150 mm×150 mm×300 mm,试件的制作、养护、加载龄期和试验方法都与立方体试件的标准试验相同。

在混凝土棱柱体试件的受压试验过程中量测试件的纵向和横向应变($\varepsilon, \varepsilon'$),就可以绘制受压应力-应变($\sigma$-$\varepsilon$)全曲线,割线或切线泊松比($\nu_s = \varepsilon'/\varepsilon, \nu_t = \mathrm{d}\varepsilon'/\mathrm{d}\varepsilon$)和体积应变($\varepsilon_v \approx \varepsilon - 2\varepsilon'$)曲线,其典型的变化规律如图 1-7。试验过程中还可以仔细地观察到试件的表面宏观裂缝的出现和发展过程,以及最终的破坏形态。

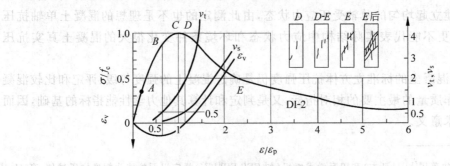

图 1-7 混凝土的受压变形和破坏过程[1-13]

试件刚开始加载时应力较小($\sigma < 0.4 f_c$,图1-7中的A点),应变近似按比例增长。继续加大应力,混凝土的塑性变形和微裂缝稍有发展,应变逐渐加速增长,曲线的斜率渐减。此时,混凝土的泊松比$\nu_s = 0.16 \sim 0.23 < 0.5$,体积应变($\varepsilon_v$)为压缩,但其变化率也随应力的加大而减小。

当试件应力达$\sigma \approx (0.8 \sim 0.9)f_c$时,应变为$(0.65 \sim 0.86)\varepsilon_p$($B$点),切线泊松比$\nu_t = 0.5$,体积压缩变形达极值,不再继续缩小,意味着混凝土内部微裂缝有较大开展,但试件表面尚无肉眼可见裂缝。此后,混凝土内出现非稳定裂缝(1.1.3节),应变和泊松比很快增长,体积压缩变形开始恢复。不久,应力提高有限,即达峰点(C点)。继续增大应变,试件的承载力减小,曲线进入下降段而形成一个尖峰,峰值应力即混凝土的棱柱体抗压强度f_c,相应的应变称峰值应变ε_p。

应力-应变曲线进入下降段不久,当应变$\varepsilon = (1 \sim 1.35)\varepsilon_p$和应力$\sigma = (1 \sim 0.9)f_c$($D$点)时,试件中部的表面出现第一条可见裂缝。此裂缝细而短,平行于受力方向。此时,混凝土的$\nu_s \approx 0.5$和$\varepsilon_v \approx 0$,表明裂缝开展引起的体积增大已经抵消了此前的混凝土压缩变形。

继续增大应变,试件上相继出现多条不连续的纵向短裂缝,横向应变、泊松比(ν_s, ν_t)和体积应变很快增大,混凝土的承载力迅速下降。混凝土内骨料和砂浆的界面粘结裂缝,以及砂浆内的裂缝不断地延伸、扩展和相连。沿最薄弱的面形成宏观斜裂缝,并逐渐地贯通全截面(E点)。此时,试件的应变$\varepsilon = (2 \sim 3)\varepsilon_p$,混凝土的残余强度为$(0.4 \sim 0.6)f_c$。

再增大试件应变,此斜裂缝在正应力和剪应力的挤压和搓碾下不断发展加宽,成为一破损带,而试件其他部位上的裂缝一般不再发展。试件上的荷载由斜面上的摩阻力和残存的粘结力相抵抗,剩余承载力缓慢地下降。当应变达$\varepsilon = 6\varepsilon_p$时,残余强度为$(0.2 \sim 0.4)f_c$,在更大的应变下,混凝土的残余强度仍未完全丧失。

试件的宏观破坏斜裂面与荷载垂线的夹角$\theta = 58° \sim 64°$[1-13]。打开试件,可看到破裂面都发生在粗骨料和砂浆的界面,以及砂浆内部,而岩石粗骨料本身极少有破裂的。

必须指出,混凝土棱柱体受压试件发生宏观斜裂缝破坏现象,只能在应力-应变曲线的下降段,且在应变超过峰值应变约二倍($\varepsilon > 2\varepsilon_p$)之后,属后期破坏形态。它只影响混凝土的残余强度和变形状况,对棱柱体强度f_c和应力-应变曲线的上升段不起作用。混凝土达到棱柱体抗压强度时,试件内部主要存在纵向裂缝或称劈裂裂缝,它们将试件分隔成离散的小柱体(图1-4)而控制其承载力。

1.2.3 主要抗压性能指标值

混凝土棱柱体试验是国内外进行最多的混凝土基本材性试验,发表的试验结果也最多。由于混凝土的原材料和组成的差异,以及试验量测方法的差异,给出的试验结果有一定的离散度。

混凝土的棱柱体抗压强度随立方体强度单调增长(图1-8),其比值的变化范围为

$$\frac{f_c}{f_{cu}} = 0.70 \sim 0.92 \tag{1-1}$$

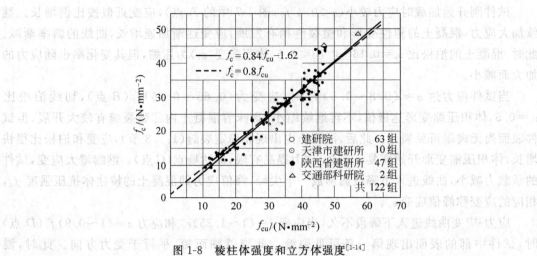

图 1-8　棱柱体强度和立方体强度[1-14]

强度等级（或 f_c）高者比值偏大。各研究人员给出多种计算式，例如表 1-3，或者给出一个定值，一般在 $f_c/f_{cu}=0.78\sim0.88$。各国设计规范中，出于结构安全度的考虑，一般取用偏低的值。例如，我国的设计规范[1-1]给出的设计强度为 $f_c=0.76f_{cu}$（适用于强度等级≤C50）。

表 1-3　混凝土棱柱体抗压强度计算式

建议者	计　算　式	文　献
德国 Graf	$f_c=\left(0.85-\dfrac{f_{cu}}{172}\right)f_{cu}$	[0-1]
苏联 Гвоздев	$f_c=\dfrac{130+f_{cu}}{145+3f_{cu}}f_{cu}$	[0-1]
中国	$f_c=0.84f_{cu}-1.62$	[1-14]
	$f_c=0.8f_{cu}$	图 1-8

　　棱柱体试件达到极限强度 f_c 时的相应峰值应变 ε_p，虽然有稍大的离散度[1-15]，但是随混凝土强度（f_c 或 f_{cu}）而单调增长的规律十分明显（图 1-9）。各研究人员建议了多种经验计算式，如表 1-4 所示。文献[0-4]分析了混凝土强度 $f_c=20\sim100$ N/mm^2 的试验数据，给出的关系式为

$$\varepsilon_p=(700+172\sqrt{f_c})\times10^{-6} \tag{1-2}$$

式中，f_c——混凝土棱柱体抗压强度，N/mm^2。

表 1-4　混凝土受压峰值应变计算式[1-15]

建议者	计算式　$\varepsilon_p/10^{-3}$	建议者	计算式　$\varepsilon_p/10^{-3}$
Ros	$\varepsilon_p=0.546+0.0291f_{cu}$	匈牙利	$\varepsilon_p=\dfrac{f_{cu}}{7.9+0.395f_{cu}}$
Emperger	$\varepsilon_p=0.232\sqrt{f_{cu}}$	Saenz	$\varepsilon_p=(1.028-0.108\sqrt[4]{f_{cu}})\sqrt[4]{f_{cu}}$
Brandtzaeg	$\varepsilon_p=\dfrac{f_{cu}}{5.97+0.26f_{cu}}$	林-王	$\varepsilon_p=0.833+0.121\sqrt{f_{cu}}$

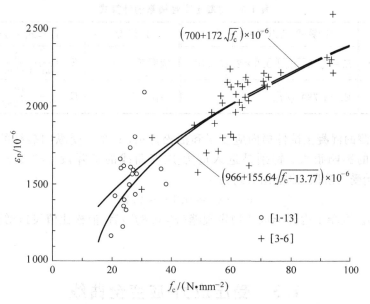

图 1-9　峰值应变与棱柱体强度[0-4]

各国的设计规范中,对强度等级为 C20 至 C50 的混凝土常常规定单一的峰值应变值,例如 $\varepsilon_p = 2\,000 \times 10^{-6}$[1-11,1-12]。此值稍高于材性试验值,但用于结构和构件的分析中,由于存在应变梯度(见 2.2 节)和箍筋约束(8.2 节)等有利因素而得到补偿。

弹性模量是材料变形性能的主要指标。混凝土的受压应力-应变曲线为非线性,弹性模量(或称变形模量)随应力或应变而连续地变化。在确定了应力-应变的曲线方程(1.3 节)后,很容易计算所需的割线模量 $E_{c,s} = \sigma/\varepsilon$ 或切线模量 $E_{c,t} = d\sigma/d\varepsilon$。

有时,为了比较混凝土的变形性能,以及进行构件变形计算和引用弹性模量比作其他分析时,需要有一个标定的混凝土弹性模量值(E_c)。一般取为相当于结构使用阶段的工作应力 $\sigma = (0.4 \sim 0.5)f_c$ 时的割线模量值。

已有的大量试验给出混凝土的弹性模量随其强度(f_{cu} 或 f_c)而单调增长的规律,但离散度较大(图 1-10)。弹性模量值的经验计算式有多种(表 1-5),可供参考。

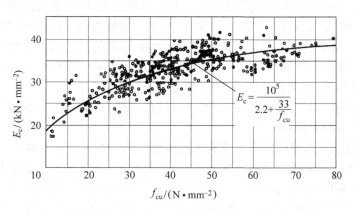

图 1-10　弹性模量和立方强度[1-14]

表 1-5　混凝土弹性模量的计算式

建议者	计算式 $E_c/(N \cdot mm^{-2})$	建议者	计算式 $E_c/(N \cdot mm^{-2})$
CEB-FIP MC90	$E_c = \sqrt[3]{0.1f_{cu} + 0.8} \times 2.15 \times 10^4$	俄罗斯	$E_c = \dfrac{10^5}{1.7 + (36/f_{cu})}$
ACI 318-77	$E_c = 4\,789\ \sqrt{f_{cu}}$	中国[1-14]	$E_c = \dfrac{10^5}{2.2 + (33/f_{cu})}$

试验中量测的混凝土试件横向应变 ε' 和泊松比 ν_s，ν_t 等，受纵向裂缝的出现、发展以及量测点位置的影响很大。特别是进入应力-应变曲线的下降段（$\varepsilon > \varepsilon_p$）后，离散度更大[1-13]。在开始受力阶段，泊松比值约为

$$\nu_s \approx \nu_t = 0.16 \sim 0.23 \tag{1-3}$$

一般取作 0.20。混凝土内部形成非稳定裂缝（$\sigma > 0.8f_c$）后，泊松比值飞速增长，且 $\nu_t > \nu_s$，详见图 4-27。

1.3　受压应力-应变全曲线

混凝土的受压应力-应变全曲线包括上升段和下降段，是其力学性能的全面的宏观反映：曲线峰点处的最大应力即棱柱体抗压强度，相应的应变为峰值应变；曲线的（割线或切线）斜率为其弹性（变形）模量，初始斜率即初始弹性模量；下降段表明其峰值应力后的残余强度；曲线的形状和曲线下的面积反映了其塑性变形的能力，等等。

混凝土的受压应力-应变曲线方程是其最基本的本构关系，又是多轴本构模型的基础。在钢筋混凝土结构的非线性分析中，例如构件的截面刚度、截面极限应力分布、承载力和延性，超静定结构的内力和全过程分析等过程中，它是不可或缺的物理方程，对计算结果的准确性起决定性作用。

1.3.1　试验方法

在棱柱体抗压试验时，若应用普通液压式材料试验机加载，可毫无困难地获得应力-应变曲线的上升段。但是，试件在达到最大承载力（f_c）后急速破裂，量测不到有效的下降段曲线。

Whitney[1-16] 很早就指出混凝土试件突然破坏的原因是试验机的刚度不足。试验机本身在加载过程中发生变形，储存了很大的弹性应变能。当试件承载力突然下降时，试验机因受力减小而恢复变形，即刻释放能量，将试件急速压坏。

要获得稳定的应力-应变全曲线，主要是曲线的下降段，必须控制混凝土试件缓慢地变形和破坏。现在有两类试验方法：

① 应用电液伺服阀控制的刚性试验机直接进行试件等应变速度加载[1-17]；

② 在普通液压试验机上附加刚性元件（图 1-11(a)），使试验装置的总体刚度超过试件下降段的最大线刚度（理论分析详见文献[0-4]），就可防止混凝土的急速破坏。

后一类试验方法简易可行。各国学者采用了多种形式的刚性元件（图 1-11(b)），都在不同的范围内成功地量测到混凝土的受压应力-应变全曲线。清华大学设计了用液压千斤顶作为刚性元件的试验方法[1-20]，更具有总体刚度大、变形量测范围大等优点（图 1-12）。

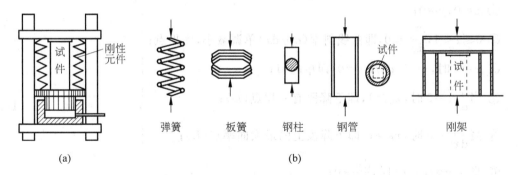

图 1-11 增设刚性元件的试验方法[1-18,1-19]
（a）示意图；（b）刚性元件

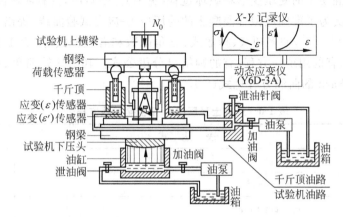

图 1-12 用千斤顶作为刚性元件的试验方法

1.3.2 全曲线方程

将混凝土受压应力-应变全曲线用无量纲坐标

$$x = \frac{\varepsilon}{\varepsilon_p}, \quad y = \frac{\sigma}{f_c} \tag{1-4}$$

表示，得到的典型曲线如图 1-13，其全部几何特征的数学描述如下：

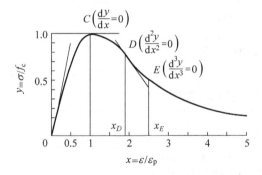

图 1-13 受压应力-应变全曲线

① $x=0, y=0$；

② $0 \leqslant x < 1, \dfrac{\mathrm{d}^2 y}{\mathrm{d}x^2} < 0$，即曲线斜率（$\mathrm{d}y/\mathrm{d}x$）单调减小，无拐点；

③ $x=1$ 时，$y=1, \mathrm{d}y/\mathrm{d}x=0$，即单峰值；

④ 当 $\dfrac{\mathrm{d}^2 y}{\mathrm{d}x^2}=0$ 时，$x_D > 1$，即下降段有一拐点（D）；

⑤ 当 $\dfrac{\mathrm{d}^3 y}{\mathrm{d}x^3}=0$ 时，$x_E > 1$，即下降段上的最大曲率点（E）；

⑥ 当 $x \to \infty, y \to 0$ 时，$\dfrac{\mathrm{d}y}{\mathrm{d}x} \to 0$；

⑦ 全部曲线 $x \geqslant 0, 1 \geqslant y \geqslant 0$。

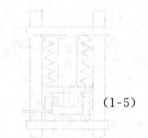

(1-5)

这些几何特征与混凝土的受压变形和破坏过程（见前）完全对应，具有明确的物理意义。

不少研究人员为了准确地拟合混凝土的受压应力-应变试验曲线，提出了多种数学函数形式的曲线方程[1-21~1-24]，如多项式、指数式、三角函数和有理分式等（表 1-6）。对于曲线的上升段和下降段，有的用统一方程，有的则给出分段公式。其中比较简单、实用的曲线形式如图 1-14（Kent-Park 的曲线方程见式(8-15)）。

表 1-6 混凝土受压应力-应变全曲线方程[0-4]

函数类型	表　达　式	建议者
多项式	$\sigma = c_1 \varepsilon^n$	Bach
	$y = 2x - x^2$	Hognestad
	$\sigma_1 = c_1 \varepsilon + c_2 \varepsilon^n$	Sturman
	$\varepsilon = \dfrac{\sigma}{E_0} + c_1 \sigma^n$	Terzaghi
	$\varepsilon = \dfrac{\sigma}{E_0} + c_1 \dfrac{\sigma}{c_2 - \sigma}$	Ros
	$\sigma^2 + c_1 \varepsilon^2 + c_2 \sigma \varepsilon + c_3 \sigma + c_4 \varepsilon = 0$	Kriz-Lee
指数式	$y = x \mathrm{e}^{1-x}$	Sahlin 等
	$y = 6.75 (\mathrm{e}^{-0.812x} - \mathrm{e}^{-1.218x})$	Umemura
三角函数	$y = \sin \left(\dfrac{\pi}{2} x \right)$	Young
	$y = \sin \left[\dfrac{\pi}{2} (-0.27|x-1| + 0.73x + 0.27) \right]$	Okayama
有理分式	$y = \dfrac{2x}{1+x^2}$	Desayi 等
	$y = \dfrac{(c_1 + 1)x}{c_1 + x^n}$	Tulin-Gerstle
	$\sigma = \dfrac{c_1 \varepsilon}{[(\varepsilon + c_2)^2 + c_3]} - c_4 \varepsilon$	Alexander
	$y = \dfrac{x}{c_1 + c_2 x + c_3 x^2 + c_4 x^3}$	Saenz
	$y = \dfrac{c_1 x + (c_2 - 1)x^2}{1 + (c_1 - 2)x + c_2 x^2}$	Sargin

续表

函数类型	表　达　式		建议者
	上升段$(0\leqslant x\leqslant 1)$	下降段$(x\geqslant 1)$	Hognestad
分段式	$y=2x-x^2$	$y=1-0.15\left(\dfrac{x-1}{x_u-1}\right)$	
	$y=2x-x^2$	$y=1$	Rüsch

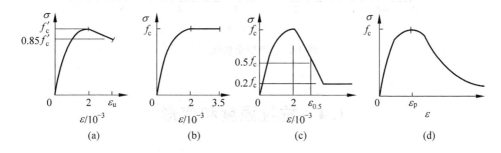

图 1-14　几种理论曲线

(a) Hognestad；(b) Rüsch；(c) Kent-Park；(d) Sargin, Saenz

文献[1-13,1-20]建议的分段式曲线方程如下。我国设计规范[1-1]中采用的计算式与此式大同小异：

$$\left.\begin{array}{ll} x\leqslant 1 & y=\alpha_a x+(3-2\alpha_a)x^2+(\alpha_a-2)x^3 \\ x\geqslant 1 & y=\dfrac{x}{\alpha_d(x-1)^2+x} \end{array}\right\} \tag{1-6}$$

上升段和下降段在曲线峰点连续，并符合上述全部几何特征(式(1-5))的要求。每段各有一个参数，具有相应的物理意义：

$$\left.\begin{array}{ll} 上升段参数 & \alpha_a=\left.\dfrac{dy}{dx}\right|_{x=0} \\ 且 & 1.5\leqslant\alpha_a\leqslant 3.0 \end{array}\right\} \tag{1-7}$$

其值为混凝土初始弹性模量(E_0)与峰值割线模量$(E_p=f_c/\varepsilon_p)$的比值，$\alpha_a=E_0/E_p=E_0\varepsilon_p/f_c$。当$\alpha_a=2$时，式(1-6)退化为二次式$y=2x-x^2$，与 Hognestad 的计算式相同。

下降段参数 $\qquad\qquad 0\leqslant\alpha_d\leqslant\infty$ $\tag{1-8}$

当$\alpha_d=0$时，$y\equiv 1$，峰点后为水平线(全塑性)；

$\alpha_d=\infty$时，$y\equiv 0$，峰点后为垂直线(脆性)。

对参数α_a和α_d赋予不等的数值，可以有变化的理论曲线(图 1-15)。对于不同原材料和强度等级的结构混凝土，甚至是约束混凝土，选用了合适的参数值，都可以得到与试验结果相符的理论曲线。文献[1-13]建议的参数值见表 1-7，可供结构分析和设计应用。

表 1-7　全曲线方程参数的选用表

强度等级	使用水泥标号	α_a	α_d	$\varepsilon_p/10^{-3}$
C20,C30	325	2.2	0.4	1.40
	425	1.7	0.8	1.60
C40	425	1.7	2.0	1.80

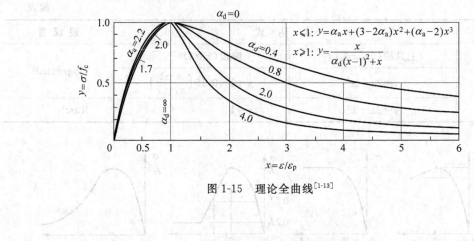

图 1-15 理论全曲线[1-13]

1.4 抗拉强度和变形

混凝土的抗拉强度和变形也是其最重要的基本性能之一。它既是研究混凝土的破坏机理和强度理论的一个主要依据,又直接影响钢筋混凝土结构的开裂、变形和耐久性。

混凝土一向被认为是一种脆性材料,抗拉强度低,变形小,破坏突然。20 世纪 60 年代之前,对混凝土抗拉性能的研究和认识是不完整的,只限于抗拉极限强度和应力-应变上升段曲线。此后,随着试验技术的改进,实现了混凝土受拉应力-应变全曲线的量测[1-25~1-30],才更全面、深入地揭示了混凝土受拉变形和破坏过程的特点,为更准确地分析钢筋混凝土结构提供了条件。

1.4.1 试验方法和抗拉性能指标

现有三种试验方法(图 1-16)测定混凝土的抗拉强度,但给出不同的强度值。从棱柱体试件的轴心受拉试验得到轴心抗拉强度

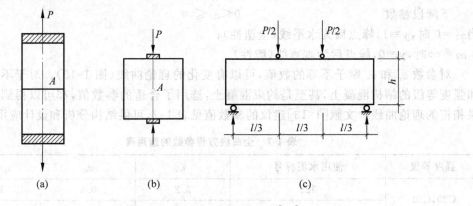

图 1-16 抗拉强度的试验方法[1-10]
(a) 轴心受拉;(b) 劈裂;(c) 抗折

$$f_t = \frac{P}{A} \tag{1-9}$$

从立方体试件的劈裂试验得到混凝土的劈（裂抗）拉强度

$$f_{t,s} = \frac{2P}{\pi A} \tag{1-10}$$

从棱柱体试件的抗折试验给出弯（曲抗）拉强度

$$f_{t,f} = \frac{6M}{bh^2} = \frac{Pl}{bh^2} \tag{1-11}$$

式中，P——试件的破坏荷载；

A——试件的拉断或劈裂面积。

需要量测混凝土的受拉应力-应变曲线，就必须采用轴心受拉试验方法，其试件的横截面上有明确而均匀分布的拉应力，又便于设置应变传感器。至于要获得混凝土受拉应力-应变全曲线的下降段，就要有电液伺服阀控制的刚性试验机，或者采取措施增强试验装置的总体刚度（原理同1.3.1节）。文献[1-29]中介绍了一种简便实用的方法（图1-17），设计一个由横梁和拉杆组成的刚性钢框架，与混凝土棱柱体试件平行受力，用普通液压式试验机成功地量测到受拉应力-应变全曲线。

我国进行的混凝土抗拉性能的大量试验[1-14]，给出的主要性能指标如下。

（1）轴心抗拉强度

混凝土的轴心抗拉强度随其立方强度单调增长，但增长幅度渐减（图1-18）。经回归分析后得经验公式[0-2]

$$f_t = 0.26 f_{cu}^{2/3} \tag{1-12}$$

模式规范 CEB-FIP MC90[1-12] 给出与此相近的计算式

$$f_t = 1.4 (f_c'/10)^{2/3} \tag{1-13}$$

而我国设计规范[1-1]中采用的计算式则为

$$f_t = 0.395 f_{cu}^{0.55} \tag{1-14}$$

式中，f_{cu}, f_c'——混凝土的立方体和圆柱体抗压强度，N/mm^2。

其实，这些经验式计算结果的差别并不大，都在试验离散度范围以内。

试验结果还表明，试件尺寸较小者，实测抗拉强度偏高，尺寸较大者强度低[1-14]，一般称为尺寸效应。某水利工程的大坝混凝土采用两种尺寸的棱柱体试件，即

① 450 mm×450 mm×1 400 mm，骨料最大粒径为80～120 mm；

② 100 mm×100 mm×550 mm，最大粒径为20～40 mm。

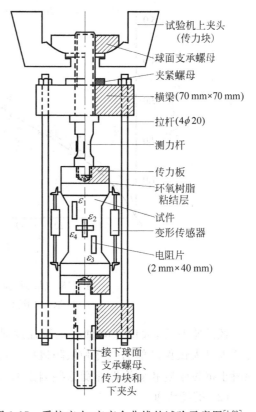

试验机上夹头
（传力块）
球面支承螺母
夹紧螺母
横梁(70 mm×70 mm)
拉杆(4ϕ20)
测力杆
传力板
环氧树脂粘结层
试件
变形传感器
电阻片
(2 mm×40 mm)
ε_1
ε_2
ε_4
ε_3
接下球面支承螺母、传力块和下夹头

图 1-17 受拉应力-应变全曲线的试验示意图[1-29]

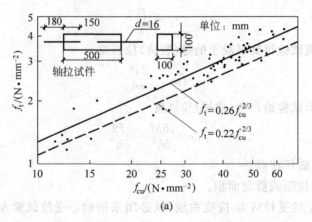

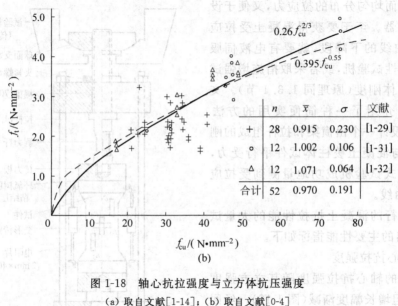

图 1-18　轴心抗拉强度与立方体抗压强度

(a) 取自文献[1-14]；(b) 取自文献[0-4]

经试验测定，大试件的轴心抗拉强度只及小试件的 $50\% \sim 64\%$，平均为 57%[①]。其主要原因是大试件内部的裂缝和缺陷概率大，初始应力严重，大骨料界面的粘结状况较差等。混凝土抗拉强度和变形性能受这些因素的影响很敏感。

（2）劈拉强度

劈裂试验简单易行，又采用相同的标准立方体试件，成为最普遍的测定手段。试验给出的混凝土劈拉强度与立方体抗压强度的关系如图 1-19 所示，经验回归公式[1-14]为

$$f_{t,s} = 0.19 f_{cu}^{3/4} \tag{1-15}$$

需注意，根据我国的试验结果和计算式的比较，混凝土的轴心抗拉强度稍高于劈拉强度：$f_t / f_{t,s} = 1.368 f_{cu}^{-0.083} = 1.09 \sim 1.0$（当 $f_{cu} = 15 \sim 43$ N/mm²）。国外的同类试验却给出了相反的结论：$f_t = 0.9 f_{t,s}$[1-12]。两者的差异可能出自试验方法的不同。我国采用立方体试件，加载垫条是钢制的；而国外采用圆柱体试件，垫条的材质较软（如胶木）。

---

① 见李金玉等.试件尺寸对大坝混凝土强度和变形特性影响的研究.北京：中国水利水电科学研究院，1996

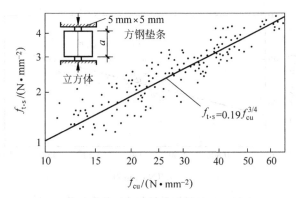

图 1-19 劈拉强度与立方体抗压强度[1-14]

（3）峰值应变

混凝土试件达到轴心抗拉强度 f_t 时的应变，即应力-应变全曲线上的峰值应变 $\varepsilon_{t,p}$。它随抗拉强度而增大（图 1-20），文献[0-4]建议的回归计算式为

$$\varepsilon_{t,p} = 65 \times 10^{-6} f_t^{0.54} \tag{1-16a}$$

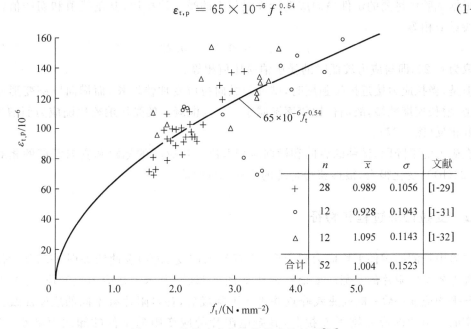

	n	$\overline{x}$	σ	文献
+	28	0.989	0.1056	[1-29]
○	12	0.928	0.1943	[1-31]
△	12	1.095	0.1143	[1-32]
合计	52	1.004	0.1523	

图 1-20 峰值应变与抗拉强度的关系[0-4]

将式(1-12)代入得混凝土受拉峰值应变与立方体抗压强度（f_{cu}，N/mm²）的关系为

$$\varepsilon_{t,p} = 3.14 \times 10^{-6} f_{cu}^{0.36} \tag{1-16b}$$

（4）弹性模量

混凝土受拉弹性模量（E_t）的标定值，取为应力 $\sigma = 0.5f_t$ 时的割线模量。其值约与相同混凝土的受压弹性模量相等。文献[1-31]总结的试验结果如图 1-21 所示，建议的计算式如下：

$$E_t = (1.45 + 0.628f_t) \times 10^4 \text{ N/mm}^2 \tag{1-17}$$

混凝土受拉弹性模量与峰值割线模量（$E_{t,p} = f_t/\varepsilon_{t,p}$）的比值，试验结果在 1.04～1.38

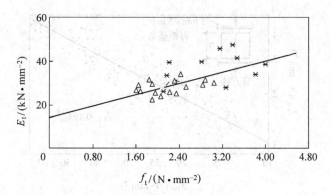

图 1-21　受拉弹性模量与抗拉强度的关系[1-31]

之间,平均为[1-29]

$$E_t/E_{t,p} = 1.20 \tag{1-18}$$

（5）泊松比

根据试验中量测的试件横向应变计算混凝土的受拉泊松比,其割线值和切线值在应力上升段近似相等

$$\nu_{t,s} = \nu_{t,t} = 0.17 \sim 0.23 \tag{1-19}$$

也可取为 0.20,即与应力较低时的受压泊松比值相等。

但是,当拉应力接近抗拉强度时,试件的纵向拉应变加快增长,而横向压缩变形使材料更紧密,增长速度减慢,故泊松比值逐渐减小。这与混凝土的受压泊松比随应力而增长的趋势恰好相反（图 4-27）。

在应力的下降段,试件的纵向和横向应变取决于传感器的标距和它与裂缝的相对位置（图 1-22(b)）,变化很大,很难获得合理的泊松比试验值。

1.4.2　受拉破坏过程和特征

试验中量测的试件平均应力和变形 Δl（或平均应变 $\Delta l/l$）全曲线如图 1-22(a)所示,若按试件上各个电阻片的实测应变值作图则如图 1-22(b)所示。在应力上升段,各电阻片的应变与平均应变一致;接近曲线峰点并进入下降段后,各电阻片有不同的应变曲线。与裂缝相交的电阻片的应变剧增而拉断,其余电阻片的应变则随试件的卸载而减小,即变形恢复。

混凝土受拉应力-应变全曲线上的四个特征点 A, C, E 和 F（对照图 1-7 的受压曲线）标志着受拉性能的不同阶段。

试件开始加载后,当应力 $\sigma < (0.4 \sim 0.6) f_t$（$A$ 点）时,混凝土的变形约按比例增大。此后混凝土出现少量塑性变形,应变增长稍快,曲线微凸。当平均应变达 $\varepsilon_{t,p} = (70 \sim 140) \times 10^{-6}$ 时,曲线的切线水平,得抗拉强度 f_t。随后,试件的承载力很快下降,形成一陡峭的尖峰（C 点）。

肉眼观察到试件表面上的裂缝时,曲线已进入下降段（E 点）,平均应变约 $\geqslant 2\varepsilon_{t,p}$。裂缝为横向,细而短,缝宽 $0.04 \sim 0.08$ mm。此时试件的残余应力为 $(0.2 \sim 0.3) f_t$。此后,裂缝

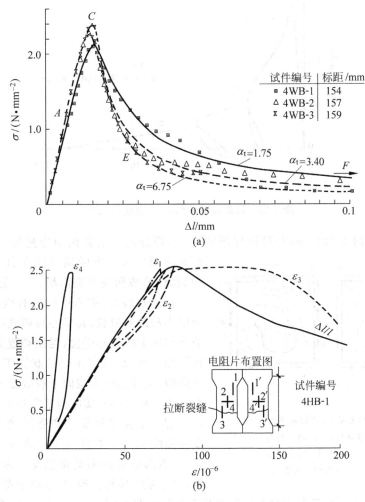

图 1-22　受拉应力-应变(变形)全曲线[1-29]

(a) 应力-变形(平均应变)；(b) 应力-应变(电阻片量测)

迅速延伸和发展,荷载慢慢下降,曲线渐趋平缓。

当试件的表面裂缝沿截面周边贯通时,裂缝宽度约 $0.1\sim0.2$ mm。此时截面中央尚残留未开裂面积和裂缝面的骨料咬合作用,试件仍有少量残余承载力 $(0.1\sim0.15)f_t$。最后,当试件的总变形或表面裂缝宽度约达 0.4 mm 后,裂缝贯穿全截面,试件拉断成两截(F 点)。

对有些试件还在应力下降段进行卸载和再加载试验(图 1-23),仍得到稳定的应力-应变全曲线。而且其包络线(EV)与一次单调加载试验的全曲线相一致。

受拉试件的断裂面凹凸不平,但轮廓清楚。断面上大部分面积是粗骨料和水泥砂浆拉脱的界面,其余是骨料间的水泥砂浆被拉断,极少有粗骨料被拉断。

由于混凝土组成的不均匀,存在着随机分布的初始微裂缝和孔隙,粗骨料和水泥砂浆间的粘结强度与水泥砂浆抗拉强度不相等,故试件每一截面的实际承载力和应力分布各不相同,裂缝总是在薄弱截面的最弱部位首先出现。当试件表面上发现裂缝时,截面上必有一块

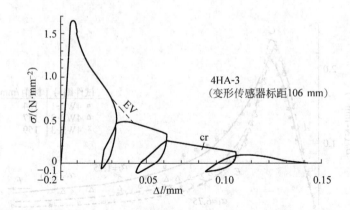

图 1-23   加卸载试验的应力-应变曲线[1-29]

面积退出工作(图 1-24)。随着受拉变形的增大,裂缝两端沿截面周边延伸,截面上的开裂面积逐渐扩展。有的试件还在其他侧面出现新的裂缝,形成两块开裂面积,并一起扩展。

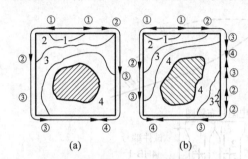

图 1-24   截面裂缝开展示意图[1-29]

(a) 一条裂缝开展;(b) 两条裂缝开展

注:○中数字表示裂缝出现次序;

→表示表面裂缝开展方向。

试件开裂后,截面中间的有效受力面积不断地缩小和改变形状,其形心与荷载位置不再重合,成为事实上的偏心受拉,促使裂缝更快发展,将试件拉断。所以,混凝土受拉状态下的荷载(应力)下降段,主要是因为截面上有效受力面积的减小,在受力面积上的真实应力其实并不降低。

混凝土在单轴受拉和受压状态下的应力-应变全曲线都是不对称的单峰曲线,形状相像。而且,二者都是由内部微裂缝发展为宏观的表面裂缝,导致最终破坏。但是,混凝土受拉产生的拉断裂缝和受压产生的纵向劈裂裂缝在宏观表征上有巨大差别(表 1-8),反映了不同的受力机理。

表 1-8   混凝土受压和受拉破坏裂缝的宏观表征比较

裂 缝 图	(受压)	(受拉)
基本特征	纵向压劈	横向拉断
方向	平行于主压应力,后期出现斜裂缝	垂直于主拉应力
数量	多条平行裂缝,间距小	一般只有一条
裂缝形状	中间宽,两端窄	不规则
发展过程	较缓慢,逐渐增多、延伸、加宽	很快,突然开展、延伸
裂缝面	裂缝面有分叉、碎片、无定形	界面清晰、整齐
两旁混凝土	疏松,易剥落	坚实,稳定
破坏区长度	与截面尺寸同一数量级	限于一截面

如果一钢筋混凝土结构的表面上出现了受力裂缝,即使对此结构的具体荷载状况、内力分布等知之不详,也可根据裂缝的宏观表征(表1-8)判断出属于受压或受拉类裂缝,并对结构的安全性和补强措施作出初步分析。

1.4.3　应力-应变全曲线方程

混凝土的受拉应力-应变全曲线和受压全曲线一样是光滑的单峰曲线,只是曲线更陡峭,以及下降段与横坐标有交点。因而受压应力-应变全曲线的几何条件式(1-5)中,除⑥之外都应满足。

文献[1-29]的建议和设计规范[1-1]所采用的分段式受拉应力-应变全曲线方程,上升段和下降段在峰点连续,且符合式(1-5)的条件,可得到较准确的理论曲线。应力和应变、或下降段的变形以相对值表示为

$$x = \frac{\varepsilon}{\varepsilon_{t,p}} = \frac{\Delta}{\Delta_p}, \quad y = \frac{\sigma}{f_t} \tag{1-20}$$

式中,Δ,Δ_p——试件的伸长变形和峰值应力 f_t 时的变形,mm。

上升段和下降段曲线方程如下:

$$x \leqslant 1 \qquad\qquad y = 1.2x - 0.2x^6 \tag{1-21a}$$

$$x \geqslant 1 \qquad\qquad y = \frac{x}{\alpha_t(x-1)^{1.7} + x} \tag{1-21b}$$

上式中系数 1.2 为受拉初始弹性模量与峰值割线模量的比值,与试验值(式1-18)相一致。下式中的参数 α_t 随混凝土的抗拉强度而增大(图1-25),可按经验回归式计算

$$\alpha_t = 0.312 f_t^2 \tag{1-22}$$

式中,f_t——混凝土抗拉强度,N/mm²。

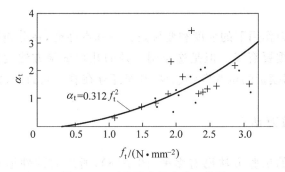

图 1-25　下降段曲线参数 α_t[1-29]

按这些公式计算的理论曲线见图1-26。

在钢筋混凝土结构的非线性分析中,考虑混凝土受拉作用对其影响的大小,可采用各种简化的应力-应变关系(图1-27(a))。模式规范 CEB-FIP MC90[1-12] 则建议按混凝土的开裂前后分别采用折线形的应力-应变和应力-裂缝宽度(w,mm)关系,图形如图1-27(b)所示。

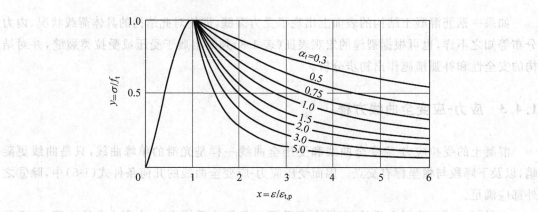

图1-26 受拉应力-应变理论曲线[1-29]

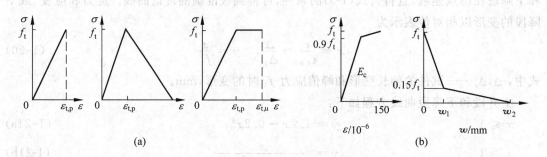

(a)   (b)

图1-27 混凝土受拉本构模型
(a) 简化模型；(b) 取自文献[1-12]

1.5 抗剪强度和变形

混凝土在纯剪应力作用下的强度和变形是又一基本性能，在分析结构的受力破坏过程和有限元计算中都有重要意义。但是迄今国内外的几种试验方法测定的抗剪强度相差悬殊，而剪切变形和剪切模量的试验资料极少，甚至还存在着不同的结论和观点。

1.5.1 合理的试验方法

混凝土抗剪强度的试验方法已有多种（图1-28），所用的试件形状和加载方法有很大差别。

1. 矩形短梁直接剪切

这是最早的试验方法，直观而简单。Morsch等[0-1]早就指出，试件的破坏剪面是由锯齿状裂缝构成，锯齿的两个方向分别由混凝土的抗压（f_c）和抗拉强度（f_t）控制，平均抗剪强度的计算式为

$$\tau_p = k \sqrt{f_c f_t} \tag{1-23a}$$

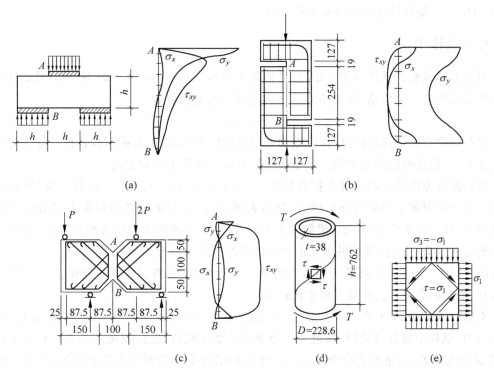

图 1-28　抗剪试验方法和剪切面应力分布[1-32]

(a) 矩形短梁；(b) Z 形试件；(c) 缺口梁；(d) 薄壁圆筒；(e) 二轴拉/压

式中，k——修正系数，取为 0.75。

这类试验得到的混凝土抗剪强度值较高，可达

$$\tau_{p1} = (0.17 \sim 0.25)f_c = (1.5 \sim 2.5)f_t \tag{1-23b}$$

2. 单剪面 Z 形试件[1-33]

试件沿两个缺口间的截面剪切破坏，混凝土抗剪强度的试验值约为

$$\tau_{p2} = 0.12f'_c \tag{1-24}$$

式中，f'_c——圆柱体抗压强度，N/mm^2。

3. 缺口梁四点受力[1-34]

梁的中央截面弯矩为零，中间区段的剪力为常值。由于梁中间的缺口大，凹角处应力集中严重，裂缝从凹角开始，贯穿缺口截面而破坏，但不是从截面中部的最大剪应力处首先开裂。试验得到的混凝土抗剪强度值（τ_{p3}）约与其抗拉强度（f_t）相等。

4. 薄壁圆筒受扭[1-35]

当试件的筒壁很薄时，为理想的均匀、纯剪应力状态。试件沿 45°的螺旋线破坏，混凝土抗剪强度按试件的破坏扭矩（T_p）计算

$$\tau_{p4} = \frac{2T_p}{\pi t(D-t)^2} \approx 0.08f_c \approx f_t \tag{1-25}$$

式中，D, t——圆筒试件的外径和壁厚，mm。

5. 二轴拉/压

对立方体或板式试件施加二轴应力（见第 4 章），当 $\sigma_2 = 0$，$\sigma_3 = -\sigma_1$ 时，与 45°方向的纯剪应力状态等效。试验结果（图 4-3）给出的混凝土抗剪强度为

$$\tau_{p5} = \sigma_1 \approx f_t \tag{1-26}$$

这些试验方法中，后两类试件接近理想的纯剪应力状态，但是必须具备技术复杂的专用试验设备，一般试验室不易实现。至今采用较多的是前两类试验方法。

各种试验方法给定的混凝土抗剪强度（$\tau_{p1} \sim \tau_{p5}$）相差达一倍多。文献[1-32]分析了前三类试件破坏剪面上的应力分布（图 1-28），表明第（1）、（2）类试件剪切面上的剪应力分布不均匀，且存在的正应力（σ_x, σ_y）值数倍于平均剪应力，与纯剪应力状态相差甚远，故给出较高的抗剪强度值；第（3）类试件剪切面中间部分的剪应力分布均匀，正应力（σ_x, σ_y）值约为平均剪应力的 12%～25%，接近于纯剪应力状态。所以，后三类试验方法的试件应力状态比较合理，给出的混凝土抗剪强度值也比较接近。

文献[1-32]吸取了第（3）类试验方法的优点，设计成四点受力等高梁抗剪试验（图 1-29）。试件中部没有缺口，以避免应力集中；厚度减薄，以控制破坏位置；又便于布设45°交叉的电阻片，以量测主应变（$\varepsilon_1, \varepsilon_3$）。经分析试件中部的剪应力分布均匀，与全截面平均剪应力（$\bar{\tau}$）之比为 1.22～1.28；正应力为 $\sigma_y \leqslant 0.1\bar{\tau}$，$\sigma_x \leqslant 0.2\bar{\tau}$，接近于纯剪应力状态。对试件加载时采取措施使之缓慢破坏，可仔细地观察混凝土的剪切破坏过程。试件的设计、制作和试验方法详见该文献。

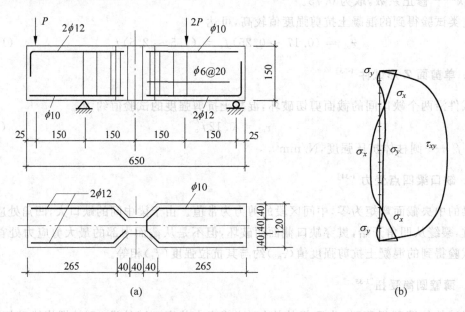

(a)   (b)

图 1-29 四点受力等高梁抗剪试验（单位：mm）[1-32]

(a) 试件和加载；(b) 截面应力分布

根据试验数据计算试件的剪应力和剪应变。若试件中间截面的剪力为 V，破坏时的剪力为 V_p，考虑到剪应力分布的不均匀，剪应力(τ)和混凝土抗剪强度(τ_p)的取值为

$$\tau = 1.2 \frac{V}{A}, \quad \tau_p = 1.2 \frac{V_p}{A} \tag{1-27}$$

剪应变(γ)由量测的主拉、压应变($\varepsilon_1, \varepsilon_3$)计算

$$\gamma = \varepsilon_1 - \varepsilon_3 \tag{1-28}$$

式中，A——试件的中间截面面积；主应变($\varepsilon_1, \varepsilon_3$)取拉为正，压为负。

1.5.2 破坏特征和抗剪强度

按上述试验方法对不同强度等级的混凝土进行抗剪试验，量测得试件的主拉、压应变的典型曲线如图 1-30。从开始加载直至约 60% 的极限荷载(或 V_p)，混凝土的主拉、压应变和剪应变都与剪应力约成比例增长。继续增大荷载，当 $V = (0.6 \sim 0.8)V_p$ 时，试件的应变增长稍快，曲线微凸。再增大荷载，可听到混凝土内部开裂的声响，接近极限荷载(V_p)时，试件中部"纯剪"段出现斜裂缝，与梁轴线约成 45° 夹角。随后，裂缝两端沿斜上、下方迅速延伸，穿过变截面区后，裂缝斜角变陡，当裂缝到达梁顶和梁底部时，已接近垂直方向。裂缝贯通试件全截面后，将试件"剪切"成两段。

不同强度等级($\leqslant$C70)的混凝土试件，剪切破坏形态相同，通常只有一条斜裂缝。裂缝断口的界面清晰、整齐，两旁混凝土坚实，无破损症状。试件的破坏特征与斜向受拉(主拉应力方向)相同(表 1-8)。

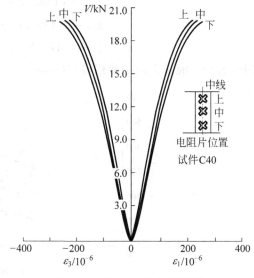

图 1-30 剪力-主应变曲线[1-32]

混凝土的抗剪强度(τ_p)随其立方体抗压强度(f_{cu})单调增长(图 1-31)，经回归分析得计

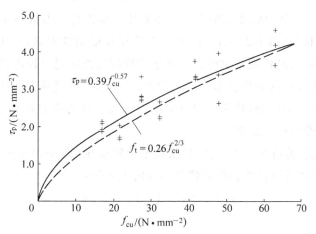

图 1-31 抗剪强度和立方体抗压强度的关系[1-32]

算式

$$\tau_p = 0.39 f_{cu}^{0.57} \qquad (1\text{-}29)$$

这与混凝土轴心抗拉强度（f_t）接近，试件的破坏形态和裂缝特征也相同，而且与薄壁圆筒受扭和二轴拉/压试验的结果都一致。

1.5.3　剪切变形和剪切模量

试件破坏时的峰值应变，包括主拉、压应变（ε_{1p}，ε_{3p}）和剪应变（γ_p），都随混凝土抗剪强度（τ_p）（或强度等级 f_{cu}）单调增长（图 1-32），回归分析得到的峰值应变计算式为[1-32]

$$\left.\begin{array}{l} \varepsilon_{1p} = (156.90 + 33.28\tau_p) \times 10^{-6} \\ \varepsilon_{3p} = -(19.90 + 50.28\tau_p) \times 10^{-6} \\ \gamma_p = (176.80 + 83.56\tau_p) \times 10^{-6} \end{array}\right\} \qquad (1\text{-}30)$$

式中，τ_p——混凝土的抗剪强度，N/mm²。

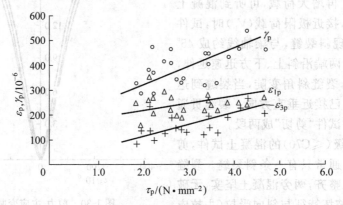

图 1-32　峰值主应变和剪切应变[1-32]

混凝土剪切破坏时的主拉应变和主压应变分别大于相同应力（$\sigma = \tau_p$）下混凝土的单轴受拉应变（$\varepsilon_{t,p}$，图 1-20）和单轴受压应变。其主要原因是纯剪应力状态等效于一轴受拉和一轴受压的二维应力状态（图 1-28(e)），两向应力的相互横向变形效应（泊松比）增大了应变值。而且两向应力的共同作用使试件在垂直于主拉应力方向更早地出现微裂缝，发展更快，接近峰值应力时，两方向的塑性变形有较大发展。因此，尽管混凝土的抗剪强度与抗拉强度值相近，但是混凝土的剪应变，特别是峰值剪应变远大于轴心受拉的相应应变，也大于相同应力下单轴受拉和受压应变之和。

混凝土的剪应力-剪应变（τ-γ）曲线形状处于单轴受压（图 1-7）和单轴受拉（图 1-22）曲线之间，文献[1-32]建议用四次多项式拟合曲线的上升段：

$$y = 1.9x - 1.7x^3 + 0.8x^4 \qquad (1\text{-}31a)$$

式中

$$x = \gamma/\gamma_p, \quad y = \tau/\tau_p \qquad (1\text{-}31b)$$

　　理论曲线与试验结果的对比见图 1-33。

　　混凝土的剪切模量可直接从剪应力-剪应变曲线方程推导求得。有限元分析中要求使用的割线剪切模量(G_s)或切线剪切模量(G_t)分别为

$$G_s = \frac{\tau}{\gamma} = G_{sp}\left[1.9 - 1.7\left(\frac{\gamma}{\gamma_p}\right)^2 + 0.8\left(\frac{\gamma}{\gamma_p}\right)^3\right]$$

(1-32)

$$G_t = \frac{d\tau}{d\gamma} = G_{sp}\left[1.9 - 5.1\left(\frac{\gamma}{\gamma_p}\right)^2 + 3.2\left(\frac{\gamma}{\gamma_p}\right)^3\right]$$

(1-33)

式中的混凝土峰值割线剪切模量由式(1-30)得出：

$$G_{sp} = \frac{\tau_p}{\gamma_p} = \frac{10^6}{83.56 + (176.8/\tau_p)}$$

(1-34)

而初始切线剪切模量则为

$$G_{t0} = 1.9 G_{sp}$$

(1-35)

　　混凝土的初始剪切模量和峰值割线剪切模量都随混凝土的强度(f_{cu})单调增长，理论曲线与试验结果的比较如图 1-34 所示。

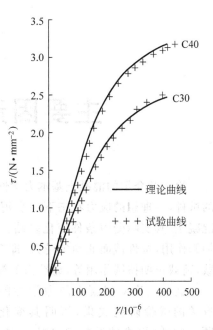

图 1-33　τ-γ 理论曲线[1-32]

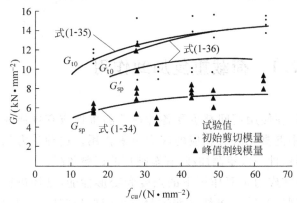

图 1-34　剪切模量和立方体抗压强度的关系[1-32]

　　按照弹性力学的原则和方法，考虑材料的受拉和受压弹性模量不相等，也可推导得剪切模量的计算式

$$G' = \frac{E_t E_c}{E_t + E_c + \nu_c E_t + \nu_t E_c}$$

(1-36)

式中，E_t,E_c——材料的受拉和受压弹性模量；

　　　$\nu_t(\nu_c)$——主拉(压)应力对主压(拉)应力方向变形的影响系数(泊松比)。

　　将混凝土的初始拉、压弹性模量值代入式(1-36)计算得的初始剪切模量 G'_{t0}，与按式(1-35)计算的 G_{t0} 值接近(图 1-34)。然而，以应力等于混凝土抗剪强度($\sigma = \tau_p$)时的单轴拉、压割线弹性模量也代入式(1-36)得到的割线剪切模量 G'_{sp}，要比试验值和式(1-34)的理论值高得多。说明式(1-36)只适用于混凝土应力较低的阶段，当 $\tau > 0.5\tau_p$ 后应用时给出的剪应变过小，误差很大。原因已如前述，所以，在非线性有限元分析中所需的混凝土剪切模量，不能简单地采用由单轴拉、压关系推导的公式或数值计算。

第
2
章

主要因素的影响

第1章介绍的混凝土基本力学性能,都是按照标准试验方法,采用规定的试件,在理想的应力状态下一次短时加载所测定的结果。结构工程中的混凝土,其实际受力条件变化多端。最常见的情况有:荷载(应力)的重复加卸作用,构件截面非均匀受力(即存在应力和应变梯度),非28天龄期加载,荷载长期持续作用等,显然都不符合标准试验条件。

这些因素对混凝土的力学性能都有不同程度的影响。本章将介绍有关的试验研究成果,探明其变化规律,以便正确地处理实际工程问题。此外,更有些结构遭受特殊受力条件,如荷载的高速(冲击)作用,疲劳荷载作用,高温和荷载同时作用等。在这些情况下的混凝土力学性能详见第四篇。

2.1 荷载重复加卸作用

所有的结构工程,在使用期间都承受各种荷载随机地或有规律地多次重复加卸作用,结构中混凝土必有相应的应力重复作用。这种受力状态显然不同于前述的标准试件一次单调加载、直至破坏的试验状况。

为了研究混凝土在应力重复作用下的强度和变形性能,已经进行过多种形式的重复荷载试验[2-1~2-3]。虽然这些试验不可能模拟实际结构中混凝土的全部重复加卸过程,但是可以从典型的试验结果中得到其一般性的规律和重要的结论。

文献[2-1]介绍了6种压应力重复加卸载①试验,测得的混凝土受压应力-应变全曲线如图2-1所示,其中:

A——单调加载(图中(a));

B——等应变增量的重复完全加卸载(图中(b));

C——等应变增量的重复加卸载,但卸载至卸载前应力的一半时,立即再加载(图中(c));

D——等应力循环加卸载(图中(d));

---

① 这里的"加卸载"概念均以应变增减为标准。凡是混凝土受压应变增大时,无论此时的应力是增大(上升段)还是减小(下降段),都属"加载";反之,应变减小,应力必减小,则为"卸载"。

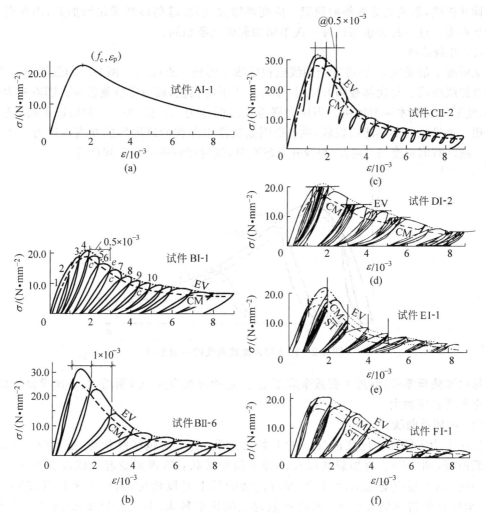

图 2-1　多种重复加卸载下的应力-应变全曲线[2-1]

E——等应变循环加卸载（图中(e)）；

F——沿首次卸载曲线的循环加卸载（图中(f)）。

根据试验过程中观察的现象和对试验结果的分析,得到了混凝土在重复加卸载下的一些重要现象和一般性规律如下。

（1）包络线

沿着重复荷载下混凝土应力-应变曲线的外轮廓描绘所得的光滑曲线称为包络线（图中以 EV 表示）。各种重复荷载（B~F）下的包络线都与单调加载的全曲线（A）十分接近。包络线上的峰点给出的棱柱体抗压强度和峰值应变也与单调加载的相应值（f_c, ε_p）无明显差别。

（2）裂缝和破坏过程

所有试件都是在超过峰值应力后、总应变达（1.5~3.0）×10^{-3}时出现第一条可见裂缝。裂缝细而短,平行于压应力方向。继续加卸载,相继出现多条纵向短裂缝。若荷载重复加卸多次,则总应变值并不增大,裂缝无明显发展。当试件的总应变达（3~5）×10^{-3}时,相邻裂缝延伸并连接,形成贯通的斜向裂缝。应变再增大,斜裂缝的破坏带逐渐加宽,仍保有少量残余承载力。这一过程也与试件一次单调加载的现象相同。

（3）卸载曲线

从混凝土的受压应力-应变全曲线或包络线上的任一点(ε_u,σ_u,图 2-2)卸载至应力为零,得完全卸载曲线。每次卸载刚开始时,试件应力下降很快,而应变恢复很少。随着应力值的减小,变形的恢复才逐渐加快。当应力降至卸载时应力(σ_u)的 20%～30% 以下时,变形恢复最快。这是恢复变形滞后现象,主要原因是试件中存在的纵向裂缝在高压应力下不可能恢复。故卸载时应变(ε_u)越大,裂缝开展越充分,恢复变形滞后现象越严重。

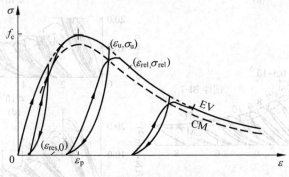

图 2-2　卸载和再加载曲线的一般形状

每次卸载至零后,混凝土有残余应变 ε_{res}。它随卸载应变(ε_u)而增大,多次重复加卸载,残余应变又有所加大。

（4）再加载曲线

从应力为零的任一应变值(ε_{res},0)开始再加载,直至与包络线相切、重合(ε_{rel},σ_{rel}),为再加载曲线(图 2-2)。再加载曲线有两种不同的形状:当再加载起点的应变很小($\varepsilon_{res}/\varepsilon_p$ <0.2)时,其上端应变 $\varepsilon_{rel}/\varepsilon_p \leqslant 1.0$,即与包络线的上升段相切,曲线上无拐点,斜率单调减小,至切点处斜率仍大于零;若再加载起点的应变较大,其上端应变 $\varepsilon_{rel}/\varepsilon_p > 1.0$,即与包络线的下降段相切。由于切点的斜率小于零,再加载曲线的上升段在应力较低处有一拐点,后又出现一个极大值(峰点)和一小节下降段。而且,起点应变(ε_{res})越大,曲线的变化幅度越大。

（5）横向应变(ε')

在重复荷载(B)(图 2-3(a))作用下,试件横向应变 ε' 的变化如图2-3(b)。开始加载阶段,试件的横向应变很小。当应力接近混凝土的棱柱体强度(f_c)时,横向应变才明显地加快增

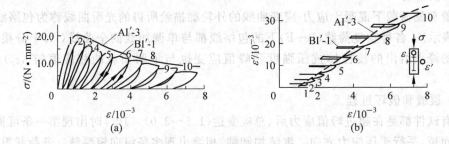

图 2-3　横向应变

长。卸载时,纵向应变能恢复一部分,而横向应变几乎没有恢复,保持常值。再加载时,纵向应变即时增大,而横向应变仍保持常值。只有当曲线超过共同点(CM,共同点轨迹线)后,纵向应变加速增长时,横向应变才开始增大。这些现象显然也是纵向裂缝的发展和滞后恢复所致。

当试件应变很大($\varepsilon > 4 \times 10^{-3}$)后,卸载时横向应变才有少许恢复。一次加卸载循环在 ε'-ε 曲线上形成一个很扁的菱形封闭环。重复荷载(B)和单调加载(A)试验对比,试件在相同纵向应变(ε)时对应的横向应变(ε')值接近,且总体变化规律一致(图 2-3(b))。

(6) 共同点轨迹线

在重复荷载试验中,从包络线上任一点卸载后再加载,其交点称共同点。将多次加卸载所得的共同点,用光滑曲线依次相连,即为共同点轨迹线,图 2-1 中用 CM 表示。观察各试验曲线可发现。再加载曲线过了共同点以后斜率显著减小,也即试件的纵向应变超过原卸载应变(ε_u)而迅速增长,横向应变也突然增大。这表明已有纵向裂缝的扩张,或产生新的裂缝,损伤积累加大。

分析各种重复荷载下的共同点轨迹线,显然与相应的包络线或单调加载全曲线的形状相似,经计算对比[2-1]给出前者与后两者的相似比值为

$$K_C = 0.86 \sim 0.93 \qquad \text{平均为} 0.89 \qquad (2\text{-}1)$$

其中重复荷载 C 的相似比值偏大,约为 0.91。

(7) 稳定点轨迹线

重复荷载试验(E,F)中,在预定应变值下经过多次加卸载,混凝土的应力(承载力)不再下降,残余应变不再加大,卸载-再加载曲线成为一稳定的闭合环,环的上端称稳定点。将各次循环所得的稳定点连以光滑曲线,即为稳定点轨迹线,图 2-1 中以 ST 表示。这也就是混凝土低周疲劳的极限包线。

达到稳定点所需的荷载循环次数,取决于卸载时的应变。经统计,在应力-应变曲线上升段以内,一般需 3～4 次;在下降段内则需 6～9 次,才能达到稳定点。

经观察和对比,稳定点轨迹线的形状也与相应的包络线或单调加载全曲线相似。它们之间的相似比值为[2-1]

$$K_S = 0.70 \sim 0.80 \qquad \text{平均为} 0.75 \qquad (2\text{-}2)$$

在进行钢筋混凝土结构的抗震或其他受力状态下的非线性分析时,需要应用混凝土在荷载加卸和重复作用下的应力-应变关系,包括包络线、卸载和再加载曲线等的方程,可采用文献[2-1]或[2-3]建议的计算式,前者给出的结果与试验曲线符合更好。在我国的设计规范[1-1]中,则将卸载和再加载曲线简化为重合的斜向直线,其斜率随卸载应变值(ε_u)而变化。

但是必须说明,上述都是混凝土试件在短时间(数小时)内进行加卸载试验的结果,其数据和规律对于长期加、卸荷载的情况,当然会有所变化。

2.2 偏 心 受 压

实际结构工程中,极少可能有理想的轴心受压构件。即使是按轴心受压设计的构件,也会因偶然的横向荷载、支座条件不符理想或施工制作的偏差等情况而出现截面弯矩。因此,

一般构件均为偏心受压状态,压应变(应力)沿截面分布不均匀,或称存在应变(应力)梯度。显然,弯矩越大,或荷载偏心距越大,以及截面高度越小,则截面的应变梯度越大。

2.2.1   试验方法

应变梯度对混凝土的强度和变形性能的影响,国内外设计了多种棱柱体的偏心受压试验加以研究。试验按照控制截面应变方法的不同可分为以下三类(图 2-4)。

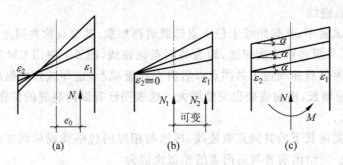

图 2-4   偏心受压试验的不同方法

(a) $e_0 =$ const. ; (b) $\varepsilon_2 \equiv 0$; (c) $\varepsilon_1 - \varepsilon_2 =$ const.

1.   等偏心距试验($e_0 =$ const.)[1-17,2-4,2-5]

按预定偏心距确定荷载位置,一次加载直至试件破坏为止。试件的截面应变随荷载的增大而变化,应变梯度逐渐增大,中和轴因混凝土受压的塑性变形等原因而向荷载方向有少量移动。

2.   全截面受压,一侧应变为零($\varepsilon_2 \equiv 0$)[1-21]

截面中心的主要压力(N_1)由试验机施加。偏心压力(N_2)由液压千斤顶施加,数值可调,使一侧应变为零。截面应变分布始终成三角形,但应变梯度渐增。

3.   等应变梯度加载($\varepsilon_1 - \varepsilon_2 =$ const.)[2-6]

试件由试验机施加轴力 N,在横向有千斤顶施加弯矩 M。试验时按预定应变梯度同时控制 N 和 M,使截面应变平行地增大,应变梯度保持为一常值。

2.2.2   主要试验结果

这些试验给出的结果基本一致。今以试验量最多的等偏心距试验[2-4]为例说明混凝土偏心受压的主要性能和一般规律。

1.   极限承载力(N_p)和相应的最大应变(ε_{1p})

试件破坏时的极限承载力随荷载偏心距(e_0)的增大而降低(图 2-5(a)),但是均明显高出按线性应力图(弹性)计算的承载力

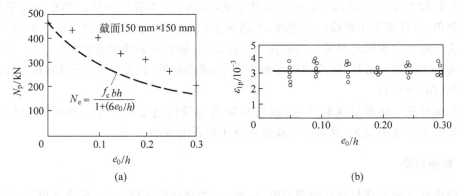

图 2-5 棱柱体偏心受压的试验结果[2-4]
(a) 极限承载力;(b) 截面最大应变

$$N_e = \frac{f_c bh}{1 + (6e_0/h)} \qquad (2-3)$$

表明混凝土塑性变形产生的截面非线性应力分布,有利于承载力的提高。

在极限荷载下,试件截面的最大压应变(ε_{1p})达 $3.0 \times 10^{-3} \sim 3.5 \times 10^{-3}$(图 2-5(b)),随偏心距的变化并不大。此应变值显著大于混凝土轴心受压的峰值应变 ε_p,说明试件此时的最外纤维已进入应力-应变曲线的下降段。

2. 破坏形态

混凝土棱柱体中心受压(图 2-6(a))的破坏过程和形态已如前述(如图 1-7)。偏心距较小($e_0 < 0.15h$)的试件,当荷载达$(0.9 \sim 1.0)N_p$ 时,首先在最大受压区出现纵向裂缝。荷载超过峰值 N_p 进入下降段后,纵向裂缝不断延伸和扩展,并出现新的裂缝,形成一个三角形裂缝区。另一侧若是受拉,将出现横向受拉裂缝。对试件继续加载,在受压裂缝区的上部和下部出现斜向主裂缝。横向拉裂缝的延伸,减小了压区面积,当和压区裂缝汇合后,试件的上、下部发生相对转动和滑移,最后的破坏形态如图 2-6(b)所示。

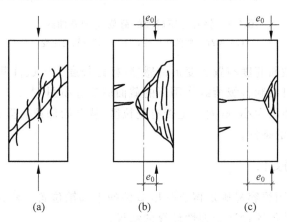

图 2-6 偏心受压试件的破坏形态
(a) 中心受压;(b) $e_0 < 0.15h$;(c) $e_0 > 0.2h$

偏心距较大($e_0>0.2h$)的试件,一开始加载,截面上就有拉应力区。当拉应变超过混凝土的极限值,试件首先出现横向拉裂缝,并随荷载的增大而向压区延伸。接近极限荷载时,靠近最大受压侧出现纵向裂缝。荷载进入下降段后,横向拉裂缝继续扩张和延伸,纵向受压裂缝也有较大扩展。最终,试件因压区面积缩小,破裂加剧,也发生上、下部的相对转动和滑移而破坏(图2-6(c))。

所有试件的三角形受压破坏区,纵向长度约为横向宽度的2倍。压碎区的长度和面(体)积均随偏心距的增大、截面压区高度的减小而逐渐减小。

3. 截面应变

试验中量测的荷载与截面外侧应变(ε_1 和 ε_2)的全曲线如图2-7。荷载一侧压应变 ε_1 的全曲线与轴心受压试件的应力-应变全曲线形状相同。荷载对侧应变 ε_2 的变化则随试件的偏心距而异。$e_0<0.15h$ 的试件,ε_2 由开始加载时的压应变逐渐转为拉应变;而 $e_0>0.2h$ 的试件,ε_2 自始至终为受拉,其全曲线形状也与轴心受压应力-应变全曲线相似、但方向相反。

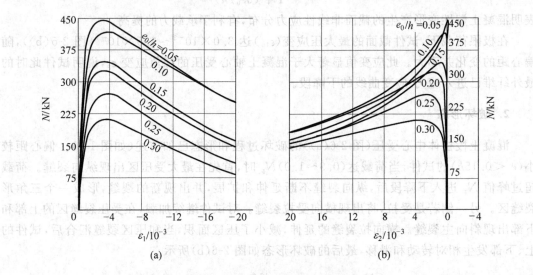

图2-7 偏心受压试件的荷载-应变全曲线[2-4]

(a) 荷载一侧的压应变;(b) 荷载对侧的应变

试验过程中,沿截面高度布置了变形传感器(标距长度大于试件截面高度的2倍),量测到试件的平均应变,可绘制各级荷载作用下的截面应变分布图[2-4]。几乎所有的试验结果都证明,无论荷载偏心距的大小、截面上是否有受拉区,从开始加载直至试件破坏,截面平均应变都符合平截面变形的条件。

4. 中和轴位置的变化

由截面应变分布图很容易确定偏心受压试件的中和轴位置。刚开始加载,混凝土的应力很低时,截面中和轴位置接近于弹性计算的结果:

$$\frac{x_e}{h} = 0.5 + \frac{h}{12e_0} \tag{2-4}$$

荷载增大($e_0=$const.)后,混凝土的塑性变形和微裂缝逐渐发展,截面应力发生非线性重分布,中和轴向荷载一侧慢慢地漂移,压区面积减小。至极限荷载 N_p 时,中和轴移动的距离可达 $(0.25\sim0.4)h$,如图 2-8 所示。

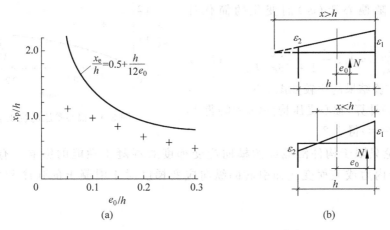

图 2-8 偏心受压试件的中和轴位置[0-4]

2.2.3 应力-应变关系

在混凝土棱柱体的偏心受压试验中,虽然可以准确地确定荷载的数值和位置,并量测到截面的应变值和分布,但由于混凝土应力-应变的非线性关系,截面的应力分布和数值仍不得而知。故偏心受压情况下的混凝土应力-应变全曲线不能直接用试验数据绘制。

为了求得混凝土的偏心受压应力-应变全曲线,只能采取一些假定,推导基本计算公式,并引入试验数据进行大量的运算。现有计算方法分两类:

① 增量方程计算法[1-21,2-4]。将加载过程划分成多个微段,用各荷载段的数据增量代入基本公式计算——对应的应力和应变关系,作图相连得应力-应变全曲线。

② 给定全曲线方程,拟合参数值[2-4]。首先选定合理的全曲线数学方程,用最小二乘法作回归分析,确定式中的参数值。

这两类方法各有优缺点。增量法不必预先设定曲线方程,但计算得到的原始曲线不光滑,甚至有较大波折,尚需作光滑处理。拟合法的曲线形式已是先入为主,无可更改,初始的选择影响最终结果的准确性。比较合理的是采用这两类方法分别进行计算,经互相验证和修正后给出最终结果。

不同研究人员根据各自的试验数据和计算方法得出的一致结论是,应力-应变全曲线的形状与试件偏心距或应变梯度无关,即偏心受压和轴心受压可采用相同的曲线方程。但是,他们对偏心受压情况下的混凝土抗压强度 $(f_{c,e})$ 和相应峰值应变 $(\varepsilon_{p,e})$ 给出了不全相同的数值,见表 2-1。考虑到这些结果来自不同的试验和计算方法、试件混凝土材料等,可以认为他们的主要结论基本一致。

表 2-1 混凝土偏心受压和轴心受压的抗压强度和峰值应变比值

文 献	[1-21]	[2-5]	[2-6]	[2-4]
$f_{c,e}/f_c$	≈ 1.0	≈ 1.2	≈ 1.1	≈ 1.15
$\varepsilon_{p,e}/\varepsilon_p$	≈ 1.0	≈ 1.5	$1\sim1.1$	$1\sim1.14$

文献[0-4]根据上述试验结果和分析,建议采用混凝土偏心抗压强度($f_{c,e}$)和相应峰值应变($\varepsilon_{p,e}$)随偏心距(e_0)而变化的简化计算式

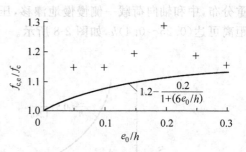

图 2-9　偏心受压的抗压强度

$$\frac{f_{c,e}}{f_c} = \frac{\varepsilon_{p,e}}{\varepsilon_p} = 1.2 - \frac{0.2}{1+(6e_0/h)} \qquad (2-5)$$

理论曲线和试验结果的比较如图 2-9。

按式(2-5)计算,轴心受压构件($e_0=0$)得 1,受弯构件($e_0=\infty$)得 1.2。

上述讨论只限于构件沿截面的横向应变梯度对混凝土性能的影响。有试验[2-7]表明,构件由于内力或截面变化而引起的纵向应变梯度对于混凝土的强度和变形也有一定影响。

2.3　偏心受拉和弯曲受拉

实际结构工程中,理想的轴心受拉杆件也罕见。受拉构件常因受力和施工制作等原因而承受弯矩,截面上的拉应力分布不均匀。受弯构件的拉区应变(力)分布更为不均。因此需要研究和确定应变(力)梯度对混凝土受拉性能的影响。

混凝土偏心受拉性能的试验研究较少,且所得结论不全一致。文献[2-8]通过试验研究得出的结论是,偏心受拉的应力-应变关系与轴心受拉的相同;文献[2-9]则认为应变梯度的存在提高了混凝土的受拉峰值应变,应力-应变曲线有所不同,给出了由直线段和曲线段组成的上升段曲线方程;文献[2-10,2-11]讨论了混凝土弯曲抗拉强度($f_{t,f}$)计算方法的改进;文献[1-31]比较了系统的偏心受拉和弯曲试验,量测了应力-应变全曲线,给出混凝土偏心受拉性能的一般规律和相应的计算式。

1. 破坏过程

不同荷载偏心距的受拉试件,加载后截面上产生不均匀应力分布。当达到极限荷载时,首先在试件的最大受拉边出现裂缝。裂缝垂直于拉应力方向,沿截面向另一侧延伸,承载力逐渐下降,最终将试件断裂成两截。试件一般只有一条裂缝,由初始裂缝发展为断裂裂缝。试件的破坏形态和断口特征与轴心受拉试件(表 1-8)相同,不同偏心距试件也无区别。

2. 极限抗拉强度和塑性影响系数

试件破坏时的极限拉力 N_p 随荷载偏心距 e_0 的增大而降低,试验数据示于图 2-10。图中可看到试验值均高于按弹(脆)性材料计算的理论值(同式 2-3):

$$\frac{N_e}{f_t bh} = \frac{1}{1+(6e_0/h)} \qquad (2-6)$$

但是,提高的幅度小于偏心受压的类似情况(图 2-5(a))。这说明混凝土受拉塑性变形的发

展有限,截面应力重分布的变化较小。

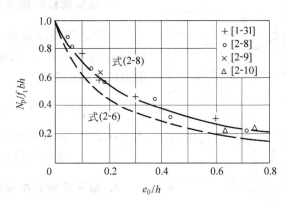

图 2-10 偏心受拉的承载力[1-31]

矩形截面的混凝土偏心受拉和受弯试件,按照弹性材料截面直线应力分布计算的最大拉应力,即为弯曲抗拉强度 $f_{t,f}$(式 1-11)。它与轴心抗拉强度的比值 γ 即为截面抵抗矩塑性影响系数[1-1]:

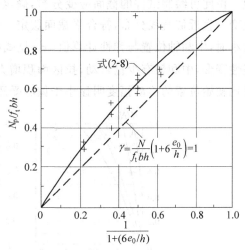

图 2-11 承载力和偏心距关系[1-31]

$$
\left.
\begin{array}{ll}
\text{偏心受拉} & \gamma = \dfrac{f_{t,f}}{f_t} = \dfrac{N_p}{f_t bh}\left(1 + 6\,\dfrac{e_0}{h}\right) \\[3mm]
\text{受弯} & \gamma = \dfrac{6M_p}{f_t bh^2}
\end{array}
\right\}
\qquad (2\text{-}7)
$$

对于弹(脆)性材料,$\gamma \equiv 1$,在 $N_p/f_t bh$ 和 $1/(1+(6e_0/h))$ 坐标上为一对角直线(图 2-11)。而今全部数据均在直线的上方,表明非弹性的混凝土材料 $\gamma > 1$,经回归分析得

$$
\gamma = 1.51 - \frac{0.77}{1.51 + (6e_0/h)} \qquad (2\text{-}8)
$$

或

$$
\frac{N_p}{f_t bh} = \left(1.51 - \frac{0.77}{1.51 + (6e_0/h)}\right)\frac{1}{1 + (6e_0/h)} \qquad (2\text{-}9)
$$

轴心受拉构件 $e_0 = 0$,则 $\gamma = 1$;受弯构件 $e_0 = \infty$,$\gamma = 1.51$。事实上,构件的塑性影响系数 γ 还与混凝土的强度等级 f_{cu}、试件截面高度[1-1,1-12]等有关。混凝土的强度等级越高,塑性变形发展小,γ 值偏低。当 $f_{cu} = 25.36$ N/mm² 增大至 74.05 N/mm²,受弯构件的试验平均值由 $\gamma = 1.76$ 降为 1.35[1-31]。

试件的截面高度决定了极限状态时的截面应变梯度。截面高度大者,应变梯度小,则塑性影响系数减小。各国的研究人员和规范提出了不同的系数值修正方法。我国规范[1-1]对矩形截面的抵抗矩塑性影响系数基本值取为 $\gamma_m = 1.55$(推导过程见 11.2 节),另须考虑构件的截面高度加以修正(式(11-7))。

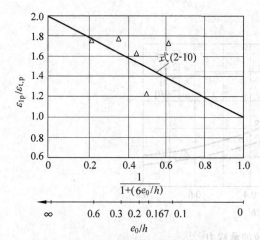

图 2-12　极限荷载时的最大拉应变[1-31]

3. 极限荷载时的最大拉应变

试件达到极限荷载 N_p 时,截面的最大拉应变 ε_{1p} 随偏心距 e_0 而增大(图 2-12)。相应的回归计算式为

$$\frac{\varepsilon_{1p}}{\varepsilon_{t,p}} = 2.0 - \frac{1}{1+(6e_0/h)} \quad (2-10)$$

式中,$\varepsilon_{t,p}$——混凝土轴心受拉时的峰值应变;

受弯构件($e_0 = \infty$)得 $\varepsilon_{1p} = 2\varepsilon_{t,p}$。

4. 截面应变和中和轴的变化

不同偏心距试件的实测荷载-截面应变全曲线见图 2-13,都与轴心受拉的相应曲线相似。由此可绘制试件的截面应变分布,确定中和轴位置。从开始加载直至试件破坏,其截面应变一直近似直线分布,符合平截面假定。中和轴位置主要取决于荷载的偏心距。当荷载较小时,中和轴位置与弹性计算值(x_e,见式(2-4))相符。临近极限荷载时,拉区混凝土产生塑性变形,中和轴有少量移动,拉区面积增大。极限荷载时的中和轴位置(x_p)示于图 2-14,对比初始位置的移动幅度明显小于偏心受压试件(图 2-8)。

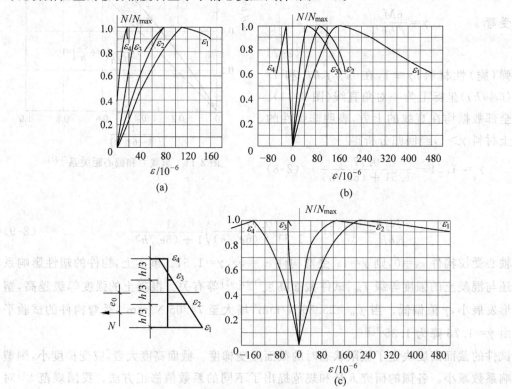

图 2-13　荷载-截面应变曲线[1-31]

(a) $e_0 = 0.167h$; (b) $e_0 = 0.3h$; (c) $e_0 = \infty$

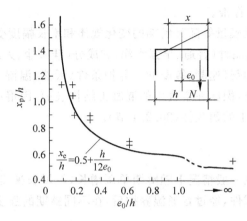

图 2-14　极限荷载时的中和轴位置[1-31]

5. 应力-应变曲线方程

确定混凝土偏心受拉的应力-应变全曲线方程,同样可以使用分析偏心受压全曲线的两种方法(见 2.2.3 节)进行计算。文献[1-31]和文献[0-4]根据分析结果建议如下:

偏心受拉和受弯的抗拉强度 $f_{t,e}$ 和峰值应变 $\varepsilon_{t,e}$ 取为

$$\frac{f_{t,e}}{f_t} = 1.1 - \frac{0.1}{1 + (6e_0/h)} \tag{2-11}$$

$$\frac{\varepsilon_{t,e}}{\varepsilon_{t,p}} = 1.3 - \frac{0.3}{1 + (6e_0/h)} \tag{2-12}$$

式中,f_t,$\varepsilon_{t,p}$——混凝土轴心抗拉强度和相应的峰值应变(式(1-12),式(1-16))。

应力-应变全曲线方程分别采用不同的形式:偏心受拉构件采用轴心受拉的计算式(1-21),受弯构件则取为

$$\left.\begin{array}{ll} x \leqslant 1 & y = 2x - x^2 \\[2mm] x \geqslant 1 & y = \dfrac{x}{0.5(x-1)^{1.7} + x} \end{array}\right\} \tag{2-13}$$

式中,$x = \varepsilon/\varepsilon_{t,e}$,$y = \sigma/f_{t,e}$。

2.4　龄　　期

混凝土中的主要胶结材料是水泥。水泥颗粒的水化作用从表层逐渐深入内部,是一个长达数十年的缓慢过程。所以,随着混凝土龄期的增长,水泥的水化作用日渐充分,混凝土的成熟度不断提高,其强度和弹性模量继续增长,已经为大量的试验和工程实践证实。

现今世界各国的钢筋混凝土结构设计规范,一般都取龄期 $t = 28$ 天作为标定混凝土强度和其他性能指标的标准。如果结构早期受力(包括施加预应力),应按实际龄期内混凝土达到的性能指标进行验算。对于龄期超过 28 天后才承受全部荷载的结构,一般将混凝土的后期强度作为结构的附加安全储备而不加利用。某些工程,确因施工期很长,全部使用荷载施加上的时间很晚,或者某些特殊(如抗爆)结构,才考虑采用混凝土的后期强度(如龄期

$t=90$ 天的强度)作为设计标准。

混凝土的强度和弹性模量等随其龄期的变化规律和增长幅度受到许多因素的影响。比较重要的因素有：水泥的品种(普通、早强水泥)和成分(硅酸盐、火山灰、矿渣)、水泥的质量(烧制程度、磨细度)、外加剂(速凝、缓凝剂)、养护条件(天然、温湿、蒸汽养护)、环境的温度和湿度及其变化等。此外,裸露在空气中的混凝土结构表面,因混凝土与二氧化碳的作用,使表层碳化,削弱了混凝土的耐久性(20.2.4 节)。

1. 抗压强度

混凝土的抗压强度在一般情况下随龄期单调增长,但增长速度渐减并趋向收敛。两种主要水泥制作的混凝土试件,经过普通湿养护后,在不同龄期的强度变化如表 2-2 所示。

表 2-2   混凝土相对抗压强度随龄期的变化[0-1]

龄期/天	3	7	28	90	360
普通硅酸盐水泥	0.40	0.65	1	1.20	1.35
快硬早强硅酸盐水泥	0.55	0.75	1	1.15	1.20

混凝土抗压强度随龄期变化的数学描述,曾有多种经验公式[0-1],例如

$$f_c(t) = \frac{\lg t}{\lg n} f_c(n)$$
$$f_c(t) = \frac{t}{a+bt} f_c(28)$$

$$(2-14)$$

式中, $f_c(t)$, $f_c(n)$ 和 $f_c(28)$——龄期为 t, n 和 28 天时的混凝土抗压强度;

a, b——取决于水泥品种和养护条件的参数。

模式规范 CEB-FIP MC90[1-12]中,混凝土抗压强度随龄期增长的计算式为

$$f_c(t) = \beta_t f_c \qquad (2\text{-}15a)$$
$$\beta_t = e^{s(1-\sqrt{28/t})} \qquad (2\text{-}15b)$$

式中, s 取决于水泥种类,普通水泥和快硬水泥取为 0.25,快硬高强水泥取为 0.20。

理论曲线见图 2-15,给出的混凝土后期强度一般偏低,适合工程中应用。

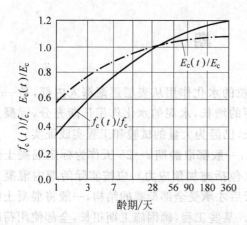

图 2-15   抗压强度和弹性模量随龄期的变化[2-12]

混凝土在压应力的持续作用下,应变将随时间而增长,称为徐变(详见 2.6 节)。当试件的应力水平较低($\sigma < 0.8 f_c$)时,经过很长时间后变形的增长渐趋收敛,达一极限值。若应力水平很高($\sigma \geqslant 0.8 f_c$),混凝土进入了不稳定裂缝发展期,试件的变形增长不再收敛,在应力持续一定时间后发生破坏,得到强度极限线(图 2-16)。可见,应力水平越低,发生破坏的应力持续时间越长。荷载长期持续作用,而混凝土不会破坏的最高应力,称为长期抗压强度,一般取为 0.80 f_c。

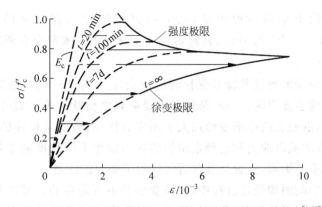

图 2-16 应力水平和作用时间对混凝土强度和变形的影响[1-17]

2. 弹性模量

混凝土的弹性模量值随龄期(t/天)的增长变化如图 2-17。模式规范 CEB-FIP MC90 采用了一个简单的计算式

$$E_c(t) = E_c \sqrt{\beta_t} \tag{2-16}$$

式中，E_c——龄期 $t=28$ 天时的混凝土弹性模量；

系数 β_t 见式(2-15b)。

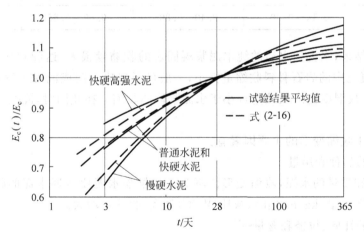

图 2-17 弹性模量随时间的发展[2-12]

混凝土的弹性模量和抗压强度随龄期的增长规律不同(图 2-15)。弹性模量 $E_c(t)$ 在早期($t<28$ 天)的增长速度较快，在后期($t>28$ 天)增加幅度较小。主要原因是混凝土中粗骨料的性能稳定，弹性模量与龄期无关。

2.5 收　缩

经过调制和搅拌成的流态混凝土，以及湿养护期的成形混凝土，因饱含水分而体积基本不变。以后混凝土在空气中逐渐硬化，水分散发，体积发生收缩。混凝土的长度收缩变形,在经历数十年后一般可达$(300\sim600)\times10^{-6}$,在不利的条件下甚至可达$(800\sim1\,000)\times10^{-6}$[1-12,0-1]。但是,若将混凝土放入水中,体积会有所膨胀,最大的长度变形可达150×10^{-6}。

混凝土的收缩应变值超过其轴心受拉峰值应变($\varepsilon_{t,p}$)的$3\sim5$倍,成为其内部微裂缝和外表宏观裂缝发展的主要原因。一些结构在承受荷载之前就出现了裂缝,或者使用多年以后外表龟裂。此外,混凝土的收缩变形加大了预应力损失,降低了构件的抗裂性,增大了构件的变形,并使构件的截面应力和超静定结构的内力发生不同程度的重分布等。这些都可能对实际结构产生不利影响,在设计和分析时应给予必要的注意。

混凝土在空气中凝固和硬化过程中,收缩变形是不可避免的。其主要原因是水泥水化生成物的体积小于原物料的体积(化学性收缩),以及水分蒸发后骨料颗粒受毛细管压力的压缩(物理性收缩)。此外,空气中二氧化碳和混凝土表层的碳化作用,也引起少量的局部收缩。

这些原因也决定了混凝土的收缩是个长期过程。已有试验说明,收缩变形在混凝土开始干燥时发展较快,以后逐渐减慢,大部分收缩在龄期3个月内出现,但龄期超过20年后收缩变形仍未终止。收缩变形随时间的发展如表2-3所示。

表 2-3　混凝土收缩变形的发展[0-1]

龄　期	2 周	3 月	1 年	20 年
比　值	$0.14\sim0.30$	$0.40\sim0.80$	$0.60\sim0.85$	1

根据试验结果,水泥加水后的纯水泥浆凝固后的收缩量很大,达$(2\,000\sim3\,000)\times10^{-6}$(表1-1)。混凝土中的岩石骨料收缩量极小,一般可忽略。制成混凝土后,骨料约束了水泥浆体的收缩,故混凝土的收缩量远小于水泥浆体的收缩。在此同时,混凝土内形成初始内应力(图1-2)。

影响混凝土收缩变形的主要因素有:

(1)水泥的品种和用量

不同品种和质量的水泥,收缩变形值不等。如早强水泥比普通水泥的收缩约大10%,混凝土中的水泥用量(kg/m^3)和水灰比(W/C)越大,收缩量增大。

(2)骨料的性质、粒径和含量[2-13]

骨料含量大、弹性模量值高者,收缩量越小;粒径大者,对水泥浆体收缩的约束大,且达到相同稠度所需的用水量少,收缩量也小。

(3)养护条件

及时完善的养护、高温湿养护、蒸汽养护等工艺加速水泥的水化作用,减小收缩量。养护不完善,存放期的干燥环境加大收缩。

(4)使用期的环境条件

构件周围所处的温度高,湿度低,都增大水分的蒸发,收缩量大。

(5)构件的形状和尺寸

混凝土中水分的蒸发必须经由结构的表面。故结构的体积和表面积之比,或线性构件的截面积和截面周界长度之比(A_c/u)增大,水分蒸发量减小,表面碳化层面积也小,收缩量减小。

(6) 其他因素

配制混凝土时的各种添加剂、构件的配筋率、混凝土的受力状态等在不同程度上影响收缩量。

混凝土的收缩变形,因为影响因素多,变化幅度大,一般难以准确定量。对于普通的中小型构件,收缩变形能促生表面裂缝,但引起的结构反应,一般不至于造成安全度的明显降低。所以,在构件计算时可不考虑收缩的影响,只是采取一些附加构造措施,如增设钢筋或钢筋网作为补偿。

一些重要的大型结构,需要有定量的混凝土收缩变形值进行结构分析时,有条件的应进行混凝土试件的短期收缩试验,用测定值推算其极限收缩值,或可按有关设计规范[1-12,2-14]提供的公式和参数值进行计算。

模式规范 CEB-FIP MC90 中,计算混凝土收缩的适用范围为:普通混凝土在正常温度下,湿养护不超过 14 天,暴露在平均温度(5~30 ℃)和平均相对湿度 $RH\%＝40\%\sim50\%$ 的环境。素混凝土构件在未加载情况下的平均收缩(或膨胀)应变的计算式为

$$\varepsilon_{cs}(t,t_s) = \varepsilon_{cso}\,\beta_s(t-t_s) \tag{2-17}$$

式中,名义收缩系数(即极限收缩变形)取为

$$\varepsilon_{cso} = \beta_{RH}\big[160 + \beta_{sc}(90 - f_c)\big] \times 10^{-6} \tag{2-18}$$

β_{sc} 取决于水泥种类,如普通水泥和快硬水泥取 5,快硬高强水泥取 8;

β_{RH} 取决于环境的相对湿度 $RH\%$:

$$\left.\begin{array}{ll} 40\%\leqslant RH\%\leqslant99\% & \beta_{RH}=-1.55\left[1-\left(\dfrac{RH}{100}\right)^3\right] \\[2mm] RH\%>99\% & \beta_{RH}=+0.25 \end{array}\right\} \tag{2-19}$$

收缩应变随时间变化的系数取为

$$\beta_s(t-t_s) = \sqrt{\frac{(t-t_s)}{0.035\left(\dfrac{2A_c}{u}\right)^2 + (t-t_s)}} \tag{2-20}$$

上述各式中,t,t_s——混凝土的龄期和开始发生收缩(或膨胀)时的龄期,天;

　　　　　f_c——混凝土的抗压强度,N/mm²;

　　　　　A_c——构件的横截面面积,mm²;

　　　　　u——与大气接触的截面周界长度,mm。

这一计算模型中考虑了 5 个主要因素对混凝土收缩变形的影响。除了水泥种类(β_{sc})、环境相对湿度($RH\%$)、构件尺寸($2A_c/u$)和时间(t,t_s)外,就是混凝土的抗压强度(f_c)。试验证明,混凝土强度值本身并不影响其收缩变形量。只是因为混凝土中的水泥用量、水灰比、骨料状况、养护条件等影响收缩的因素,在结构分析或设计时无法预先确定,但它们都在不同程度上与混凝土强度有联系,计算式中引入混凝土抗压强度作为间接地综合反映这些因素的影响。

按上述公式计算的混凝土收缩变形,随各主要因素的变化规律和幅度如图 2-18。

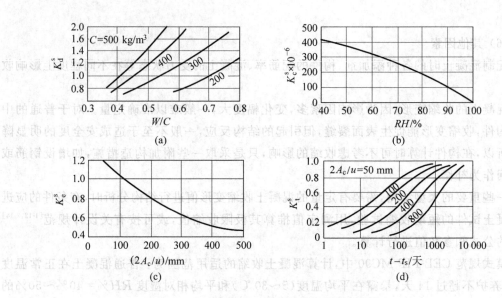

图 2-18 主要因素对混凝土收缩的影响[2-15]

(a) 水泥用量和水灰比；(b) 环境相对湿度；(c) 截面的形状和尺寸；(d) 收缩的时间

2.6 徐 变

2.6.1 基本概念

混凝土在应力 σ_c 作用下产生的变形，除了在龄期(t_0)时施加应力后即时的起始应变 $\varepsilon_{ci}(t_0)$ 外，还在应力的持续作用下不断增大应变 $\varepsilon_{cc}(t,t_0)$。后者称为徐变(图 2-19)。混凝土的徐变随时间而增大，但增长率渐减，2～3 年后变化已不大，最终的收敛值称为极限徐变 $\varepsilon_{cc}(\infty,t_0)$。

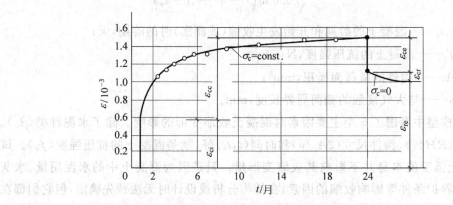

图 2-19 混凝土变形随时间的变化[0-1]

试件在应力持续作用多时后卸载至零($\sigma_c=0$)，混凝土有一即时的恢复变形 ε_{ce}，或称弹性恢复[2-15]。随时间的延长，仍有少量滞后的恢复变形缓缓出现，称为弹性后效 ε_{cr}，或称徐变恢复[2-15]。但是,还保留相当数量的残余变形 ε_{re}。

解释混凝土的徐变机理有多种理论观点[2-16,2-17],但都不能圆满地说明所有的徐变现象。一般认为,混凝土在应力施加后的起始变形,主要是骨料和水泥砂浆的弹性变形,和微裂缝少量发展所构成。徐变则主要是水泥凝胶体的塑性流(滑)动,以及骨料界面和砂浆内部微裂缝发展的结果。内部水分的蒸发也产生附加的干缩徐变。与此类似,混凝土卸载后的即时的和滞后的恢复变形,有着相应而相反的作用。

与徐变相平行的现象是松弛。当混凝土在龄期(t_0)时施加应力 $\sigma(t_0)$ 后产生应变 $\varepsilon_c(t_0)$。此后,若保持此应变值不变,混凝土的应力 $\sigma(t)$ 必随时间的延长而逐渐减小(图 2-20),就称应力松弛或松弛。

徐变和松弛实际上是材料随时间而异的变形性质的不同表现形式。两者的变化规律和影响因素相同,并可互相转换或折算[2-16,2-17]。混凝土在龄期 t_0 时的应力-应变曲线如图 2-21。若达到 P 点后维持应变 $\varepsilon_c(t_0)$ 值不变,经过($t-t_0$)后应力将由 $\sigma(t_0)$ 下降为 $\sigma(t)$,应力松弛为 $PR=\sigma(t_0)-\sigma(t)$。另外,如果在达到 P 点后维持应力 $\sigma(t_0)$ 不变,在($t-t_0$)后得徐变 $PC=\varepsilon_{cc}(t,t_0)$。此时若减小(恢复)混凝土的应变,其应力必将减小。当应变恢复至 $\varepsilon_c(t_0)$ 时,其应力值为 $\sigma(t)$,与 R 点重合。反之,也可以由应力松弛点(R)推至徐变点(C)。

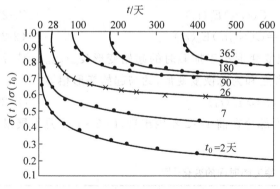

图 2-20 某大坝混凝土的应力松弛曲线[2-18]

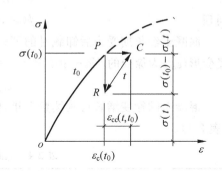

图 2-21 徐变和松弛示意图

混凝土的徐变和松弛现象,对结构工程产生不利的或有利的影响。例如混凝土的多年徐变可使:混凝土的长期抗压强度降低约 20%;梁、板的挠度增大一倍;预应力结构的预应力损失占约 50%,降低构件的抗裂性;构件的截面应力和结构的内力发生重分布等。还有,在大体积水工结构中,徐变的出现降低了温度应力(即松弛),减少收缩裂缝;结构的局部应力集中区,徐变可调整应力分布等。这些影响对于结构的作用有轻有重,应该区别情况给以适当解决。

结构混凝土在应力 $\sigma(t_0)$ 作用下、至龄期 t 时的总应变为 $\varepsilon_{c\sigma}(t,t_0)$,由起始应变 $\varepsilon_{ci}(t_0)$ 和徐变 $\varepsilon_{cc}(t,t_0)$ 等两部分组成:

$$\varepsilon_{c\sigma}(t,t_0) = \varepsilon_{ci}(t_0) + \varepsilon_{cc}(t,t_0) \tag{2-21}$$

其中

$$\varepsilon_{ci}(t_0) = \frac{\sigma(t_0)}{E_c(t_0)} \tag{2-22}$$

式中,t_0——施加应力时的混凝土龄期;

　　t——计算所需应变的龄期；

　　$E_c(t_0)$——龄期 t_0 时的混凝土弹性模量值。

　　单位应力($1\mathrm{N/mm^2}$)作用下的徐变值称为徐变度或单位徐变：

$$C(t,t_0) = \frac{\varepsilon_{cc}(t,t_0)}{\sigma(t_0)} \tag{2-23}$$

单位应力作用下的极限徐变值受到各种因素的影响而在很大范围内变化：

$$C(\infty,t_0) = \frac{\varepsilon_{cc}(\infty,t_0)}{\sigma(t_0)} = (10 \sim 140) \times 10^{-6}(\mathrm{N/mm^2})^{-1} \tag{2-24}$$

平均值可取为 $70 \times 10^{-6}(\mathrm{N/mm^2})^{-1}$。

　　混凝土的徐变和起始应变的比值称为徐变系数[①]：

$$\phi(t,t_0) = \frac{\varepsilon_{cc}(t,t_0)}{\varepsilon_{ci}(t_0)} \tag{2-25}$$

当徐变收敛($t=\infty$)后的相应比值称为名义徐变系数，即徐变系数极限值：

$$\phi(\infty,t_0) = \frac{\varepsilon_{cc}(\infty,t_0)}{\varepsilon_{ci}(t_0)} \tag{2-26}$$

当 $t_0=28$ 天，此比值为 $2\sim4$[1-12]。

　　将式(2-22)和(2-23)代入式(2-25)，得徐变系数与单位徐变的关系式

$$\phi(t,t_0) = C(t,t_0)E_c(t_0) \tag{2-27}$$

同理

$$\phi(\infty,t_0) = C(\infty,t_0)E_c(t_0) \tag{2-28}$$

　　混凝土经长期受力后卸载时的即时恢复变形小于加载时的起始变形($\varepsilon_{ce} < \varepsilon_{ci}$)，滞后恢复变形($\varepsilon_{cr}$)为徐变的 $5\%\sim30\%$[2-16]。两者之和为总恢复变形，约与起始变形相等：

$$\varepsilon_{ce} + \varepsilon_{cr} \approx \varepsilon_{ci}(t_0) \tag{2-29}$$

　　混凝土的徐变增长可延续数十年，但大部分在前 $1\sim2$ 年内出现，前 $3\sim6$ 个月发展最快（表2-4）。

表 2-4　混凝土徐变随时间的变化[2-18]

应力持续时间($t-t_0$)	1个月	3个月	6个月	1年	2年	5年	10年	20年	30年
比　　值	0.45	0.74	0.87	1	1.14	1.25	1.26	1.30	1.36

2.6.2　主要影响因素

　　影响混凝土徐变值和变化规律的主要因素有：

1. 应力水平

　　混凝土承受的应力水平 $\sigma(t_0)/f_c(t_0)$ 越高，则起始应变越大，随时间增长的徐变也越大（图2-22）：

---

　　① 模式规范 CEB-FIP MC90 中定义为混凝土徐变与龄期 $t_0=28$ 天混凝土弹性应变 $\varepsilon_{ci}(28)$ 的比值。

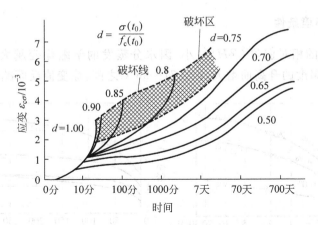

图 2-22 不同应力水平的徐变[2-18]

$\sigma(t_0)/f_c(t_0)\leqslant(0.4\sim0.6)$——在应力长期作用下混凝土的徐变有极限值,且任何时间的徐变值约与应力成正比,即单位徐变与应力无关,称为线性徐变;

$(0.4\sim0.6)\leqslant\sigma(t_0)/f_c(t_0)<0.8$——应力长期作用下徐变收敛,有极限值,但单位徐变值随应力水平而增大,称为非线性徐变;

$\sigma(t_0)/f_c(t_0)\geqslant0.8$——混凝土在高应力作用下,持续一段时间后因徐变发散而发生破坏,故长期抗压强度约为 $0.8f_c$(图 2-16)。

实际结构工程在使用过程中,混凝土的长期应力一般处于线性徐变范围。

2. 加载时的龄期

混凝土在加载(应力)时龄期越小,成熟度越差,起始应变和徐变都大,极限徐变要大得多(图 2-23)。单位徐变的比较如表 2-5。

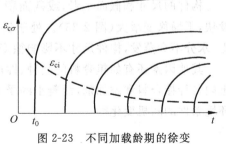

图 2-23 不同加载龄期的徐变

表 2-5 不同加载龄期的混凝土单位徐变比较[2-16]

t_0/天	3	7	28	90	365
相对值	1.6~2.3	1.5	1	0.70	0.35~0.50

3. 原材料和配合比

混凝土中水泥用量(kg/m³)大、水灰比(W/C)大和水泥砂浆含量大(或骨料含量小)者,徐变亦大;使用普通硅酸盐水泥比早强快硬水泥的混凝土徐变大;等等。

4. 制作和养护条件

混凝土振捣密实,养护条件好,特别是蒸汽养护后成熟快,可减小徐变。

5. 使用期的环境条件

构件周围环境的相对湿度（$RH\%$）小，因水分蒸发的干缩徐变越大（图 2-24（a））；从 20~70℃，徐变随温度的升高而增大，但在 71~96℃ 之间，徐变值反而减小（图 2-24（b））。

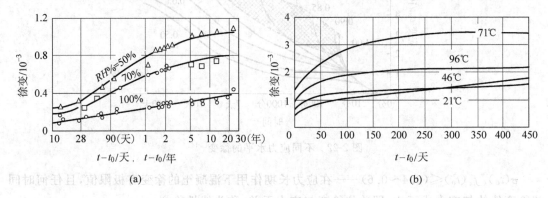

图 2-24   环境温湿度对徐变的影响[1-7]

(a) 环境相对湿度；(b) 环境温度

6. 构件的尺寸

构件的尺寸和截面小者，或截面积与截面周界长度的比值（A_c/u）小者，混凝土水分蒸发快，干燥徐变增大（图 2-25）。处于密封状态的混凝土，水分不会蒸发，构件尺寸不影响徐变值。

其他因素还有如粗骨料的品种、性质和粒径，混凝土内各种掺合料和添加剂，混凝土的受力状况和历史，环境条件的随机变化等。

2.6.3   计算公式

混凝土的徐变值，因为影响因素多，变化幅度大，试验数据离散，所以不易精确地计算。我国的混凝土结构设计规范[1-1]中，对于计算构件的长期荷载下挠度、预应力构件的预应力损失等，给出了综合的经验值或系数，以敷一般工程应用。水工混凝土结构设计规范[2-19]中，对于计算大体积混凝土的温度作用，直接给出了混凝土的应力松弛系数。

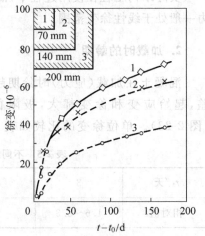

图 2-25   构件尺寸对徐变的影响[2-18]

对于一些重要的和复杂的结构，需要作具体的徐变分析时，要求有比较准确的混凝土徐变值，及其随龄期的变化规律。比较可靠的办法是用相同的混凝土制作试件，直接进行徐变试验和量测，或者用短期的量测数据推算长期徐变值。在缺乏试验条件的情况下，一般采用拟合已有试验数据的经验计算式。

单位徐变的经验式已有多种数学形式[2-16,2-18]，例如

$$C(t,t_0) = A(t-t_0)^B$$
$$C(t,t_0) = F(t_0)\ln[(t-t_0)+1]$$
$$C(t,t_0) = \frac{(t-t_0)}{A+B(t-t_0)}$$
$$C(t,t_0) = C(\infty,t_0)[1-e^{-A(t-t_0)}]$$

或分作可恢复徐变和不可恢复徐变两部分：

$$C(t,t_0) = C_e(t-t_0) + C_{re}(t,t_0)$$

$$\tag{2-30}$$

式中参数 A,B,C,F 等取决于混凝土的材料和环境条件,由试验数据标定。有些还给出含有参数更多、形式更复杂的计算式[2-20]。

模式规范 CEB-FIP MC90 建议的混凝土徐变系数计算公式如下。其适用范围为：应力水平 $\sigma_c/f_c(t_0) < 0.4$,暴露在平均温度 5～30℃和平均相对湿度 $RH\% = 40\%～100\%$ 的环境中。

混凝土的徐变系数为

$$\phi(t,t_0) = \phi(\infty,t_0)\,\beta_c(t-t_0) \tag{2-31}$$

式中名义徐变系数的计算式为

$$\phi(\infty,t_0) = \beta(f_c)\,\beta(t_0)\,\phi_{RH} \tag{2-32}$$

其中

$$\beta(f_c) = \frac{16.76}{\sqrt{f_c}} \tag{2-32a}$$

$$\beta(t_0) = \frac{1}{0.1+t_0^{0.2}} \tag{2-32b}$$

$$\phi_{RH} = 1 + \frac{1-(RH/100)}{0.1(2A_c/u)^{1/3}} \tag{2-32c}$$

式中,$\beta(f_c)$——按龄期 28 天的混凝土平均抗压强度(f_c,N/mm^2)计算的参数;

$\beta(t_0)$——取决于加载时龄期(t_0,天)的参数;

ϕ_{RH}——取决于环境湿度的参数,式中最后一项为附加的干燥徐变,当 $RH\% = 100\%$ 时,此项为零,试件尺寸也无影响。

徐变随应力持续时间的变化系数取为

$$\beta_c(t-t_0) = \left[\frac{(t-t_0)}{\beta_H+(t-t_0)}\right]^{0.3} \tag{2-33a}$$

式中,β_H 取决于相对湿度和构件尺寸,

$$\beta_H = 1.5\left[1+\left(1.2\,\frac{RH}{100}\right)^{18}\right]\frac{2A_c}{u} + 250 \leqslant 1\,500 \tag{2-33b}$$

这一计算模型中主要考虑了加载时混凝土的龄期(t_0)、应力持续时间($t-t_0$)、环境湿度($RH\%$)和构件尺寸(A_c/u)等对徐变的影响。此外,有试验证明混凝土的抗压强度本身对徐变值的影响并不大,计算式中引入此量是为间接地反映水灰比(W/C)和水泥用量的较大影响。

模式规范中还给出了对不同种类的水泥、环境温度(≤80 ℃)、高应力(($0.4～0.6)f_c$)等情况下的徐变值修正计算。据称徐变的理论计算值与试验观测的趋势相符较好,离散系数约为 20%。

已有的混凝土徐变试验,绝大多数控制为等应力加载,进行应变量测。实际结构中,混凝土的长期应力不可能保持常值。在变应力状态下的混凝土徐变,以及以此为基础的构件和结构徐变分析,不能直接引用等应力徐变试验的结果。为此,需要建立一定的徐变计算理论,将等应力徐变试验结果应用于变应力作用的结构分析。

现有的几种主要的徐变计算理论是:有效模量法、老化理论、弹性徐变理论、弹性老化理论、继效流动理论等[2-16,2-18]。各种理论基于不同的简化假设,建立起相应的计算公式。因而简繁程度和计算精度各有差别,可在作徐变分析时相机选用。

第3章 多种结构混凝土

前两章介绍的混凝土强度和变形性能,主要针对常用的普通结构混凝土,即质量密度为 $\rho = 2\,200 \sim 2\,400\ \mathrm{kg/m^3}$,立方体抗压强度 $f_{cu} = 20 \sim 50\ \mathrm{N/mm^2}$ 的混凝土。

这类混凝土的单位密度强度值(f_c/ρ)远低于钢、木等结构材料,故用以制造相同承载力的构件和结构必定比钢、木结构更重。结构的自重大,增加了支承结构和基础的负重,缩减了结构的有效空间和净空,限制了向更大跨度和高耸结构的应用,在地震区还加大了惯性力和结构地震响应,成为混凝土的一大缺点。此外,混凝土的质脆和抗拉强度低,易于开裂,降低了结构的使用期性能和耐久性,也是其弱点。

随着混凝土结构应用领域的扩展,规模的增大,使结构工程向更高、跨度更大、荷载更重的方向发展,对其性能的要求也更高。因而混凝土材料的弱点更显突出,阻碍了它在这些工程中的应用。为了适应发展的要求,势必要对结构混凝土材料加以改善,以提高性能指标和减轻自重。

经过多年的研究、开发和工程经验的积累,已经成功地研制了高强混凝土($f_{cu} > 50\ \mathrm{N/mm^2}$)、轻质混凝土($\rho \leqslant 1\,900\ \mathrm{kg/m^3}$)和纤维混凝土等多种结构混凝土。它们在工程实践中的应用,获得很好的技术经济效益,并进一步推动了钢筋混凝土结构的发展。

3.1 高强混凝土

3.1.1 应用和制备

自从钢筋混凝土结构问世以来,世界各国在工程中所用混凝土的强度等级,随着水泥制造和混凝土配制技术水平而逐渐提高。20 世纪 30 年代以前,普遍采用的结构混凝土的强度,以现行的强度等级表示仅为 C10~C15;20 世纪 50 年代提高至 C20~C30;20 世纪 70 年代,C50~C60 的技术已经普及各国,工程中屡见不鲜。至今,一些国家普遍使用 C30~C50 级混凝土,高强混凝土 C80~C100、甚至 C120 也时而在重大工程中被应用。试验室配制的混凝土,强度已高达 300 N/mm²,很接近于混凝土(亦即粗骨料(表 1-1))的绝对最大抗压强度极限。

目前,在我国的实际工程中普遍使用的混凝土强度等级为 C20～C40,各地都有若干工程使用了 C50～C60 级混凝土,个别工程中已达 C60～C80[3-1]。有关的设计和施工指南[3-2]已面世,可供实践使用。今后,随着施工技术水平的提高和高强混凝土技术的普及,高强混凝土的用量必将逐年扩大,强度等级继续提高。

至于划分高强混凝土的范围,国内外没有一个确定的标准。从我国现今的结构设计和施工技术水平出发,也考虑到混凝土材性的变化,一般认为将强度等级≥C50 的混凝土称为高强混凝土。这一划分范围,大致与模式规范 CEB-FIP MC90、美国 ACI、日本等国的标准一致。

制备高强混凝土的途径一般有三类。

1. 提高水泥的强度,加速其水化作用,增强混凝土的密实性

如采用高标号水泥,将水泥磨细等是比较有效的措施;混凝土制作过程的振动成型、高温蒸压养护等工艺也可提高混凝土强度,但提高幅度有限。

2. 减小水灰比

经研究得知,水泥充分水化作用所需的水量约为 $W/C=0.2$ 已足够。但是,要使拌合的湿混凝土满足施工的和易性(或坍落度)要求,常采用更大的水灰比。多余的水分在混凝土凝固过程和以后逐渐蒸发散失,在混凝土内部留下缝隙,降低了强度。在搅拌混凝土时加入添加剂和掺合料,使之减小水灰比,又能保证正常的施工操作。混凝土的原材料相同,减小水灰比后,其强度可获显著增长(表 3-1)。

表 3-1　水灰比对混凝土强度的影响

W/C	0.5	0.4	0.3	0.2
f_{cu}/AR_c	1.43	1.93	2.76	4.43
相对值	1.00	1.35	1.93	3.10

注:按混凝土抗压强度计算式: $f_{cu}=AR_c\left(\dfrac{C}{W}-B\right)$,其中 R_c 为水泥的强度,A,B 为试验常数,取 $B=0.57$。

3. 使用各种聚合物作为胶结材料替代水泥[3-3]

如塑料浸渍混凝土的抗压强度很容易超过 150 N/mm^2。但必须经过加热、抽真空、浸入、聚合等复杂的工艺过程,不适合广泛应用,更难以在大型结构物的施工现场应用,而且造价昂贵。

因此,制备高强混凝土的最现实、经济的途径是降低其水灰比。20 世纪 70 年代,国内外研制成多种高效减水剂,又称超塑性剂。它是表面活性剂,在搅拌混凝土时掺入,吸附在水泥颗粒的表面,使各颗粒相互排斥,保持分散状态,大幅度提高了水泥浆的流动性,使得很低水灰比配制的混凝土获得高坍落度。它又能促进水泥的水化作用,提高早期强度(详见文献[3-1])。

此外,还可在搅拌混凝土时掺加进粉煤灰、硅粉、F 矿粉等颗粒细微的活性材料,以改善混凝土的和易性,提高强度,替代水泥,并降低造价。一般,这些掺合料需要和减水剂配合使

用。这样就可以用制造普通混凝土的简单工艺制备高强混凝土,并制作各种构件和结构,很便于普遍推广应用。

现在,在工程中应用高强混凝土较多的领域有:高层建筑、桥梁、地下结构和隧道、防护工事、港口和海洋工程、预应力结构等。工程经验显现了高强混凝土的主要优点是:抗压强度高,缩小构件截面,增大建筑的有效净空,减轻结构自重;早期强度高,加速施工进程;材料密实,耐久性好,抗渗、抗冻、耐冲刷性能好;总体造价不高。同时,在设计和施工高强混凝土结构时应注意:高强混凝土的塑性变形小,延性稍逊于普通混凝土,宜加强构造措施;沿用普通混凝土的构件计算公式将降低高强混凝土结构的安全度;施工管理和制配技术需严格控制,以确保结构的质量和安全度。

在 20 世纪 90 年代又出现了所谓的高性能混凝土(high-performance concrete)[3-4],是指具有高强度、高流动性和高耐久性的混凝土。由于至今尚未对高性能混凝土制定一致认可的、明确的定量指标,研究人员仍有不同的观点。多数人强调以提高混凝土的强度和耐久性(详见第 20 章)为主要目标,有些人则更重视混凝土施工时的流动性,甚至追求浇注混凝土的自流和免振,而仍能达到较高的密实性。

现今,配制高性能混凝土的最主要措施是:掺加足量的高效减水剂,降低水灰比和掺加超细活性矿物粉料,如硅粉、矿渣、天然沸石和粉煤灰等。其他重要措施有:选用优质水泥,增加水泥用量和砂率;采用抗腐蚀性的优质粗细骨料,控制粒径和级配;改进施工工艺,强化搅拌、浇注、振捣和养护等。所有这些措施都有利于改善混凝土施工时的流动性,增大密实性,减小渗透性,因而获得高强度和高耐久性的混凝土。

3.1.2　基本力学性能

高强混凝土的力学性能在国内外都有了较多的试验研究[3-5~3-9]。高强混凝土本质上仍是混凝土,它的基本特性和一般性能规律与普通混凝土一致。只是由于强度的范围扩大后,某些材性指标的外延带来较大的变化,逐渐产生明显的区别。

高强混凝土立方体抗压强度的标准试验方法与普通混凝土[1-10]相同。但试件破坏更为突然,常伴随着脆裂的声响,且加载板对试件表面的摩擦约束作用较弱,试件常被劈成碎块剥落,形不成普通混凝土破坏时的正倒角锥形状。试件的形状和尺寸不同时,其抗压强度的相对比值(表 3-2)也有别于普通混凝土(表 1-2)。

表 3-2　不同试件的高强混凝土抗压强度相对值[3-1]

形　状	立　方　体			棱　柱　体	圆　柱　体
尺寸/mm	200	150	100	150×150×450	ϕ150×300
相对比值	0.92	1.00	1.08	0.82~0.90	0.87~0.94

高强混凝土棱柱体试验测得的应力-应变全曲线如图 3-1 所示。曲线的总体形状与普通混凝土的(图 1-7)相同,但反映混凝土内部开裂、裂缝发展和破坏过程等现象的几何特征点位置有明显的变化,曲线方程的参数值也有差异(表 3-3)。

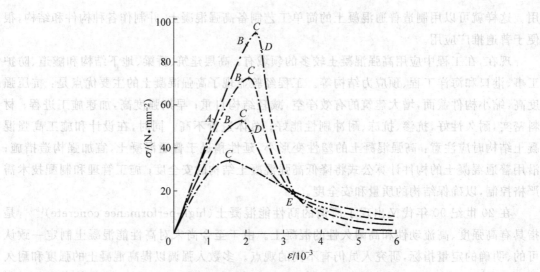

图 3-1 高强混凝土的应力-应变全曲线

表 3-3 应力-应变全曲线上的特征点位置和曲线方程参数值的比较[0-4]

混凝土种类	A	B		C		D		E	$\varepsilon=3\varepsilon_p$ 时的	破坏面倾斜角	曲线方程参数	
	σ/f_c	σ/f_c	$\varepsilon/\varepsilon_p$	$\varepsilon_p/10^{-6}$	σ/f_c	$\varepsilon/\varepsilon_p$	σ/f_c	$\varepsilon/\varepsilon_p$	σ/f_c	$\theta/(°)$	α_a	α_d
普通混凝土 C20～C40	0.4	0.86	0.65	1 400～1 800	0.91	1.00～1.35	0.4～0.6	2～3	0.4～0.7	59～64	2.00	1.00
高强混凝土 C60～C100	0.6～0.8	0.96	0.84	1 600～2 500	0.98～0.97	1.10～1.09	0.2～0.3	1.36～1.26	0.22～0.14	70～72	1.5～1.3	2.8～4.0
陶粒混凝土	0.3～0.6	0.90～0.96	0.80～0.87	1 800～3 000	0.92	1.14	0.4～0.5	1.8	0.15～0.24	66～69	1.7	4.00

（1）弹性极限（A 点）

试件开始受力后,应力与应变近似按比例增大。应力超过此点后,混凝土的塑性变形才开始表露,应变速度加快,曲线凸向应力轴。A 点的应力随混凝土强度而提高,主要原因是高强混凝土的密实性好,骨料界面粘结强,内部微裂缝和缺陷少,只有在高应力下才促使微裂缝的扩展和延伸。

（2）内部裂缝开展（B 点,$\nu_t \geqslant 0.5$）

应力达此值后,可听到试件内部的劈裂声,混凝土的变形加速增长,但表面上仍未见裂缝。不久,即达混凝土的棱柱强度（C 点）,并随即应力下降,形成曲线上的尖峰。

（3）出现裂缝和开始剥落（D 点）

应力过峰点后,裂缝迅速发展至表面可见,并发出劈裂声。随即出现表层片状剥落,剥落面大致平行于受力方向。同时,应力很快下跌,而变形增加较少,形成陡峭的下降段。当表面裂缝发展并贯穿全截面时,曲线有最大曲率（E 点）。此后,试件分割成小柱体,靠柱体间的咬合和摩擦支撑不大的残余应力,曲线缓慢地下降。

破坏后的试件表面裂缝较少,破裂带窄;且试件常被劈裂成数块和片状碎块,断裂面上多有粗骨料被劈碎。主斜裂缝与应力垂直方向的夹角比普通混凝土大。

高强混凝土的棱柱体抗压强度与立方体抗压强度的比值(图 3-2)一般为

$$\frac{f_c}{f_{cu}} = 0.82 \sim 0.90 \qquad (3-1)$$

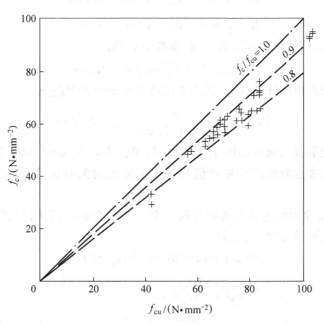

图 3-2　棱柱体抗压强度和立方体抗压强度的关系[0-4]

并随强度的提高而有所增大。其原因是高强混凝土性脆,立方试件承载端面摩阻约束的有利作用较小,立方强度比棱柱体强度的提高幅度小。我国设计规范[1-1]对 (f_c/f_{cu}) 取用了偏低的数值,规定≤C50 时取为 0.76(见 1.2.3 节);C80 时取为 0.82;在 C50~C80 之间按线性插值。

高强混凝土的受压峰值应变 ε_p 随抗压强度(f_{cu} 或 f_c)增大(图 1-9),计算式同前:

$$\varepsilon_p = (700 + 172\sqrt{f_c}) \times 10^{-6} \qquad (3-2)$$

高强混凝土的弹性模量值随抗压强度而增大(图 3-3),但因所用粗骨料的种类、质量和

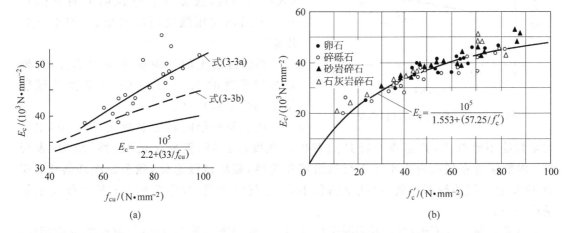

图 3-3　高强混凝土的弹性模量[3-1]

(a) 我国试验;(b) 依田彰彦试验

含量而有变化。若按普通混凝土弹性模量的计算式(表 1-5),计算结果明显低于试验值。我国的试验结果给出高强混凝土的弹性模量约为

平均值
$$E_c = 4\,500\sqrt{f_{cu}} + 5\,000 \quad \text{N/mm}^2 \tag{3-3a}$$

下限值
$$E_c = 2\,600\sqrt{f_{cu}} + 1\,800 \quad \text{N/mm}^2 \tag{3-3b}$$

与美国 ACI[3-9]建议的计算公式形式相同,系数值有别:
$$E_c = 3\,320\sqrt{f_{cu}} + 6\,900 \quad \text{N/mm}^2 \tag{3-4}$$

日本依田彰彦提出的计算式[3-1]适用于所有强度等级的混凝土:
$$E_c = \frac{10^5}{1.553 + (57.25/f_c')} \quad \text{N/mm}^2 \tag{3-5}$$

以上各计算式中的混凝土抗压强度 f_{cu},f_c,f_c' 的单位均取 N/mm²,以下公式同此。

高强混凝土在弹性阶段的泊松比值与普通混凝土的无明显差别,试验量测值[3-1,3-8]在 0.20~0.28 之间。

受压应力-应变全曲线也满足普通混凝土全曲线的全部几何条件(式 1-5),因而也可以采用相同的分段式曲线方程(式 1-6):

$$\left. \begin{array}{ll} x \leqslant 1 & y = \alpha_a x + (3 - 2\alpha_a)x^2 + (\alpha_a - 2)x^3 \\ x \geqslant 1 & y = \dfrac{x}{\alpha_d(x-1)^2 + x} \end{array} \right\} \tag{3-6}$$

式中,
$$x = \varepsilon/\varepsilon_p, \quad y = \sigma/f_c$$

参数 α_a 和 α_d 的数值,可用试验结果的回归式[0-4]计算:

$$\left. \begin{array}{l} \alpha_a = 2.4 - 0.01 f_{cu} \\ \alpha_d = 0.132 f_{cu}^{0.785} - 0.905 \end{array} \right\} \tag{3-7}$$

高强混凝土的轴心抗拉强度 f_t(图 3-4)和劈裂抗拉强度 $f_{t,s}$ 的经验公式分别为

$$f_t = 0.21 f_{cu}^{2/3} \tag{3-8}$$

$$f_{t,s} = 0.30 f_{cu}^{2/3} \tag{3-9}$$

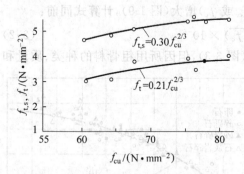

图 3-4　高强混凝土的抗拉强度[3-1]

其中轴心抗拉强度比普通混凝土的计算值(式(1-12))约低 20%。这说明混凝土的抗拉强度虽随抗压强度而单调增长,但增长幅度渐减。

高强混凝土的弯曲抗拉强度 $f_{t,f}$ 约为轴心抗拉强度的 1.4~1.6 倍,与前面的试验结果(式(2-8))一致。

从上面介绍的高强混凝土(≥C50)主要力学性能不难看出,其主要特征是随着抗压强度的提高,混凝土的"脆性"增加,表现为:内部裂缝在很高应力水平下突然出现和发展,破坏过程急促,残余强度跌落快;应力-应变全曲线的峰部尖锐,曲线下面积小,即吸能能力差,极限应变小;抗拉强度增加幅度小等。

高强混凝土(≥C50)与普通混凝土(<C50)使用同类的基本原材料,材性的本质相同,力学性能指标互相衔接。如果对于强度全范围(例如由 C15 至 C100)的混凝土进行性能统

计、分析和回归，就可得到统一的规律和经验式，如图 1-9，图 3-3(b)。反之，若将局部强度范围(如 C15～C40)混凝土的试验结果和经验公式，外推至其他强度(如≥C50)混凝土，就可能带来不同程度的误差。

过去对混凝土的材料和结构性能的认识和分析，以及建立的相应计算公式，主要基于强度≤C40 混凝土的试验结果，例如受弯构件的适筋和超筋的界限或平衡配筋率，大、小偏心受压构件破坏的界限和其承载力，极限状态的截面应力(变)图和等效矩形应力图的参数，构件的延性比，抗剪承载力，等等。如果将这些公式连同其中的参数值，直接用于高强混凝土结构的分析和设计，计算的误差将导致不安全的后果。有关规范(如文献[1-12])明确告诫设计人员，当将有关公式应用于≥C50 混凝土时应加慎重。在我国的设计规范[1-1]中，在确定高强混凝土的抗压和抗拉强度计算值时，引入了一个脆性折减系数(如对 C80 混凝土，取 $\alpha_{c2}=0.87$)，以求保证结构的安全性。

所以，对高强混凝土的构件和结构性能应该有专门的试验研究。或者，按照普通混凝土构件的一般分析方法，但引入高强混凝土的本构关系进行理论计算，并有适量的试验加以验证，才能保证高强混凝土结构的必要安全性。

3.2　轻质混凝土

3.2.1　分类

采用轻质混凝土(密度 $\rho=500\sim1\,900\ \mathrm{kg/m^3}$)替代普通混凝土是减轻结构自重的最直接、有效的措施，在承载力相同的条件下可减轻重量 20%～40%。轻质混凝土都是多孔性材料，导热系数 λ 和线膨胀系数 α 都小于普通混凝土，热工性能较好，所建造结构的保温、抗高温和耐火极限等性能均明显超过普通混凝土结构。这是应用轻质混凝土的另一主要优点。

轻质混凝土在工程中应用已有 80 余年历史，国内外在各类结构中已广为应用，高层建筑中使用更有特殊的优越性。

工程中应用的结构轻质混凝土分两大类：

1. "匀质"多孔性混凝土($\rho=500\sim800\ \mathrm{kg/m^3}$)

如加气混凝土，以水泥或石灰、粉煤灰作为主要胶结材料，掺入细砂或矿渣，加水后拌成料浆，同时掺入发气剂，在料浆内产生大量均匀、稳定的气孔(直径 1～2 mm)，经过静停和高温高压蒸养后定型，成为一种密布气孔的宏观均匀材料[3-10]。其主要的力学和热工性能指标如表 3-4 所示。在工厂中将加气混凝土配筋构件制造成各种规格的制品，用作建筑物的屋面板、楼板和墙板[3-11]，无筋块体可以砌筑墙体，质轻、兼备承重和保温作用，便于现场加工是其优点。

表 3-4　轻质混凝土与普通混凝土的主要力学和热工性能指标比较

材料种类	密度 /(kg·m⁻³)	抗压强度 /(N·mm⁻²)	强度比值 f_t/f_c	弹性模量 /(kN·mm⁻²)	泊松比	导热系数 /(W/(m·K))	线膨胀系数 /(10⁻⁶/K)
普通混凝土	2 200~2 300	20~50	0.08~0.12	25~35	0.2	1.63~0.58	6~30
轻骨料混凝土	1 400~1 900	15~30	0.10~0.12	10~18	0.2	1.16~0.29	7~10
加气混凝土	500~800	3~8	0.08~0.10	1.5~2.2	0.2	0.14~0.31	8

注：轻质混凝土的性能指标随密度值而变化。

2. 轻骨料混凝土（$\rho = 900 \sim 1\,900$ kg/m³）

采用轻质多孔粗骨料替代普通粗骨料（碎石或卵石），与普通砂、水泥和水配合而成砂轻混凝土。若还使用轻砂，则称全轻混凝土。

用作结构混凝土的轻（粗）骨料，按其来源和成分有三类：

天然生成——如浮石、火山渣等多孔岩石，经破碎、筛分而成；

工业废料——如自然煤矸石、煤渣等，以及经烧制的粉煤灰陶粒；

人造材料——如经煅烧制成的页岩或粘土陶粒、膨胀珍珠岩等。

粗骨料的形状因其来源不同而有不规则的碎石状、圆球状、长（椭圆）球状等。粗骨料本身的强度不高，用于结构工程的骨料最大粒径不宜大于 20 mm。其颗粒密度为 600~2 000 kg/m³，堆积密度为 300~1 000 kg/m³。材料和制作工艺相同的细轻骨料（或称轻砂），粒径≤5 mm，堆积密度为 500~1 000 kg/m³。

根据结构工程的要求和材料供应情况，选用不同种类和密度的粗、细轻骨料，可配制成不同密度和强度等级的轻质混凝土（图 3-5）。对于轻质混凝土的原材料性能要求、配合比设计、施工工艺、材性试验方法和等级划分等详见文献[3-12~3-14]。

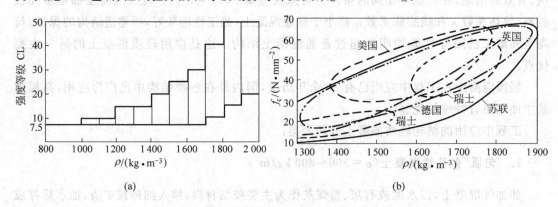

图 3-5　轻质混凝土的密度与抗压强度的关系
(a) 文献[3-13]；(b) 文献[3-14]

轻质混凝土的强度等级与普通混凝土的相似，也是用边长 150 mm 的立方体试件，通过标准试验方法测定其抗压强度而加划分。按照我国的规程[3-12,3-13]，用于结构工程的轻质混凝土，强度等级为 CL15 至 CL50，级差 5 N/mm²；预应力结构中使用≥CL25。轻质混凝土的密度为 1 300~1 900 kg/m³，密度和抗压强度的关系因骨料种类不同而有一定变化范围，如图 3-5 所示。

3.2.2　基本力学性能

轻骨料混凝土在受压状态下的主要性能,同样用应力-应变全曲线来说明。今以陶粒混凝土为例[1-13,3-15],其全曲线(图 3-6)的总体形状与普通混凝土(图 1-7)无异,也符合式(1-5)的全部几何要求。但曲线上特征点的应力和变形值有所区别(表 3-3)。

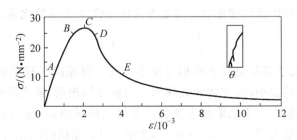

图 3-6　陶粒混凝土的受压应力-应变全曲线[1-13]

注:所用页岩陶粒,粒径 5～20 mm,颗粒密度 1 470 kg/m³,混凝土密度 1 800 kg/m³。

试件开始受压后,应力与应变约成比例增长,至弹性极限(A 点)的应力为$(0.3～0.6)f_{c,L}$,取决于骨料的种类和强度等级。其后,出现塑性变形,并加快发展,曲线凸向纵坐标。当应力达$(0.9～0.96)f_{c,L}$,应变为$(0.8～0.87)\varepsilon_{p,L}$时,曲线的切线泊松比$\nu_t\approx0.5$($B$ 点),内部裂缝开展,而试件表面仍未见裂缝。不久,试件即达最大应力,即轻质混凝土的棱柱体抗压强度 $f_{c,L}$,相应的峰值应变为 $\varepsilon_{p,L}$(C 点)。

随后,曲线进入下降段。在 $\varepsilon\approx1.14\varepsilon_{p,L}$时,试件表面上出现第一条裂缝($D$ 点,$\nu_s=0.5$)。裂缝刚一出现就比较长,方向陡。继续试验,此裂缝沿斜向发展,发出劈裂声响,试件承载力很快下降,但很少出现新裂缝。当形成贯通试件全截面的斜裂缝(E 点)时,承载力已下降过半,应变约为 $1.8\varepsilon_{p,L}$。此后,试件靠残存的强度和缝间摩阻力支持,承载力趋于稳定下降,时而从主裂缝上分出几条纵向或略斜的裂缝。当应变达 $3\varepsilon_{p,L}$时,试件的残余强度约$(0.15～0.24)f_{c,L}$。继续增大变形,残余强度缓缓下降。

陶粒混凝土试件的破坏主斜裂缝与荷载垂线的夹角为 $66°～69°$,明显大于普通混凝土的夹角。试件破坏面的断口整齐,有劈裂碎片,许多陶粒粗骨料被劈成两半。

轻骨料混凝土与普通混凝土的基本区别在于粗骨料。普通混凝土是网状的水泥砂浆包围、粘结着更强、更硬、更实的粗骨料,成为构造的薄弱部位;而轻骨料混凝土恰好相反,水泥砂浆包围、粘结着的是更弱、更软、多孔的轻骨料,薄弱部位转移为轻骨料,因此引发了混凝土性能的差别。

在普通混凝土中,粗骨料的强度远远超过混凝土的强度,当水泥砂浆和骨料的界面以及砂浆内部出现裂缝后,在延伸和扩展过程中遇到粗骨料时,必然绕过其周界继续在水泥砂浆内发展,粗骨料有阻滞裂缝发展的作用。最终,混凝土的裂缝和破坏都发生在水泥砂浆内,而粗骨料无恙。

轻骨料混凝土的受力状况则相反。轻骨料一般都是多孔、脆性材料,其抗压、抗拉强度和变形模量值都低,甚至低于其周围的水泥砂浆相应值。轻质混凝土受力后,粗骨料和水泥砂浆之间的应力分布与普通混凝土(图 1-2)不同,粗骨料的应力较低,而水泥砂浆承受更大的力,形成近似于以骨料作填充、以水泥砂浆作骨架的受力模型。此外,轻骨料颗粒的表面粗糙,与水泥砂浆的粘结良好,界面裂缝的出现较晚,开展较慢;粗骨料本身的变形大,加大了轻质混凝土的变形,包括峰值应变;当水泥砂浆中出现裂缝后,粗骨料不能阻滞裂缝的开展,裂缝将穿过粗骨料很快地延伸,故下降段曲线陡峭,强度跌落快,但裂缝数量少;在试件的破坏断口可见很多粗骨料被劈开。所以,轻质混凝土的强度和变形性能在很大程度上取决于粗骨料的性质和强度。

轻质混凝土的棱柱体抗压强度 $f_{c,L}$ 与立方体抗压强度 $f_{cu,L}$ 的比值很高:

$$\frac{f_{c,L}}{f_{cu,L}} = 0.9 \sim 1.0 \tag{3-10}$$

超过普通混凝土,也大于高强混凝土的相应比值。其主要原因是轻质混凝土质疏、性脆,试件承压面的约束作用范围小,立方体的破坏形态与棱柱体相近,强度提高有限。

轻质混凝土的峰值应变不仅取决于其强度等级或抗压强度,还与骨料的种类和性质有关,变化幅围较大,一般为 $(1.8 \sim 3.0) \times 10^{-3}$,文献[3-15]建议的经验公式是

$$\varepsilon_{p,L} = (1.637 + 0.0204 f_{c,L}) \times 10^{-3} \tag{3-11}$$

轻质混凝土的弹性模量同样取决于其抗压强度和骨料的性质(图 3-7),后者的综合影响以混凝土的密度表示。我国和美国给出的经验计算式如下:

$$\left.\begin{array}{l} E_{c,L} = 1.929 \rho \sqrt{f_{cu,L}}^{[3-13]} \\ E_c = 0.043 \rho^{1.5} \sqrt{f_c'}^{[1-11]} \end{array}\right\} \tag{3-12}$$

式中,ρ——轻质混凝土的密度,kg/m^3;

$f_{cu,L}$,f_c'——轻质混凝土的立方体和圆柱体抗压强度,N/mm^2。

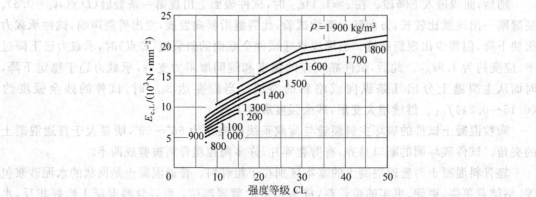

图 3-7   轻质混凝土的弹性模量[3-13]

轻质混凝土的泊松比与普通混凝土的接近,变化范围为 0.15~0.26,一般可取为 0.2。

轻质混凝土的受压应力-应变全曲线,峰点突出,曲线陡峭,仍可采用普通混凝土的分段式全曲线方程(式(1-6)或式(3-6)),但曲线参数宜采用

$$\left.\begin{array}{ll} x \leqslant 1.0 & \alpha_{a,L} = 1.7 \\ x \geqslant 1.0 & \alpha_{d,L} = 4.0 \end{array}\right\} \tag{3-13}$$

轻质混凝土的抗拉强度 $f_{t,L}$,以及它和钢筋的粘结强度($\tau_{p,L}$)随粗骨料的种类和质量、

含水量、龄期等因素而有较大变化。与抗压强度相等的普通混凝土相比,轻质混凝土的相应值与其接近或稍低[3-14],即

$$\frac{f_{t,L}}{f_t} \approx \frac{\tau_{p,L}}{\tau_p} = 0.75 \sim 1.0 \tag{3-14}$$

轻质混凝土的收缩和徐变也受上述相同因素的影响,其值大约与强度相等的普通混凝土的相应值相等或稍大。

综合观察轻质混凝土的主要力学性能,总体上与普通混凝土相似,但是质更"脆",性能指标有差别。随之,轻质混凝土的构件和结构性能也与普通混凝土的相似而更脆。如果将普通混凝土构件的计算公式、参数值、设计和构造方法直接地转用于轻质混凝土构件,例如极限状态的截面等效矩形应力图、大小偏心受压破坏的界限、抗剪承载力、锚固长度、构件延性等,也将引起不安全的后果。对此应有专门的试验研究,或者按照普通混凝土构件的分析方法,引入轻质混凝土的本构关系进行理论计算,并加试验验证。现有设计规程是已有试验研究和工程实践经验的总结,应予遵循。

3.3 纤维混凝土

3.3.1 分类

在搅拌混凝土或水泥砂浆时,掺入一定数量的分散的短纤维,经振捣、凝固后构成一种宏观匀质的、各向同性的混合材料,称纤维混凝土①。其功用与自古就有的麦秸土、麻刀砂浆等相同。主要目的是增大脆性基材抵抗裂缝开展的能力,防止突然破坏,增大韧性和延性。

现今,应用于纤维混凝土或纤维砂浆的纤维有很多种,按其来源或生产方法可分成三大类:

① 天然纤维,植物类,如棉花、剑麻;矿物类,如石棉、矿棉;

② 人造纤维,如玻璃丝、尼龙丝、人造丝、聚乙烯和聚丙烯丝等;

③ 钢纤维,由钢丝剪断(截面为圆形,$d = 0.25 \sim 0.76$ mm),钢片(薄板)切割(截面为矩形,厚 $0.15 \sim 0.41$ mm,宽 $0.25 \sim 0.90$ mm),或高温高速熔抽(截面为新月形)等制成。为了提高钢纤维在混凝土内的粘结强度,可沿纤维纵向压成波浪形,或在两端压出弯折。

常用的纤维及其主要力学性能列于表 3-5。

纤维除了其力学性能之外,还要满足几何形状的要求,即长径比一般为

$$\frac{l}{d_{eq}} = 30 \sim 150 \tag{3-15}$$

其中纤维长度为 $l = 6 \sim 76$ mm,d_{eq} 为折算直径,即与非圆纤维截面积相等的圆形直径。过短的纤维降低其抗拔强度,过长的纤维不易拌合均匀,都影响纤维混凝土的质量和性能。

---

① 注意,编织成束或网片后定向、集中放置(或粘贴)的纤维筋、碳纤维布、钢丝网水泥等(详见第5章)用作钢筋替代材料,不属于纤维混凝土。

表 3-5　用于纤维混凝土中的纤维的主要力学性能[3-16~3-19]

分类	种类	直径 /μm	长度 /mm	密度 /(kg·m⁻³)	抗拉强度 /(N·mm⁻²)	弹性模量 /(N·mm⁻²)	拉断时伸长 /%	掺加量 /%
天然	棉花			1 500	400~700	5 000	3~10	
	石棉	0.1~20.0	5~10	2 500~3 300	600~1 000	196 000	2~3	8~16
人造	玻璃丝	5~15	20~50	2 600	2 000~4 000	80 000	2.0~3.5	4~6
	尼龙丝	>4		1 140	800~1 000	4 000	~15	
	聚丙烯丝	20~200	2~25	900	500~800	3 500~5 000	~20	4~8
金属	钢丝	5~500	12~25	7 850	300~3 000	210 000	3~4	1~2

各类纤维在工程中应用的经验表明：一般的天然纤维，形状不甚规则，质量不均匀，且强度低，耐久性差，只用作次要构件，如瓦垄板、小型管道等。况且，石棉有损人的健康，一些国家已禁止使用。人造纤维的种类繁多，性能各异，工业化制作易于控制质量，是其优点。但是玻璃纤维质脆易折断，合成材料纤维的强度和弹性模量都低，且多数纤维受水泥的酸性侵蚀，强度随时间而降低，影响其耐久性。只有钢纤维混凝土(SFRC)具有优良而稳定、持久的力学性能，在结构中使用得当，充分发挥其性能优势，在工程中取得很好的技术、经济效益。至于纤维混凝土在施工中出现的一些困难技术问题，如搅拌混凝土时纤维成团或离析，造成不均匀分布，经过改进制备工艺和采用专用机具，已经较好地解决，甚至在喷射钢纤维混凝土方面也有成功的经验。此外，钢纤维的造价高，在工程中应合理地应用在结构的关键部位，充分地发挥它的性能效益。

3.3.2　基本力学性能

纤维混凝土中掺添了大量的抗拉强度很高的细纤维，其力学性能比普通素混凝土有很大改善：抗拉和抗折强度增长(1.4~2.5)倍，抗裂性大大提高；抗压强度虽然提高不多，但延性大大增强；疲劳强度显著提高，动力强度增大(5~10)倍；耐磨和抗冲刷性能增强等。

现今，纤维混凝土(主要是钢纤维混凝土)可以在结构中单独使用，或者还配上钢筋，成为钢筋钢纤维混凝土。在工程中应用成功的领域有：机场的跑道和停机坪，公路和桥面，水坝、水池和消能池，地下隧道和矿区巷道的衬砌，桥梁加固，板壳结构，地震区框架节点和梁端抗剪，防护工事，等等。

纤维混凝土的力学性能，除了与基材即混凝土或砂浆的性能密切相关外，主要取决于纤维的种类、形状、掺入量(以纤维占混凝土总体积的百分数(V_f,%)表示)和分布状况。它与素混凝土性能的差别，可以钢纤维混凝土为例加以说明。

钢纤维混凝土的轴心受拉应力-应变全曲线如图 3-8(a)所示。在试件开裂之前，钢纤维中的应力很小，纤维混凝土与素混凝土的应力-应变曲线相近。当纤维混凝土的基材开裂后，与裂缝相交的各纤维，因变形增大而应力倍增，渐次替代基材的受拉作用。当试件全截面开裂后，由纤维承受全部拉力。由于钢纤维的抗拉强度很高而长度有限，且在基材内随机分布,其方向和形状没有规律,锚固长度无充分保证,纤维在高应力作用下逐根地发生滑动,并渐渐地被拔出,构成了应力-应变曲线的下降段。试件最终破坏时,钢纤维都是因粘结破坏而被拔出,极少有被拉断的。

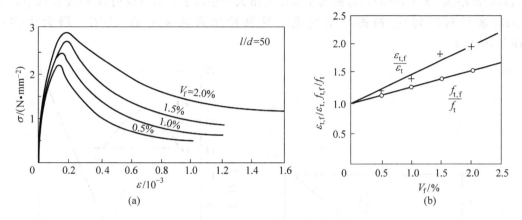

图 3-8　钢纤维混凝土的轴心受拉[3-20,3-21]

(a) 应力-应变全曲线;(b) 纤维含量对强度和峰值应变的影响

　　钢纤维混凝土的抗拉强度 $f_{t,f}$ 和相应的峰值应变 $\varepsilon_{t,f}$ 随纤维的体积含量(V_f,%)而增大(图 3-8(b)),应力-应变全曲线的峰点明显地提高和右移。抗拉强度可增大 $20\%\sim50\%$,峰值应变增大 $20\%\sim100\%$,曲线的下降段渐趋抬高和平缓。

　　钢纤维混凝土受弯试验量测的试件荷载-中点挠度曲线如图 3-9(a)所示。试件截面的受拉区出现裂缝之前,荷载(应力)与挠度(应变)接近直线变化。当基材开裂后,与之相交的纤维应力突增,继续发挥承载作用,提高了试件的极限承载力。随着裂缝的开展,截面的中和轴上升,基材逐渐退出受拉工作,纤维更多地承担内力。当受拉区下部的纤维因粘结破坏而逐根地被拔出时,形成平缓的曲线下降段。

　　有些试件的荷载-挠度曲线上,在峰点附近出现若干小波折(图 3-9(b))。当基材开裂时,纤维应力和试件挠度突然增大,荷载稍有跌落;纤维应力的增大和更多纤维参与受力,

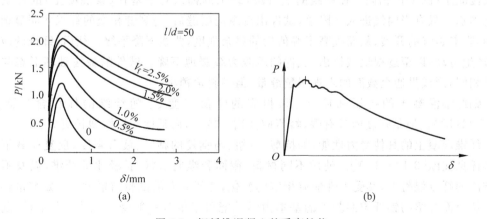

图 3-9　钢纤维混凝土的受弯性能

(a) 荷载-挠度曲线;(b) 取自文献[3-16]

使承载力回升,形成一个波折。基材裂缝的多次突然开展,就有相应的波折。过了峰部的下降段,荷载跌落不再明显,曲线又趋平缓光滑。

钢纤维混凝土的弯曲抗拉强度 $f_{t,f}$ 和极限荷载时的最大拉应变 $\varepsilon_{t,f}$ 随纤维的体积含量 $(V_f, \%)$ 而增大(图3-10(a)),弯曲抗拉强度可增大一倍以上。如果以荷载-挠度曲线下的面积 (Ω) 表示材料韧性,则钢纤维混凝土的韧性比素混凝土的 (Ω_f/Ω_0) 增大十多倍(图3-10(b))。

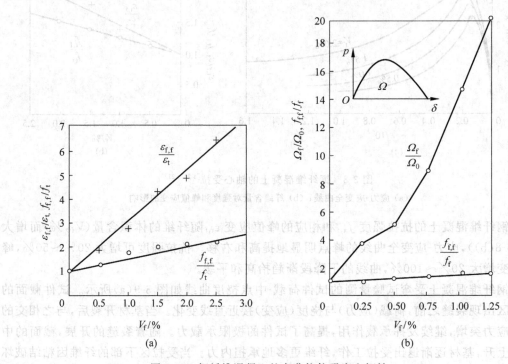

图3-10　钢纤维混凝土的弯曲抗拉强度和韧性
(a) 弯曲抗拉强度和峰值应变[3-20];(b) 韧性[3-19]

钢纤维混凝土的轴心受压应力-应变全曲线如图3-11(a)所示。它的形状和几何特征都与素混凝土(图1-7)相同。在曲线的上升段,纤维的掺入对于基材(素混凝土)的性质几乎没有影响。只有当曲线进入下降段,试件出现纵向裂缝后,与裂缝相交的纤维才明显地发挥作用,阻滞裂缝的开展,从而提高了峰值后的残余强度,曲线下降平缓。往后,纤维的应力增大,产生滑动,以至逐根地被拔出,试件的承载力缓缓地下降。试件的最终破坏形态与素混凝土相同,形成贯通全截面的宏观斜裂缝带,但倾斜角稍小。

钢纤维混凝土的抗压强度 $f_{c,f}$ 和相应的峰值应变 $\varepsilon_{c,f}$ 随纤维的体积含量而变化(图3-11(b))。但是强度增长有限,峰值应变增长较大,而延性和韧性增长更大。

纤维混凝土的其他受力性能,如抗剪、抗扭、与钢筋的粘结、疲劳强度、反复荷载下的性能等详见文献[3-17~3-21]。使用不同材料、截面和纵向形状、长径比的纤维,以及不同制作方法的纤维混凝土,其受力性能有相应的变化,各研究者的试验结果也有一定离散性。

从上面介绍的钢纤维混凝土的基本力学性能可了解其一般受力规律:在基材(混凝土或砂浆)开裂之前,掺入的纤维所起作用很小;纤维的主要作用是在基材开裂之后,阻滞和约束裂缝的开展,因而提高其强度,特别是变形的能力(延性和韧性)。最终的破坏形态是纤

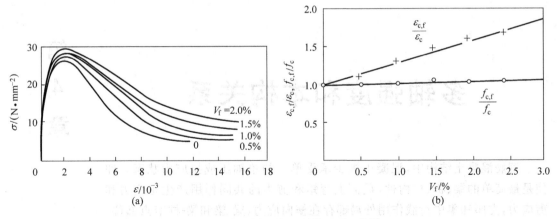

图 3-11 钢纤维混凝土的轴心受压[3-20]

(a) 应力-应变全曲线；(b) 纤维含量的影响

维的滑动和拔出。

混凝土内掺入钢纤维，获益最大的受力状态是弯曲，其次是受拉，最后是受压；对于限制裂缝和提高韧性的效益超过强度的增长。在工程中应该集中、合理地应用(钢)纤维混凝土，充分地发挥其性能优势。另外，为了提高纤维混凝土的质量和性能，主要措施是增大纤维的粘结强度，如适当增加长径比，端部弯折，截面异形等，以提高纤维的受力效率。

使用钢纤维混凝土的结构设计，有些国家已有设计建议[3-22,3-23]可供参考。

多轴强度和本构关系

钢筋混凝土结构中,混凝土极少承受单一的单轴压或拉应力状态。即使是最简单的梁、板、柱构件,截面上弯矩和剪力的共同作用产生正应力和剪应力,支座和集中荷载作用处局部存在横向应力,梁-梁和梁-柱节点部位,以及预应力筋锚固区等处,混凝土都处于事实上的二维或三维应力状态。至于结构中的双向板、墙板、剪力墙和折板、壳体,以及一些重大的特殊结构,如核反应堆的压力容器和安全壳、水坝、设备基础、重型水压机等,都是典型的二维和三维结构,其中混凝土的多轴应力状态更是确定无疑。

在设计或验算这些结构的承载力时,如果采用混凝土的单轴抗压或抗拉强度,其结果必然是:过低地给出二轴和三轴抗压强度,造成材料浪费,却又过高地估计多轴拉-压应力状态的强度,埋下不安全的隐患,显然都不合理。

早在 20 世纪之初,德国人 Föppl 进行了水泥砂浆的二轴受压试验,美国人 Richart 完成了混凝土圆柱体的常规三轴受压试验[0-3]。此后,因为结构工程中的应用尚不急迫和试验技术水平的限制,混凝土多轴性能的研究几乎停滞。直到 20 世纪 60 年代,一些国家大力发展核电站,为兴建大型核反应堆的预应力混凝土压力容器和安全壳,并确保其安全运行,推动了混凝土多轴性能的研究,在 20 世纪 70 年代出现了一个研究高潮。

在此期间,电子计算机的飞速发展和广泛应用,以及有限元分析方法的渐趋成熟,为准确地分析复杂结构创建了强有力的理论和运算手段,促使寻求和研究合理、准确的混凝土破坏准则和本构关系。同时,电子量测和控制技术的进步,为建造复杂的混凝土多轴试验设备和改进量测技术提供了条件。

此后,各国学者展开了对混凝土多轴性能的大量的系统性试验和理论研究,取得的研究成果已经融入有关设计规范。早在几十年以前,美、英、德、法等国的预应力混凝土压力容器设计规程、苏联和日本的水工结构设计规范,以及模式规范 CEB-FIP MC90[1-12]等都已经有了明确的条款,规定了混凝土多轴强度和本构关系的计算公式(或图、表)。这些成果应用于工程实践中,取得了很好的技术经济效益。

从 20 世纪 70 年代末起,我国的一些高校和研究院相继开展了混凝土多轴性能的试验和理论研究,取得了相应成果[4-1~4-6],为混凝土结构设计规范[1-1]中首次列入多轴强度和本构关系奠定了坚实的基础。

本章对结构中一点的主应力和主应变,或者试件的三轴应力、应变使用的符号和规则为

$$\sigma_1 \geqslant \sigma_2 \geqslant \sigma_3$$

$$\varepsilon_1 \geqslant \varepsilon_2 \geqslant \varepsilon_3$$

且受拉为正,受压为负。个别章节内有特殊说明者除外。

4.1 试验设备和方法

混凝土三轴试验的加载设备和量测技术存在不少技术难点,又无统一试验标准,而设备的需求量不大,制造厂不供应通用的整机设备,一般由各研究单位自行设计,研制成专用试验装置[4-7~4-12]。至今,各国研制成功、并投入使用的多轴试验装置有数十台,其构造原理和试验方法各异,包括试件的形状和尺寸、应力和应变的量测方法、试件表面摩擦的消减措施等。各个装置取得的试验结果有一定离散度[4-8],反映了不同试验装置和方法的影响。

所有的混凝土多轴试验装置,按试件的应力状态分为两大类:

1. 常规三轴试验机[4-9]

一般利用已有的大型材料试验机,配备一个带活塞的高压油缸和独立的油泵、油路系统(图 4-1(a))。试验时将试件置于油缸内的活塞之下,试件的横向由油泵施加液压,纵向由试验机通过活塞加压。试件在加载前外包橡胶薄膜,防止高压油进入试件裂缝,胀裂试件,降低其强度。

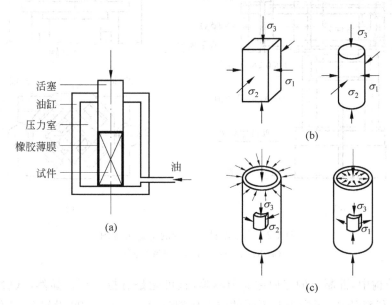

图 4-1 常规三轴试验机

(a) 装置构造原理;(b) 三轴受压;(c) 二轴应力状态

试验采用圆柱体或棱柱体试件,当试件三轴受压(C/C/C)时,必有两方向应力相等,即 $\sigma_1 = \sigma_2 > \sigma_3$ 或 $\sigma_1 > \sigma_2 = \sigma_3$(图 4-1(b)),称为常规三轴受压,以区别真三轴受压试验。如果采

用空心圆筒试件,在筒外或筒内施加侧压,还可进行二轴受压(C/C)或拉/压(T/C)试验(图 4-1(c))。

常规三轴试验机的主要优点是:设备有定型产品可购置,经济简捷;侧面液压均匀,无摩擦;试验能力强,侧压可高达 120 N/mm²,纵向应力不限,取决于试验机的最大压力(一般为 5 000~10 000 kN)和试件尺寸。其致命缺点是无法进行真三轴($\sigma_1 \neq \sigma_2 \neq \sigma_3$)试验和二轴受拉(T/T)、三轴拉/压试验等。

2. 真三轴试验装置[4-3,4-5,4-10~4-12]

试验装置的典型构造如图 4-2 所示。它们的共同特点是:在 3 个相互垂直的方向都设有独立的活塞、液压缸、供油管路和控制系统。但它们的主要机械构造差异很大,有的在 3 个方向分设丝杠和横梁等组成的加载架(图 4-2(a)),有的则利用试验机施加纵向应力,横向(水平)的两对活塞和油缸置于一刚性承载框内(图 4-2(b)),以减小设备占用空间,方便试验。

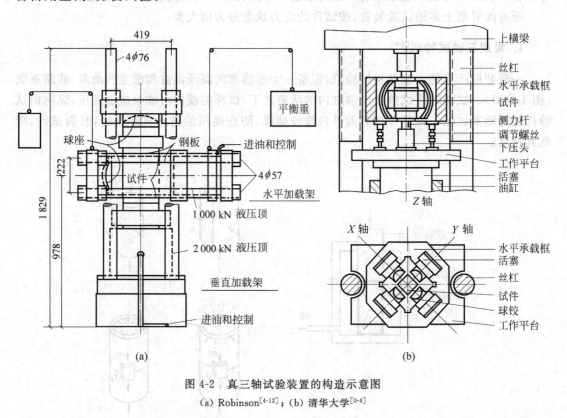

图 4-2 真三轴试验装置的构造示意图
(a) Robinson[4-12];(b) 清华大学[0-4]

在复杂结构中,混凝土的三向主应力不等,且可能是有拉有压。显然,试验装置应能在 3 个方向施加任意的拉、压应力和不同的应力比例($\sigma_1 : \sigma_2 : \sigma_3$)。20 世纪 70 年代以后,各单位自行研制的试验装置大部分属此类。

真三轴试验装置的最大加载能力为压力 3 000 kN/2 000 kN/2 000 kN 和拉力 200 kN/200 kN。混凝土试件一般为边长 50~150 mm 的立方体。进行二轴应力状态试验时,也可采用板式试件,最大尺寸为 200 mm×200 mm×50 mm。

真三轴试验装置需要自行设计和研制,且无统一的试验标准可依循,还有些复杂的试验技术问题需解决,造价和试验费用都比较高。但是为了获得混凝土的真三轴性能,却又缺之不可。

在设计混凝土的三轴试验方法和试验装置时,有些试验技术问题需要研究解决,否则影响试验结果的可靠性和准确性,决定三轴试验的成败。主要的技术难点和其解决措施如下。

1. 消减试件表面的摩擦

混凝土立方体试件的标准抗压试验中,只施加单向压力,由于钢加压板对试件端面的横向摩擦约束(图 1-5),提高了混凝土的试验强度($f_{cu} > f_c$)。在多轴受压试验时,如不采取措施消除或减小此摩擦作用,各承压端面的约束相互强化,可使混凝土的试验强度成倍地增长[0-4],试验结果不真实,毫无实际价值。

已有的混凝土多轴试验中,行之有效的减摩措施有 4 类:①在试件和加压板之间设置减摩垫层[0-4];②刷形加载板[4-10];③柔性加载板[4-7];④金属箔液压垫[4-8]。后三类措施取得较好的试验数据,但其附件的构造复杂,加工困难,造价高,且减摩效果也不尽理想。例如刷形板的加载单元,纵向长度不能调整,弯曲后对试件表面加压不均匀,约束力并非绝对零,试验结果仍有较大离散度。至今应用最多的还是各种材料和构造的减摩垫层,例如两片聚四氟乙烯(厚 2 mm)间加二硫化钼油膏,三层铝箔(厚 0.2 mm)中间加二硫化钼油膏,分小块的不锈钢垫板等。

2. 施加拉力

对立方体或板式试件施加拉力,必须有高强粘结胶把试件和加载板牢固地粘结在一起。此外,混凝土试件在浇注和振捣过程中形成含有气孔和水泥砂浆较多的表层(厚度为 2~4 mm),抗拉强度偏低,故用作受拉试验的试件先要制作尺寸较大的混凝土试块,后用金刚石切割机锯除表层(≥5 mm)后制成。

3. 应力和应变的量测

测定试件的应力或强度有两种方法。多数装置在油路系统中设置液压传感器,由测得的液压确定加载和应力值。另一类装置则在加载活塞和加载板之间设置力传感器,直接测定荷载值。前者构造简单,后者量测准确。

混凝土多轴试验时,试件表面有加载板阻挡,周围的空间很小,成为应变量测的难点。试验中一般采用两类方法:①直接量测法,在试件表面上预留的(或者用砂轮打磨成的)浅槽(深 2~3 mm)内粘贴电阻应变片,并用水泥砂浆填满抹平;或者在打磨过的试件棱边上粘贴电阻片;②间接量测法,使用电阻式或电感式变形传感器量测试件同方向两块加载板的相对位移,扣除事先标定的减摩垫层的相应变形后,计算试件应变。前者较准确,但量程有限,适用于二轴试验和三轴拉/压试验;后者的构造较复杂,但量程大,适用于三轴受压试验。

4. 应力(变)途径的控制

实际结构中一点的三向主应力值,随荷载的变化可有不同的应力途径。至今,已有的大部分三轴试验是等比例($\sigma_1:\sigma_2:\sigma_3=$const.)单调加载,直到试件破坏。应力比例由电-液控制系统实现,一般设备都具备这一功能。有些设备还可进行多种应力(变)途径的试验,例如三向应力变比例加载、恒侧压加载、反复加卸载、应变或应变速度控制加载等。

需要指出,应用三轴试验装置也可以进行混凝土的单轴受压和受拉试验,得到相应的强度值和应力-应变曲线。但是这些试验结果与用标准试验方法(第一章)得到的不完全一致,有些甚至相差较大(见文献[4-13])。这是因为两者的试验加载设备、试件的形状和尺寸、量测精度、承压面的摩擦约束等条件都不相同。在分析混凝土的多轴性能时,一般取可比性强的前者作为对比标准。

4.2 强度和变形的一般规律

混凝土的多轴强度系指试件破坏时三向主应力的最大值,以符号f_1,f_2,f_3表示,相应的峰值主应变为$\varepsilon_{1p},\varepsilon_{2p},\varepsilon_{3p}$。符号规则为

$$f_1\geqslant f_2\geqslant f_3 \qquad \varepsilon_{1p}\geqslant\varepsilon_{2p}\geqslant\varepsilon_{3p}$$

且受拉为正、受压为负。至今国内外发表的混凝土多轴试验资料已为数不少,例如文献[4-14~4-30]。由于各研究者所用的三轴试验装置、试验方法、试件的形状和材料等都有很大差异,混凝土多轴性能的试验数据有较大离散性[4-8]。尽管如此,混凝土的多轴强度和变形随应力状态的变化仍有规律可循,且得到普遍的认同。

4.2.1 二轴应力状态

1. 二轴受压(C/C,$\sigma_1=0$)

混凝土在二轴拉/压应力不同组合下的强度试验结果如图4-3(a)所示。各研究者给出的混凝土二轴抗压强度对比如图4-3(b)所示。

混凝土的二轴抗压强度(f_3)均超过其单轴抗压强度(f_c):

$$\text{C/C} \qquad\qquad |f_3|\geqslant f_c \tag{4-1}$$

随应力比例的变化规律为:

$\sigma_2/\sigma_3=0\sim0.2$——$f_3$随应力比的增大而提高较快;

$\sigma_2/\sigma_3=0.2\sim0.7$——$f_3$变化平缓,最大抗压强度为$(1.25\sim1.60)f_c$,发生在$\sigma_2/\sigma_3=0.3\sim0.6$之间;

$\sigma_2/\sigma_3=0.7\sim1.0$——$f_3$随应力比的增大而降低。

二轴等压($\sigma_2/\sigma_3=1$)强度为

$$f_{cc}=(1.15\sim1.35)f_c \tag{4-1a}$$

混凝土二轴受压的应力-应变曲线为抛物线形(图4-4(a)),有峰点和下降段,与单轴受压的应力-应变全曲线(图1-7)相似。试件破坏时,最大主压应力方向的强度f_3和峰值应变ε_{3p}都大于单轴受压的相应值(f_c,ε_p)。

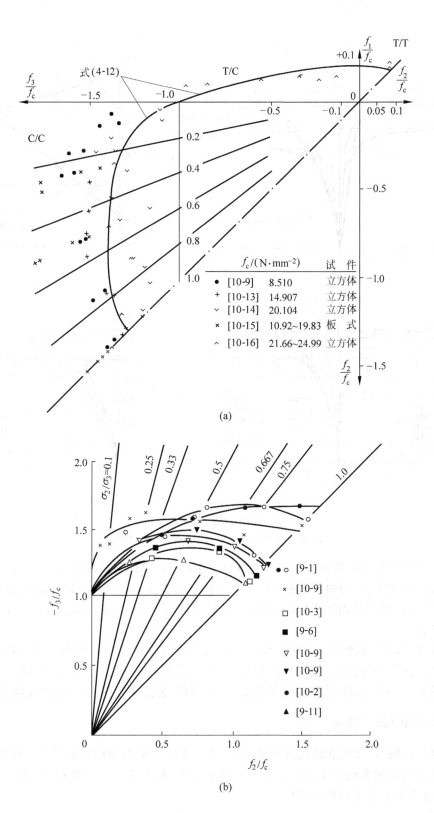

图 4-3　混凝土的二轴强度[0-4]

（a）试验结果；（b）二轴抗压强度的比较

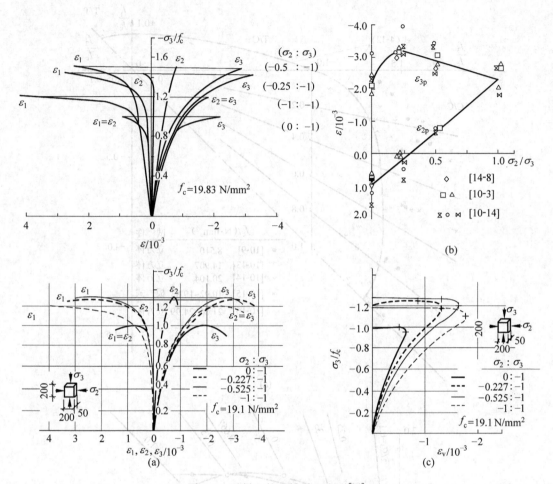

图 4-4 混凝土的二轴受压变形[0-4]

(a) 应力-应变曲线；(b) 峰值应变；(c) 体积应变

两个受力方向的峰值应变 ε_{3p}，ε_{2p} 随应力比例 (σ_2/σ_3) 而变化(图 4-4(b))。ε_{3p} 的变化曲线与二轴抗压强度 f_3 的曲线相似，最大应变值发生在 $\sigma_2/\sigma_3 \approx 0.25$ 处；而 ε_{2p} 由单轴受压 $(\sigma_2/\sigma_3 = 0)$ 时的拉伸逐渐转为压缩变形，至二轴等压 $(\sigma_2/\sigma_3 = 1)$ 时达最大压应变 $\varepsilon_{2p} = \varepsilon_{3p}$，近似直线变化。

混凝土二轴受压的体积应变 $(\varepsilon_v \approx \varepsilon_1 + \varepsilon_2 + \varepsilon_3)$ 曲线(图 4-4(c))也与单轴受压体积应变曲线相似。在应力较低时，混凝土泊松比 $\nu_s < 0.5$，体积应变为压缩 $(\varepsilon_v < 0)$。当应力达到二轴强度的 $85\% \sim 90\%$ 后，试件内部裂缝发展，其体积(包括裂缝在内)应变转为膨胀。

2. 二轴拉/压$(T/C, \sigma_2 = 0)$

混凝土二轴拉/压状态的抗压强度 f_3 随另一方向拉应力的增大而降低。同样，抗拉强度 f_1 随压应力的加大而减小(图 4-3(a))。在任意应力比例 (σ_1/σ_3) 情况下，混凝土的二轴拉/压强度均低于其单轴强度，即

T/C $\qquad\qquad\qquad\qquad |f_3| \leqslant f_c, \quad f_1 \leqslant f_t \qquad\qquad\qquad (4\text{-}2)$

混凝土二轴拉/压的应力-应变曲线如图 4-5(a)所示，两个受力方向的应变值和曲线的

曲率都较小,近似于单轴受拉曲线(图1-22)。多数试件是拉断破坏,塑性变形小。

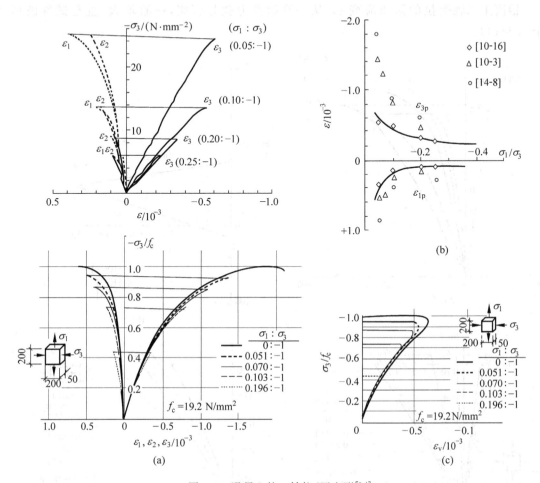

图 4-5　混凝土的二轴拉/压变形[0-4]

(a) 应力-应变曲线;(b) 峰值应变;(c) 体积应变

二轴拉/压试件破坏时的峰值应变(ε_{1p},ε_{3p})均随拉应力 f_1 或应力比($|\sigma_1/\sigma_3|$)的增大而迅速减小(图4-5(b))。当 $|\sigma_1/\sigma_3| \to \infty$(即单轴受拉)时,其极限值为 $\varepsilon_{1p} = \varepsilon_{t,p}$,$\varepsilon_{3p} = -\nu\varepsilon_{t,p}$。体积应变 ε_v 在开始加载时为压缩,因应力增大而出现裂缝,临近极限强度时转为膨胀。

3. 二轴受拉(T/T,$\sigma_3 = 0$)

任意应力比例($\sigma_2/\sigma_1 = 0 \sim 1$)下,混凝土的二轴抗拉强度 f_1 均与其单轴抗拉强度 f_t 接近(图4-3),故

$$T/T \qquad\qquad\qquad f_1 \approx f_t \qquad\qquad\qquad (4\text{-}3)$$

混凝土二轴受拉的应力-应变曲线(图4-6(a))与单轴受拉曲线(图1-22)形状相同,变形值和曲率都很小,破坏形态同为拉断。

试件的应力比(σ_2/σ_1)增大,相同应力下的主拉应变 ε_1 减小,是应力 σ_2 横向变形(泊松比)的影响,达到二轴抗拉强度时的峰值应变 ε_{1p} 也减小;而 ε_{2p} 则由压缩(负值)过渡为拉长

（正值），当 $\sigma_2/\sigma_1 = 0.2 \sim 0.25$ 时，$\varepsilon_{2p} = 0$，与泊松比值一致。

混凝土二轴受拉的体积应变 ε_v，从一开始受力就是膨胀，一直增大，直至试件破坏（图 4-6(c)）。

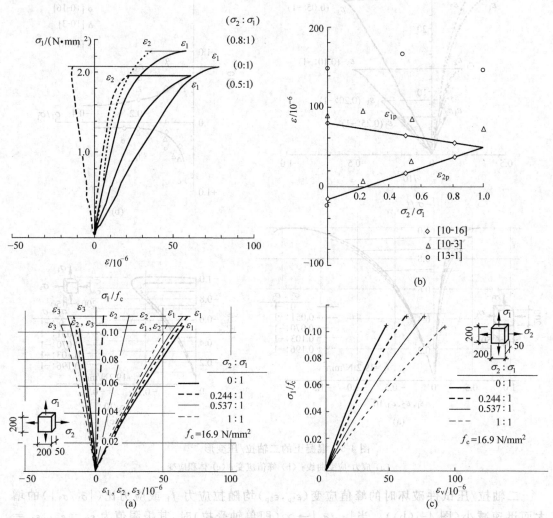

图 4-6　混凝土的二轴受拉变形[0-4]

（a）应力-应变曲线；（b）峰值应变；（c）体积应变

4.2.2　三轴应力状态

1. 常规三轴受压（$0 > \sigma_1 = \sigma_2 > \sigma_3$，或 $\sigma_1 > \sigma_2 = \sigma_3$）

混凝土的常规三轴抗压强度 f_3 随侧压力（$\sigma_1 = \sigma_2$）的加大而成倍地增长，峰值应变 ε_{3p} 的增长幅度更大。例如，当 $f_1/f_3 = f_2/f_3 = 0.2$ 时，$|f_3| \approx 5f_c$，而 $\varepsilon_{3p} \approx 50 \times 10^{-3} \approx 30\varepsilon_p$（图 4-7）。

试件刚开始受力时，侧压应力（$\sigma_1 = \sigma_2$）的存在使主压应变 ε_3 很小，应力-应变曲线陡直。

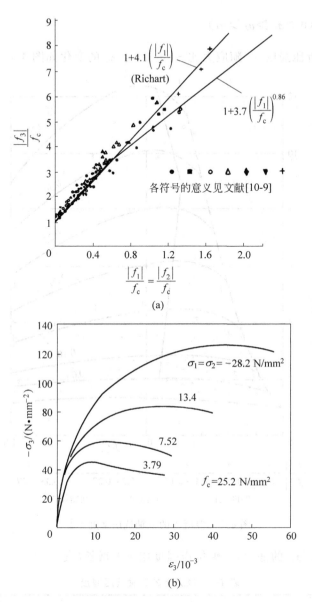

图 4-7 混凝土常规三轴受压的强度和变形[0-4]

(a) 极限强度[4-3];(b) 应力-应变曲线

此后,侧压应力约束了混凝土的横向膨胀,阻滞纵向裂缝的出现和开展,在提高其极限强度的同时,塑性变形有很大发展,应力-应变曲线平缓地上升。过了强度峰点,试件在侧压应力的支撑下残余强度缓慢地降低,曲线下降段平缓。

混凝土的应力-应变全曲线在单轴受压时有明显的尖峰。在三轴受压情况下,随着侧压应力($\sigma_1 = \sigma_2$)的加大,曲线的峰部逐渐抬高,变得平缓和丰满。当侧压应力 $\sigma_1/\sigma_3 = \sigma_2/\sigma_3 \geqslant 0.15$ 后,试件破坏前的应变值很大($\geqslant 30 \times 10^{-3}$),峰部近乎一平台,峰点已不明显,应力-应变曲线形状与单轴受压的单峰曲线不再相似,破坏形态也有不同。

2. 真三轴受压($0 > \sigma_1 > \sigma_2 > \sigma_3$)

混凝土的三轴抗压强度 f_3 随应力比 σ_1/σ_3 和 σ_2/σ_3 的变化如图 4-8,其一般规律如下:

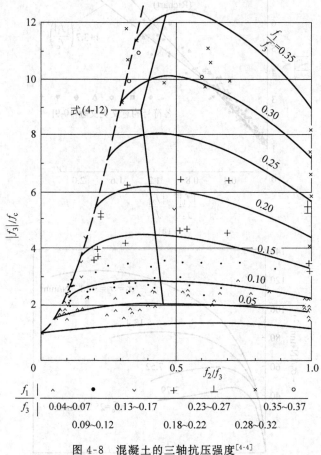

$\dfrac{f_1}{f_3}$	∧	●	∨	+	⊥	×	○
	0.04~0.07	0.13~0.17		0.23~0.27		0.35~0.37	
		0.09~0.12	0.18~0.22		0.28~0.32		

图 4-8 混凝土的三轴抗压强度[4-4]

① 随应力比(σ_1/σ_3)的加大,三轴抗压强度成倍地增长(表 4-1)。

表 4-1 混凝土的三轴抗压强度

σ_1/σ_3	0	0.1	0.2	0.3
$|f_3|/f_c$	1.2~1.5	2~3	5~6	8~10

② 第二主应力(σ_2 或 σ_2/σ_3)对混凝土三轴抗压强度有明显影响。当 $\sigma_1/\sigma_3=$const.,最高抗压强度发生在 $\sigma_2/\sigma_3=0.3\sim0.6$ 时,最高和最低强度相差 20%~25%。

③ 当 $\sigma_1/\sigma_3=$const. 时,若 $\sigma_1/\sigma_3<0.15$,则 $\sigma_2=\sigma_1$ 时的抗压强度低于 $\sigma_2=\sigma_3$ 时的强度,即图4-8 中 f_1/f_3 等值线的左端低于右端;反之,若 $\sigma_1/\sigma_3\geqslant0.15$,等值线的左端高于右端。

混凝土真三轴受压时,应变 $\varepsilon_1\neq\varepsilon_2\neq\varepsilon_3$,应力-应变曲线的形状(图 4-9(a))与常规三轴受压的相同,应力较低时近似直线,应力增大后曲线趋平缓,尖峰不突出,极限应变 ε_{3p} 值很大(图 4-9(b)和表 4-2)。

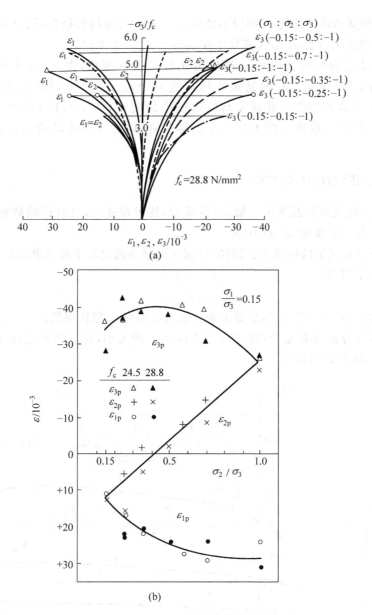

图 4-9　混凝土真三轴受压的变形($\sigma_1/\sigma_3 = 0.15$)

（a）应力-应变曲线[4-26]；（b）峰值应变[0-4]

表 4-2　混凝土真三轴受压的峰值应变ε_{3p}（$\times 10^{-3}$）[4-26]

σ_2/σ_3 σ_1/σ_3	0.1	0.15	0.2	0.25	0.35	0.5	0.6	0.7	1.0
0.10	13.99						22.08		
0.15		26.37		36.65	41.64	37.62	40.50	39.52	25.58
0.20			51.37				46.48		27.12
0.25			69.70						

说明：$f_c = 24.5$ N/mm²。

混凝土三轴受压峰值应变 ε_{3p} 随应力比 (σ_1/σ_3) 的加大而增长极快,随 σ_2/σ_3 的变化则与三轴抗压强度的变化相似,ε_{3p} 最大值发生在 $\sigma_2/\sigma_3 = 0.3 \sim 0.6$ 时。

第二主应力方向的峰值应变 ε_{2p} 随应力比 (σ_2/σ_3) 的变化,由 $\sigma_1 = \sigma_2 (= 0.15\sigma_3)$ 时的拉伸逐渐转为压缩,至 $\sigma_2 = \sigma_3$ 时达最大压应变 $\varepsilon_{2p} = \varepsilon_{3p}$。$\varepsilon_{2p} = 0$ 时的应力比 (σ_2/σ_3) 值,恰好与 ε_{3p} 达最大值的相符。此现象与二轴受压的现象(图 4-4(b))相似。最小主压应力方向的峰值应变 ε_{1p} 取决于应力比。ε_{1p} 为伸长变形,与挤压流动破坏形态图(4-15)相一致。

3. 三轴拉/压(T/C/C,T/T/C)

有一轴或二轴受拉的混凝土三轴拉/压试验,技术难度大,已有试验数据少,且离散度大[4-18,4-28,4-29]。其一般规律(图 4-10)为

① 任意应力比例下的混凝土三轴拉/压强度分别不超过其单轴强度,即

$$T/C/C,T/T/C \qquad \left.\begin{array}{l} |f_3| \leqslant f_c \\ f_1 \leqslant f_t \end{array}\right\} \qquad (4\text{-}4)$$

② 随应力比 $|\sigma_1/\sigma_3|$ 的加大,混凝土的三轴抗压强度 f_3 很快降低;

③ 第二主应力 σ_2 不论是拉/压或应力比 (σ_2/σ_3) 的大小,对三轴抗压强度 f_3 的影响较小,变化幅度一般在 10% 以内。

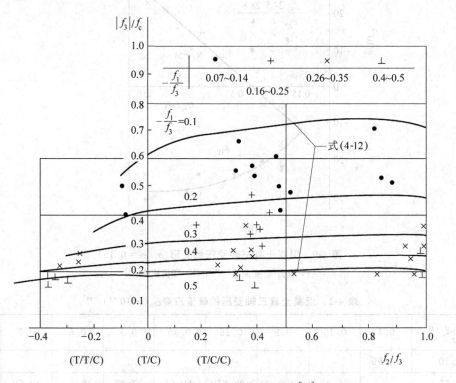

图 4-10 混凝土的三轴拉/压强度[4-4]

混凝土在三轴拉/压应力状态下,大部分是拉断破坏,其应力-应变曲线(图 4-11)与单轴受拉曲线相似。应力接近极限强度时,塑性变形才有所发展。试件破坏时的峰值主拉应变

$\varepsilon_{1p} \approx (70 \sim 200) \times 10^{-6}$,稍大于单轴受拉的峰值应变 $\varepsilon_{t,p}$,是主压应力 σ_3 的横向变形所致。在主压应力 σ_3 方向,塑性变形也很少发展,峰值应变 $|\varepsilon_{3p}| < 350 \times 10^{-6}$。而且随主拉应力 σ_1 的增大而减小,应力-应变曲线接近于直线。

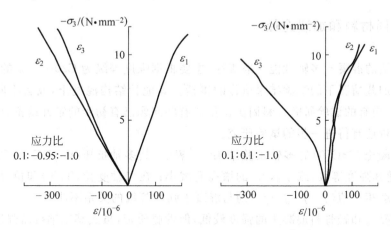

图 4-11 混凝土三轴拉压的应力-应变曲线[4-29]

当试件的主拉应力很小($|\sigma_1/\sigma_3| < 0.05$)时,发生柱状压坏或片状劈裂,破坏前主压应变 ε_{3p} 有较大发展,可达 $1\,000 \times 10^{-6}$,应力-应变曲线与单轴受压曲线相似。

4. 三轴受拉(T/T/T)

混凝土的三向主应力都是受拉($\sigma_1 > \sigma_2 > \sigma_3 > 0$)的状况,在实际结构工程中极少可能出现。有关的试验数据极少,文献[4-5,4-20]给出的混凝土三轴等拉($\sigma_1 = \sigma_2 = \sigma_3$)强度为

$$f_1 = f_{ttt} = (0.7 \sim 1.0) f_t \tag{4-5}$$

混凝土在二轴(T/T)和三轴(T/T/T)受拉状态下的极限强度 f_1,等于或略低于其单轴抗拉强度,可能是内部缺陷和损伤引发破坏的概率更大的缘故。

总结混凝土在各种应力状态下的多轴强度和变形性能,可概括其一般规律:

(1) 多轴强度

多轴受压(C/C,C/C/C)强度显著提高($|f_3| > f_c$);

多轴受拉(T/T,T/T/T)强度接近单轴抗拉强度($f_1 \approx f_t$);

多轴拉/压(T/C,T/T/C,T/C/C)强度下降($|f_3| < f_c$,$f_1 < f_t$)。

(2) 多轴变形

应力-应变曲线的形状和峰值应变值取决于应力状态和其破坏形态(见表 4-4、表 4-11),分成三类:

① 拉伸类,同单轴受拉(图 1-22),曲线陡直,峰值拉应变为 $\varepsilon_1 < 300 \times 10^{-6}$;

② 单、双轴受压类,同单轴受压(图 1-7),峰值压应变 $|-\varepsilon_3| \approx (2 \sim 3) \times 10^{-3}$;

③ 三轴受压类,曲线初始陡直,后渐趋平缓,峰部有平台,峰值压应变为 $|-\varepsilon_3| \approx$

$(10\sim50)\times10^{-3}$。

了解和掌握混凝土多轴性能的一般规律,对于理解其破坏准则和本构模型,以及处理工程中有关设计、验算、事故分析或加固措施等都有帮助。

4.2.3　不同材料和加载途径

上面介绍的混凝土多轴性能一般规律,主要根据强度等级为 C20~C50 的普通混凝土,在单调比例加载情况下的试验结果所作的概括。其他种结构混凝土,或者不同加载途径下的多轴性能,现有的试验研究资料尚少。虽然有些问题已有初步的定性结论,但完整的规律和准确的定量还有待进一步的试验研究。

高强混凝土($\geqslant$C50)的多轴试验结果[4-31]表明,其多轴抗压(C/C,C/C/C)强度的相对值(f_3/f_c)随其强度等级(或 f_{cu},f_c)的增高而减小;在二轴受拉(T/T)和拉/压(T/C)应力状态下的强度相对值($f_1/f_t,f_3/f_c$)则与混凝土强度等级的关系不明显。

加气混凝土和轻骨料混凝土的强度较低,但性脆质疏,虽然其二轴抗压强度均大于相应的单轴抗压强度,但提高的幅度都小于普通混凝土的值[4-32,4-33]。

钢纤维混凝土也有了系统的三轴性能试验研究[4-33,4-34]。在多轴受压(C/C,C/C/C)应力状态,钢纤维混凝土极限强度的相对值(f_3/f_c)、应力-应变曲线的形状等都与普通混凝土的接近;在多轴拉/压(T/C,T/C/C,T/T/C)应力状态下,钢纤维混凝土的强度相对值(f_3/f_c)和峰值应变值等都超过普通混凝土。钢纤维体积含量(V_f,%)对于钢纤维混凝土多轴强度和变形的影响,类似于它对其单轴性能的影响。

从这几种结构材料的多轴试验结果,可看到一共同规律:混凝土类材料的性质越"脆",即塑性变形发展较少者,其多轴抗压强度提高的幅度越小;反之,"脆"性小,即塑性变形较大者,多轴抗压强度的提高幅度大。

在实际结构中,内部各点混凝土的三方向主应力按照等比例($\sigma_1:\sigma_2:\sigma_3=$const.)单调增大、直至破坏的可能性很小。由于荷载和支承条件的改变,材料的塑性变形和开裂,结构的内应力值和分布不断地发生变化。一点的 3 个方向主应力经历各种变化的途径,甚至发生应力拉压易号和主应力轴的转动。应力途径的变化多样和试验技术的复杂性,成为研究混凝土在不同应力途径下多轴性能的难点。至今,这方面虽有些试验研究资料[4-35~4-39],但不充分。部分试验结果和结论如下。

混凝土二轴受压的 4 种变应力途径试验给出的结果(图 4-12)表明,如果变途径之前混凝土的应力水平低于相应二轴强度的 85%($\beta<0.85$),变途径后的混凝土二轴抗压强度仍与单调比例加载的包络图相符,且破坏形态相同。

混凝土的定侧压($\sigma_x=\sigma_y=$const.)三轴受压试验,按图 4-13 所示的两种应力途径加载,直至试件破坏。当应力途径改变之前,试件的应力水平不很高,内部微裂缝还处在稳定发展阶段时,改变途径后的混凝土多轴抗压强度值,与此前的应力途径无关,即与单调比例($\sigma_1:\sigma_2:\sigma_3=$const.)加载的试验结果相符,且破坏形态相同。

混凝土二轴受压的应变,在不同的应力途径下有较大区别,图 4-14 所示为试验的两个示例[4-37]。定侧压加载途径(OAP 和 OBP)与比例加载(OP)达到相同应力值($\sigma_x=\sigma_y=0.5f_c$ 和

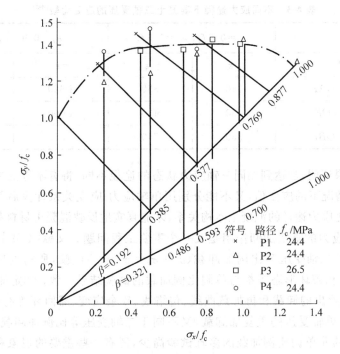

图 4-12 变途径的二轴受压试验[4-38]

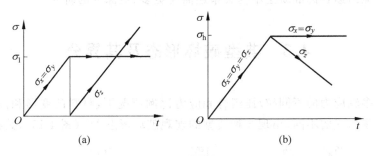

(a)   (b)

图 4-13 定侧压的三轴受压试验[4-38]

（a）压缩型；（b）伸长型

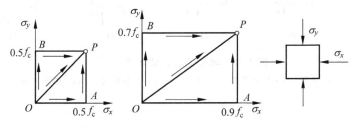

图 4-14 二轴受压应变的变途径试验[4-37]

$\sigma_x = 0.9 f_c$，$\sigma_y = 0.7 f_c$）时的主应变（ε_x，ε_y）列入表 4-3，以作比较。应变差别的主要原因是，应力途径或加载次序影响混凝土内部微裂缝的方向和发展程度，以及先期施加的应力对于后加应力可能产生的裂缝有较大的约束和阻滞作用。

表 4-3　不同应力途径下混凝土二轴受压的应变比较[4-37]

应力值		$\sigma_x = 0.5f_c$, $\sigma_y = 0.5f_c$		$\sigma_x = 0.9f_c$, $\sigma_y = 0.7f_c$	
应变/10^6		$-\varepsilon_x$	$-\varepsilon_y$	$-\varepsilon_x$	$-\varepsilon_y$
途径	OAP	740	350	1 620	400
	OP	430	430	1 000	500
	OBP	350	740	850	1 100

　　这一试验结果证明,当达到相同三轴应力状态的途径不同,将有不等的主应变值,既不同于单调比例加载情况下的应变值,又不能分别用单轴应力-应变关系计算后叠加。所以,应该建立适用于任意变应力途径的混凝土本构关系,才能真实地反映混凝土材料和结构的性能。

　　混凝土多轴应力的重复加卸作用是又一个重要工程问题。文献[4-39]进行了两种形式的加卸载试验:①二轴受压等比例加卸载($\sigma_x : \sigma_y$ = const.)试验,所得的应力-应变曲线的包络线、二轴强度和破坏形态等都与单调比例加载的试验结果一致;②定侧压(σ_x = const.)加卸载(σ_y)试验,给出的卸载和再加载曲线、包络线、残余应变、滞回环等有一些特殊性质值得注意,既不同于单轴受压的重复加卸载,又不同于二轴受压等比例加卸载的试验结果。

　　由于混凝土的非单调比例加载的多轴试验尚少,还有一些重要的现象和规律有待探索。例如主应力轴方向改变后的混凝土强度和变形性能,试验资料至今还是空白。因此,创建一个适用于一切应力途径的混凝土本构关系还需要更多、更深入的研究。

4.3　典型破坏形态及其界分

　　混凝土在多轴应力的不同拉/压组合和应力比例情况下,材料的变形和内部微裂缝、损伤的发展和积累形式的不同,出现 5 种典型的宏观破坏形态[4-40](图 4-15),其特征如下。

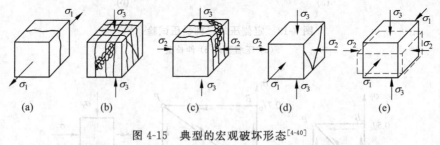

图 4-15　典型的宏观破坏形态[4-40]
（a）拉断;（b）柱状压坏;（c）片状劈裂;（d）斜剪破坏;（e）挤压流动

1. 拉断

　　混凝土在多轴受拉或拉/压应力状态下,主要是主拉应力 σ_1 的作用,当主拉应变超过极限拉应变 ε_{1p} 值,首先在最薄弱截面形成垂直于 σ_1 方向的裂缝,并逐渐开展,减小了有效受拉面积。最后,试件突然被拉断(图 4-15(a)),分成两半,与棱柱体单轴受拉的破坏过程和特征(见 1.4 节)完全相同。

试件的断裂面一般垂直于最大主拉应力 σ_1 方向,近似一个平面。断裂面由粗骨料的界面和拉断的水泥砂浆构成,两旁的材料坚实,无损伤迹象。当 σ_1 和 σ_2 均为拉应力,且当 $\sigma_2/\sigma_1 = 0.5 \sim 1.0$ 时,断裂面可能与 σ_1 轴成一夹角[0-4],取决于混凝土抗拉强度的随机分布。

2. 柱状压坏

混凝土在多轴受压或拉/压应力状态下,当主压应力 σ_3 的绝对值远大于另两个主应力 σ_1,σ_2 时,沿两个垂直方向产生拉应变(ε_1,$\varepsilon_2 > 0$)。由于试验时采取了减摩措施,消减了试件加载面上的约束作用,当此拉应变超过混凝土的极限值后,形成平行于 σ_3、也平行于试件侧表面的两组裂缝面。裂缝面逐渐扩展和增宽,以至贯通全试件,最终构成分离的短柱群而破坏(图 4-15(b))。

边长 100 mm 的立方体试件,破坏时每边分成 3～5 个小柱,小柱边长 20～30 mm,或为粗骨料粒径的 1.5～2 倍。分隔小柱的主裂缝面较宽,小柱内还有细小的纵向裂缝,说明混凝土中的粗骨料和砂浆的界面,以及砂浆内部普遍地受到损伤,破坏特征与单轴受压(表 1-8)的相同。

引起柱状压坏的主要因素是 σ_3,另两个主应力(σ_1 和 σ_2)的作用影响试件的侧向应变(ε_1 和 ε_2),也即影响裂缝面的形成和扩展。当 σ_1 和 σ_2 为压应力时,减小了侧向应变,故抗压强度提高($|f_3| > f_c$,图 4-8)。反之,当 σ_1 和 σ_2 为拉应力时,增大了侧向拉应变,多轴抗压强度必降低($|f_3| < f_c$,图 4-10)。

3. 片状劈裂

混凝土在多轴受压或拉/压应力状态下,第二主应力 σ_2 为压,且能阻止在 σ_2 的垂直方向发生受拉裂缝,试件将在 σ_3 和 σ_2 的共同作用下,沿 σ_1 方向产生较大的拉应变 ε_1,并逐渐形成与 σ_2-σ_3 作用面平行的多个裂缝面。当裂缝贯通整个试件后,发生片状劈裂破坏(图 4-15(c))。

边长 100 mm 的立方体试件,一般被劈成 3～5 片,宏观平行的主劈裂面受到粗骨料的阻挡而出现不规则的倾斜角和曲度。两旁的砂浆内部和粗骨料界面有明显的损伤和小碎片,但粗骨料完整,不被劈碎。破坏特征与单轴受压的特征(表 1-8)相似。

从破坏机理分析,不难得出结论,同是片状劈裂破坏,三轴受压(C/C/C)试件的抗压强度(f_3)必大于二轴抗压(C/C)强度。且两者必都大于三轴拉/压(T/C/C)试件的强度(图 4-8,图 4-10)。

4. 斜剪破坏

混凝土三轴受压,主应力 σ_1 较大可阻止发生片状劈裂破坏,但 σ_1 和 σ_3 的差值大,即剪应力($\sigma_1 - \sigma_3$)/2 较大,破坏后的试件表面出现斜裂缝面(图 4-15(d))。斜裂缝面有 1～3 个,与 σ_2 方向平行,与 σ_3 轴的夹角为 20°～30°。沿斜裂缝面有剪切错动和碾压、破碎的痕迹。

有些试件的应力状态在柱状压坏和片状劈裂的范围(表 4-4)以内,在形成相应的平行裂缝(劈裂)之后,如果终止试验时的变形大,也会在表面上出现明显的斜裂缝,即使单轴受压的棱柱体试件也是如此(图 1-7)。混凝土棱柱体轴心受压的裂缝发展过程和破坏形态(见 1.2 节)说明,临界斜裂缝是在应力-应变曲线的下降段内形成,斜向裂缝并不影响试件的抗压强度,不过是一种次生的破坏形态或最终的表现形式。决定混凝土抗压强度(f_c 或 f_3)的还是纵向劈裂裂缝。

5. 挤压流动

混凝土三轴受压,且 σ_1 和 σ_2 都大,三方向的主应变均为压缩。混凝土内的粗骨料和其界面,以及骨料间的水泥砂浆都主要承受压应力,延迟甚至防止了内部微裂缝的出现和发展,混凝土的极限强度有很大提高。

在很高的压应力作用下,混凝土内的部分水泥砂浆和软弱粗骨料将因更高、且不均匀的微观应力而发生局部破碎,产生很大的压缩变形和剪切移动,试件的塑性变形大增(图 4-9,表 4-2)。达到极限荷载后,试件沿最大压应力 σ_3 方向发生宏观压缩变形,边长 70 mm 的试件可压缩成 40~50 mm 高,侧向则在 σ_1 和 σ_2 的挤压下向外膨胀。试件的形状由正方形变成了扁方体(图 4-15(e))。

混凝土在三方向压应力的共同作用下发生剧烈的挤压流动,粗骨料和水泥砂浆都有很大相对错位。试件的边角因露在加载板之外不受挤压约束而酥松、剥落。内部的材料和构造在强力挤碾下遭到严重的破损。结束试验后,取出的试件虽然仍成一整体,但表面上有许多不规则的微细裂纹,其残余的单轴抗压强度已很低。

混凝土的 5 种破坏形态发生在不同的应力状态范围,原则上可以通过试验加以确定,但各破坏形态之间有过渡区,绝然界分又是困难的。表 4-4 和图 4-16 给出的典型破坏形态的应力范围可供参考[0-4]。

表 4-4　典型破坏形态的应力范围[0-4]

破坏特征			拉　断	柱状压坏	片状劈裂	斜剪破坏	挤压流动
主导应力			σ_1	σ_3	σ_2, σ_3	σ_1, σ_3	$\sigma_1, \sigma_2, \sigma_3$
应力状态	单　轴		$\sigma_1 > 0$	$\sigma_3 < 0$			
	二轴	T/T	$\sigma_1 \geqslant \sigma_2 > 0$				
		T/C	$\left\|\dfrac{\sigma_1}{\sigma_3}\right\| \geqslant 0.05$	$\left\|\dfrac{\sigma_1}{\sigma_3}\right\| < 0.05$			
		C/C		$\dfrac{\sigma_2}{\sigma_3} \leqslant 0.2$	$\dfrac{\sigma_2}{\sigma_3} > 0.2$		
	三轴	T/T/T	$\sigma_1 \geqslant \sigma_2 \geqslant \sigma_3 > 0$				
		T/T/C	$\left\|\dfrac{\sigma_1}{\sigma_3}\right\|$、$\left\|\dfrac{\sigma_2}{\sigma_3}\right\| \geqslant 0.1$	$\left\|\dfrac{\sigma_1}{\sigma_3}\right\|$、$\left\|\dfrac{\sigma_2}{\sigma_3}\right\| < 0.1$			
		T/C/C	$\left\|\dfrac{\sigma_1}{\sigma_3}\right\| \geqslant 0.05$	$\left\|\dfrac{\sigma_1}{\sigma_3}\right\| < 0.05$ $\dfrac{\sigma_2}{\sigma_3} \leqslant 0.2$	$\left\|\dfrac{\sigma_1}{\sigma_3}\right\| < 0.05$ $\dfrac{\sigma_2}{\sigma_3} > 0.2$		
		C/C/C		$\dfrac{\sigma_1}{\sigma_3}$、$\dfrac{\sigma_2}{\sigma_3} \leqslant 0.1$	$\dfrac{\sigma_1}{\sigma_3} \leqslant 0.15$ $\dfrac{\sigma_2}{\sigma_3} > 0.15$	$\dfrac{\sigma_1}{\sigma_3} = 0.15 \sim 0.2$	$\dfrac{\sigma_1}{\sigma_3}$、$\dfrac{\sigma_2}{\sigma_3} > 0.2$

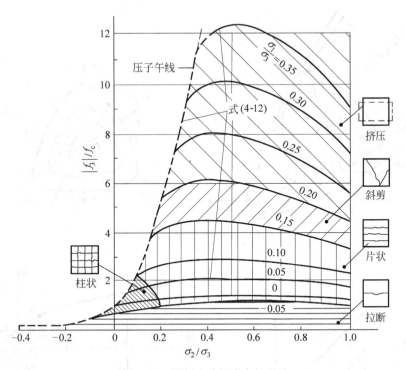

图 4-16 混凝土破坏形态的界分

混凝土的这些破坏形态是从试件破坏后的表面宏观现象加以区分、命定的。如果从混凝土破坏过程的主要受力原因和裂缝的特征分析,可归纳为两种基本破坏形态:

① 主拉应力产生的横向受拉裂缝引发的拉断破坏;

② 主压应力产生的纵向劈裂裂缝引发的破坏,包括柱状压坏、片状劈裂、斜剪破坏和挤压流动等。挤压流动是一种特例,侧向压应力将纵向劈裂裂缝压实,不明显表露。

这两种基本破坏形态的典型代表为单轴受拉和受压,破坏特征的对比见表 1-8。

4.4 破 坏 准 则

4.4.1 破坏包络面的形状和其表达

将试验中获得的混凝土多轴强度(f_1,f_2,f_3)数据,逐个地标在主应力($\sigma_1,\sigma_2,\sigma_3$)坐标空间,相邻各点以曲面相连,就可有混凝土的破坏包络曲面(图 4-17(a))。破坏包络面与坐标平面的交线,即混凝土的二轴破坏包络线(图 4-3)。

在主应力空间中,与各坐标轴保持等距的各点连接成为静水压力轴。此轴必通过坐标原点,且与各坐标轴的夹角相等,均为

$$\alpha = \arccos(1/\sqrt{3}) \tag{4-6}$$

静水压力轴上一点与坐标原点的距离称静水压力(ξ),其值为 3 个主应力在静水压力轴上的

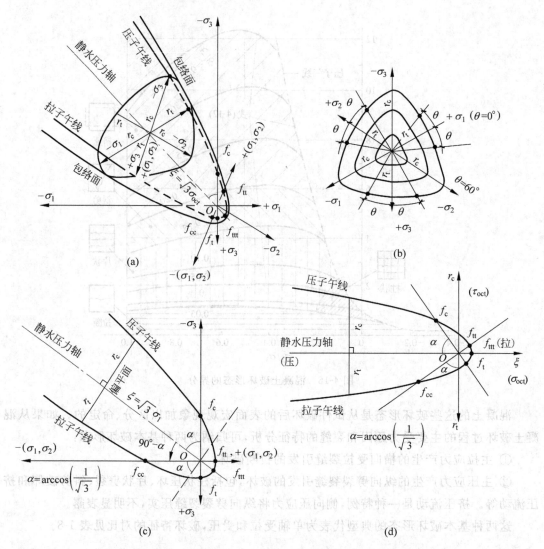

图 4-17 混凝土的破坏包络曲面及其表达方法[4-40]

（a）破坏包络面；（b）偏平面；（c）拉压子午面；（d）八面体应力表示的拉压子午面

投影之和,故 $\xi=(\sigma_1+\sigma_2+\sigma_3)/\sqrt{3}$。

垂直于静水压力轴的平面为偏平面（图 4-17（b））。3 个主应力轴在偏平面上的投影各成 $120°$ 角。不难证明,同一偏平面上每一点的 3 个主应力之和为一常数（即主应力第一不变量）: $\sigma_1+\sigma_2+\sigma_3=\text{const.}=I_1$。偏平面与破坏包络曲面的交线称偏平面包络线。不同静水压力下的偏平面包络线构成一族封闭曲线。

偏平面包络线为三折对称,有夹角 $60°$ 范围内的曲线段,即得全包络线。取主应力轴正方向处为 $\theta=0°$,负方向处为 $\theta=60°$,其余各处为 $0°<\theta<60°$。在偏平面上,包络线上一点至坐标原点（即静水压力轴）的距离称为偏应力 r。偏应力在 $\theta=0°$ 处最小（r_t）,随 θ 角逐渐增大,至 $\theta=60°$ 处为最大（r_c）,故 $r_t\leqslant r_c$。

在混凝土的破坏包络曲面上有一些特征强度点。混凝土的单轴抗压强度（f_c,有减摩措施的试验所得)和抗拉强度(f_t)各有 3 个点,分别位于 3 个坐标轴的负、正方向。混凝土的二轴等压($\sigma_1=0,f_2=f_3=f_{cc}$)和等拉($\sigma_3=0,f_1=f_2=f_{tt}$)强度位于坐标平面内的两个坐标轴的等分线上,3 个坐标面内各有一点;而混凝土的三轴等拉强度($f_1=f_2=f_3=f_{ttt}$)只有一点且落在静水压力轴的正方向。对于任意应力比($f_1\neq f_2\neq f_3$)的三轴受压、受拉或拉/压应力状态,考虑混凝土的各向同性,可由坐标或主应力(f_1,f_2,f_3)值的轮换,在应力空间中各画出 6 个点,位于同一偏平面上,且夹角 θ 值相等(图 4-17(b))。

破坏包络曲面的三维立体图既不便绘制,又不适于理解和应用,常改用拉压子午面(图 4-17(c))和偏平面上的平面图形来表示。拉压子午面为静水压力轴与一主应力轴(如图中的 σ_3 轴)组成的平面,同时通过另两个主应力轴(σ_1 和 σ_2)的等分线。此平面与破坏包络面的交线,分别称为拉、压子午线。

拉子午线的应力条件为 $\sigma_1\geqslant\sigma_2=\sigma_3$,线上的特征强度点有单轴受拉($f_t,0,0$)和二轴等压($0,-f_{cc},-f_{cc}$),偏平面上的夹角为 $\theta=0°$;压子午线的应力条件则为 $\sigma_1=\sigma_2\geqslant\sigma_3$,线上有单轴受压($0,0,-f_c$)和二轴等拉($f_{tt},f_{tt},0$),偏平面上的夹角 $\theta=60°$。拉压子午线与静水压力轴同交于一点,即三轴等拉(f_{ttt},f_{ttt},f_{ttt})。拉、压子午线至静水压力轴的垂直距离即为偏应力 r_t 和 r_c。

将图 4-17(c)中的图形绕坐标原点逆时针方向旋转一角度($90°-\alpha$),得到以静水压力轴(ξ)为横坐标、偏应力(r)为纵坐标的拉、压子午线(图 4-17(d))。于是,空间的破坏包络面改为由子午面和偏平面(图 4-17(d)、(b))上的包络曲线来表达。破坏面上任一点的直角坐标(f_1,f_2,f_3)改为由圆柱坐标(ξ,r,θ)来表示,换算关系为

$$\left.\begin{array}{l} \xi=(f_1+f_2+f_3)/\sqrt{3}=\sqrt{3}\sigma_{oct} \\ r=\sqrt{(f_1-f_2)^2+(f_2-f_3)^2+(f_3-f_1)^2}/\sqrt{3}=\sqrt{3}\tau_{oct} \\ \cos\theta=(2f_1-f_2-f_3)/(\sqrt{6}r) \end{array}\right\} \quad (4-7)$$

由式(4-7)可知,将图 4-17(d)的坐标缩小 $\sqrt{3}$,就可以用八面体正应力(σ_{oct})和剪应力(τ_{oct})坐标代替静水压力和偏应力坐标,得到相应的拉、压子午线和破坏包络线(面)。图 4-18 是根据试验结果绘制的拉、压子午线和偏平面包络线的一例。

根据国内外混凝土多轴强度的大量试验资料分析,破坏包络曲面的几何形状具有如下特征:

① 曲面连续、光滑、外凸;

② 对静水压力轴三折对称;

③ 在静水压力轴的拉端封闭,顶点为三轴等拉应力状态;压端开口,不与静水压力轴相交;

④ 子午线上各点的偏应力或八面体剪应力值,随静水压力或八面体正应力的代数值的减小而单调增大,但斜率渐减,有极限值;

⑤ 偏平面上的封闭曲线三折对称,其形状随静水压力或八面体正应力值的减小,由近似三角形($r_t/r_c\approx 0.5$)逐渐外凸饱满,过渡为一圆($r_t/r_c=1$)。

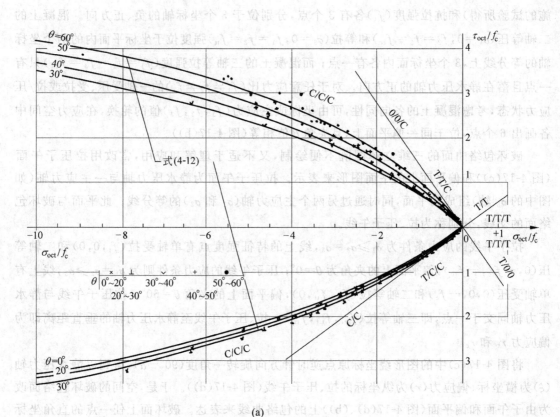

(a)

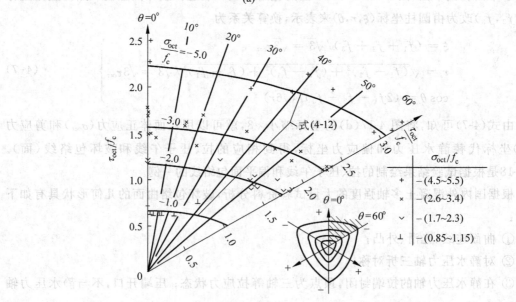

(b)

图 4-18 子午线和偏平面包络线[4-40]

(a) 子午线；(b) 偏平面

4.4.2 破坏准则表达式

将混凝土的破坏包络曲面用数学函数加以描述,作为判定混凝土是否达到破坏状态或极限强度的条件,称为破坏准则或强度准则。虽然它不属基于机理分析、具明确物理概念的强度理论,但它是大量试验结果的总结,具有足够的计算准确性,对实际工程有重要的指导意义。

迄今为止,国内外研究者提出的混凝土破坏准则不下数十个[4-40~4-48]。它们的来源分成三类:①借用古典强度理论的观点和计算式;②以混凝土多轴强度试验资料为基础的经验回归式;③以包络曲面的几何形状特征为依据的纯数学推导式,参数值由若干特征强度值标定。各个准则的表达方式和简繁程度各异,适用范围和计算精度差别大,使用时应认真选择。

各种材料在多轴应力作用下的破坏和强度值是许多工程科学中的一个普遍关心的重要问题,很早就吸引了科学家进行大量的试验和理论研究。著名的古典强度理论(表4-5)包括:

① 最大主拉应力理论(Rankine);

② 最大主拉应变理论(Mariotto);

③ 最大剪应力理论(Tresca);

④ 统计平均剪应力理论(Von Mises);

⑤ Mohr-Coulomb 理论;

⑥ Drucker-Prager 理论。

表 4-5　古典强度理论的计算式和破坏包络面形状[0-5]

序号	建议人 (年份)	控制原则和 原计算式	统一计算式(r,ξ,θ)①	包含 参数	破坏包络 面形状
1	Rankine (1876)	最大主拉应力 $\sigma_1 \leqslant f_t$	$\sqrt{2}\,r\cos\theta + \xi - \sqrt{3}f_t = 0$	1	直角 三角锥
2	Mariotto (1682)	最大主拉应变 $\sigma_1 - \nu(\sigma_2 + \sigma_3) \leqslant \varepsilon_t E = f_t$		1	锐角 三角锥
3	Tresca (1864)	最大剪应力 $(\sigma_1 - \sigma_3)/2 \leqslant k$ $k = f_y/2$	$r\sin\left(\theta + \dfrac{\pi}{3}\right) - \sqrt{2}k = 0$	1	六角棱柱
4	Von Mises (1913)	统计平均剪应力 $\tau_{oct} \leqslant \sqrt{\dfrac{2}{3}}k$ $k = \dfrac{1}{\sqrt{3}}f_y$	$r^2 - 2k^2 = 0$	1	圆柱
5	Mohr- Coulomb (1900)	最大剪应力和正应力 $\tau_{max} \leqslant c - \sigma\tan\phi$	$\sqrt{2}\xi\sin\phi + \sqrt{3}r\sin\left(\theta + \dfrac{\pi}{3}\right)$ $+ r\cos\left(\theta + \dfrac{\pi}{3}\right)\sin\phi - \sqrt{6}c\cos\phi = 0$	2	六角锥
6	Drucker- Prager (1952)	修正 Von Mises 和 Mohr- Coulomb 准则	$\sqrt{6}\alpha\xi + r - \sqrt{2}k = 0$	2	正圆锥

① 统一计算式以(r,ξ,θ)表达,推导过程见文献[0-5,4-41]。参数下有"="者需由特征强度值标定。

　　它们的共同特点是：针对某种特定材料而提出，对于解释材料破坏的内在原因和规律有明确的理论（物理）观点，有相应的试验验证，破坏包络面的几何形状简单（表 4-6），计算式简明，只含 1 个或 2 个参数，其值易于标定。因而，它们应用于相适应的材料时，可在工程实践中取得良好的效果。例如，Von Mises 准则适用于塑性材料（如软钢），在金属的塑性力学中应用最广；Mohr-Coulomb 准则反映了材料抗拉和抗压强度不等（$f_t < f_c$）的特点，适用于脆性的土壤、岩石类材料，在岩土力学中广为应用。

　　但是，古典强度理论的破坏包络面的形状过于简单，与复杂的混凝土实际破坏包络面相差很远。从整体上看，古典强度理论不适用于混凝土和同类结构材料，只是在很小的局部应力范围内，经过修正后方可勉强使用。

　　自从全面开展混凝土的多轴试验研究以来，随着试验数据的积累，许多研究人员提出了若干基于试验结果、因而较为准确、但数学形式复杂的混凝土破坏准则（表 4-6）。为反映混凝土破坏包络面的特殊几何形状（见 4.4.1 节），准则中一般需要包含 4～5 个参数。

表 4-6　破坏准则按子午线和偏平面包络线的形状分类[0-5]

偏平面包络线 / 子午线	正三角形	正六边形	圆形	有尖棱	光滑外凸
CM —— TM 平行线		Tresca (1)	Von Mises (1)		
CM θ TM 斜直线	θ=90° Rankine (1) θ<90° Mariotto (1)	Mohr-Coulomb (2)	Drucker-Prager (2)		Willam-Warnke (3)
CM TM 光滑曲线		Bresler-Pister (3)	Hsieh-Ting-Chen (4) Reimann (4)		Ottosen (4) Willam-Warnke (5) Kotsovos (5) Podgorski (5) 式(4-12)(5)

注：括号内数字代表准则计算式中的参数数目。

　　这些破坏准则的原始表达式中采用了不同的应力量（表 4-7）作为变量，计分 5 种：

① 主应力——f_1, f_2, f_3；

② 应力不变量——I_1, J_2, J_3；

③ 静水压力和偏应力——ξ, r, θ；

④ 八面体应力——$\sigma_{\text{oct}}, \tau_{\text{oct}}, \theta$；

⑤ 平均应力——$\sigma_{\text{m}}, \tau_{\text{m}}, \theta$。

表 4-7　混凝土破坏准则的统一表达[0-5]

破坏准则	参数数目	原表达式	统一表达式
			(1) $\sigma_0 = A + B\tau_0 + C\tau_0^2$
Reimann[4-14]	4	$\dfrac{\xi}{f_c} = a\left(\dfrac{r_c}{f_c}\right)^2 + b\left(\dfrac{r_c}{f_c}\right) + c,\ r = \phi r_c$	$\sigma_0 = \dfrac{c}{\sqrt{3}} - \dfrac{b}{\phi}\tau_0 - \dfrac{\sqrt{3}a}{\phi^2}\tau_0^2$
Ottosen[4-43]	4	$a\dfrac{J_2}{f_c^2} + \lambda\dfrac{\sqrt{J_2}}{f_c} + b\dfrac{I_1}{f_c} - 1 = 0$	$\sigma_0 = \dfrac{1}{3b} - \sqrt{\dfrac{1}{6}}\dfrac{\lambda}{b}\tau_0 - \dfrac{a}{2b}\tau_0^2$
Hsieh-Ting-Chen[4-44]	4	$a\dfrac{J_2}{f_c^2} + b\dfrac{\sqrt{J_2}}{f_c} + c\dfrac{\sigma_1}{f_c} + d\dfrac{I_1}{f_c} - 1 = 0$	$\sigma_0 = \left(\dfrac{1}{3d} - \dfrac{c}{3d}\dfrac{\sigma_1}{f_c}\right) - \sqrt{\dfrac{1}{6}}\dfrac{b}{d}\tau_0 - \dfrac{a}{2d}\tau_0^2$
Podgorski[4-46]	5	$\sigma_{\text{oct}} - c_0 + c_1 P\tau_{\text{oct}} + c_2\tau_{\text{oct}}^2 = 0$	$\sigma_0 = c_0 - c_1 P \cdot \tau_0 - c_2 f_c \cdot \tau_0^2$
			(2) $\tau_0 = D + E\sigma_0 + F\sigma_0^2$
Bresler-Pister[1-35]	3	$\dfrac{\tau_{\text{oct}}}{f_c} = a - b\dfrac{\sigma_{\text{oct}}}{f_c} + c\left(\dfrac{\sigma_{\text{oct}}}{f_c}\right)^2$	$\tau_0 = a - b\sigma_0 + c\sigma_0^2$
Willam-Warnke[4-42]	5	$\theta = 0°\quad \dfrac{\tau_{\text{mt}}}{f_c} = a_0 + a_1\dfrac{\sigma_{\text{m}}}{f_c} + a_2\left(\dfrac{\sigma_{\text{m}}}{f_c}\right)^2$ $\dfrac{\tau_{\text{mc}}}{f_c} = b_0 + b_1\dfrac{\sigma_{\text{m}}}{f_c} + b_2\left(\dfrac{\sigma_{\text{m}}}{f_c}\right)^2$ $\theta = 60°$	$\tau_{\text{ot}} = \dfrac{a_0}{\sqrt{0.6}} + \dfrac{a_1}{\sqrt{0.6}}\sigma_0 + \dfrac{a_2}{\sqrt{0.6}}\sigma_0^2$ $\tau_{\text{oc}} = \dfrac{b_0}{\sqrt{0.6}} + \dfrac{b_1}{\sqrt{0.6}}\sigma_0 + \dfrac{b_2}{\sqrt{0.6}}\sigma_0^2$
Willam-Warnke[4-42]	3	$\dfrac{\tau_{\text{m}}}{f_c} = r(\theta)\left(1 - \dfrac{1}{\rho}\dfrac{\sigma_{\text{m}}}{f_c}\right)$	$\tau_0 = \dfrac{r(\theta)}{\sqrt{0.6}} - \dfrac{r(\theta)}{\sqrt{0.6}\rho}\sigma_0\quad F = 0$
			(3) $\tau_0 = G[\phi(\sigma_0)]^H$
Kotsovos[4-45]	5	$\theta = 0°, \dfrac{\tau_{\text{oct,t}}}{f_c} = a\left(c - \dfrac{\sigma_{\text{oct}}}{f_c}\right)^b$ $\theta = 60°, \dfrac{\tau_{\text{oct,c}}}{f_c} = d\left(c - \dfrac{\sigma_{\text{oct}}}{f_c}\right)^e$	$G = a, H = b\quad \phi = c - \dfrac{\sigma_{\text{oct}}}{f_c}$ $G = d, H = e$
过-王[4-4]	5	$\tau_0 = a\left(\dfrac{b - \sigma_0}{c - \sigma_0}\right)^d$	$G = a, H = d, \phi = \dfrac{b - \sigma_0}{c - \sigma_0}$

上述准则的数学形式差别很大，不便作深入对比分析。其实，这些应力量借助下列基本公式就可以很方便地互相变换：

$$\sigma_0 f_c = \sigma_{\text{oct}} = \frac{f_1 + f_2 + f_3}{3} = \frac{I_1}{3} = \frac{\xi}{\sqrt{3}} = \sigma_{\text{m}}$$

$$\tau_0 f_c = \tau_{\text{oct}} = \frac{\sqrt{(f_1 - f_2)^2 + (f_2 - f_3)^2 + (f_3 - f_1)^2}}{3} = \sqrt{\frac{2J_2}{3}} = \frac{r}{\sqrt{3}} = \sqrt{\frac{5\tau_{\text{m}}}{3}}$$

$$\cos\theta = \frac{2f_1 - f_2 - f_3}{3\sqrt{2}\,\tau_{\text{oct}}} = \frac{2f_1 - f_2 - f_3}{2\sqrt{3J_2}} = \frac{2f_1 - f_2 - f_3}{\sqrt{6}\,r} = \frac{2f_1 - f_2 - f_3}{\sqrt{30}\,\tau_{\text{m}}}$$

$$\left.\vphantom{\begin{array}{c}1\\2\\3\end{array}}\right\}\ (4\text{-}8)$$

或

$$\cos 3\theta = \frac{3\sqrt{3}J_3}{2J_2^{1.5}} = \frac{\sqrt{2}\,J_3}{\tau_{\text{oct}}^3}$$

最终可统一用相对八面体强度($\sigma_0 = \sigma_{oct}/f_c$ 和 $\tau_0 = \tau_{oct}/f_c$)表达,经归纳得子午线方程的3种基本形式:

$$\left.\begin{array}{l} \sigma_0 = A + B\tau_0 + C\tau_0^2 \\ \tau_0 = D + E\sigma_0 + F\sigma_0^2 \\ \tau_0 = G[\phi(\sigma_0)]^H \end{array}\right\} \tag{4-9}$$

一些常用的、有代表性的混凝土破坏准则列于表 4-7,同时给出了原始表达式和统一表达式,可看到两者中参数的互换关系。

文献[4-40]搜集了国内外大量的混凝土多轴强度试验数据,与按上述准则计算的理论值进行全面比较,根据三项标准:①计算值与试验强度的相符程度;②适用的应力范围宽窄;③理论破坏包络面几何特征的合理性等加以评定,所得结论为:较好的有过-王、Ottosen 和 Podgorski 准则,其次是 Hsieh-Ting-Chen、Kotsovos、Willam-Warnke 准则,而Bresler-Pister 准则较差。在结构的有限元分析中,可根据结构的应力范围和准确度要求选用合理的混凝土破坏准则。

模式规范 CEB FIP MC90[1-12]中采纳了 Ottosen 准则。它根据偏平面包络线由三角形过渡为圆形的特点、应用薄膜比拟法:即在等边三角形边框上蒙上一薄膜,承受均匀压力后薄膜鼓起,等高线的形状由外向内的变化恰好相同。据此建立了二阶偏微分方程,求解后转换得到以应力不变量表达的破坏准则式[4-43]:

$$a\frac{J_2}{f_c^2} + \lambda\frac{\sqrt{J_2}}{f_c} + b\frac{I_1}{f_c} - 1 = 0 \tag{4-10}$$

当 $\theta \leqslant 30°$,即 $\cos 3\theta \geqslant 0$ 时 $\lambda = \dfrac{1}{r} = k_1\cos\left[\dfrac{1}{3}\arccos(k_2\cos 3\theta)\right]$

当 $\theta \geqslant 30°$,即 $\cos 3\theta \leqslant 0$ 时 $\lambda = k_1\cos\left[\dfrac{\pi}{3} - \dfrac{1}{3}\arccos(-k_2\cos 3\theta)\right]$

$$\left.\right\} \tag{4-11}$$

式中共有 4 个参数,其中 a 和 b 决定子午线的形状,k_1 和 k_2 分别决定偏平面包络线($\sqrt{J_2}$ 或r)的大小和形状。标定参数值的 4 个特征强度值取为:单轴抗压($-f_c$)、单轴抗拉(f_t)、二轴等压($f_{cc} = -1.16f_c$)和三轴抗压强度($\theta = 60°$,$I_1/f_c = -5$,$\sqrt{J_2}/f_c = 2\sqrt{2}$)。按式(4-8)计算各特征强度的 I_1、$\sqrt{J_2}$ 和 θ 值,分别代入式(4-10)、式(4-11)得 4 阶联立方程,解之得各参数值。若取 $f_t = 0.1f_c$,解得的 4 个参数为:$a = 1.275\ 9$,$b = 3.196\ 2$,$k_1 = 11.736\ 5$,$k_2 = 0.980\ 1$。

Hsieh-Ting-Chen[4-44]和 Podgorski[4-46]准则是对 Ottosen 准则的简化和修正。

依据我国的试验数据,并参考国外相关数据后提出的过-王准则[4-4,4-40],应用幂函数拟合混凝土的破坏包络面,一般计算式为

$$\tau_0 = a\left(\frac{b - \sigma_0}{c - \sigma_0}\right)^d \tag{4-12}$$

$$c = c_t(\cos 1.5\theta)^{1.5} + c_c(\sin 1.5\theta)^2 \tag{4-13}$$

式中,τ_0 和 σ_0 同式(4-8)。式中 5 个参数都有明确的几何(物理)意义:

$b = f_{ttt}/f_c$ 为三轴等拉强度与单轴抗压强度的比值,即包络面或子午线与静水压力轴
   交点的坐标;

$a=\tau_{0,\max}$ 为 $\sigma_0 \rightarrow -\infty$ 时 τ_0 的极限值,即破坏曲面趋向一圆柱面的半径;

$0<d<1.0$ 时,拉、压子午线在 $\sigma_0=b$ 处连续,破坏包络面顶点处连续、光滑;

$\theta=0°$ 时 $c=c_t$,$\theta=60°$ 时 $c=c_c$,代入式(4-12)分别得拉、压子午线。

确定这 5 个参数采用的混凝土特征强度值为:单轴抗压($-f_c$)、单轴抗拉($f_t=0.1f_c$)、二轴等压($f_{cc}=-1.28f_c$)、三轴等拉($f_{ttt}=0.9f_t$)和三轴抗压强度($\theta=60°$,$\sigma_0=-4$,$\tau_0=2.7$)。分别代入式(4-12)、式(4-13)后,得 5 阶联立方程组,用迭代法[4-40]计算得参数值

$$a=6.963\,8 \qquad b=0.09 \quad d=0.929\,7 \left.\begin{array}{l} \\ \\ \end{array}\right\} \tag{4-14}$$
$$c_t=12.244\,5 \quad c_c=7.331\,9$$

将式(4-14)代入式(4-12)、式(4-13)后,即可计算各种应力状态下的混凝土多轴强度理论值,并绘制子午线和偏平面包络线(图 4-18),以及二轴和三轴包络线(如图 4-3、图 4-8、图 4-10 所示)。从图中可见,按此准则计算的混凝土多轴强度值与国内外的试验结果相符甚好[4-40]。

需要指出,确定上述参数(式(4-14))所选定的 5 个特征强度值,考虑了国内外大量的试验结果,包括不同的混凝土材料和很广的应力状态范围。如果针对某一种特定的混凝土材料和强度等级,或者结构的应力状态范围有限(如二轴应力状态),为了获得更准确的破坏准则,可以通过试验测定、或参照已有试验资料另行设定其他特征强度值,仍用迭代法计算确定另一组参数值,得相应的破坏准则计算式[0-4]。

4.4.3 多轴强度计算图

混凝土破坏准则的数学形式比较复杂,计算费时,一般需编制程序计算混凝土的多轴强度,故常与二、三维结构的分析程序结合使用。有关规范和文献提供了混凝土多轴强度的多种计算图,既简化了计算手续,方便结构设计时查用,又可给出偏低的多轴强度值,保留适当的安全余度。此外,实际工程中存在大量的二维结构,许多三维结构还可简化为二维应力状态进行分析和设计,不必动用复杂的三维准则,只需采用二轴包络图进行验算。

模式规范[1-12]和德国预应力混凝土反应堆压力容器设计规范[4-49]都采用 Ottosen 准则,给出了多轴强度(C/C/C)计算图(图 4-19),可按应力比例 σ_1/σ_3 和 σ_2/σ_3 查取多轴抗压强度 f_3,并计算得 f_1、f_2。

二维结构常用的 Kupfer-Gerstle[4-50]准则,几经修正后被纳入模式规范[1-12]。其破坏包络线如图 4-20 所示,混凝土的二轴强度按应力状态分段计算如下:

(1) C/C ($\sigma_1=0$,$\alpha=\sigma_2/\sigma_3$)和 T/C ($\sigma_2=0$,$\alpha=\sigma_1/\sigma_3$),即 AB 段曲线:

$$f_3=-\frac{1+3.65\alpha}{(1+\alpha)^2}f_c<-0.96\,f_c \tag{4-15a}$$

其间,二轴等压($\alpha=1$)强度为 $f_2=f_3=-1.162\,5\,f_c$,当 $\alpha=0.452$ 时,有最大的二轴抗压强度 $f_3=-1.256\,8\,f_c$。

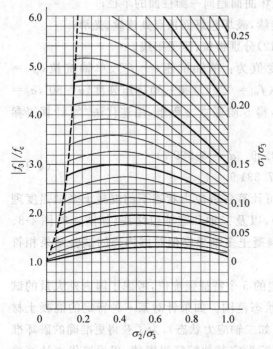

图 4-19 三轴抗压强度计算图[1-12,4-49]

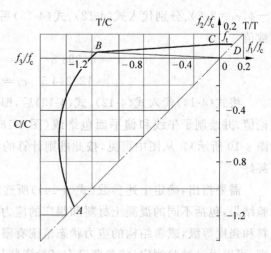

图 4-20 Kupfer-Gerstle 二轴破坏准则[4-50]

（2）**T/C**（$\sigma_2=0, f_3 \geqslant -0.96 f_c$），即 *BC* 段直线：

$$f_1 = \left(1 + 0.8 \frac{|f_3|}{f_c}\right) f_t \tag{4-15b}$$

当 $f_3 = -0.96 f_c$ 时，$f_1 = 0.232 f_t$。

（3）**T/T**（$\sigma_3=0$），即 *CD* 直线段：

$$f_1 = f_t \tag{4-15c}$$

另一些二轴破坏准则[4-51,4-52]更为简单，包络线由数段折线组成（图 4-21），二轴强度易于查用或建立公式计算。

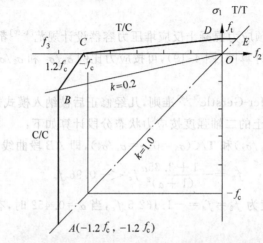

图 4-21 Tasuji-Slate-Nilson 二轴破坏准则[4-51]

　　我国的原混凝土结构设计规范(GB 50010—2002)中给出的混凝土二轴强度包络线和三轴抗压强度图如图 4-22 所示。二轴包络线为 4 折线形,取值略低于试验结果。其中压/压区和拉/拉区与 Tasuji-Slate-Nilson 准则(图 4-21)相同,拉/压区与 Kupfer-Gerstle 准则相近。各折线段的二轴强度计算式见表 4-8。

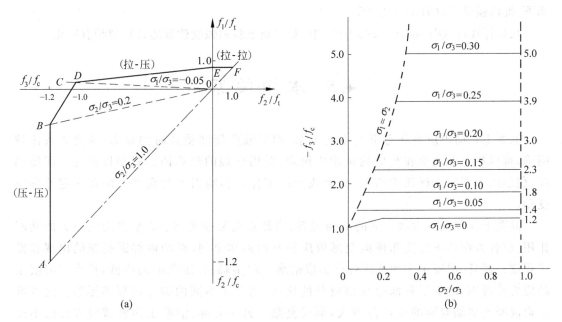

图 4-22　混凝土多轴强度计算图[1-1]
(a) 二轴强度包络线；(b) 三轴抗压强度

表 4-8　二轴强度计算式(对应图 4-22(a))

区　段	应力状态	应力比	二轴强度计算式
AB	压-压 $\sigma_1=0$	$r=\sigma_2/\sigma_3$ $0.2\leqslant r\leqslant1$	$f_3=-1.2f_c,\quad f_2=-1.2\,r\,f_c$
BC	压-压 $\sigma_1=0$	$r=\sigma_2/\sigma_3$ $0\leqslant r\leqslant0.2$	$f_3=\dfrac{-1.2}{1.2-r}f_c,\quad f_2=rf_3$
CD	拉-压 $\sigma_2=0$	$r=\sigma_1/\sigma_3$ $-0.05\leqslant r\leqslant0$	$f_3=\dfrac{-1.2}{1.2-r}f_c,\quad f_1=rf_3$
DE	拉-压 $\sigma_2=0$	$r=\sigma_1/\sigma_3$ $r\leqslant-0.05$	$f_3=\dfrac{-0.96\,f_t f_c}{f_t-(0.048+0.96r)f_c},\quad f_1=rf_3$
EF	拉-拉 $\sigma_3=0$	$r=\sigma_2/\sigma_1$ $0\leqslant r\leqslant1$	$f_1=f_t,\quad f_2=rf_1$

　　混凝土的三轴抗压强度(f_3,见图 4-22(b))不考虑中间主应力(σ_2)的影响,以简化计算,也可按下式进行计算：

$$-\frac{f_3}{f_c}=1.2+33\left(\frac{\sigma_1}{\sigma_3}\right)^{1.8} \tag{4-16}$$

图示三轴抗压强度(f_3)的取值显著低于试验值(对比图4-8),且低于国外设计规范(图4-19)的给定值,又有最高强度($5f_c$)的限制,用于结构承载力验算可确保结构安全。

对于三轴拉/压应力状态(T/T/C,T/C/C),同一规范建议不计中间主应力的影响,按二轴拉/压强度(T/C,$\sigma_2=0$,图4-22(a)的 CD、DE 段)取值。在三轴受拉(T/T/T)应力状态下,抗拉强度可取为 $f_1=0.9f_t$。

在现行规范(GB 50010—2010)[1-1]中,对混凝土多轴强度建议的计算值稍有变化。

4.5　本　构　关　系

混凝土在简单应力状态下的本构关系,即单轴受压和受拉时的应力-应变关系比较明确,可以相当准确地在相应的试验中测定,并用合理的经验回归式加以描述。即使如此,仍然因为混凝土材性的离散、变形成分的多样和影响因素的众多等而在一定范围内变动。

混凝土在多轴应力状态下的本构关系,当然更要复杂得多。3个方向主应力的共同作用,使各方向的正应变和横向变形效应相互约束和牵制,影响内部微裂缝的出现和发展程度。而且,混凝土多轴抗压强度的成倍增长和多轴拉/压强度的降低,扩大了混凝土的应力值范围,改变了各部分变形成分的比例,出现了不同的破坏过程和形态。这些都使得混凝土多轴变形的变化范围大,形式复杂。另一方面,混凝土多轴试验方法的不统一和应变量测技术的困难,又加大了应变量测数据的离散度[4-8],给研究本构关系造成更大困难。

在结构设计计算和有限元分析中须引入混凝土的多轴本构关系,许多学者进行了大量的试验和理论研究,提出了多种多样的混凝土本构模型。根据这些模型对混凝土材料力学性能特征的概括,分成4大类:①线弹性模型;②非线(性)弹性模型;③塑性理论模型;④其他力学理论类模型。前两类属弹性模型,后两类统称非弹性模型。其中,①、③类模型是将成熟的力学体系,即弹性力学和塑性理论的观点和方法作为基础,移植至混凝土;④类模型则是借鉴一些新兴力学分支的概念和方法,结合混凝土的材料特点推导而得;②类模型主要依据混凝土多轴试验的数据和规律,进行总结和回归分析后得到。

各类本构模型的理论基础、观点和方法迥异,表达形式多样,简繁相差悬殊,适用范围和计算结果的差别大。很难确认一个通用的混凝土本构模型,只能根据结构的特点、应力范围和精度要求等加以适当选择。至今,实际工程中应用最广泛的还是源自试验、计算精度有保证、形式简明和使用方便的非线弹性类本构模型。我国的设计规范[1-1]指出,混凝土的多轴本构关系宜通过试验分析确定;对二轴应力状态也可采用损伤模型或弹塑性(增量)模型。

4.5.1　线弹性类本构模型

这是最简单、最基本的材料本构模型。材料变形(应变)在加载和卸载时都沿同一直线变化(图 4-23),完全卸载后无残余变形。因而应力和应变有确定的唯一关系,其比值即为材料的弹性常数,称弹性模量。

线弹性本构关系是弹性力学的物理基础。它是迄今发展最成熟的材料本构模型,也是其他类本构模型的基础和特例。基于线弹性本构关系的结构二维和三维有限元分析程序已有许多成功的范例,如 SAP、ADINA、ANSYS 等在工程中已使用多年。

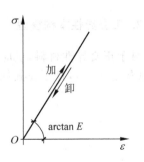

图 4-23 线弹性应力-应变关系

当然,混凝土的变形特性,如单轴受压和受拉,以及多轴应力状态下的应力-应变曲线,都是非线性的,从原则上讲线弹性本构模型不能适用。但是,在一些特定情况下,采用线弹性模型进行分析仍不失为一种简捷、有效的手段。例如当:①混凝土的应力水平较低,内部微裂缝和塑性变形未有较大发展时;②预应力结构或受约束结构的开裂之前;③体形复杂结构的初步分析或近似计算时;④有些结构选用不同的本构模型,对其计算结果不敏感,等等。所以,线弹性本构模型在钢筋混凝土结构分析中的应用仍有相当大的余地。事实是:至今国内外已建成的所有混凝土结构中,绝大部分都是按照线弹性本构模型进行内(应)力分析后,经过设计和配筋建造的。工程实践证明,这样做可使结构具有必要的、甚至稍高的承载力安全度。设计规范如文献[1-1,2-12]中允许采用这类本构模型。

考虑了材料性能的方向性差异,尚可建立不同复杂程度的线弹性本构模型。

1. 各向异性本构模型

结构中任何一点有 6 个应力分量,相应地有 6 个应变分量。如果各应力和应变分量间的弹性常数都不同,其一般的本构关系式为

$$
\begin{bmatrix} \sigma_{11} \\ \sigma_{22} \\ \sigma_{33} \\ \tau_{12} \\ \tau_{23} \\ \tau_{31} \end{bmatrix} =
\begin{bmatrix}
c_{11} & c_{12} & c_{13} & c_{14} & c_{15} & c_{16} \\
c_{21} & c_{22} & c_{23} & c_{24} & c_{25} & c_{26} \\
c_{31} & c_{32} & c_{33} & c_{34} & c_{35} & c_{36} \\
c_{41} & c_{42} & c_{43} & c_{44} & c_{45} & c_{46} \\
c_{51} & c_{52} & c_{53} & c_{54} & c_{55} & c_{56} \\
c_{61} & c_{62} & c_{63} & c_{64} & c_{65} & c_{66}
\end{bmatrix}
\begin{bmatrix} \varepsilon_{11} \\ \varepsilon_{22} \\ \varepsilon_{33} \\ \gamma_{12} \\ \gamma_{23} \\ \gamma_{31} \end{bmatrix}
\tag{4-17a}
$$

这里已经取 $\tau_{12}=\tau_{21},\tau_{23}=\tau_{32},\tau_{31}=\tau_{13}$ 和 $\gamma_{12}=\gamma_{21},\gamma_{23}=\gamma_{32},\gamma_{31}=\gamma_{13}$。式(4-17a)简写成子矩阵的形式为

$$
\begin{bmatrix} \sigma_{ii} \\ \tau_{ij} \end{bmatrix} =
\begin{bmatrix} E_{ii,ii} & Y_{ii,ij} \\ H_{ij,ii} & G_{ij,ij} \end{bmatrix}
\begin{bmatrix} \varepsilon_{ii} \\ \gamma_{ij} \end{bmatrix}
\tag{4-17b}
$$

式中,$E_{ii,ii}$——正应力 σ_{ii} 和正应变 ε_{ii} 之间的刚度系数,即弹性模量;

$G_{ij,ij}$——剪应力 τ_{ij} 和剪应变 γ_{ij} 之间的刚度系数,即剪切模量;

$Y_{ii,ij}$——正应力 σ_{ii} 和剪应变 γ_{ij} 之间的刚度系数;

$H_{ij,ii}$——剪应力 τ_{ij} 和正应变 ε_{ii} 之间的刚度系数,后两者都称为耦合变形模量。

这一本构模型中刚度矩阵不对称,共有 $6\times6=36$ 个材料弹性常数(模量)。

2. 正交异性本构模型

对于正交异性材料,正应力作用下不产生剪应变($Y_{ii,ij}=\infty$);剪应力作用下不产生正应变($H_{ij,ii}=\infty$),且不在其他平面产生剪应变。本构模型可以分解,简化为

$$
\begin{bmatrix} \sigma_{11} \\ \sigma_{22} \\ \sigma_{33} \end{bmatrix} = \begin{bmatrix} c_{11} & c_{12} & c_{13} \\ c_{21} & c_{22} & c_{23} \\ c_{31} & c_{32} & c_{33} \end{bmatrix} \begin{bmatrix} \varepsilon_{11} \\ \varepsilon_{22} \\ \varepsilon_{33} \end{bmatrix} \tag{4-18a}
$$

和

$$
\begin{bmatrix} \tau_{12} \\ \tau_{23} \\ \tau_{31} \end{bmatrix} = \begin{bmatrix} c_{44} & 0 & 0 \\ 0 & c_{55} & 0 \\ 0 & 0 & c_{66} \end{bmatrix} \begin{bmatrix} \gamma_{12} \\ \gamma_{23} \\ \gamma_{31} \end{bmatrix} \tag{4-18b}
$$

其中式(4-18a)中的刚度矩阵对称,只含 6 个独立常数,另加式(4-18b)中 3 个常数,故正交异性本构模型中的弹性常数减少为 9 个。

若材料的弹性常数用熟知的工程量 E,ν 和 G 等表示,建立的本构关系即广义虎克定律如下:

$$
\begin{bmatrix} \varepsilon_{11} \\ \varepsilon_{22} \\ \varepsilon_{33} \end{bmatrix} = \begin{bmatrix} \dfrac{1}{E_1} & -\dfrac{\nu_{12}}{E_2} & -\dfrac{\nu_{13}}{E_3} \\ -\dfrac{\nu_{21}}{E_1} & \dfrac{1}{E_2} & -\dfrac{\nu_{23}}{E_3} \\ -\dfrac{\nu_{31}}{E_1} & -\dfrac{\nu_{32}}{E_2} & \dfrac{1}{E_3} \end{bmatrix} \begin{bmatrix} \sigma_{11} \\ \sigma_{22} \\ \sigma_{33} \end{bmatrix} \tag{4-19a}
$$

和

$$
\begin{bmatrix} \gamma_{12} \\ \gamma_{23} \\ \gamma_{31} \end{bmatrix} = \begin{bmatrix} \dfrac{1}{G_{12}} & 0 & 0 \\ 0 & \dfrac{1}{G_{23}} & 0 \\ 0 & 0 & \dfrac{1}{G_{31}} \end{bmatrix} \begin{bmatrix} \tau_{12} \\ \tau_{23} \\ \tau_{31} \end{bmatrix} \tag{4-19b}
$$

式中,E_1,E_2,E_3——3 个垂直方向的弹性模量;

$\quad\quad G_{12},G_{23},G_{31}$——3 个垂直方向的剪切模量;

$\quad\quad \nu_{12}$——应力 σ_{22} 对 σ_{11} 方向的横向变形系数,即泊松比;

$\quad\quad \nu_{23}$ 和 ν_{31} 等类推。

式(4-19a)中的柔度矩阵对称,故

$$
E_1\nu_{12} = E_2\nu_{21}, \quad E_2\nu_{23} = E_3\nu_{32}, \quad E_3\nu_{31} = E_1\nu_{13} \tag{4-20}
$$

本构模型中的独立弹性常数也是 9 个。

3. 各向同性本构模型

各向同性材料的三方向弹性常数值相等,式(4-19)便简化为

$$
\begin{bmatrix} \varepsilon_{11} \\ \varepsilon_{22} \\ \varepsilon_{33} \end{bmatrix} = \begin{bmatrix} \dfrac{1}{E} & -\dfrac{\nu}{E} & -\dfrac{\nu}{E} \\ -\dfrac{\nu}{E} & \dfrac{1}{E} & -\dfrac{\nu}{E} \\ -\dfrac{\nu}{E} & -\dfrac{\nu}{E} & \dfrac{1}{E} \end{bmatrix} \begin{bmatrix} \sigma_{11} \\ \sigma_{22} \\ \sigma_{33} \end{bmatrix} \tag{4-21a}
$$

$$\begin{bmatrix} \gamma_{12} \\ \gamma_{23} \\ \gamma_{31} \end{bmatrix} = \frac{1}{G} \begin{bmatrix} \tau_{12} \\ \tau_{23} \\ \tau_{31} \end{bmatrix} \tag{4-21b}$$

式中只有 3 个弹性常数,即 E,ν 和 G。由于

$$G = \frac{E}{2(1+\nu)} \tag{4-22}$$

独立的弹性常数只有 2 个,工程中常取 E 和 ν。

对式(4-21)求逆,可得刚度矩阵表示的应力-应变关系

$$\begin{bmatrix} \sigma_{11} \\ \sigma_{22} \\ \sigma_{33} \\ \hdashline \tau_{12} \\ \tau_{23} \\ \tau_{31} \end{bmatrix} = \frac{E}{(1+\nu)(1-2\nu)} \left[\begin{array}{ccc:ccc} 1-\nu & \nu & \nu & & & \\ \nu & 1-\nu & \nu & & 0 & \\ \nu & \nu & 1-\nu & & & \\ \hdashline & & & \frac{1-2\nu}{2} & 0 & 0 \\ & 0 & & 0 & \frac{1-2\nu}{2} & 0 \\ & & & 0 & 0 & \frac{1-2\nu}{2} \end{array} \right] \begin{bmatrix} \varepsilon_{11} \\ \varepsilon_{22} \\ \varepsilon_{33} \\ \hdashline \gamma_{12} \\ \gamma_{23} \\ \gamma_{31} \end{bmatrix} \tag{4-23}$$

这就是弹性力学中的一般本构关系。

将此线弹性本构模型用于混凝土,只需测定或给出弹性模量 E 和泊松比 ν 的数值,就可应用有限元方法分析各种混凝土结构。

由于线弹性本构模型总体上不适合于混凝土材料,使得其在分析钢筋混凝土结构的应用范围和计算精度受到限制,因而发展和建立了混凝土的非线弹性类本构模型。它们反映了混凝土的变形随应力而非线性增长的主要特点,采用逐渐退化(递减)的弹性常数进行分析,前述的基本计算式都可应用。

4.5.2　非线(性)弹性类本构模型

非线(性)弹性本构关系的基本特征以单轴应力-应变关系为例,如图 4-24 所示。随着应力的加大,变形按一定规律非线性地增长,刚度逐渐减小;卸载时,应变沿原曲线返回,不留残余应变。

这类本构模型的明显优点是,能够反映混凝土受力变形的主要特点;计算式和参数值都来自试验数据的回归分析,在单调比例加载情况下有较高的计算精度;模型表达式简明、直观,易于理解和应用,因而在工程中应用最广泛。这类模型的缺点是,不能反映卸载和加载的区别,卸载后无残余变形等,故不能应用于卸载、加卸载循环和非比例加载等情况。

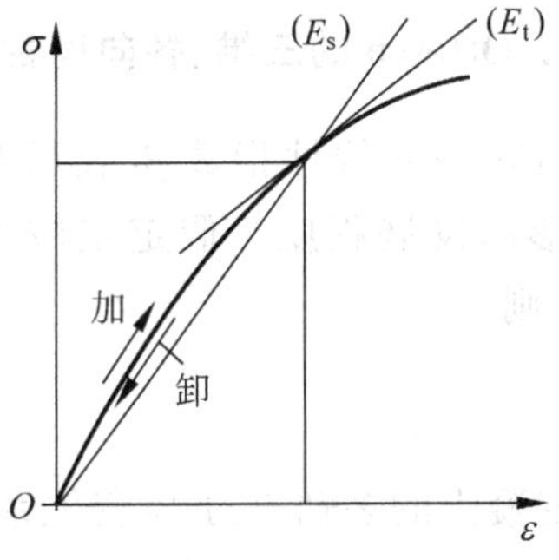

图 4-24　非线(性)弹性的应力-应变关系

　　这类模型的数量很多,表达式和计算方法各异,适用应力范围和计算精度有别。一些有代表性的混凝土本构模型列入表 4-9。表中还给出各本构模型的主要特点,如适用于二维或三维应力状态、应力的途径,采用的物理量、增量(切线)或全量(割线)模量,参数的标定方法,所用的破坏准则等,详细内容可查阅有关文献。

表 4-9　非线(性)弹性混凝土本构模型

类型	作　者	维数	物理量	模量形式	适用范围	应力途径	参数确定方法	破坏准则	参考文献
各向同性	Kupfer/Gerstle	2,3 C[①]	K,G	割线	上升段	单调	试验拟合	—	[4-50]
	Romstad/Taylor/Herrmann	2	E,ν	切线	上升段	单调	分段给定	折线	[4-53]
	Palaniswamy/Shah	3	K,ν	切线	不稳定裂缝前	单调	试验拟合	—	[4-54]
	Cedolin/Crutzen/DeiPoli	3	K,G	割、切线	上升段	单调	试验拟合	折线	[4-55]
	Ottosen	3	E,ν	割线	全曲线	单调	等效单轴	Ottosen	[4-56,4-57]
正交异性	Liu/Nilson/Slate	2C[①]	E_1,E_2,ν	切线	上升段	单调	等效单轴	折线	[4-58]
	Tasuji/Slate/Nilson	2	E_1,E_2,ν	切线	上升段	单调	等效单轴	折线	[4-59]
	Darwin/Pecknold	2	E_1,E_2,ν	切线	上升段	单调	等效单轴	Kupfer	[4-60]
	Elwi/Murray	3	$E_1,E_2,$ E_3,ν	切线	全曲线	单调	等效单轴	Willam-Warnke	[4-61]
各向异性	Kotsovos/Newman	3	K,G,H	割、切线	不稳定裂缝前	非比例	试验拟合	折线	[4-62]
	Kotsovos	3	K,G,H	割、切线	全曲线	非比例	试验拟合	—	[4-63]
	Gerstle	2,3	K,G,H	切线	上升段	非比例	试验拟合	—	[4-64,4-65]
	Stankowski/Gerstle	3	K,G,H,Y	切线	上升段	非比例	试验拟合	—	[4-66]

① 只适用于多轴受压应力状态。

　　模式规范[1-12]中明确建议的两个混凝土本构模型如下:

1. Ottosen 的三维、各向同性全量模型[4-56]

　　引入一非线性指数 β,表示当前应力$(\sigma_1,\sigma_2,\sigma_3)$距破坏(包络面)的远近,以反映塑性变形的发展程度。假定主应力 σ_1 和 σ_2 值保持不变,σ_3(压应力)增大至 f_3 时混凝土破坏,则

$$\beta=\frac{\sigma_3}{f_3} \tag{4-24}$$

混凝土的多轴应力-应变关系仍采用单轴受压的 Sargin 方程(表 1-6)

$$-\frac{\sigma}{f_c} = \frac{A\left(\dfrac{\varepsilon}{\varepsilon_c}\right) + (D-1)\left(\dfrac{\varepsilon}{\varepsilon_c}\right)^2}{1 + (A-2)\left(\dfrac{\varepsilon}{\varepsilon_c}\right) + D\left(\dfrac{\varepsilon}{\varepsilon_c}\right)^2} \tag{4-25}$$

但用多轴应力状态的相应值代替

$$\left. \begin{aligned} -\frac{\sigma}{f_c} &= \frac{-\sigma}{f_3} = \beta, \quad A = \frac{E_i}{E_p} = \frac{E_i}{E_f} \\ \frac{\varepsilon}{\varepsilon_c} &= \frac{\varepsilon}{\varepsilon_f} = \frac{\sigma/E_s}{f_3/E_f} = \beta\frac{E_f}{E_s} \end{aligned} \right\} \tag{4-26}$$

式中各符号的意义如图 4-25 所示。将式(4-26)代入式(4-25)后,得一元二次方程,解之即得混凝土的多轴割线模量:

$$E_s = \frac{E_i}{2} - \beta\left(\frac{E_i}{2} - E_f\right) \pm \sqrt{\left[\frac{E_i}{2} - \beta\left(\frac{E_i}{2} - E_f\right)\right]^2 + E_f^2\beta[D(1-\beta)-1]} \tag{4-27}$$

式中,E_i——混凝土的初始弹性模量;

E_f——多轴峰值割线模量,

$$E_f = \frac{E_p}{1 + 4(A-1)x} \tag{4-28}$$

其中,E_p——单轴受压的峰值割线模量;

$$A = E_i/E_p \qquad \left(> \frac{4}{3}\right)$$

$$x = \frac{\sqrt{J_{2f}}}{f_c} - \frac{1}{\sqrt{3}} \geqslant 0 \tag{4-29}$$

式中,J_{2f}——按应力$(\sigma_1, \sigma_2, f_3)$计算(式(4-8))的偏应力第二不变量。

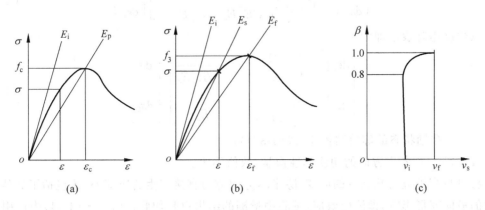

图 4-25 Ottosen 本构模型

(a) 单轴受压 σ-ε 关系;(b) 多轴 σ-ε 关系;(c) 泊松比

割线泊松比(ν_s)值随 β 的变化如图 4-25(c)所示,计算式为

$$\left. \begin{aligned} \beta &\leqslant 0.8 & \nu_s &= \nu_i = \text{const.} \\ 0.8 &< \beta \leqslant 1.0 & \nu_s &= \nu_f - (\nu_f - \nu_i)\sqrt{1 - (5\beta - 4)^2} \end{aligned} \right\} \tag{4-30}$$

其中泊松比的初始值和峰点值可取 $\nu_i = 0.2, \nu_f = 0.36$。

将不同应力值或 β 值下的 E_s 和 ν_s 代入式(4-21)或式(4-23),即为混凝土的各向同性本构模型。

2. Darwin-Pecknold 的二维、正交异性、增量模型[4-60]

正交异性材料的二维应力-应变关系增量式,由式(4-19)简化为

$$\left.\begin{array}{c}\begin{bmatrix}d\varepsilon_{11}\\[2mm] d\varepsilon_{22}\end{bmatrix}=\begin{bmatrix}\dfrac{1}{E_1} & -\dfrac{\nu_2}{E_2}\\[3mm] -\dfrac{\nu_1}{E_1} & \dfrac{1}{E_2}\end{bmatrix}\begin{bmatrix}d\sigma_{11}\\[2mm] d\sigma_{22}\end{bmatrix}\\[6mm] d\gamma_{12}=\dfrac{1}{G}d\tau_{12}\end{array}\right\} \tag{4-31}$$

若取

$$\left.\begin{array}{c}\nu_1 E_2=\nu_2 E_1\\[2mm] \nu=\sqrt{\nu_1\nu_2}\end{array}\right\} \tag{4-32}$$

和

矩阵求逆后得

$$\begin{bmatrix}d\sigma_{11}\\ d\sigma_{22}\\ d\tau_{12}\end{bmatrix}=\frac{1}{1-\nu^2}\begin{bmatrix}E_1 & \nu\sqrt{E_1 E_2} & 0\\ \nu\sqrt{E_1 E_2} & E_2 & 0\\ 0 & 0 & \dfrac{1}{4}\left(E_1+E_2-2\nu\sqrt{E_1 E_2}\right)\end{bmatrix}\begin{bmatrix}d\varepsilon_{11}\\ d\varepsilon_{22}\\ d\gamma_{12}\end{bmatrix} \tag{4-33}$$

对于主应力方向则为

$$\begin{bmatrix}d\sigma_1\\ d\sigma_2\end{bmatrix}=\frac{1}{1-\nu^2}\begin{bmatrix}E_1 & \nu\sqrt{E_1 E_2}\\ \nu\sqrt{E_1 E_2} & E_2\end{bmatrix}\begin{bmatrix}d\varepsilon_1\\ d\varepsilon_2\end{bmatrix} \tag{4-34a}$$

以柔度矩阵表示即为

$$\begin{bmatrix}d\varepsilon_1\\ d\varepsilon_2\end{bmatrix}=\begin{bmatrix}\dfrac{1}{E_1} & -\dfrac{\nu}{\sqrt{E_1 E_2}}\\[3mm] -\dfrac{\nu}{\sqrt{E_1 E_2}} & \dfrac{1}{E_2}\end{bmatrix}\begin{bmatrix}d\sigma_1\\ d\sigma_2\end{bmatrix} \tag{4-34b}$$

式中,ν——多轴状态的等效泊松比(式(4-32));

E_1,E_2——各主方向的切线弹性模量、数值不等。

材料在多轴应力状态下的应变,除了本方向应力直接产生的应变外,还包括了其他方向应力的横向变形影响,即泊松效应,试验中量测的结果也是如此。由于式(4-34)中已引入了泊松比(ν),故式中 $E_i(i=1,2)$ 应该只反映多轴应力状态下的本方向应力-应变关系。这种关系既非试验量测所得的多轴应力-应变关系,又不同于材料的纯粹单轴(压或拉)应力-应变关系,其应力峰值即为多轴强度($f_i\neq f_c$ 或 f_t),相应应变也不等于单轴峰值应变($\varepsilon_{if}\neq\varepsilon_p$ 或 $\varepsilon_{t,p}$),故称为等效单轴应力-应变关系。另一方面,当多轴应力状态退化为单轴应力状态时,等效单轴应力-应变关系显然就是单轴应力-应变关系。

Darwin-Pecknold 本构模型中,将混凝土的等效单轴应力-应变关系取为 Saenz 的单轴

受压应力-应变关系(图 4-26),其曲线方程(表(1-6))[①]为

$$\sigma = \frac{\varepsilon E_0}{1 + \left(\dfrac{E_0}{E_f} - 2\right)\left(\dfrac{\varepsilon}{\varepsilon_p}\right) + \left(\dfrac{\varepsilon}{\varepsilon_p}\right)^2} \tag{4-35}$$

对于二轴应力状态,需将式中的应变 ε 改为等效单轴应变 ε_{iu},上式变为

$$(i = 1,2) \quad \sigma_i = \frac{\varepsilon_{iu} E_0}{1 + \left(\dfrac{E_0}{E_{if}} - 2\right)\left(\dfrac{\varepsilon_{iu}}{\varepsilon_{if}}\right) + \left(\dfrac{\varepsilon_{iu}}{\varepsilon_{if}}\right)^2} \tag{4-36}$$

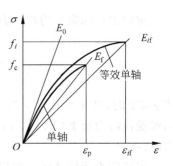

图 4-26 单轴和等效单轴
应力-应变曲线

对此式求导数,得到切线模量

$$E_i = \frac{\mathrm{d}\sigma_i}{\mathrm{d}\varepsilon_{iu}} = \frac{\left[1 - \left(\dfrac{\varepsilon_{iu}}{\varepsilon_{if}}\right)^2\right] E_0}{\left[1 + \left(\dfrac{E_0}{E_{if}} - 2\right)\left(\dfrac{\varepsilon_{iu}}{\varepsilon_{if}}\right) + \left(\dfrac{\varepsilon_{iu}}{\varepsilon_{if}}\right)^2\right]^2} \tag{4-37}$$

式中,E_0——混凝土的初始弹性模量;

$\quad\quad E_{if}$——$i(=1,2)$ 方向的峰值割线模量,$E_{if} = f_i/\varepsilon_{if}$;

其中,f_i——混凝土的二轴强度 (f_1, f_2),按合理的破坏准则计算(原建议取 Kupfer 准则,即式(4-15));

$\quad\quad \varepsilon_{if}$——混凝土的二轴峰值应变 $(\varepsilon_{1f}, \varepsilon_{2f})$,按经验式(表 4-10)计算;

泊松比 (ν) 按表 4-10 取值。

表 4-10　Darwin-Pecknold 本构模型中的 ε_{if} 和 ν 值

应力状态	ε_{if}	ν
C/C T/C $(\sigma_2 < -0.96 f_c)$	$\varepsilon_{if} = \varepsilon_p\left(3\dfrac{f_i}{f_c} - 2\right)$	0.2
T/C $(\sigma_2 > -0.96 f_c)$	$\varepsilon_{2f} = \varepsilon_p\left[-1.6\left(\dfrac{f_i}{f_c}\right)^3 + 2.25\left(\dfrac{f_i}{f_c}\right)^2 + 0.35\left(\dfrac{f_i}{f_c}\right)\right]$ $\varepsilon_{1f} = 150 \times 10^{-6}$	$0.2 + 0.6\left(\dfrac{f_i}{f_c}\right)^4 + 0.4\left(\dfrac{f_i}{f_t}\right)^4$ (< 0.99)
T/T	$\varepsilon_{1f} = 150 \times 10^{-6}$	0.2

3. 过-徐的正交异性模型[0-4,4-67,4-68]

主要特点是引入拉应力指标以区分不同应力状态下的混凝土破坏形态,给出相应的等效单轴应力-应变曲线方程,以及按照不同的试验规律赋予受压和受拉泊松比值,合理地反映混凝土多轴变形的特点。

---

① 模式规范 CEB-FIP MC90[1-12]中改用了简化的 Sargin 公式:

$$\sigma = \frac{\dfrac{E_0}{E_f}\dfrac{\varepsilon}{\varepsilon_p} - \left(\dfrac{\varepsilon}{\varepsilon_p}\right)^2}{1 + \left(\dfrac{E_0}{E_f} - 2\right)\left(\dfrac{\varepsilon}{\varepsilon_p}\right)}$$

以下的计算式需作相应的变换。

拉应力指标定义为拉应力矢量(分子)与总应力矢量(分母)的比值

$$\alpha = \sqrt{\frac{\sum_i (\delta_i \sigma_i)^2}{\sum_i \sigma_i^2}} \qquad (4\text{-}38)$$

当 $\sigma_i \leqslant 0$ 时,则 $\delta_i = 0$;当 $\sigma_i > 0$ 时,则 $\delta_i = 1$。显然,纯受压应力状态(C,C/C,C/C/C)时 $\alpha = 0$,纯受拉应力状态(T,T/T,T/T/T)时 $\alpha = 1$,而多轴拉/压应力状态(T/C,T/C/C,T/T/C)时 $0 < \alpha < 1$。

当拉应力指标达到一临界值 α_t 时,混凝土将发生拉断破坏。统计试验数据后发现,此临界值的变化范围为 $\alpha_t = 0.05 \sim 0.09$。本构模型中建议偏低采用

$$\alpha_t = 0.05 \qquad (4\text{-}39)$$

即当 $\alpha \geqslant 0.05$ 时混凝土为拉断破坏,当 $\alpha < 0.05$ 为其他破坏形态(表 4-11)。

(1) 应力水平指标

$$\beta = \frac{\tau_{\text{oct}}}{(\tau_{\text{oct}})_f} \qquad (4\text{-}40)$$

式中,τ_{oct} 按当前应力($\sigma_1, \sigma_2, \sigma_3$)计算,$(\tau_{\text{oct}})_f$ 为按比例加载($\sigma_1 : \sigma_2 : \sigma_3 = \text{const.}$)途径计算得的混凝土破坏时($f_1, f_2, f_3$)的八面体剪应力。二者的比值可反映混凝土塑性变形的发展程度。

(2) 泊松比

泊松比在受压和受拉状态有不同的变化规律[4-27,4-29,4-31](图 4-27(a)),割线和切线泊松比(ν_s, ν_t)的计算式取为

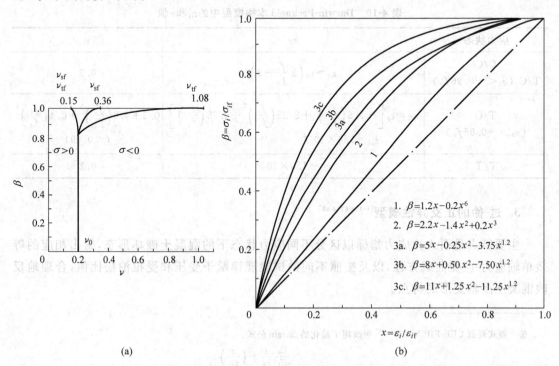

(a)   (b)

图 4-27 过-徐本构模型

(a) 压、拉泊松比;(b) 等效单轴 σ-ε 曲线

$$\left.\begin{array}{ll} \beta \leqslant 0.8 & \nu_s = \nu_t = \nu_0 \\ 0.8 < \beta < 1.0 & \nu_s = \nu_{sf} - (\nu_{sf} - \nu_0)\sqrt{1-(5\beta-4)^2} \\ & \nu_t = \nu_{tf} - (\nu_{tf} - \nu_0)\sqrt{1-(5\beta-4)^2} \end{array}\right\} \qquad (4\text{-}41a)$$

式中可取初始值 $\nu_0 = 0.2$，$\beta = 1.0$ 时的峰值为

$$\left.\begin{array}{ll} \sigma < 0（压） & \nu_{sf} = 0.36，\quad \nu_{tf} = 1.08 \\ \sigma > 0（拉） & \nu_{sf} = \nu_{tf} = 0.15 \end{array}\right\} \qquad (4\text{-}41b)$$

（3）等效单轴应力-应变方程

混凝土在单轴受压、受拉、三轴受压和多轴拉/压应力状态的应力-应变曲线的形状和数值，因破坏形态的不同而有很大差别。选用单一的曲线形状，不可能准确地模拟不同的试验曲线。本模型建议统一的应力-应变方程如下，但式中参数按照破坏形态分别赋值：

$$\beta = Ax + Bx^2 + Cx^n \qquad (4\text{-}42)$$

式中，β——当前的应力水平指标，$\beta = \sigma_i/\sigma_{if} = \tau_{oct}/(\tau_{oct})_f$；

x——当前应变与等效单轴应力-应变曲线上峰值应变的比例：

$$x = \frac{\varepsilon_i}{\varepsilon_{if}} = \frac{\sigma_i/E_{is}}{f_i/E_{if}} = \beta\frac{E_{if}}{E_{is}} \qquad (4\text{-}43)$$

式中，E_{if}——i 方向等效单轴曲线的峰值割线模量，$E_{if} = f_i/\varepsilon_{if}$；

E_{is}——i 方向当前应力下的割线模量，$E_{is} = \sigma_i/\varepsilon_i$。

式（4-42）应满足边界（几何）条件：

$$\left.\begin{array}{lll} x = 0 & \beta = 0，& \dfrac{d\beta}{dx} = A = \dfrac{E_0}{E_f} \\ x = 1 & \beta = 1，& \dfrac{d\beta}{dx} = 0 \end{array}\right\} \qquad (4\text{-}44)$$

得式中系数为

$$B = \frac{n-(n-1)A}{n-2}，\quad C = \frac{A-2}{n-2} \qquad (4\text{-}45)$$

独立参数只剩 A 和 n。

混凝土在三轴全应力范围的应力-应变曲线，可按破坏形态或拉应力指标分作三类（见 4.2.2 节），参数值在表 4-11 中查取。三轴受压状态（C/C/C）下的 A 值按下式计算[4-26]：

表 4-11　等效单轴应力-应变曲线方程的参数值

多轴应力状态	拉应力指标	破坏形态	n	A	B	C
T,T/T,T/T/T	$\alpha = 1$	拉断	6	1.2	0	-0.2
T/T/C T/C T/C/C	$\alpha \geqslant \alpha_t$					
	$\alpha < \alpha_t$	柱状压坏 片状劈裂	3	2.2	-1.4	0.2
C,C/C C/C/C($\sigma_1/\sigma_3 \leqslant 0.1$)	$\alpha = 0$					
C/C/C ($\sigma_1/\sigma_3 > 0.1$)	$\alpha = 0$	斜剪破坏 挤压流动	1.2	式(4-46)	式(4-45)	式(4-45)

$$0 \leqslant \theta \leqslant 60° \qquad A = \frac{1}{0.18 + 0.086\theta + 0.0385\left|\frac{(\sigma_{\text{oct}})_f}{f_c}\right|^{-1.75}} \tag{4-46}$$

三类应力-应变曲线的理论曲线见图 4-27(b)。

将式(4-43)代入式(4-42),经简单变换得

$$A \frac{E_{if}}{E_{is}} + B\beta\left(\frac{E_{if}}{E_{is}}\right)^2 + C\beta^{n-1}\left(\frac{E_{if}}{E_{is}}\right)^n - 1 = 0 \tag{4-47}$$

式中,$E_{if} = E_0/A$。用迭代法解此式即得混凝土的多轴割线模量(i 方向)E_{is}。

(4) 本构模型基本方程

正交异性材料的本构关系用主应力和主应变表示,其一般方程同式(4-19a),式中柔度矩阵对称,即式(4-20)

$$E_1\nu_{12} = E_2\nu_{21}, \quad E_2\nu_{23} = E_3\nu_{32}, \quad E_3\nu_{31} = E_1\nu_{13}$$

若取

$$\mu_{12} = \sqrt{\nu_{12}\nu_{21}}, \qquad \mu_{23} = \sqrt{\nu_{23}\nu_{32}}, \qquad \mu_{31} = \sqrt{\nu_{31}\nu_{13}} \tag{4-48}$$

并对矩阵求逆,得基本方程

$$\begin{bmatrix} \sigma_1 \\ \sigma_2 \\ \sigma_3 \end{bmatrix} = \frac{1}{\phi} \begin{bmatrix} E_1(1-\mu_{23}^2) & \sqrt{E_1 E_2}(\mu_{31}\mu_{23} + \mu_{12}) & \sqrt{E_1 E_3}(\mu_{12}\mu_{23} + \mu_{13}) \\ & E_2(1-\mu_{31}^2) & \sqrt{E_2 E_3}(\mu_{12}\mu_{31} + \mu_{23}) \\ (\text{对称}) & & E_3(1-\mu_{12}^2) \end{bmatrix} \begin{bmatrix} \varepsilon_1 \\ \varepsilon_2 \\ \varepsilon_3 \end{bmatrix}$$

$$\tag{4-49}$$

式中,

$$\phi = 1 - \mu_{12}^2 - \mu_{23}^2 - \mu_{31}^2 - 2\mu_{12}\mu_{23}\mu_{31} \tag{4-50}$$

这是本构模型的全量式。同样方法可推导得本构模型的增量式[0-4]。按此模型计算的多种应力状态下的混凝土应力-应变曲线,以及不同应力比例下的峰值应变值的变化规律,都与试验结果相符[0-4]。

4.5.3　其他类本构模型

1. 塑性理论类

古典塑性理论(力学)是针对理想弹塑性材料建立的,其一维应力-应变关系如图 4-28 所示。当材料的应力低于其屈服强度 f_y 时,它与应变成正比,加、卸载沿同一斜线变化,无残余应变。应力达屈服强度后不再增大,而应变可继续加大;卸载的应力-应变线与屈服前的平行,完全卸载后有残余应变 ε_r;再加载时顺卸载线返回,斜率(刚度)不变。

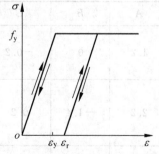

图 4-28　理想弹塑性应力-应变关系

这类本构模型主要适用于金属材料,如普通低碳钢。它们的基本假定和变形规律都有相应的试验验证。在塑性本构关系基础上发展成系统的理论体系,如各种流动(增量)理论和形变(全量)理论[4-69],确定了成熟的分析方法,在工程中的应用能给出较准确的结构性能分析。

但是,混凝土材料的构造和性质显然不同于塑性的金

属材料、单轴受压(拉)应力-应变曲线的差异即是明证。为了将行之有效的塑性理论能应用于混凝土,一些学者尽了很大努力加以改造,建立了多种塑性本构模型,如弹性-全塑性模型[4-41]、硬化塑性模型[4-70]、基于应变空间松弛面(相应于应力空间的破坏包络面)的塑性模型[4-71]、逐渐断裂模型[4-72]、塑性-断裂模型[4-73]等。

这些塑性模型依据混凝土的某些特征,如刚度退化、存在应力下降段等,建立基本假设后用塑性理论的一般方法推导相应的本构模型表达式[0-3]。但是,所做的假设与混凝土的实际性能仍有较大差别,而且模型的数学形式不直观,计算过程复杂,不便于工程师们接受和应用。

2. 其他力学理论类

近期发展起来的一些新兴力学分支,几乎无一遗漏地被借鉴,用以建立混凝土的本构模型。例如基于粘弹-塑性理论[4-74,4-75]的模型,基于内时理论的模型[4-76],基于断裂力学和损伤力学的模型[4-77,4-78]。还有多种理论的结合应用,如塑性-损伤模型[4-79]、内时损伤模型[4-80]、塑性-断裂模型[4-73]等。新近又有基于模糊集的塑性理论[4-81]、基于知识库的具有神经网络的材料模型[4-82]等。

这些本构模型一般都从原有理论的概念出发,对混凝土的性能作出简化假设,用已有的方法推导相应的模型表达式,其中所需参数值由少量试验结果加以标定或直接给定。这些模型的概念新,追求理论的严密性,因而数学形式复杂,计算难度大。但其基本假设与混凝土的实际性能仍有相当大的差别,至今尚处于探索和发展阶段,一时还难以被工程界普遍接受。

第2篇　钢筋和混凝土的组合作用

钢筋混凝土是以混凝土为主体,配设不同形式的高抗拉强度的钢筋所构成的组合材料,二者的性能互补,成为迄今结构工程中应用最成功、最广泛的组合材料。

钢材是以铁元素为主的延性合金,经过现代化大工业生产制造,加工成细长杆状的钢筋或更细的钢丝。由于生产流程的机械化程度很高,产品的质量和性能经系统地严格检验,其外形和材性指标稳定,离散度小,质量有保证。与此相对照,混凝土的主要部分是松散的岩石类粗、细骨料,经水泥的胶结作用而逐渐硬化、凝固而成的脆性材料。混凝土大多使用地方性材料,配制工艺、操作技术和质量控制水平等因地因人而异,差别很大,故其质量和性能都有较大的离散性。

钢筋和混凝土的材料本质和力学性能存在巨大差别。钢筋混凝土作为一种组合材料,其力学性能当然不同于二者中的任一种,也不是二者性能的简单叠加;但是又显然取决于二者各自的性能,以及二者的相互配合关系,例如体(面)积比、强度比、弹性模量比、配筋的形式和构造等。从另一方面,如果掌握了组合材料的性能规律,就可以主动地设计和构造二者的组合方式,以提高效益或满足多种工程的需求。

本篇介绍钢筋混凝土组合材料的基本特点和主要受力性能,作为研究钢筋混凝土构件性能(第 3、4 篇)的基础。篇中各章内容包括:钢筋的力学性能,钢筋埋设在混凝土内的相互粘结作用,纵向和横向配筋两种形式的截面受力特性,因各种因素引起钢筋和混凝土变形差后的截面分析等。

第 5 章

钢筋的力学性能

第 2 篇　钢筋和混凝土的组合作用

5.1　混凝土结构中的钢材

　　钢材放置在混凝土结构中的主要作用是承受拉力,以弥补混凝土抗拉强度的低下和延性的不足。大部分结构中使用细长的杆状钢筋,甚至直径更细、强度更高的钢丝。有些结构,为了减小截面,减轻结构自重,增强承载力和刚度,方便构造和快捷施工等目的,也使用不同形状的型钢。其他抗拉强度高的材料,也可在混凝土结构中取代钢筋。

　　所以,广义"钢筋混凝土"中的"筋"应该包括不同性质和多种形式的高抗拉材料。现今,实际工程中常用的"筋"可分作几类。

1. 钢筋(常用直径 6~40 mm)

　　混凝土结构中最大量使用的是钢筋。结构用钢的主要化学成分是铁($>96\%$),其他成分有碳、锰、硅、硫、磷等,一般称低碳钢。为了提高钢材强度和改善机械性能,在冶炼过程中适当地增添其他金属材料,形成低合金钢,如锰硅、硅钛、锰硅钒等系列钢材。

　　钢筋一般为圆形截面,也有椭圆形和类方圆形。其外表面可在热轧过程中处理成多种形状(图 5-1)。强度较低的钢筋,一般为简单的光圆形.其他强度较高的钢筋均轧制成不同的表面形状,如螺旋纹、人字纹、

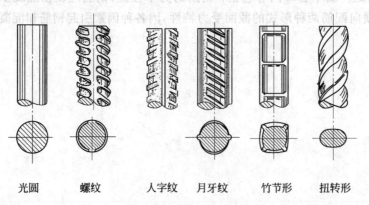

光圆　　螺纹　　人字纹　　月牙纹　　竹节形　　扭转形

图 5-1　钢筋表面的形状

月牙纹、竹节形、扭转形等,统称为变形钢筋。其主要作用是增强钢筋和混凝土的粘结,以充分发挥钢筋的强度和改善构件的受力性能。不同的外形又便于在施工时区分不同钢种和强度的钢筋。

我国冶金企业生产的、用于混凝土结构的钢筋依其轧制工艺、表面形状和强度等级等加以分类。混凝土结构设计规范[1-1]建议采用的钢种有:

热轧光圆钢筋　HPB 300($= f_{yk}$,即屈服强度的标准值,N/mm²,下同);

热轧带肋钢筋　HRB 335,HRB 400,HRB 500;

细晶粒热轧带肋钢筋　HRBF 335,HRBF 400,HRBF 500;

余热处理带肋钢筋　RRB 400。

这些钢筋的应力-应变曲线都有明显的屈服台阶,属"软钢"。各种钢筋的合金成分和化学元素含量、几何形状、力学性能指标和质量要求等,详见有关标准[5-1~5-3]。

2. 高强钢丝(直径 4～9 mm)

碳素钢丝经过冷拔和热处理后可达很高抗拉强度(>1 000 N/mm²),但性质变脆,无明显屈服台阶,属"硬钢"。这类钢材主要应用于预应力混凝土结构,我国规范[1-1]建议采用的钢种有光面的或螺旋肋的中强度钢丝[5-4](620～980 N/mm²)和消除应力高强钢丝(1 470～1 860 N/mm²)[5-4],高强螺纹钢筋[5-5](直径 18～50 mm,屈服强度 785～1 080 N/mm²),以及 3～7 股钢丝扭结成的钢绞线[5-6]。

至于用直径更细(<1 mm)、强度更高的钢丝做成的钢缆绳,因为与混凝土的粘结问题而极少用于混凝土结构。

3. 型钢

热轧型钢如角钢、槽钢、工字钢和钢板、钢管等都可以在混凝土结构中应用,成为组合的型钢-混凝土承载结构(图 5-2)。所用钢材一般为强度较低的软钢。

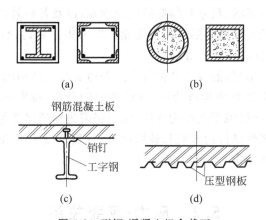

图 5-2　型钢-混凝土组合截面

(a) 型钢-混凝土;(b) 钢管混凝土;(c) 组合桥梁;(d) 压型钢板

型钢可单独使用,或拼(焊)接成复合截面,钢板可焊接成工形、方形或其他复杂形状截面,也可冷压(弯)成型。型钢-混凝土的构造方案可有许多变化,常用作高层建筑和高大厂房的柱子,也用于剪力墙。圆形或方形钢管内填混凝土,使其受约束而具有很高的抗压强度和延性,常用作粗短的受压柱,如高层建筑的底层柱,地下铁道或车库柱等,甚至用作拱形桥梁的主体结构。型钢做肋,与混凝土翼缘板的组合是中小型桥梁的合理结构方案。薄钢板冷压成型,作为楼板的底层,兼有模板和受力作用,是其优点。

4. 钢丝网水泥

用细钢丝编织成的网片作为配筋,浇注水泥砂浆后成为薄板状(图 5-3),由于钢丝直径细,且双向密布而不易开裂。钢丝网水泥可做成波形瓦,甚至形状复杂的船体结构等直接使用。也可以做成梁、柱构件的外模,其内部另配置钢筋并浇注混凝土,优点是省却模板和支架,以及使用阶段具有较高抗裂性。

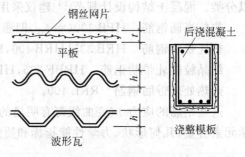

图 5-3 钢丝网水泥

5. 其他替代材料

从原理上讲,任何一种抗拉强度高的材料都可以替代钢筋用于混凝土结构,工程史上并不乏先例,例如铸铁和竹材的抗拉强度均超过 100 N/mm² 都曾用于实际工程。但是,前者延性差,后者则因竹质易裂、易腐和弹性模量小等原因,构件性能不理想而未有发展。

近年出现的多种人造新材料,例如玻璃纤维和碳素纤维的抗拉强度极高。用树脂胶结成筋状或薄片后,构成纤维增强复合材料(fiben reinforced polymer,FRP),抗拉强度仍可达钢材的 4～5 倍,且具有质轻、抗腐蚀等优点。这类材料的强度虽然高(2 000～3 000 MPa)但质脆,应力-应变关系几乎成一直线,终因发生断裂而突然失效。有些纤维的弹性模量低(约为钢材的 1/4),价格较昂贵也是其缺点,在工程中应合理充分利用其优点,如结构加固(见 15.3 节)等。

不同强度等级、截面形状、尺寸和构造措施的钢材,以及各种替代材料,都可以构成相应的配筋混凝土结构,其受力性能必随之发生变化。本书将主要讨论配设一般圆形钢筋的普通(或称"狭义")的钢筋混凝土构件和结构。

其他各种配筋(或骨架)的混凝土结构可参照普通混凝土结构的一般受力性能和分析方法,根据配筋材料的本构关系和构造特点,进行类似的分析,推断和估计其各种受力性能。当需要准确地掌握不同配筋混凝土结构的性能时,仍需进行适量的结构或构件的荷载试验,量测应力和变形反应,观察试件的开裂和破坏过程,分析其受力机理和规律,建立相应的物理模型,确定计算方法并标定必要的参数值等。

5.2   应力-应变关系

钢筋的应力-应变关系,一般采用原钢筋、表面不经切削加工的试件进行拉伸试验加以测定。根据应力-应变曲线上有无明显的屈服台阶,将钢材分成两大类,分别称为软钢和硬钢。

一般认为,钢筋的受压应力-应变曲线与受拉曲线相同,至少在屈服前和屈服台阶相同。故钢材的抗压(屈服)强度和弹性模量都采用受拉试验测得的相同值。

5.2.1 软钢

钢筋试件的典型拉伸曲线如图 5-4。曲线上的一些特征点反映了钢材受力破坏过程的各种物理现象。

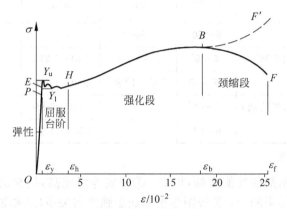

图 5-4 软钢拉伸曲线

钢筋开始受力后,应力与应变成比例增长,至比例极限(P 点)为止。之后,应变比应力增长稍快,应力-应变线微曲。但在弹性极限(E 点)前,试件卸载后,应变仍沿加载线返回原点,无残余变形,故 PE 段为非线性弹性变形区,但此段的应力增量很小。

超过弹性极限后应变增长加快,曲线斜率稍减。到达上屈服点 Y_u 后,应力迅速跌落,出现一个小尖峰;继续增大应变,应力经过下屈服点 Y_1 后有少量回升。此后,曲线进入屈服段,应力虽有上下波动,但渐趋稳定,形成明显的台阶。上屈服点 Y_u 取决于试件的形状和加载速度(图 18-4)而在一定范围内变动,下屈服点则相对稳定。

钢筋在屈服段经历了较大的塑性变形后,进入强化段(H),应力再次稳步增大,直至极限强度点 B。此后,应变继续增大,而拉力明显减小,试件的一处截面逐渐减小,出现颈缩现象。最终,试件在颈缩段的中间拉断(F)。颈缩段应力-应变曲线(BF)下降是按钢筋原截面积计算的结果。若将拉力除以当时颈缩段的最小截面积,则得持续上升段 BF'。钢筋达最大应(拉)力(B)时,尚未出现颈缩段,此时的总伸长率称为均匀伸长率($\delta_{gt}\%$)。拉断后试件的伸长变形除以量测标距(取直径的 5 倍或 10 倍)称为极限延伸率($\delta_5\%$ 或 $\delta_{10}\%$)。

从工程应用的观点,将软钢的拉伸曲线简化成 4 段:弹性段、屈服段、强化段和颈缩段。比例极限、弹性极限和上、下屈服点合并为一个屈服点 Y,一般取为数值较稳定、且偏低的下屈服点,相应的应力值称屈服强度 f_y。在屈服点之前为线弹性段 OY,之后为屈服台阶(YH,$f_y=$const.)。

软钢的主要力学性能指标有屈服强度 f_y、极限强度 f_{st}、(初始)弹性模量 E_s、均匀伸长率 δ_{gt} 和极限延伸率 δ_5 或 δ_{10} 等。不同强度等级和合金含量的钢材有不等的指标值。我国规定的各个等级钢材的合格指标如表 5-1,典型的拉伸曲线如图 5-5。

表 5-1　钢材主要性能指标

	品种,牌号	直径 d /mm	屈服强度[①] f_y /(N/mm²)	极限强度* f_{st} /(N/mm²)	弹性模量 E_s /(10⁵ N/mm²)	均匀伸长率 δ_{gt} /%
普通钢筋	HPB 300	6～22	300	420	2.10	>10.0
	HRB 335,HRBF 335	6～50	335	455	2.00	>7.5
	HRB 400,HRBF 400,RRB 400	6～50	400	540	2.00	>7.5 5.0
	HRB 500,HRBF 500	6～50	500	630	2.00	>7.5
预应力筋	中强度钢丝(光面,螺旋肋)	5～9	620～980	800～1 270	2.05	>3.5
	螺纹钢筋	18～50	785～1 080	980～1 230	2.00	>3.5
	消除应力钢丝(光面,螺旋肋)	5～9	—	1 470～1 860	2.05	>3.5
	钢绞线(3 股,7 股)	8.6～21.6	—	1 570～1 960	1.95	>3.5

① 不小于 95% 的保证率。

对比各强度等级钢筋的性能指标,可知:①强度等级越高,钢材的塑性变形越小,即屈服台阶短小和极限延伸率降低;②极限强度和屈服强度的关系(或称强屈比)约为

$$f_b/f_y \approx 1.3 \sim 1.4 \quad \text{或} \quad f_y \approx (0.7 \sim 0.8)f_b \tag{5-1}$$

钢筋应力-应变关系的计算模型(图 5-6)可根据不同要求选用。其中,理想弹塑性模型最为简单,一般结构破坏时钢筋的应变($\not> 1\%$)尚未进入强化段,此模型适用。弹性强化模型为二折线,屈服后的应力-应变关系简化为很平缓的斜直线,可取 $E'_s = 0.01E_s$,其优点是应力和应变关系的唯一性。三折线或曲线的弹-塑性强化模型较为复杂些,但可以较准确地描述钢筋的大变形性能。

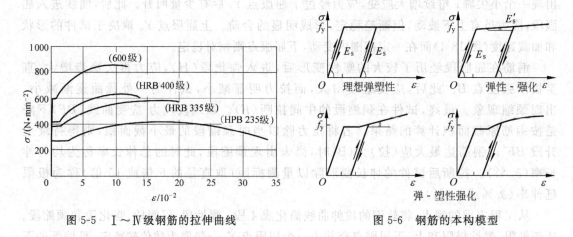

图 5-5　Ⅰ～Ⅳ级钢筋的拉伸曲线　　　图 5-6　钢筋的本构模型

5.2.2　硬钢

高强度的碳素钢丝、钢绞线和热处理钢筋的拉伸曲线如图 5-7。试件开始受力后,应力

与应变按比例增长,其比例(弹性)极限为 $\sigma_e \approx 0.75 f_{st}$。此后,试件的应变逐渐加快发展,曲线的斜率渐减。当曲线成水平时达极限强度 f_{st}。随后曲线稍有下降,试件出现少量颈缩后立即被拉断。极限延伸率较小,为 $5\% \sim 7\%$。

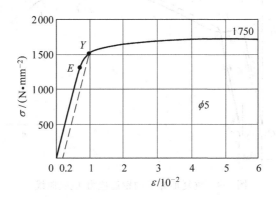

图 5-7　高强碳素钢丝的拉伸曲线[5-7]

这类拉伸曲线上没有明显的屈服台阶。结构设计时,需对这类钢材定义一个名义的屈服强度作为设计值。我国和其他许多国家一样,将对应于残余应变为 0.2×10^{-2} 时的应力 $f_{0.2}$ 作为屈服点 Y,根据试验结果得

$$f_{0.2} = (0.8 \sim 0.9) f_{st} \tag{5-2}$$

其他力学性能指标见表 5-1。

硬钢的应力-应变关系一般采用 Ramberg-Osgood 模型[0-1](图 5-8)。已知弹性极限 $(\sigma_e, \varepsilon_e)$ 和一个参考点 $P(\sigma_p, \varepsilon_p = \sigma_p/E_s + e_p)$,则对应于任一应力 σ_s 的应变为

$$\left. \begin{array}{ll} 0 \leqslant \sigma_s \leqslant \sigma_e & \varepsilon_s = \sigma_s/E_s \\ \sigma_s \geqslant \sigma_e & \varepsilon_s = \dfrac{\sigma_s}{E_s} + e_p \left(\dfrac{\sigma_s - \sigma_e}{\sigma_p - \sigma_e} \right)^n \end{array} \right\} \tag{5-3}$$

式中参数 $n = 7 \sim 30$,取决于钢材的种类。

根据我国的试验结果建议的计算式[5-7]为

$$\varepsilon_s = \frac{\sigma_s}{E_s} + 0.002 \left(\frac{\sigma_s}{f_{0.2}} \right)^{13.5} \tag{5-4}$$

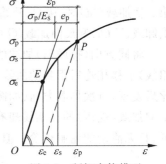

图 5-8　硬钢本构模型

我国的设计规范[1-1]中,对硬钢的应力-应变关系加以简化,建议取为二折线形,如图 5-6 中的右上图。

5.3　反复荷载作用下的变形

混凝土结构在承受重复荷载(单向加、卸载,如桥上车辆)或反复荷载(正向和反向交替加卸,如地震作用)的多次作用时,其中所配设的钢筋相应地产生应力的多次加卸过程。用单根钢筋试件在试验机上进行加卸载试验,测得应力-应变全过程曲线,据此建立计算模型。

钢筋在拉力重复加卸载作用下的应力-应变曲线如图 5-9。在钢筋的屈服点 Y 以前卸载

和再加载,应力-应变沿原直线(OY)运动,完全卸载后无残余应变。

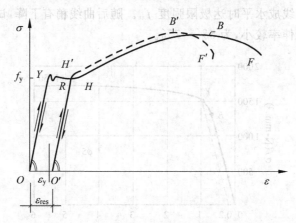

图 5-9　重复加卸载的钢筋应力-应变曲线

钢筋进入屈服段($\varepsilon > \varepsilon_y$)后,卸载过程为一直线($RO'$),且平行于初始加载线($OY$),完全卸载后($\sigma = 0$)有残余应变 ε_{res}。残余应变值随卸载时的应变 ε_r 而增大。再加载时,应变增量与应力成比例增加,顺原直线($O'R$)上升。达到原卸载起点 R 后,成为 $RH'B'F'$ 曲线。与原拉伸曲线($YRHBF$)相比,RH' 段的应力提高,但明显的屈服台阶消失了;最大应力(B')与原极限强度(B)值相近,但相应的应变 ε_b 和极限延伸率 δ_5 都减小了。

钢材变形进入塑性阶段后,在拉、压应力反复加卸作用、且应力(变)逐次增加的试验情况下,得到的应力-应变曲线如图 5-10[5-8~5-10]。钢材受拉进入屈服段后,从 T_1 点卸载至应力为零(T_1O_1 段),反向加载(压应力)为 O_1C_1 曲线,再从 C_1 点卸载至压应力为零,得 C_1O_2 线。第二次加载(拉)时,从 O_2 开始,经过与第一次加载最大拉应力相等的点 T_1',进而达到 T_2。再次卸载(T_2O_3)和反向加载($O_3C_1'C_2$),反向卸载(C_2O_4)等。

将同方向(拉或压)加载的应力-应变曲线中,超过前一次加载最大应力的区段(图中实粗线)平移相连后得到的曲线称骨架线,在受拉(OT_1,$T_2''T_3''$)和受压方向各有一条。经过对比后发现,首次加载方向(如图 5-10 的受拉)的骨架线与钢材一次拉伸曲线(图 5-4)一致,而反向加载(受压)的骨架线却有明显差别。主要差别在第一次反向加载(O_1C_1)的屈服点降低,且无清楚的屈服台阶。但后继的应力-应变曲线仍基本相符。

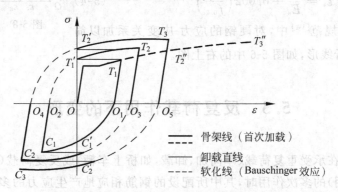

骨架线（首次加载）
卸载直线
软化线（Bauschinger效应）

图 5-10　拉压反复加载的钢筋应力-应变曲线

　　钢材一次受力(拉或压)屈服后,反向加载(压或拉)时的弹性极限显著降低;且首次加载达到的应变值越大,反向弹性极限降低越多,这种现象称为包兴格(Bauschinger)效应[5-10]。其原因是金属中的晶格方向不同,受力后各晶格的变形状况和程序有差别,进入屈服段后差别更大。卸载后部分晶粒存在残余应力和应变,使反向加载时在较小的应力下就发生塑性变形。

　　钢材反复加载的卸载应力-应变曲线,不论是正向或反向都近似为直线,且与钢材的初始加载应力-应变直线平行,即有相同的弹性模量值。至于加载曲线,除了首次加载以外,其他正向或反向加载的应力-应变关系都因为发生包兴格效应而成为曲线,或称软化段。

　　所以,拉压反复荷载下的钢材应力-应变关系可分成三部分描述:骨架线、卸载线和加载曲线。其中骨架线可采用一次加载的应力-应变全曲线,卸载线是斜率为 E 的直线,加载和软化段曲线需另给定。

1. 加滕模型[5-9,0-1]

　　对软化段曲线 OA 取局部坐标 $\sigma\text{-}\varepsilon$(图 5-11(a)),原点为加载或反向加载的起点($\sigma=0$),A 点的坐标为前次同向加载的最大应力 σ_{s} 和应变增量 ε_{s},割线模量为 $E_{\mathrm{B}}=\sigma_{\mathrm{s}}/\varepsilon_{\mathrm{s}}$,初始模量即 E。若命

$$\left.\begin{array}{l} y = \sigma/\sigma_{\mathrm{s}} \\ x = \varepsilon/\varepsilon_{\mathrm{s}} \end{array}\right\}$$

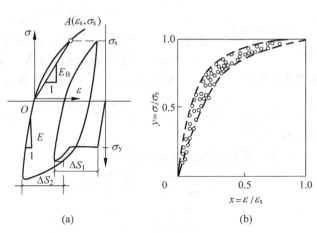

图 5-11　加滕软化段模型[0-1]

(a) $\sigma\text{-}\varepsilon$ 曲线;(b) 曲线形状

软化段试验曲线(图 5-11(b))的方程设为

$$y = \frac{ax}{x+a-1} \tag{5-5}$$

由式(5-5)求导数,并使 $x=0$,即为曲线 OA 的初始斜率和割线斜率之比,故

$$\left.\frac{\mathrm{d}y}{\mathrm{d}x}\right|_{x=0} = \frac{a}{a-1} = \frac{E}{E_{\mathrm{B}}}$$

可得

$$a = \frac{E}{E-E_{\mathrm{B}}} \tag{5-6}$$

曲线 OA 的割线模量随试件前次加载所达到的塑性应变值的增大而逐渐减小,或称刚度退化。根据试验数据给出的割线模量经验值为

$$E_{\mathrm{B}} = -\frac{E}{6}\lg(10\varepsilon_{\mathrm{res}}) \tag{5-7}$$

式中,$\varepsilon_{\mathrm{res}}$——反向加载历史的累计骨架应变(图 5-11(a)),

$$\varepsilon_{\mathrm{res}} = \sum_i \Delta S_i \tag{5-8}$$

2. Kent-Park 模型[5-8]

采用 Ramberg-Osgood 应力-应变曲线的一般式

$$\frac{\varepsilon}{\varepsilon_{\mathrm{ch}}} = \frac{\sigma}{\sigma_{\mathrm{ch}}} + \left(\frac{\sigma}{\sigma_{\mathrm{ch}}}\right)^r \tag{5-9a}$$

曲线的形状取决于 r 的赋值:当 $r=1$ 时为反映弹性材料的直线;$r=\infty$ 时为理想弹塑性材料的二折线;$1<r<\infty$ 为逐渐过渡的曲线(图 5-12)。这一族曲线的几何特点是:①都通过 $\sigma/\sigma_{\mathrm{ch}}=1$,$\varepsilon/\varepsilon_{\mathrm{ch}}=2$ 的点;②$r=1$ 时直线的斜率为 $\mathrm{d}y/\mathrm{d}x=0.5$,其余情况下($r\neq1$),曲线的初始斜率都等于 $\mathrm{d}y/\mathrm{d}x=1$。

将式(5-9a)稍作变换,得

$$\varepsilon = \frac{\sigma}{E}\left[1 + \left(\frac{\sigma}{\sigma_{\mathrm{ch}}}\right)^{r-1}\right] \tag{5-9b}$$

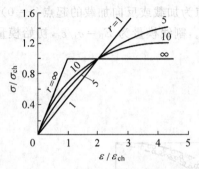

图 5-12　Kent-Park 软化段模型[5-8]

式中,E——钢材的(初始)弹性模量,$E=\sigma_{\mathrm{ch}}/\varepsilon_{\mathrm{ch}}$;

σ_{ch}——特征应力值,取决于此前应力循环产生的塑性应变(ε_{ip}),经验计算式为[0-1]

$$\sigma_{\mathrm{ch}} = f_y\left[\frac{0.744}{\ln(1+1\,000\varepsilon_{ip})} - \frac{0.071}{(1 - e^{1000\varepsilon_{ip}})} + 0.241\right] \tag{5-10}$$

此式适用于 $\varepsilon_{ip} = (4\sim22)\times10^{-3}$。

式(5-10)中,r——取决于反复加卸载次数 n 的参数,

n 为奇数

$$r = \frac{4.49}{\ln(1+n)} - \frac{6.03}{e^n - 1} + 0.297$$

n 为偶数

$$r = \frac{2.20}{\ln(1+n)} - \frac{0.469}{e^n - 1} + 0.304$$

$$\left.\begin{array}{r}\\\\\end{array}\right\} \tag{5-11}$$

我国的设计规范[1-1]中,对钢筋反复加卸载的应力-应变关系建议了曲线的经验计算式,但也可采用简化的折线式。

5.4　冷加工强化性能

软钢有明显的屈服台阶,经过很长的塑性变形后才达到其极限强度 f_{st} 时,结构的变形已远远超过允许值,故结构设计中只能取屈服强度 f_y 作为软钢的强度指标,其极限强度(式(5-1))却不能利用。另一方面,软钢在进入屈服段和强化段以后,经过卸载和再加载,其屈服强度有较大提高,延伸率虽然减小,但仍能满足工程的要求。

大量实践证明,对软钢进行各种冷加工,如冷拉、冷轧、冷扭、冷拔等工序使钢材产生很

大塑性变形后,由于金属晶粒的畸变和位移增大了抗阻力,钢材的屈服强度获得提高,但延伸率减小,这一现象称为冷作强化。况且,冷拉有时是钢筋机械拉直的必要过程,又是对钢筋质量的现场附加检验,在工程中常见。在工程中利用这一性能,成为节约钢材的有效措施,但主要用于一般构件的构造筋,或用于次要构件。

5.4.1 冷拉和时效

钢筋在冷拉过程中超过屈服点和进入强化段后完全卸载,产生残余变形(图 5-13 中的 OO'),钢筋被拉长了。再次加载时钢筋的应力-应变曲线如图中虚线所示,屈服强度约等于卸载时的应力值(R 点)或称冷拉控制应力,故屈服强度提高了,但屈服台阶不明显,弹性模量值稍有下降,极限强度值与原材的差别不大,但极限延伸率下降。

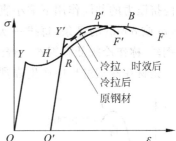

图 5-13　钢筋冷拉和时效后的应力-应变关系

钢筋冷拉后的主要力学性能指标,如屈服强度 f_y、极限强度 f_{st}、极限延伸率 δ_{10} 等,取决于原钢材的品种,以及冷拉时所达到的应力值和伸长率。表 5-2 列出一组不同钢材的实测数据,可作比较分析。钢筋一次冷拉,伸长率为 $3\%\sim5\%$ 时,屈服强度可比原材的提高 $20\%\sim35\%$,增幅相当可观。但需注意,冷拉后钢筋的抗压强度并不增高。

表 5-2　钢筋冷拉、时效后的性能比较[5-11]

钢材种类	冷拉参数		$f_y/(N \cdot mm^{-2})$			$f_{st}/(N \cdot mm^{-2})$			$\delta_{10}/\%$		
	伸长率/%	应力/($N \cdot mm^{-2}$)	原材	冷拉后	冷拉、时效	原材	冷拉后	冷拉时效	原材	冷拉后	冷拉、时效
碳钢	4.00	478	—	478	525	—	—	570	—	20.4	15.7
16Mn	2.93	450	383	487	537	562	580	598	25.0	22.5	20.3
25MnSi	—	520	445	528	611	670	670	693	23.0	20.0	18.7
40Si₂V	1.71	750	705	758	853	930	936	942	15.3	13.4	13.0
45MnSiV	1.60	750	595	750	850	910	930	968	13.5	12.0	11.0
45Si₂Ti	2.30	750	—	750	844	—	957	956	—	11.7	12.8
44Mn₂Si	3.00	780	—	780	835	—	—	905	—	13.1	11.5

对钢筋实施冷拉时,一般应采用应力和伸长率的"双控"工艺[5-11],以保证钢筋的强度和结构的安全。事实上,在钢筋的加工制备工序中,盘条筋的机械调直过程也使钢筋产生不同程度的塑性变形,屈服强度也有一定提高。设计中需加利用时,可通过系统性试验研究加以确定,例如文献[3-11]。

冷拉后的钢筋没有明显的屈服台阶。将钢筋自然停放一段时间或人工加热后,再次拉伸的应力-应变曲线成图 5-13 中的 $O'RY'B'F'$。可见屈服台阶已经清楚再现,台阶比原材的缩短,但屈服强度再次提高,极限强度也有所增长,极限延伸率又有减少(表 5-2)。这一现象称为时效(强化)。时效作为钢筋冷拉的后继过程,是改善和提高钢材性能的重要一环。

不同品种的钢材需有相应的时效过程[5-11]。普通碳素钢在自然条件下也能发生时效,一般需要 2～3 周,温度越高所需时间缩短。人工加热可加速时效过程,例如碳钢冷拉后,在 100℃下只需 2 h。低合金钢在自然条件下的时效过程极为缓慢,要求很高的温度,一般在 250℃下持续 0.5 h。

5.4.2   冷拔

将钢筋强力拉过硬质合金的拔丝模,由于模子内径小于原钢筋的直径,使钢筋在拉力和横向挤压力的共同作用下缩小直径(面积),长度延长,总体积略有损失。原钢材一般为直径 6 mm 或 8 mm 的盘条,每拔一次直径减小 0.5～2.0 mm,经数次拉拔后成为直径3～5 mm 的钢丝,称作冷拔低碳钢丝。普通的构件加工厂和建筑工地都可进行冷拔加工。

钢材在冷拔过程中产生强烈的塑性变形,金属晶粒的变形和位移很大,大大地提高了钢材的强度,相应地极限延伸率有较大下降,其应力-应变曲线(图 5-14)已与硬钢的相似。工程中采用冷拔钢丝的目的是提高钢材强度,节约用钢和降低造价。

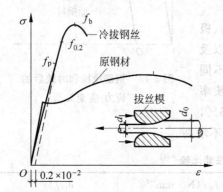

图 5-14   冷拔低碳钢丝的应力-应变曲线

冷拔钢丝的主要力学性能,如条件屈服强度 $f_{0.2}$、极限强度 f_{st}、极限延伸率 δ_5(或 δ_{10})和弹性模量等主要取决于原钢材的品种和冷拔面积压缩率等(图 5-15)。冷拔的次数对强度的影响并不显著。

我国的试验结果[5-11]表明,冷拔低碳钢丝的极限强度可达原钢材的(1.6～2.0)倍,比例极限和条件屈服强度与极限强度之比分别为 $f_p/f_{st}=0.71～0.84$, $f_{0.2}/f_{st}=0.9～1.0$。直径 $\phi 3～5$ mm 钢丝的极限延伸率为 $\delta_{10}=2.5\%～5.0\%$,只及原钢材的 10%～15%,弹性模量则稍有降低。

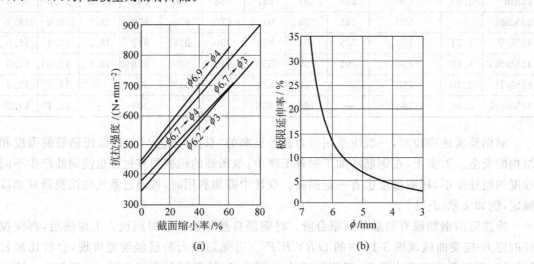

截面缩小率/%

(a)

ϕ/mm

(b)

图 5-15   冷拔低碳钢丝的性能[5-11]

(a) 极限强度;(b) 极限延伸率 δ_{10}

对冷拔低碳钢丝的应力-应变关系,文献[5-12]建议:

$$\left.\begin{array}{ll} 0 \leqslant \varepsilon_s \leqslant \varepsilon_p & \sigma_s = E_s \varepsilon_s \\[2mm] \varepsilon_s > \varepsilon_p & \sigma_s = 1.075 f_b - \dfrac{0.6}{\varepsilon_s} \end{array}\right\} \tag{5-12}$$

其中对应比例极限 f_p 的应变 $\varepsilon_p = 2.5 \times 10^{-3}$。

5.5 徐变和松弛

试验证明,有明显屈服台阶的软钢,在其弹性极限范围内长期受力或反复加卸载都不发生徐变或松弛现象。但是,高强钢筋和冷加工钢筋在应力水平较高时会发生塑性变形。这类钢材在非弹性变形范围内、在应力的长期作用下,即使在常温状态也将发生徐变或松弛。

如前(2.6节)所述,徐变和松弛同是材料塑性变形状态的反映,但表现形式不同,在数值上可以互相换算。钢材的徐变是金属晶粒在高应力作用下随时间发生的塑性变形和滑移。在工程中,钢材的徐变使结构(如大跨度悬索结构)的变形增大,应力松弛使混凝土结构中的预应力筋产生预应力损失、降低结构抗裂性,后者更常见。

钢材的松弛试验一般使用很长的试件(数米至数十米)水平放置,一端固定在台座上,另一端在施加拉力后固定住,保持试件的长度不变。为了保证试验的准确性,一般在温湿度变化较小的地下室进行试验。试验开始时,试件的控制应力为 σ_0,以后试件的应力随时间而减小,量测得应力松弛值 $|\Delta \sigma_r|$。一般取应力持续 1 000 h 的松弛值($\Delta \sigma_r / \sigma_0$)作为标准。图 5-16 是 4 种钢筋(丝)的应力松弛试验结果。

从钢材的松弛试验结果[5-13,0-1]可以分析各种影响因素的作用。

1. 钢材的品种

软钢在弹性范围内没有应力松弛($\Delta \sigma_r = 0$),其他钢种的应力松弛值列入表 5-3,依松弛值由小至大的次序为冷拉钢筋、冷拔低碳钢丝、高强碳素钢丝和钢绞线。

表 5-3 不同钢种的应力松弛($\Delta \sigma_r$)值比较

钢材品种	冷拉钢筋	冷拔低碳钢丝	高强碳素钢丝		钢绞线
控制应力 σ_0	$(0.85 \sim 0.95)f_y$	$0.7f_b$	$0.7f_b$	$0.8f_b$	$(0.65 \sim 0.70)f_b$
$\Delta \sigma_r / \sigma_0 / (\%)$	$3.4 \sim 4.5$	5.46	7.85	7.95	$6 \sim 7^*$

说明:应力持续时间为 1 000 h,* 者为 336 h。

2. 应力持续时间

钢筋的松弛随应力持续时间而单调增长,早期出现多(1 天内可达 50%),后期渐趋收敛。各研究人员给出的应力松弛增长规律(表 5-4)相一致,有些还建议了对数函数的计算式[0-1,1-12]。

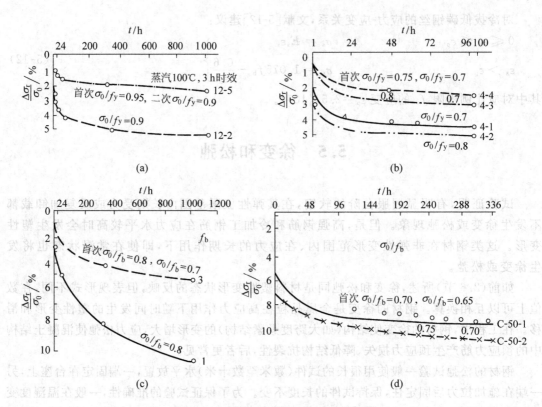

图 5-16 不同钢种的应力松弛曲线[5-13]

(a) 冷拉 16Mn 钢筋(φ12)；(b) 冷拔低碳钢丝(φ4)；(c) 高强碳素钢丝(φ5)；(d) 钢绞线(7 支 φ2.6)

表 5-4 钢材松弛随应力持续时间的增长[0-1,1-12]

应力持续时间	h	1	20	100	500	1 000	3 000	10 000	100 000
	d					41.7	125	417	4 167
相对值	Guyon	0.29		0.71		1		1.25	1.36
	CEB-FIP MC90[1-12]	0.25	0.55	0.70	0.90	1			
	上海铁道学院	0.22				1	1.14		
	铁道科学院	0.24	0.48	0.61	0.90	1			

3. 应力水平

钢筋的松弛值随应力水平(σ_0/f_y，或 σ_0/f_b)的提高而非线性增长，表 5-5 给出了高强碳素钢丝的一组试验数据，与文献[1-12]中计算公式的变化规律一致。

表 5-5 高强碳素钢丝松弛随应力水平的变化[0-1]

σ_0/f_b	<0.5	0.5	0.6	0.7	0.8
$\Delta\sigma_r/\sigma_0$	0	1	3.38	5.60	8.50

说明：以 $\sigma_0/f_b=0.5$ 的试件应力松弛(1 000 h)为1。

4. 温度

钢筋的应力松弛随温度的升高而加速增长(表 5-6),应予充分重视。

表 5-6 高强碳素钢丝松弛随温度的变化

温度/℃	20	40	60	100
$\Delta\sigma_r/\sigma_0$	1	≈ 2.0	≈ 3.2	≈ 7.0

说明:应力水平 $\sigma_0/f_{st}=0.75$,应力持续时间 1 000 h,以试验温度 20℃时的松弛为 1。

为了减小钢材的应力松弛,以提高结构的抗裂性和刚度,工程中的主要措施是采用特制的低松弛($\Delta\sigma_r/\sigma_0<4\%$)预应力钢材(丝);施工中采取超张拉,二次张拉工艺也有一定效果(参见图 5-16)。

第6章

钢筋与混凝土的粘结

6.1 粘结力的作用和组成

6.1.1 作用和分类

钢筋和混凝土构成一种组合结构材料的基本条件是二者之间有可靠的粘结和锚固。若一个梁的钢筋,沿其长度与混凝土既不粘结,端部又不设锚具(图 6-1(a)),此梁在很小的荷载作用下就会发生脆性折断,钢筋并不受力($\sigma_s \approx 0$),与素混凝土梁无异。若梁内钢筋与混凝土并无粘结,但在端部设置机械式锚具,则此梁在荷载作用下钢筋应力沿全长相等($\sigma_s = \mathrm{const.}$),承载力有很大提高,但其受力宛如二铰拱(图 6-1(b)),不是"梁"的应力状态。只有当钢筋沿全长(包括端部)与混凝土可靠地粘结,在荷载作用下此梁的钢筋应力随截面弯矩而变化(图 6-1(c)),才符合"梁"的基本受力特点。

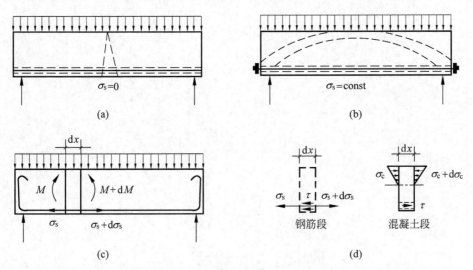

图 6-1 钢筋的粘结和锚固状态

(a) 无粘结,无锚具;(b) 无粘结,端部设锚具;(c) 沿全长和端部粘结可靠;(d) 平衡条件

分析梁内钢筋的平衡条件,任何一段钢筋两端的应力差,都由其表面的纵向剪应力所平衡(图 6-1(d))。此剪应力即为周围混凝土所提供的粘结应力:

$$\tau = \frac{A_s}{\pi d}\frac{\mathrm{d}\sigma_s}{\mathrm{d}x} = \frac{d}{4}\frac{\mathrm{d}\sigma_s}{\mathrm{d}x} \tag{6-1}$$

式中，d，A_s——钢筋的直径和截面积。

钢筋对周围混凝土的纵向剪应力（即反向粘结应力），必与相应混凝土段上的纵向应力相平衡。

根据混凝土构件中钢筋受力状态的不同，粘结应力状态可分为以下两类问题[0-1,6-1,6-2]。

1. 钢筋端部的锚固粘结

如简支梁支座处的钢筋端部、梁跨间的主筋搭接或切断、悬臂梁和梁柱节点受拉主筋的外伸段等（图 6-2(a)）。这些情况下，钢筋的端头应力为零，在经过不长的粘结距离（称锚固长度）后，钢筋的应力应能达到其设计强度（软钢的屈服强度 f_y）。故钢筋的应力差大（$\Delta\sigma_s = f_y$），粘结应力值高，且分布变化大。如果钢筋因粘结锚固能力不足而发生滑动，不仅其强度不能充分利用（$\sigma_s < f_y$），而且将导致构件的开裂和承载力下降，甚至提前失效。这称为粘结破坏，属严重的脆性破坏。

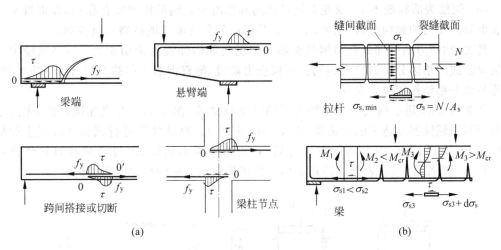

图 6-2 两类粘结应力状态

(a) 筋端锚固粘结；(b) 缝间粘结

2. 裂缝间粘结

受拉构件或梁受拉区的混凝土开裂后，裂缝截面上混凝土退出工作，使钢筋拉应力增大；但裂缝间截面上混凝土仍承受一定拉力，钢筋的应力偏小。钢筋应力沿纵向发生变化，其表面必有相应的粘结应力分布（图 6-2(b)）。这种情况下，虽然裂缝段钢筋的应力差小，但平均应力（变）值高。粘结应力的存在，使混凝土内钢筋的平均应变或总变形小于钢筋单独受力时的相应变形，有利于减小裂缝宽度和增大构件的刚度（第 11、12 章），称为受拉刚化效应。

所以，当混凝土构件因为内力变化、混凝土开裂或构造需要等引起钢筋应力沿长度变化时，必须由周围混凝土提供必要的粘结应力。否则（$\tau=0$），钢筋和混凝土将发生相对滑移，构件或节点出现裂缝和变形，改变内力（应力）分布，甚至提前发生破坏。此外，钢筋和混凝土的粘结状况在重复和反复荷载作用下逐渐退化，对于结构的疲劳和抗震性能都有重要影响(第四篇)。因而,钢筋和混凝土的粘结问题在工程中受到重视。

另一方面,钢筋和混凝土的粘结作用是个局部应力状态,应力和应变分布复杂,又有混凝土的局部裂缝和二者的相对滑移,构件的平截面假定不再适合,而且影响因素众多,这些都成为研究工作中的难点。至今,对钢筋和混凝土间的粘结作用已有许多试验和理论研究,但仍不完善,工程设计中的处理和非线性有限元分析中的粘结本构模型仍偏重经验性的居多。

6.1.2　组成

钢筋和混凝土之间的粘结力或者抗滑移力,由 3 部分组成[0-1,6-2]:

(1) 混凝土中的水泥凝胶体在钢筋表面产生的化学粘着力或吸附力,其抗剪极限值($\tau_{粘}$)取决于水泥的性质和钢筋表面的粗糙程度。当钢筋受力后有较大变形、发生局部滑移后,粘着力就丧失了。

(2) 周围混凝土对钢筋的摩阻力,当混凝土的粘着力破坏后发挥作用。它取决于混凝土发生收缩或者荷载和反力等对钢筋的径向压应力,以及二者间的摩擦系数等。

(3) 钢筋表面粗糙不平,或变形钢筋凸肋和混凝土之间的机械咬合作用,即混凝土对钢筋表面斜向压力的纵向分力(图 6-3(c))。其极限值受混凝土的抗剪强度控制。

其实,粘结力的三部分都与钢筋表面的粗糙度和锈蚀程度密切相关[6-3],在试验中很难单独量测或严格区分。而且在钢筋的不同受力阶段,随着钢筋滑移的发展,荷载(应力)的加卸等各部分粘结作用也有变化。

文献[6-2]采用平钢板模拟钢筋进行粘结参数试验(图 6-3)。在浇注试件前,先测定钢板表面不同锈蚀程度造成的粗糙度(Δh,mm,表 6-1)。对试件先进行钢板和混凝土的粘着力($\tau_{粘} = P/2A$)试验,钢板的粘着破坏后,再进行摩阻力试验,所得的粘着力和摩擦系数($f = F/W$)列入表 6-1。表中末行还给出光圆钢筋拔出试验的结果作为参照。

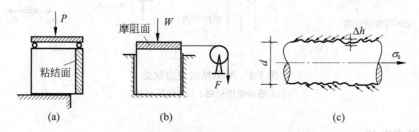

图 6-3　钢筋和混凝土的粘结参数试验[6-2]

(a) 粘着力试验; (b) 摩擦系数试验; (c) 表面粗糙度和咬合力

表 6-1　钢材表面粗糙度和粘结力参数[6-2]

表面锈蚀程度	无　锈	轻　锈	重　锈	腐　锈
粗糙度 Δh/mm	0.025~0.040	0.05~0.17	0.17~0.34	0.23~0.66
$\tau_{粘}/f_{cu}$	~0.02	~0.03	~0.035	~0.04
摩擦系数 f	0.20~0.25	0.26~0.30	0.40~0.50	0.45~0.60
光圆钢筋的平均粘结强度 τ_u/f_{cu}	0.04	(渐增)		0.14

说明: Δh 见图 6-3(c)。

6.2　试验方法和粘结机理

6.2.1　试验方法

结构中钢筋粘结部位的受力状态复杂,很难准确模拟,现有两类钢筋拔出试验方法,采用不同形状和受力状态的试件。

1. 拉式试验

这是最早出现的试验方法,试件的制作和试验比较简单。试件一般为棱柱形,钢筋埋设在其中心,水平方向浇注混凝土。试验时,试件的一端支承在带孔的垫板上,试验机夹持外露钢筋端施加拉力(图 6-4),直至钢筋被拔出或者屈服。

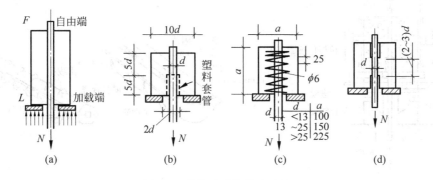

图 6-4　粘结试验的拉式试件

(a) 早期；(b) RILEM-FIP-CEB；(c) CP110(英)；(d) 短埋试件

上述试件的加载端混凝土受到局部挤压,与结构中钢筋端部附近的应力状态差别大,影响试验结果的真实性。后来改为试件加载端的局部钢筋与周围混凝土脱空的试件。但是,对螺纹钢筋采用这种试验方法时,试件常因纵向劈裂而破坏(图 6-9)。在试件内设置螺旋状箍筋,才可能得到变形钢筋被拔出的结果。至今各国对这类试验的标准试件的规定,如试件横向尺寸(a/d)或保护层厚度(c/d)、钢筋的埋入和粘结长度(l/d)、配箍筋与否等尚不统一。

在钢筋混凝土有限元分析中,要求有钢筋与混凝土界面处的局部粘结应力和滑移(τ-S)的本构关系,办法之一是采用短埋试件(图 6-4(d))加以近似测定[0-1]。

2. 梁式试验

为了更好地模拟钢筋在梁端的粘结锚固状况,可采用梁式试件。梁试件(图 6-5)分两半制作,钢筋在加载端和支座端各有一段无粘结区,中间的粘结长度为 $10d$。梁跨中的拉区为试验钢筋,压区用铰相连,力臂明确,以便根

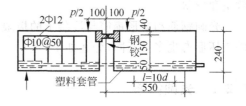

图 6-5　粘结试验的梁式试件[6-4]

据试验荷载准确地计算钢筋拉力。梁式粘结试件还有多种[6-5,0-1],各自采用不同的构造和试件尺寸。

这两类试件的对比试验结果表明[6-6],材料和粘结长度相同的试件,拉式试验比梁式试验测得的平均粘结强度(τ_u)高,其比值为 1.1~1.6。除了二者的钢筋周围混凝土应力状态的差别之外,后者的混凝土保护层厚度(c/d)显著小于前者是其主要原因。

无论哪种钢筋拔出试验,试验过程中都量测钢筋的拉力 N 和其极限值 N_u,以及钢筋加载端和自由端与混凝土的相对滑移(S_1 和 S_f,图 6-6(a))。钢筋与混凝土间的平均粘结应力 $\bar{\tau}$ 和极限粘结强度 τ_u 为

$$\bar{\tau} = \frac{N}{\pi dl}, \quad \tau_u = \frac{N_u}{\pi dl} \tag{6-2}$$

式中,d,l——钢筋的直径和粘结长度。

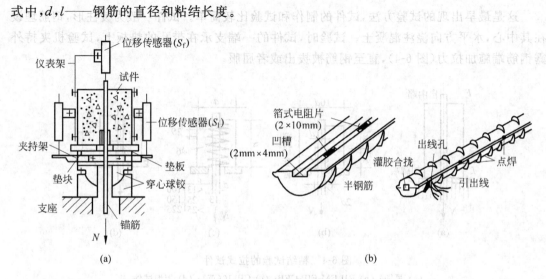

图 6-6 粘结试验的装置和量测[6-2]

(a) 试验量测装置;(b) 钢筋内部粘贴电阻片

为了量测粘结应力 τ 沿钢筋埋长的分布,又不破坏其表面粘结状态,必须在钢筋内部布置电阻应变片[6-7,6-2](图 6-6(b))。钢筋经机加工成两半,内部铣出一浅槽,上贴电阻片,连接线从钢筋一端引出。槽内作防水处理后,两半钢筋合拢,并在贴片区外点焊成一整体,然后浇注拔出试件的混凝土。试验后按相邻电测点的钢筋应力差计算相应的粘结应力(式(6-1)),并得粘结应力的分布。

有些试验还在钢筋拔出过程中研究混凝土内部裂缝的发展[6-8,6-9]。在试件中预留的孔道内压注了红墨水,混凝土开裂后红墨水渗入缝隙,卸载后剖开试件可清楚地观察到裂缝的数量和形状。

光圆钢筋和变形钢筋与混凝土的极限粘结强度相差悬殊,而且粘结机理、钢筋滑移和试件破坏形态也多有不同,分述如下。

6.2.2 光圆钢筋

在光圆钢筋的拔出试验中,量测到的拉力(N)或平均粘结应力($\bar{\tau}$)与钢筋两端的滑移

(S_l 和 S_f)曲线如图 6-7(a),钢筋应力(σ_s)沿其埋长的分布和据以计算的粘结应力(τ)分布,以及钢筋滑移的分布等随荷载(拉力)增长的变化如图 6-7(b)所示。

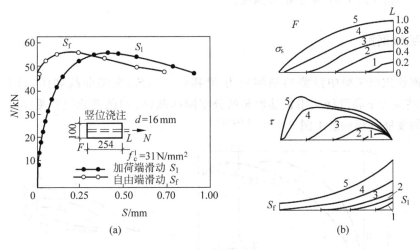

图 6-7　光圆钢筋的拔出试验结果

(a) τ-S 曲线;(b) 应力和滑移分布

当试件开始受力后,加载端(L)的粘着力很快被破坏,即可测得加载端钢筋和混凝土的相对滑移(S_l)。此时钢筋只有靠近加载端的一部分受力($\sigma_s > 0$),粘结应力分布也限于这一区段。从粘结应力(τ)的峰点至加载端之间的钢筋段都发生相对滑移,其余部分仍为无滑移的粘结区。随着荷载(或 $\bar{\tau}$)的增大,钢筋的受力段逐渐加长,粘结应力(τ)分布的峰点向自由端(F)漂移,滑移段随之扩大,加载端的滑移(S_l)加快发展。

当荷载增大,达到 $\bar{\tau}/\tau_u = 0.4 \sim 0.6$ 后,钢筋的受力段和滑移段继续扩展,加载端的滑移(S_l)明显成曲线增长,但自由端仍无滑移。不仅粘结应力(τ)分布区段延伸,峰点加快向自由端漂移,其形状也由峰点右偏曲线转为左偏曲线。当 $\bar{\tau}/\tau_u \approx 0.8$ 时,钢筋的自由端开始滑移,加载端的滑移发展更迅速。此时滑移段已遍及钢筋全埋长,粘结应力的峰点很靠近自由端。加载端附近的粘结破坏严重,粘结应力已很小,钢筋的应力接近均匀。

当自由端的滑移为 $S_f = 0.1 \sim 0.2$ mm 时,试件的荷载达最大值 N_u,即得钢筋的极限粘结强度(τ_u,式(6-2))。此后,钢筋的滑移(S_l 和 S_f)急速增大,拉拔力由钢筋表面的摩阻力和残存的咬合力承担,周围混凝土受碾磨而破碎,阻抗力减小,形成 $\bar{\tau}$-S 曲线的下降段。最终,钢筋从混凝土中被徐徐拔出,表面上带有少量磨碎的混凝土粉碴。

上述钢筋拔出过程是指埋入长度较短的试件。如果钢筋的埋入长度大,当施加的拉力使钢筋的加载端发生屈服($N_u = A_s f_y$)、而钢筋不被拔出时,所需的最小埋长称为锚固长度 l_a[1-1]。这是保证钢筋充分发挥强度所必须的,根据平衡条件 $\left(\dfrac{1}{4}\pi d^2 f_y = \pi d l_a \tau_u\right)$ 建立的计算式为

$$l_a = \frac{f_y}{4\tau_u} d^{①} \tag{6-3}$$

式中，τ_u——钢筋的（平均）极限粘结强度。

6.2.3　变形钢筋

变形钢筋拔出试验中量测的粘结应力-滑移（$\bar{\tau}$-S_1，S_f）典型曲线如图 6-8（a），钢筋应力（σ_s）、粘结应力 τ 和滑移 S 沿钢筋埋长的分布随荷载（或 $\bar{\tau}$）的变化过程见图 6-8（b），试件内部裂缝的发展过程示意于图 6-9[6-10~6-14,6-2]。

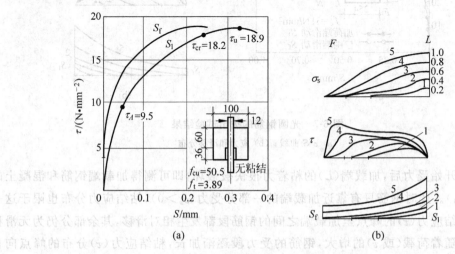

图 6-8　变形钢筋的拔出试验结果
(a) τ-S 曲线[0-1]；(b) 应力和滑移分布

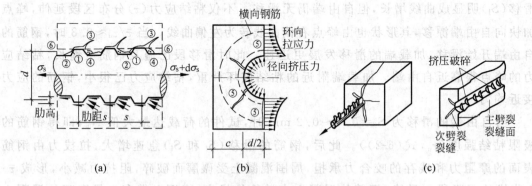

图 6-9　变形钢筋的粘结破坏和内部裂缝发展过程[6-2]
(a) 纵向；(b) 横向；(c) 破坏形态

---

① 此式同样适用于变形钢筋。我国规范[1-1]规定受拉钢筋锚固长度的基本计算式为

$$l_a = \alpha \frac{f_y}{f_t} d$$

此式是式(6-3)的变形：以混凝土的抗拉强度（f_t）取代平均粘结强度（τ_u），并引入钢筋的外形系数（$\alpha = 0.13\sim0.17$），以考虑钢筋和钢丝的不同种类和表面形状的变化。

变形钢筋和光圆钢筋的主要区别是钢筋表面具有不同形状的横肋或斜肋。变形钢筋受拉时,肋的凸缘挤压周围混凝土(图 6-9(a)),大大提高了机械咬合力,改变了粘结受力机理,有利于钢筋在混凝土中的粘结锚固性能。

一个不配横向筋的拔出试件,开始受力后钢筋的加载端局部就因为应力集中而破坏了与混凝土的粘着力,发生滑移(S_l)。当荷载增大到 $\bar{\tau}/\tau_u \approx 0.3$ 时,钢筋自由端的粘着力也被破坏,开始出现滑移(S_f),加载端的滑移加快增长。和光圆钢筋相比,变形钢筋自由端滑移时的应力($\bar{\tau}$)值接近,但 $\bar{\tau}/\tau_u$ 值大大减小,钢筋的受力段和滑移段的长度也较早地遍及钢筋的全埋长。

当平均粘结应力达 $\bar{\tau}/\tau_u = 0.4 \sim 0.5$,即 τ-S 曲线上的 A 点,钢筋靠近加载端横肋的背面发生粘结力破坏,出现拉脱裂缝①(图 6-9(a))。随即,此裂缝向后(拉力的反方向)延伸,形成表面纵向滑移裂缝②。荷载稍有增大,肋顶混凝土受钢筋肋部的挤压,使裂缝①向前延伸,并转为斜裂缝③,试件内部形成一个环绕钢筋周界的圆锥形裂缝面。随着荷载继续增加,钢筋肋部的裂缝①、②、③不断加宽,并且从加载端往自由端依次地在各肋部发生,滑移(S_l 和 S_f)的发展加快,$\bar{\tau}$-S 曲线的斜率渐减。和光圆钢筋相比,变形钢筋的应力 σ_s 沿埋长的变化曲率较小,故粘结应力分布比较均匀。

这些裂缝形成后,试件的拉力主要依靠钢筋表面的摩阻力和肋部的挤压力传递。肋前压应力的增大,使混凝土局部挤压,形成肋前破碎区④。钢筋肋部对周围混凝土的挤压力,其横(径)向分力在混凝土中产生环向拉应力(图 6-9(b))。当此拉应力超过混凝土的极限强度时,试件内形成径向-纵向裂缝⑤。这种裂缝由钢筋表面沿径向往试件外表发展,同时由加载端往自由端延伸。当荷载接近极限值(cr 点,$\tau_{cr}/\tau_u \approx 0.9$)时,加载端附近的裂缝发展至试件表面,肉眼可见。此后,裂缝沿纵向往自由端延伸,并发出劈裂声响,钢筋的滑移急剧增长,荷载增加不多即达峰点(极限粘结强度 τ_u),很快转入下降段,不久试件被劈裂成 2 块或 3 块(图 6-9(c))。混凝土劈裂面上留有钢筋的肋印,而钢筋的表面在肋前区附着混凝土的破碎粉末。

试件配设了横向螺旋筋或者钢筋的保护层很厚($c/d > 5$)时,粘结应力-滑移曲线如图 6-10。当荷载较小($\bar{\tau} \leqslant \tau_A$)时,横向筋的作用很小,$\tau$-$S$ 曲线与前述试件无区别。在试件混凝土内出现裂缝($\bar{\tau} > \tau_A$)后,横向筋约束了裂缝的开展,提高了抗阻力,τ-S 曲线斜率稍高。当荷载接近极限值时(τ_{cr}),钢筋肋对周围混凝土挤压力的径向分力也将产生径向-纵向裂缝⑤,

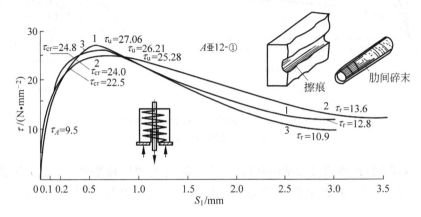

图 6-10　配设横向箍筋的试件 τ-S 曲线[0-1]

但开裂时的应力(τ_{cr})和相应的滑移量(S_{cr})都有很大提高。

径向-纵向裂缝⑤出现后,横向筋的应力剧增,限制此裂缝的扩展,试件不会被劈开,抗拔力可继续增大。钢筋滑移的大量增加,使肋前的混凝土破碎区不断扩大,而且沿钢筋埋长的各肋前区依次破碎和扩展,肋前挤压力的减小形成了 τ-S 曲线的下降段。最终,钢筋横肋间的混凝土咬合齿被剪断,钢筋连带肋间充满着的混凝土碎末一起缓缓地被拔出(R 点)。此时,沿钢筋肋外皮的圆柱面上有摩擦力,试件仍保有一定残余抗拔力($\tau_r/\tau_u \approx 0.3$)。这类试件的极限粘结强度可达 $\tau_u \approx 0.4 f_{cu}$,远大于光圆钢筋的相应值(表 6-1)。

钢筋拔出试验的粘结应力-滑移(τ-S,以后以 τ-S 表示)全曲线上可确定 4 个特征点,即内裂(τ_A, S_A)、劈裂(τ_{cr}, S_{cr})、极限(τ_u, S_u)和残余(τ_r, S_r)点,并以此划分受力阶段和建立 τ-S 本构模型。

6.3　影　响　因　素

钢筋和混凝土的粘结性能及其各项特征值,受到许多因素的影响而变化。

1. 混凝土强度(f_{cu} 或 f_t)

当提高混凝土的强度时,它和钢筋的化学粘着力 $\tau_{粘}$ 和机械咬合力随之增加,但对摩阻抗滑力的影响不大。同时,混凝土抗拉(裂)强度 f_t 的增大,延迟了拔出试件的内裂和劈裂应力,提高了极限粘结强度和粘结刚度(图 6-11)。

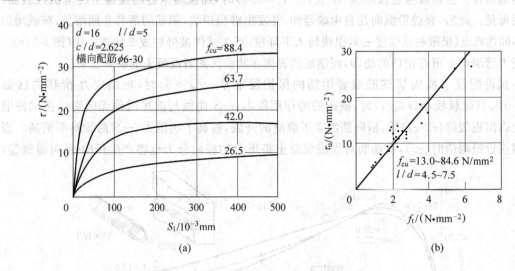

图 6-11　混凝土强度对粘结性能的影响[0-1]

(a) τ-S 曲线；(b) τ_u-f_t

试验结果表明,钢筋的极限粘结强度 τ_u 约与混凝土的抗拉强度 f_t(或抗压强度 $\sqrt{f_{cu}}$)成正比(图 6-11(b))。其他的粘结应力特征值($\tau_A, \tau_{cr}, \tau_r$)也与混凝土的抗拉强度成正比(图 6-12)。

有些试验还证明[0-1],混凝土的水泥用量、水灰比等也对其粘结性能有一定影响。

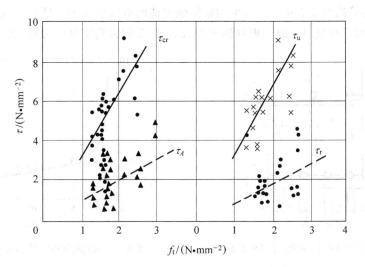

图 6-12 粘结应力特征值与 f_t 的关系[6-2]

2. 保护层厚度(c)

钢筋的混凝土保护层厚度指钢筋外皮至构件表面的最小距离(c,mm)。增大保护层厚度,加强了外围混凝土的抗劈裂能力,显然能提高试件的劈裂应力(τ_{cr})和极限粘结强度(τ_u)(图 6-13)。但是,当混凝土保护层的厚度 $c>(5\sim6)d$ 后,试件不再发生劈裂破坏,而是钢筋沿横肋外围切断混凝土而拔出,故粘结强度 τ_u 不再增大。

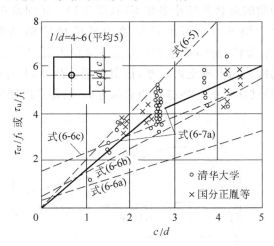

图 6-13 粘结强度与保护层厚度的关系

构件截面上的钢筋多于一根时,钢筋的粘结破坏形态还与钢筋间的净距 s 有关[6-15,6-16],可能是保护层劈裂(当 $s>2c$),或者沿钢筋连线劈裂(当 $s<2c$,图 6-14)。

3. 钢筋埋长(l)

试件中钢筋埋得越深,则受力后的粘结应力分布越不均匀,试件破坏时的平均粘结强度 τ_u 与实际最大粘结应力 τ_{max} 的比值越小,故试验粘结强度随埋长(l/d)的增加而降低

（图 6-15）。当钢筋的埋长 $l/d>5$ 后，平均粘结强度值的折减已不大。埋长很大的试件，钢筋加载端达到屈服而不被拔出。故一般取钢筋埋长 $l/d=5$ 的试验结果作为粘结强度的标准值。

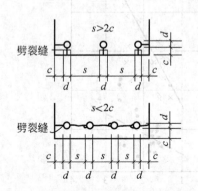

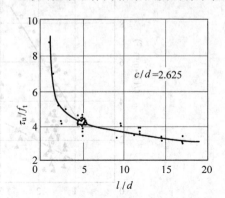

图 6-14　钢筋净间距 s 对劈裂裂缝的影响　　　　图 6-15　钢筋埋长对粘结强度的影响[0-1]

4. 钢筋的直径和外形

钢筋的粘结面积与截面周界长度成正比，而拉力与截面积成正比，周界与面积之比值（$4/d$）反映钢筋的相对粘结面积。直径越大的钢筋，相对粘结面积减小，不利于极限粘结强度。试验给出的结果是：直径 $d\leqslant25$ mm 的钢筋，粘结强度 τ_u 变化不大，直径 $d>32$ mm 的钢筋，粘结强度可能降低 13％；特征滑移值（S_{cr}，S_u，S_r）则随直径（$d=12\sim32$ mm）而增大的趋势明显[6-2]。

变形钢筋表面上横肋的形状和尺寸多有不同（图 5-1）。我国常用的螺纹和月牙纹钢筋的粘结-滑移曲线对比于图 6-16。可见月牙纹钢筋的极限粘结强度比螺纹钢筋约低 10％～15％，且较早发生滑移，滑移量也大；但是下降段平缓，后期强度下降较慢，延性好些。原因是月牙纹钢筋的肋间混凝土齿较厚，抗剪性强。此外，月牙纹的肋高沿圆周变化，径向挤压力不均匀，粘结破坏时的劈裂缝有明显的方向性（即顺纵肋的连线）。

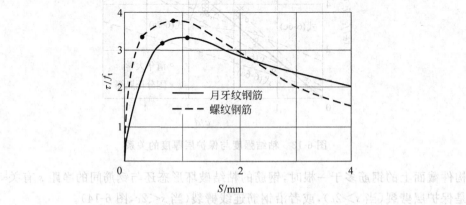

图 6-16　不同肋形钢筋的 τ-S 曲线[6-2]

至于肋的外形几何参数，如肋高、肋宽、肋距、肋斜角等都对混凝土的咬合力有一定影响。试验结果表明[6-17]，肋的外形变化对钢筋的极限粘结强度值的差别并不大，对滑移值的影响稍大。

5. 横向箍筋(ρ_{sv})

拔出试件内配设横向箍筋，能延迟和约束径向-纵向劈裂缝的开展，阻止劈裂破坏，提高极限粘结强度[6-18]和增大特征滑移值(S_{cr}，S_u)，而且τ-S下降段平缓，粘结延性好。

横向箍筋的数量以劈裂面上的箍筋面积率表示为

$$\rho_{sv} = \frac{A_{sv}}{c \cdot s_{sv}} = \frac{\pi}{4c} \frac{d_{sv}^2}{s_{sv}} \tag{6-4}$$

式中，c——保护层厚度；

d_{sv}，s_{sv}——箍筋的直径和间距。

图 6-17 给出试件从劈裂应力至极限粘结强度的应力增量($\tau_u - \tau_{cr}$)随横向配箍率 ρ_{sv} 的线性增长关系。

6. 横向压应力(q)

结构构件中的钢筋锚固端常承受横向压力的作用，例如支座处的反力、梁柱节点处的柱上轴压力等。横向压应力作用在钢筋锚固端，增大了钢筋和混凝土界面的摩阻力，有利于粘结锚固。

有横向压应力(q＝const.)作用的钢筋粘结-滑移曲线如图 6-18。可见粘结强度和相应的滑移量都随压应力有较大程度的提高。但是，也有试验证明[0-1]，当横向压应力过大（如 $q > 0.5 f_c$ 时），将提前产生沿压应力作用平面方向的劈裂缝，反而降低粘结强度。

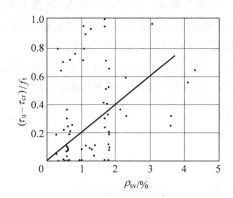

图 6-17　横向箍筋对粘结强度的影响[6-2]

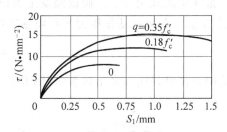

图 6-18　横向压应力对 τ-S 曲线的影响[6-19]

7. 其他因素

凡是对混凝土的质量和强度有影响的各种因素，例如混凝土制作过程中的坍落度、浇捣质量、养护条件、各种扰动等，又如钢筋在构件中的方向是垂直（如梁）或平行（如柱）于混凝土的浇注方向、钢筋在截面的顶部或底部、钢筋离构件表面的距离等，都对钢筋和混凝土的粘结性能产生一定影响。

还需补充说明，前述的钢筋和混凝土的粘结性能分析都是基于钢筋受拉拔出试验的结果。受压钢筋的粘结锚固性能一般比受拉钢筋有利，需要进行压推试验加以研究。钢筋受压后横向膨胀,被周围混凝土所约束,提高了摩阻抗滑力,粘结强度偏高。例如,我国的设计规范[1-1]中建议,受压钢筋所需的锚固长度最低可取为受拉钢筋相应长度的 70%。

另一方面,如果钢筋除了承受拉力之外,还有横向力(销栓力,第 13 章)的作用时,可能将钢筋从混凝土中撕脱,大大降低钢筋的粘结锚固强度,甚至造成构件的提前破坏。还有,当荷载多次重复加卸载或者正负反复作用下,钢筋的粘结强度和 τ-S 曲线都将发生退化现象,详见下面第 16、17 章。

6.4   粘结应力-滑移本构模型

钢筋混凝土结构的有些设计或分析过程中要求应用钢筋和混凝土间的粘结应力-滑移本构关系,例如非线性有限元分析中的粘结单元,计算钢筋的锚固或搭接长度,确定构件混凝土开裂后的受拉刚化效应,计算抗震构件和节点处的钢筋滑移变形量,等等。

6.4.1   特征值的计算

1. 劈裂应力(τ_{cr})

变形钢筋受拉在构件内形成径向-纵向劈裂缝后,易使钢筋锈蚀和损害结构的耐久性,成为临界粘结状态的重要标志。

现有两种途径确定拉拔钢筋的劈裂应力值。一种是半理论、半经验的方法,将钢筋周围的混凝土简化为一厚壁管,根据钢筋横肋对混凝土的挤压力,按弹性或塑性理论进行推导,建立近似计算式。另一种途径则是直接统计试验数据,用回归分析求得经验计算式。

最简单的理论方法是假设混凝土保护层劈裂时,劈裂面上拉应力均匀分布,并达其抗拉强度 f_t 值。若取横肋挤压力与钢筋轴线的夹角为 $\theta = 45°$(图 6-19(a)),很易推导得

$$\tau_{cr} \approx p_r = \frac{2c}{d}f_t \tag{6-5}$$

此式的计算结果明显高出试验值(图 6-13)。

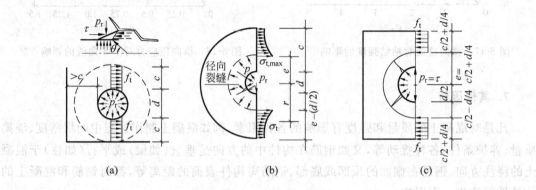

图 6-19   试件劈裂时的应力状态

(a) $\theta = 45°$;(b) 文献[6-14];(c) 文献[0-1]

对此计算图形和应力分布加以修正(图 6-19(b),(c)),可以推导得相应的计算式,如

文献[6-14] $$\frac{\tau_{\mathrm{cr}}}{f_{\mathrm{t}}} = 0.3 + 0.6\frac{c}{d} \tag{6-6a}$$

文献[0-1] $$\frac{\tau_{\mathrm{cr}}}{f_{\mathrm{t}}} = 0.5 + \frac{c}{d} \tag{6-6b}$$

根据试验数据的回归分析,文献[6-2]提出的计算式为

$$\frac{\tau_{\mathrm{cr}}}{f_{\mathrm{t}}} = 1.6 + 0.7\frac{c}{d} \tag{6-6c}$$

这些公式的形式相同,系数值有别,计算结果与试验数据的对比参见图 6-13(注意,τ_{cr} 略小于 τ_{u})。

2. 极限粘结强度(τ_{u})

钢筋与混凝土的平均极限粘结强度,一般用试验数据的回归分析式。各种计算式中考虑的主要因素有所不同,例如

由文献[0-1] $\dfrac{c}{d} \leqslant 2.5$ $\quad \tau_{\mathrm{u}} = \left(1.325 + 1.6\dfrac{d}{l}\right)\dfrac{c}{d}$

$$2.5 < \frac{c}{d} < 5 \quad \frac{\tau_{\mathrm{u}}}{f_{\mathrm{t}}} = \left(5.5\frac{c}{d} - 9.76\right)\left(\frac{d}{l} - 0.4\right) + 1.965\frac{c}{d} \tag{6-7a}$$

由文献[6-2] $$\frac{\tau_{\mathrm{u}}}{f_{\mathrm{t}}} = 1.6 + 0.7\frac{c}{d} + 20\rho_{\mathrm{sv}} \tag{6-7b}$$

式中 ρ_{sv} 见式(6-4)。这些公式适用于埋长较小($l/d = 2 \sim 20$)的钢筋。

埋长较大的钢筋,以及在计算钢筋的锚固(或搭接)长度(l_{a},式(6-3))时应采用其他计算式。文献[6-20]建议的公式适用于 $l/d \leqslant 80$:

$$\tau_{\mathrm{u}} = \left(1 + 2.51\frac{c}{d} + 41.6\frac{d}{l} + \frac{A_{\mathrm{sv}}f_{\mathrm{y}}}{4.33d_{\mathrm{sv}}s_{\mathrm{sv}}}\right)\sqrt{f_{\mathrm{c}}} \tag{6-8}$$

式中符号 A_{sv},d_{sv} 和 s_{sv} 的意义同式(6-4)。

其余的粘结特征值,包括初裂应力 τ_{A}、残余应力 τ_{r},以及各滑移值($S_{\mathrm{A}}, S_{\mathrm{cr}}, S_{\mathrm{u}}, S_{\mathrm{r}}$),各研究者根据各自的试验结果给出大同小异的数值或计算式。其中文献[6-2]的建议值为

$$\tau_{\mathrm{A}} \approx \tau_{\mathrm{r}} = f_{\mathrm{t}} \quad 和 \quad S_{\mathrm{A}} = 0.0008d$$
$$S_{\mathrm{cr}} = 0.024d$$
$$S_{\mathrm{u}} = 0.0368d$$
$$S_{\mathrm{r}} = 0.054d \ 等。$$

6.4.2 $\tau\text{-}S$ 曲线方程

1. 分段折线(曲线)模型

将粘结-滑移曲线简化为多段式折(曲)线,已有多种建议的模型,如 3 段式[6-21~6-23]、4 段式[1-1]、5 段式[0-1,6-2]、6 段式[6-22]等(图 6-20)。在确定了若干个粘结应力和滑移的特征值后,以折线或简单曲线相连即构成完整的 $\tau\text{-}S$ 本构模型,详见各文献。模式规范 CEB-FIP MC90[1-12]建议的 4 段式模型如图 6-21,参数值见表 6-2。

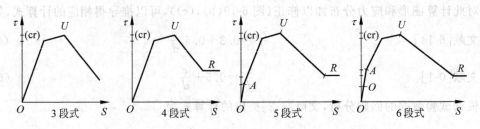

图 6-20   多段式折线 τ-S 模型

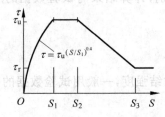

图 6-21   模式规范 CEB-FIP MC90 的 τ-S 模型

表 6-2 τ-S 曲线的特征值[1-12]

约束状况 破坏形态	粘结状态	粘结应力		滑移/mm		
		τ_u	τ_r/τ_u	S_1	S_2	S_3
无约束 劈裂破坏	良好	$2\sqrt{f_c}$	0.15	0.60	0.60	1.0
	一般	$\sqrt{f_c}$				2.5
有约束 钢筋拔出	良好	$2.5\sqrt{f_c}$	0.40	1.0	3.0	钢筋横肋 净间距
	一般	$1.25\sqrt{f_c}$				

2. 连续曲线模型

用连续的曲线方程建立粘结-滑移模型,可以得到连续变化的、确定的切线或割线粘结刚度值,在有限元分析中应用比较方便。这类模型也有多种,例如

$$文献[6-23] \qquad \tau = a_1 S - a_2 S^2 + a_3 S^3$$
$$文献[6-13] \qquad \tau = (a_1 S - a_2 S^2 + a_3 S^3 - a_4 S^4)\sqrt{f_c} \quad\Bigg\} \tag{6-9}$$

以及[①]

$$\tau = (a_1 S - a_2 S^2 + a_3 S^3 - a_4 S^4)\sqrt{\frac{c}{d}}f_t\,F(x) \quad\Bigg\}$$

其中

$$F(x) = \sqrt{4\,\frac{x}{l}\left(1 - \frac{x}{l}\right)} \tag{6-10}$$

称为位置函数,它反映在钢筋的不同埋入(锚固)深度($x=0$ 为加载端,$x=l$ 为自由端)处 τ-S 关系的变化。其他文献(如[6-22,6-23,6-2])中也给出了不同形式的位置函数式。

---

① Teng Zhiming, Lu Huizhong, Zhang Jinping. Inclined strut bond model for finite elemnt analysis of reinforced concrete structures. 1988

轴向受力特性

对于承受各种内力(即轴力、弯矩、剪力和扭矩)的一维构件和二、三维结构,应力分析后都可以找到主应力方向,在主应力方向无非是压力或拉力。沿主拉应力方向配设钢筋可替代开裂的混凝土直接承受拉力,在主压应力方向加设钢筋也有增强作用。因此,钢筋混凝土作为组合材料承受轴向压力和拉力是最简单、也是最基本的受力状态。掌握其受力性能的一般规律,是了解其他构件性能的基础。

7.1 受压构件

7.1.1 基本方程

一钢筋混凝土短柱,已知其截面尺寸($b \times h$)和配筋($A_s = \mu bh$,μ 为配筋率)(图7-1)。为了准确地分析此柱在轴心压力(N)作用下的受力、变形和

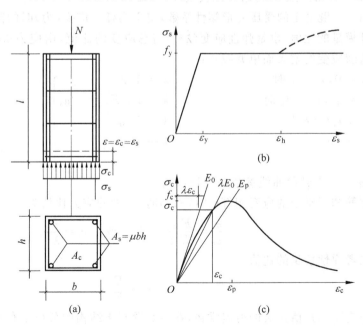

图 7-1 轴心受压柱和材料本构关系

(a)外形和配筋;(b)钢筋;(c)混凝土

破坏的全过程,需要建立三类基本方程。

1. 几何(变形)条件

柱子在轴心压力作用下发生压缩变形。从试件开始受力、直至破坏,一个平截面始终保持平面,即截面上各点的应变值相等。这已为许多试验所证实。

在受力过程中,如若钢筋和混凝土的粘结良好,不发生相对滑移,而且钢筋外侧有封闭箍筋围住,即使受压屈服后也不外鼓,不崩裂混凝土保护层(参照设计规范[1-1]的有关构造规定,并不难实现),那么,在任意轴力值下,柱内钢筋和混凝土的纵向应变相等,也即构件的应变,故

$$\varepsilon = \varepsilon_c = \varepsilon_s \tag{7-1}$$

2. 物理(本构)关系

假定柱中钢筋和混凝土的本构关系即为同样材料标准试验测定的本构关系。现取二者的本构模型如图 7-1(b),(c)。对于钢材,

$$\left.\begin{array}{ll} \varepsilon_s \leqslant \varepsilon_y & \sigma_s = E_s \varepsilon_s \\ \varepsilon_s > \varepsilon_y & \sigma_s = f_y = \text{const.} \end{array}\right\} \tag{7-2}$$

式中,E_s 和 f_y——钢筋的弹性模量和屈服强度。

钢筋在屈服台阶之后进入强化段的应变($\varepsilon_h \approx 30 \times 10^{-3}$)超过混凝土峰值应变($\varepsilon_p$)的十余倍,模拟强化段曲线已无必要。

对混凝土受压应力-应变全曲线,可根据材料的性质和强度等级选取合理的方程(如式(1-6),表 1-6)和参数值。非线性的应力和应变关系可表达成一般形式:

$$\sigma_c = \lambda E_0 \varepsilon_c \tag{7-3}$$

式中,E_0——混凝土的初始弹性模量,$E_0 = \mathrm{d}\sigma/\mathrm{d}\varepsilon|_{\varepsilon=0}$;

λ——混凝土的受压变形塑性系数,定义为任一应变(力)时的割线弹性模量(λE_0)与初始弹性模量的比值,也是弹性应变($\lambda \varepsilon_c$)与总应变的比值,由应力-应变曲线方程计算确定。其数值随应变的增大而单调减小:

$$\left.\begin{array}{ll} \varepsilon_c = 0, \sigma_c = 0 \text{ 时} & \lambda = 1.0 \\ \varepsilon_c = \varepsilon_p, \sigma_c = f_c \text{ 时} & \lambda = E_p/E_0 = 1/\alpha_a \\ \varepsilon_c > \varepsilon_p (\text{下降段}) & \lambda < 1/\alpha_a \\ \varepsilon_c \to \infty & \lambda \to 0 \end{array}\right\} \tag{7-4}$$

式中,α_a——上升段曲线参数(式(1-7))。

钢筋和混凝土的应变相等(式(7-1))时,二者的应力比值为

$$\frac{\sigma_s}{\sigma_c} = \frac{E_s \varepsilon_s}{\lambda E_0 \varepsilon_c} = \frac{n}{\lambda} \quad \text{或} \quad \sigma_s = \frac{n}{\lambda} \sigma_c \tag{7-5}$$

式中二者弹性模量的比值

$$n = \frac{E_s}{E_0} \tag{7-6}$$

是个与应变(力)值无关的材料常数,在钢筋混凝土结构的分析中有重要意义。

由式(7-5)可知,随混凝土应变的加大,λ 值减小,钢筋和混凝土的应力比值逐渐增大。但此式只适用于钢筋的弹性范围($\varepsilon_s < \varepsilon_y$)。

3. 力学(平衡)方程

轴心受力构件只有一个内外力平衡条件:

$$N = N_c + N_s = \sigma_c A_c + \sigma_s A_s \tag{7-7a}$$

式中,N_c, N_s——混凝土和钢筋承受的压力。

如果混凝土的截面积近似取为

$$A_c = bh - A_s \approx bh^{\textcircled{1}} \tag{7-8a}$$

钢筋面积表达为

$$A_s = \mu bh = \mu A_c \tag{7-8b}$$

并将式(7-5)代入式(7-7a),得

$$N = \sigma_c \left(A_c + \frac{n}{\lambda} A_s \right) = \sigma_c A_0 \tag{7-7b}$$

式中

$$A_0 = A_c + \frac{n}{\lambda} A_s^{\textcircled{1}} \tag{7-9}$$

称为换算截面面积。

换算截面面积由混凝土的截面积 A_c 和钢筋的换算面积 $\frac{n}{\lambda} A_s$ 两部分组成。其物理意义是将应力不相等的两种材料组合截面变换成具有相同应力值 σ_c 的"同一种"材料的计算截面。实际上,不过是把钢筋的面积增大(n/λ)倍。同样,换算截面面积也不是常数,随应变的增大$(\lambda$减小)而增加。

7.1.2 应力和变形分析($\varepsilon_y < \varepsilon_p$)

柱子承受轴向压力后,混凝土和钢筋的应力和变形反应,以及柱的极限承载力等都可运用上述基本方程、分阶段地进行分析。首先研究钢筋屈服应变小于混凝土峰值应变($\varepsilon_y < \varepsilon_p$)的柱子性能(图 7-2)。

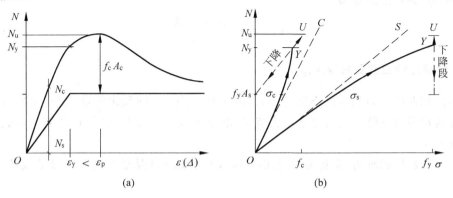

图 7-2　轴心受压柱的应力和变形($\varepsilon_y < \varepsilon_p$)

(a) 轴力-变形;(b) 钢筋和混凝土的应力

---

① 准确计算应为:$A_c = bh - A_s$;$A_0 = bh - A_s + \dfrac{n}{\lambda} A_s = bh + \left(\dfrac{n}{\lambda} - 1 \right) A_s$。

1. 钢筋屈服之前($\varepsilon < \varepsilon_y$)

对柱子施加轴压力后,应变 ε 逐渐增加,钢筋的应力 σ_s 和承受的压力 N_s 都成正比增大。但混凝土因为出现塑性变形,弹性模量渐减,其应力 σ_c 和承受的压力 N_c 的增长幅度逐渐减小。故轴力增大后,钢筋承担的轴力部分(N_s/N)加大,而混凝土承担的轴力部分(N_c/N)减小。

在轴力-应力图上,若两种材料均为弹性的,且弹性模量比为常值,则两者的应力都与轴力成正比增加,如图 7-2(b)中的虚线 OS 和 OC。如今,混凝土出现塑性变形后,应力增加率减缓,钢筋的应力增长率必然加快,二者的应力比(σ_s/σ_c)逐渐加大,如图中实线所示。

根据这一阶段的平衡条件(式 7-7b)和式(7-3)、式(7-1)得到轴力和应变的关系为

$$N = \sigma_c A_0 = \lambda \varepsilon E_0 A_0 \tag{7-10}$$

柱子的变形为

$$\Delta = \varepsilon l \tag{7-11}$$

由上述公式即可计算不同轴压力下的柱子变形,以及钢筋和混凝土的应力等。

2. 钢筋已屈服,混凝土达到峰值应变之前($\varepsilon_y \leqslant \varepsilon \leqslant \varepsilon_p$)

钢筋刚达屈服($\varepsilon = \varepsilon_y$)时,柱的轴压力为

$$N_y = \lambda \varepsilon_y E_0 A_0 = \lambda \varepsilon_y E_0 A_c + f_y A_s \tag{7-12}$$

此后,钢筋的应变虽然继续增加($\varepsilon > \varepsilon_y$),但应力维持不变($f_y$)。轴力的增量全部由混凝土承受,混凝土的压应力 σ_c 加速增长,直到其抗压强度值 f_c。此时柱的极限轴力为

$$N_u = f_c A_c + f_y A_s \tag{7-13}$$

混凝土和钢筋都达到了各自的强度。

这一阶段内,柱的 N-ε 曲线的斜率渐减。在 N_y 处曲线不连续,有尖角,在 N_u 时切线水平。轴力-应变关系式为

$$N = \lambda \varepsilon E_0 A_c + f_y A_s \tag{7-14a}$$

若已知轴力,则柱的应变为

$$\varepsilon = \varepsilon_c = \frac{N - f_y A_s}{\lambda E_0 A_c} \tag{7-14b}$$

3. 混凝土峰值应变后($\varepsilon > \varepsilon_p$)

此时,钢筋的应力仍维持不变(f_y),混凝土的应力(σ_c,即残余强度)随应变的增大而减小,故柱的承载力下降。当应变达很大值时,混凝土残余强度接近零,柱的残存承载力由钢筋控制($f_y A_s$)。

这一阶段,柱的轴力-应变关系同式(7-14),但 λ 值取自混凝土应力-应变曲线的下降段。

7.1.3　应力和变形分析($\varepsilon_y > \varepsilon_p$)

如果柱内配设强度等级高的钢筋(如 $f_y > 400$ MPa),屈服应变大于混凝土的峰值应变($\varepsilon_y > \varepsilon_p$),柱的受力阶段和变形过程(图 7-3)与上述柱($\varepsilon_y < \varepsilon_p$)的有很大区别。

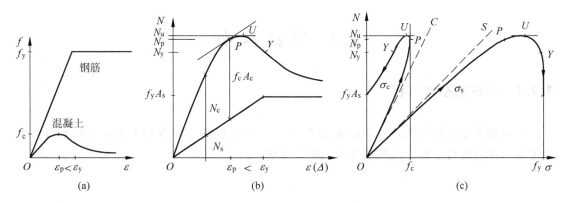

图 7-3 轴心受压柱的应力和变形($\varepsilon_y > \varepsilon_p$)

(a) 材料 σ-ε;(b) 轴力-变形;(c) 钢筋和混凝土的应力

1. 混凝土峰值应变之前($\varepsilon \leqslant \varepsilon_p$)

这一阶段,柱的轴力-应变曲线和应力(σ_s 和 σ_c)增长曲线与上一柱子的无区别。轴力-应变关系式也同式(7-10)为

$$N = \lambda \varepsilon E_0 A_0 = \sigma_c \left(A_c + \frac{n}{\lambda} A_s \right)$$

混凝土达峰值应变(ε_p)时的轴力为

$$N_p = f_c A_c + \varepsilon_p E_s A_s \tag{7-15}$$

但并非柱的极限(最大)承载力。

2. 混凝土应力下降,钢筋达屈服之前($\varepsilon_p < \varepsilon \leqslant \varepsilon_y$)

应变 $\varepsilon > \varepsilon_p$ 后,混凝土的应力逐渐下降,而钢筋的应力 σ_s 和承载力 N_s 仍继续增大,柱的承载力必是先增后减,出现的轴力峰值即为极限承载力 N_u。这一阶段的 N-ε 曲线连续,在 N_p 时的切线斜率平行于钢筋的承载力(N_s)线,在 N_u 时切线水平。

柱的极限承载力值必超过混凝土峰值应变时的轴力,又必小于混凝土和钢筋承载力的总和(式 7-13),故

$$N_p < N_u < f_c A_c + f_y A_s \tag{7-16}$$

准确的极限轴力值和相应的应变值须通过解析法或数值方法求解。

钢筋在轴力峰值后出现屈服($\varepsilon = \varepsilon_y$)时,轴压力为

$$N_y = \lambda \varepsilon_y E_0 A_c + f_y A_s \tag{7-17}$$

3. 钢筋屈服以后($\varepsilon > \varepsilon_y$)

钢筋的应力仍保持不变(f_y),混凝土的残余强度 σ_c 继续下降,柱的轴力-应变关系和钢筋、混凝土的应力变化与上一柱子($\varepsilon > \varepsilon_p$)的情况一样。

对比上述两柱子的受力性能(图 7-2 和图 7-3)可知,即使一个最简单的钢筋混凝土轴心受压短柱,其轴力-变形曲线和钢筋、混凝土的应力都是非线性过程,且随两种材料的性能指标而有很大变化,甚至其极限状态和承载力都不相同。

7.2　受 拉 构 件

7.2.1　分析的基本方程

一钢筋混凝土拉杆的外形和配筋如图 7-4(a),在轴心拉力 N 作用下的应力和变形状态也必须分阶段进行分析。三类基本方程稍有变化:

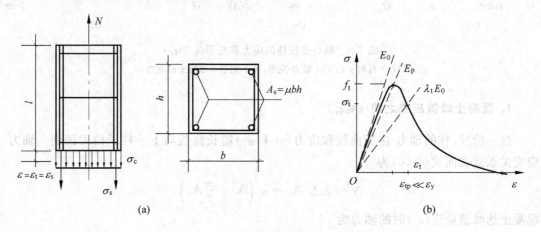

图 7-4　轴心受拉杆

(a)外形和配筋;(b)混凝土受拉应力-应变全曲线

(1) 几何(变形)条件

截面开裂前钢筋和混凝土的粘结良好时,二者的应变相等

$$\varepsilon = \varepsilon_s = \varepsilon_t \tag{7-18}$$

(2) 物理(本构)关系

钢筋的本构关系同前式(7-2),混凝土的受拉应力-应变全曲线如图 7-4(b),一般表达式也取为

$$\sigma_t = \lambda_t E_0 \varepsilon_t \tag{7-19}$$

式中,E_0 为混凝土的受拉初始弹性模量,试验结果表明其值与混凝土的受压初始弹性模量相近,一般可取同值;λ_t 为混凝土的受拉变形塑性系数,为任一应变(力)时的割线弹性模量($\lambda_t E_0$)与初始弹性模量的比值,按受拉应力-应变曲线方程(如式(1-21))计算确定。

同理,当钢筋和混凝土的应变相等时,二者的应力比为

$$\frac{\sigma_s}{\sigma_t} = \frac{n}{\lambda_t} \quad \text{或} \quad \sigma_s = \frac{n}{\lambda_t}\sigma_t \tag{7-20}$$

式中弹性模量比 $n = E_s/E_0$,与受压柱相同(式(7-6))。

(3) 力学(平衡)方程

与受压柱相仿:

$$N = N_t + N_s = \sigma_t\left(A_c + \frac{n}{\lambda_t}A_s\right) = \sigma_t A_0 \tag{7-21a}$$

7.2.2 各阶段的应力和变形分析

轴心受拉杆各阶段的应力和变形如图 7-5 所示。

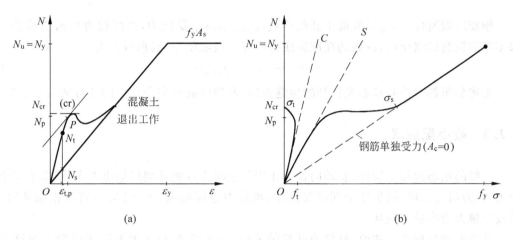

图 7-5 轴心受拉杆的应力和变形

(a) 轴力-变形；(b) 钢筋和混凝土的应力

1. 混凝土开裂之前($\varepsilon_t < \varepsilon_{t,p}$)

钢筋应力 σ_s 随应变($\varepsilon_s = \varepsilon_t$)成比例增大。混凝土在临近开裂前出现少量塑性变形，应力增长稍减。轴力和应变的关系由式(7-21a)得到

$$N = \lambda_t \varepsilon_t E_0 A_0 = \lambda_t \varepsilon_t E_0 \left(A_c + \frac{n}{\lambda_t} A_s \right) \tag{7-21b}$$

所以，受拉杆的 N-ε 关系和 σ_s，σ_t 随 N 的变化与轴压柱受力初期的相似。

2. 混凝土开裂后、钢筋屈服之前($\varepsilon_{t,p} \leqslant \varepsilon_t < \varepsilon_y$)

混凝土达到峰值拉应变 $\varepsilon_{t,p}$ 时，钢筋的应力还低，约为 $20 \text{ N/mm}^2 (\ll f_y)$，相应的轴力为

$$N_p = f_t A_c + \varepsilon_{t,p} E_s A_s = f_t \left(A_c + \frac{n}{\lambda_t} A_s \right) \tag{7-22a}$$

此后，钢筋的应力仍继续增大，混凝土的拉应力 σ_t 和承载力 N_t 将迅速下跌，在轴力-应变图上形成一个尖峰。当 N_p 时 N-ε 曲线的切线平行于钢筋的承载力 N_s 线。峰点处切线水平，其极值 N_{cr} 必稍大于 N_p，为构件的极限开裂轴力，一般近似取为

$$N_{cr} \approx N_p \tag{7-22b}$$

混凝土开裂后很快退出工作($\sigma_t = 0$)，裂缝附近局部粘结破坏，几何条件(式 7-18)已不能成立。裂缝截面上只有钢筋承受轴拉力，故

$$N = \varepsilon E_s A_s = \sigma_s A_s \tag{7-23}$$

从混凝土达峰值应变($\varepsilon_{t,p}$, f_t)起，至完全退出工作，轴拉力的增量($N_{cr} - N_p$)很小，钢筋应力却有突变(图 7-5(b))，从钢筋和混凝土共同受拉的 OS 线转向钢筋单独受力的直线。钢筋的应力增量值约为

$$\Delta\sigma_s \approx \frac{N_{cr}}{A_s} - \frac{nN_{cr}}{\lambda_t A_0} = \frac{N_{cr}}{A_c}\left(\frac{1}{\mu} - \frac{1}{\mu + (\lambda_t/n)}\right) \tag{7-24}$$

由于 $\lambda_t/n \gg \mu$，此应力增量较大。

3. 钢筋屈服后（$\varepsilon_t \geqslant \varepsilon_y$）

钢筋屈服时（$\varepsilon_y \gg \varepsilon_{t,p}$），混凝土开裂严重，已经不再承受拉力，全部轴力由钢筋承受。如果不考虑钢筋的强化段，钢筋的屈服就成为拉杆的极限状态，其承载力为

$$N_u = N_y = f_y A_s \tag{7-25}$$

上述分析都是针对轴心受拉杆的裂缝截面，非裂缝截面和全拉杆的分析见 7.2.4 节。

7.2.3　最小配筋率

一般的钢筋混凝土拉杆，在轴向拉力作用下混凝土首先开裂后退出工作，钢筋承担全部拉力，应力虽有突增，但仍低于其屈服强度，承载力还能增加（$N_{cr} < N_y$），直至钢筋屈服、构件发生很大变形后才破坏。

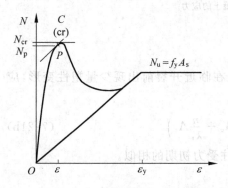

从上面的分析已经知道，杆件的开裂轴力（N_{cr}，式（7-22））主要取决于混凝土的抗拉力（$f_t A_c$），钢筋量 A_s 的多寡对其影响很小；而杆件的极限轴力（$N_u = N_y$）完全取决于钢筋的抗拉力（$f_y A_s$）。显然，两者的相对值随配筋量（率）而变化。如果减少配筋量 μ，极限轴力将按比例减小，而开裂轴力减小有限。当配筋率过小（$\mu < \mu_{min}$）时，将出现计算极限轴力小于开裂轴力（$f_y A_s < N_{cr}$）的情况（图 7-6）。这种构件称为少筋构件，其界限 μ_{min} 称最小配筋率。

少筋构件从开始受力直到混凝土开裂之前，钢筋和混凝土共同受力，与一般拉杆无异。但是，混凝土开裂后，因为拉杆轴力过大，钢筋将

图 7-6　少筋构件的拉伸曲线

立即屈服，甚至拉断，构件很快地发生脆性破坏。工程中因其不安全，一般不宜采用。

为避免发生此种情况，应该满足 $N_u \geqslant N_{cr}$，即

$$f_y A_s \geqslant f_t\left(A_c + \frac{n}{\lambda_t}A_s\right)$$

以 $A_s = \mu_{min} A_c$ 代入，作简单变换后就得到

$$\mu_{min} = \frac{f_t}{f_y - \frac{n}{\lambda_t}f_t} = \frac{\dfrac{f_t}{f_y}}{1 - \dfrac{n}{\lambda_t}\dfrac{f_t}{f_y}} \tag{7-26}$$

这是钢筋混凝土受拉杆最小配筋率的理论计算式。实际应用时，还应考虑混凝土材性的离散性、环境条件和工程经验等因素加以适当调整和简化[1-1,1-12]。受弯构件的最小配筋率见 10.1.2 节。

7.2.4　受拉刚化效应

　　钢筋混凝土拉杆受力开裂（$N>N_{cr}$）后，形成间距（l_{cr}）大致相等的若干裂缝（图 7-7(a)）。裂缝截面上混凝土已退出工作（$\sigma_t=0$），全部拉力由钢筋承担，应力为 σ_s。钢筋和混凝土之间的粘结，在裂缝两旁有局部破坏，发生相对滑移，其余部分仍然粘结良好。钢筋的应力（或应变）沿轴线的变化，可在试验中直接量测（图 6-6）。还可应用平衡方程计算出截面上混凝土平均拉应力（$\bar\sigma_t=(N-\sigma_sA_s)/A_c$）和粘结应力 τ 沿轴线的变化（图 7-7(b)）。

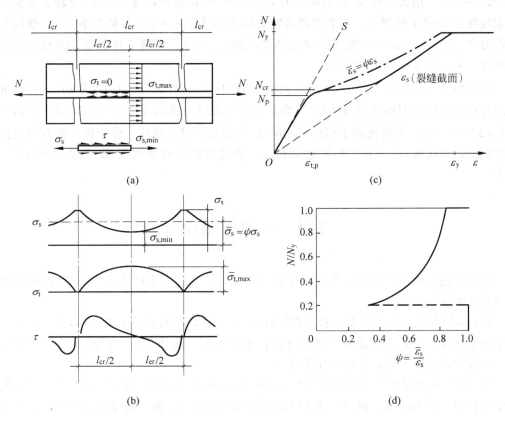

图 7-7　受拉刚化效应分析

(a) 裂缝图和平衡条件；(b) 应力分布；(c) ε_s 和 $\bar\varepsilon_s$；(d) 钢筋应变的不均匀系数

　　钢筋的应力在裂缝截面有最大值 σ_s，离裂缝截面越远处的应力渐减，在两个裂缝中间的截面处为最小应力（$\sigma_{s,min}$）。钢筋应变的变化与此相同。混凝土拉应力的变化恰好相反，裂缝附近 $\bar\sigma_t=0$，裂缝中间的截面上有最大值，但必不超过其抗拉强度（$\bar\sigma_{t,max}\leqslant f_t$）。

　　拉杆的总伸长是钢筋应变沿轴线的总和

$$\Delta=\int_0^l \varepsilon_s \mathrm{d}x=\int_0^l \frac{\sigma_s}{E_s}\mathrm{d}x \tag{a}$$

平均应变和相应的平均应力为

$$\bar{\varepsilon}_{\mathrm{s}} = \frac{\Delta}{l}, \quad \bar{\sigma}_{\mathrm{s}} = \bar{\varepsilon}_{\mathrm{s}} E_{\mathrm{s}} \tag{b}$$

随着拉杆轴力（N）的加大，裂缝截面的钢筋应变 ε_{s} 和裂缝间平均应变 $\bar{\varepsilon}_{\mathrm{s}}$ 的变化如图 7-7(c)所示。两者的比值称为裂缝间钢筋应变的不均匀系数：

$$\psi = \frac{\bar{\varepsilon}_{\mathrm{s}}}{\varepsilon_{\mathrm{s}}} = \frac{\bar{\sigma}_{\mathrm{s}}}{\sigma_{\mathrm{s}}} \leqslant 1 \tag{7-27}$$

拉杆开裂之前（$N < N_{\mathrm{cr}}$），钢筋与混凝土沿全长粘结良好，应力沿全长等值，$\psi = 1$。当混凝土刚开裂时（$N > N_{\mathrm{cr}}$），裂缝截面钢筋的应力突增，局部粘结破坏区很小，裂缝之间各截面混凝土的拉应力高，钢筋的最小应力（$\sigma_{\mathrm{s,min}}$）值低，故应变不均匀系数值最小，约为 $\psi = 0.1 \sim 0.25$。增大试件轴力，钢筋应力 σ_{s} 随之增加，粘结破坏逐渐加重，沿轴线的钢筋应力差值减小，ψ 值不断增加。当裂缝截面钢筋刚达屈服时（$\varepsilon_{\mathrm{s}} = \varepsilon_{\mathrm{y}}$），$\psi$ 值尚小于 1；继续拉伸时轴力 $N_{\mathrm{y}} = f_{\mathrm{y}} A_{\mathrm{s}} = \mathrm{const.}$，钢筋的应变仍能增加（$\varepsilon_{\mathrm{s}} > \varepsilon_{\mathrm{y}}$）。当钢筋与混凝土的粘结沿全长破坏时 $\bar{\varepsilon}_{\mathrm{s}} \to \varepsilon_{\mathrm{s}}$，即 $\psi = 1$（图 7-7(d)）。

受拉构件开裂后（$N > N_{\mathrm{cr}}$），混凝土对其承载力（$N_{\mathrm{u}} = f_{\mathrm{y}} A_{\mathrm{s}}$）已经不起作用。但是，混凝土的存在使裂缝间钢筋的应力减小，平均应变小于裂缝截面的应变（$\bar{\varepsilon}_{\mathrm{s}} < \varepsilon_{\mathrm{s}}$），减小了构件的伸长（$\Delta = \bar{\varepsilon}_{\mathrm{s}} l < \varepsilon_{\mathrm{s}} l$），亦即提高了构件的刚度，故称为受拉刚化效应。受弯构件的截面受拉区同样存在此种现象，对于提高构件刚度和减小裂缝宽度都有重要作用，详细讨论见第 11、12 章。

7.3　一般性规律

根据上述对钢筋混凝土组合截面在轴向压力和拉力作用下的受力性能分析，可以概括得一般性规律如下：

（1）钢筋混凝土从开始受力直到破坏，截面应力状态不断地发生重分布，是一个非线性变化的全过程，一般可分成多个受力阶段：弹性变形—塑性变形—混凝土开裂—钢筋屈服—极限荷载状态—峰值后残余性能等。

（2）构件的力学反应，如变形、开裂、屈服、极限承载力、破坏形态等，不仅取决于混凝土和钢筋各自的本构关系，还因二者的相对值，如面积比 μ、弹性模量比 n、强度比 $f_{\mathrm{c}}/f_{\mathrm{y}}$、$f_{\mathrm{t}}/f_{\mathrm{y}}$，特征应变值比（$\varepsilon_{\mathrm{p}}/\varepsilon_{\mathrm{s}}$）等和钢筋构造不同而有很大变化。

（3）构件内钢筋和混凝土两种材料一般不会在同一时刻达到各自的强度指标，也不一定能在不同时刻都先后达到各自的强度指标。构件的承载力必须按材料本构关系和构件的几何、平衡条件作具体分析。简单地将钢筋和混凝土二者的承载力进行叠加，有时会导致不安全的后果。

（4）大量试验量测证明，构件从开始受力直至破坏，全截面受压或者截面受压部分的应变都符合平截面分布。构件全截面受拉或截面受拉部分在混凝土开裂后，裂缝截面附近不再适用平截面假定，各截面的应变分布也不相同。但是在进行构件的总体受力和变形分析时，取一定长度范围（如裂缝间距 l_{cr}）内的平均变形，仍可有条件地采用平截面变形假定。

(5) 混凝土开裂后,钢筋和混凝土的应力沿轴线的分布不再均匀。混凝土的剩余粘结和受拉作用产生的受拉刚化效应,减小了钢筋的伸长,有利于提高构件刚度和减小裂缝。

钢筋混凝土组合材料带来的这些特性,比任何单一材料结构的性能复杂得多。全面地研究钢筋混凝土结构的受力性能,必须针对具体的材料本构关系和构造,采用基本方程分阶段地进行全过程分析。对于各种结构混凝土材料和钢筋替代材料构成的"广义"钢筋混凝土,其受力性能也符合上述一般规律,可用相同的原则和方法进行分析。

约束混凝土

混凝土结构中受力钢筋的配设有两种基本方式。沿构件的轴力或主应力方向设置纵向钢筋,以保证抗拉承载力或增强抗压承载力,钢筋的应力与轴力方向一致,称直接配筋(第 7 章)。沿轴压力或最大主压应力的垂直方向(即横向)配置箍筋,以约束其内部混凝土的横向膨胀变形,从而提高轴向抗压承载力,这种方式称横向配筋或间接配筋。

横向配筋的构造有多种,如螺旋(圆形)箍筋、矩形箍筋、钢管、焊接网片等。它们的主要作用是约束其内部混凝土的横向变形。此外,混凝土结构承受局部作用的集中力,荷载面积下的混凝土也受到周围混凝土的约束。约束混凝土处于三轴受压应力状态,提高了混凝土的强度和变形能力,成为工程中改善受压构件或结构中受压部分的力学性能的重要措施。

8.1 螺旋箍筋柱

8.1.1 受力机理和破坏过程

受压柱内配设连续的螺旋形箍筋或者单独的焊接圆形箍筋,且箍筋沿柱轴线的间距较小($s<80$ mm,且 $s<d_{cor}/5$),对其包围的核芯混凝土(面积为 A_{cor},直径为 d_{cor})构成有效的约束(图 8-1),使其受力性能有较大的改善和提高。

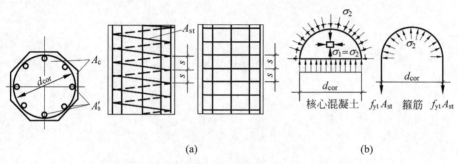

(a)   (b)

图 8-1 螺旋箍筋柱的构造和约束应力

(a) 配筋构造;(b) 约束应力

素混凝土柱和普通钢筋混凝土柱(第 7 章 $\varepsilon_y < \varepsilon_p$ 的情况)受轴压力后的轴力-应变曲线和截面应力状态已如前述。柱内的纵向钢筋(A_s)虽能增强柱的抗压承载力,但对峰值应变和下降段曲线的影响很小(图 8-2)。

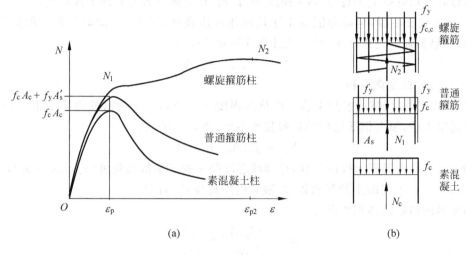

图 8-2 三种柱的性能对比
(a) N-ε 曲线；(b) 应力状态

螺旋箍筋柱的受压轴力-应变曲线如图 8-2(a)。在柱子应变低于素混凝土的峰值应变($\varepsilon < \varepsilon_p$)时,混凝土的横向膨胀变形(或泊松比 ν,见图 1-7)很小,箍筋沿圆周的拉应力不大,对核芯混凝土的约束作用不明显,故轴力-应变曲线与普通箍筋柱的曲线接近。当 $\varepsilon = \varepsilon_p$ 时,螺旋箍筋柱的轴力(N_1)仍与普通箍筋柱的极限轴力(式(7-13))接近。

当柱的应变增大($\varepsilon > \varepsilon_p$)后,箍筋外围的混凝土(面积为 $A_c - A_{cor}$)进入应力下降段,开始形成纵向裂缝,并逐渐扩展,发生表层剥落,这部分混凝土的承载力势必降低。在此同时,核芯混凝土因泊松比增大而向外膨胀,对箍筋施加径向压应力(σ_2,图 8-1(b))。箍筋对核芯混凝土的反作用应力使其处于三轴受压应力状态($\sigma_1 = \sigma_2$),提高其纵向抗压强度($|f_3| > f_c$,第 4 章)。所以,核芯混凝土和外围混凝土的总承载力在柱子应变增大后仍能缓缓上升。

继续加大柱子应变 ε,核芯混凝土的横向膨胀和箍筋应力不断增大。当箍筋应力达到其屈服强度 f_{yt} 时,它对混凝土的约束应力也达到最大值。此时,核芯混凝土的纵向应力尚未达三轴抗压强度($\sigma_3 < |f_3|$),柱的承载力还能增加。此后,再增大柱子应变,箍筋应力 f_{yt} 保持不变,核芯混凝土在定值约束应力下继续横向膨胀,直至纵向应力达到混凝土的三轴抗压强度,或称约束混凝土抗压强度($f_{c,c} = |f_3|$)时,柱子达极限承载力 N_2。此时,柱的纵向应变已经很大,可达 $\varepsilon_{p2} = 10 \times 10^{-3}$,外围混凝土即使未全部剥落,所剩压应力也极小了。

最后,核芯混凝土在三轴受压应力状态下发生挤压流动(第 4 章),纵向应变加大,柱子明显缩短,横向膨胀使柱子的局部成为鼓形外凸,箍筋外露并被拉断,在 N-ε 曲线上形成下降段。

螺旋箍筋混凝土柱的承载力提高,特别是变形性能的很大改善是其主要受力特点,工程中可加充分利用。

8.1.2   极限承载力

从螺旋箍筋柱的受力过程(N-ε 曲线)中看到,其极限承载力有两个控制值:

① 纵筋受压屈服,全截面混凝土达棱柱体抗压强度(N_1)——此时混凝土的横向应变尚小,可忽略箍筋的约束作用,建立的计算式同式(7-13):

$$N_1 = f_c A_c + f_y A_s \tag{8-1}$$

式中,A_c——柱的全截面积。

② 箍筋屈服后,核芯混凝土达约束抗压强度 $f_{c,c}$(N_2)——此时柱的应变很大,外围混凝土已退出工作,纵向钢筋仍维持屈服强度不变(图 8-2(b)):

$$N_2 = f_{c,c} A_{cor} + f_y A_s \tag{8-2}$$

式中,$f_{c,c}$——约束混凝土抗压强度,也即核芯混凝土的三轴抗压强度($|f_3|$,$\sigma_1 = \sigma_2$);

A_{cor}——核芯混凝土的截面积,取箍筋内皮直径 d_{cor} 计算。

如果横向箍筋的体积率取为

$$\mu_t = \frac{\pi d_{cor} A_{st}}{\dfrac{\pi}{4} s d_{cor}^2} = \frac{4 A_{st}}{s d_{cor}} \tag{8-3}$$

乘以箍筋和混凝土的强度比值后,命定为约束指标,或称配箍特征值:

$$\lambda_t = \mu_t \frac{f_{yt}}{f_c} = \frac{4 f_{yt} A_{st}}{f_c s d_{cor}} \tag{8-4}$$

式中,A_{st},f_{yt}——箍筋的截面积和屈服强度;

d_{cor},s——螺旋箍筋的内皮直径和纵向间距。

根据图 8-1(b)的平衡条件,当箍筋屈服时,核芯混凝土的最大约束压应力为

$$\sigma_1 = \sigma_2 = \frac{2 f_{yt} A_{st}}{s d_{cor}} = \frac{1}{2} \lambda_t f_c \tag{8-5}$$

若核芯混凝土的三轴抗压强度按 Richart 公式(图 4-7(a))近似取用,则得

$$f_{c,c} \approx f_c + 4\sigma_2 = (1 + 2\lambda_t) f_c \tag{8-6}$$

代入式(8-2),并作变换后可建立

$$N_2 = (1 + 2\lambda_t) f_c A_{cor} + f_y A_s$$
$$= f_c A_{cor} + 2 f_{yt} \mu_t A_{cor} + f_y A_s \tag{8-7}$$

式(8-7)中右边的第 2 项显然是横向螺旋箍筋对柱子极限承载力的贡献。其中的 $\mu_t A_{cor}$ 和第 3 项的 A_s 分别代表箍筋的换算面积和纵筋截面积,第 2 项中系数 2 表明,在同样的钢材体积(截面积×s)和强度情况下,箍筋比纵筋的承载效率高出 1 倍。根据对试验结果的分析,此系数的实测值为 1.7~2.9[0-1],平均值约为 2.0。

需要说明,螺旋箍筋提高了柱的极限承载力 N_2,只适合于轴心受压的短柱($H/d \leqslant 12$,H 为柱高,d 为柱外径)。更长的柱因压屈失稳而破坏,主要取决于柱的弹性模量或变形;偏心受压柱截面上压应力不均匀分布,甚至为受拉区控制柱的破坏。在这些情况下,箍筋约束混凝土强度的提高于事无大补,式(8-7)不适用。

螺旋箍筋柱的两个特征承载力的差值($N_2 - N_1$)取决于约束指标 λ_t。若配箍量过少,出现 $N_2 < N_1$ 的情况,表明箍筋约束作用对柱承载力的提高,还不足以补偿保护层混凝土强度

的损失。故在设计螺旋箍筋柱时,要求 $N_2 \geqslant N_1$,以式(8-1)和式(8-7)代入后得

$$\lambda_t \geqslant \frac{A_c - A_{cor}}{2A_{cor}} \tag{8-8}$$

另一方面,若$(N_2 - N_1)$差值过大,按 N_2 设计的柱子在使用荷载作用下,外围混凝土已经接近或超过其应力峰值,可能发生纵向裂缝,甚至剥落,不符合使用要求。设计时一般限制 $N_2 \leqslant 1.5N_1^{[1-1]}$,故

$$\lambda_t \leqslant \frac{f_c(3A_c - 2A_{cor}) + f_{yt}A_s}{4f_cA_{cor}} \tag{8-9}$$

式(8-9)和式(8-8)给出了螺旋箍筋柱约束指标上下限的理论值。

在各国的设计规范中,对此的具体规定又有所不同,如下限取为

中国[1-1] $\qquad\qquad\qquad \left.\begin{array}{l} \mu_t A_{cor} \geqslant 0.25A_s \\[2mm] \lambda_t \geqslant 0.45\left(\dfrac{A_c}{A_{cor}} - 1\right)\dfrac{f_c}{f_y} \end{array}\right\} \tag{8-10}$

美国[1-11]

8.2　矩形箍筋柱

螺旋箍筋的形状不太适合于工程中最常用的矩形截面和矩形组合截面(如 T 形、工字形)构件,且加工成型费事,因而使用范围受到限制。矩形截面构件内的箍筋沿截面周边平行布置,矩形组合截面也采用多个矩形箍筋组成平行于周边的横向筋。故矩形箍筋是最普遍的横向筋形式。

在柱等主要承受轴压力的构件中,箍筋的主要作用有:制作构件时,它与纵筋构成骨架(笼),以保持钢筋的正确形状和位置;长期使用阶段,它可承受因混凝土收缩和环境温湿度变化等产生的横向应力,以防止或减小纵向裂缝;在构件的承载力极限阶段,它减小了纵筋压屈的自由长度,使之充分发挥抗压强度,并有利于保证抗剪承载力等。所以,箍筋又是钢筋混凝土结构中必不可少的组成部分。

再者,已有的试验研究和工程实践经验,特别是地震区结构震害的调查表明,钢筋混凝土柱中设置较多数量的箍筋,提高了构件的延性,很有利于结构的抗震性能。因而适当地增加箍筋和改进构造形式成为提高结构抗震性能的最简单、经济和有效的措施之一。

8.2.1　受力破坏过程

矩形箍筋约束混凝土的受力性能已有许多试验的和理论的研究[8-1~8-8],其受压应力-应变全曲线随主要影响因素(即约束指标 λ_t)的增大而有很大变化,由明显的陡峰曲线向平缓、丰满、且在极限强度附近有巨大变形平台的曲线过渡。典型曲线如图 8-3 所示。

矩形箍筋的约束指标与式(8-4)同样:

$$\lambda_t = \mu_t \frac{f_{yt}}{f_c}$$

式中,μ_t——横向箍筋的体积配筋率,即箍筋包围的约束混凝土每单位体积中的箍筋体积;

$\qquad f_{yt}, f_c$——箍筋的抗拉(屈服)强度和混凝土的(单轴)抗压强度。

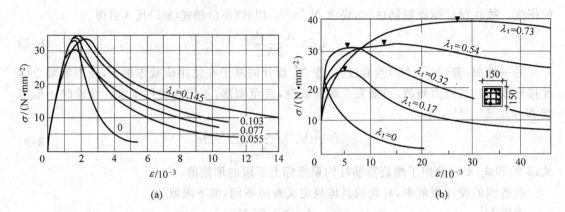

图 8-3 矩形箍筋约束混凝土的受压应力-应变全曲线

(a) 普通方形钢箍[8-6];(b) 复合箍筋[8-7]

约束混凝土的配箍量不大($\lambda_t \leqslant 0.3$)时,应力-应变曲线有明显的尖峰,曲线上的特征点(图 8-4)反映了不同的受力阶段。

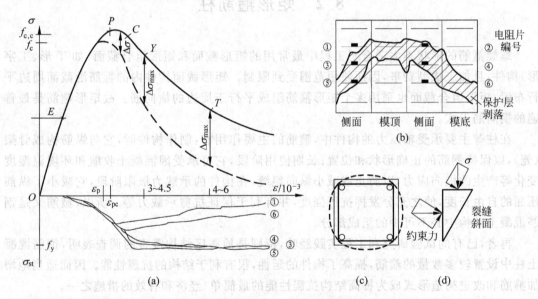

图 8-4 约束混凝土应力-应变曲线的特征点

(a) 试件应力和箍筋应力;(b) 表面展开图;(c) 箍筋外鼓;(d) 纵向力的平衡

试件开始受力后,应变与应力约成正比增加。应力增至 E 点($\geqslant 0.4 f_{c,c}$)后,混凝土出现塑性变形,曲线微凸。当应力接近素混凝土的抗压强度(f_c,$\varepsilon_p \approx (1\,500 \sim 1\,700) \times 10^{-6}$)时,箍筋应变为 $\varepsilon_{st} \approx (400 \sim 600) \times 10^{-6}$,约束作用还不大,故约束混凝土和素混凝土的上升段曲线相近。应力增加不多,即达到约束混凝土的峰点 P,箍筋的应变为 $\varepsilon_{st} = (900 \sim 1\,200) \times 10^{-6}$,虽有较大增长,但仍未屈服。箍筋的约束作用增大,混凝土强度有所增长($> f_c$)。

约束混凝土的应力-应变曲线进入下降段前后($\varepsilon = (0.85 \sim 1.11)\varepsilon_{pc}$),试件出现第一条可见裂缝($C$ 点),裂缝为竖向,大体沿纵筋外缘。之后,纵向裂缝扩展,新裂缝又出现,保护层混凝土的残余强度下降。同时,混凝土的横向应变(ε')和箍筋应变(ε_{st})加快增长,一部分跨越裂缝的箍筋达到屈服强度(Y 点),不与裂缝相交的箍筋应力开始下降。此时试件的纵

向应变约为 $\varepsilon=(3.0\sim4.5)\times10^{-3}$。箍筋屈服后,对核芯混凝土的约束作用达最大,约束混凝土超过素混凝土的应力值也达最大值($\Delta\sigma_{max}$,图 8-4)。

当应变达 $\varepsilon=(4\sim6)\times10^{-3}$ 时,纵向短裂缝贯通,形成临界斜裂缝(T 点)。跨过斜裂缝的各个箍筋依次屈服,应力保持常值(f_{yt}),但应变增长。核芯混凝土往外鼓胀,挤压箍筋,使箍筋在水平方向弯曲、外鼓,外围混凝土开始剥落,纵筋和箍筋外露。试件纵向力 σ 沿斜裂缝的滑动分力,由箍筋约束力的分力和裂缝面上残存的抗剪力所抵抗(图 8-4(d)),仍保持一定残余强度。

试件最终破坏时,箍筋已在核芯混凝土的挤压下逐个地且沿箍筋全长屈服,甚至被拉断,断口有颈缩;外围混凝土严重开裂和成片剥落,核芯混凝土内部则密布纵向裂缝,沿斜裂缝有碾碎的砂浆碎片,但粗骨料一般不会破碎。

配箍量大($\lambda_t=0.36\sim0.85$)的约束混凝土,应力-应变曲线的形状(图 8-3(b))和受力特点与上述试件有所不同。上升段曲线的斜率(即弹性模量)可能反而小于低配箍柱的,原因是密布箍筋影响了外围混凝土的浇捣质量,且削弱了内外混凝土的结合。横向箍筋的增多加强了对核芯混凝土的约束作用,其三轴抗压强度可提高 1 倍,峰值应变(ε_{pc})可提高 10 倍以上,形成上升段平缓、峰部有平台的应力-应变曲线。

试件上第一条可见裂缝(C 点)和箍筋屈服(Y 点)时的纵向应变值与前述试件($\lambda_t<0.3$)的相近,但都小于峰值应变,即发生在曲线的上升段($\varepsilon<\varepsilon_{pc}$)。试件破坏前没有明显的贯通斜裂缝,纵向应变很大($>(10\sim30)\times10^{-3}$),横向变形急剧增大,箍筋外凸成近似圆形,保护层几乎全部剥落,纵筋压屈,箍筋外露,个别被拉断,核芯混凝土有很大的挤压流动和形变,出现局部鼓凸,与螺旋箍筋约束混凝土的破坏形态相似。

8.2.2 箍筋作用机理

矩形箍筋柱在轴压力的作用下,核芯混凝土的横向膨胀变形使箍筋的直线段产生水平弯曲(图 8-5(a))。箍筋的抗弯刚度极小,它对核芯混凝土的反作用力(即约束力)很小。另一方

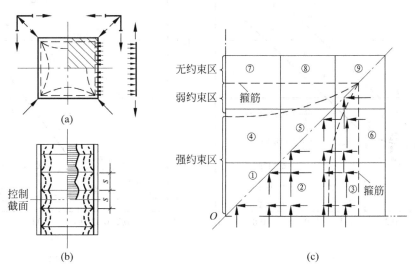

图 8-5 矩形箍筋受力分析

(a) 横向;(b) 纵向;(c) 水平约束应力分布

面,箍筋的转角部刚度大,变形小,两个垂直方向的拉力合成对核芯混凝土对角线(45°)方向的强力约束。故核芯混凝土承受的约束力是沿对角线的集中挤压力和沿箍筋分布的很小横向力。

用非线性有限元法分析矩形箍筋约束混凝土,试件临破坏时的截面应力分布如图 8-5(c)[8-8]。图上以箭头表示混凝土应力的方向(σ_x 和 σ_y)和大小。对角线单元①⑤⑨上 $\sigma_x = \sigma_y$,靠近箍筋转角处因面积小而约束应力偏大;另两个内部单元②④上 $\sigma_x \neq \sigma_y$,但其数值与对角线单元的接近;靠近表面的单元主要承受顺箍筋方向的约束应力,即单元③⑥的 σ_y 和单元⑦⑧的 σ_x,另一方向的应力,即箍筋直线段的横向约束应力很小。此应力分布与前述箍筋约束作用的分析完全一致。

柱的截面按照箍筋约束作用的程度分作 3 个受力区:①箍筋外围混凝土,即保护层为无约束区;②截面中央部分和指向四角的延伸带为强约束区,这一区内的混凝土处于三轴受压应力状态($\sigma_x \approx \sigma_y$),是约束混凝土强度和变形性能提高的主要原因;③处于以上二区之间的、沿箍筋直线段内侧分布的是弱约束区,此区内的混凝土基本上处于二轴受压应力状态,强度虽比单轴抗压强度高,但提高的幅度有限。这 3 个约束区面积的划分,首先取决于配箍数量(λ_t)和构造,还随轴力和变形的增大而逐渐变化,即强约束区缩减,弱约束区增大。

箍筋一般沿构件的纵向等间距(s)设置。在箍筋平面内,其约束作用最强,强约束区面积最大;在相邻箍筋的中间截面,约束作用最弱,强约束区面积必为最小(图 8-5(b))。其余截面的约束区面积和约束应力都处于此二截面之间。但试件的极限承载力取决于最弱的截面,即受箍筋中间的截面所控制。

箍筋对约束混凝土的增强作用,因配箍数量和构造而变化,主要因素如下:

1. 约束指标(λ_t)

箍筋越多越强,对核芯混凝土的约束应力越大,约束混凝土的抗压强度($f_{c,c}$)和峰值应变(ε_{pc})都随之加快增长(图 8-6)。前面已经介绍,配箍量较少($\lambda_t \leqslant 0.3$)的约束混凝土,到达

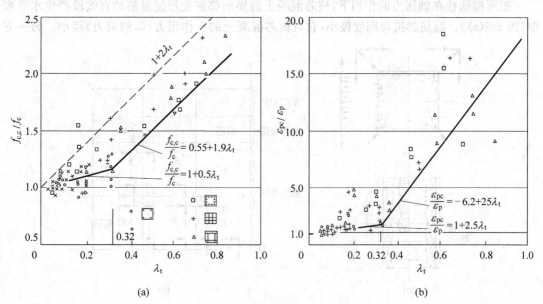

图 8-6　约束混凝土性能与约束指标[8-7]

(a) 强度;(b) 峰值应变

极限强度 $f_{c,c}$ 时箍筋尚未屈服（$\varepsilon_{st}<\varepsilon_y$）；而配箍量大（$\lambda_t \geqslant 0.36$）时，约束混凝土达极限强度之前箍筋早已屈服，充分发挥了约束作用。其间，相应于约束混凝土极限强度和箍筋屈服同时到达的界限约束指标约为

$$\lambda_t \approx 0.32 \tag{8-11}$$

从图 8-6 可看到约束混凝土的性能在此界限前后有不同的变化率。

注意，螺旋箍筋约束混凝土的强度计算式(8-6)中，λ_t 项前的系数为 2，而矩形箍筋约束混凝土强度的相应系数小于 2。二者的对比如图 8-6(a)所示，说明矩形箍筋的约束作用效率远低于螺旋（或圆形）箍筋。

2. 箍筋间距(s)

它影响控制截面，即相邻箍筋中间截面的约束面积和约束应力值。有试验证明[8-1,8-6]，当箍筋间距 $s>(1\sim1.5)b$（b 为试件截面宽度）时，约束作用甚微。一般认为 $s<b$ 箍筋才有明显的约束作用。

试验[8-6]还表明，约束指标 λ_t 相等而箍筋间距相差 1 倍的两个试件，其应力-应变曲线的上升段接近，抗压强度 $f_{c,c}$ 和峰值应变 ε_{pc} 相差很少，但箍筋间距较小时试件的下降段曲线明显偏高，有利于构件的延性。

3. 箍筋的构造和形式

符合规定[1-1]构造的绑扎钢箍，在试件破坏前能保证有完好的锚固，其约束作用与焊接钢箍（图 8-7(a)）无明显差异[8-6]。

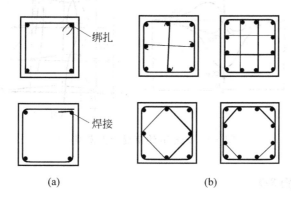

图 8-7　箍筋的形式
(a) 简单箍筋；(b) 复合箍筋

截面较大的柱，纵向钢筋数量多，常需要设置多种复合箍筋（图 8-7(b)）。复合箍筋在核芯混凝土的挤压下，水平弯曲变形的自由长度小于简单箍筋，增大了截面上强约束区的面积，更为有利。当约束指标 λ_t 相等时，复合箍筋约束混凝土的强度和峰值应变比简单箍筋情况的稍高，下降段平缓些，但总差别并不大[8-9,8-10]。

8.2.3　应力-应变全曲线方程

约束混凝土的应力-应变全曲线方程（即本构模型）已有多种，建立的途径多样，有纯理

论推导、数值计算、半理论半经验和纯经验的。几种典型模型的要点如下。

1. Sargin 模型（图 8-8）

① 假设矩形箍筋屈服时对核芯混凝土的约束力 f 沿箍筋内侧均匀分布，其值由平衡条件确定。② 把混凝土柱看做半无限弹性体，箍筋约束力 f 作为均布线荷载作用其上，按 Boussinesq 基本方程得到混凝土内的应力分布，其中 $\sigma_{uu} = 2fu^3/(\pi(z^2+u^2)^2)$，即核芯混凝土的横向约束应力，它随纵坐标 z 和横坐标 u 而变化。③ 相邻箍筋中间截面的约束面积最小 $A_c = (b'-2u_0)^2$，称临界核芯面积，u_0 值根据承载力的极值条件求解。④ 按照临界核芯截面的约束应力值，计算混凝土的三轴抗压强度（Richart 公式），得到约束混凝土抗压强度的计算式

$$f_{c,c} = f_c + \frac{16.4}{\pi} \rho'' f_y'' \frac{\xi^3}{(1+\xi^2)^2} \tag{8-12}$$

式中，ρ''，f_y''——箍筋的体积率和屈服强度；

ξ——箍筋间距的影响系数，$\xi = u_0/z_0$。

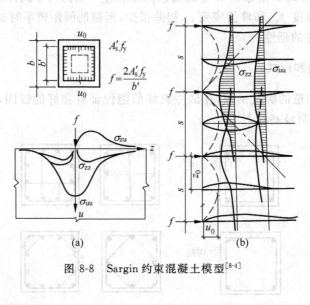

图 8-8　Sargin 约束混凝土模型[8-4]

2. Sheikh 模型（图 8-9）

① 将截面划分为有效约束核芯（面积为 A_{eff}）和非约束区。沿纵向，相邻箍筋中间的截面上有效约束核芯面积最小（A_{ec}）。通过分析和试验数据回归，给出参数 γ，θ 和面积 A_{eff}，A_{ec} 的计算式。

② 有效约束核芯混凝土的抗压强度取决于体积配箍率 ρ_s 和约束混凝土达峰值强度时的箍筋应力 f_s'。采用正方形箍筋，且纵筋沿周边均匀布置时，核芯混凝土抗压强度的提高系数为

$$\frac{f_{c,c}}{f_c} = k_s = 1 + \frac{B^2}{140 P_{oc}} \left[\left(1 - \frac{nc^2}{5.5B^2}\right) \left(1 - \frac{s}{2B}\right)^2 \right] \sqrt{\rho_s f_s'} \tag{8-13}$$

式中，B——核芯面积边长；

n，c——纵筋的数量和间距；

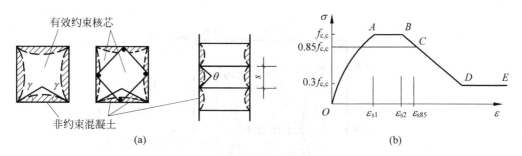

图 8-9 Sheikh 约束混凝土模型[8-11]

(a) 截面划分；(b) 应力-应变全曲线

s——箍筋间距；

P_{oc}——核芯混凝土不受约束时的承载力。

③ 给定应力-应变全曲线的形状，上升段(OA)为二次抛物线，其余 AB，BCD 和 DE 为直线。C 点的应力取为 $0.85f_{c,c}$，残余强度(DE)为 $0.3f_{c,c}$，几个特征点的应变值 ε_{s1}，ε_{s2} 和 ε_{s85} 同为 f_c，B，s，ρ_s 和 f_s' 等的函数，计算式详见文献[8-11]。

上述两个约束混凝土本构模型基于力学分析原理，考虑了箍筋约束作用的主要影响因素，是其特点。但是，它们都不是全过程分析，基本假定和力学模型又不尽合理，使用上有局限性。

3. 数值计算的全过程分析（图 8-10）

① 根据箍筋约束混凝土非线性有限元分析得到的截面约束应力分布（图 8-5(c)），提出了截面横向应力计算的力学模型和不同约束区的划分方法，推导了箍筋应力和混凝土约束应力的平衡式及约束区面积的计算式等。

② 分别确定强约束区混凝土的三轴受压应力-应变关系和非约束区（包括弱约束区和外围混凝土）的单轴受压应力-应变关系，以及约束混凝土的横向和纵向应变的比值（$\varepsilon_2/\varepsilon$）。

③ 建立约束混凝土的基本方程：

应变 $\qquad\qquad\qquad\qquad \varepsilon = \varepsilon_e = \varepsilon_n$

平均应力 $\qquad\qquad\qquad \sigma = (\sigma_e A_e + \sigma_n A_n)/b^2$ $\qquad\qquad$ (8-14)

式中，ε_e，σ_e，A_e——强约束区混凝土的纵向应变、应力和面积；

ε_n，σ_n，A_n——非约束混凝土的相应值；

b——柱子截面边长。

④ 建立的各个计算式考虑了混凝土的非线性变形，有些还是耦合关系，难以获得显式解。

采用数值计算方法，编制计算机程序，当给定一纵向应变（ε）值，按照预定框图[8-8]进行迭代运算，可满足全部平衡方程、变形条件和材料本构关系，输出截面平均应力 σ、横向应变 ε_2、箍筋应力 σ_{st}、核芯混凝土约束应力 σ_2 等各种信息。逐次地给定纵向应变值，即可得约束混凝土的应力-应变全曲线和各物理量的曲线。图 8-10(b) 所示是一算例，与试验结果相符较好。

4. 经验公式

根据大量试验结果进行回归分析、建议的约束混凝土本构关系计算式，形式简单直观，工程中使用方便。

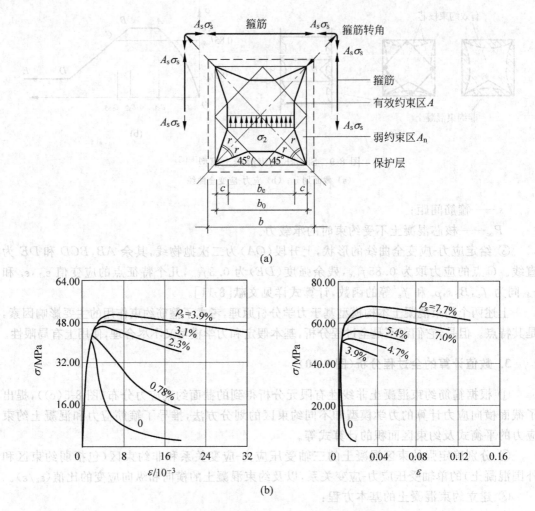

图 8-10   数值计算的全过程分析[8-8]

(a) 横向计算模型；(b) 计算实例($b_0/b=0.8$)

(1) Kent-Park 模型(图 8-11(a))

由上升段的曲线和下降段的二折线组成。假设约束混凝土的抗压强度和峰值应变都与素混凝土的相等($f_{c,c}=f'_c$，$\varepsilon_{pc}=\varepsilon_p$)，上升段曲线也相同，采用 Hognestad 的二次式 $y=2x-x^2$（表 1-6）。下降段的斜线由 $\sigma=0.5f'_c$ 处的应变确定：

$$\varepsilon_{0.5}=\left(\frac{20.67+2f'_c}{f'_c-6.89}+\frac{3}{4}\rho_s\sqrt{\frac{b''}{s}}\right)\times10^{-3} \tag{8-15}$$

式中，f'_c——混凝土的圆柱体抗压强度，N/mm^2；

ρ_s——横向箍筋对核芯混凝土(取箍筋外皮以内)的体积率；

b''——从箍筋外皮量测的约束核芯宽度；

s——箍筋间距。

若取 $\rho_s=0$，式(8-15)的右边只剩第一项，即素混凝土下降段的相应应变(图 1-14(c))。下降段的最后部分，取为残余强度 $0.2f'_c$ 的直线。

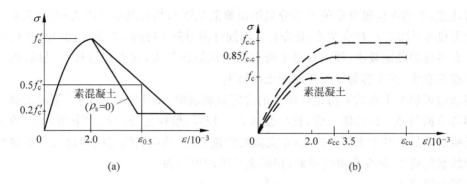

图 8-11 经验式约束混凝土本构模型

(a) Kent-Park[8-12]；(b) CEB FIP MC 90[1-12]

（2）CEB FIP MC 90 模型（图 8-11(b)）

包括二次抛物线（Hognestad 式，$y=2x-x^2$）上升段和水平段。曲线上的特征点即约束混凝土强度和相应应变值的计算方法如下：

箍筋对核芯混凝土的约束应力取为（对照式(8-5)）：

$$\sigma_2 = \frac{1}{2}\alpha_n\alpha_s\lambda_t f_c \tag{8-16a}$$

其中 2 个折减系数分别考虑箍筋的水平约束长度或箍筋围住的纵筋数量 n，和箍筋间距 s 的影响：

$$\alpha_n = 1 - \frac{8}{3n} \qquad \alpha_s = 1 - \frac{s}{2b_0} \tag{8-16b}$$

$$
\left.
\begin{array}{l}
\sigma_2 \leqslant 0.05 f_c \qquad f_{c,c} = f_c + 5\sigma_2 \\[4pt]
\sigma_2 \geqslant 0.05 f_c \qquad f_{c,c} = 1.125 f_c + 2.5\sigma_2 \\[4pt]
\varepsilon_{cc} = (f_{c,c}/f_c)^2 \times 2 \times 10^{-3} \\[4pt]
\varepsilon_{cu} = 0.2\dfrac{\sigma_2}{f_c} + 3.5 \times 10^{-3}
\end{array}
\right\} \tag{8-17}
$$

图 8-11(b)中 $f_{c,c}$ 的系数 0.85 考虑了长期荷载的不利影响。

文献[8-7]针对约束指标 λ_t 的大小引起曲线形状的较大变化（图 8-3），建议了两类曲线方程。曲线的上升段和下降段在峰点连续，方程中的参数值根据我国的试验数据（图 8-6）确定。计算式分列于表 8-1。

表 8-1 约束混凝土应力-应变全曲线方程[8-7]

约束指标	$\lambda_t \leqslant 0.32$	$\lambda_t > 0.32$
抗压强度	$f_{c,c} = (1+0.5\lambda_t)f_c$	$f_{c,c} = (0.55+1.9\lambda_t)f_c$
峰值应变	$\varepsilon_{pc} = (1+2.5\lambda_t)\varepsilon_p$	$\varepsilon_{pc} = (-6.2+25\lambda_t)\varepsilon_p$
曲线方程 $x=\varepsilon/\varepsilon_{pc}$ $y=\sigma/f_{c,c}$	$x \leqslant 1.0 \quad y = \alpha_{a,c}x + (3-2\alpha_{a,c})x^2 + (\alpha_{a,c}-2)x^3$ $x \geqslant 1 \quad y = \dfrac{x}{\alpha_{d,c}(x-1)^2 + x}$	$y = \dfrac{x^{0.68}-0.12x}{0.37+0.51x^{1.1}}$

说明：混凝土为 C20～C30 时，$\alpha_{a,c}=(1+1.8\lambda_t)\alpha_a$，$\alpha_{d,c}=(1-1.75\lambda_t^{0.55})\alpha_d$，其中 α_a 和 α_d 为素混凝土的曲线参数，见表 1-7。

需注意,上述本构模型中的大部分只给出箍筋包围的约束混凝土应力-应变关系。对于一个受压柱的平均应力-应变关系,还需计入箍筋外围混凝土(保护层)的作用,按式(8-14)进行换算。有些柱的截面较小,外围混凝土所占总面积的比例大,或者配箍较少,箍筋内外混凝土的性能差别小,都不容忽略外围混凝土的影响。

箍筋约束混凝土在重复荷载作用下的性能试验表明,试件的变形增长、裂缝发展和破坏过程都与单调荷载下的性能一致,抗压强度($f_{c,c}$)和峰值应变(ε_{pc})随约束指标 λ_t 的变化幅度也无明显差异。约束混凝土应力-应变曲线的包络线、共同点轨迹线和稳定点轨迹线等都与单调加载的应力-应变全曲线相似,相似比的平均值约为

$$\left.\begin{array}{ll}\text{共同点轨迹线} & \overline{K}_c = 0.893 \\ \text{稳定点轨迹线} & \overline{K}_s = 0.822\end{array}\right\} \tag{8-18}$$

与素混凝土的相应值(式(2-1),式(2-2))比较,前者相同,后者略高。箍筋约束混凝土在重复荷载作用下的应力-应变曲线方程详见文献[8-13]。

8.3　钢管混凝土

8.3.1　受力特点和机理

当螺旋箍筋混凝土中横向箍筋密集地连在一起,且与纵筋合一,去除外围混凝土,自然地发展成钢管混凝土。这也是约束混凝土的一种特例。

钢管混凝土具有承载力高、延性极好等优越的力学性能,还具备面积(占地)小、结构自重轻、节点构造方便、免除模板和钢筋加工、施工快速、减少混凝土用量等工程优点。它和全钢结构相比,又有用钢量少、刚度大和造价低等显著优点。近年来,钢管混凝土柱在工程中的应用范围日广,主要用于高层建筑、单层和多层工业厂房、设备(如炼铁高炉和发电厂锅炉)构架、地下(铁道、商场)工程、拱桥、军用工事等结构中承受巨大轴压力的柱,取得很好的技术、经济效益。

在结构工程中使用钢管混凝土构件已有数十年历史。国内外对此进行了大量的试验和理论研究[8-14～8-21]①。下面介绍的钢管混凝土短柱试件($L/D \leqslant 4$)在轴心压力作用下的性能最具代表性。其余如钢管混凝土长柱,以及在偏心受压、受弯、受剪、受扭和弯-剪-扭组合受力等情况下的钢管混凝土力学性能和计算方法可见有关文献。

钢管混凝土的主要参数也是约束指标或称套箍指标[8-18],其物理意义与螺旋箍筋的约束指标(式(8-4))相同,计算式则稍有变化:

$$\lambda_t = \mu_t \frac{f_y}{f_c} = \frac{A_s f_y}{A_c f_c} = \frac{4t f_y}{d_c f_c} \tag{8-19}$$

式中,A_s——钢管的截面积(管壁厚度为 t);

A_c——核芯混凝土的截面积($\pi d_c^2/4$)。

---

① 还有:钢管混凝土短柱作为防护结构构件的性能。见:清华大学地下建筑专业编.抗爆结构研究报告　第一集　结构材料的动力性能及其强度计算.1971:42～59

当 $d_c \gg t$ 时，近似取 $\mu_t = 4t/d_c$。工程中实际使用的钢管体积率一般为 $\mu_t = 0.04 \sim 0.20$，$\lambda_t = 0.2 \sim 4$。

钢管混凝土短柱轴心受压的典型轴力（平均应力）-应变曲线如图 8-12，反映了不同阶段的受力特点[8-17,8-18]。

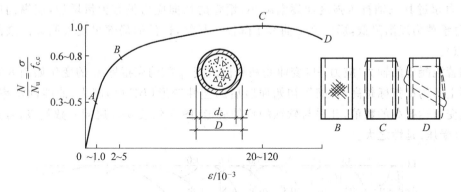

图 8-12　钢管混凝土的典型轴力-应变曲线[8-18]

试件开始加载后，处于弹性阶段（$\sigma/f_{c,c} \leqslant 0.3 \sim 0.5$，曲线上的 $0A$ 段），钢管和混凝土的应力都小。由于钢材的泊松比大于混凝土，钢管的横（径）向膨胀变形略大，若与混凝土粘结良好，将使核芯混凝土径向受拉，但其值很小。此时，钢管如同纵向钢筋一样和混凝土共同承受纵向轴压力。

增大试件的荷载，钢管混凝土的轴向应力继续增加，应变的发展稍快，N-ε 曲线微凸。当混凝土的横向变形（或泊松比）超过了钢管的相应变形，即对钢管施加径向挤压应力（σ_r，图 8-13(a)），使钢管在承受纵向压应力 σ_z 的同时还承受均匀的切向拉应力 σ_t。但径向压应力很小 $\sigma_r \ll \sigma_z, \sigma_t$。

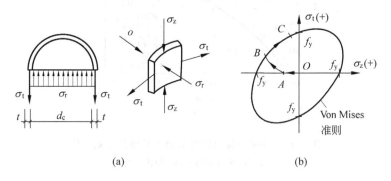

(a)　　　　　　　　　　　(b)

图 8-13　钢管的应力状态和应力途径[8-18]

(a) 应力状态；(b) 破坏包络图和应力途径

当钢管在纵向和切向应力的共同作用下达到初始屈服时（图 8-13(b) 中的 B 点，应力途径为 AB），核芯混凝土在三轴受压状态（$\sigma_r, \sigma_r, \sigma_c < |f_3|$），尚有承载余量。此时，钢管表面上出现屈服线（剪切滑移线，图 8-12），宏观外形尚无明显变化。

此后（$N/N_u \geqslant 0.6 \sim 0.8$），钢管进入塑性阶段（$BC$ 段），当轴力缓缓增加时，试件的纵向应变增长很快，钢管的应力则沿着屈服包络线（一般取 Von Mises 准则，图 8-13(b)）运动，

即纵向压应力 σ_z 减小,切向拉应力 σ_t 增大。钢管本身的纵向承载力虽然减小,而切向应力却加大了对核芯混凝土的约束应力($\sigma_r = 2t\sigma_t/d_c$),提高了混凝土的三轴抗压强度,试件的总承载力仍能继续增加。

当钢管混凝土的总承载力达最大值时(C 点),得试件的极限轴力 N_u。往后,混凝土的纵向应力超过其三轴抗压强度而逐渐减小,钢管的切向应力虽有少量增加,但纵向应力减小,使总承载力逐渐降低,形成 N-ε 曲线下降段。最终,试件的局部出现很明显的鼓凸或皱曲(D 点)。

钢管混凝土的轴力(应力)-应变曲线和峰值应变 ε_{pc} 随约束指标 λ_t 的变化如图 8-14。钢管混凝土的约束指标越高,自钢管初始屈服后的塑性变形(BC 段)越大,曲线的斜率越缓,峰值应变可达很高的数值,几乎与软钢的拉伸变形(图 5-4、表 5-1)属同一数量级,可见钢管混凝土(受压)延性之大。

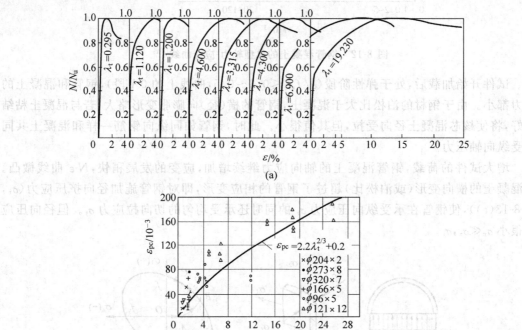

图 8-14 约束指标对钢管混凝土性能的影响[8-18]
(a) N/N_u-ε 曲线;(b) 峰值应变

8.3.2 极限强度计算

钢管混凝土的极限抗压强度(即平均的约束混凝土强度 $f_{c,c}$)随约束指标而提高,试验结果如图 8-15,理论值的基本计算式应为

$$f_{c,c} = \frac{N_u}{A_c} = \frac{1}{A_c}\left[\sigma_{cp}A_c + \sigma_{zp}A_s\right]$$ (8-20a)

式中,核芯混凝土和钢管的截面积分别为

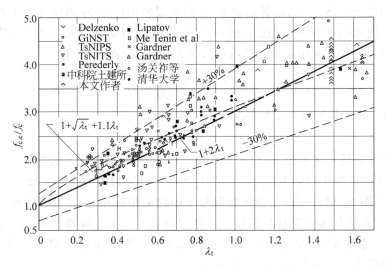

图 8-15　钢管混凝土的极限强度[8-18]

$$A_c = \frac{\pi}{4}d_c^2$$
$$A_s = \frac{\pi}{4}(D^2 - d_c^2) \approx \pi d_c t = \mu_t A_c \tag{8-21}$$

σ_{cp}, σ_{zp}——极限轴力 N_u 时核芯混凝土和钢管的纵向压应力。

此时,混凝土的侧向约束压应力为 $\sigma_r = 2t\sigma_{tp}/d_c = \mu_t\sigma_{tp}/2$,相应的三轴抗压强度(应力)表达为

$$\sigma_{cp} = f_c[1 + c(\sigma_r)] = f_c[1 + c'(\sigma_{tp})] \tag{8-22}$$

式中,c 或 c'——取决于 σ_r 或 σ_{tp} 的混凝土三轴抗压强度系数,文献[8-18]建议取为

$$c(\sigma_r) = 1.5\sqrt{\sigma_r/f_c} + 2\sigma_r/f_c \tag{8-23}$$

σ_{tp}——N_u 时钢管的切向拉应力(强度),它和纵向压应力 σ_{zp} 的关系符合二维的 Von Mises 准则(图 8-13(b),表 4-5):

$$\sigma_{tp}^2 + \sigma_{zp}^2 + (\sigma_{tp} - \sigma_{zp})^2 = 2f_y^2 \tag{8-24}$$

将这些公式代入式(8-20)后简化成

或
$$f_{c,c} = f_c\left[1 + c'(\sigma_{tp}) + \lambda_t\frac{\sigma_{zp}}{f_y}\right]$$
$$f_{c,c} = f_c[1 + \alpha \cdot \lambda_t] \tag{8-20b}$$

钢管混凝土的抗压强度,在两种极端情况下的极值如下:

① 钢管和混凝土在纵向受力,达到各自的单轴抗压强度,即 $\sigma_{zp} = f_y$ 和 $\sigma_{cp} = f_c$,但钢管的切向应力 $\sigma_{tp} = 0$,无约束应力($\sigma_r = 0$),故

$$f_{c,c,1} = f_c(1 + \lambda_t) \tag{8-25a}$$

② 钢管的切向应力达屈服强度 $\sigma_{tp} = f_y$(但 $\sigma_{zp} = 0$),核芯混凝土的约束应力为最大 $\sigma_{r,max} = \mu_t f_y/2$,故

$$f_{c,c,2} = f_c(1 + \alpha_{max}\lambda_t) \tag{8-25b}$$

若式(8-22)中的 $c(\sigma_r)$ 按 Richart 公式(参见式(8-6))取值,可得 $\alpha_{max} = 2$。

一个已知约束指标(λ_t)的钢管混凝土,达到极限轴力(N_u)时的应力状态处于上述两极端情况之间。使式(8-20b)对 σ_{zp} 或 σ_{tp} 的一阶导数为零,计算极限轴力时的钢管应力(σ_{zp} 和 σ_{tp},图 8-16(a)),并得到式中参数 α 随约束指标 λ_t 的变化(图 8-16(b)):

$$\alpha = 1.1 + \frac{1}{\sqrt{\lambda_t}} \tag{8-26a}$$

代入式(8-20b),建立钢管混凝土极限强度的计算式:

$$f_{c,c} = f_c[1 + \sqrt{\lambda_t} + 1.1\lambda_t] \tag{8-26b}$$

理论值和试验结果的对比见图 8-16(b)和图 8-15。在约束指标 $\lambda_t = 0.2 \sim 3.0$ 的范围内,按式(8-26b)的计算值与式(8-25b,$\alpha_{max} = 2$)或式(8-6)的计算值之差小于 $\pm 19\%$。

计算结果(图 8-16(a))表明,当钢管混凝土的约束指标很小($\lambda_t < 0.28$)时,试件达极限轴力时钢管切向应力达单轴抗拉强度 f_y,纵向应力 $\sigma_{zp} = 0$。随着钢管的加强,约束指标 λ_t 值增大,试件达极限轴力时的钢管切向应力 σ_{tp} 减小,纵向应力 σ_{zp} 增大。当 λ_t 很大时,钢管应力的收敛值为 $\sigma_{tp} = 0.651 f_y$,$\sigma_{zp} = 0.50 f_y$。

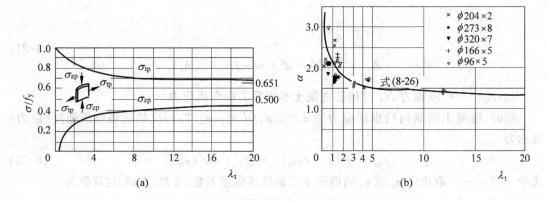

图 8-16　极限轴力时的钢管应力和参数值[8-18]

(a) 钢管应力;(b) α 值

确定钢管混凝土的应力-应变全过程,还需要应用塑性力学一般原理,引入钢和混凝土的弹塑性多轴本构关系求解,或进行数值计算。在结构工程中采用钢管混凝土已有相应的技术规程(如文献[8-22])可敷应用。

8.4　局 部 受 压

8.4.1　受力特点和机理

结构体系中各种构件间传递压力时,经常出现的一种情况是,集中力作用的面积 A_l 小于支承构件的截面积或底面积 A_b。例如梁支承在墙上或柱顶,桥梁支承在桥墩,柱子支承在基础上,预应力筋的锚固板支承在构件端部,甚至受弯构件开裂后的截面受压区等(图 8-17(a))。这种现象($A_l < A_b$)称为局部受压。

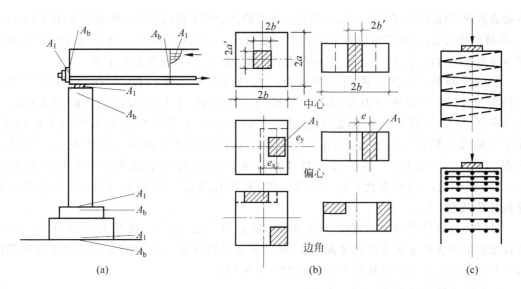

图 8-17　构件的局部受压状况

(a)工程实例；(b)受压位置；(c)局部配筋

集中力局部作用面积(A_1)的形状,最常见的是矩形和条形(一边与构件等宽)。它在支承构件截面上的位置有中心(对称)、偏心和边角区之分(图 8-17(b))。此外,还在构件局部受压的端头设置螺旋箍筋或焊接网片(图 8-17(c)),以增强约束混凝土的抗压强度,限制集中力可能在端部产生的裂缝。

上层构件的集中力通过局部面积(A_1)传递至支承构件,在直接传力面积下的混凝土应力高,变形大,必受到不直接传力的四周混凝土(A_b-A_1)的约束,混凝土的局部抗压强度($f_{cb} > f_c$)有不同程度的提高。对这一现象国内外已有许多试验和理论研究[8-23~8-29],研究成果早已订入各国的设计规范。

今以典型的方形柱中心局部受压为例说明其受力特点和破坏过程(图 8-18)。若柱的截面边长为 $2b$,轴心压力的作用面积边长为 $2b'$,根据 San Venient 原理,离开轴力作用端面一定距离($\geqslant 2b$)外的柱体可视作均匀的单轴应力状态。但是,在端部 $H < 2b$ 范围内,因为两端压应力

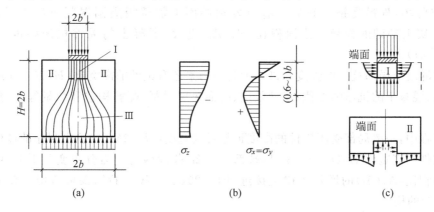

图 8-18　局部受压端的应力分布

(a)主应力轨迹线和应力分区；(b)中轴线的应力分布；(c)Ⅰ、Ⅱ区受力

分布的差别,因而产生了复杂的应力变化。按照弹性分析求得的主应力轨迹线如图 8-18(a)所示;沿柱的中心轴线,竖向压应力 σ_z 自上而下逐渐减小;水平应力 $\sigma_x=\sigma_y$ 在上端为压应力,往下逐渐转为拉应力,且在 $H=(0.6\sim1.0)b$ 处出现最大拉应力,再往下趋近于零。

柱的局部受压端范围内的这种应力状态可以分成 3 个区段:荷载面积 $(2b'\times2b')$ 下的混凝土,在竖向压应力作用下产生横向膨胀变形,受到周围混凝土的约束而处于三轴受压状态(区段 Ⅰ);周围混凝土则因受向外挤压力而产生沿周边的水平拉应力,处于二轴或三轴拉压状态(区段 Ⅱ);在主应力轨迹线和水平拉应力范围则为三轴拉压状态(T/T/C,区段 Ⅲ)。各区段的具体划分和应力值的大小取决于试件的形状和尺寸,以及局部受压的面积比 (A_b/A_1) 和位置,并因此决定了构件的开裂、破坏过程和局部抗压强度值 (f_{cb})。

试(构)件高度超过截面宽度 $(H\geqslant2b)$ 时,随着面积比 (A_b/A_1) 的加大,混凝土的局部抗压强度和加载板的下沉变形都单调增长,还因为各区段应力值与混凝土多轴强度接近程度的变化而出现 3 种典型破坏形态,逐渐过渡(图 8-19)。

(1) 局部受压面积较大 $(A_b/A_1<9)$

试件加载后,首先在一个侧面的中间出现竖向裂缝,位置靠近上端,约在 Ⅲ 区段的拉应力最大部位。开裂荷载与极限荷载的比值为 $0.6\sim1.0$(参见图 8-22),且面积比 (A_b/A_1) 越大,相对开裂越晚。荷载增大后,此裂缝增宽,并向上、下,但主要向下延伸,最后裂缝贯通,将试件劈裂破坏。而加载板下存在摩擦约束,劈裂缝不会穿越加载面积,其下通常形成一个倒角锥,与混凝土立方体抗压破坏的角锥相似,但高度更大些。

(2) 局部受压面积较小 $(9<A_b/A_1<30)$

试件加载后,难见先兆裂缝,一旦裂缝出现,即时将试件劈成数块,突然破坏。开裂荷载和极限荷载值接近或相等。仔细观察发现,裂缝首先出现在加载端面,从试件顶面迅速往下开展。可见这类破坏由加载板周围混凝土(Ⅱ区)的沿周边水平拉应力控制,是板下混凝土往外膨胀挤压的结果。加载板下混凝土也不会被劈坏,而形成一个倒角锥。

(3) 局部受压面积很小 $(A_b/A_1>30)$

试件加载板外围的混凝土体积庞大,局部压力作用下的拉应力值很小,不会发生劈裂。加载板下(Ⅰ区)混凝土承受很大的三向压应力,使加载板下陷,沿加载板周边的混凝土被剪坏,骨料受挤压碾碎。有时发现端面上加载板周围混凝土破碎涌起,犹如半无限土壤上基础的失稳。当面积比 (A_b/A_1) 更大,混凝土的局部抗压强度渐趋收敛(图 8-19(a))。

影响混凝土局部抗压的强度和破坏形态的因素还有试件的高宽比 $(H/2b)$、荷载面的位置和形状、混凝土的抗压强度值、尺寸效应、底面垫层材料、配筋构造和数量等等,择要分析如下。

在工程中,一般局部受压构件的高度远超过其宽度 $(H\gg2b)$,试验中制作的试件高度偏小。当试件的高宽比 $H/2b=1\sim3$ 时,端部 $H=2b$ 范围内的应力分布变化不大,局部抗压强度随面积比 (A_b/A_1) 的增长规律很接近(图 8-20(a)),故试验结果可适用于高宽比更大 $(H/2b>3)$ 的构件。

但是,当试件高度小于宽度 $(H/2b<1)$ 时,支承底面的反力分布不再均匀,内部应力更集中在轴线周围,试件将产生由底面往上发展的裂缝,或者加载面上加载板周围混凝土发生

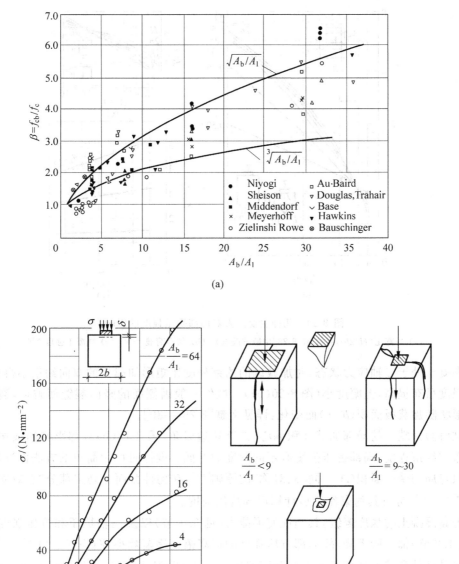

图 8-19　局部受压的强度、变形和破坏形态

（a）极限强度[0-1]；（b）变形[8-29]；（c）破坏形态（$H \geqslant 2b$）

劈裂而破坏[8-23,8-29]。其受力特点和破坏特征类似于薄板的冲切（见 13.4 节），已与上述局部受压现象不一致。试件（$A_b/A_1 > 10$）的相应"局部抗压"强度，随试件高度（或 $H/2b$）的减小而很快降低。

　　承受条形荷载的局部受压试件，除了加载板下靠近中心的一小部分为三轴受压状态，大

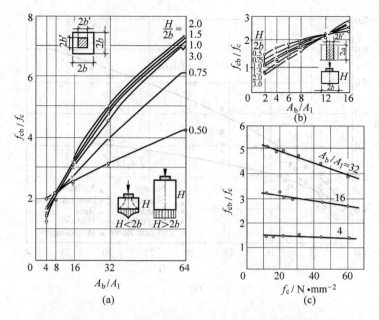

图 8-20   几种主要因素对局部受压强度的影响

(a) 高宽比($H/2b$)(按文献[8-28]中数据改画);(b) 条形荷载[8-30];(c) 混凝土强度[8-32]

部分混凝土处于二轴应力状态,对加载区的约束程度比矩形加载板的双向约束小得多,局部抗压强度虽有提高,但幅度小(图 8-20(b))。试件一般因侧面的竖向裂缝而破坏,裂缝的数量和形状随加载板面积(b'/b)而变化,详见文献[8-29,8-30]。

试(构)件端面的局部加载面积偏心,甚至靠边或角(图 8-17(b)),都影响加载端部的应力分布和约束程度,局部抗压强度有不同程度的降低。设计时可用简单的方法作近似处理,即按照与局部受压面积(A_1)"同心、对称"的原则[1-1],在构件截面上划定部分"有效支承面积(A_b)"[8-26,8-31],考虑其约束作用后计算局部抗压强度。

提高混凝土的强度等级,其塑性变形能力(见 3.1 节)以及三轴抗压和拉压强度的相对值(见 4.2 节)都有所下降,故局部抗压强度的提高幅度逐渐减小(图 8-20(c))[8-32,8-33]。

如果试件和其上加载板的形状和面积比(A_b/A_1)等保持不变,当绝对尺寸增大时,试件的局部抗压强度(f_{cb}/f_c)减小[8-32],与混凝土其他力学性能的尺寸效应相一致。

在试(构)件的局部受压区内配设各种横向箍筋(图 8-17(c))后,限制了内部裂缝的发展,增强了对其内核芯混凝土的约束应力,显著地提高混凝土的局部抗压强度[8-26,8-34],成为改善局部受压性能的主要技术措施。其受力机理和前述螺旋箍或矩形箍筋约束混凝土相同,计算和构造方法详见有关文献或规范。

8.4.2   强度值计算

确定混凝土的局部抗压强度值有多种途径。当然,采用三维非线性有限元方法,引入合适的混凝土本构模型,进行受力全过程分析,可给出较准确的开裂荷载、裂缝发展过程和局部抗压强度值等。一般情况下,在工程中只需验算构件的局部抗压强度,不必进行如此繁复的运算,有简单的力学模型可作近似分析,甚至有经验公式直接计算。

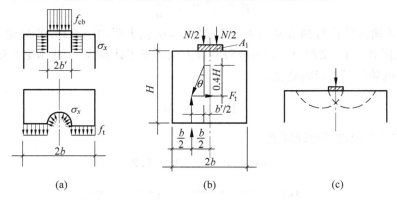

图 8-21　局部受压的计算模型[1-12]

(a) 端部胀裂;(b) 下部开裂;(c) 混凝土压碎失稳

$(N = f_{cb}A_1$; $\tan \theta = 1.25(b - b')/H$; $F_t = N\tan \theta/2)$

1. CEB-FIP MC90 模型(图 8-21)

针对 3 种可能的破坏形态分别进行验算:

① 端部胀裂。加载板下的混凝土为三轴受压应力状态,横向挤压周围混凝土使之受拉,按此拉应力达到混凝土的抗拉强度 f_t,确定最大约束应力 σ_x 和相应的局部抗压强度 f_{cb}。

② 下部开裂。将端部 $H = 2b$ 范围内的主应力轨迹线简化成三折线,得水平拉力 $F_t = N\tan \theta/2$,以此验算混凝土的抗拉(或试件的劈裂)强度,或者配设横向箍筋。

③ 压碎失稳。为防止局部受压面积过小、加载板下混凝土被挤压碾碎或沉降变形过大,提出了经验值。

经过分析和简化后的 3 个计算式分别为

$$
\left.
\begin{aligned}
f_{cb} &= f_c \sqrt{A_b/A_1} \\
f_{cb} &= 1.92 f_t \Big/ \left[\frac{b'}{b}\left(1 - \frac{b'}{b}\right)\right] \\
f_{cb} &= 79 \sqrt{f_c} \leqslant 5 f_c
\end{aligned}
\right\}
\tag{8-27}
$$

2. Hawkins 模型[8-27,8-28]

认为在加载板下形成一楔形角锥,在局部压力作用下往下移动,同时挤压周围混凝土,产生环向拉应力,将试件劈坏。角锥的剪切滑移面以 Coulomb 准则计算,建立相应的局部抗压强度计算式。

3. 经验公式

早在 19 世纪,德国 Bauschinger 就根据天然砂岩立方体(边长 100 mm)的局部受压试验结果,提出了局部抗压强度提高系数的计算式[0-1]

$$\beta = \frac{f_{cb}}{f_c} = \sqrt[3]{\frac{A_b}{A_1}} \tag{8-28}$$

1950 年后国内外进行的大量混凝土局部受压试验表明,式(8-28)的理论值明显偏低(图 8-19(a)、图 8-22)。文献[8-25]由极限平衡方法推导了计算式,一些国家的设计规范(如文献[8-35])也采用了相同的简化式

$$\beta = \sqrt{A_b/A_1} \tag{8-29}$$

以后又有建议[8-31]取偏低的计算值

$$\beta = 0.8\sqrt{A_b/A_1} + 0.2 \tag{8-30}$$

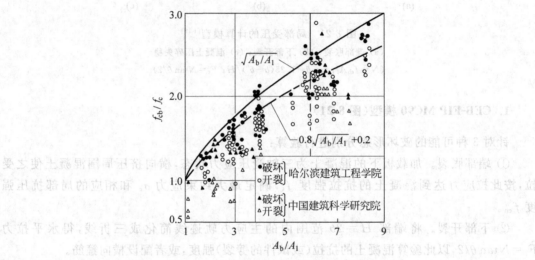

图 8-22　我国的局部受压试验结果[8-31]

文献[8-29]还对方形截面($b \times b$)构件在矩形加载板(面积为 $a' \times b'$)中心压力作用下的局部受压情况,提出强度提高系数的计算式:

矩形加载板($a' \neq b'$)

$$\beta = 0.42\left(\frac{b}{a'} + \frac{b}{b'} + 1\right) - 0.29\left[\left(\frac{b}{a'} - \frac{b}{b'}\right)^2 + 5.06\right]^{1/2}$$

条形荷载($b' = b$)

$$\beta = 0.42\left(\frac{b}{a'} + 2\right) - 0.29\left[\left(\frac{b}{a'} - 1\right)^2 + 5.06\right]^{1/2} \tag{8-31}$$

方形加载板($a' = b'$)

$$\beta = 0.84\left(\frac{b}{a'}\right) - 0.23$$

第9章

变形差的力学反应

钢筋混凝土作为一种组合材料,钢和混凝土的性能互补是其有利的主流。另一方面,二者的物理和力学性能的巨大差异,在共同作用时必定还有不协调、甚至相矛盾的现象。例如,环境的湿度变化时,混凝土将发生体积收缩或膨胀,但钢筋不会;应力的持续作用下,混凝土发生徐变,而钢筋没有;温度变化时,二者的变形值不相等;等等。

在钢筋和混凝土粘结完好的情况下,这种因环境条件或材性差别引起的二者变形差,必将使构件产生截面应力重分布和结构内力重分布,影响结构的变形、裂缝的出现和发展等使用性能,甚至影响极限承载力。由此引发的工程事故并不鲜见。有时变形差又对结构产生有利作用。例如徐变使大体积混凝土的温度应力松弛,温度变形差可建立构件自(预)应力等。

本章主要对钢筋和混凝土的变形差所引起的构件力学反应提供必要的概念、分析的原则和方法,以及一些重要工程现象的解释。

9.1 混凝土收缩

混凝土在凝固过程中失水,发生收缩。凝固后随着环境湿度的变化,又有水分交换而发生体积收缩或膨胀(见2.5节)。在结构使用期间,混凝土的这一体积变化一直不断。

混凝土和环境中的水分交换都必须经由构件表面,故结构混凝土的表面和内部含水量(湿度)不等,一般是连续的不均匀湿度场。与此相应,就应有二维或三维的不均匀自由收缩场。仿照传热学的方法和热传导基本方程(第19章),可建立起混凝土和周围环境的水分交换微分方程求解,或用有限元方法计算湿度场,并确定收缩量。下面只介绍一维收缩场问题及构件的相应力学反应。

1. 一般分析方法

一个不对称配筋的矩形截面钢筋混凝土梁,若在 t 时刻发生的(自由)收缩量沿截面宽度为常数,沿高度为非线性变化 $\varepsilon_{sh}(y)$(图9-1(a)、(b)),构件的截面应力和变形的一般分析方法如下。

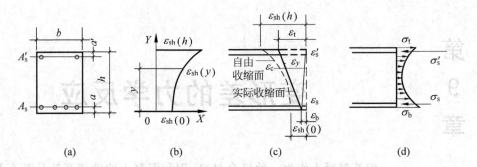

图 9-1 构件的收缩分析

(a) 截面；(b) 自由收缩；(c) 截面应变；(d) 应力分布

（1）几何（变形）条件

若混凝土沿截面高度没有任何约束，发生自由收缩后构件变形为非线性（图 9-1(c)）。当钢筋和混凝土的粘结完好且无相对滑移时，收缩变形受钢筋的约束而减小。此外，一般假设构件沿截面高度的相邻材料互相约束，两端受其他构件或支座的约束，则构件变形后截面仍保持平面。故在 t 时刻的实际收缩面取为一斜平面。

取截面上、下端的收缩应变 ε_t 和 ε_b 为基本未知量，离截面下表面 y 处的收缩应变为

$$\varepsilon_y = \frac{y}{h}\varepsilon_t + \frac{h-y}{h}\varepsilon_b \tag{a}$$

相当于混凝土从自由收缩应变 $\varepsilon_{sh}(y)$ 往外拉伸应变为

$$\varepsilon_c = \varepsilon_{sh}(y) - \varepsilon_y = \varepsilon_{sh}(y) - \left(\frac{y}{h}\varepsilon_t + \frac{h-y}{h}\varepsilon_b\right) \tag{9-1}$$

上、下表面混凝土的拉伸应变分别为

$$\varepsilon_{sh}(h) - \varepsilon_t \quad \text{和} \quad \varepsilon_{sh}(0) - \varepsilon_b$$

此时，上下钢筋的收缩应变分别为

$$\left. \begin{aligned} \varepsilon'_s &= \frac{h-a'}{h}\varepsilon_t + \frac{a'}{h}\varepsilon_b \\ \varepsilon_s &= \frac{a}{h}\varepsilon_t + \frac{h-a}{h}\varepsilon_b \end{aligned} \right\} \tag{9-2}$$

（2）物理（本构）关系

取混凝土的非线性受拉本构关系（一维，如图 7-4 所示），初始切线弹性模量为 E_0 和随应变值变化的塑性系数 $\lambda_t(\leqslant 1.0)$，即得混凝土的拉应力

$$\sigma_c = \lambda_t \varepsilon_c E_0 \tag{9-3}$$

钢筋的应力一般远低于其屈服强度，取弹性模量 E_s 则有

$$\sigma'_s = \varepsilon'_s E_s \quad \sigma_s = \varepsilon_s E_s \tag{9-4}$$

（3）力学（平衡）方程

混凝土收缩后截面应力自成平衡，内力仍为零：

$$\left. \begin{aligned} \sum X &= 0 & \int_0^h \sigma_c b \mathrm{d}y &= \sigma'_s A'_s + \sigma_s A_s \\ \sum M_{y=0} &= 0 & \int_0^h \sigma_c by \mathrm{d}y &= \sigma'_s A'_s (h-a') + \sigma_s A_s a \end{aligned} \right\} \tag{9-5}$$

将式(9-1)～式(9-4)依次代入,只出现两个基本未知量(ε_t,ε_b),对任一时刻的收缩量 $\varepsilon_{sh}(y)$,解式(9-5)后即可计算截面应力(图9-1(d)),得钢筋受压而混凝土受拉。截面的曲率为

$$\frac{1}{\rho} = \frac{\varepsilon_t - \varepsilon_b}{h} \tag{9-6}$$

式中,ρ——曲率半径。

以此可计算混凝土收缩后的构件翘曲变形(转角和挠度),方法同第12章。

在建立几何方程时,当然也可以采用另两个物理量作为基本未知量,例如截面中心的应变 ε_0 和曲率 $1/\rho$(同图9-7)。在混凝土的湿度变化过程中,按照一定的时间或湿度增量逐次地给出收缩量 $\varepsilon_{sh}(y)$,可计算构件的应力和变形非线性全过程。一般用数值分析法,由计算机来实现。

2. 实用计算法

如果混凝土的自由收缩变形 $\varepsilon_{sh}(y)$ 沿截面为线性分布,又假设同一时刻截面上各点混凝土的弹性模量值均相等,就可应用基于预应力混凝土概念的实用计算法。现以钢筋混凝土梁沿截面发生均匀收缩 $\varepsilon_{sh}(y)=$const. 为例加以说明(图9-2)。

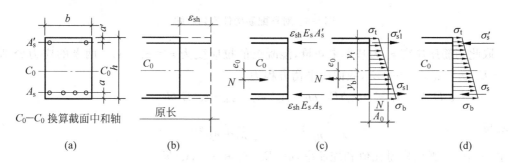

图 9-2   混凝土收缩的实用计算
(a) 截面;(b) 混凝土自由收缩;(c) 二阶段应力状态;(d) 应力分布

先假设混凝土收缩时不受钢筋的约束,收缩后钢筋的长度超过混凝土,其差值为 ε_{sh};设想对钢筋预加压应力 $\varepsilon_{sh}E_s$,使之与混凝土等长,需要施加的压力为

$$N = \varepsilon_{sh}E_s(A'_s + A_s) \tag{9-7}$$

二者合力的作用点位置在上、下钢筋面积的重心,距换算截面(见第7章)中和轴为 e_0,此时混凝土应力为零。再在截面上同一位置施加一反向但数值相等的拉力,计算换算截面的应力分布。这两阶段的应力叠加即为混凝土收缩后的应力状态。

所以,截面的上、下表面混凝土拉应力值为

$$\left.\begin{array}{l} \sigma_t = \dfrac{N}{A_0} - \dfrac{Ne_0 y_t}{I_0} \\[3mm] \sigma_b = \dfrac{N}{A_0} + \dfrac{Ne_0 y_b}{I_0} \end{array}\right\} \tag{9-8}$$

上、下钢筋的压应力则为

$$\left.\begin{array}{l} \sigma'_s = \varepsilon_{sh}E_s - n\sigma'_{s1} = \varepsilon_{sh}E_s - n\left[\dfrac{N}{A_0} - \dfrac{Ne_0(y_t - a')}{I_0}\right] \\[3mm] \sigma_s = \varepsilon_{sh}E_s - n\sigma_{s1} = \varepsilon_{sh}E_s - n\left[\dfrac{N}{A_0} + \dfrac{Ne_0(y_b - a)}{I_0}\right] \end{array}\right\} \quad (9\text{-}9)$$

式中，A_0, I_0——换算截面的面积和惯性矩；

　　　n——弹性模量比；

　　　y_t, y_b——截面上、下表面至换算截面中和轴的距离。

算例一　计算对称配筋构件均匀收缩时的应力和开裂

解　构件的截面和配筋如图 9-3。若混凝土的自由收缩应变 ε_{sh} 沿截面均匀，在钢筋的约束下收缩变形减小为 ε_s。

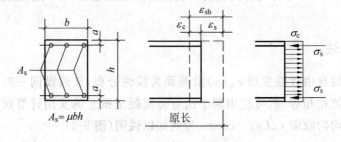

图 9-3　对称配筋构件均匀收缩

取此钢筋压应变 ε_s 为基本未知量，混凝土的拉应变为 $\varepsilon_c = \varepsilon_{sh} - \varepsilon_s$。两者的应力分别为 $\sigma_s = \varepsilon_s E_s$，$\sigma_c = \lambda_t(\varepsilon_{sh} - \varepsilon_s)E_0$，截面的平衡方程为

$$\varepsilon_s E_s A_s = \lambda_t(\varepsilon_{sh} - \varepsilon_s)E_0(bh - A_s) \approx \lambda_t(\varepsilon_{sh} - \varepsilon_s)E_0 bh$$

解之得

$$\varepsilon_s = \frac{\lambda_t}{\lambda_t + n\mu}\varepsilon_{sh}, \quad \varepsilon_c = \frac{n\mu}{\lambda_t + n\mu}\varepsilon_{sh} \quad\quad (b)$$

式中，n, μ——弹性模量比值和配筋率，$n = E_s/E_0$ 和 $\mu = A_s/bh$；

　　　λ_t——混凝土相应应力的受拉变形塑性系数。

于是，钢筋的压应力和混凝土拉应力为

$$\sigma_s = \frac{\lambda_t}{\lambda_t + n\mu}\varepsilon_{sh}E_s, \quad \sigma_c = \frac{\lambda_t n\mu}{\lambda_t + n\mu}\varepsilon_{sh}E_0 \quad\quad (9\text{-}10)$$

显然，这一计算结果与按预应力混凝土概念计算的完全相同。

构件的配筋率 μ 越高，对混凝土的约束越强，出现的收缩变形 (ε_s) 减小，而混凝土拉应力 (σ_c, ε_c) 增大。当配筋率超过一限值时，混凝土将因收缩拉应力达到抗拉强度 (f_t) 而开裂。使式(9-10)中 $\sigma_c \geqslant f_t$，推导得此限值为

$$\mu \geqslant \frac{\lambda_t f_t}{n(\lambda_t \varepsilon_{sh}E_0 - f_t)} \quad\quad (9\text{-}11)$$

算例二　分析叠合梁的先后收缩差

一混凝土叠合梁(忽略钢筋)的截面宽度为 b，截面的预制部分高 $0.6h$，后浇的上部高 $0.4h$(图 9-4)。若上、下部混凝土的自由收缩应变相差 ε_{sh}，分析此梁的应力和变形(设 $\lambda_t = 1$)。

解　设想在上部混凝土的中心施加拉力 $N = 0.4bh\varepsilon_{sh}E_0$，产生拉应力 $\varepsilon_{sh}E_0$，但下部混凝土的应力为零；再在同一位置上施加一数值相等的反向压力 N，至截面中心的偏心距为

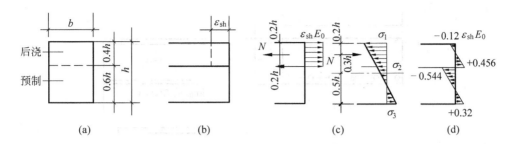

图 9-4 叠合梁的先后收缩差

(a) 截面；(b) 收缩差；(c) 应力计算；(d) 应力分布

$e_0 = 0.3h$。计算上表面、叠合面和下表面的应力分别为

$$\sigma_1 = -\frac{N}{bh} - \frac{0.5hNe_0}{I} = -1.12\varepsilon_{sh}E_0$$

$$\sigma_2 = -\frac{N}{bh} - \frac{0.1hNe_0}{I} = -0.544\varepsilon_{sh}E_0$$

$$\sigma_3 = -\frac{N}{bh} + \frac{0.5hNe_0}{I} = +0.32\varepsilon_{sh}E_0$$

两阶段的应力相加得全截面的应力分布（图 9-4(d)），收缩后的曲率为

$$\frac{1}{\rho} = \frac{1.12\varepsilon_{sh} + 0.32\varepsilon_{sh}}{h} = 1.44\frac{\varepsilon_{sh}}{h}$$

9.2 温度变形差

环境温度变化时，特别是在高温（$T > 200℃$，见第 19 章）情况下，混凝土的热惰性使构件截面上形成温度梯度很大的不均匀温度场。钢筋和混凝土的线膨胀系数在不同的温度下仍有一定差别（见 19.2.2 节）。这些都使构件截面上出现可观的温度变形差。

温度变化在构件截面上产生的钢筋和混凝土的变形差，与混凝土的收缩变形差有相似的力学反应效果。后者的解算思路和分析方法都适用，下面用两个算例加以说明。

算例三 分析加气混凝土板的蒸养自应力（截面温度均匀，但材料的线膨胀系数不相等）。

解 配筋加气混凝土板的制造过程中，配制好的料浆注入钢模后，必须在高压釜内进行高温高压蒸养（$200℃$，$15atm$，约 24h），才能达到所需的材料强度。在降温过程中，由于钢筋和加气混凝土的线膨胀系数不等（表 3-4），二者的温度变形差在板内建立了自（预）应力，有利于构件的抗裂性，并形成较大的反拱（图 9-5）。

升温过程中，加气混凝土料浆无（粘结）强度，钢筋可自由伸长，应力为零；加气混凝土在高温（T_1）下获得强度后与钢筋的粘结良好，二者仍均无应力；当降温至室温（T_2）后，二者的回缩变形不等，其应变差为

$$\Delta\varepsilon_T = \varepsilon_{sT} - \varepsilon_{cT} = (\alpha_s - \alpha_c)(T_1 - T_2) \tag{9-12}$$

式中，ε_{sT}，ε_{cT}——钢筋和加气混凝土的降温回缩变形；

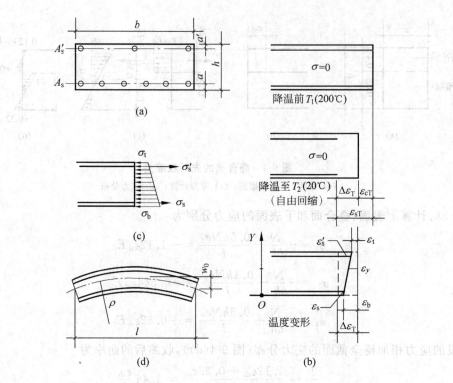

图 9-5　加气混凝土板的自应力分析

(a) 截面及配筋；(b) 变形分析；(c) 截面应力；(d) 反拱

α_s,α_c——二者的线膨胀系数。

此时，钢筋和加气混凝土之间的粘结，以及钢筋端部的锚固措施阻止了二者的相对滑移，相互的约束使钢筋受拉伸长，加气混凝土受压缩短(图 9-5(b))。与图 9-2 对比可知，两种材料的变形差和截面应力恰好与混凝土收缩变形的情况相反。

若取加气混凝土上、下表面的压缩应变 ε_t 和 ε_b 作为基本未知量，离底面 y 处的应变为

$$\varepsilon_y = \frac{y}{h}\varepsilon_t + \frac{h-y}{h}\varepsilon_b \tag{c}$$

上、下钢筋的拉伸应变分别为

$$\left.\begin{array}{l} \varepsilon'_s = \Delta\varepsilon_T - \left(\dfrac{h-a'}{h}\varepsilon_t + \dfrac{a'}{h}\varepsilon_b\right) \\[3mm] \varepsilon_s = \Delta\varepsilon_T - \left(\dfrac{a}{h}\varepsilon_t + \dfrac{h-a}{h}\varepsilon_b\right) \end{array}\right\} \tag{d}$$

引入加气混凝土和钢筋的各自本构关系(同式(9-3)、式(9-4))后，代入平衡方程 $\sum X = 0$、$\sum M = 0$(类似式(9-5))，解之即得 ε_t 和 ε_b。再计算截面的应力得图 9-5(c)，构件的曲率和反拱按下式计算：

$$\frac{1}{\rho} = \frac{\varepsilon_b - \varepsilon_t}{h}, \quad w_0 = \frac{l^2}{8\rho} \tag{9-13}$$

加气混凝土的蒸压温度一般为 $T_1 = 200\text{℃}$，降至室温 $T_2 = 20\text{℃}$，线膨胀系数 $\alpha_c = 8 \times 10^{-6}/\text{℃}$，若钢筋的 $\alpha_s = 12 \times 10^{-6}/\text{℃}$，降温后的应变差 $\Delta\varepsilon_T = 720 \times 10^{-6}$，相应的钢筋

预应力值为 150 N/mm²,与试验实测值相符。配筋板的实测反拱[3-10]为 3.7～4.0 mm(跨长 3.60 m)和 8.7～9.7 mm(跨长 6.00 m),肉眼明显可见。

如果加气混凝土的弹性模量取为常值,同样可用预应力概念进行计算,更为快捷简明。但是,更准确地计算构件的蒸养温度应力,还应考虑加气混凝土和钢筋的弹性模量或本构关系随温度的变化,按照时间或温度增量逐次进行计算和累计。

算例四 构件受火后不均匀温度场截面的分析

解 混凝土是热惰性材料,当环境温度突然变化,如火灾时的突然升温,构件表面很快接近环境温度,但内部温度仍很低,形成严重不均的温度场(图 9-6)。随着环境温度的变化和高温的持续作用,截面温度场继续发生变化,可用传热学的方法进行计算(19.2.3 节)。

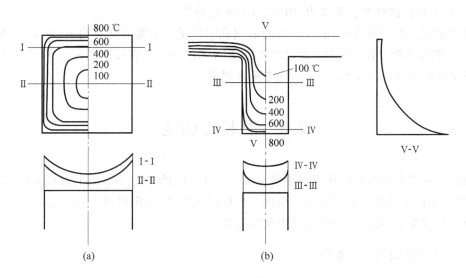

图 9-6 截面温度场(二维)

(a) 柱四面受火;(b) 梁(板)三面受火

已知截面上的温度分布 $T(y)$(图 9-7(a))后,可根据试验结果或计算(第 19 章)得到沿截面变化的混凝土自由膨胀变形 $\varepsilon_{th}(y)$,在构件的端部和截面内部的约束下,实际变形一般应符合平截面假定(图 9-7(b))。取截面形心处的变形 ε_0 和单位长度的截面转角 $\theta=1/\rho$ 为

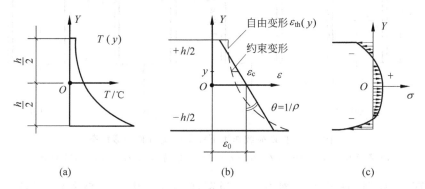

图 9-7 不均温度场分析

(a) 温度分布 $T(y)$;(b) 截面应变;(c) 应力分布

基本未知量,约束变形和自由变形的差值为

$$\varepsilon_c = \varepsilon_0 - \theta y - \varepsilon_{th} \tag{9-14}$$

当 $\varepsilon_c > 0$ 时混凝土受拉,当 $\varepsilon_c < 0$ 时混凝土受压。

引入混凝土的高温本构关系(第 19 章)

$$\sigma_c = \varphi(\varepsilon_c, T, t) \tag{9-15}$$

后,建立平衡方程为

$$\left.\begin{array}{ll} \sum X = 0 & \displaystyle\int_{-h/2}^{h/2} \sigma_c b \mathrm{d}y = 0 \\[2mm] \sum M = 0 & \displaystyle\int_{-h/2}^{h/2} \sigma_c b y \mathrm{d}y = 0 \end{array}\right\} \tag{9-16}$$

求解 ε_0 和 θ,再相继计算截面应力(图 9-7(c))和变形等。

构件截面上配有钢筋时,引入钢筋的面积和本构关系;截面受有内力(如轴力 N 和弯矩 M)时,修改平衡方程;截面上为二维温度场(如图 9-6)时,将截面划分为平面网格,分别确定各单元的温度和应变后,同样建立平衡方程求解。

9.3　混凝土徐变

混凝土在应力的持续作用下产生徐变(2.6 节),而钢筋在应力低于其屈服强度($\sigma_s < f_y$)时,常温下不产生徐变。钢筋混凝土构件在长期使用阶段,将因混凝土的徐变发生截面应力重分布和附加变形,现以轴心受压柱为例加以分析。

1. 恒载下的截面应力重分布

一钢筋混凝土柱,长度为 l_0,截面积为 A_c,配筋面积 A_s。如果不计混凝土的收缩和温度变形引起的初始内应力,加载前(龄期 $t < t_0$)截面应力为零,即 $\sigma_s = \sigma_c = 0$(图 9-8(a))。

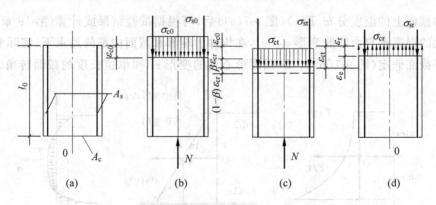

图 9-8　长期荷载作用下柱子的应力和变形状态

(a) 未受力($t < t_0$);(b) 加载后($t = t_0$);(c) 荷载持续($t > t_0$);(d) 卸载后($t > t_1$)

在龄期 $t = t_0$ 时,柱子承受轴力 N。当钢筋和混凝土的粘结良好,二者的应变相等 $\varepsilon_{c0} = \varepsilon_s$,应力按式(7-7b)和式(7-5)分别为

$$\sigma_{c0} = \frac{N}{\left(1 + \frac{n\mu}{\lambda}\right)A_c}, \quad \sigma_{s0} = \frac{n}{\lambda}\sigma_{c0} = \frac{n}{\lambda + n\mu}\frac{N}{A_c} \tag{9-17a}$$

构件的应变也就是混凝土和钢筋的应变：

$$\varepsilon_{c0} = \frac{\sigma_{c0}}{\lambda E_0} = \frac{\sigma_{s0}}{E_s} \tag{9-17b}$$

式中，$n = E_s/E_0$，$\mu = A_s/A_c$；

λ——混凝土的受压变形塑性系数。

此后$(t > t_0)$，柱上轴力持续作用$(N = \text{const.})$，混凝土在压应力 σ_{c0} 作用下产生徐变。素混凝土徐变的一般计算式为

$$\varepsilon_{cr} = \sigma_c \cdot C(t, t_0) \tag{e}$$

式中，$C(t, t_0)$——混凝土的单位徐变（式 2-23）。

在钢筋混凝土柱中，混凝土的徐变受到钢筋的约束，减小为 $\beta\varepsilon_{cr}$（图 9-8(c)）。这与前述混凝土收缩变形分析中算例一的情况相同，这里的 $\beta\varepsilon_{cr}$ 相当于图 9-3 中的 ε_s，即 $\varepsilon_s/\varepsilon_{sh} = \beta$，将式(b)代入可得

$$\beta = \frac{\lambda}{\lambda + n\mu} < 1.0 \tag{f}$$

此时，构件和钢筋的总应变为 $\varepsilon_{ct} = \varepsilon_{c0} + \beta\varepsilon_{cr}$，钢筋的应力增大为

$$\sigma_{st} = (\varepsilon_{c0} + \beta\varepsilon_{cr})E_s \tag{9-18a}$$

混凝土的应力相应地减小，由平衡条件计算

$$\sigma_{ct} = \frac{N - \sigma_{st}A_s}{A_c} \tag{9-18b}$$

可见，随着轴力持续时间的延长，混凝土的徐变 ε_{cr} 使柱的变形 ε_{ct} 逐渐发展，截面应力不断地重分布，钢筋压应力增大，混凝土压应力减小（松弛）（图 9-9）。混凝土的压应力转移至钢

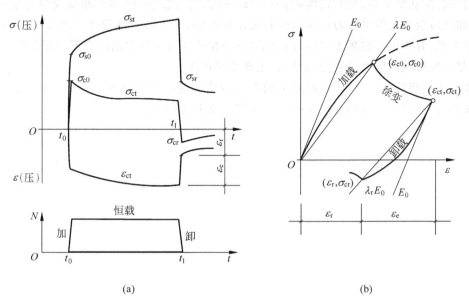

(a)　　　　　　　　　　　　(b)

图 9-9　轴心受压柱的徐变应力重分布

(a) 应力和应变随时间的变化；(b) 混凝土的应力-应变过程

筋,使钢筋承担的轴力部分加大。

2. 卸载后的应力状态

如果此柱在轴力(N＝const.)长期持续至龄期t_1时全部卸载,即时恢复的应变为ε_e(注意,此应变恢复时受到钢筋的约束,与素混凝土卸载时的自由恢复应变值不同),柱的残余应变(缩短,见图 9-8(d))为

$$\varepsilon_r = \varepsilon_{ct} - \varepsilon_e \tag{g}$$

此时,柱的轴力为零,截面内力必自成平衡。钢筋的残存压应力必导致混凝土受拉。

混凝土从卸载前的压应力σ_{ct}转为卸载后的拉应力σ_{cr},与恢复应变ε_e的关系(图 9-9(b))为

$$\sigma_{cr} = \varepsilon_e \lambda_r E_0 - \sigma_{ct} \tag{h}$$

建立截面平衡方程为

$$(\varepsilon_{ct} - \varepsilon_e)E_s A_s = (\varepsilon_e \lambda_r E_0 - \sigma_{ct})A_c$$

解得恢复应变

$$\varepsilon_e = \frac{n\mu\varepsilon_{ct} + \sigma_{ct}/E_0}{\lambda_r + n\mu} \tag{9-19a}$$

残余应变则为

$$\varepsilon_r = \frac{\lambda_r \varepsilon_{ct} - \sigma_{ct}/E_0}{\lambda_r + n\mu} \tag{9-19b}$$

卸载后的钢筋压应力和混凝土拉应力为

$$\left. \begin{array}{l} \sigma_{sr} = \varepsilon_r E_s \\ \sigma_{cr} = \mu \varepsilon_r E_s \end{array} \right\} \tag{9-20}$$

当柱的配筋率μ高、荷载持续时间($t-t_0$)很长时,混凝土的徐变和截面应力重分布发展大,卸载后混凝土的拉应力可能达到其抗拉强度($\sigma_{cr}=f_t$),沿截面周边将发生横向裂缝。工程中发现,有些钢筋混凝土柱(如筒仓下柱子)在长期承受很大轴压力下完好无恙,一旦卸载后,却出现沿截面周边的受拉裂缝,其主要原因在此。

柱子卸载后($t>t_1,N=0$),混凝土的弹性后效和受拉徐变性质,还使残余应变ε_r继续有所减小,钢筋的压应力和混凝土拉应力都随之减小(图 9-9)。

第3篇 基本构件的承载力和变形

工程中最大量的钢筋混凝土结构是由一维构件组成。在各种荷载作用下,它们的截面内力无非是轴力、弯矩、剪力和扭矩等,以及其不同组合。即使是二维和三维结构,也常将其整体或局部等效为、或者简化为一维受力状态,例如将剪力墙视作截面高而窄的悬臂梁,将核芯筒视作箱形截面的偏压构件,折板的横向由偏心受压的各折组成,壳体端部的横隔板则为偏心受拉构件,等等。

本篇将分别介绍钢筋混凝土构件(包括一次制作后承载和分阶段制作及承载的构件)在正常工作条件下,承受各种基本内力及其组合作用下的承载力、裂缝和变形性能、各种主要因素的影响,以及相应的分析原理和计算方法。

钢筋混凝土构件在不同的内力作用下,其应力分布、变形状况和破坏形态(极限状态)都各有特点。以试验结果为基础建立的经验性计算方法,具有简便、准确、能保证结构安全等优点而切合工程实用,因而至今各国的设计规范中所建议的方法多属此类。但是这类经验性方法和计算式缺少统一的物理基础,只能各行其是,互不相通。

力学中的有限元分析法,引入混凝土本构关系(第4章)后的非线性全过程分析,成为结构分析的一种强力手段。从原则上讲可以为不同内力作用下的各种构件提供一个统一的计算方法。但是,至今已有的各种混凝土本构关系还不能准确、完全地反映混凝土复杂、多变的实际性能;而且计算过程繁复、冗长。现今,这一方法较多地应用于二维和三维复杂结构的力学分析,而不是简单构件的设计计算。

压弯承载力

第3篇　基本构件的承载力和变形

10.1 受力过程和破坏形态

10.1.1 单筋矩形梁

矩形截面梁承受纯弯矩的作用(剪力 $V=0$),只在受拉侧配设钢筋是最基本的钢筋混凝土构件。这种构件的受力全过程和性能反应已有许多试验加以阐述。试件的两端简支、跨中作用着两个对称的集中荷载,梁跨中的纯弯区为试验段,在试验过程中量测截面的(平均)应变分布、中和轴位置、钢筋应变(力)和曲率等主要性能反应,其典型试验结果如图 10-1 所示。

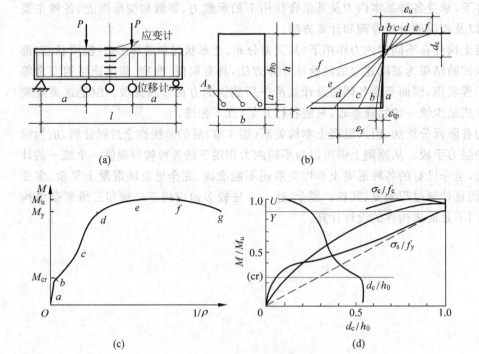

图 10-1 单筋矩形梁的试验

(a)试件与荷载;(b)跨中截面和应变分布;(c)弯矩-曲率关系;(d)钢筋、混凝土应力和中和轴

　　根据试验过程中观察到的试件裂缝和变形状况,以及对试验数据的分析,钢筋混凝土梁从开始受力直至破坏的全过程可分作 3 个受力阶段。各阶段的性能特征如下(对照图 10-2 和图 10-1)。

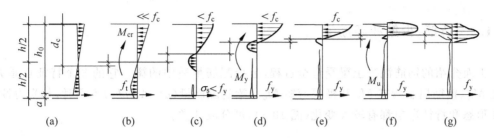

图 10-2　梁的截面应力和裂缝开展过程

(a)开裂前;(b)即将开裂;(c)开裂后;(d)钢筋屈服;(e)屈服后;(f)极限状态;(g)下降段

　　(1)开裂前阶段($M \leqslant M_{cr}$)

　　试件刚开始加载后弯矩很小,混凝土的应力与应变成正比,截面应力为线性分布(图 10-2(a))。受拉钢筋位置靠下,换算成较大面积(nA_s)后,使中和轴略偏下($d_c > h/2$)。此时试件处于弹性阶段,钢筋和混凝土的应力、曲率等都随弯矩成比例增大。

　　增大弯矩后,梁的受拉区混凝土出现少量塑性变形,拉应力分布渐成曲线。压区混凝土的应力仍远小于其抗压强度,保持线性分布。为保持截面水平力的平衡,中和轴必稍有上升,曲率增长略快。当拉区混凝土的应变达到开裂应变值时,试件即将出现裂缝,拉区应力图上有下降段(图 10-2(b))。试件的开裂弯矩 $M_{cr} \approx (0.2 \sim 0.3)M_u$,$M_u$ 为极限弯矩。

　　(2)带裂缝工作阶段($M_{cr} < M < M_y$)

　　跨中弯矩超过开裂弯矩后,最薄弱截面首先出现肉眼可见裂缝。裂缝细而短,靠近截面下部,与钢筋的轴线垂直相交。此时,裂缝截面拉区混凝土的一部分退出工作,钢筋的拉应力突增(但仍处弹性阶段 $\sigma_s < f_y$),中和轴明显上升,混凝土的压应力因弯矩增大和压区面积减小而较快地增长,压应力分布曲线微凸(图 10-2(c))。

　　这一阶段,从混凝土开裂起直到钢筋屈服之前,弯矩增量($\Delta M = M_y - M_{cr}$)最大。随着弯矩的增大,已有裂缝缓慢地增宽,并往上延伸,隔一定间距相继出现新的裂缝。钢筋和混凝土的应力、中和轴位置和曲率等都继续稳定地增大。一般结构在使用阶段的弯矩为$(0.5 \sim 0.6)M_u$,就处于这一带裂缝的工作状态。

　　(3)钢筋屈服后($M \geqslant M_y$)

　　当受拉钢筋刚达屈服强度 f_y(图 10-2(d))时,弯矩$M_y \approx (0.9 \sim 0.95)M_u$。此时,裂缝截面压区混凝土的应力仍小于其抗压强度 f_c,中和轴下大部分拉区混凝土已开裂,仅存邻近中和轴的一小部分仍受拉,作用极微。往后,钢筋的应(拉)力保持不变,弯矩的增量只能靠加大力臂来平衡。钢筋屈服后的应变增长快,破坏了裂缝附近的粘结,使裂缝增宽,并向上延伸,压区面积的减小使力臂有所增加。同时,压区混凝土应力迅速增大,当顶面压应力达最大值 f_c 时,弯矩仍未达极限值(图 10-2(e))。弯矩再稍有增加,顶部混凝土进入应力-应变曲线的下降段,并出现水平方向的裂缝,达到截面的极限弯矩值 M_u(图 10-2(f))。此时裂缝上升很高,下部裂缝宽度大,压区面积已经很小,力臂达最大值。

　　继续进行试验,钢筋应力仍不变,而应变增大,压区混凝土的应变增大,但顶面附近的应力减小,峰值压应力下移,截面上力臂减小,弯矩开始缓缓下降(图 10-2(g))。最后,受拉裂缝中的一条突然明显增宽,并往上升,压区水平裂缝增多且破坏加重,二者相汇,压区形成一个三角形破坏区(同图 2-6),混凝土被压酥剥落,梁的承载力很快下降而退出工作。

10.1.2 适筋、少筋和超筋梁

上面介绍的钢筋混凝土梁受弯全过程,是指配筋量适中的梁。它的 3 个特征点是开裂弯矩 M_{cr}、钢筋屈服弯矩 M_y 和极限弯矩 M_u。梁的配筋量($\mu = A_s/bh_0$)不同时,其受力性能、破坏形态和特征弯矩都有较大变化(图 10-3),可分成 3 类。

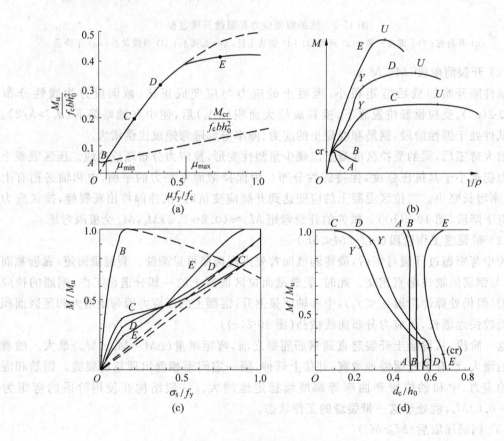

图 10-3 不同配筋率梁的性能变化
(a)极限弯矩;(b)弯矩-曲率关系;(c)钢筋应力;(d)中和轴位置

1. 少筋梁($\mu < \mu_{min}$)

钢筋混凝土梁的开裂弯矩比素混凝土梁($\mu = 0$)的增大有限,因为拉区混凝土开裂时钢筋的应力很低,所起作用很小。如果忽略钢筋的作用,且将梁的截面应力简化为压区三角形、拉区梯形分布(图 10-4,详见 11.2 节),则开裂弯矩为

$$M_{cr} = 0.256 f_c b h^2 \tag{a}$$

另一方面,按图 10-2 梁的受力发展过程,假设钢筋屈服后拉区混凝土已退出工作,极限

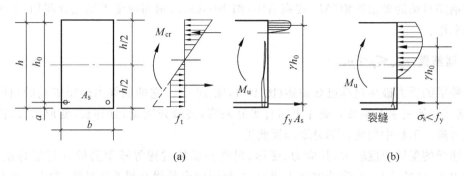

图 10-4　少筋梁和超筋梁

(a) $\mu<\mu_{\min}(M_{cr}>M_u)$；(b) $\mu>\mu_{\max}$

状态时的截面力臂为 γh_0，则极限弯矩为

$$M_u = \mu bh_0 f_y \gamma h_0 \tag{b}$$

在图 10-3(a)中为一条连续曲线($OBCD$)，包括两端虚线在内。

如果梁的计算弯矩出现 $M_u<M_{cr}$ 的情况，将式(a)、(b)代入后有

$$\mu < 0.256 \frac{f_t}{f_y} \frac{1}{\gamma} \left(\frac{h}{h_0}\right)^2 \tag{10-1a}$$

当梁的弯矩达 M_{cr}，并出现裂缝后，需由钢筋单独受拉而且承担全部弯矩，故钢筋将立即屈服，甚至被拉断，称为少筋破坏。

少筋梁的破坏由混凝土受拉控制，破坏过程短促，没有先兆，破坏前的截面应力、中和轴和曲率等的变化(图 10-3 中各图的 A、B 曲线)都与素混凝土梁接近。结构工程中一般应避免出现少筋梁，规定了梁的最小配筋率 $\mu_{\min}$(见式(7-26))。我国规范[1-1]规定按近似式计算：

$$\mu_{\min} = 0.45 \frac{f_t}{f_y} \tag{10-1b}$$

在各国的设计规范中，对 $\mu_{\min}$ 给出类似的计算式，或按材料强度给出定值，数值各有差异。

如果梁的计算钢筋 $\mu<\mu_{\min}$，一般需按 $\mu_{\min}$ 配设构造钢筋。有些结构中，例如大体积水工结构中，为了节约钢材而有意采用少筋混凝土($\mu<\mu_{\min}$)时，必须另行考虑结构的安全性[2-19]；又如一些次要构件，当构造所需的截面积(高度)远大于承载所需时，配筋率也可适当减少[1-1]。

2. 超筋梁($\mu>\mu_{\max}$)

配筋量很大的梁，开裂前换算截面的中和轴下移，顶面压应变大于底面拉应变，梁的开裂弯矩绝对值增大，而相对值(M_{cr}/M_u)减小。受拉区出现裂缝后，裂缝的宽度增大和向上延伸都慢。中和轴稍有上升，钢筋应力虽在梁开裂时有突增，但幅度小，曲率逐渐增大，无明显转折(图 10-3 中的 E 曲线)。

继续增加弯矩，临近梁的破坏时，顶面混凝土首先达到抗压强度，并转入应力下降段，压区的上部出现水平裂缝，应力峰点下移，中和轴转为下降，钢筋应力和曲率的增长加快。最终，压区的水平裂缝增多，混凝土被压酥，破坏区往下扩展，形成三角破坏区而很快丧失承载力，但受拉钢筋始终没有屈服($\sigma_s<f_y$，图 10-4(b))，这种破坏形态称为超筋破坏。

超筋梁由混凝土受压破坏控制，破坏前梁的变形(曲率)小，裂缝不宽，先兆不明显。而

且增多钢筋对梁的极限弯矩（M_u）提高有限（图 10-3(a)），钢筋强度不能充分利用，工程中一般也不采用。

3. 适筋梁（$\mu_{min} \leqslant \mu \leqslant \mu_{max}$）

这种梁的受力破坏过程已如前述（图 10-1，图 10-2）。它的破坏由受拉钢筋的屈服所控制，从钢筋开始屈服至梁最终破坏之间有明显先兆，裂缝开展宽，延伸长，变形增大，挠曲甚至肉眼可辨。工程中的绝大部分梁均属此类。

适筋梁的配筋幅度较大，其应力、变形、裂缝和破坏过程等随配筋量 μ 有量的差别（如图 10-3 中 C、D 曲线）。当配筋率减小或增大，分别向少筋梁和超筋梁过渡，则有一个量变到质变的过程。适筋梁的下限和上限即为最小和最大配筋率。μ_{min} 由梁的开裂弯矩确定（式(10-1b)），μ_{max} 则由界限压区高度（x_b，见 10.4.1 节）确定。

10.1.3　偏心受压（拉）柱

构件承受轴心力 N 和弯矩 M 的共同作用，都只在截面上产生正应力 σ，可以等效为一个偏心（$e_0 = M/N$）作用的轴向力 N，称为偏心受压（拉）构件，或称压（拉）弯构件。显然，中心受压（拉）（$e_0 = 0$）和受弯（$e_0 = \infty$）构件为其特例。

这类构件是工程中最大量使用的，已经有很多的试验研究，其受力性能随偏心距、配筋率和长细比（l_0/h）等主要因素而变化。今以对称配筋（$A_s' = A_s$）的矩形截面短柱为例，介绍柱的性能随偏心距的变化。

偏心受压柱在极限状态时的截面应力（应变）分布和破坏形态随偏心距的变化如图 10-5 和图 10-6 所示。

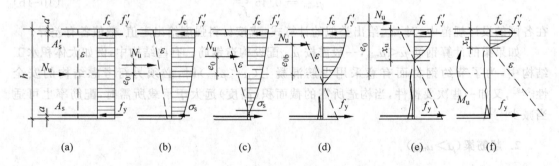

图 10-5　偏心受压柱的截面极限状态
(a) $e_0 = 0$; (b) $e_0 < e_{cor}$; (c) $e_{cor} < e_0 < e_{ob}$; (d) $e_0 = e_{ob}$; (e) $e_0 > e_{ob}$; (f) $e_0 = \infty$

轴心受压（$e_0 = 0$）柱的应力全过程分析已如前述（7.1 节），破坏时混凝土全截面均匀受压，出现众多纵向裂缝，发展为保护层片状剥落，钢筋受压屈服，部分钢筋在箍筋之间屈曲。偏心距很小（$e_0 < e_{cor}$，e_{cor} 称为截面核心距）的柱，全截面受压，但应力不均匀，破坏时荷载一侧最大应变处混凝土首先达抗压强度，并出现纵向裂缝和钢筋屈服，裂缝逐渐往截面中心扩展，外侧的保护层开始剥落，钢筋屈曲，最终形成三角形破裂区；另一侧的钢筋和混凝土承受的压应力均小于相应的强度值，无破坏现象。偏心距稍大（$e_0 > e_{cor}$，但 $< e_{ob}$）的柱，在轴向压力作用下截面上出现受拉区，破坏时压区同样形成三角形破裂区，但面积较小；另一侧受

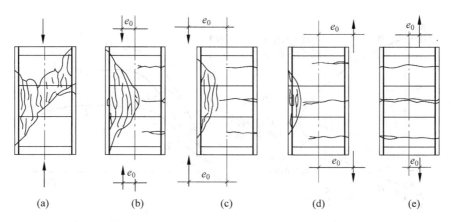

图 10-6 偏心受压(拉)柱的破坏形态

(a) 轴心受压($e_0=0$);(b) 小偏压($e_0<e_{ob}$);

(c) 大偏压($e_0>e_{ob}$);(d) 大偏拉$\left(e_0>\dfrac{h}{2}-a\right)$;(e) 小偏拉$\left(e_0<\dfrac{h}{2}-a\right)$

拉区出现裂缝,混凝土退出工作,但钢筋拉应力未达屈服强度($\sigma_s<f_y$)。总之,当构件的偏心距 $e_0<e_{ob}$(界限偏心距),破坏由混凝土的受压控制,统称为小偏压(破坏)柱,或称压坏柱。

偏心距大($e_0>e_{ob}$)的柱,截面受拉区面积和拉应变增大,轴向压力作用下首先在受拉一侧出现横向裂缝,钢筋拉应力突增,中和轴上移。以后,受拉钢筋首先屈服,拉应变加大,压区面积减小,混凝土压应力增大,达抗压强度而最终破坏。它的破坏过程和纯弯梁(图 10-2)相同,只是因为存在轴压力而压区面积较大,中和轴偏低,钢筋屈服弯矩 M_y 更接近于极限弯矩 M_u。这类破坏由受拉钢筋屈服所控制,称大偏压(破坏)柱,或称拉坏柱。

上述两类破坏形态随偏心距的增大而逐渐过渡。其间,当柱的受拉钢筋屈服和受压混凝土破坏同时发生时为区分两类破坏的界限,相应的偏心距称为界限偏心距(e_{ob})。

将各柱的极限轴力 N_u 和弯矩($M_u=N_u e_0$)作图即得柱的轴力-弯矩包络图(图 10-7(a))。此中 AD 段曲线为混凝土受压破坏控制,增大轴压力时,极限弯矩必减小;当然增大弯矩也使极限轴压力减小。DF 段曲线为受拉钢筋屈服控制。轴力为零时,(梁)极限弯矩最小;增加轴压力时可提高极限弯矩值,是有利的。

压坏柱的偏心距小($e_0<e_{ob}$,图 10-7 中曲线 B、C),截面上压区面积(或高度 d_c/h_0)大,但中和轴位置随轴力 N 增大后的变化不大。弯矩-曲率(M-$1/\rho$)曲线与素混凝土的应力-应变曲线相似;上升段的斜率渐减,即使拉区混凝土开裂($e_0>e_{cor}$),曲率也没有明显的突变;峰值后曲线下降,延性差。截面上远离轴压力的一侧,钢筋(A_s)可能受压或受拉,极限状态时均达不到屈服强度。

拉坏柱的偏心距大($e_0>e_{ob}$,图 10-7 中曲线 E),随着轴压力 N 的增大,其截面中和轴、钢筋应力和曲率的变化过程都与适筋梁(图 10-3)相似,且随偏心距的增大逐渐过渡。

当构件承受轴向拉力 N 且有弯矩共同作用时,可等效为一偏心($e_0=M/N$)作用的拉力 N。偏心距从小到大变化,偏拉构件的受力状态由轴心受拉($e_0=0$)过渡为受弯($e_0=\infty$),极限状态的截面应力分布如图 10-8 所示。

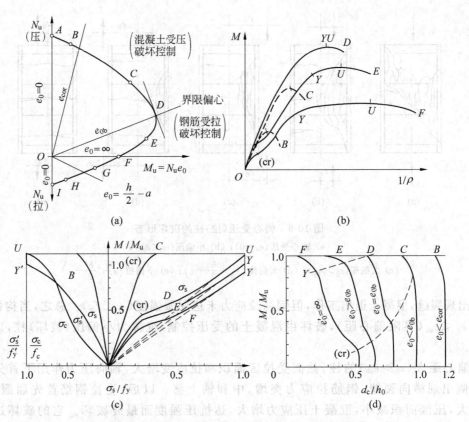

图 10-7 不同偏心距柱的极限承载力和性能比较

(a) 轴力-弯矩包络图；(b) 弯矩-曲率关系；(c) 钢筋和混凝土的应力；(d) 中和轴位置

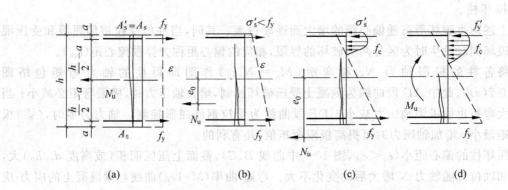

图 10-8 偏心受拉构件截面的极限状态

(a) $e_0=0$；(b) $e_0<\dfrac{h}{2}-a$；(c) $e_0>\dfrac{h}{2}-a$；(d) $e_0=\infty$

　　轴心受拉构件的应力全过程分析已如前述（见 7.2 节），破坏时全截面的混凝土都早已开裂，所有钢筋达屈服强度 f_y。偏心距较小 $\left(e_0<\dfrac{h}{2}-a\right)$ 的构件，即偏心拉力位于上、下侧钢筋之间，首先在靠近拉力一侧、拉应变最大位置出现混凝土受拉裂缝，并逐渐延伸和加宽，同侧钢筋（A_s）达屈服强度。另一侧的钢筋（$A_s'=A_s$）和混凝土在开始加载后可能受拉（$e_0<e_{cor}$）

或受压($e_0 > e_{cor}$)，在极限状态下，受拉裂缝已横贯全截面，钢筋(A'_s)受拉，但应力低于屈服强度($\sigma'_s < f_y$)。若拉力偏心距 $e_0 = \dfrac{h}{2} - a$，则 $\sigma'_s = 0$。

构件的偏心距大$\left(e_0 > \dfrac{h}{2} - a\right)$，即拉力位于钢筋的外侧时，拉力的对侧必受压。构件加载后，靠近拉力一侧的混凝土首先出现横向拉裂缝，并逐渐开展，钢筋(A_s)达屈服强度。在极限状态时，拉力对侧的混凝土受压破坏，钢筋(A'_s)受压，其破坏过程和形态与适筋梁（图 10-2）相同，只是因为存在轴拉力而压区面积减小。故所有偏心受拉构件都是由受拉钢筋屈服控制破坏。

将偏心受拉构件的极限轴力 N_u 和弯矩 $M_u = N_u e_0$ 绘在图 10-7(a)，得 FI 段曲线，和大偏压柱（拉坏柱）的 DF 段曲线、小偏压柱（压坏柱）的 AD 段曲线构成一个完整的轴力-弯矩包络图。

需要说明，上述对偏心受压（拉）构件的受力性能和破坏形态的描述，是针对对称配筋($A'_s = A_s$)构件的。若构件的配筋不对称($A'_s \neq A_s$)，或者配筋量过大或过小，都会引起受力性能和破坏形态的改变，甚至重大的变化。单筋矩形梁($A'_s = 0, N = 0, e_0 = \infty$)的配筋率由小变大，相继发生少筋、适筋和超筋等不同破坏形态，就是一个很好的例证。同样，偏心距很大($e_0 > e_{0b}$)的柱，若拉区配筋(A_s)过多，极限状态时也不会屈服，转为由受压区混凝土控制的压坏柱。再如，对称配筋构件在正、负弯矩作用下，有对 N 轴对称的封闭包络曲线（图10-7(a)），非对称配筋构件的包络曲线虽然也封闭，但对 N 和 M 轴都不对称。

此外，其他一些重要因素，例如采用不同种类和强度等级的混凝土和钢筋材料，构件截面的非矩形和不对称形状、构件的长度或长细比不等、钢筋的各种构造、荷载的不同途径，等等，都将对构件的受力性能和破坏形态产生影响，必须通过试验和具体分析确定。10.5 节中将讨论其中的若干问题。

10.2　长柱的附加弯矩

前面在分析不同偏心距柱的极限状态（图 10-5）时说明，轴力 N 对截面的偏心距($e_0 = M/N$)自开始加载直至试件破坏保持常值，在轴力-弯矩包络图上的加载途径为一直线，即图 10-9(a)中的 OA 线。显然，这种理想的情况只适合于很短的柱子，理论长度为 $l_0 = 0$。试验发现，试件长度和截面高度的比值 $l_0/h \leq 8$ 时，加载途径接近直线。

实际工程中有的柱比较高，相应的试件在弯矩和轴力的共同作用下产生横向变形（挠度），且随荷载而逐渐增大[10-1,10-2]。柱子到达极限状态(N_u)时，临界截面的挠度为 f（图 10-9(b)），称为附加偏心距。此截面上的实际弯矩值应为 $N_u(e_0 + f)$，其中 $N_u f$ 为轴力引起的附加弯矩，或称二次弯矩、二次效应。

长柱的加载途径在轴力-弯矩(N-M)包络图上为曲线 OB，到达包络线上的交点 B 时，即为相应的极限状态（图 10-5）。和短柱相比，极限弯矩增大，而极限轴力减小。当然，柱的高度越大，附加的偏心距和弯矩越大，偏离 OA 直线越远，在 N-M 包络图上形成不同的加载

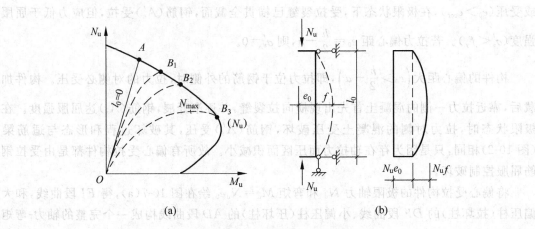

图 10-9 长柱的加载途径和附加弯矩

(a) $N\text{-}M$ 包络图；(b) 铰支柱的附加弯矩

途径(如 OB_1，OB_2，…)和相应的极限状态。

如果柱子很高，那么加载途径偏离 OA 线更远。当轴力达到极值 N_{max} 后，开始转入下降段时，仍在 $N\text{-}M$ 包络线范围以内，柱子并无破坏迹象，混凝土和钢筋均未达到强度值。由于变形(挠度)的增大，虽然轴力减小，但弯矩仍继续增大，最终与包络线相交在 B_3 点(图 10-9(a))而达极限状态。发生这种极限轴力小于加载过程中最大轴力($N_u < N_{max}$)的柱子称为细长柱。以矩形截面($b \times h$)柱为例，试验中发现当 $l_0/h > 30 \sim 40$ 时才出现上述情况，但在实际工程中罕见。

所以，在研究长柱的极限状态和承载力时，必须考虑附加偏心距或附加弯矩。附加偏心距的出现和增长，是柱子侧向变形的结果，所有影响柱子变形的因素都将影响其附加弯矩和极限承载力。其中主要因素有：长细比(l_0/h)和偏心距(e_0/h)；柱端的支承条件和对变形的约束程度，包括柱端的位移(Δ_1，Δ_2)，弯矩图的形状和是否正、负异号等[10-1](图 10-10。注意，发生附加弯矩后，构件的临界截面可能转移)；材料的本构关系和配筋构造；材料不均

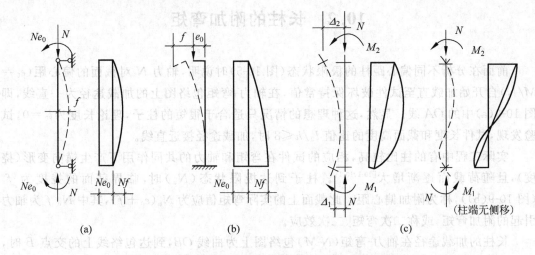

图 10-10 柱端支座和约束条件对附加偏心弯矩的影响

(a) 铰支柱；(b) 悬臂柱；(c) 框架柱

和施工误差等引起的初始偏心；长期荷载作用下的混凝土徐变，等等。

偏压柱的极限承载力（考虑轴力二阶效应）的准确计算，只能依靠全结构的非线性全过程分析。即按照一定的轴力或变形步长，针对各柱的支承条件和端部受力状况，以及构造和材料本构关系，计算截面曲率$(1/\rho)$和柱子变形(f)，确定内力分布，逐次进行数值迭代计算，得到 $M\text{-}N\text{-}f$ 全过程曲线。这样的计算需要众多参数，费时费事，只有对特别重要的构件或细长柱才加考虑。对工程中一般受压构件的设计，可采用近似的偏心距增大系数法，按照柱的不同条件给出半经验的计算式。它们基于试验结果，有足够的准确性[10-3]。

若一柱高 l_0，两端铰支，在极限状态时柱高中间截面的曲率为$(1/\rho)_\text{u}$，则柱中最大横向挠度为

$$f = \left(\frac{1}{\rho}\right)_\text{u} \frac{l_0^2}{\beta} \tag{10-2a}$$

系数 β 取决于曲率沿柱高分布的形状。例如矩形分布（$M=$const.）时 $\beta=8$；抛物线分布时 $\beta=9.6$；正弦曲线分布时 $\beta=\pi^2\approx10$ 等。试验结果为 $\beta\approx10$。

极限状态时的曲率近似取为大、小偏压界限情况下的极限曲率 $\left(\dfrac{1}{\rho}\right)_\text{b}$，另加偏心距和长细比的修正，计算式为

$$\left(\frac{1}{\rho}\right)_\text{u} = \left(\frac{1}{\rho}\right)_\text{b} \zeta_1 \zeta_2 \tag{10-3}$$

取混凝土的受压极限应变 $\varepsilon_\text{u}=0.0033$，并考虑徐变作用后增大为 1.25 倍，钢筋的受拉屈服应变为 $\varepsilon_\text{y}=f_\text{y}/E_\text{s}=0.0017$，计算极限曲率$(1/\rho)_\text{b}$，代入上面二式后，柱高中点的最大挠度为

$$f = \left[\frac{1.25 \times 0.0033 + \dfrac{f_\text{y}}{E_\text{s}}}{h_0}\right] \frac{l_0^2}{10} \zeta_1 \zeta_2 \tag{10-2b}$$

柱的总偏心距为 $e_0+f=\eta e_0$，故偏心距增大系数为（取 $h/h_0=1.1$）：

$$\eta = \frac{e_0 + f}{e_0} \approx 1 + \frac{1}{1\,400\dfrac{e_0}{h_0}} \left(\frac{l_0}{h}\right)^2 \zeta_1 \zeta_2 \tag{10-4}$$

式中偏心距和长细比的影响系数可根据试验结果分别取为

$$\left. \begin{aligned} \zeta_1 &= 0.2 + 2.7\frac{e_0}{h_0} \leqslant 1.0 \\[6pt] \text{或对称配筋时改为} \quad \zeta_1 &= 0.5f_\text{c}\frac{bh}{N} \leqslant 1.0 \\[6pt] \text{和} \quad \zeta_2 &= 1.15 - 0.01\frac{l_0}{h} \leqslant 1.0 \end{aligned} \right\} \tag{10-5}$$

我国的现行规范[1-1]，对此式中的一些参数稍有变更。

各国对钢筋混凝土偏心受压长柱的附加弯矩（偏心距）和极限承载力进行了许多试验和理论研究，提出了多种简化计算方法，例如表 10-1。各方法的计算原则和考虑的影响因素相差较大，详见文献[10-1,10-3]和有关规范[1-11,1-12]。

表 10-1　偏心受压长柱的附加弯矩（偏心距）

来　源	计　算　式	附　注
英国 CP 110(72) [10-3]	$\left(\dfrac{1}{\rho}\right)_u=\dfrac{1}{175h}\left(1-0.0035\dfrac{l_0}{h}\right)k_1$ $k_1=\dfrac{N_0-N}{N_0-N_b}\leqslant1.0$	N_0——中心受压承载力； N_b——界限破坏时的承载力
德国 DIN 1045(71) [10-3]	$f=h\dfrac{\lambda-20}{100}\sqrt{0.1+\dfrac{e_0}{h}}$　当$\dfrac{e_0}{h}\leqslant0.3$ $f=h\dfrac{\lambda-20}{160}\geqslant0$　　$0.3\leqslant\dfrac{e_0}{h}\leqslant2.5$ $f=h\dfrac{\lambda-20}{160}\left(3.5-\dfrac{e_0}{h}\right)\geqslant0$　$2.5\leqslant\dfrac{e_0}{h}\leqslant3.5$	$\lambda=\dfrac{l_0}{r}\leqslant70$； r——截面回转半径
苏联 СНиП Ⅱ 21-75 [10-3]	$\eta=\dfrac{1}{1-\dfrac{N}{N_b}}$ $N_b=\dfrac{6.4E_0}{l_0^2}\left[\dfrac{J}{K_1}\left(\dfrac{0.11}{0.1+\dfrac{1}{k_p}}+1\right)+nJ_s\right]$	N_b——临界轴力； E_0——混凝土初始弹性模量； J——混凝土截面对重心的惯性矩； J_s——钢筋面积对重心的惯性矩； K_1——长期荷载的影响； K_p——预应力对刚度的影响
美国 ACI 318-08 [1-11]	增大设计弯矩： $M_c=\delta_bM_{2b}+\delta_sM_{2s}$ $\delta_b=\dfrac{c_m}{1-\dfrac{N}{\varphi N_b}}\geqslant1.0,\ \delta_s=\dfrac{1}{1-\dfrac{\sum N}{\varphi\sum N_b}}\geqslant1.0$ $N_b=\dfrac{\pi^2EI}{(l_0)^2}$ $c_m=0.6+0.4\dfrac{M_{1b}}{M_{2b}}$ 当$\dfrac{l_0}{r}<34-12\dfrac{M_{1b}}{M_{2b}}$或$<22$ 不计长细比影响 $\dfrac{l_0}{r}>100$ 进行 $P\text{-}\Delta$ 全过程分析	M_{2b}——不引起柱端侧移的荷载所产生的柱弯矩，取绝对值较大一端的弯矩，另一端弯矩为 M_{1b}（参见图 10-10(c)）； M_{2s}——同 M_{2b}，但荷载产生明显的柱端侧移； N_b——临界轴力； $\sum N,\ \sum N_b$——同一楼层中各柱轴力的总和； φ——强度折减系数
欧洲 CEB FIP MC90 [1-12]	独立构件　$e=e_{01}+f$ $e_{01}=e_0+e_a=\dfrac{M}{N}+e_a$ $f=0.1k_1l^2\left(\dfrac{4}{\rho_e}+\dfrac{1}{\rho_1}\right)$ $\begin{cases}k_1=2\left(\dfrac{\lambda}{\lambda_1}-1\right),\ \lambda_1\leqslant\lambda\leqslant1.5\lambda_1\\k_1=1,\ \ \ \ \ \ \ \ \ \ \ \ \lambda>1.5\lambda_1\end{cases}$ 框架柱　需考虑框架受力状况和支座约束条件，另行计算	e_a——构件缺陷造成的初始偏心； ρ_e,ρ_1——与 e 和 e_{01} 相应的曲率； λ_1——界限长细比； 当 $\lambda\leqslant\lambda_1$ 可忽略二阶效应

10.3　截面分析的一般方法

　　钢筋混凝土构件的受力性能，包括裂缝的出现和发展，变形（挠度、转角）的增长，极限状态和破坏形态等都是工程应用中至关重要的问题。这些问题的理论分析和计算都必须以其截面性能分析为基础。

　　构件的截面力学性能,包括中和轴位置的变化,曲率的增长,材料的应力(变)和失效,混凝土裂缝的延伸等,都随着作用内力(M 或 N,e)的逐渐增大而不断地非线性变化。不可能推求一个简单方程概括一切。采用截面分析的一般方法,沿着截面受力全过程,进行分级、逐步的运算,才是较为合理和现实的。其内容、方法和步骤简要介绍如下。

　　截面性能全过程分析中采用的基本假定有:

　　① 构件从开始受力直至破坏,截面始终保持平面变形。试验量测证明,截面无拉区的构件直至破坏和有拉区的构件开裂之前都符合这一变形状态。构件开裂后,在裂缝截面的两侧钢筋和混凝土有相对滑移区,不再保持平截面变形。但是从工程应用观点,沿梁轴线取出一段(例如梁高的一半)或相邻裂缝间距的长度范围内的平均应变,仍满足此假定,这已有大量试验证实。

　　② 钢筋和混凝土材性标准试验测定的本构(应力-应变)关系可应用于构件分析。对构件中实际存在的应变梯度、钢筋和混凝土的相互影响、箍筋的约束作用,以及尺寸效应、加载速度和持续时间等的影响,一般不加修正。试验证明,对于普通材料和构造的混凝土构件,这一简化带来的误差很小。

　　③ 一般不考虑时间(龄期)和环境温、湿度等的作用,即忽略混凝土的收缩、徐变和温、湿度变化引起的内应力和变形状态。

　　④ 构件的变形(包括极限状态时的变形)很小,不影响构件的受力体系计算图形和内力值。

　　依据这些假定,可以建立三类基本方程如下。选取具有一对称轴的任意截面(图 10-11),截面宽度 $b(y)$ 可变,高度为 h,有效高度 $h_0 = h - a$。轴压力作用在截面几何中心 C,弯矩 M 作用在对称平面内,等效为偏心距 $e_0 = M/N$ 的压力 N。

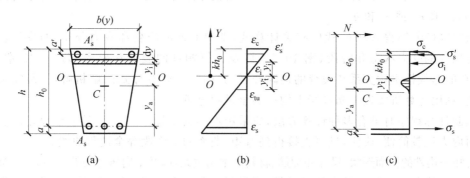

图 10-11　对称截面的计算图形

(a) 截面;(b) 应变;(c) 应力分布

1. 几何(变形)条件

　　构件受载后截面的平均应变如图 10-11(b)所示,混凝土的塑性变形和拉区裂缝的出现和开展,使中和轴(O—O)逐渐往荷载作用一侧移动,压区高度(kh_0)减小。截面中和轴以下仍有一部分混凝土(y_t 以内)承受拉力,其余部分混凝土开裂,退出工作。y_t 由混凝土拉断时应变(ε_{tu})决定。沿构件轴线单位长度的截面相对转角 φ(即截面曲率 $1/\rho$)为

$$\varphi = \frac{1}{\rho} = \frac{\varepsilon_c + \varepsilon_s}{h_0} = \frac{\varepsilon_c}{kh_0} \tag{10-6}$$

距中和轴 y_i 处的应变为

$$\varepsilon_i = \varphi y_i \tag{10-7a}$$

当 $y_i > 0$，混凝土受压；$y_i < 0$，混凝土受拉。截面顶面的混凝土压变为

$$\varepsilon_c = \varphi kh_0 \tag{10-7b}$$

上、下钢筋的应变分别为

$$\varepsilon_s' = \varphi(kh_0 - a'), \quad \varepsilon_s = \varphi(1-k)h_0 \tag{10-7c}$$

2. 物理（本构）关系

对混凝土压区和拉区的应力-应变关系分别采用不同的计算式（第 1 章），对受拉和受压钢筋按钢材的种类和性质（第 5 章）决定计算式：

$$\left. \begin{aligned} \text{混凝土} \qquad & \sigma_c(\varepsilon_i), \quad \sigma_t(\varepsilon_i) \\ \text{钢筋} \qquad & \sigma_s'(\varepsilon_s'), \quad \sigma_s(\varepsilon_s) \end{aligned} \right\} \tag{10-8}$$

3. 力学（平衡）方程

取轴向的力平衡和对受拉钢筋处的力矩平衡：

$$\left. \begin{aligned} \sum X = 0 \quad & \int_0^{kh_0} \sigma_c(\varepsilon_i)b(y)\mathrm{d}y - \int_0^{y_t} \sigma_t(\varepsilon_i)b(y)\mathrm{d}y + \sigma_s'A_s' - \sigma_s A_s = N \\ \sum M = 0 \quad & \int_0^{kh_0} \sigma_c(\varepsilon_i)b(y)(h_0 - kh_0 + y)\mathrm{d}y - \int_0^{y_t} \sigma_t(\varepsilon_i)b(y)(h_0 - kh_0 + y)\mathrm{d}y \\ & + \sigma_s'A_s'(h_0 - a') = N(e_0 + y_a) \end{aligned} \right\} \tag{10-9}$$

将式（10-6）～式（10-8）代入后，式（10-9）中只含两个未知量 φ 和 k。当然，也可取另两个未知量，如 ε_c 和 ε_s，或 ε_c 和 k。

求解式（10-9）得 φ 和 k，代回有关计算式，即得截面的应变和应力分布、曲率等。进而可判定构件的受力状态和阶段（图 10-2），以及计算构件的裂缝和变形（第 11，12 章）。但是，材料的非线性本构关系和裂缝的逐渐开展，式（10-9）难有显式的解析解，一般需采用数值解法，利用计算机实现钢筋混凝土构件的全过程分析。

编制计算程序时可有多种计算方法，或采用不同的变量[10-4,10-5]。其中以设定应变并反算截面内力比较简便、快捷，且可直接得到弯矩-曲率的下降段等全过程曲线。

已知一构件的截面形状、尺寸和配筋、材料的本构关系，以及轴向压力的偏心距 $e_0(=M/N)$。将截面划分为与对称轴相垂直的窄条带，假设每一条带内的应变均匀，应力相等。选取截面顶部条带的混凝土压应变 ε_c 作为基本变量，按等步长或变步长（$\Delta\varepsilon_c$）逐次给出确定值。取中和轴位置或压区相对高度 k 为迭代变量，计算截面内力，经迭代计算满足允许误差后输出结果。计算的框图如图 10-12 所示。

有几点需要说明：①对混凝土压应变步长（$\Delta\varepsilon_c$）可调整大小，以节省计算工作量或提高计算精度；②计算允许误差［Δ］由精度要求确定；③选取的混凝土最大压应变 ε_{max} 应超过其受压峰值应变 ε_p，以便获得 M-$1/\rho$ 的下降段曲线和确定极限值 N_u，M_u 等；④输出数据或绘制曲线图按需要规定。

上述的一般分析方法适用于各种本构关系材料、不同截面形状和配筋构造的钢筋混凝

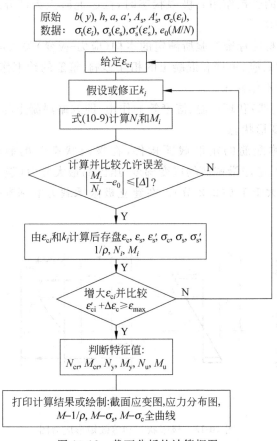

图 10-12　截面分析的计算框图

土构件,且给出构件截面自开始受力,历经弹性、裂缝出现和开展、钢筋屈服、极限状态、下降段的全过程受力性能和相应的特征值。理论计算的准确性主要取决于选取的材料本构关系的合理性。

　　截面全过程分析在结构(如抗(地)震结构)的全过程分析中是必要的,但需要较大工作量。工程中最常需要的是确定结构或构件的若干特征值。例如极限承载力(N_u, M_u)、使用阶段的裂缝宽度和最大挠度、超静定结构分析所需的截面刚度等。除了上述一般方法外,还应该有更直观、简捷的实用计算方法。下面各章节将依次予以介绍。

10.4　极限承载力

10.4.1　计算公式

　　钢筋混凝土压弯构件的极限承载力取为加载过程中丧失承载力时的轴力 N_u 和弯矩 $\eta N_u e_0$,可采用下列基本假设建立其计算式:

　　① 全截面保持平面变形,即不论压区和拉区,混凝土和钢筋的应变都符合线性变化。

② 不考虑混凝土的受拉作用。极限状态时,拉区混凝土大部开裂,靠近中和轴处的拉力和力臂都小,可予忽略。

③ 钢筋和混凝土材性标准试验所测定的本构(应力-应变)关系可应用于构件分析。对于不同截面形状、尺寸效应、钢筋和混凝土的相互影响、箍筋的约束作用、加载速度和持续时间等因素的变化,一般不作修正。

④ 不考虑时间(龄期)和环境温、湿度等的作用,即忽略混凝土的收缩、徐变和温湿度变化等引起的内应力和变形状态。

于是,一个不对称配筋的矩形截面构件,在极限状态时的截面应变和应力分布如图 10-13(b)和(c)所示。考虑沿截面的应变梯度,压区的最大应力(强度)值取为 γf_c,根据已有的试验研究,γ 值稍大于 1.0(2.2 节)。在建立极限承载力的基本公式之前,先引入两个重要概念。

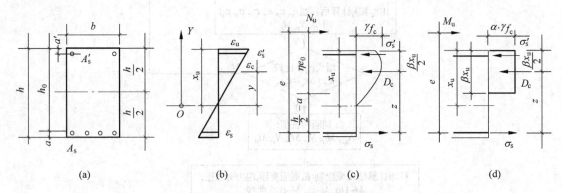

图 10-13　极限状态和等效矩形应力图
(a) 截面;(b) 截面应变;(c) 应力;(d) 等效矩形压应力图

1. 等效矩形应力图

若构件极限状态时截面的压区高度为 x_u,顶面混凝土应变为 ε_u,压区距中和轴 y 处的应变必为

$$\varepsilon_c = \frac{\varepsilon_u}{x_u} y \tag{c}$$

代入混凝土的本构关系得压应力 $\sigma_c\left(\dfrac{\varepsilon_u}{x_u} y\right)$。压区混凝土的总压力值即为压应力图块的体积:

$$D_c = \int_0^{x_u} \sigma_c\left(\frac{\varepsilon_u}{x_u} y\right) b \, \mathrm{d}y \tag{d}$$

合力作用点至梁顶面的距离为

$$\frac{\int_0^{x_u} \sigma_c\left(\dfrac{\varepsilon_u}{x_u} y\right) b (x_u - y) \, \mathrm{d}y}{D_c} \tag{e}$$

为了简化计算,将压区混凝土的曲线应力图转换成一矩形应力图(图 10-13(d))。当两个图形的体(面)积相等且重心重合时,则总压力的数值和作用位置相同,两者完全等效。设

等效矩形应力图的压区高度为 βx_u,均匀的压应力(强度)为 $\alpha \cdot \gamma f_c$。根据等效条件:

① 矩形中心至顶面距离为 $\beta x_u/2$,与式(e)值相等,得

$$\beta = \frac{2\int_0^{x_u} \sigma_c\left(\frac{\varepsilon_u}{x_u}y\right)b(x_u-y)\mathrm{d}y}{D_c x_u} \tag{10-10a}$$

② 面积相等

$$D_c = \beta b x_u \cdot \alpha\gamma f_c$$

所以

$$\alpha = \frac{D_c}{\beta\gamma b x_u f_c} \tag{10-10b}$$

等效矩形应力图共有 3 个特征参数 α,β 和 γ。其中 α 和 β 是应力(几何)图形换算参数,与强度(γ)值无关,其数值主要取决于混凝土的应力-应变全曲线形状和极限应变 ε_u 值,还因构件的截面形状、配筋率(或压区高度)、纵筋和箍筋的约束作用等而变化。一些国家的设计规范中对此作出相应规定,但大同小异。我国混凝土结构设计规范[1-1]中的取值如下[10-6]。

首先选取数种混凝土应力-应变曲线进行计算和对比,决定采用比较简单、且与构件承载力试验结果相符较好的二次抛物线-平行线形状(表 1-6,Rüsch)作为截面压区极限应力图(图 10-14(a))。按照上述等效原则,不难计算特征参数 α 和 β 值,它们随所取极限应变 ε_u 值而变化(图 10-14(b))。当 ε_u 很小($\to 0$)时,混凝土处于弹性变形阶段,应力图接近三角形,得 β 的最小值 2/3 和 $\alpha=0$;当 ε_u 很大($\to\infty$)时,应力图近似矩形,α 和 β 都趋近于 1.0。

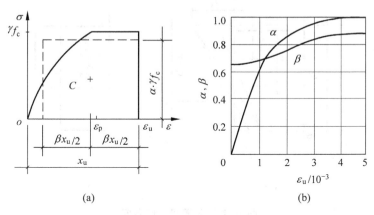

图 10-14 等效矩形应力图的特征参数

(a) 应力图等效;(b) α 和 β 值[10-4]

试件的混凝土强度等级为 C20～C50 和一般的配箍量情况下,统计大量试验结果[10-7]后得到受弯构件的混凝土极限压应变为 $\varepsilon_u=(3\sim4)\times10^{-3}$。偏心受压构件因为压区高度($x_u/h_0$)的增大,极限压应变有减小的趋势。从图 10-14(b)可见,当 $\varepsilon_u\geqslant3\times10^{-3}$ 后,α 和 β 值的变化已不大。在大、小偏心受压界限附近,极限状态的截面压区高度为 $x_u/h_0=0.4\sim0.7$,平均极限应变为 $\varepsilon_u=3.3\times10^{-3}$,相应的参数值为

$$\alpha = 0.969 \quad \text{和} \quad \beta = 0.824 \tag{10-11a}$$

引入 γ 值后取整简化为

$$\alpha\gamma = 1.0 \quad \text{和} \quad \beta = 0.8 \tag{10-11b}$$

对于采用强度等级≤C50 的混凝土构件,计算极限承载力的误差很小。

美国规范[1-11]中,对等效矩形应力图参数取为

$$\left.\begin{array}{l} \alpha\gamma f_c = 0.85f'_c \\ \beta = 0.85 - 0.008(f'_c - 30) \end{array}\right\} \tag{10-12}$$

式中,f'_c——圆柱体抗压强度,N/mm²;

　　β 取值为 $0.65 \leqslant \beta \leqslant 0.85$。

2. 界限受压区高度

偏心受压构件的两种破坏形态逐渐过渡,当受压混凝土的极限应变 ε_u 和受拉钢筋的屈服应变 ε_y 同时到达时,为两种破坏形态的界限。相应的截面受压区高度 x_{ub} 按平截面假定计算(图 10-15):

$$\frac{x_{ub}}{h_0} = \frac{\varepsilon_u}{\varepsilon_u + \varepsilon_y}$$

换成等效矩形应力图后,压区高度减小为 $x_b = \beta x_{ub}$,相对压区高度 $\xi_b = \beta x_{ub}/h_0$。若将 $\varepsilon_u = 0.003\,3$,$\varepsilon_y = f_y/E_s$ 和 $\beta = 0.8$ 代入后,有

$$\xi_b = \frac{x_b}{h_0} = \frac{\beta\varepsilon_u}{\varepsilon_u + \varepsilon_y} = \frac{0.002\,64}{0.003\,3 + f_y/E_s} \tag{10-13}$$

称为界限受压区(相对)高度。

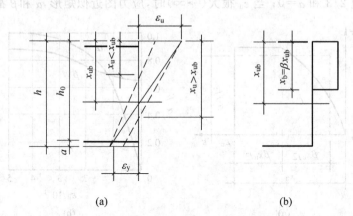

图 10-15　界限受压区高度
(a) 中和轴位置;(b) 等效矩形图

所以,按等效矩形应力图形计算构件承载力时,若 $\xi \leqslant \xi_b$,或 $x \leqslant x_b = 0.8x_{ub}$,构件达极限状态时,受拉钢筋将首先屈服,则为适筋梁或大偏心受压柱;反之,若 $\xi > \xi_b$,或 $x > x_b$,则为超筋梁或小偏心受压柱,受拉钢筋达不到屈服强度($\sigma_s < f_y$)。

其他国家在确定界限受压区高度时采用的方法类似[1-11,1-12],只是确定的材料极限应变值有差别,一般留有更大的安全余地。

3. 计算式

矩形截面偏心受压构件的极限状态,在压区取为等效矩形应力图(图 10-16)后,很容易

写出两个平衡方程：

$$\sum X = 0 \qquad N_u = f_c bx + \sigma'_s A'_s - \sigma_s A_s$$
$$\sum M = 0 \qquad N_u\left(\eta e_0 + \frac{h}{2} - a\right) = f_c bx\left(h_0 - \frac{x}{2}\right) + \sigma'_s A'_s(h_0 - a) \Bigg\}$$

(10-14)

给定偏心距 e_0 值，解得未知数 x 和 N_u，再计算 $M_u = \eta N_u e_0$，即可绘制相应截面的极限轴力-弯矩包络图（图 10-7(a)）。

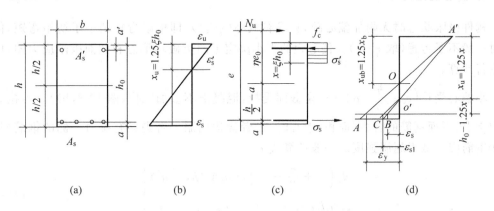

图 10-16 矩形截面偏压构件的计算图

(a) 矩形截面；(b) 应变；(c) 应力状态；(d) 钢筋应力近似值

式(10-14)中材料的强度或应力取值如下：

① 不论构件的偏心距大小，两类破坏形态下受压侧的混凝土均达抗压强度 f_c（$\alpha\gamma=1$），极限应变均为 $\varepsilon_u > 3 \times 10^{-3}$；

② 压区钢筋应力 σ'_s——按照平截面假设确定的应变 ε'_s 计算应力：

$$\sigma'_s = \varepsilon'_s E_s = \frac{1.25x - a'}{1.25x}\varepsilon_u E_s$$

(10-15)

当 $x \geq 2a'$ 和 $\varepsilon_u = 3 \times 10^{-3}$ 时，$\varepsilon'_s \geq 1.8 \times 10^{-3}$。如再考虑混凝土的徐变，应变值将更大，一般能达到其屈服强度，即

$$x \geq 2a' \text{ 时} \qquad\qquad \sigma'_s = f'_y$$

(10-16)

③ 受拉钢筋应力 σ_s——用界限受压区高度（x_{ub} 或 ξ_b）区分两种破坏形态后，采用不同值：

当 $x_u \leq x_{ub}$ 或 $\xi \leq \xi_b$ 时为受拉钢筋屈服控制破坏，

$$\sigma_s = f_y$$

(10-17)

当 $x_u > x_{ub}$ 或 $\xi > \xi_b$ 时为受压混凝土控制破坏，受拉钢筋应力 $\sigma_s < f_y$，按平截面假定得应变和应力：

$$\sigma_s = \varepsilon_s E_s = \frac{h_0 - 1.25x}{1.25x}\varepsilon_u E_s = \left(0.8\frac{h_0}{x} - 1\right)\varepsilon_u E_s$$

(10-18a)

以此代入式(10-14)后，得到未知数 x 的三次方程，不便解算。为简化计算，改用近似方法计算极限状态时的钢筋应力。在图 10-16(d)中，$A'OA$ 为界限破坏状态的截面应变，当 $x_u > x_{ub}$ 时，截面应变分布为 $A'O'B$，ε_s 按式(10-18a)计算。过 O' 作 $O'C /\!/ OA$，得近似值 ε_{s1}：

$$\frac{\varepsilon_{s1}}{\varepsilon_y} = \frac{h_0 - 1.25x}{h_0 - 1.25x_b}$$

所以

$$\sigma_s = \frac{h_0 - 1.25x}{h_0 - 1.25x_b} f_y = \frac{0.8 - \xi}{0.8 - \xi_b} f_y \tag{10-18b}$$

显然,当 $\xi = \xi_b$ 时,$\sigma_s = f_y$;当 $\xi = 0.8$ 时,$\sigma_s = 0$;当 $\xi > 0.8$ 时,$\sigma_s < 0$,即下部钢筋受压,式(10-18b)仍能适用。

4. 偏心受拉构件

构件极限状态时无附加偏心距,甚或有减小($\eta \leqslant 1$),即极限弯矩稍小于初始弯矩,但计算时一般不予考虑(取 $\eta = 1$)。偏心距的大小决定了两类破坏形态和截面极限应力图,应分别进行计算。

小偏心受拉 $\left(e_0 \leqslant \dfrac{h}{2} - a\right)$——全截面受拉,混凝土不参加工作(图 10-8(b))。当拉力恰好位于上、下面钢筋的合力(面积)中心时,二者皆达屈服。否则只有拉力一侧的钢筋屈服,对侧钢筋应力低于屈服强度。一般计算式为

$$\left.\begin{array}{l} N_u\left(e_0 + \dfrac{h}{2} - a'\right) = \sigma_s A_s (h_0 - a') \\[3mm] N_u\left(\dfrac{h}{2} - a - e_0\right) = \sigma_s' A_s' (h_0 - a') \end{array}\right\} \tag{10-19}$$

大偏心受拉 $\left(e_0 > \dfrac{h}{2} - a\right)$——极限状态时截面上有受压区(图 10-8(c)),应力分布与大偏心受压构件(图 10-5(e))相同,差别在于轴向力的方向和位置,建立的平衡方程类似于式(10-14):

$$\left.\begin{array}{l} N_u = -f_c bx - \sigma_s' A_s' + \sigma_s A_s \\[3mm] N_u\left(e_0 - \dfrac{h}{2} + a\right) = f_c bx\left(h_0 - \dfrac{x}{2}\right) + \sigma_s' A_s' (h_0 - a') \end{array}\right\} \tag{10-20}$$

偏心受拉构件的计算,补足了轴力-弯矩包络图(图 10-7(a))中的第四象限。

10.4.2　双向压弯构件

当柱子在承受轴力 N 的同时,还有两个垂直方向弯矩 M_x 和 M_y 的作用,成为双向偏心受压(拉)构件,偏心距 $e_{0x} = M_x/N$,$e_{0y} = M_y/N$(图 10-17(a)),例如建筑中的角柱,以及水塔和管道等的支架柱、输电杆等。这类构件的已有试验和理论研究[10-8~10-12]为各国设计规范提供了相应的设计和计算方法。

试验结果表明,双向偏心受压构件的受力破坏过程与单向偏心受压构件的相似。但是,构件加载后,中和轴(O-O)和荷载的作用平面(NC)不相垂直($\alpha + \theta \neq 90°$),两个方向挠度的合成($w_x + w_y = w$)也不在 NC 平面($\beta \neq \alpha$)。荷载增大后,截面受拉区出现横向裂缝,中和轴上升,并发生转角($\Delta\theta$),压区缩小。最终,因受拉钢筋屈服,压区混凝土破坏而成为大偏心受压破坏形态;或者因压区混凝土控制破坏,受拉钢筋未达屈服而成为小偏心受压破坏形态。极限状态时,截面的应变分布也符合平截面假定。一般分析方法,按图 10-17建立平衡方程 $\sum N = 0$,$\sum M_x = 0$ 和 $\sum M_y = 0$,已知偏心距 e_{0x} 和 e_{0y} 后,求解未知数 N_u、x_u 和 θ_u,常需要用计算机进行反复迭代运算。

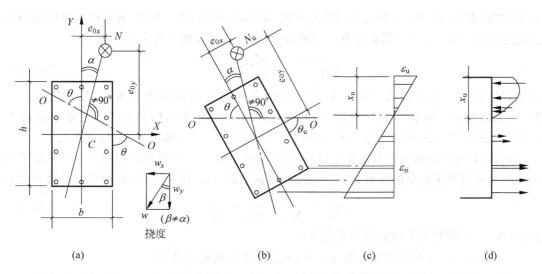

图 10-17 双向偏心受压构件

(a) 双向偏心轴力；(b) 中和轴；(c) 截面应变；(d) 应力

对一个确定截面尺寸和材料的钢筋混凝土柱,可以通过试验测定其不同双向偏心距情况下的极限内力 N_u,M_x 和 M_y,并以此绘制相应的包络曲面(图 10-18(a))。此包络面与 3 个坐标的交点分别为轴心受压承载力 N_0 和 X,Y 方向的单向极限弯矩 M_{x0} 和 M_{y0}($N=0$);它和两个竖向坐标面的交线 N_0-M_{x0} 和 N_0-M_{y0} 分别代表 X 和 Y 方向单向偏心的极限轴力-弯矩包络线(即图 10-7(a)),其上的 (M_{xb},N_b) 和 (M_{yb},N_b) 为界限偏心状态;它与水平坐标面的交线 M_{x0}-M_{y0} 为双向受弯($N=0$)的包络线。

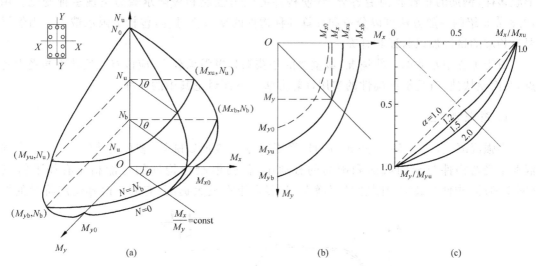

图 10-18 双向偏压柱的极限轴力-弯矩包络图

(a) 空间包络曲面图；(b) 等轴力线 M_x-M_y 图；(c) $\dfrac{M_x}{M_{xu}}$-$\dfrac{M_y}{M_{yu}}$ 图

沿极限轴力 $N_u=$const. 的平面与包络面的交线为一族曲线。对于圆截面柱,这些曲线都是圆形,即空间包络面为一绕 N_u 轴的旋转面;对于非圆形截面,如矩形截面柱,这族曲线各不相同(图 10-18(b))。若改为以相对坐标 M_x/M_{xu} 和 M_y/M_{yu} 作图,各曲线与坐标轴的交点均为 1(图 10-18(c))。根据已有的试验研究,这一族曲线的一般表达式为[10-8]

$$\left(\frac{M_x}{M_{xu}}\right)^{\alpha}+\left(\frac{M_y}{M_{yu}}\right)^{\alpha}=1 \tag{10-21}$$

式中,M_{xu} 和 M_{yu} 为轴力 N_u 时在 X 和 Y 方向单向偏心的极限弯矩值,系数 α 值取决于 N_u/N_0、截面 b/h、钢筋总量和位置、钢筋和混凝土的强度和本构关系等。文献中给出了 α 的计算方法[10-9],或者简化为一常数 $\alpha=1.15\sim1.55$[10-8,10-10],都小于 $\alpha=2$(圆弧)。

用式(10-21)不难验算双向偏心受压柱的极限承载力。一些设计规范[1-1,1-11]宁愿采用更简单直观且偏于安全的计算式。当已知双向偏心距 $\eta_x e_{0x}$ 和 $\eta_y e_{0y}$ 时,柱的极限承载力取为

$$\frac{1}{N_u}=\frac{1}{N_{ux}}+\frac{1}{N_{uy}}-\frac{1}{N_{u0}} \tag{10-22}$$

式中,N_{u0}——同截面的轴心受压承载力;

$\quad N_{ux}(N_{uy})$——按单向偏心距 $\eta_x e_{0x}(\eta_y e_{0y})$ 计算的极限承载力。

式(10-22)与弹性材料的复合受力(N,M_x,M_y)计算式完全相同,也可用其他方法[10-11]证明。其理论计算值与钢筋混凝土柱的试验结果大致相符,而偏于安全。

双向偏心受拉构件的试验研究较少,计算方法参见文献[10-13]。

10.5　多种材料和构造的构件

钢筋混凝土结构工程中,构件所用的混凝土和钢筋材料的品种、强度等级有别,截面的形状多样,钢筋的布置和构造各异,致使构件的受力性能和极限承载力呈现多种变化。用 10.3 节介绍的一般方法可以分析和计算各种构件的受力全过程,包括极限承载力。当然需要有相应的试验加以验证和补充。

对于工程中常遇的一些情况,最重要的是获知其极限承载力,应该有既反映不同受力特点,又简便快捷,有足够准确性的实用计算方法。下面讨论其中的几种。

1. 高强混凝土

高强混凝土$(f_{cu}>50\ \text{N/mm}^2)$质脆,受压应力-应变曲线陡峭,破坏突然(3.1 节)。高强混凝土受弯构件与相同截面和配筋的普通中、低强混凝土构件的性能相比有如下特点(图 10-19):构件开裂前的刚度显著增大,开裂弯矩有较大提高,有利于改善使用阶段的性

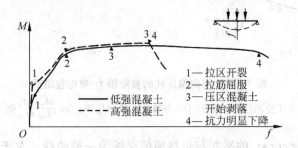

图 10-19　高强混凝土梁的挠度[3-1]

能;拉区开裂后,截面刚度和裂缝间距等逐渐与后者接近;钢筋受拉屈服时的弯矩(M_y)和极限弯矩(M_u)略有提高,但幅度不大;极限状态时,高强混凝土的压应变($2.93\times10^{-3}\sim$ 3.28×10^{-3})稍小,极限曲率$(1/\rho)_u=\varepsilon_u/x_u$(图 10-13(b))因压区高度偏小而增大,相应的挠度偏大。但是,承载力明显下降时的变形(挠度),比中低强混凝土构件的变形小。如果受压区没有任何纵向和横向钢筋,构件破坏时高强混凝土突然破碎,发出声响,碎片飞崩,承载力骤然下降。设计高强混凝土构件时,应该配设适量钢筋,避免发生这种破坏状态。

计算高强混凝土构件的截面承载力时,可将应力-应变曲线简化成多种简单图形[10-14],或者采用等效矩形应力图,按前述的方法和公式进行。文献[3-2]建议的等效矩形应力图参数取为

$$\left.\begin{array}{l} \alpha\gamma f_c = f_c \\ \beta = 0.8 - 0.005(f_{cu} - 50) \end{array}\right\} \tag{10-23}$$

在确定界限受压区高度 ξ_b(式 10-13)时,取

$$\varepsilon_u = 3\times10^{-3}$$

相应值在我国规范[1-1]中取为

$$\text{C50}\sim\text{C80} \qquad \left.\begin{array}{l} \alpha\gamma = 1 - 0.002(f_{cu} - 50) \\ \beta = 0.8 - 0.002(f_{cu} - 50) \\ \varepsilon_u = 0.0033 - (f_{cu} - 50)\times10^{-5} \\ \varepsilon_0 = 0.002 + 0.5(f_{cu} - 50)\times10^{-5} \end{array}\right\} \tag{10-24}$$

2. 轻骨料混凝土

轻骨料混凝土($\rho\leqslant1\,900\ \text{kg/m}^3$)的弹性模量小,应力-应变曲线也陡峭,破坏突然(3.2 节)。配筋轻骨料混凝土梁和普通中、低强度混凝土梁的受力性能相似,差别是变形偏大,裂缝稍宽,破坏过程较快些。

计算轻骨料混凝土受弯和压弯构件的极限承载力[3-13],采用的应力-应变曲线(图 10-20)方程为

$$\left.\begin{array}{ll} 0\leqslant\varepsilon\leqslant\varepsilon_0 & \dfrac{\sigma}{\sigma_u} = 1.5\left(\dfrac{\varepsilon}{\varepsilon_0}\right) - 0.5\left(\dfrac{\varepsilon}{\varepsilon_0}\right)^2 \\ \varepsilon_0\leqslant\varepsilon\leqslant\varepsilon_u & \sigma = \sigma_u \end{array}\right\} \tag{10-25}$$

按等效原则计算的矩形应力图特征参数得 $\beta=0.769$ 和 $\alpha=0.94$,化整后取为

$$\beta = 0.75, \quad \alpha\sigma_u = 1.1f_c \tag{10-26}$$

平衡方程按图 10-13(d)的截面应力图建立。确定两种破坏形态时,界限受压区高度 ξ_b 的计算式(10-13)中取 $\varepsilon_u=$ 3.3×10^{-3}。

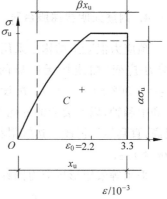

图 10-20 轻骨料混凝土的等效
矩形应力图

3. 钢筋强度不等

工程中常有构件配设的钢筋强度不等,或采用不同品种和等级的钢筋等情况。如果梁

内两种钢筋的屈服强度 $f_{y1} < f_{y2}$,其一般受力过程(图10-21)如下:由于不同钢材的弹性模量值相差不大,梁受载和拉区出现裂缝后,各钢筋的应力几乎相等,变化规律和配设相同钢筋的梁一样。相应地,构件的曲率($1/\rho$)和中和轴(d_c/h_0)的变化也无区别。

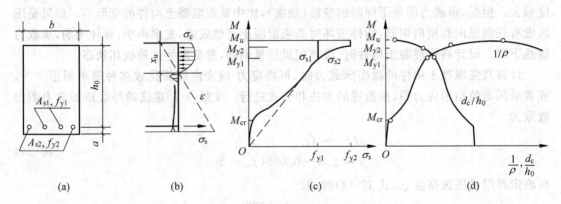

图10-21 钢筋强度不等的梁

(a) 截面;(b) 应力分布;(c) 钢筋应力;(d) 曲率和中和轴

当强度较低的钢筋(A_{s1})的应力首先达到屈服强度(M_{y1},$\sigma_{s1} = f_{y1}$)后维持常值,另一种钢筋的应力增长加快并出现转折,随之曲率和中和轴的变化速度加快。此时,另一种钢筋(A_{s2})尚未屈服($\sigma_{s2} < f_{y2}$),构件的变形和裂缝仍能维持稳定。当所有钢筋都达屈服($\sigma_{s2} = f_{y2}$,M_{y2})后,变形很快增长,裂缝增宽并往压区延伸。拉区的总拉力不再增大,力臂的少量增加使承载力有所提高。当压区混凝土破坏,构件即达极限承载力(M_u)。

一般情况下,这种梁由拉区钢筋的总拉力($A_{s1} f_{y1} + A_{s2} f_{y2}$)控制其极限弯矩和破坏形态,计算方法同前(式(10-14)等)。

4. 钢筋无明显屈服台阶

预应力混凝土结构中采用的高强碳素钢丝和钢绞线,以及冷拔低碳钢丝等,它们的拉伸(应力-应变)曲线均无明显的屈服台阶(图5-7)。与名义屈服强度 $f_{0.2}$ 对应的应变为 $\varepsilon_{0.2} = 0.002 + (f_{0.2}/E_s)$。配设这类钢筋的构件,当受拉钢筋达到名义屈服强度时,截面的曲率和中和轴,以及裂缝的变化都不出现明显的转折。此后,随弯矩的增加,钢筋应力仍继续提高,直到压区混凝土达极限状态(ε_u)时构件有最大承载力(M_u)。此时钢筋的极限应力必为 $\sigma_s > f_{0.2}$。

采用等效矩形压应力图计算[10-15]时,界限受压区高度(参见图10-15)为

$$\left. \begin{array}{l} \dfrac{x_{ub}}{h_0} = \dfrac{\varepsilon_u}{\varepsilon_u + \varepsilon_{0.2}} = \dfrac{3.3 \times 10^{-3}}{3.3 \times 10^{-3} + \left(0.002 + \dfrac{f_{0.2}}{E_s}\right)} \\[4mm] \xi_b = 0.8\dfrac{x_{ub}}{h_0} = \dfrac{0.8}{1.6 + \dfrac{f_{0.2}}{3.3 \times 10^{-3} E_s}} \end{array} \right\} \qquad (10\text{-}27)$$

或

计算式(10-14)中适筋梁的受拉钢筋应力取 $\sigma_s = m f_{0.2}$,文献[5-7]建议钢筋应力增大系数

$$m = \frac{\sigma_s}{f_{0.2}} = 1.25 - 0.25\frac{x_u}{x_{ub}} \qquad (10\text{-}28a)$$

式中，x_u 为极限状态时的计算压区高度（图 10-13（d））。原设计规范中偏小采用，将式（10-28a）改为

$$m = 1.1 - 0.1 \frac{x_u}{x_{ub}} \tag{10-28b}$$

计算预应力混凝土构件时，将式（10-27）中的 $f_{0.2}$ 换作（$f_{0.2} - \sigma_{p0}$），σ_{p0} 为预应力筋合力点处、当混凝土预应力为零时的预应力筋的应力。

5. 钢筋沿截面高度分布

截面高度很大的混凝土构件，如剪力墙、折板、大型箱形梁等（图 10-22），除了靠近截面上、下端集中设置钢筋（A_s' 和 A_s）外，还常沿截面高度设置均布的受力钢筋；圆形和环形截面构件的纵向钢筋一般都沿圆周均匀布置；型钢和混凝土的组合结构中，常有连续的腹板受力等。这些构件受力后，各受力筋或腹板各点至中和轴的距离不等，应力（变）也不同，不可能同时达到屈服强度。在构件的极限状态，部分钢筋能达屈服强度，另一些则不能。

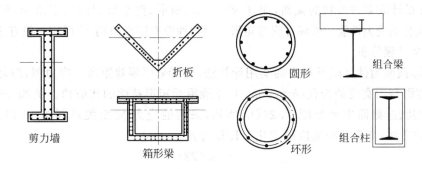

图 10-22　钢筋沿截面高度分布的各种构件

为了建立实用计算方法，将沿截面高度分布的分离式钢筋，换算成面积相等但连续的钢腹板（筋）$A_{sw} = t h_w$（图 10-23（a））。对圆形或环形截面，则换算成连续的薄钢管。构件在极限状态时的应变和钢筋应力分布如图 10-23（b）、（c）所示，在中和轴两侧各 ηx_u 范围内钢筋的应力低于屈服强度（$\sigma_s < f_{yw}$）。η 值按平截面应变假设确定为

$$\eta = \frac{f_{yw}}{\varepsilon_u E_s} \tag{10-29}$$

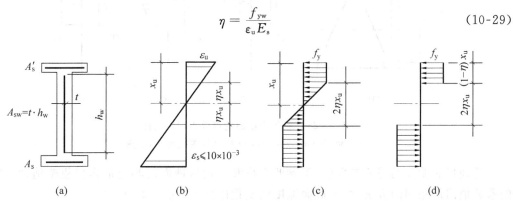

图 10-23　连续分布钢筋构件的计算图形

（a）截面；（b）应变；（c）钢材应力；（d）简化应力图

式中，f_{yw}——腹板（钢筋）的屈服强度；

    ε_u——混凝土的极限压应变，取为 3.3×10^{-3}。

构件极限承载力的计算，可以仿照式（10-14）建立平衡方程，同样采用等效矩形混凝土压应力图，取 $\beta = 0.8$ 和 $\alpha\gamma = 1$，上、下端钢筋（A'_s，A_s）的应力计算同式（10-15）～式（10-18）等。此外，还应限制极限状态时构件最大受拉边的钢筋应变，以防止在使用阶段出现过高拉应力和过宽的裂缝。一般取

$$\varepsilon_s \leqslant 10 \times 10^{-3} \tag{10-30}$$

对于常见的圆形和环形等截面，已有现成的计算式可敷应用，详细推导见文献[0-2,10-16]。

如果忽略中和轴两侧 ηx_u 范围内钢筋的受力作用（图 10-23（d）），建立的计算式更为简单，所得极限承载力的计算误差一般不超过 2.5%，且偏于安全。

6. 非矩形截面

钢筋混凝土构件采用矩形截面制作最为简单。工程中为了减轻结构自重或满足其他功能要求，常设计成多种形状的截面，如 T 形、工形、槽形、空心形、梯形、三角形、圆形和环形等。这些构件的受力性能和破坏过程与矩形截面构件没有明显差别，都可用一般方法（10.3 节）进行截面全过程分析。

非矩形截面构件极限承载力的实用计算法，也可采用等效矩形压应力图，但是特征参数 α，β 和 γ 值因截面宽度的变化（$b \neq \text{const.}$），不能沿用矩形截面的相应值。例如，三角形截面构件的极限状态截面应变如图 10-24（b）所示，采用的应力-应变关系同图 10-14（a）。按照 10.4.1 节的方法，考虑截面宽度的变化后计算得到

$$\left. \begin{array}{l} \alpha = 0.922 \\ \beta = 0.845 \\ \alpha\gamma \approx 1 \end{array} \right\} \tag{10-31}$$

与矩形截面的相应数值（式（10-11a））有差别。

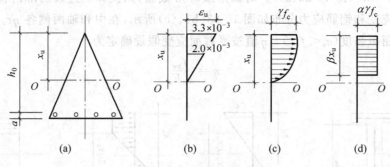

图 10-24 三角形截面的等效矩形应力图

(a) 截面；(b) 应变；(c) 应力；(d) 等效矩形应力图

其他形状截面的特征参数值，可参照矩形和三角形截面的相应值作出粗略估计。准确的参数值需用相同的方法，引入截面宽度的变化进行计算（式（10-10））。

第11章 受拉裂缝

11.1 裂缝的成因及控制

混凝土的抗拉强度 f_t 很低,引起很小的拉应变(约 100×10^{-6})就可能出现裂缝。混凝土结构在建造期间和使用期间,因为材料质量、施工工艺、环境条件和荷载作用等都可能使结构表面出现肉眼可见裂缝。在设计普通混凝土结构(不施加预应力的)时就预知,在正常条件下,结构将带裂缝工作,因此需要对混凝土的裂缝进行验算和控制。这是其他材料如钢、木,甚至砖砌体等结构所不会遇到的特殊问题。

大量工程实践中发现,钢筋混凝土结构的裂缝形态多样,发展程度有别,形成裂缝的主要原因可分为两类。

1. 荷载作用

钢筋混凝土结构在荷载作用下,承受拉(轴)力或弯矩的构件在横截面上有一维的拉应力,承受剪力和扭矩的构件,或二维和三维结构有主拉应力。这些构件都可能出现垂直于主拉应力方向的裂缝(图 11-1(a)、(b))。裂缝一般沿构件宽度方向贯通全截面。仔细观察还可发现表面裂缝的多种形态和宽度的变化规律。例如截面较大的拉杆,除了贯通全截面的较宽裂

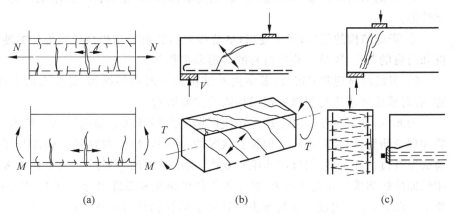

(a)   (b)   (c)

图 11-1 荷载或截面内力作用下的构件裂缝

(a) 轴拉力和弯矩;(b) 剪力和扭矩;(c) 压力

缝,还有在钢筋位置的短而窄的裂缝;截面高度较大的梁,裂缝宽度在钢筋位置处较窄,而稍远处的腹部裂缝更宽;梁端斜裂缝在截面高度中间部分最宽,上、下端较窄;等等。

钢筋混凝土结构在轴压力或压应力作用下也可能产生裂缝,例如梁受压区顶部的水平裂缝、薄腹梁端部连接集中荷载和支座的斜向受压裂缝、螺旋箍筋柱沿箍筋外沿的纵向裂缝、局部承压和预应力筋锚固端的局部裂缝等(图 11-1(c))。发生受压裂缝时,混凝土的应变值一般都超过了单轴受压峰值应变 ε_p、临近破坏,使用阶段中应予避免。

2. 施工、构造和环境条件等非荷载因素

当配制混凝土的水泥质量有问题(如安定性差),养护不足或者失水(干燥)过快时,有较大表面积的构件常出现比较普遍的、不规则的收缩裂缝;构件主筋和箍筋的保护层过薄,可能形成沿钢筋轴线的裂缝(图11-2)。这类裂缝的宽度一般较小(0.05~0.1mm),且深度浅,只及截面的表层。

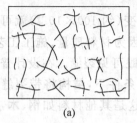

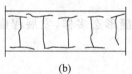

图 11-2 收缩裂缝

(a) 板表面;(b) 梁箍筋外侧

当环境温湿度发生变化,混凝土的相应变形受到周围结构的约束,以及结构的基础有不均匀沉降时,都将在结构内产生附加应力,或内力重分布,并形成裂缝;结构经受高温(如火灾)及冷却后,以及露天结构在多年寒暑交替后,表面出现不规则裂缝;露天结构中的钢筋锈蚀后,沿钢筋轴线形成裂缝;等等。

混凝土结构出现裂缝后,可能对结构的使用性能和耐久性产生的不利影响有:

① 钢筋锈蚀,降低结构的耐久性(第 20 章)。混凝土的开裂使构件中局部钢筋直接与周围介质接触,对于露天结构和处在潮湿环境,甚至含酸、氯介质的侵蚀环境中,钢筋表层将逐渐氧化而发生锈蚀,并往内部发展。钢材锈蚀物比原体积增大,很易将周围混凝土保护层胀裂,形成纵向裂缝,甚至表层剥落,使钢筋加速锈蚀。钢筋的受力面积因受锈蚀而逐渐减小,纵向裂缝破坏了钢筋和混凝土的粘结力,都使构件的承载力减小,影响结构的安全度。

② 降低结构的抗渗(水、气)性,甚至造成渗漏,严重损害一些水工结构和容器结构的阻水性能。

③ 降低结构的刚度,增大变形(如挠度)量,影响非结构性建筑部件的使用性能和观瞻,例如门窗的开启、隔墙和装饰材料的变形和损伤等。

④ 裂缝的显现和发展,以及室内非结构材料的局部损伤,都使人们心理上产生不安全感,有时成为要求进行裂缝处理或加固的主要因素。

为此,必须对钢筋混凝土结构在使用期间的裂缝状态加以控制。各国进行了大量的试验和理论研究,以及对实际工程裂缝状况的调研和统计,内容包括构件开裂时的内力值、裂缝的发展过程和机理、裂缝的间距和宽度、钢筋锈蚀的发展过程和影响因素、裂缝对结构使用性能的影响等。在此基础上,建立了构件的抗裂和裂缝的计算方法,以及相应的裂缝控制要求。但是,至今比较成熟的方法还只限于承受轴拉力和弯矩的构件(图 11-1(a)),下面将作介绍。因为施工、构造和环境条件等所引起的裂缝,一般在设计中采取适当构造措施,施工中采用合理的工艺和技术加以解决或改善。至于受压裂缝(图 11-1(c)),一般不允许在

使用阶段出现,设计时应严加限制。

我国规范[1-1]规定,在设计钢筋混凝土构件时,应根据其使用要求确定控制裂缝的 3 个等级[11-1]:

一级——严格要求不出现裂缝的构件,在短期(全部)荷载作用下,截面上不出现拉应力,即

$$\sigma_{sc} \leqslant 0 \tag{11-1a}$$

二级——一般要求不出现裂缝的构件,在短期(全部)荷载作用下,截面上的拉应力小于混凝土抗拉强度的一部分;在长期(部分)荷载作用下不出现拉应力,即

短期荷载 $\qquad \sigma_{sc} \leqslant \alpha_{ct} \gamma f_t$ \hfill (11-1b)

长期荷载 $\qquad \sigma_{tc} \leqslant 0$ \hfill (11-1c)

式中,α_{ct}——拉应力限制系数,$0.3 \sim 1.0$,取决于构件的工作条件和环境湿度等[1-1];

γ——受拉区混凝土塑性影响因素(式(2-7)和式(11-6))。

三级——允许出现裂缝的构件,计算的最大裂缝宽度 w_{max}(式(11-23))不得超过允许值,即

$$w_{max} \leqslant w_{lim} \tag{11-1d}$$

裂缝宽度的允许值 w_{lim} 依据构件的工作环境类别(见表 20-4)、荷载性质(静力、振动)、所用钢筋的种类和混凝土保护层厚度等确定,一般取 $0.2 \sim 0.4$ mm,详见设计规范[1-1]。

当然,要求一级和二级控制裂缝的构件,采用普通钢筋混凝土很难满足,即使能做到,也将极不经济。一般应采用预应力混凝土来满足,用式(11-1a,b,c)计算时,左边的混凝土应力值应该扣除有效的预压应力值。普通钢筋混凝土结构一般都属三级。

其他国家的设计规范中,对混凝土裂缝的控制与上述大同小异。例如模式规范 CEB-FIP MC90 将环境条件定为 5 个暴露等级,分别限制截面上不出现拉应力,或者计算最大裂缝宽度小于允许值 w_{lim},一般为 $0.2 \sim 0.3$ mm。ACI 规范[1-11]对计算最大裂缝宽度限制为 0.4 mm(室内构件)或 0.33 mm(室外构件)。有些国家根据研究结果认为,混凝土裂缝宽度的限制值可放宽至 $0.4 \sim 0.5$ mm[0-1]。

11.2 构件的开裂内力

已知构件的截面尺寸和材料,确定其开裂时的内力(轴力和弯矩),是验算构件是否出现裂缝和计算开裂构件的裂缝间距和宽度所必需。

轴心受拉构件在工程中常见的例子有桁架的拉杆、圆形水池和水管的环向等。构件一般为对称配筋,混凝土开裂时的轴力(式(7-22))为

$$N_{cr} = f_t \left(A_c + \frac{n}{\lambda_t} A_s \right) = f_t A_0 \tag{11-2}$$

式中,f_t——混凝土的抗拉强度;

A_0——换算截面积,其余符号同式(7-22)。

当按式(11-1b,c)的要求限制混凝土出现裂缝时,在轴力 N 作用下的混凝土拉应力(即式左项)取

$$\sigma_{sc}, \sigma_{tc} = \frac{N}{A_0} \tag{11-3}$$

钢筋混凝土受弯构件(梁)的开裂弯矩 M_{cr},可按 10.3 节的一般方法进行准确计算。由于影响混凝土开裂的因素较多,混凝土抗拉强度的离散度较大,在工程应用中采用近似方法计算开裂弯矩已足够准确。

先讨论素混凝土梁的开裂弯矩(图 11-3)。临近混凝土开裂前,梁的截面保持平截面变形。假设混凝土的最大拉应变达二倍轴心受拉峰值应变 $\varepsilon_{t,p}$ 时,即将开裂。此时拉区应力分布与轴心受拉应力-应变曲线相似,压区混凝土应力很小,远低于其抗压强度($\sigma_c \ll f_c$),仍接近三角形分布。将截面应力图简化为拉区梯形(取 σ-ε 曲线模型如图 1-27(a)之右)、最大拉应力值为 f_t 和压区三角形,最大压应力为 $\frac{x}{h-x} 2 f_t$。建立水平力的平衡方程:

$$\frac{1}{2} b x \cdot \frac{x}{h-x} 2 f_t = \frac{3}{4} b(h-x) f_t$$

解得受压区高度 $x = 0.464h$,顶面最大压应力为 $1.731 f_t$。由此即可计算截面开裂弯矩,得

$$M_{cr} = 0.256 f_t b h^2 \tag{11-4}$$

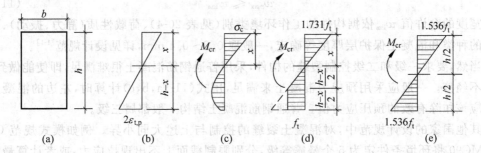

图 11-3　素混凝土梁临近开裂的状态

(a) 截面;(b) 应变分布;(c) 应力分布;(d) 计算应力图;(e) 弹性应力图

如果按弹性材料计算,即假设应力图为直线分布(图 11-3(e)),素混凝土梁开裂(即断裂)时的名义弯曲抗拉强度 $f_{t,f}$(或称断裂模量)为

$$f_{t,f} = \frac{M_{cr}}{bh^2/6} \approx 1.536 f_t \tag{11-5}$$

它和混凝土轴心抗拉强度的比值称为截面抵抗矩塑性影响系数基本值,对于矩形截面梁规范[1-1]中取整为

$$\gamma_m = \frac{f_{t,f}}{f_t} = 1.55 \tag{11-6}$$

截面抵抗矩塑性影响系数基本值 γ_m 的数值,不仅取决于非线性的应力图,还随截面形状、应变梯度、配筋率等因素而变化。

非矩形截面,如 T 形、工形、圆形和环形等,因中和轴位置和拉、压区面积的形状不同而有不等的 γ_m 值,一般在 1.25~2.0 范围内[11-3]。

构件截面的高度 h 增大,混凝土开裂时的应变梯度($3.73\varepsilon_{t,p}/h$)减小,塑性系数随之减小。反之,截面高度减小(如板),塑性系数有较大增长[11-4]。文献[11-2]和规范[1-1]建议对构件的截面抵抗矩塑性影响系数 γ 按截面高度(h,mm)加以修正

$$\gamma = \left(0.7 + \frac{120}{h}\right)\gamma_m \tag{11-7}$$

式中，h 的取值为 $400 \leqslant h \leqslant 1\,600$。

钢筋混凝土梁，受拉区临开裂时的应变值很小，压区应力接近于三角形，拉区改用名义弯曲抗拉强度 $f_{t,f}$ 后，可以用换算截面法计算开裂弯矩。梁内的受拉和受压钢筋，按弹性模量比 $n = E_s/E_0$（式 7-6）换算成等效面积 nA_s 和 nA'_s 后，看做均质弹性材料计算换算截面积 A_0、中和轴位置或受压区高度 x，以及惯性矩 I_0 和受拉边缘的截面抵抗矩 $W_0 = I_0/(h-x)$ 等。在截面内力（即弯矩 M 和轴力 N（拉为正，压为负））作用下，受拉边缘混凝土的应力为

$$\sigma_c = \frac{M}{W_0} + \frac{N}{A_0} \tag{11-8a}$$

即可用于式（11-1a,b,c）验算裂缝的出现。也可使 $\sigma_c = f_{t,f} = \gamma_m f_t$（式 11-6）后，确定构件的开裂内力 M_{cr} 和 N_{cr}。例如，受弯构件（$N=0$）的开裂弯矩为

$$M_{cr} = \gamma_m W_0 f_t \tag{11-8b}$$

试验结果表明，这样计算的误差不大。其他一些设计规范采用了同样的方法，限制混凝土的拉应力[1-12]或计算开裂内力。

11.3　裂缝机理分析

钢筋混凝土构件出现受拉裂缝（$N > N_{cr}$，$M > M_{cr}$）后，裂缝的数量逐渐增多，间距减小，宽度加大。由于影响混凝土裂缝发展的因素众多，以及混凝土的非匀质性和材性的离散度较大，裂缝的开展和延伸有一定随机性，使构件表面的裂缝状况变异性大，对其准确地认识和分析的难度也大，出现了多种不同的观点和相应的计算方法。

11.3.1　粘结-滑移法

最早从钢筋混凝土轴心受拉杆的试验研究中提出了粘结-滑移法[11-5]，以后的研究[11-6～11-11]遵循其基本概念加以补充和修正。

拉杆受力后，临近开裂（$N \to N_{cr}$）前，混凝土和钢筋的应变值相等，应力分别为 $\sigma_c \approx f_t$ 和 $\sigma_s = nf_t/\lambda_t$。二者沿轴线均为常值，粘结应力 $\tau = 0$（图 11-4（b）中的点划线 ⓪-⓪），无相对滑移。

当构件的最薄弱截面上出现首批裂缝（图 11-4（a）中①）时，裂缝间距很大。裂缝截面混凝土退出工作（$\sigma_c = 0$），全部轴力由钢筋承担，应力突增至 $\sigma_s = N_{cr}/A_s$，裂缝两侧的局部发生相对滑移。此时，钢筋和混凝土的（截面平均）应力沿轴线发生变化。在二者的界面产生相应的粘结应力分布，如图 11-4（b）中实线①所示。

离裂缝①的一段距离（l_{min}）之外，混凝土的应力仍维持 $\sigma_c = f_t$。相应地，钢筋应力和粘结应力也都和裂缝出现之前相同。这一段长度称为粘结长度或应力传递长度，可根据平衡条件（图 11-4（c））确定。若钢筋和混凝土间的平均粘结应力取为 τ_m，则

$$l_{min} = \frac{f_t A_c}{\tau_m \pi d} = \frac{d}{4\mu} \frac{f_t}{\tau_m} \tag{11-9}$$

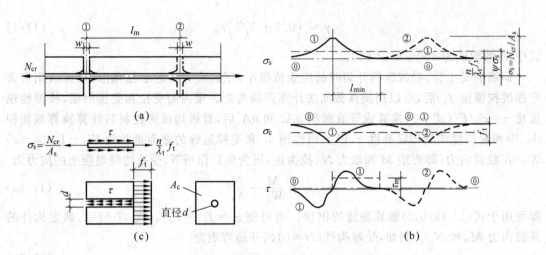

图 11-4 拉杆的开裂和应力分布

(a) 裂缝；(b) 应力分布；(c) 平衡条件

式中，μ——截面配筋率，$\mu = A_s/A_c$。

在裂缝①两侧各 $l_{\min}$ 范围内，混凝土的应力 $\sigma_c < f_t$，一般不会再出现裂缝。而在此粘结长度范围之外的各截面都可能出现第二批裂缝②，同样也发生在薄弱截面。裂缝②出现后，钢筋和混凝土的应力，以及粘结应力沿轴线的变化与裂缝①出现时相似，如图11-4(b)中曲线②所示。如果相邻裂缝的间距 $< 2l_{\min}$，其间混凝土的拉应力必为 $\sigma_c < f_t$，一般不再出现裂缝。可见，相邻裂缝间距离的最小值为 $l_{\min}$，而最大值为 $2l_{\min}$。试件的实际裂缝间距有较大离散性，平均间距约为

$$l_m \approx 1.5 l_{\min} \tag{11-10}$$

根据上述分析，混凝土受拉裂缝的间距主要取决于混凝土的抗拉强度、钢筋的配筋率与直径，以及二者间的平均粘结应力等。试验中还发现，不同强度等级的混凝土，其 f_t/τ_m 比值的变化幅度小，可近似取为一常数；当 μ 很大（即 d/μ 很小）时，裂缝间距趋于一常值；变形钢筋比光圆钢筋的粘结应力（强度）高，平均裂缝间距约小 30%。因此，受拉裂缝平均间距的计算式修正为

$$l_m = \left(k_1 + k_2 \frac{d}{\mu}\right)\nu \tag{11-11}$$

式中，k_1, k_2——试验数据回归分析所得参数值，如文献[11-11]建议取 $k_1 = 70\ \text{mm}, k_2 = 1.6$；

ν——对光圆钢筋取为 1.0，对变形钢筋取为 0.7。

受弯构件的受拉区混凝土裂缝，同样可用上述方法推导裂缝平均间距的计算式。它与式(11-11)形式相同，式中参数的回归值则有不同值，如文献[11-10]建议取 $k_1 = 60\ \text{mm}, k_2 = 0.6$，而文献[11-7]建议 $k_1 = 60\ \text{mm}, k_2 = 2f_t/\tau_m$ 等。

粘结-滑移法假设构件开裂后横贯截面的裂缝宽度相同，即在钢筋附近和构件表面的裂缝宽度相等（图11-4(a)）。所以，裂缝宽度应该是裂缝间距范围内钢筋和混凝土的受拉伸长差。二者的应变（应力）沿轴线分布不均匀，若平均应变分别为 $\bar\varepsilon_s$ 和 $\bar\varepsilon_c$，则平均的裂缝宽度为

$$w_m = (\bar\varepsilon_s - \bar\varepsilon_c)l_m \tag{11-12}$$

裂缝间钢筋的平均应变 $\bar{\varepsilon}_s$ 小于裂缝截面上的钢筋应变 $\varepsilon_s = \sigma_s/E_s$，其比值称为裂缝间受拉钢筋应变的不均匀系数：

$$\psi = \frac{\bar{\varepsilon}_s}{\varepsilon_s} = \frac{\bar{\varepsilon}_s E_s}{\sigma_s} \leqslant 1.0 \tag{11-13}$$

一般情况下，混凝土的平均拉应变远小于钢筋拉应变（$\bar{\varepsilon}_c \ll \bar{\varepsilon}_s$），可忽略不计。故裂缝平均宽度的计算式简化为

$$w_m = \psi \frac{\sigma_s}{E_s} l_m \tag{11-14}$$

11.3.2　无滑移法

按粘结-滑移法概念推导的受拉裂缝间距和宽度，主要取决于 d/μ 比和 τ_m 值。变形钢筋和光圆钢筋与混凝土的平均粘结强度（τ_u，第 6 章）相差约 4 倍，对裂缝应有巨大影响。又假设了钢筋附近和构件表面的裂缝宽度相等。这些结论和假设与下述一些试验结果有较大出入。

一组矩形截面梁，配设光圆钢筋和变形钢筋的各 3 个（图 11-5(a)）[11-12,11-13]。各梁的截面相同，配筋率（μ）接近，但钢筋直径相差悬殊（31.8 mm/12.7 mm = 2.5）。在相同弯矩作用下量测各梁钢筋重心位置的表面裂缝宽度相差很小：0.208 mm/0.196 mm = 1.061 和 0.191 mm/0.178 mm = 1.073；光圆钢筋和变形钢筋梁的裂缝宽度比仅为 1.09～1.17，都与粘结-滑移法的结论相差很大。

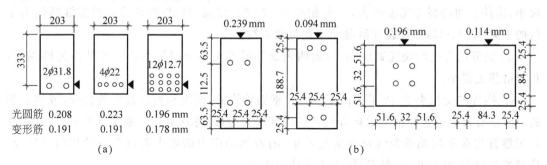

图 11-5　裂缝宽度的对比和验证试验
(a) 梁试件[11-12]；(b) 轴心受拉试件(4ϕ12.7)[11-16]

另一组试件，4 根受拉杆的截面积和配筋（d/μ）完全相同，但截面形状和钢筋的保护层厚度不等（图 11-5(b)）[11-14～11-16]。在相同的轴拉力作用下量测到试件相应位置的表面裂缝宽度相差很大，如 0.239 mm/0.094 mm = 2.54。

此外，为了量测混凝土受拉裂缝的准确形状，研究人员设计了多种有效的试验方法，例如测定受拉试件的端面变形分布和相对位移[11-17]，靠压力将树脂[11-18]或红墨水[11-19]注入裂缝。通过这些试验获得了混凝土受拉裂缝更详尽的信息（图 11-6），包括裂缝面的变形和裂缝宽度沿截面的变化、钢筋和混凝土相对滑移的分布、外表可见裂缝和内部裂缝及其纵向分布等。由此可引出裂缝形态的一些重要结论：

① 裂缝表面是一个规则的曲面。裂缝宽度沿截面发生显著变化，在钢筋周界处的宽度

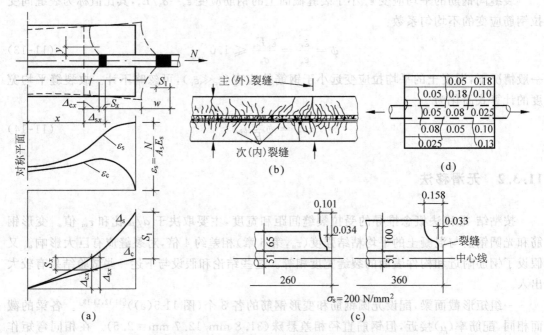

图 11-6   受拉试件的变形和内外裂缝

(a) 钢筋和混凝土的变形和相对滑移[0-1]；(b) 内外裂缝分布[11-19]；

(c) 裂缝的宽度变化[11-19]；(d) 内裂缝宽度[11-16]

最小,构件表面的裂缝宽度最大,二者相差 3～7 倍。注意,粘结-滑移法假设裂缝两侧为平行的平面(图 11-4(a))及裂缝沿截面等宽与此不符。

② 钢筋周界处的裂缝宽度很小,表明钢筋和混凝土的相对滑移小。即使是光圆钢筋,相对滑移也很小。

③ 构件的受拉裂缝,除了表面上垂直于钢筋轴线的、间距和宽度都大的裂缝(或称主裂缝)外,还有自钢筋表面横肋处向外延伸的内部斜裂缝(或称次裂缝)(参见图 6-9(a))。这些斜裂缝首先在张拉端或裂缝截面附近产生,随着钢筋应力的增大而逐渐沿轴线向内发展。裂缝的数量多,间距小,往外延伸,但未达构件表面。

④ 钢筋周围混凝土的变形状况复杂。靠近钢筋处的混凝土承受拉应力,如果不计内裂缝的局部影响,它沿纵向的分布与图 11-4(b)中的 σ_c 一致;靠近试件表面的混凝土在裂缝附近为压应力,沿纵向逐渐过渡,至相邻裂缝的中间截面为拉应力(图 11-8(d))。混凝土沿截面变化的应变差是裂缝外宽内窄的根本原因。

上述试验以及其他更多的试验[0-1]都提出了对粘结-滑移法的质疑,并构成了无滑移法的基础。它认为截面配筋率 μ 和钢筋直径对裂缝的间距和宽度影响很小;假设裂缝截面在钢筋和混凝土界面处的相对滑移很小,可予忽略,即此处裂缝宽度为零;构件表面裂缝的宽度随该点至钢筋的距离(或保护层厚度)成正比增大。

文献[11-15]分析了不同截面形状的轴心受拉杆和受弯梁的试验数据(图 11-7(a)),建议的计算式为

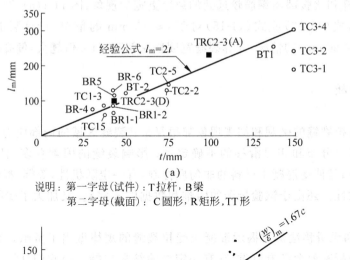

说明：第一字母(试件)：T拉杆，B梁
第二字母(截面)：C圆形，R矩形，TT形

图 11-7　裂缝的平均间距和宽度
(a) 裂缝平均间距[11-15]；(b) 裂缝平均宽度[11-12]

$$
\left.\begin{array}{ll}
\text{平均裂缝间距} & l_{\mathrm{m}}=2t \\
\text{表面裂缝平均宽度} & w_{\mathrm{m}}=l_{\mathrm{m}}\bar{\varepsilon}=2t\,\bar{\varepsilon} \\
\text{裂缝最大宽度} & w_{\max}=2w_{\mathrm{m}}=4t\,\bar{\varepsilon}
\end{array}\right\} \quad (11\text{-}15)
$$

式中，t——构件表面上裂缝所在位置至最近的钢筋中心的距离；

$\bar{\varepsilon}$——平均应变。

文献[11-12,11-13]进行了大量的梁试验，量测到试件表面裂缝宽度的变化如图 11-7(b)所示，对平均的和最大的裂缝宽度提出了计算式：

$$
\left.\begin{array}{lll}
\text{变形钢筋} & w_{\mathrm{m}}=1.67c\,\bar{\varepsilon} & w_{\max}=3.3c\,\bar{\varepsilon} \\
\text{光圆钢筋} & w_{\mathrm{m}}=1.89c\,\bar{\varepsilon} & w_{\max}=3.75c\,\bar{\varepsilon}
\end{array}\right\} \quad (11\text{-}16)
$$

式中，c——构件表面上裂缝所在位置至最近的钢筋表面的距离；

$\bar{\varepsilon}$——构件表面的计算平均应变；

$w_{\max}$——离散的裂缝宽度中出现概率为 1% 的宽裂缝，约为平均宽度的 2 倍。

这两组计算式(11-15)和式(11-16)的概念和结论相同，经验系数略有出入。

无滑移法把构件表面至钢筋的距离(t 或 c)作为影响裂缝间距和宽度的最主要因素，而唯一地引入计算式。更多的试验表明[0-1]，这一结论对于 $c=15\sim80$ mm 范围内的裂缝相符较好,也能解释拉杆和梁腹部离钢筋较远处的裂缝更宽的现象(图 11-1(a)、图 11-9(c))。但是,试验中也发现,式(11-16)或式(11-15)对于 $c \leqslant 15$ mm 的情况,计算裂缝宽度偏小约 50%[11-20];而对 $c \geqslant 80$ mm 的情况,计算裂缝宽度普遍偏高,且 c 值越大,偏高越多[11-21]。

11.3.3　综合分析

混凝土构件受拉裂缝的微观和细观现象都很复杂:裂缝区域的局部应力变化大;钢筋和混凝土间粘结应力分布和相对滑移的不确定性;影响裂缝的因素众多,且变化幅度大;裂缝的形成、开展和延伸受混凝土材料的非匀质控制,有一定随机性,等等,都使裂缝的间距和宽度有较大离散性。还由于试验量测的困难和数据的不完整,又加大了受拉裂缝理论分析的难度。

粘结-滑移法和无滑移法都对揭示混凝土受拉裂缝的规律做出了贡献。它们对于裂缝主要影响因素的分析和取舍各有侧重,都有一定试验结果支持。但它们计算式的形式和计算结果差别很大,又都不能完全地解释所有的试验现象和数据。进一步的研究将此两种方法合理地结合起来,既考虑构件表面至钢筋的距离(c 或 t)对裂缝宽度的重大作用,又修正钢筋界面上相对滑移和裂缝宽度为零的假设,计入粘结-滑移(d/μ)的影响[11-22],给出的裂缝平均间距的一般计算式为

$$l_m = k_1 c + k_2 \frac{d}{\mu} \tag{11-17}$$

式中参数 k_1 和 k_2 根据各自的试验数据确定[11-22,11-21,11-13];或者将裂缝宽度分解为 2 个[0-1]或 3 个[11-23]组成部分,分别求解后叠加。

综合已有研究成果,可对混凝土受拉裂缝的机理分析加以概括,先以轴心受拉构件为例说明(图 11-8)。

混凝土构件在轴心拉力($N \geqslant N_{cr}$)作用下产生裂缝。随着轴力的增大,裂缝数目增多,间距渐趋稳定,裂缝宽度则逐渐加宽。若裂缝平均间距为 $l_m = l_0(1 + \bar{\varepsilon}_s)$,略大于原长 l_0。裂缝面的变形、裂缝宽度沿截面高度(h 或 c)的变化,以及内部裂缝的形状和分布示意于图 11-8(a)。

此时,构件裂缝截面上混凝土应力 $\sigma_c = 0$,钢筋的应力和应变为 $\sigma_s = N/A_s$ 和 $\varepsilon_s = \sigma_s/E_s$。如果假设钢筋和混凝土之间完全无粘结($\tau = 0$),二者可自由地相对滑移,钢筋的应力(变)沿纵向均匀分布,相邻裂缝间的总长度为 $l_0(1 + \varepsilon_s)$;周围混凝土开裂后自由收缩,应力均为零,长度仍为 l_0(图 11-8(b))。所以裂缝面保持平直,裂缝宽度沿截面高度为一常值:

$$w_{c0} = \varepsilon_s l_m = \frac{N l_m}{A_s E_s} \tag{11-18}$$

称为无粘结裂缝宽度,也是裂缝宽度的上限。

试验证明,构件开裂后,只在裂缝截面附近的局部发生钢筋和周围混凝土的相对滑移,其余大部仍保持着良好的粘结。混凝土的粘结应力 τ 对钢筋的作用,使钢筋应力从裂缝截面处的最大值往内逐渐减小,至相邻裂缝的中间截面处达最小值(图 11-8(c))。钢筋的平均应力和应变为

$$\bar{\sigma}_s = \psi \sigma_s, \quad \bar{\varepsilon}_s = \psi \varepsilon_s \tag{11-19}$$

式中,ψ——裂缝间受拉钢筋应变的不均匀系数($\psi \leqslant 1$,式(7-27))。

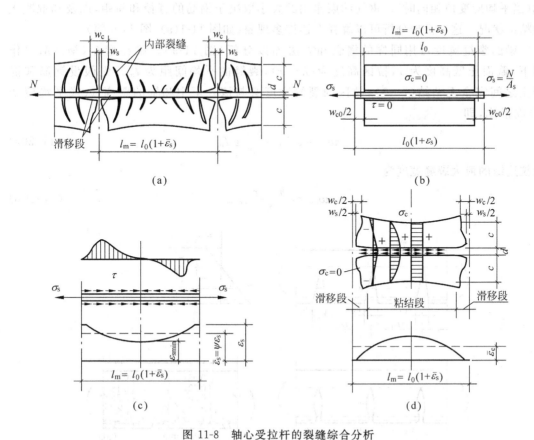

图 11-8　轴心受拉杆的裂缝综合分析

(a) 裂缝和变形示意；(b) 完全无粘结；(c) 钢筋的应力(变)分布；(d) 混凝土的应力(变)分析

　　同理，钢筋对混凝土的粘结作用 τ 约束了相邻裂缝间混凝土的自由回缩，产生复杂的应力分布(图 11-8(d))。截面上混凝土的总拉力或平均拉应力在裂缝处为零，沿纵向往内逐渐增大，至相邻裂缝的中间截面达最大拉(应)力值。沿截面高度方向：在裂缝截面处混凝土应力全为零；在靠近裂缝截面上，钢筋周围附近为拉应力，往外逐渐减小，并过渡为压应力；离裂缝越远的截面上，钢筋周围的拉区逐渐扩大，压区减小，截面应力渐趋均匀；相邻裂缝的中间截面上，混凝土一般为全部受拉，且应力接近均匀。这一应力(变)状态，使得构件表面的混凝土纵向回缩变形大，裂缝(w_c)较宽；钢筋周界处的混凝土回缩变形小，虽有局部滑移而裂缝很窄($w_s \ll w_c$)。裂缝宽度的差值($w_c - w_s$)有钢筋界面附近的内部斜裂缝相补偿。裂缝端面和裂缝宽度沿截面高度成曲线分布，表面混凝土在纵向也有弯曲变形。

　　如果构件混凝土开裂后，钢筋和混凝土的粘结仍然完好，无相对滑移($w_s = 0$)，则裂缝宽度必为最小值，即下限。一般情况是钢筋在裂缝两侧处有少量滑移，大部分保持粘着，裂缝宽度必在上限和下限之间。

　　这说明，由于粘结力的存在和作用，钢筋约束了混凝土裂缝的开展。离钢筋越近，约束影响大，裂缝宽度越小；随着至钢筋距离(c 或 t)的增大，约束作用减弱，裂缝宽度增大(图 11-7)；距离更远(如 $c > 80 \sim 100$ mm)处，超出了钢筋的有效约束范围，裂缝宽度不再变化(当平均应变值相同时)。钢筋约束作用的大小取决于钢筋的直径和间距,以及和混凝土的粘结状况。这一机理分析可以解释上述许多现象(如图 11-1(a),图 11-5 等)。

梁的裂缝宽度可用同样的概念和方法加以分析(图 11-9)。梁在弯矩($M > M_{cr}$)作用下,截面压区高度为 x,拉区高度为($h-x$),裂缝的平均间距为 l_m。先假设钢筋和混凝土之间完全无粘结($\tau = 0$),拉区的裂缝宽度必与该处至中和轴的距离 y(或平均应变 ε_y)成正比,即

$$w_y = \varepsilon_y l_m = \frac{y}{x} \varepsilon_c l_m \tag{11-20a}$$

受拉边缘的最大裂缝宽度为

$$w_{c0} = \frac{h-x}{x} \varepsilon_c l_m \tag{11-20b}$$

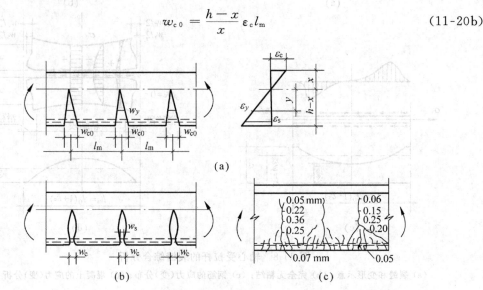

图 11-9　梁的裂缝分析
(a) 完全无粘结($\tau = 0$);(b) 钢筋约束作用;(c) T 形梁实测[0-1]

再考虑钢筋和混凝土间的粘结力作用。钢筋的约束使其周界处的裂缝宽度(w_s)大大减小,截面高度其他位置的裂缝宽度因距钢筋越远、钢筋约束程度逐渐减弱而相应地减小。最后的裂缝宽度变化如图 11-9(b),与试验量测结果(图 11-9(c))相一致。

这也说明,在截面高度较大的梁腹部配设纵向钢筋,有利于约束裂缝的开展,试验中已经证实[11-24]。

11.4　裂缝宽度的计算

受拉和受弯的混凝土构件,在使用荷载作用下的裂缝宽度,各国参照已有的试验研究结果和分析提出了多种计算方法。虽然所取的主要影响因素一致,但计算式的形式各异,计算结果也有差别。

(1) 我国设计规范[1-1]中的计算公式和方法[11-25,11-26]如下。构件受力后出现裂缝,在稳定阶段的裂缝平均间距(参照式(11-17))取

$$l_{\mathrm{m}} = c_{\mathrm{f}}\left(1.9c + 0.08\frac{d_{\mathrm{eq}}}{\rho_{\mathrm{te}}}\right) \qquad (11\text{-}21)$$

式中，c_{f}——取决于构件内力状态的系数（表 11-1）；

　　　c——最外层受拉钢筋的外边缘至截面受拉底边的距离；

　　　d_{eq}——受拉钢筋的等效直径，按下式计算

$$d_{\mathrm{eq}} = \frac{\sum n_i d_i^2}{\sum \nu_i n_i d_i^2} \qquad (11\text{-}22)$$

式中，n_i——第 i 种钢筋的根数；

　　　d_i——第 i 种钢筋的直径；

　　　ν_i——相对粘结特性系数，其中带肋钢筋取 $\nu_i = 1$，而光圆钢筋 $\nu_i = 0.7$；

　　　ρ_{te}——按混凝土受拉有效截面面积（A_{te}，表 11-1）计算的配筋比（$A_{\mathrm{s}}/A_{\mathrm{te}}$），当 $\rho_{\mathrm{te}} < 0.01$ 时，取 $\rho_{\mathrm{te}} = 0.01$。

表 11-1　裂缝宽度的计算参数和系数值[11-25]

构件受力状态	轴心受拉	偏心受拉	受弯、偏心受压	附　　注
c_{f}	1.1	1.0	1.0	$c_{\mathrm{c}} = 1 - \dfrac{\bar{\varepsilon}_{\mathrm{c}}}{\bar{\varepsilon}_{\mathrm{s}}} = 0.85$ $c_{\mathrm{t}} = 1.5$
c_{p}	1.9	1.9	1.5	
α_{cr}	2.7	2.4	1.9	
A_{te}	bh	$0.5bh$	$0.5bh$	矩形截面
σ_{s}	N/A_{s}	$N\left(e_0 + \dfrac{h}{2} - a'\right)/A_{\mathrm{s}}(h_0 - a')$	$M/(0.87 A_{\mathrm{s}} h_0)$	偏心受压构件另行计算

在荷载的长期作用下，构件表面上的最大裂缝宽度（参照式（11-12））为

$$w_{\max} = c_{\mathrm{p}} c_{\mathrm{t}} (\bar{\varepsilon}_{\mathrm{s}} - \bar{\varepsilon}_{\mathrm{c}}) l_{\mathrm{m}} = c_{\mathrm{p}} c_{\mathrm{t}} c_{\mathrm{c}} \bar{\varepsilon}_{\mathrm{s}} l_{\mathrm{m}}$$

将式（11-19）、式（11-21）代入后得

$$w_{\max} = \alpha_{\mathrm{cr}} \psi \frac{\sigma_{\mathrm{s}}}{E_{\mathrm{s}}}\left(1.9c + 0.08\frac{d_{\mathrm{eq}}}{\rho_{\mathrm{te}}}\right) \qquad (11\text{-}23)$$

式中，α_{cr}——构件受力特征系数，$\alpha_{\mathrm{cr}} = c_{\mathrm{p}} c_{\mathrm{t}} c_{\mathrm{c}} c_{\mathrm{f}}$；

　　　c_{p}——考虑混凝土裂缝间距和宽度的离散性所引入的最大缝宽与平均缝宽的比值，统计试验数据得其分布规律，按 95% 概率取最大裂缝宽时的比值见表 11-1 所列，$c_{\mathrm{p}} = w_{\max}/w_{\mathrm{m}}$；

　　　c_{t}——考虑荷载长期作用下，拉区混凝土的应力松弛和收缩、滑移的徐变等因素增大了缝宽的系数，试验结果为 $c_{\mathrm{t}} = 1.5$；

　　　c_{c}——裂缝间混凝土受拉应变的影响，$c_{\mathrm{c}} = 1 - \bar{\varepsilon}_{\mathrm{c}}/\bar{\varepsilon}_{\mathrm{s}}$ 试验结果为 0.85；

　　　ψ——裂缝间受拉钢筋的应变不均匀系数。

受弯构件试验中实测的 ψ 值随弯矩的变化如图 11-10 所示。构件刚开裂时（$M_{\mathrm{cr}}/M = 1$）ψ 值最小，弯矩增大（M_{cr}/M 减小）后，ψ 值渐增，钢筋屈服后，ψ 值趋近于 1.0。其经验回归式为

$$\psi = 1.1\left(1 - \frac{M_{\mathrm{cr}}}{M}\right) \qquad (11\text{-}24\mathrm{a})$$

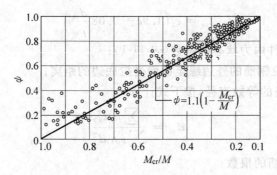

图 11-10 钢筋应变不均匀系数 $\psi^{[11-25]}$

将构件的开裂弯矩 M_{cr} 用混凝土的抗拉强度 f_t 表示,计算裂缝时的弯矩(M)用截面上钢筋的配筋比 ρ_{te} 和拉应力 σ_s 表示,并作适当简化后即得[11-25]

$$\psi = 1.1 - \frac{0.65 f_t}{\rho_{te}\sigma_s} \tag{11-24b}$$

式中的 ρ_{te} 和 σ_s 值按表 11-1 计算。

试验结果还证实式(11-24b)也适用于轴心受拉和偏心受拉、压构件。

(2)模式规范 CEB-FIP MC90 中,混凝土构件受拉裂缝的计算主要基于粘结-滑移法,给出了钢筋有效约束范围的裂缝宽度计算式。

若钢筋混凝土拉杆的配筋比为 $\rho_{te} = A_s/A_{te}$,钢筋和混凝土的弹性模量比 $n = E_s/E_c$。在拉杆临开裂($N \approx N_{cr}$)前,钢筋和混凝土分担的轴力(参见式(7-21a))为

$$N_s = \frac{n\rho_{te}}{1+n\rho_{te}}N_{cr}, \quad N_c = \frac{1}{1+n\rho_{te}}N_{cr} \tag{a}$$

二者的应变则相等 $\varepsilon_{sr1} = \varepsilon_{cr1}$:

$$\varepsilon_{sr1} = \frac{N_s}{E_s A_s}, \quad \varepsilon_{cr1} = \frac{N_c}{E_c A_{te}} \tag{b}$$

式中,A_{te}——混凝土的有效截面积(图 11-12)。

第一条裂缝刚出现时,裂缝截面上混凝土的应力(变)为零,全部轴力由钢筋承担,其应力和应变(图 11-11(a))为

$$\sigma_{sr2} = \frac{N_{cr}}{A_s}, \quad \varepsilon_{sr2} = \frac{\sigma_{sr2}}{E_s} \tag{c}$$

在裂缝截面两侧的粘结力传递长度 l_s 以外,钢筋和混凝土的应力(变)状况仍与开裂前的相同。这段长度内的钢筋应力差由粘结力(平均粘结应力 τ_m)平衡:

$$\pi d l_s \tau_m = A_s(\sigma_{sr2} - \sigma_{sr1}) = \frac{\sigma_{sr2} A_s}{1+n\rho_{te}} \tag{d}$$

所以

$$l_s = \frac{d}{4}\frac{\sigma_{sr2}}{\tau_m}\frac{1}{1+n\rho_{te}} \approx \frac{d}{4}\frac{\sigma_{sr2}}{\tau_m} \tag{11-25}$$

式中,σ_{sr2}——构件刚开裂时(N_{cr})裂缝截面的钢筋应力。

钢筋在传递长度两端的应变差为 $\Delta\varepsilon_{sr} = \varepsilon_{sr2} - \varepsilon_{sr1}$。在此范围内,钢筋和混凝土的平均应变各为

$$\bar{\varepsilon}_s = \varepsilon_{sr2} - \beta\Delta\varepsilon_{sr} \quad \bar{\varepsilon}_c = \beta\varepsilon_{cr1} \tag{e}$$

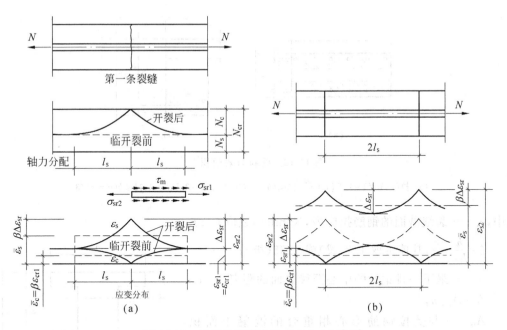

图 11-11　计算拉杆裂缝的应变分布图[1-12]

(a) 出现第一条裂缝($N \approx N_{cr}$)；(b) 稳定裂缝($N > N_{cr}$)

二者的应变差则为

$$\bar{\varepsilon}_s - \bar{\varepsilon}_c = (1-\beta)\varepsilon_{sr2} \tag{11-26}$$

分布图形系数可取

$$\beta = 0.6 \tag{11-27}$$

　　轴力增大($N > N_{cr}$)后，构件的裂缝间距渐趋稳定，最大间距为 $2l_s$（图 11-11(b)）。此时裂缝截面的钢筋应力和应变为

$$\sigma_{s2} = \frac{N}{A_s}, \quad \varepsilon_{s2} = \frac{\sigma_{s2}}{E_s} \tag{f}$$

假设相邻裂缝间混凝土的应力（变）分布与刚开裂时（$N = N_{cr}$）的相同，平均应变仍为 $\bar{\varepsilon}_{c2} = \bar{\varepsilon}_c$；钢筋的应力（变）分布线与刚开裂时的相平行，最大应变差同样是 $\Delta\varepsilon_{sr}$。此时钢筋的平均应变，以及它和混凝土的应变差则为

$$\bar{\varepsilon}_{s2} = \varepsilon_{s2} - \beta\Delta\varepsilon_{sr}$$
$$\bar{\varepsilon}_{s2} - \bar{\varepsilon}_{c2} = \varepsilon_{s2} - \beta\varepsilon_{sr2} \tag{11-28}$$

于是，裂缝的最大宽度可按下式计算，并与限制值（w_{lim}）作比较：

$$w_{max} = 2l_s(\varepsilon_{s2} - \beta\varepsilon_{sr2}) \leqslant w_{lim} \tag{11-29}$$

式中，ε_{s2}，ε_{sr2}——轴力为 N 和 N_{cr} 时裂缝截面的钢筋应变，见式（f）、式（c）。

　　受弯构件的裂缝宽度也可用上述公式进行计算，只是截面上混凝土受拉有效面积的取法不同（图 11-12）。还需注意在此面积范围外可能出现更大的裂缝。

　　(3) 美国规范[1-11]对于控制受弯构件的裂缝宽度采用了更简单、直接的计算。经过对大量实测数据的统计[11-27]，梁底面裂缝的最大宽度的回归式取

$$w_{max} = 11\beta\sigma_s\sqrt[3]{t_b A} \times 10^{-6} \text{ mm} \tag{11-30}$$

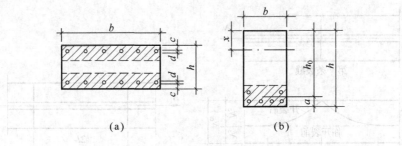

图 11-12 受拉有效面积[1-12]

(a) 拉杆 $A_{te}/2 = 2.5\left(c + \dfrac{d}{2}\right)b < bh/2$；(b) 梁 $A_{te} = 2.5(h - h_0)b < b(h - x)/3$

式中，σ_s——裂缝截面的钢筋拉应力，N/mm^2，或取 $0.6f_y$；

$\beta = \dfrac{h - x}{h_0 - x}$，其值可取 1.2（梁）或 1.35（板）；

t_b——最下一排钢筋的中心至梁底面的距离，mm；

$A = A_{te}/n$；

A_{te}——与受拉钢筋形心相重合的混凝土面积，mm^2，见图 11-13；

n——钢筋根数。

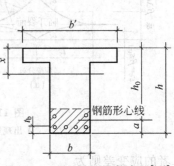

图 11-13 裂缝宽度计算参数[1-11]

式（11-30）中考虑了梁底面的保护层厚度和每根钢筋的平均约束面积，实际上与无滑移的结论相似。

在规范[1-11]条款中引入一计算参数 z，将式（11-30）转换为

$$z = \sigma_s \sqrt[3]{t_b A} = \frac{w_{max} \times 10^3}{11\beta} \; MN/m$$

要求室内构件 $\qquad\qquad z = \sigma_s \sqrt[3]{t_b A} \leqslant 30 \; MN/m$

室外构件 $\qquad\qquad\quad z = \sigma_s \sqrt[3]{t_b A} \leqslant 25 \; MN/m$ $\qquad$ (11-31)

分别相当于限制裂缝宽度为 0.4 mm 和 0.33 mm。

第12章

弯曲刚度和变形

12.1 构件的变形及其控制

12.1.1 变形对结构的影响

在结构的使用期限内,各种荷载的作用都将产生相应的变形,如梁和板的跨中挠度、简支端的转角、柱和墙的侧向位移等。钢筋混凝土结构的材料主体是混凝土,和钢结构相比,它的强度低,故构件截面尺寸大,使用阶段的应变小,而且构件的节点和相互连接的整体性强。因而混凝土结构的总体刚度大、绝对变形小,实际工程中很少因变形过大而发生问题。

但是,随着混凝土结构的发展,出现一些新的情况。例如水泥质量和强度的提高,混凝土配制工艺的改进,使工程中采用的混凝土强度等级有较大提高;高强钢筋的采用降低了构件的配筋率,使用阶段的应变增大;结构的跨度加大或柱子的高度增加;为了减轻结构自重而采用多种空心或箱形截面、薄壁构件,等等。这些因素都使得结构(构件)在使用荷载作用下的变形增大,特别是在混凝土开裂后,以及荷载长期作用下混凝土发生徐变后,过大的变形可能影响结构的使用性能,甚至安全性。

构件的变形过大,可能对结构工程产生的不良影响有[12-1]:

① 改变结构的内力或承载力。例如受压构件的附加偏心距增大,承载力下降;结构的刚度过小,在机械设备振动、移动荷载作用,或风振作用下的结构响应加剧;……

② 妨碍建筑物的使用功能。例如多层厂房结构的变形过大,影响精密仪器的操作精度、精密机床的加工精度、印刷机的彩色印刷质量等;吊车梁的变形影响吊车的正常运行和使用期限;屋面构件变形过大,撕裂防水层,构件下垂,表层积水,渗水;……

③ 引起相连建筑部件的损伤。例如天花板和吊顶的下垂和开裂、支承的轻质隔墙的局部损伤和开裂、门窗和移动式隔墙的开启受阻……

④ 人们心理的不安全感。例如梁板的下垂和弯曲、柱的侧向偏斜、楼板的震颤等都可能引起人们的心理恐慌。有时这一因素起主导作用,即使结构的安全性和使用性能不成问题,也不得不采取措施加以解决。

所以,在设计混凝土结构时就应该对使用阶段的构件最大变形进行验算,并按允许值加以限制。我国设计规范[1-1]中规定,一般屋盖和楼层的梁、板允许挠度为其计算跨度 l_0 的 $1/200\sim1/400$,吊车梁取 l_0 的 $1/500\sim1/600$。美国规范[1-11]则按构件的不同工作情况,限制构件的挠度为跨度的 $1/180\sim1/480$,或者挠度的绝对值,以及限制柱和墙的倾斜角(弧度)等[12-1]。

此外,在超静定结构的内力分析时,为了建立变形协调条件,必须获知构件的刚度值及其变化,才能求解赘余未知力。在进行结构(如抗震结构)的非线性受力全过程分析时,要求构件各截面刚度(或曲率)的变化全过程。所以,构件的刚度或截面的弯矩-曲率关系直接影响结构的内力分布和重分布。

12.1.2 截面刚度和构件变形

确定一个钢筋混凝土构件的截面刚度及其变化过程,最简单、直接的方法是进行试验,量测其弯矩-曲率曲线。试件设计成一简支梁,中部施加对称的两个集中荷载,其间为纯弯段(剪力 $V=0$)。试件加载后发生弯曲变形,当拉区混凝土开裂后,裂缝逐渐开展和延伸,裂缝截面附近不再符合平面变形假设。如果沿试件的纵向取一定长度(如两条裂缝的间距范围内)量测平均应变,仍符合平面变形条件(图 12-1)。这样处理对于研究构件的总体挠度而言,误差很小。

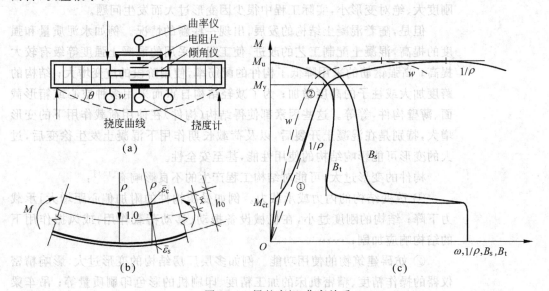

图 12-1 梁的弯矩-曲率关系
(a) 试件和量测仪表;(b) 平均应变和曲率;(c) 曲率和刚度的变化

在试件的纯弯段内布置应变计(或电阻片),量测截面顶部混凝土的平均压应变($\bar{\varepsilon}_c$)和受拉钢筋的平均拉应变($\bar{\varepsilon}_s$),计算截面的平均曲率:

$$\frac{1}{\rho}=\frac{\bar{\varepsilon}_c+\bar{\varepsilon}_s}{h_0} \tag{12-1}$$

式中,ρ——平均曲率半径;

h_0——截面有效高度。

平均曲率也可用其他仪器或传感器进行量测,如曲率仪($1/\rho=8f/s^2$)、成对的倾角仪($1/\rho=(\theta_1+\theta_2)/s$)等。

根据试验量测结果绘制的适筋梁截面弯矩和平均曲率的典型关系曲线如图 12-1(c)(同图 10-1)。曲线的变化反映了各阶段的受力特点,已如前述(第 10 章)。曲率的增长过程中可看到两个几何拐点:试件开裂($M \geqslant M_{cr}$)后,曲率突增,曲线出现明显转折,斜率迅速减小。不久,裂缝处于平稳发展阶段,曲率的增长率减缓,即曲线斜率增大,形成拐点①;临近钢筋屈服(M_y)时,曲率加速增长,曲线的斜率再次迅速减小,出现拐点②。

试验中量测了构件的跨中挠度 w,绘制的弯矩(或荷载)-挠度(M-w)曲线,与弯矩-曲率(M-$1/\rho$)曲线相似,只是曲线的斜率变化稍小,开裂弯矩 M_{cr} 和钢筋屈服弯矩 M_y 附近的曲线转折平缓些。

构件截面的曲率和弯矩的关系,在材料力学中对线弹性材料推导得

$$\frac{1}{\rho} = \frac{M}{EI} = \frac{M}{B} \tag{12-2}$$

式中,B——截面的弹性弯曲刚度,$B=EI$;

E——材料的弹性模量;

I——截面的惯性矩。

钢筋混凝土构件的弯矩-曲率为非线性关系,可以根据 M-$1/\rho$ 曲线分别计算割线的和切线的截面平均弯曲刚度:

$$B_s = \frac{M}{1/\rho}, \quad B_t = \frac{dM}{d(1/\rho)} \tag{12-3}$$

它们随弯矩的变化过程如图 12-1(c)。

钢筋混凝土构件开裂前,全截面受力,且应力(变)很小,近似弹性性能,截面弯曲刚度 $B_0=E_c I_0$,其中 E_c 为混凝土的弹性模量,I_0 为换算截面的惯性矩。

构件的割线弯曲刚度在混凝土开裂前为 $B_s = B_0$;开裂后,它随弯矩的增大而单调减小。刚开裂和接近钢筋屈服时,刚度衰减很快,在其间刚度相对稳定,缓慢下降。钢筋屈服后($>M_y$),刚度值已很小;达到极限弯矩 M_u,并进入下降段后,割线弯曲刚度继续减小。

构件的切线弯曲刚度在混凝土开裂前同为 $B_t = B_0$;开裂后急剧减小。在开裂弯矩和钢筋屈服弯矩($M_{cr} \rightarrow M_y$)之间出现两个极值,与 M-$1/\rho$ 曲线上两个拐点对应。钢筋屈服后,B_t 再次迅速减小,至极限弯矩 M_u 时,$B_t=0$,进入下降段后 B_t 为负值。在所有情况下,$B_t \leqslant B_s$。

一钢筋混凝土构件在荷载作用下,各截面的弯矩值不等,其截面刚度或曲率必随之变化(图 12-2)。荷

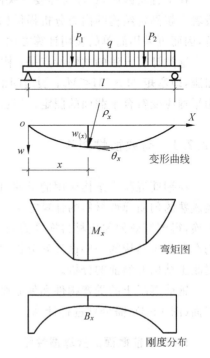

图 12-2　构件的挠度曲线和刚度分布

载增大后弯矩值相应增大,各截面的刚度值和其分布又有变化。所以,准确地计算构件的变形,必须计及各截面刚度的非线性分布和变化。一般的计算方法如下。

若构件的挠度曲线为 $w_{(x)}$,根据曲率的定义,近似的数学表达式为

$$\frac{1}{\rho} \approx \frac{\mathrm{d}^2 w}{\mathrm{d}x^2} \tag{12-4a}$$

将式(12-2)代入,分别进行一次和二次积分,即得构件的变形,包括转角和挠度的计算式:

$$\theta = \frac{\mathrm{d}w}{\mathrm{d}x} = \int \left(\frac{1}{\rho}\right)_x \mathrm{d}x = \int \frac{M_x}{B_x} \mathrm{d}x \tag{12-4b}$$

$$w = \iint \left(\frac{1}{\rho}\right)_x \mathrm{d}x^2 = \iint \frac{M_x}{B_x} \mathrm{d}x^2 \tag{12-4c}$$

已知构件的荷载、支座条件以及截面的形状和材料性能后,可以确定弯矩 M_x 和刚度 B_x 的变化,并计算积分常数,得到所需的变形值。由于截面刚度的非线性变化,一般需将构件分成若干小段,进行数值积分运算。

12.2　截面刚度计算

已知钢筋混凝土构件的截面形状、尺寸和配筋,以及钢筋和混凝土的应力-应变关系后,可用截面分析的一般方法(见 10.3 节)计算得弯矩-曲率全过程曲线,或截面刚度值的变化规律。这样的计算结果比较准确,但必须由计算机来实现,一般只用于结构受力性能的全过程分析。

在工程实践中,最经常需要解决的有关问题是:验算构件在使用荷载作用下的挠度值,或者为超静定结构的内力分析提供构件的截面刚度等,一般并不必要进行变形的全过程分析,因而可采用简单的实用计算方法。

这类计算方法的共同特点是:构件的应力状态取为拉区混凝土已经开裂,但钢筋尚未屈服,即弯矩 $M_{cr} < M < M_y$;裂缝间混凝土和钢筋仍保持部分粘着,存在受拉刚化效应;采用平均应变符合平截面的假定。但各种方法的处理方式和计算公式各有不同。

12.2.1　有效惯性矩法

在钢筋混凝土结构应用的早期,构件的承载力设计和变形(刚度)的验算都引用当时已经成熟的匀质弹性材料的计算方法。其主要原则是将截面上的钢筋,通过弹性模量比值的折换,得到等效的匀质材料换算截面,推导并建立相应的计算公式。这一原则和方法,至今仍在混凝土结构的一些设计和分析情况中应用,例如刚度分析、疲劳验算等[1-1],以及预应力混凝土结构开裂前的分析。

钢筋混凝土的受弯构件和偏心受压(拉)构件,在受拉区裂缝出现的前后有不同的换算截面(图 12-3),需分别进行计算。

1. 开裂前截面的换算惯性矩

构件出现裂缝之前,全截面混凝土受力(压或拉)。拉区钢筋面积为 A_s,其换算面积为

nA_s,其中 $n=E_s/E_0$ 为弹性模量比(式(7-6))。除了钢筋原位置的面积外,需在截面同一高度处增设附加面积 $(n-1)A_s$。钢筋换算面积上的应力与相应截面高度混凝土的应力($\varepsilon_s E_0$)相等。以此构成的换算混凝土截面与原钢筋混凝土截面的力学性能等效。

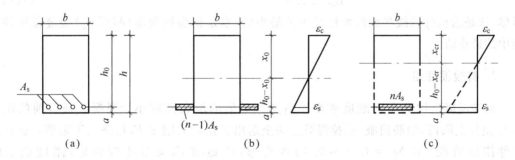

图 12-3 开裂前后的换算截面

(a) 原截面;(b) 开裂前;(c) 开裂后

换算截面的总面积为

$$A_0 = bh + (n-1)A_s \tag{12-5}$$

受压区高度 x_0 由拉、压区对中和轴的面积矩相等的条件确定:

$$\frac{1}{2}bx_0^2 = \frac{1}{2}b(h-x_0)^2 + (n-1)A_s(h_0-x_0)$$

所以

$$x_0 = \frac{\frac{1}{2}bh^2 + (n-1)A_sh_0}{bh + (n-1)A_s} \tag{12-6}$$

换算截面的惯性矩为

$$I_0 = \frac{b}{3}\left[x_0^3 + (h-x_0)^3\right] + (n-1)A_s(h_0-x_0)^2 \tag{12-7}$$

故开裂前的截面刚度

$$B_0 = E_0 I_0 \tag{12-8}$$

换算截面的这些几何特性(x_0, I_0)不仅用于计算构件的截面刚度或变形,也可用于验算构件的开裂(如式(11-8))和疲劳应力(17.4 节)等。

2. 裂缝截面的换算惯性矩

构件出现裂缝后,假设裂缝截面上拉区的混凝土完全退出工作,只有钢筋承担拉力,将钢筋的换算面积(nA_s)置于相同的截面高度,得到的换算混凝土截面如图 12-3(c)所示。

对此裂缝截面的受压区高度 x_{cr} 用同样方法确定:

$$\frac{1}{2}bx_{cr}^2 = nA_s(h_0-x_{cr})$$

解得

$$x_{cr} = (\sqrt{n^2\mu^2 + 2n\mu} - n\mu)h_0 \tag{12-9}$$

式中,$n=E_s/E_0$;$\mu=A_s/bh_0$。

裂缝截面的换算惯性矩[①]和刚度即为

$$I_{cr} = \frac{1}{3} b x_{cr}^3 + n A_s (h_0 - x_{cr})^2 \tag{12-10}$$

$$B_{cr} = E_0 I_{cr} \tag{12-11}$$

显然,这是沿构件轴线各截面惯性矩中的最小值,也是钢筋屈服前$(M \leqslant M_y)$裂缝截面惯性矩中的最小值。

3. 有效惯性矩

钢筋混凝土梁的截面刚度或惯性矩随弯矩值的增大而减小。混凝土开裂前的刚度 $E_0 I_0$ 是其上限值,钢筋屈服、受拉混凝土完全退出工作后的刚度 $E_0 I_{cr}$ 是其下限值。在计算构件使用阶段$(M/M_u = 0.5 \sim 0.7)$的变形,弯矩-曲率关系比较稳定,刚度值$(B_s,$图 12-1(c))变化幅度小,在工程应用中可取近似值进行计算。

过去曾采用的最简单方法是对构件的平均截面刚度取为一常值

$$B = 0.625 E_0 I_0 \tag{12-12}$$

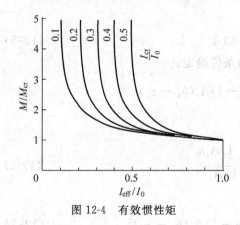

图 12-4　有效惯性矩

常用于超静定结构的内力分析。

美国的设计规范[1-11,12-2]中规定,计算构件挠度$(M > M_{cr})$时采用截面的有效惯性矩值,在 I_0 和 I_{cr} 间进行插入:

$$I_{eff} = \left(\frac{M_{cr}}{M}\right)^3 I_0 + \left[1 - \left(\frac{M_{cr}}{M}\right)^3\right] I_{cr} \leqslant I_0 \tag{12-13}$$

其中,计算 I_0 值时可忽略钢筋的面积 A_s,按混凝土的毛截面计算。有效惯性矩(I_{eff}/I_0)随弯矩变化的理论曲线如图 12-4 所示。

12.2.2　刚度解析法

一钢筋混凝土梁的纯弯段,在弯矩作用下出现裂缝,进入裂缝稳定发展阶段后,裂缝的间距大致均匀。各截面的实际应变分布不再符合平截面假定,中和轴的位置受裂缝的影响成为波浪形(图 12-5(a)),裂缝截面处的压区高度 x_{cr} 为最小值。各截面的顶面混凝土压应变和受拉钢筋应变也因此成波浪形变化(图 12-5(b)),平均应变为 $\bar{\varepsilon}_c$ 和 $\bar{\varepsilon}_s$,最大应变$(\varepsilon_c$ 和 $\varepsilon_s)$也出现在裂缝截面。

构件的截面平均刚度可按下述步骤[11-6,11-10,12-3]建立计算式:

---

①　钢筋混凝土结构应用的早期,按材料的允许应力设计构件。钢筋拉应力和混凝土压应力的允许值分别为 $[f_y/k_s]$ 和 $[f_c/k_c]$,其中 k_s 和 k_c 为相应的材料强度安全系数。用弹性材料的公式验算换算截面的应力,以保证结构安全:

$$\sigma_s = \frac{nM(h_0 - x_{cr})}{I_{cr}} \leqslant \left[\frac{f_y}{k_s}\right] \quad \text{和} \quad \sigma_c = \frac{M x_{cr}}{I_{cr}} \leqslant \left[\frac{f_c}{k_c}\right]$$

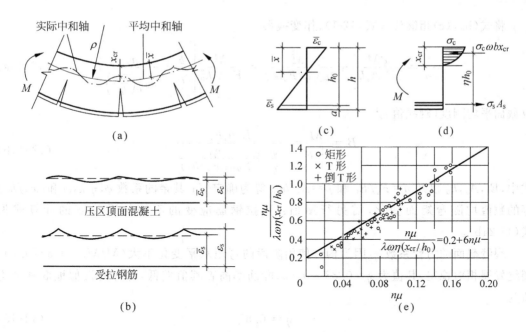

图 12-5　截面平均刚度的计算图形

(a) 裂缝和中和轴；(b) 应变的纵向分布；(c) 平均应变；

(d) 裂缝截面的应力；(e) 混凝土压应变综合系数[12-3]

(1) 几何(变形)条件

试验证明，截面的平均应变仍符合线性分布(图 12-5(c))，中和轴距截面顶面 $\bar{x}$，截面的平均曲率用式(12-1)计算。其中，顶面混凝土压应变的变化幅度较小，近似取 $\bar{\varepsilon}_c = \varepsilon_c$；钢筋的平均拉应变则取

$$\bar{\varepsilon}_s = \psi \varepsilon_s \tag{a}$$

式中，ψ——裂缝间受拉钢筋应变的不均匀系数(同式(11-24b))。

(2) 物理(本构)关系

在梁的使用阶段，裂缝截面的应力分布如图 12-5(d)所示，顶面混凝土的压应力和受拉钢筋应力按式(7-3)和式(7-2)计算：

$$\left. \begin{array}{l} \sigma_c = \varepsilon_c \lambda E_0 \approx \bar{\varepsilon}_c \lambda E_0 \\ \sigma_s = \varepsilon_s E_s = \dfrac{\bar{\varepsilon}_s}{\psi} E_s \end{array} \right\} \quad 或 \quad \left. \begin{array}{l} \bar{\varepsilon}_c = \dfrac{\sigma_c}{\lambda E_0} \\ \bar{\varepsilon}_s = \dfrac{\psi \sigma_s}{E_s} \end{array} \right\} \tag{b}$$

(3) 力学(平衡)方程

忽略截面上拉区混凝土的应力，建立裂缝截面的两个平衡方程：

$$\left. \begin{array}{l} M = \omega \sigma_c b x_{cr} \eta h_0 \\ M = \sigma_s A_s \eta h_0 \end{array} \right\} \quad 或 \quad \left. \begin{array}{l} \sigma_c = \dfrac{M}{\omega \eta x_{cr} b h_0} \\ \sigma_s = \dfrac{M}{\eta A_s h_0} \end{array} \right\} \tag{c}$$

式中，ω——压区应力图形完整系数；

η——裂缝截面上的力臂系数。

将式(b),(c)相继代入式(12-1),作变换得

$$\frac{1}{\rho} = \frac{\phi M}{\eta E_s A_s h_0^2} + \frac{M}{\lambda\omega\eta x_{cr} E_0 b h_0^2} = \frac{M}{E_s A_s h_0^2}\left[\frac{\psi}{\eta} + \frac{n\mu}{\lambda\omega\eta\left(\frac{x_{cr}}{h_0}\right)}\right] \tag{12-14a}$$

故截面平均刚度(割线值)为

$$B = \frac{M}{1/\rho} = \frac{E_s A_s h_0^2}{\dfrac{\psi}{\eta} + \dfrac{n\mu}{\lambda\omega\eta(x_{cr}/h_0)}} \tag{12-14b}$$

式中,E_s,A_s,h_0 以及 $n=E_s/E_0$ 和 $\mu=A_s/bh_0$ 等为确定值;其余的系数 ψ,η,λ,ω 和 (x_{cr}/h_0) 等的数值均随弯矩而变化,需另行赋值;受拉钢筋应变的不均匀系数 ψ 的计算式见式(11-24b)。

裂缝截面的力臂系数 η,因为构件使用阶段的弯矩水平变化不大($M/M_u=0.5\sim0.7$),裂缝发展相对稳定,其值为 $\eta=0.83\sim0.93$,配筋率高者其值偏低,计算时近似地取其平均值为

$$\eta = 0.87 \tag{12-15}$$

式(12-14)中的其他系数不单独出现,将 $\lambda\omega\eta(x_{cr}/h_0)$ 统称为混凝土受压边缘的平均应变综合系数,其值随弯矩的增大而减小,在使用阶段($M/M_u=0.5\sim0.7$)内基本稳定[11-10],弯矩值对其影响不大,而主要取决于配筋率。根据试验结果(图 12-5(e))得矩形截面梁的回归分析式:

$$\frac{n\mu}{\lambda\omega\eta(x_{cr}/h_0)} = 0.2 + 6n\mu \tag{12-16}$$

对于双筋梁和 T 形、工形截面构件,式(12-16)的右侧改为 $0.2+6n\mu/(1+3.5\gamma_f)$。$\gamma_f$ 为受压钢筋或受压翼缘($b_f\times h_f$)与腹板有效面积的比值,前者取 $\gamma_f=(n-1)A_s'/bh_0$,后者为 $\gamma_f=(b_f-b)h_f/bh_0$。

将式(12-15)和式(12-16)代入式(12-14b),即为构件截面平均刚度的最终计算式[1-1]:

$$B = \frac{E_s A_s h_0^2}{1.15\psi + 0.2 + 6n\mu} \tag{12-17}$$

若取 $M=M_{cr}$ 时 $\psi=0$(式(11-24a)),得刚度最大值:

$$B_0 = \frac{E_s A_s h_0^2}{0.2 + 6n\mu} \tag{12-18}$$

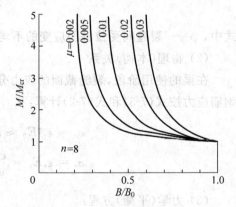

图 12-6　截面刚度随弯矩的变化

则截面刚度(B/B_0)随弯矩增长的理论变化曲线如图 12-6 所示。

12.2.3　受拉刚化效应修正法

模式规范 CEB-FIP MC90 直接给出构件的弯矩-曲率本构模型(图 12-7),其中有 3 个基本刚度值:

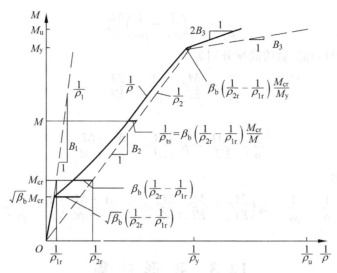

图 12-7　弯矩-曲率本构模型[1-12]

① 混凝土拉区开裂之前（$M \leqslant M_{cr}$）

$$\frac{M}{1/\rho_1} = B_1 = EI_0$$

② 混凝土受拉开裂，并完全退出工作（$M_{cr} < M < M_y$）

$$\frac{M}{1/\rho_2} = B_2 = EI_{cr}$$

③ 受拉钢筋屈服后（$M_y < M < M_u$）

$$B_3 = \frac{M_u - M_y}{1/\rho_u - 1/\rho_y}$$

(12-19)

式中，I_0 和 I_{cr} 按式（12-7）和式（12-10）计算。钢筋屈服 M_y 和极限弯矩 M_u 时的曲率分别为

$$\frac{1}{\rho_y} = \frac{\varepsilon_y}{h_0 - x_y} \qquad \frac{1}{\rho_u} = \frac{\varepsilon_c}{x_u}$$

(12-20)

考虑到混凝土收缩和徐变的影响、钢筋和混凝土粘结状况的差别，以及荷载性质的不同等因素，构件的可能开裂弯矩取为 $\sqrt{\beta_b} M_{cr}$ 低于计算值（M_{cr}），引入一修正系数

$$\beta_b = \beta_1 \beta_2$$

(12-21)

且取　$\beta_1 = 1.0$（变形钢筋）或 0.5（光圆钢筋）；

　　$\beta_2 = 0.8$（第一次加载）或 0.5（长期持续或重复加载）。

构件的截面平均曲率，在混凝土受拉刚化效应的作用下，如图 12-7 中实线所示，按弯矩值分作三段分别进行计算：

当 $M < \sqrt{\beta_b} M_{cr}$ 时

$$\frac{1}{\rho} = \frac{1}{\rho_1} = \frac{M}{EI_0}$$

(12-22a)

当 $\sqrt{\beta_b} M_{cr} < M < M_y$ 时

$$\frac{1}{\rho} = \frac{1}{\rho_2} - \frac{1}{\rho_{ts}}$$

式中，$\dfrac{1}{\rho_{ts}}$——考虑混凝土的受拉刚化效应后的曲率修正值，

$$\frac{1}{\rho_{ts}} = \beta_b \left(\frac{1}{\rho_{2r}} - \frac{1}{\rho_{1r}} \right) \frac{M_{cr}}{M} \tag{12-23}$$

混凝土开裂（$M = M_{cr}$）前、后的曲率分别为

$$\frac{1}{\rho_{1r}} = \frac{M_{cr}}{EI_0} \quad \frac{1}{\rho_{2r}} = \frac{M_{cr}}{EI_{cr}} \tag{12-24}$$

故

$$\frac{1}{\rho} = \frac{M}{EI_{cr}} - \beta_b \left(\frac{M_{cr}}{EI_{cr}} - \frac{M_{cr}}{EI_0} \right) \frac{M_{cr}}{M} \tag{12-22b}$$

当 $M_y < M < M_u$ 时

$$\frac{1}{\rho} = \frac{1}{\rho_y} - \beta_b \left(\frac{M_{cr}}{EI_{cr}} - \frac{M_{cr}}{EI_0} \right) \frac{M_{cr}}{M_y} + \frac{1}{2} \frac{M - M_y}{M_u - M_y} \left(\frac{1}{\rho_u} - \frac{1}{\rho_y} \right) \tag{12-22c}$$

12.3　变形计算

12.3.1　一般计算方法

　　用各种方法获得构件的截面弯矩-平均曲率（M-$1/\rho$）关系，或者截面平均刚度（B）的变化规律后，就可以用式（12-4）计算构件的非线性变形。更简便而经常的方法是应用虚功原理进行计算。

　　将需要计算变形的梁作为实梁（图 12-8(a)），计算出荷载作用下的截面内力，即弯矩（M_p）、轴力（N_p）和剪力（V_p），以及相应的变形，即曲率（$1/\rho_p = M_p/B$）、应变（$\varepsilon_p = N_p/EA$）和剪切角（$\gamma_p = kV_p/GA$）。

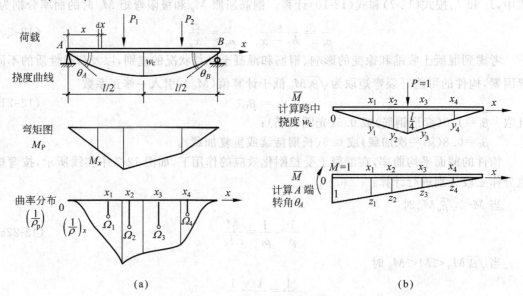

(a)　　　　　　　　　　　　　　　　(b)

图 12-8　虚功原理计算变形

(a) 梁的内力和变形；(b) 虚梁的单位荷载和弯矩图

在支承条件相同的虚梁上,在所需变形处施加相应的单位荷载,例如,求挠度,加集中力 $P=1$;求转角,加力偶 $M=1$ 等(图 12-8(b));再计算虚梁的内力 $\overline{M}$,$\overline{N}$ 和 $\overline{V}$。

根据虚功原理,虚梁上外力对实梁变形所做的功,等于虚梁内力对实梁上相应变形所做功的总和,故计算跨中挠度时可建立

$$1 \cdot w_c = \sum \int \frac{\overline{M}M_p}{B} dx + \sum \int \frac{\overline{N}N_p}{EA} dx + \sum \int \frac{k\overline{V}V_p}{GA} dx \qquad (12\text{-}25a)$$

或

$$w_c = \sum \int \overline{M}\left(\frac{1}{\rho_p}\right) dx + \sum \int \overline{N}(\varepsilon_p) dx + \sum \int \overline{V}(\gamma_p) dx \qquad (12\text{-}25b)$$

式中右侧的后二项是由轴力和剪力产生的构件挠度。

轴压力的作用,一般使截面曲率和构件挠度减小(图 10-7(b))。构件开裂前,剪力产生的挠度很小,可以忽略。在梁端出现斜裂缝后增大了梁的跨中挠度,在极限状态时,很宽的斜裂缝产生的跨中挠度可达总挠度的 30%。一般情况下,在构件的使用阶段,轴力和剪力产生的变形所占比例很小,计算变形时常予忽略,上式简化为

$$w_c = \int \overline{M}\left(\frac{1}{\rho_p}\right) dx \qquad (12\text{-}25c)$$

式中,$1/\rho_p$——实梁在荷载作用下的截面平均曲率,随弯矩图 M_p 而变化;

$\overline{M}$——单位荷载($P=1$)在虚梁上的弯矩。

上述算例的图 12-8 中,梁上有两个集中荷载作用,弯矩图为三折线。按照各折线段上起止点的弯矩值,从梁的弯矩-曲率(M-$1/\rho$)关系图上截取相应的曲线段,移接成所需的曲率分布($1/\rho_p$)。虚梁上单位荷载作用的弯矩图($\overline{M}$)为直线或折线,故式(12-25c)可用图乘法计算。例如,将曲率 $1/\rho_p$ 图分成 4 段,计算各段的面积 Ω_i,确定其形心位置 x_i;在虚梁的相同位置(x_i)找到单位荷载弯矩($\overline{M}$)图上的相应弯矩值(y_i),式(12-25c)等效为

$$w_c = \sum_{i=1}^{4} \Omega_i y_i \qquad (12\text{-}26a)$$

同理,计算梁的支座转角时,单位力偶作用下有三角形弯矩图,用图乘法得

$$\theta_A = \sum_{i=1}^{4} \Omega_i z_i \qquad (12\text{-}26b)$$

如果将截面的弯矩-曲率关系简化成多段折线,构件的曲率($1/\rho_p$)分布也是多折线,图乘法更为简捷,可以直接写出计算式。

12.3.2 实用计算方法

如果在工程中只需要验算构件的变形是否符合规范要求,可以采用更简单的实用计算方法。荷载长期作用下,混凝土的徐变等因素使挠度增长,也可用简单的方法进行计算。

1. 截面刚度分布

荷载作用下,构件的截面弯矩沿轴线变化。截面的平均刚度或曲率相应地有更复杂的变化(图 12-8(a)),这是准确地计算钢筋混凝土构件变形的主要困难。如果将简支梁的截面刚度取为常值,例如取最大弯矩截面计算所得的最小截面刚度 $B_x = B_{min}$,梁的曲率($1/\rho_p =$

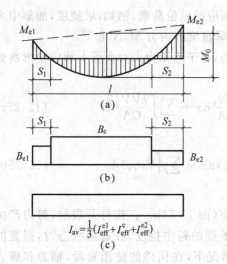

图 12-9　连续构件的刚度

(a) 弯矩图；(b) 分段刚度[1-1]；(c) 平均刚度[1-11]

M_p/B_{min}）分布与弯矩图相似，用虚功原理（图乘法）计算就很简单。还可以直接查用等截面构件的弹性变形计算式，如均布荷载作用下的简支梁中点挠度为 $w_c = \dfrac{5ql^4}{384B_{min}}$ 等。这一简化使构件的计算变形值偏大，但一般不超过 10%，已被多数设计规范[1-1,1-11,1-12]所采纳。

连续梁和框架梁等构件，在梁的跨间常有正、负弯矩区并存（图 12-9）。各设计规范采用不同的简化假设：文献[1-1]建议按同号弯矩分段，各段内的截面刚度取为常值，分别按该段的最大弯矩值计算；文献[1-11]建议截面刚度沿全跨长取为常值，按各段最大弯矩分别计算有效惯性矩（I_{eff}，式（12-13））后取其平均值。

如果构件正、负弯矩区的截面特征相差悬殊时，例如连续的 T 形截面构件，文献[12-4]仍建议截面刚度沿全跨长取为常值，但须按加权平均法计算构件的平均有效惯性矩：

$$I_{av} = I_c\left[1 - \left(\frac{M_{e1} + M_{e2}}{2M_0}\right)^2\right] + \frac{I_{e1} + I_{e2}}{2}\left(\frac{M_{e1} + M_{e2}}{2M_0}\right)^2 \tag{12-27}$$

式中，M_{e1}，M_{e2}——构件两端的支座截面弯矩；

　　M_0——简支跨中弯矩（图 12-9(a)）；

　　I_c，I_{e1}，I_{e2}——按跨中和两端弯矩计算的有效惯性矩。

2. 荷载长期作用

钢筋混凝土构件在荷载作用下，除了即时产生变形之外，当荷载持续作用时，变形还将不断地增长。已有试验[11-10]表明，梁的中点挠度在荷载的长期作用（6 年）以后仍在继续增长，但增长率已很缓慢（图 12-10）。一般认为，荷载持续 3 年以后，构件的变形值已趋稳定。

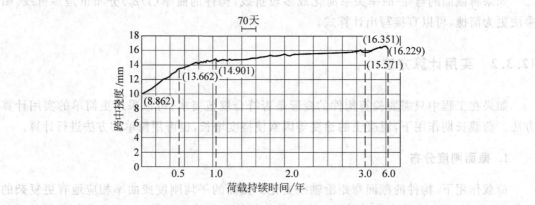

图 12-10　长期荷载作用下梁的挠度变化[11-10]

荷载长期作用在构件上，受压区混凝土产生徐变；受拉区混凝土因为裂缝的延伸和扩展，以及受拉徐变而更多地退出工作；钢筋和混凝土的滑移徐变增大了钢筋的平均应变。这些构成了构件长期变形增长的主要原因。此外，环境条件的变化和混凝土的收缩等也有一定影响。因此，决定这些条件的因素，例如混凝土的材料和配合比、养护状况、加载时混凝土的龄期、配筋率(特别是受压钢筋率)、环境温度和相对湿度、构件的截面形状和尺寸等都将影响构件的长期变形值。

关于钢筋混凝土梁在荷载长期作用下的挠度，国内外已有不少试验实测资料[11-10,12-5,12-6]。由于试件和试验条件的差别，试验结果有一定离散度。

若构件在荷载长期作用下趋于稳定的挠度值为 w_l，相同荷载即时产生的挠度为 w_s，其比值称为长期荷载的挠度增大系数

$$\theta = \frac{w_l}{w_s} \tag{12-28}$$

表 12-1 中给出了我国的有关试验结果。单筋矩形梁的 $\theta \approx 2$；受压区配设钢筋或有翼缘的梁有利于减小混凝土的徐变，梁的长期挠度减小；拉区有翼缘的梁，其长期挠度稍有增大。规范[1-1]中参照试验结果给出了计算系数。

表 12-1 长期荷载下挠度增大系数 θ 的试验值[11-10]

截面形状	单筋矩形梁	双筋矩形梁③	T 形梁	倒 T 形梁
天津大学	1.51~1.89②(1.67)①	1.51~1.74③	1.70~2.15	1.86~2.40
东南大学	1.84~2.20(2.03)①	1.91③	1.89~1.94	2.41~2.65
设计规范[1-1]	2.0	1.6④	2.0	1.2×(左边值)

① 括号内为平均值；② 试件加载时龄期为 168 天；③ $\mu'/\mu = 0.44~1.0$；④ $\mu'/\mu = 1$ 时取此值，否则按线性内插取值。

国外对钢筋混凝土构件进行长期荷载试验，给出接近的试验结果[12-5~12-8]，其平均值 $\bar{\theta} = 1.85~2.01$。关于受压钢筋对挠度增长的影响，则给出更大的折减率(表 12-2)。美国 ACI 设计规范[1-11]中对荷载持续作用超过 5 年的构件，其挠度和即时挠度的比值，建议了计算式：

$$\theta = \frac{2.4}{1 + 50p'} \tag{12-29}$$

式中，p'——受压钢筋率，$p' = A_s'/bh_0$。

表 12-2 受压钢筋对挠度增大系数的折减[12-8]

μ'/μ	0	0.5	1.0
文献[12-5]	1	0.64~0.76(0.69)	0.47~0.76(0.56)
文献[12-6]	1	0.77~0.82(0.80)	0.71~0.81(0.78)
全部数据	1	0.64~0.82(0.72)	0.47~0.81(0.64)

说明：括号内为平均值。

除了上述的实用计算方法以外，一般设计规范中都给出了能够满足刚度要求、不须进行变形验算的构件最大跨高比(l_0/h)[1-1,12-1]，或最小截面高度(h)[1-11]。

弯剪承载力

13.1 无腹筋梁的破坏形态和承载力

工程中最常见的梁柱构件,控制其承载力、变形和裂缝性能,以及截面设计的主要内力是轴力 N 和弯矩 M(第 10 章至第 12 章)。剪力是另一种主要内力,总是和弯矩共存于构件($V=dM/dx$)。一般,只需在已知构件的截面设计后,验算其抗剪承载力,或者配设横向钢筋。在有些情况下,例如跨高比很小的梁、薄腹梁、高层建筑的剪力墙等,剪力可能成为控制构件设计的主要因素。

当构件的性能和设计由剪力控制时,其受力状态比压弯构件复杂,有以下特点:

① 没有单纯受剪($M=0$)的构件。虽然在构件上可找到一个"纯剪"的截面($V\neq0,M=0$),例如端部简支支座旁和构件上正、负弯矩异号处,但构件不会沿此垂直截面发生破坏(1.5 节)。在剪力为常值($V=$const.)的区段内,弯矩成线性变化,构件主要因为剪力发生斜裂缝破坏时,必然受弯矩作用的影响。所以,构件的抗剪承载力实质上是剪力和弯矩共同作用下的承载力,可称弯剪承载力。

② 剪力作用下产生成对的剪应力,构件内形成二维应力场。

③ 即使是完全弹性的材料,平截面假定也不再适用。

④ 构件在破坏过程中发生显著的应力重分布(图 13-2),不再符合"梁"的应力分布规律。

⑤ 构件破坏过程短促,延性小,一般属脆性破坏。

关于钢筋混凝土构件在剪力和其他内力共同作用下的受力性能,国内外进行了大量的试验和理论研究[13-1~13-5],取得的许多研究成果已经纳入有关设计规范,应用于工程实际。但是,由于其受力状态的复杂性,至今对于抗剪的机理分析和计算精度等仍不完满。

13.1.1 典型(剪压)破坏形态

先考查一个只配设受拉主筋(无腹筋)的矩形截面简支梁(图13-1),研究它在剪力和弯矩共同作用下的典型破坏过程。梁上有两个对称的集中荷载作用,荷载和支座之间的剪力 V 为一常值,弯矩 M 为线性变化。这一段称为剪弯段,其长度 a 称为剪跨,与截面有效高度 h_0 之比称作剪跨比($\lambda = a/h_0$)。

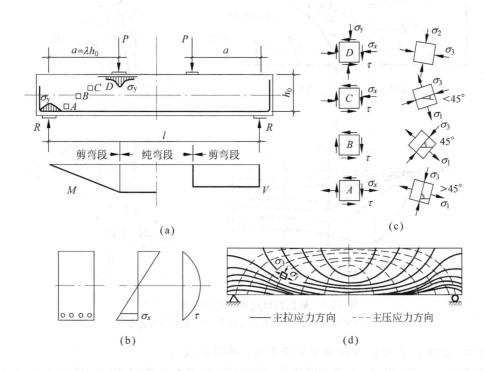

图 13-1　剪弯段的应力分布

(a) 试件及内力图;(b) 截面应力分布(弹性);(c) 应力状态和主应力;(d) 主应力轨迹线

对梁剪弯段内的二维应力状态,按照材料力学的简化分析得:水平正应力($\sigma_x = My/I$)沿截面线性分布,其值取决于截面弯矩 M 和截面上该点至中和轴的距离 y;剪应力 $\tau = VS/bI$,沿截面高度为二次抛物线分布。这是对弹性材料梁的分析结果,也适合于开裂前的钢筋混凝土梁。此外,在集中荷载和支座反力的附近,有局部的、不均布的竖向正应力 σ_y,一般是压应力。

已知剪弯段内各点的应力 σ_x,σ_y 和 τ 后,计算或者作 Mohr 圆确定各点主应力的数值和方向,并绘制梁的主拉、压应力轨迹线(图 13-1)。改变梁上荷载的位置或剪跨后,弯矩和剪力的相对值($M/V = a$)发生变化,剪弯段内的应力 σ_x,σ_y 和 τ 的相对值随之变化,将形成不同的弯剪破坏形态和不等的极限承载力。

中等剪跨比($\lambda = a/h_0 = 1 \sim 3$)的梁,在加载试验过程中显示了剪力和弯矩共同作用下梁的受力变形、裂缝和破坏的特点(图 13-2)。当荷载很小($P < P_1$)时,梁内应力很低,尚无裂缝出现,应力状态与弹性分析相符,截面(Ⅰ-Ⅰ、Ⅱ-Ⅱ)应变近似平面变形假设,纵筋的应力分布与弯矩图成正比。

当荷载值达 P_1,首先在梁的跨中纯弯段出现受拉裂缝,且自下而上延伸。荷载增加至 P_2,剪跨段内弯矩增大,相继出现受弯(拉)裂缝,在底部与纵筋轴线垂直,向上延伸时倾斜角逐渐减小,约与主压应力轨迹线一致,亦即垂直于各点主拉应力方向。这类裂缝称弯剪裂

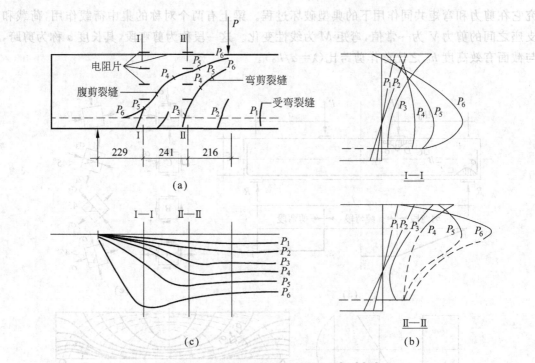

图 13-2　剪压裂缝过程和应力分布[13-6]、[0-1]

(a) 裂缝发展；(b) 截面应变分布；(c) 纵筋应力分布

缝。此时，截面 I-I 和 II-II 的应变分布仍接近平截面假定。

荷载增加至 P_3 和 P_4，又有新的弯剪裂缝发生，已有弯剪裂缝继续向斜上方延伸，其中之一还穿过了截面 II-II。同时，在距支座约 h_0 处的截面高度中央出现约 45°的斜裂缝，称为腹剪裂缝。此时，截面 I-I 和 II-II 下部混凝土的应变由受拉转为受压，出现全截面受压状态，最大压应力仍在梁顶。裂缝通过纵筋后，钢筋和混凝土间有局部粘结滑移，钢筋拉应力突增，并接近于纯弯段的钢筋应力。剪弯段内钢筋应力的纵向分布从与弯矩图相似的三角形变化为梯形分布，而且与纯弯段应力相等的区段逐渐扩大，已经不再是弹性分析的梁的应力状态。

荷载再增加至 P_5 和 P_6，纯弯段内受弯裂缝的延伸停滞。剪弯段内的弯剪裂缝继续往斜上方延伸，倾斜角再减小；腹剪裂缝则同时向两个方向发展，向上延伸，倾斜角渐小，直达荷载板下方；向下延伸，倾斜角渐增，至钢筋处垂直相交，形成临界斜裂缝。这些裂缝的形状都与主压应力轨迹线一致。此时，截面 I-I 和 II-II 仍是全截面受压，但是最大压应变（力）位置移向下方，顶面压应力显著减小，甚至逐渐地转为受拉。纵筋的应力，在支座附近的一小段范围内数值较低，其余部分的应力接近常值，在斜裂缝附近处的应力甚至超过跨中最大弯矩处的应力值。说明荷载通过弯曲形压力线向支座传递，受力状态已是拉杆拱（图 13-3）的雏形。

此后，再增大荷载，裂缝的宽度继续扩展，但裂缝的形状和数量不再变化。最终，荷载板附近的截面顶部压区面积缩减至很小，混凝土在正应力 (σ_x, σ_y) 和剪应力 (τ) 的共同作用下，达二轴抗压强度而破坏，出现横向裂缝和破坏区（图 13-4(b)）。斜裂缝的下端与钢筋相交处增宽，并出现沿纵筋上皮的水平撕脱裂缝。这种典型破坏形态称剪压破坏。

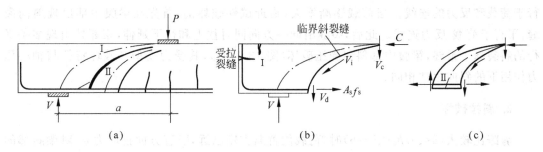

图 13-3 梁端剪弯段的受力特点
(a) 拱作用；(b) 主拱和抗剪成分；(c) 副拱

这种破坏形态的受力作用宛如一组复合的变截面拉杆拱(图 13-3)。主拱和副拱的传力线与梁端主压应力线一致，拉杆的应力均匀。其中最靠近支座的主拱，因为传力线对截面的偏心距大而在构件角部产生拉应力，甚至出现受拉裂缝。

分析主拱的极限平衡条件可知，无腹筋梁的(抗)弯剪承载力(V_u，即支座反力)的主要成分是：斜裂缝上端、顶部混凝土的抗剪力 V_c、沿斜裂缝的骨料咬合作用 V_i 和纵向钢筋的横向受力(或称销栓力)V_d。矩形截面梁的这三部分依次占总极限承载力的比例为 $20\%\sim40\%$、$33\%\sim50\%$ 和 $15\%\sim25\%$[13-2]。

13.1.2 斜压和斜拉破坏形态

梁的构造和材料相同，当改变荷载的位置或剪跨 a 时，将出现不同的破坏形态(图13-4)，也即剪力和弯矩的相对值($a=M/V$)决定梁端的弯剪破坏形态。

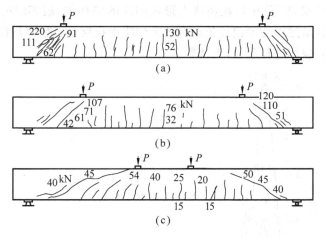

图 13-4 主要的弯剪破坏形态[13-4]
(a) 斜压；(b) 剪压；(c) 斜拉

1. 斜压(短柱)破坏

剪跨比很小($a/h_0<1$)时，荷载靠近支座，梁端竖直方向的正压应力 σ_y 集中在荷载板和支座面之间的斜向范围内，其数值远大于水平正应力 σ_x 和剪应力 τ。主压应力方向大致平

行于荷载和反力的连线。当荷载逐渐增大,临近试件破坏前,首先在梁腹中部出现斜向裂缝,平行于荷载-反力连线。此后,裂缝沿同一方向同时往上和往下延伸,相邻处出现多条平行的斜裂缝。最终,梁腹中部斜向受压破坏(图 13-4(a)),其受力模型和破坏特征与轴心压力作用下的斜向短柱相同。

2. 斜拉破坏

剪跨比较大($3 < a/h_0 < 5 \sim 6$)时,荷载位置离支座已远,竖直方向正应力 σ_y 对梁腹部的影响很小。试件加载后,首先在跨中纯弯段的下部出现受拉裂缝,垂直往上延伸。当梁端剪弯段的腹部中间形成 45° 的腹剪斜裂缝后,很快地往两个方向延伸:裂缝向上发展,倾斜角渐减,到达梁的顶部将梁切断;裂缝向下发展,倾斜角渐增,到达受拉钢筋和梁底处,裂缝已是竖直方向。斜裂缝的下部在荷载作用下往下移动,带动受拉钢筋,使梁的端部沿钢筋上皮把混凝土保护层撕裂(图 13-4(c))。造成最终破坏的斜裂缝是主拉应力控制的混凝土拉断破坏。

随剪跨比的增大,钢筋混凝土梁由斜压、剪压(图 13-4(b))和斜拉形态逐渐过渡。构件的剪跨比更大($\lambda > 6$)时将发生受弯破坏,由抗弯承载力控制,梁端剪跨内虽然出现弯剪和腹剪裂缝,但不会引起破坏。

此外,如果纵筋的锚固不良,可能因为支座附近钢筋的拉应力增大和粘结长度缩短而发生粘结破坏;荷载板和支座面的面积过小,小剪跨比的梁可能产生劈裂破坏等。这些都不属于正常的弯剪破坏形态,在工程中应采取构造措施加以避免。

梁的剪力(荷载)-跨中挠度曲线如图 13-5 所示。剪跨比很小的梁,极限剪力 V_u 高而变形很小,(斜压)破坏突然,曲线形状陡峭。中等剪跨比的梁,从混凝土出现裂缝,形成临界斜裂缝,以至顶部受压破坏(剪压),在曲线上形成相应的特征点,破坏时的变形稍大,曲线平缓。剪跨比大的梁,虽然因为弯曲段长而有较大的跨中挠度,但梁的(斜拉)破坏完全由混凝土的抗拉强度控制,破坏过程急促,无预警。

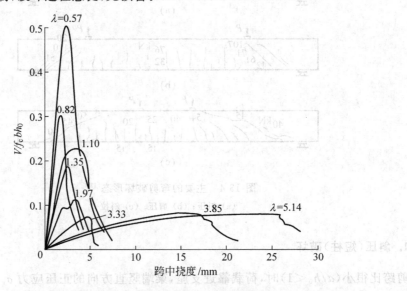

图 13-5　梁的剪力-跨中挠度曲线[0-1]

13.1.3 弯剪承载力及其影响因素

无腹筋梁在集中荷载作用下的弯剪承载力受许多因素的影响,已有试验结果表明主要因素是剪跨比、混凝土强度和纵筋率等三项。

1. 剪跨比($\lambda = a/h_0$)

如前所述,梁的剪跨比反映了梁端弯剪破坏区的应力状态和比例。当剪跨比由小增大时,梁的破坏形态从混凝土抗压强度控制的斜压型,转为顶部受压区和斜裂缝骨料咬合等控制的剪压型,弯剪承载力(V_u/bh_0)很快下降;再转为混凝土抗拉强度控制的斜拉型,极限剪力的变化已是很小(图 13-6)。

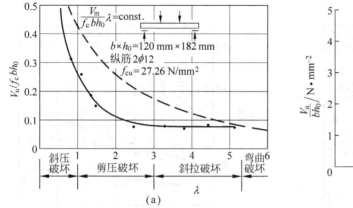
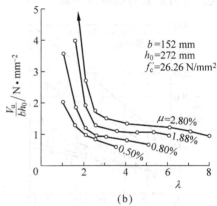

图 13-6 剪跨比对弯剪承载力的影响

(a) 文献[0-1];(b) 文献[13-7]

当剪跨比更大时梁转为受弯控制破坏,剪跨段内不再破坏。若纯弯段的极限弯矩为 M_u(见第 10 章),此时的支座反力(即梁端剪力)V_m 取决于剪跨 a,

$$V_m = \frac{M_u}{a}$$

或可改写成

$$\frac{V_m}{f_c bh_0} \cdot \frac{a}{h_0} = \frac{M_u}{f_c bh_0^2} = \text{const.} \tag{13-1}$$

此式在图 13-6 中为一双曲线(虚线),它与梁的弯剪破坏曲线(实线)相交,交点处有临界剪跨比:

$$\lambda_b = \frac{M_u}{V_u h_0} \tag{13-2}$$

式中,V_u——构件的极限弯剪承载力,取决于剪跨比等(如式(13-5))。

当 $\lambda < \lambda_b$ 时,梁发生弯剪破坏,$\lambda \geqslant \lambda_b$ 时则为受弯破坏。

2. 混凝土强度(f_t 或 f_c)

梁的弯剪破坏最终由混凝土材料的破坏控制,所以其弯剪承载力随混凝土的强度而提高。不同剪跨比的梁,因破坏形态的差别,承载力分别取决于混凝土的抗压或抗拉强度,提高混凝土的强度等级(f_{cu}),弯剪承载力的提高幅度(图13-7中直线的斜率)显著有别。

小剪跨($\lambda<1$)梁的斜压破坏取决于混凝土的抗压强度 f_c,约与立方强度 f_{cu} 成正比;大剪跨($\lambda>3$)梁的斜拉破坏取决于混凝土的抗拉强度 f_t,随立方强度 f_{cu} 增长较慢(图1-18,或图1-19);中等剪跨($\lambda=1\sim3$)梁的剪压破坏取决于顶部的抗压强度和腹部的骨料咬合作用(接近抗剪或抗拉强度),弯剪承载力的提高幅度处于二者之间。

3. 纵向配筋率(μ,%)

纵向钢筋的抗剪作用,除了直接承受横向力 V_d(图13-3)外,还因为增加纵筋能加大斜裂缝顶部混凝土压区高度(面积),间接地提高梁的弯剪承载力(图13-8)。但是,前者常因沿纵筋的混凝土被撕脱而受到限制,后者则对斜拉破坏形态的作用不大,因此增大纵筋率并非提高弯剪承载力的有效措施。

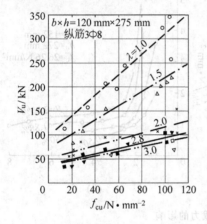

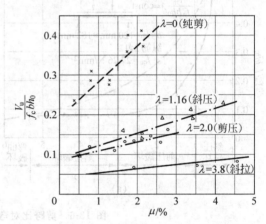

图13-7 混凝土强度对弯剪承载力的影响[13-5]　　图13-8 纵向配筋率对弯剪承载力的影响[0-2]

除了上述3个主要因素外,有试验表明构件的截面高度增大2~4倍,而其他参数保持相同,其平均极限剪应力(V_u/bh_0)减小21%~37%[13-2]。原因是截面增高后斜裂缝的宽度加大,骨料咬合作用显著减弱(参见式(13-9))。

上述结论都是以简支梁的集中荷载试验结果为根据进行分析的。工程中常遇的均布荷载,梁的受力状态又有不同。梁支座处的剪力最大,弯矩为零;截面移往跨中,剪力渐减为零,而弯矩恰好增加至最大值。与集中荷载作用的情况不同,梁内不存在剪力为常值的剪弯段,也不会出现荷载附近截面剪力和弯矩同达最大值的组合。反映剪力和弯矩相对值的大小,需要改用广义剪跨比 $\lambda=M_{max}/(V_{max}h_0)=l/(4h_0)$,或者直接用跨高比 l/h_0。

一组截面相同但跨高比不等的试件,在均布荷载作用下发生弯剪破坏,其典型破坏形态(图13-9(a))也分作斜压($l/h_0<4$)、剪压($l/h_0=4\sim9$)和斜拉($l/h_0\approx9\sim20$)型。它们的受力和裂缝发展过程,以及破坏特征与集中荷载的试件相同。但需注意,破坏斜裂缝顶部位置的截面上剪力并非最大值:

$$V = V_{max} - qs \tag{13-3}$$

式中,V_{max}——支座截面剪力;

q —— 均布荷载；

s —— 斜裂缝顶部至支座的距离。

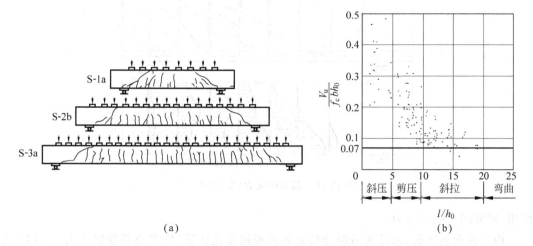

(a)

(b)

图 13-9 均布荷载作用下梁的弯剪破坏形态和承载力[13-5]

(a) 破坏形态；(b) 弯剪承载力

均布荷载作用下梁的弯剪承载力 $V_u/(f_c bh_0)$ 随梁的跨高比增大而减小(图 13-9(b))；跨高比较小($l/h_0 < 10$)时，承载力下降迅速；$l/h_0 > 10$ 后，下降平缓；当 $l/h_0 > 20$，梁为受弯破坏控制，不出现弯剪破坏。

影响梁弯剪承载力的因素还有荷载施加位置、截面形状、轴力作用等(见 13.4 节)。

13.2 腹筋的作用和抗剪的成分

13.2.1 腹筋的作用

无腹筋梁的弯剪承载力有限，若不足以抗御荷载产生的剪力时，设置横向箍筋是很有效的措施。同时，箍筋还是在制作构件时为固定纵筋位置所必须，在长期使用期间又有承受温度应力、减小裂缝宽度等效用。一举数得，使箍筋成为梁、柱等构件中的必备部分，用钢量可占构件总用钢量的 $15\% \sim 25\%$。

配设箍筋的钢筋混凝土梁，在临近极限荷载时，梁端剪跨段内各箍筋的实测应力(变)分布状况如图 13-10 所示。当荷载 P 或剪力 V 很小且混凝土未开裂之前，箍筋的应力很低，对于提高梁的开裂荷载无显著作用。

增加梁上荷载，在较大弯矩区出现竖直方向的受拉裂缝。这种裂缝与箍筋平行，对箍筋应力的影响仍不大。继续增大荷载，受拉裂缝往上延伸，斜角减小，形成弯剪裂缝；靠近支座处则出现倾斜的腹剪裂缝，并往上、下两边延伸。当这些裂缝和箍筋相交后，箍筋应力突然增大。随着斜裂缝的加宽和延伸，箍筋的应力继续增大，又有箍筋出现应力突增。致使各个箍筋的应力值和分布各不相同，即使同一箍筋的应力沿长度(截面高度)方向的分布也不均匀，完全取决于斜裂缝的位置和开展程度。在支座范围及其附近的箍筋，受到支座反力的

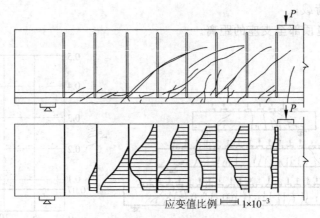

应变值比例 ⊢——⊣ 1×10⁻³

图 13-10　箍筋的应力（变）分布[13-8]

作用,还可能承受压应力。

　　构件临近破坏前,靠近腹剪裂缝最宽处的箍筋首先屈服,虽仍维持屈服应力 f_y,但已不能限制斜裂缝的开展。随之,相邻的箍筋相继屈服,斜裂缝宽度沿全长增大,骨料咬合作用减弱。最终,斜裂缝上端的混凝土在正应力和剪应力的共同作用下破坏,同样形成剪压破坏形态。在破坏后试件的斜裂缝最宽处,可以看到箍筋被拉断,断口有明显的细脖现象。

　　有些截面较大的梁,跨中弯矩所需的纵筋数量多,除了一部分钢筋必须伸进支座加以妥善锚固外,其余钢筋可以根据弯矩(包络)图的形状,在不再需要处①予以切断,或者弯起。弯起钢筋进入截面上部,并穿过支座,可作为连续梁的抗负弯矩主筋。弯起部分设在梁内的适当位置,斜裂缝与之相交后受到钢筋的约束,裂缝的发展被减缓,增大了构件的弯剪承载力。

　　弯起钢筋的抗剪作用与箍筋的相似:对斜裂缝出现的影响很小;斜裂缝延伸并穿越弯起钢筋时,应力突增;沿弯起筋的长度方向,应力随裂缝的位置而变化;构件被破坏时,与斜裂缝相交的弯起筋可能达到屈服,取决于裂缝的位置和宽度。

　　箍筋和纵筋的弯起部分统称为梁的腹筋。箍筋一般垂直于构件轴线和纵筋放置,以便施工,但也可以斜向设置,与构件轴线成 30°～45°夹角,更接近主拉应力方向,有效地限制斜裂缝开展[13-9]。无论何种箍筋,都必须保证其可靠的锚固,才能充分发挥承载作用。

　　腹筋对于构件的抗剪作用有两个方面。箍筋和弯起筋除了直接承受部分剪力(V_s 和 V_b,图13-11)外,其间接作用是限制了斜裂缝的开展宽度,增强了腹部混凝土的骨料咬合力 V_i;它还约束了纵筋撕脱混凝土保护层的作用,增大了纵筋的销栓力 V_d;腹筋和纵筋构成的骨架使内部的混凝土受到约束,有利于抗剪。这些都有助于提高构件的弯剪承载力。

　　但是,在估计腹筋的抗剪作用时必须清楚,并不是梁端剪跨段内所有的箍筋和弯筋都能达到其屈服强度并得到充分的利用。它们在构件极限状态时的应力值,在很大程度上取决于斜裂缝的位置、开展宽度以及和钢筋的相交夹角。此外,还与构件的弯剪破坏形态有关,

---

　　① 纵向钢筋的切断或弯起的位置要考虑斜裂缝出现后梁端钢筋应力增大的现象(如图 13-2(c)所示),使切断点或弯起点往支座方向延伸一段距离,以保证钢筋的锚固和构件的弯剪承载力。如果纵筋过早地切断或弯起,则可能引起斜截面抗弯承载力的不足,有些规范[1-1]中规定需作专门的验算。

例如,发生小剪跨的斜压破坏时箍筋的作用极小,一般不予考虑。

13.2.2 弯剪承载力的组成

有腹筋梁弯剪承载力的主要成分(图13-11)是:斜裂缝上端、靠梁顶部未开裂混凝土的抗剪力(V_c)、沿斜裂缝的混凝土骨料咬合作用(V_i)、纵筋的横向(销栓)力(V_d),以及箍筋和弯起筋的抗剪力(V_s 和 V_b)等。这些抗剪成分的作用和相对比例,在构件的不同受力阶段随裂缝的形成和发展而不断地变化(图13-12)。构件极限状态的弯剪承载力是这五部分的总和:

$$V_u = V_c + V_i + V_d + V_s + V_b \tag{13-4}$$

构件开裂之前(图 13-12 中的 OA 段)几乎全部剪力由混凝土承担,纵筋和腹筋的应力都很低。首先出现弯曲裂缝($V \geqslant V_A$),并形成弯剪裂缝(AB 段)后,沿斜裂缝的骨料咬合作用和纵筋的销栓力参与抗剪。腹剪裂缝的出现和发展,相继地穿越箍筋($\geqslant V_B$)和弯起筋($\geqslant V_C$),二者相应地发挥作用,承担的剪力逐渐增大,并有效地约束斜裂缝的开展。

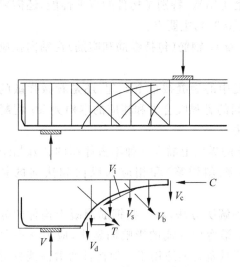

图 13-11 有腹筋梁的抗剪作用

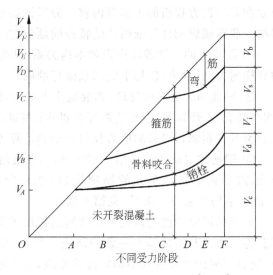

图 13-12 弯剪承载力的组成[13-2,0-1]

再增大荷载,斜裂缝继续发展,个别箍筋首先屈服($\geqslant V_D$),邻近箍筋也相继屈服。屈服箍筋的承剪力不再增长。当弯起筋屈服($\geqslant V_E$)后,其承剪力也保持常值。此时,斜裂缝开展较宽,骨料咬合力减小,而纵筋的销栓力和顶部未开裂混凝土承担的剪力稍有增加。最终,斜裂缝上端的未开裂混凝土达到二轴强度而破坏(V_u),纵筋的销栓力往下撕脱梁端的混凝土保护层。

有腹筋梁的这 5 种主要抗剪成分所承担的剪力比例,取决于混凝土的强度、腹筋和纵筋、弯起筋的数量和布置等因素,在各受力阶段不断地发生变化。而且,荷载的位置(剪跨比)或梁的破坏形态也有很大影响。例如大剪跨梁的斜裂缝长度大,穿越的箍筋数量多,箍筋承担了剪力的大部分。

13.3   极限弯剪承载力的计算

13.3.1   关于有限元方法

剪力和弯矩共同作用下的梁,其极限承载力不能使用压弯构件的一般方法(见 10.3 节)进行计算。因为后者的基本假定是平截面变形和单轴应力-应变关系,显然不适用于梁端的二轴应力状态。此外,弯剪破坏形态的多样性、斜裂缝位置和形状的变化、沿斜裂缝骨料咬合力的方向和数值、纵筋和腹筋的粘结-滑移、纵筋的销栓力、竖向正应力的局部分布等梁端弯剪段内的复杂受力状态,更增大了抗剪理论分析的难度。

从原理上讲,二维的非线性有限元方法可以准确地分析钢筋混凝土梁的弯剪全过程,包括应力分布、变形、裂缝的出现和发展、破坏形态和极限承载力等。从 20 世纪 60 年代开始,国内外已经进行了不少的有关理论分析和计算方法的研究[0-3,13-10]。

一般的有限元分析方法需要解决:单元类型的选择、单元的划分(离散化)、基本方程的建立和非线性方程组的求解等内容。分析钢筋混凝土结构,特别是构件的弯剪性能,还需要解决一些直接影响计算准确性的特殊问题(见文献[0-3]),主要有:

① 混凝土的二轴破坏准则和本构关系(见第 4 章);钢筋(包括纵筋和腹筋)在轴向拉应力和横向力(销栓力)作用下的二轴破坏准则;

② 裂缝和裂缝面的处理,如混凝土开裂后单元中的裂缝按单个处理,还是看做弥散的"均布裂缝";开裂后,单元是否重新划分;裂缝面间的骨料咬合力和相应的本构关系;混凝土开裂时或裂缝扩张时的应力释放原则和计算方法;

③ 钢筋和混凝土的粘结,一般在钢筋和混凝土的界面上插入一种不占体积的特殊粘结单元,需要确定粘结单元的物理模型(如双向弹簧、斜弹簧)和相应的纵向和法向的粘结-滑移本构关系(τ-s 关系,见第 6 章)。

多年的试验和理论研究为这些问题提供了多种解决方法,对一些钢筋混凝土构件的分析获得了与试验结果基本一致的结论。但是,由于梁弯剪性能的影响因素多,应力状态复杂,裂缝开展的多样性和不确定性等原因,至今还不具备普遍适用于一般构件弯剪性能分析的有限元程序,各种本构关系和计算方法还有待补充和改进。

一般计算方法尚不完善,且计算过于复杂,各国在工程中普遍采用经验统计类或简单力学模型类方法。这些方法虽然在机理分析、适用范围和计算精度等方面存在不足,但是可保证结构的安全使用,计算简捷。

13.3.2   经验回归式

文献[13-5]统计了国内外的无腹筋简支梁集中荷载试验的试件共 293 个,得到极限弯剪承载力 V_u 随 3 个因素(剪跨比 $\lambda = a/h_0$、混凝土抗压强度 f_c 和纵向配筋率 $\mu = A_s/bh_0$)的回归分析式为

$$\frac{V_u}{f_c bh_0} = \frac{0.08}{\lambda - 0.3} + \frac{100\mu}{\lambda f_c} \tag{13-5}$$

试验和计算值的比值平均为 1.033，变异系数为 $c_v = 0.15$。

上述试验数据表达成极限承载力和单一因素剪跨比的关系如图 13-13 所示。其上、下限曲线的近似计算式为

$$\left.\begin{aligned}\frac{V_{u,max}}{f_c bh_0} &= \frac{0.5}{\lambda} \\ \frac{V_{u,min}}{f_c bh_0} &= \frac{0.12}{\lambda - 0.3} \quad (> 0.044)\end{aligned}\right\} \tag{13-6}$$

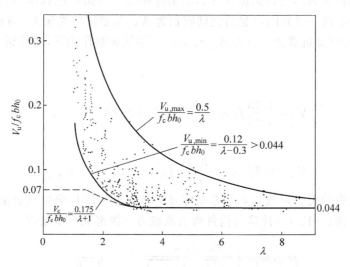

图 13-13 弯剪承载力和其上、下限[13-5]

考虑到钢筋混凝土梁弯剪破坏的突然性和试验数据的离散度较大，从设计原则上应该使弯剪的安全度超过抗弯的安全度（剪强于弯），取用承载力的下限值较为可靠。同时，实际工程中常遇连续梁和梁腹加载等不利情况（详见 13.4 节），宜采用更低的弯剪承载力计算式：

$$\frac{V_c}{f_c bh_0} = \frac{0.175}{\lambda + 1} \tag{13-7a}$$

此式是由中、低强度等级（≤C50）混凝土梁的抗剪试验结果所引出。对于高强混凝土（C50～C80）梁而言，其抗剪承载力 V_u 的增长幅度小于抗压强度（f_c）的增长率，而约与抗拉强度（f_t）成正比。为安全起见，我国设计规范[1-1]取 $f_t = 0.1f_c$ 代入式（13-7a）进行替换，得

$$V_c = \frac{1.75}{\lambda + 1} f_t bh_0 \tag{13-7b}$$

并规定：当 $\lambda \leqslant 1.5$ 时，取 $\lambda = 1.5$ 计算，即式中系数值≤0.7；

当 $\lambda \geqslant 3$ 时，取为 3，式中系数≥0.44。

承受均布荷载作用的无腹筋梁，试验结果显示的下限值（图 13-9(b)）为

$$\frac{V_c}{f_c bh_0} = 0.07 \tag{13-8a}$$

同样以 f_t 替换 f_c，并考虑构件截面高度的影响系数（β_h）后，有

$$V_c = 0.7\beta_h f_t bh_0 \tag{13-8b}$$

式中

$$\beta_h = \left(\frac{800}{h_0}\right)^{1/4} \tag{13-9}$$

式(13-9)中当 $h_0 \leqslant 800$ mm 时取为 800；$h \geqslant 2\,000$ mm 时取为 $2\,000^{[1-1]}$。

试验结果还表明[13-4]，采用式(13-7)和式(13-8)计算无腹筋梁的弯剪承载力时，构件在使用阶段一般不会出现斜裂缝。

对于工程中最常见的有腹筋梁，还应附加腹筋的弯剪承载力(图 13-14)。若一截面内箍筋各肢的总面积为 A_{sv}，抗拉强度为 f_{yv}，沿轴向间距为 s，则单位长度的抗拉力(即抗剪力 V_s/s)为 $A_{sv} f_{yv}/s$；同一平面内弯起的钢筋面积为 A_{sb}，与轴线的夹角为 α，抗拉强度 f_y，则其垂直方向的抗拉力(即抗剪力 V_b)为 $A_{sb} f_y \sin\alpha$。不同荷载作用下，验算梁弯剪承载力的计算式分别为

集中荷载

$$\left. \begin{aligned} V_{cs} &= \frac{1.75}{\lambda+1} f_t bh_0 + \frac{h_0}{s} A_{sv} f_{yv} + 0.8 A_{sb} f_y \sin\alpha \\[3mm] \text{均布荷载} & \\[3mm] V_{cs} &= 0.7 f_t bh_0 + \frac{h_0}{s} A_{sv} f_{yv} + 0.8 A_{sb} f_y \sin\alpha \end{aligned} \right\} \tag{13-10}$$

式中右边第三项中的折减系数 0.8 是考虑弯起钢筋与斜裂缝相交位置有偏，其屈服强度可能不充分发挥。按式(13-10)计算的构件弯剪承载力一般都低于试验值[13-5]。

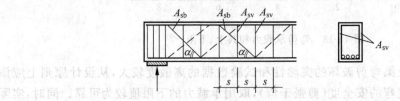

图 13-14 有腹筋梁弯剪承载力的计算图形

上述的弯剪承载力计算，保证了构件可能发生剪压或斜拉破坏形态范围的安全性。当构件的剪跨比(λ)或跨高比(l/h_0)很小时，可能发生腹部的斜压破坏形态，增设腹筋无助于混凝土斜向抗压强度的提高。为防止这种情况的发生，只能提高混凝土的强度等级，或者增大构件的截面。我国设计规范[1-1]规定的构件最小截面应满足：

$$\left. \begin{aligned} h_w &\leqslant 4b & V &\leqslant 0.25 f_c bh_0 \\ h_w &\geqslant 6b & V &\leqslant 0.20 f_c bh_0 \end{aligned} \right\} \tag{13-11}$$

式中，h_w——截面的腹板高度或矩形截面的有效高度(h_0)。

高强混凝土梁需在式右引入影响系数 β_c：当 $\leqslant$C50 时，取 $\beta_c = 1$；C80 时取 $\beta_c = 0.8$，其间按线性内插法计算确定。

采用经验回归式验算钢筋混凝土弯剪承载力的还有不少其他国家，但是依据的试验资料、极限承载力的标准、计算式的形式和参数值都各有不同。例如，美国设计规范[1-11]中，将形成临界斜裂缝时的剪力(低于最大承载力，图 13-2)作为验算的标准。弯剪承载力由混凝土和腹筋两部分组成：

$$V_u = \phi(V_c + V_s) \tag{13-12}$$

式中，$\phi = 0.85$——一折减系数，考虑材料强度和截面尺寸的变异、计算的不准确等的影响。

混凝土的承剪力取决于 3 个主要因素：$\sqrt{f'_c}$，μ 和 λ，其中 $\sqrt{f'_c}$ 代表混凝土的抗拉强度 f_t，其余符号同式(13-5)，计算式为

$$\left. \begin{aligned} \lambda &= \frac{M_u}{V_u h_0} \geqslant 1 \\ V_c &= \frac{1}{7}\left(\sqrt{f'_c} + \frac{120\mu}{\lambda}\right)bh_0 \quad \text{但} \leqslant 0.3\sqrt{f'_c}bh_0 \end{aligned} \right\} \tag{13-13}$$

并假定此式对无腹筋梁和有腹梁同样适用。

箍筋和弯起钢筋组成的腹筋所承担的剪力为

$$V_s = \frac{A_{sv}f_{yv}h_0}{s} + A_{sb}f_y\sin\alpha \quad \text{但} \leqslant \frac{1}{1.5}\sqrt{f'_c}bh_0 \tag{13-14}$$

式中符号同式(13-10)。

13.3.3 简化力学模型

1. 梁模型

早在 20 世纪初，德国 Mörsch[13-1] 进行了钢筋混凝土梁的抗剪试验，并根据弹性方法原则推导了名义剪应力 v 的计算式。其主要概念和以此为基础的设计方法在许多国家一直沿用至今。我国的现行设计规范[1-1] 中，在验算梁的剪切疲劳强度时，也部分地保留其主要概念。

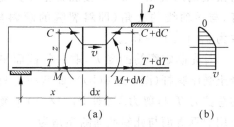

图 13-15 梁模型

(a) 计算简图；(b) 剪应力分布

梁模型的计算简图如图 13-15 所示。取梁段长 dx，两侧截面弯矩各为 M 和 $M+dM$。假设截面压区混凝土应力为三角形分布，拉区忽略混凝土的作用，仅有钢筋受拉，力臂为 z。中和轴处的名义剪应力(平均值)可由平衡条件求得：

$$vb\,dx = (C+dC) - C = \frac{dM}{z}$$

故

$$v = \frac{dM}{dx\,bz} = \frac{V}{bz} \tag{13-15}$$

式中，V——截面剪力；

　　b——截面宽度；

　　z——力臂，可近似取为常值 $0.875h_0$[1-11]。

同理，可得剪应力沿截面的分布，压区为二次抛物线，中和轴以下为常值(v，图 13-15(b))。在中和轴下部，混凝土的正应力为零，则主拉应力 $\sigma_1 = v$，方向为与轴线成 45°角，出现的斜裂缝也将与轴线成 45°角。

根据平衡条件可推导得箍筋承载力的计算式(推导过程同式(13-17)，但取 $\theta = 45°$，

$\alpha = 90°$):

$$\frac{V}{bz} = \frac{A_{sv}f_{yv}}{bs} \quad \text{或} \quad V = \frac{z}{s}A_{sv}f_{yv} \tag{13-16}$$

式中各符号的意义同前。

虽然此式与式(13-10)、式(13-17)中箍筋承担的剪力项形式相似,只差一个系数,但是按此梁模型计算时,不再考虑混凝土的抗剪能力,显然是不合理的。

2. 桁架模型

有腹筋梁的弯剪承载力计算,德国人 Ritter 在 19 世纪末就最早提出了平行弦桁架模型,以后的研究者又提出多种修正,例如受压上弦改为倾斜,受压腹杆的斜角可以调整,等等[0-1,13-1]。这类模型的优点是力学概念简单、清楚,计算方法简便,至今在许多国家的设计规范(例如文献[1-12])中应用。

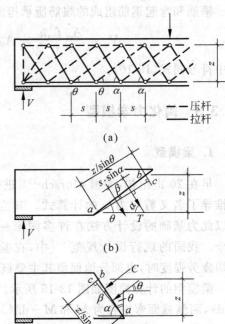

图 13-16　桁架模型计算图形
(a) 计算图形;(b) 验算腹筋;
(c) 验算混凝土受压腹杆

桁架模型的计算原理如图 13-16 所示。假设桁架各杆铰接,梁顶部的混凝土受压区取为桁架上弦,受拉纵筋为下弦,上下弦相距 z,即梁的截面力臂。箍筋和弯起钢筋作为受拉腹杆,与梁轴线的夹角为 α;梁腹混凝土作为受压斜腹杆,与梁轴线的夹角(即斜裂缝的倾斜角)一般取为 $\theta = 18.4° \sim 45°$。

首先确定腹筋的受力,取一斜截面平行于混凝土受压腹杆(图 13-16(b)),此截面上只有腹筋的总拉力 T 与剪力 V(即支座反力)平衡。腹筋作用的垂直面与此斜截面的夹角为

$$\beta = \theta + \alpha - 90° \tag{a}$$

作用长度为

$$\overline{ac} = \frac{z}{\sin\theta}\cos\beta = z\frac{\sin(\alpha+\theta)}{\sin\theta} \tag{b}$$

故腹筋的总拉力为

$$T = \frac{A_{sv}f_{yv}}{s \cdot \sin\alpha} \cdot z\frac{\sin(\alpha+\theta)}{\sin\theta} = \frac{A_{sv}f_{yv}z}{s}(\cot\theta + \cot\alpha) \tag{c}$$

根据平衡条件建立

$$V = T\sin\alpha = \frac{A_{sv}f_{yv}z}{s}\sin\alpha(\cot\theta + \cot\alpha) \tag{13-17}$$

或者变换为计算所需腹筋面积的公式

$$A_{sv} = \frac{Vs}{f_{yv}z}\frac{1}{\sin\alpha(\cot\theta+\cot\alpha)} \tag{13-18a}$$

若混凝土受压腹杆的斜角取 $\theta = 45°$,则

$$A_{sv} = \frac{Vs}{f_{yv}z} \frac{1}{(\sin\alpha + \cos\alpha)} \tag{13-18b}$$

式中各符号的意义同前。

同理,在确定混凝土腹杆的受力时,取一截面平行于腹筋拉杆(图 13-16(c)),按同样的步骤相继得

$$\beta = \alpha + \theta - 90° \tag{d}$$

$$\overline{ac} = \frac{z}{\sin\alpha}\cos\beta = z\frac{\sin(\alpha+\theta)}{\sin\alpha} \tag{e}$$

总压力为

$$C = \sigma_{cw}bz\frac{\sin(\alpha+\theta)}{\sin\alpha} = \sigma_{cw}bz\sin\theta(\cot\alpha + \cot\theta) \tag{f}$$

$$V = C\sin\theta = \sigma_{cw}bz\sin^2\theta(\cot\alpha + \cot\theta) \tag{13-19}$$

所以,混凝土腹杆的平均压应力的计算式和强度验算式为

$$\sigma_{cw} = \frac{V}{bz}\frac{1}{\sin^2\theta(\cot\alpha + \cot\theta)} \leqslant f_{cd2} \tag{13-20}$$

式中各符号的意义同前。因为梁腹混凝土处于二轴拉/压应力状态,文献[1-12]建议折减后的抗压强度取为

$$f_{cd2} = 0.6\left(1 - \frac{f_c}{250}\right)f_c \tag{13-21}$$

上述桁架模型假设上弦混凝土只受压力,不受剪力;下弦纵筋只受拉力,不受横向(销栓)力;也不考虑沿斜裂缝的混凝土骨料咬合作用等,是其不足。

13.4　多种受力状态和构造的构件

实际结构工程中,不都是简单的矩形等截面构件,也不全是简支梁,只承受剪力和弯矩的作用。上述钢筋混凝土梁的弯剪试验研究结论和计算方法,对于很多变化的情况不能适用。例如荷载的施加位置有变化,截面上另有轴力,弯剪段内有变号弯矩,或者构件为非矩形截面和变截面,等等。因为混凝土构件弯剪应力状态的复杂性,至今没有普遍适用的统一理论,各种特殊问题需要有专门的试验研究,分别给予处理。

1. 梁腹加载的构件

结构体系中的许多钢筋混凝土梁,由于结构方案或构造的原因,所承受的荷载施加在梁的腹部或下部(图 13-17),而不像前述试验梁一样施加在构件顶面。例如预制板及其上的荷载通过预制梁腹部的凸缘传递;现浇肋形楼盖中,次梁及其上的荷载,主要通过连接面上未开裂部分(即次梁支座截面的压区)传递至主梁;剪力墙所承受的水平方向地震或风荷载,主要由连接楼层的水平剪力传递,此剪力荷载沿剪力墙截面高度连续分布等。

荷载施加在梁的腹部或下部,使得荷载位置以上部分的梁段内存在受拉的竖向正应力($\sigma_y > 0$,图 13-18(a)),恰好与梁顶施加荷载产生竖向压应力($\sigma_y < 0$)的情况相反。虽然其他

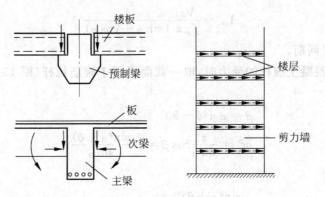

图 13-17　梁腹加载的实例

应力(σ_x 和 τ)的变化不大,但竖向正应力的变号足以对构件的破坏形态和极限弯剪承载力发生很不利的影响[13-11,13-12]。

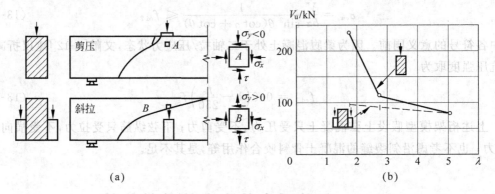

(a)　　　　　　　　　　　　　　　　　　　(b)

图 13-18　梁顶和梁腹加载的比较

(a) 受力和破坏状态；(b) 弯剪承载力[13-11]

　　无腹筋梁的弯剪试验证实,剪跨比 $\lambda \leqslant 3$ 的梁腹加载试件,因为剪弯段主拉应力的方向和数值发生变化,当形成腹剪斜裂缝后,很快向斜上方延伸,穿过荷载作用截面直通梁顶,将梁剪断,是典型的斜拉破坏形态。其极限承载力很接近于开裂荷载,远小于剪跨比相等、但在梁顶加载的剪压破坏试件的承载力。试验也证实,剪跨比 $\lambda > 3$ 的两类加载方式的试件都是斜拉破坏形态,弯剪承载力接近。

　　当有腹筋梁上的荷载作用在梁腹或底部时,弯剪段内的箍筋都受拉。破坏前斜裂缝密布,各箍筋的最大拉应力(变)值接近,且应力沿箍筋长度方向分布较为均匀[13-8](对比图 13-10)。这种梁的弯剪承载力也低于梁顶加载试件,设计时应将箍筋沿全剪弯段均匀布置。

2. T 形截面梁

　　工程中常用的 T 形截面梁,翼缘宽度和腹板厚度的比例(b_f/b)不同时,改变了梁端剪弯段的应力分布状态,因而影响构件的极限弯剪承载力,甚至引起破坏形态的转化。下面对两组试验分别给以说明。

　　一组试验梁的截面腹部等宽,但翼缘宽度不等,最大比值达 $b_f/b = 7$。以矩形截面梁的极限承载力 V_u 为 1,各梁的相对承载力示于图 13-19(a)。其中翼缘宽度 $b_f = 2b$ 的试件承载力提高约 20%；翼缘更宽的试件，弯剪承载力几乎不再增大。这组梁的剪跨大（$\lambda=5.1\sim5.4$），为斜拉破坏形态，极限承剪力接近开裂剪力。按照弹性计算，混凝土开裂并出现腹剪裂缝时的剪力为 $V_{cr}=f_tbI/S_{max}$，其中 I 为截面惯性矩，S_{max} 为中和轴一侧截面积对中和轴的面积矩。翼缘宽度增大后，I/S_{max} 值增加有限；试验还证明，T 形梁的翼缘只有靠近腹部的一部分宽度能充分发挥作用，即有效的 I/S_{max} 值更低。故增大翼缘宽度对构件的开裂剪力和极限弯剪承载力提高有限。

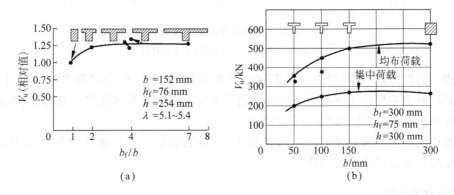

图 13-19 T 形截面梁的极限弯剪承载力
(a) 翼缘宽度的影响($b=$const.)[13-13]；(b) 腹板厚度的影响($b_f=$const.)[13-14]

另一组试件为有腹筋梁，翼缘宽度相等而腹板厚度不等，最大比值为 $b_f/b=6$。对试件分别施加集中荷载(剪跨比略大于 3.0)和均布荷载，试验承载力 V_u 如图 13-19(b)所示，矩形截面梁比最薄腹板梁的承载力高 40%～50%。矩形截面梁和腹板较厚($b\geqslant150$ mm)的梁为剪压破坏形态，极限状态时，除了腹部斜裂缝处骨料咬合作用有所差别外，裂缝上部混凝土压剪区的面积和承载力，以及箍筋承载力都相同，故试件的总弯剪承载力相差很小。腹板很薄($b\leqslant100$ mm)的试件，在出现腹剪斜裂缝后，箍筋仍能继续承受较大拉力，但是主压应力达到混凝土的抗压强度(此处腹板为二轴拉/压应力状态，强度值低于单轴抗压强度 f_c)时，试件即发生破坏。故薄腹梁已转化为斜压破坏形态，其极限弯剪承载力随腹板的厚度(受压面积)而增减。

通观上述试验结果，T 形梁的弯剪承载力因截面形状和尺寸、配筋情况、剪跨比和破坏形态的转移而发生变化。一般情况下，忽略翼缘的作用，只取腹板宽度作为矩形截面梁计算构件的弯剪承载力，其结果偏于安全。

3. 变截面(高度)梁

结构中出现多种形式的变截面梁(图 13-20)是为了满足一些结构的或构造的需要，例如增大跨中截面以提高抗弯承载力，屋顶预留排水坡度，框架梁端加腋以提高抗弯和抗剪能力等。这类梁也随跨高比或集中荷载的剪跨比的不同可能形成斜压、剪压和斜拉破坏形态[13-15,0-1]。前面介绍的等截面梁弯剪性能的结论和计算方法的原则都适用。

顶边倾斜的梁若倾斜角 α 不大，临界斜裂缝的上部剪压区邻近荷载截面(高度为 h_0)，其破坏形态和传力机理与等截面梁(h_0)的基本相同，弯剪承载力也接近。顶边倾斜度(α)较大的梁，临界斜裂缝的上端达不到荷载截面，有限高度减小，极限承载力降低。

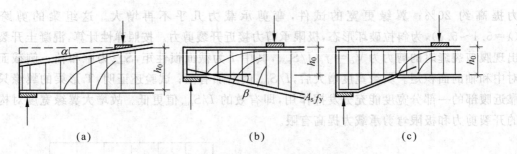

图 13-20　变截面高度梁的弯剪状态

(a) 顶边倾斜；(b) 底边倾斜；(c) 端部加腋

底边倾斜的梁,临界斜裂缝一般都通过截面转接处,破坏形态如图 13-20(b)所示。其极限弯剪承载力主要受支座截面高度(h_0)的等高梁支配。倾斜纵筋的垂直分力($A_s f_y \sin\beta$)成为一附加抗剪成分,计算时应予计入[13-15]。

框架梁端的加腋部分增强了抗弯剪能力,临界斜裂缝一般出现在梁的等截面(高度为h_0)区,极限承载力按此截面计算。

4. 轴力的影响

构件截面上有轴力(压力或拉力)和剪力、弯矩同时作用时,纵向应力 σ_x 发生很大变化,影响了构件的破坏形态和极限承载力。试件参数(截面尺寸和材料、配筋、剪跨比等)相近的试验结果得到的剪力(弯矩)-轴力包络图的典型曲线如图 13-21[13-5]所示。试验的一般加载过程为:先施加轴力并维持常值,再施加横向荷载(即剪力和弯矩),直至试件破坏。

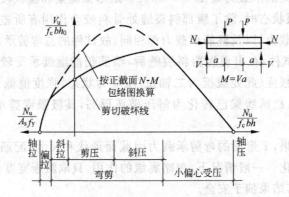

图 13-21　剪力-轴力包络图和破坏形态的过渡

试件只承受轴力时,产生轴心受压或轴心受拉破坏,极限承载力很容易确定。当轴力为零时,构件剪弯段一般为剪压破坏形态。轴力由拉往压变化时,相继出现逐渐过渡的多种破坏形态。

对构件施加轴向拉力后出现横向拉裂缝,与纵轴约成 90°角。施加横向荷载后,弯矩的作用使梁顶裂缝闭合,钢筋(A_s')的拉应力减小,甚至转为受压;而梁底的裂缝增宽,钢筋(A_s)的拉应力增大。剪力的作用使原有裂缝往斜向发展,或形成新的斜裂缝,与纵轴的夹角<90°。随着轴力和剪力相对比值(N/V)的减小,构件最终破坏时的临界斜裂缝与纵轴的夹角渐趋减小,可明确地区分出偏心受拉和斜拉(弯剪)等两种典型破坏形态,极限状态时的

轴拉力(N_u)减小,剪力(V_u或弯矩)增大。

对构件先期施加轴向压力,使得施加横向荷载(弯矩)后的截面压区高度加大,钢筋(A_s)受拉应力减小,延迟横向拉裂缝的出现,宽度减小。若轴压比(N/f_cbh_0)较大时,甚至可避免出现腹剪和弯剪裂缝。但主压应力的增大,成为控制构件破坏的主要因素,构件过渡为斜压破坏形态,其极限承载力V_u超过无轴力构件剪压破坏形态的承载力。试验中发现,当轴压比$N/f_cbh_0=0.3\sim0.5$范围内,有最大的极限剪力(V_u)。在轴压比更大的情况下,构件的大部分截面积(甚至全截面)受压,破坏形态逐渐过渡为截面一侧的混凝土纵向受压破坏,即小偏心受压破坏形态,极限剪力下降。

轴力很小时,弯剪构件都是剪压破坏形态。轴力为拉时,其极限承剪力下降,轴力为压时承剪力增强。

如果不考虑构件的弯剪破坏状态,将正截面的轴力-弯矩(N_u-M_u)包络图(见图 10-7(a))换算成轴力-剪力(N_u-V_u,$V_u=M_u/a$)包络图,如图 13-21 中虚线所示。两条包络线的两端重合部分各为偏心受拉和偏心受压破坏形态,其间因发生弯剪破坏而使承载力(V_u,M_u)下降。另一方面,若采取措施防止弯剪破坏,将发生大偏心受拉或大偏心受压等破坏形态,承载力仍由虚线控制。

概括上述试验结果和分析,必得这样的结论:轴压力(包括预应力)提高了构件的弯剪承载力,轴拉力则降低承载力。各国的设计规范中用不同的方式反映轴力的影响。例如我国规范[1-1]在式(13-10)右边附加一承载力,对偏压构件取$+0.07N$,对偏拉构件取$-0.2N$,其中 N 为与剪力相应的轴力。美国规范[1-11]则对式(13-13)中的λ值进行修正,改为

$$\lambda = \frac{M_u - \dfrac{N_u(4h - h_0)}{8}}{V_u h_0}$$

5. 剪弯段弯矩变号

简支梁无论在集中荷载或均布荷载作用下产生弯剪破坏的区段,弯矩都是同号。连续梁、有悬臂端的梁和水平荷载(如地震)作用下的框架柱、梁等,弯剪破坏区段的弯矩变号,即由支座处的负弯矩转为跨中的正弯矩,而且剪力最大的支座截面恰逢弯矩最大值。

伸臂梁的试验[13-16]可以说明变号弯矩区的典型弯剪性能(图 13-22)。试件加载后,首先在支座和跨中弯矩最大处出现受拉裂缝,此时梁顶和梁底的纵筋应力分布都与弯矩图相一致。随着荷载的增大,正、负弯矩区都将出现弯剪和腹剪裂缝,并向斜方向延伸。当裂缝和纵筋相交后,纵筋的拉应力突增,沿纵筋出现多条短的粘结裂缝。此时,上、下纵筋的受拉范围大大地扩展,应力分布不再符合弯矩图的形状,$M=0$ 的截面处上、下钢筋均为受拉,受力机理已不再是"梁",而好似上、下有拉杆的正、反连续拱,或者像一桁架。

有变号弯矩的剪弯段性能主要取决于广义剪跨比,即支座或集中荷载截面处的弯矩和剪力的比值:$M^-/Vh_0=a^-/h_0$ 或 $M^+/Vh_0=a^+/h_0$(图 13-23(a))。构件的广义剪跨比增大,也将相继出现斜压、剪压和斜拉破坏形态,极限弯剪承载力逐渐降低。当广义剪跨比(a^+)相等时,剪弯段(a)内负弯矩(或$|M^-/M^+|$)越大,梁顶纵筋拉应力高,粘结破坏严重,极限承载力下降。但是,广义剪跨比 $M^+/Vh_0 \geqslant 4$ 的构件为斜拉破坏形态,负弯矩区的影响已不明显。

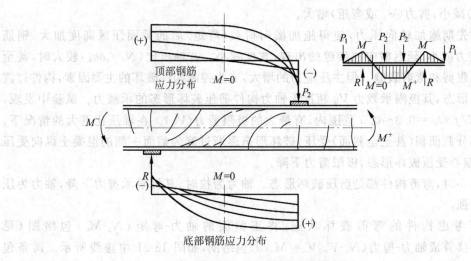

顶部钢筋
应力分布

底部钢筋应力分布

图 13-22 伸臂梁的弯剪性能

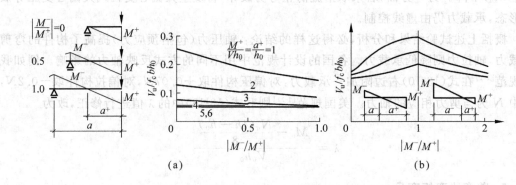

(a)   (b)

图 13-23 有变号弯矩梁的弯剪承载力[0-2]

(a) 广义剪跨比(a^+/h_0)相等；(b) 剪弯段长度($a=a^-+a^+$)相等

另一种情况,若梁的剪弯段长度($a=a^-+a^+$,图 13-23(b))为一常值,在同一剪力作用下,支座和荷载截面的弯矩之和为一常值 $|M^-|+M^+=Va=$ const. 。支座处有负弯矩,势必减小跨中弯矩。此时,可将此梁段看做以 $M=0$ 截面为分界的左、右二梁,各自的剪跨比为 a^-/h_0 和 a^+/h_0。若 $|M^-/M^+|<1$ 时,正弯矩一侧的剪跨比大($a^+/h_0>a^-/h_0$),承载力偏低,弯剪破坏发生在正弯矩区;反之,当 $|M^-/M^+|>1$,弯剪破坏发生在剪跨比($a^->a^+$)较大的负弯矩区。显然,在 $|M^-/M^+|=1$ 的情况,两侧剪跨比相等,有最大的极限弯剪承载力。所有这些情况下,构件的承载力都超过简支梁($M^-=0$, a^+ 为最大值)的弯剪承载力。

6. 牛腿

承重结构上设置牛腿,以承托它所支承的结构。例如工业厂房的柱子上设牛腿承托屋架(梁)、吊车梁和墙梁,甚至直接承托设备,又如墙或梁上的牛腿支承板或梁等。牛腿主要承受竖向荷载,也承受风或地震的作用、吊车制动力、混凝土收缩变形等产生的水平荷载。

牛腿的顶部必须配置受拉钢筋,还设置水平方向箍筋和斜向弯起筋(图 13-24(a))。牛腿的构造和受力状态如同一个短悬臂梁,或者由水平拉杆和斜向压杆组成的简单三角桁架。

当荷载挑出下柱支承边的距离小于其有效高度（$a \leqslant h_0$）时挑出部分称为牛腿，其性能和承载力分析如下。挑出距离更长（$a > h_0$）的牛腿，可按照相应剪跨比（a/h_0）的梁进行弯剪分析。

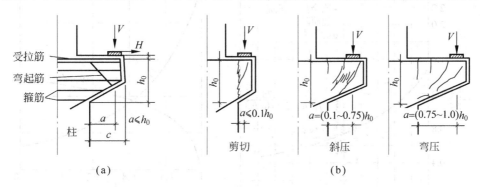

图 13-24 牛腿的构造和破坏形态
(a) 一般构造；(b) 破坏形态[13-18]

已有试验研究[13-17~13-19]表明，牛腿的挑出长度（a/h_0）决定了其内部应力状态，出现不同的裂缝发展过程和典型破坏形态（图 13-24(b)）：

剪切破坏（$a \leqslant 0.1h_0$）——沿下柱支承边出现多条斜向短裂缝，与直接剪切试件（图 1-28(a)）相同，最后牛腿沿此垂直面往下剪切移动而破坏。

斜压破坏（$a = (0.1 \sim 0.75)h_0$）——当荷载达极限值的 $20\% \sim 40\%$ 时，首先在牛腿顶面出现受拉竖向裂缝，稍有扩展后停滞。达极限荷载的 $40\% \sim 60\%$ 时，加载板内侧出现裂缝，并向斜下方发展。至极限荷载的 $70\% \sim 80\%$ 后，此斜裂缝的外侧出现大量短小的斜裂缝，逐渐扩展和相连。最终如同加载板下的一个斜向短柱受压破坏。实际工程中的牛腿大都属此类。

弯压破坏（$a = (0.75 \sim 1.0)h_0$）——荷载增大后，相继出现顶部的竖向受拉裂缝和加载板内侧起始的斜裂缝，并逐渐向牛腿根部延伸。达 80% 极限荷载后，顶部钢筋受拉屈服，裂缝增宽并向下延伸，牛腿根部的压区高度不断缩减，混凝土发生受压破坏而告终。

影响牛腿受力性能的主要因素，除了剪跨比（a/h_0）外，还有受拉配筋率、混凝土强度、箍筋数量、加载垫板尺寸等。牛腿中配设的箍筋和弯起筋对于出现裂缝的荷载值影响不大，但是可限制随后的裂缝开展宽度。

牛腿上出现斜裂缝时的荷载（或剪力 V_{cr}）随剪跨比的增大而减小，其极限荷载或剪力 V_u 也随剪跨比的增大而减小，但随纵筋率而增大（图 13-25）。设计牛腿时，一般以其抗裂和防止剪切型破坏等条件控制截面尺寸，以极限承载力条件计算所需受拉钢筋。

7. 板的冲切

工程中常有板结构承受集中荷载的情况。例如桥面板上的车轮压力、楼板上的设备（图 13-26(a)），以及板-柱结构、单独柱基（图 13-26(b)）等。这些构件在集中力作用下可能发生局部破坏，荷载或柱体连带一混凝土锥体从板中冲切而出，受力和破坏特点为双向剪切。上述两类冲切问题的差别只在于冲切锥范围内有无分布的荷载（或反力），类似于梁在集中荷载和均布荷载下的弯剪破坏的差别。

钢筋混凝土板的集中荷载试验[13-20~13-23]，揭示了冲切破坏的过程和形态，图 13-27 所示为模拟弹性支承基础板的试验。试件加载初期挠曲变形很小；至极限荷载的 $30\% \sim 50\%$

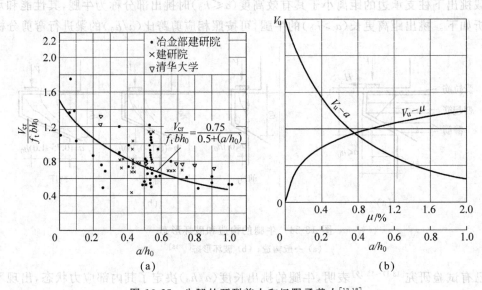

图 13-25 牛腿的开裂剪力和极限承载力[13-18]

(a) 出现斜裂缝时；(b) 极限承载力

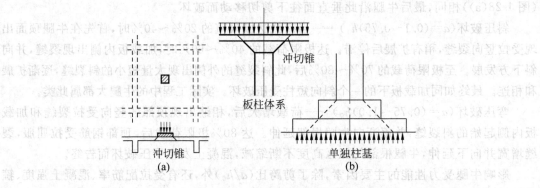

图 13-26 承受冲切作用的板

(a) 板上集中荷载；(b) 板上荷载(反力)连续分布

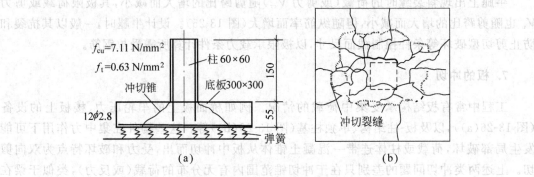

图 13-27 弹性支承板的冲切[13-23]

(a) 试件(M89)；(b) 板底裂缝

后,板底面的两个方向出现受弯(拉)裂缝,从中间向外侧延伸,挠度加快增长;至极限荷载的 75%～90% 后,板的侧面可见裂缝,裂缝的宽度不大,缓慢地向上延伸。到达极限荷载后,试件突然冲切破坏:柱子明显下陷,柱根四角稍有剥落,柱根周围的板顶面混凝土崩裂,板底的中部往外凸出,边缘为周圈的冲切裂缝。甚至,柱子带着冲切锥完全从板中冲切而出。冲切锥斜面或斜裂缝与板面的夹角为 $40°～48°$,在冲出时锥斜面上混凝土受错动而有碎片。板底面沿对角线方向可能出现较宽的裂缝,板侧面虽有裂缝,但宽度不大。

板极限冲切承载力的主要影响因素有板的形状(平板、平缓梯形、阶梯状)和厚度、混凝土的强度 f_t、纵向配筋率 μ 等。需注意,当板的纵向配筋不足时,将由板的弯曲破坏控制。

承受冲切荷载的板,在柱或荷载周围的应力状态比梁的抗剪问题更复杂,至今没有准确实用的计算方法,有些文献曾探讨过用塑性理论极限分析法求解。至今各国的设计规范中采用的计算式一般都是基于试验结果的经验式。

极限冲切承载力 P_u 的最简单计算式为[1-1]

$$P_u = \beta f_t u_m h_0 \tag{13-22}$$

式中,u_m——距局部荷载或集中力作用面积周边 $h_0/2$ 处的周长;

　　h_0——板的有效高度;

　　β——反映局部荷载或集中力作用面积的形状(h_t/b_t),在板上的位置(中间、靠边或角部),以及周长与截面有效高度的比值(u_m/h_0)等的影响系数。

另一些文献的经验式中包括了更多的参数:

$$
\left.
\begin{array}{ll}
[1\text{-}11] & P_u = 0.167\left(1+\dfrac{2}{h_t/b_t}\right)\sqrt{f_c'}\,u_m h_0 \\[3mm]
[1\text{-}12] & P_u = 0.12\left(1+\sqrt{200/h_0}\right)\sqrt[3]{100\mu f_c}\,u_m h_0 \\[3mm]
[13\text{-}23] & P_u = \left(A+B\dfrac{h_0}{b}\right)\sqrt{100\mu f_t}\,u_m h_0
\end{array}
\right\} \tag{13-23}
$$

式中,h_t,b_t——局部荷载作用面积的长边和短边;

　　b——板的短边;

　　A,B——经验系数;

　　其余符号同前。

抗扭承载力

大多数的杆系结构中,构件的截面左右对称,纵向轴线为一直线,荷载和支座反力都作用在此对称平面内,截面内力可有轴力、弯矩和剪力,材料一般处于一维或二维应力状态。若构件的轴线、荷载和支座反力不在同一(对称)平面内,截面上还将产生扭矩,构件内必形成三维应力状态。

在工程中常见的受扭构件有:曲形的桥梁,剧院和体育场的曲形挑台梁,曲线形或螺旋形楼梯,不对称截面如 Γ 形截面梁、承受水平制动力的吊车梁等。结构工程中绝少有纯扭构件,大部分构件同时有弯矩和剪力作用,而且构件的截面尺寸和配筋主要取决于弯矩和剪力。设计时在确定结构方案和构造处理中,应尽量避免或减小扭矩的作用。

受扭构件为三维应力状态,且常有其他内力同时作用,构件的受力性能更加复杂。国内外对此已有许多试验和理论研究[14-1~14-8],获得了重要的研究成果,但对其受力机理的认识和计算方法的确定仍不完善。

14.1 受扭构件的弹性解和塑性解

弹性材料的圆形截面构件承受纯扭矩 T_e(其他内力为零)是最简单的受力状态。试验和理论分析都证明,构件受扭后截面仍保持平面,正应力(σ)为零,剪应力沿半径为线性分布(图 14-1(a)):

$$\tau = \frac{T_e r}{I_0} \tag{14-1a}$$

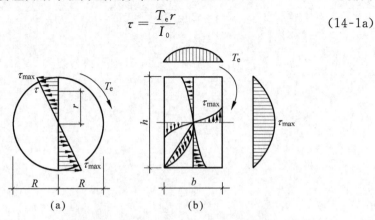

图 14-1 纯扭构件的弹性应力分布

(a) 圆形截面;(b) 矩形截面($h \geqslant b$)

式中, I_0——截面的极惯性矩, $I_0 = \pi R^4 / 2$;

$\quad$ R——截面半径;

$\quad$ r——截面内任意一点至圆心的距离。

$\quad$当 $r = R$ 时有最大剪应力

$$\tau_{max} = \frac{2T_e}{\pi R^3} \tag{14-1b}$$

或

$$T_e = \frac{\pi}{2} R^3 \tau_{max} = W_{te} \tau_{max} \tag{14-1c}$$

其中

$$W_{te} = \frac{\pi}{2} R^3 \tag{14-2}$$

为圆截面的受扭弹性抵抗矩。

$\quad$矩形截面构件在纯扭矩 T_e 作用下,截面发生翘曲,不再保持平面,受有约束时截面还出现正应力。截面的剪应力也不是线性分布,形心和四角处剪应力为零,周边的剪应力为曲线分布,最大剪应力发生在长边($h \geqslant b$)的中点(图 14-1(b)),从弹性理论的解析解得到

$$\tau_{max} = \frac{T_e}{\alpha_e b^2 h} = \frac{T_e}{W_{te}} \tag{14-3a}$$

或

$$T_e = \alpha_e b^2 h \tau_{max} = W_{te} \tau_{max} \tag{14-3b}$$

其中矩形截面的受扭弹性抵抗矩为

$$W_{te} = \alpha_e b^2 h \tag{14-4}$$

系数 α_e 取决于截面的边长比(h/b)[14-9],见表 14-1。

表 14-1 矩形截面受扭抵抗矩系数

h/b	1.0	1.2	1.5	2.0	2.5	3.0	4.0	6.0	10.0	∞
α_e	0.208	0.219	0.231	0.246	0.258	0.267	0.282	0.299	0.312	0.333
α_p	0.333	0.361	0.389	0.417	0.433	0.444	0.458	0.472	0.483	0.500
α_e/α_p	0.624	0.606	0.594	0.590	0.595	0.601	0.615	0.633	0.648	0.667
α_p/α_e	1.603	1.649	1.684	1.694	1.680	1.665	1.625	1.579	1.544	1.500

$\quad$理想塑性材料的受扭构件,只有当截面上的应力全部达到材料的极限强度(τ_{max})时,才是构件的极限扭矩 T_p。圆形和矩形截面的极限剪应力分布如图 14-2 所示,根据极限平衡条件推导得极限扭矩为

$\quad$圆形截面

$$T_p = \frac{2}{3} \pi R^3 \tau_{max} \tag{14-5a}$$

其受扭塑性抵抗矩为

$$W_{tp} = \frac{2}{3} \pi R^3 \tag{14-5b}$$

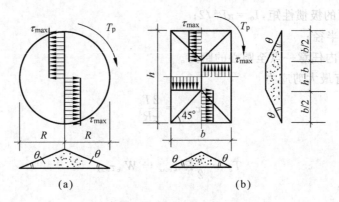

图 14-2　理想塑性材料的极限应力分布
(a) 圆形截面；(b) 矩形截面（$h \geqslant b$）

矩形截面

$$T_p = \frac{1}{6} b^2 (3h - b) \tau_{max} \tag{14-6a}$$

$$W_{tp} = \frac{1}{6} b^2 (3h - b) = \alpha_p b^2 h \tag{14-6b}$$

式中，W_{tp}——截面的受扭塑性抵抗矩；

　　　　α_p——矩形截面的系数（表 14-1），$\alpha_p = \dfrac{3 - (b/h)}{6}$。

　　截面相同的构件，按照弹性和塑性理论计算，其极限扭矩或受扭抵抗矩的比值（$T_e/T_p = W_{te}/W_{tp} = \alpha_e/\alpha_p$），对于圆形截面为 0.75。对于矩形截面则随边长比而异，最小值约为 0.590，最大值为 2/3；其倒数（$T_p/T_e = W_{tp}/W_{te} = \alpha_p/\alpha_e$）为 1.500~1.694，物理意义相当于混凝土受弯构件的截面抵抗矩塑性系数（γ_m，式(11-6)）。

　　塑性理论已经给出非圆截面纯扭构件的解析解，还建议了简便、实用的堆砂模拟法确定其极限扭矩值[14-10]。其方法为：制作一个与构件截面形状相同的平面，用松散的干燥细砂从其上均匀地撒下，直至砂粒从四周滚落，不能再往上堆积为止，最终的砂堆形状为圆锥或四坡式屋顶状（图 14-2）。取砂堆的倾斜率（$\tan\theta$）为塑性极限剪应力（τ_{max}），则此构件塑性极限扭矩为砂堆的体积 V 的 2 倍，即

$$T_p = 2V \tag{14-7}$$

按此原则，很容易证明式(14-5)和式(14-6)。

　　工程中常用的矩形组合截面（如 T 形、工字形和 Γ 形截面），都可以用堆砂模拟法计算塑性极限扭矩。例如 T 形截面构件的砂堆形状如图 14-3(a)所示，用几何方法计算其体积后即得塑性极限扭矩 T_p。

　　在结构设计中，还可采用近似计算[1-1,1-11]，将截面分作若干个矩形块（$b_i \times h_i$）的组合（图 14-3(b)），按每块矩形的边长比分别计算受扭塑性抵抗矩（W_{tpi}，式(14-6)），叠加后即为组合截面的总塑性抵抗矩的近似值：

$$W_{tp} = \sum_i \alpha_{pi} b_i^2 h_i \tag{14-8}$$

　　比较砂堆的形状和体积（图 14-3）可看出，此近似值和精确解的差别只在于矩形块相交的局部，而且近似计算的砂堆体积总是偏小，故按此近似法计算极限扭矩的结果偏于安全。

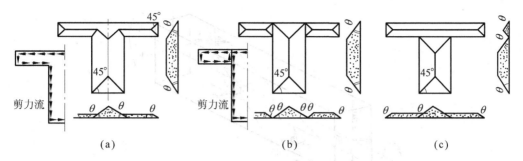

图 14-3 T 形截面的堆砂形状（塑性极限扭矩）

(a) 准确计算；(b) 近似计算；(c) 不同划分方法

从截面剪力流示意图的对比也可得相同的结论。

截面形状复杂的构件，可划分成不同的矩形块组合（例如图 14-3(c)），显然应该选取使式(14-8)有最大值的划分。一般的做法是首先满足截面上较宽部分的完整性（图 14-3(b)）。

对于封闭的箱形截面构件，扭矩作用下的截面剪应力流方向一致（图 14-4(a)），<u>塑性抵抗矩很大</u>。如果将截面划分成矩形块（图 14-4(b)），相当于把剪应力流限制在各矩形面积范围内，沿内壁的剪应力方向相反了，按式(14-8)计算的塑性抵抗矩远小于截面的应有值，很不合理。所以，封闭的箱形截面不能用式(14-8)进行近似计算。

已有试验（图 14-7）表明，当箱形截面的壁厚 $t \geqslant b/4$ 时，可按实心截面($b \times h$)计算构件的受扭抵抗矩和极限扭矩。因为截面内部的面积、剪应力值和力臂都小，抗扭的能力有限。若截面的壁厚太薄($t \leqslant b/10$)时，不能防止薄板在

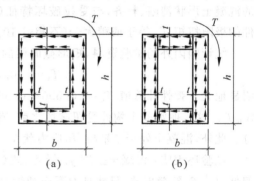

图 14-4 箱形截面的剪应力流

(a) 整体截面；(b) 分块后

主压应力作用下的压屈，不宜采用。当截面的壁厚为 $t = \left(\dfrac{1}{10} \sim \dfrac{1}{4}\right)b$ 时，抵抗矩可按内插法计算，即 $W_{tp} = \alpha_p b^2 h (4t/b)$，与试验结果相比仍偏安全[1-11]。我国规范[1-1]则建议按全截面($b \times h$)和空心面积($b_h \times h_h$)分别代入式(14-6)，计算受扭塑性抵抗矩后取其差值。

14.2 纯扭构件的承载力

14.2.1 无腹筋构件

一个素混凝土矩形截面构件承受扭矩 T 的作用（图 14-5），在加载的初始阶段，截面的剪应力分布符合弹性分析，最大剪应力发生在截面长边的中间。根据剪应力成对原则，且忽略截面上的正应力，最大主拉应力 $\sigma_l = \tau_{max}$ 发生在同一位置，与纵轴成 45°角。

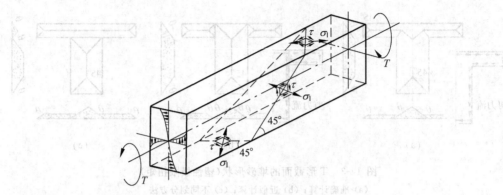

图 14-5 素混凝土构件受扭

扭矩增大后,剪应力随之增加,出现少量塑性变形,截面剪应力图形趋向饱满。当主拉应力值达混凝土的抗拉强度后,构件首先在侧面(长边)的中部出现斜裂缝,垂直于主拉应力方向。随即,斜裂缝的两端同时沿 45°方向延伸,并转向短边侧面。当 3 个侧面的裂缝贯通后,沿第 4 个侧面(长边)撕裂,形成翘曲的扭转破坏面(图 14-5),构件断成两截。试件断口的混凝土形状清晰、整齐,与受拉破坏特征(表 1-8)一致,其他位置一般不再发生裂缝。构件的极限扭矩 T_u 等于或稍大于(不超过 10%)开裂扭矩 T_{cr}。

统计国内外的试验资料,矩形截面梁的极限扭矩为

$$T_u = (0.7 \sim 0.8)W_{tp}f_t \tag{14-9}$$

明显地大于弹性计算值 $T_e = (0.590 \sim 0.667)W_{tp}f_t$(表 14-1),又必小于塑性计算值 $T_p = W_{tp}f_t$。这表明混凝土构件受扭破坏之前,有一定塑性变形发展,$T_u/T_e \approx 1.1 \sim 1.3$,但不充分。此外,混凝土处于二轴拉/压应力状态,其抗拉强度略低于单轴抗拉强度 f_t。

试验还表明:混凝土强度 f_{cu} 低者,式(14-9)中的系数偏高,而高强混凝土的相应系数偏低[14-8],斜裂缝更陡,显然是混凝土塑性变形的发展程度不同所致。

14.2.2 有腹筋构件

为了提高构件的抗扭承载力,需要同时配置沿截面周边均匀布置的纵筋和横向箍筋。这样的构件在纯扭矩 T 作用下的变形、裂缝和破坏过程的特点(图 14-6)如下。

扭矩很小时,构件截面的应力分布与弹性分析一致,扭转变形(角 θ)成比例增大,变形很小。当截面长边(侧面)中间混凝土的主拉应力达到其抗拉强度后,出现 45°方向的斜裂缝,与裂缝相交的箍筋和纵筋的拉应力突然增大,扭转角迅速增加,在扭矩-扭转角(T-θ)曲线上出现转折,甚至形成一个平台。

继续加大扭矩,斜裂缝的数量增多,形成间距大约相等的平行裂缝组,并逐渐加宽,延伸至构件的 4 个侧面,成为多重螺旋状表面裂缝。同时,裂缝从表面深入截面内部,外层混凝土退出工作,箍筋和纵筋承担更大的扭矩部分,应力增长快,扭转角的增大加快,构件的抗扭刚度逐渐下降。

当与斜裂缝相交的一些箍筋和纵筋达到屈服强度时,裂缝增宽加快,相邻的箍筋和纵筋也随之屈服,截面上更多的外层混凝土退出工作,构件刚度降低,扭转角加快发

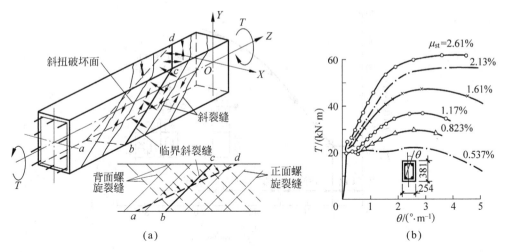

图 14-6　有腹筋梁的受扭

(a) 裂缝和破坏面；(b) 扭矩-扭转角曲线

展，$T\text{-}\theta$ 曲线渐趋平缓。当斜裂缝中的一条，其宽度超过其他裂缝，成为临界斜裂缝，与之相交的箍筋和纵筋相继屈服，扭矩不再增大，扭转角继续增大，$T\text{-}\theta$ 曲线水平，就达到构件的极限扭矩 T_u。此后，斜裂缝发展更宽，截面外层更多的混凝土退出工作，形成 $T\text{-}\theta$ 的下降段曲线。

钢筋混凝土纯扭构件的最终破坏形态为：三面螺旋形受拉裂缝和另一面（截面长边）受压的斜扭破坏面，如同图 14-6(a)所示。注意，从梁的正视图上看，正面和背面的螺旋形受拉裂缝成正交（90°），斜扭破坏面上正面的 bc 缝受拉，背面的 ad 缝必受压。

14.2.3　配筋(箍)量的影响

受扭构件内配置的箍筋和纵筋的数量适当，都能出现上述的典型破坏过程，称为适筋受扭构件。增大配筋数量时，构件的极限扭矩 T_u 和刚度显著增加（图 14-6(b)和图 14-7）。但是配筋量对混凝土开裂时的扭矩值 T_{cr} 影响很小，主要是因为此时混凝土的拉应变很小，钢筋应力低，抗扭作用有限。增大配筋数量，在构件开裂后可迟缓裂缝的开展，减小扭转角，可缩短扭矩-扭转角曲线上的台阶。

如果箍筋和纵筋的配置数量不当，构件将出现不利情况。

(1) 少筋构件

若构件中配设的箍筋和纵筋量过少，在扭矩作用下形成斜裂缝后，混凝土退出工作。如果箍筋和纵筋所能承担的极限扭矩小于素混凝土构件的极限扭矩 T_{cr}，构件很快发生脆性扭断破坏，称为少筋破坏。一般设计规范[1-1,1-11]都要求对受扭构件设置最低数量的钢筋，以防止这种破坏形态。

(2) 超筋构件

若构件中配置的箍筋和纵筋量过多，扭矩作用下构件开裂后钢筋应力很低；扭矩增大后，裂缝的开展和钢筋应力的增长都缓慢。最终构件因为混凝土的斜向主压应力达强度值

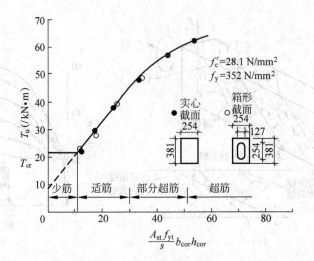

图 14-7　配箍量和极限扭矩[14-11]

而很快破坏，箍筋和纵筋的应力仍低于其屈服强度，称为超筋破坏。设计中应增大截面尺寸或提高混凝土的强度，以防止这种不利的破坏形态。

（3）部分超筋构件

构件在扭矩作用下的主拉应力必须由纵筋和箍筋共同承担（图14-8），缺一不可。二者单位长度的强度比为

$$\zeta = \frac{A_s f_y / u_{cor}}{A_{st} f_{yt} / s} = \frac{A_s f_y s}{A_{st} f_{yt} u_{cor}} \tag{14-10}$$

式中，A_s，f_y——沿截面周边对称布置的纵筋总面积及其屈服强度；

　　　A_{st}，f_{yt}——抗扭箍筋的单肢截面面积及其屈服强度；

　　　s——箍筋间距；

　　　u_{cor}——截面核芯部分的周长（我国规定[1-1] b_{cor} 和 h_{cor} 取为箍筋内表面的距离），$u_{cor} = 2(b_{cor} + h_{cor})$。

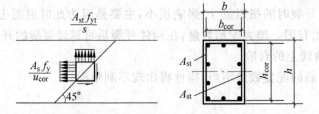

图 14-8　箍筋和纵筋的单位强度

试验[14-11]证明，在 $\zeta = 0.6 \sim 1.7$ 范围内，受扭构件破坏时，纵筋和箍筋都已屈服，为适筋破坏形态，材料充分发挥强度，构件延性好。但是，若纵筋量太少（$\zeta < 0.6$）时，箍筋不能充分发挥作用；或者箍筋量太少（$\zeta > 1.7$）时，纵筋又不能充分利用。有试验表明，即使梁内放足了纵筋、但不设箍筋，其极限扭矩仅比素混凝土梁提高<15%。这两种情况统称为部分超筋破坏。

所以,受扭构件的合理设计,既要确定适宜的截面和配筋量,还要满足纵筋和箍筋的恰当用量比例。

14.3　复合受扭构件

14.3.1　压(拉)-扭构件

承受轴向压力或施加预压应力的构件,使扭矩产生的混凝土主拉应力和纵筋拉应力减小,改善混凝土的咬合作用和提高纵筋的销栓作用,因而提高了构件的开裂扭矩 T_{cr} 和极限扭矩 T_u。反之,承受轴向拉力的构件,其开裂扭矩和极限扭矩必然降低。

不同的设计规范中,采用简单的方式,如增减截面的抗扭矩[1-1]或另设修正系数[1-11]来考虑轴力对受扭构件的影响。

14.3.2　剪-扭构件

剪力和扭矩都主要在横截面上产生剪应力(τ_V 和 τ_T),但分布规律不同,弹性阶段的应力分布如图 14-9(a)所示。当剪力和扭矩共同作用时,截面剪应力的组合使其分布更复杂:顶面和底面处 $\tau_V=0$,剪应力由扭矩控制;当 τ_V 和 τ_T 的方向相同时可进行代数相加,如图中的横向Ⅰ-Ⅰ和侧面Ⅱ-Ⅱ、Ⅲ-Ⅲ;其他位置上 τ_V 和 τ_T 的方向不同,应进行几何相加,剪应力的方向和数值都发生变化,例如通过形心的垂直方向Ⅳ-Ⅳ。

无论如何,剪力和扭矩的共同作用总是使一个侧面及其附近的剪应力和主拉应力增大,开裂扭矩 T_{cr} 降低。开裂后,构件两个相对侧面的斜裂缝开展程度不同,极限扭矩 T_u 降低。当扭矩和剪力的相对值($T/(Vb)$)变化时,截面剪应力的组合不同,出现几种破坏形态的逐渐过渡(图 14-9(b))。

(1) 扭剪比大($T/(Vb)>0.6$)

构件首先在剪应力叠加面(Ⅱ-Ⅱ)因混凝土主拉应力达到抗拉强度而出现斜裂缝,其后沿斜向延伸至顶面和底面,形成螺旋形裂缝。破坏时,沿此三面为受拉裂缝,另一侧面(Ⅲ-Ⅲ)混凝土撕裂。极限斜扭面的受压区形状,由纯扭构件的矩形转为上宽下窄的梯形(图中阴影线所示)。

(2) 扭剪比小($T/(Vb)<0.3$)

构件首先出现自下而上的弯剪裂缝,沿两个侧面往斜上方向发展。构件破坏时,截面顶部为一梯形剪压区,属剪压型破坏。剪应力叠加的一侧(Ⅱ-Ⅱ),斜裂缝发展较高,压区高度稍小。

(3) 中等扭剪比($T/(Vb)=0.3\sim0.6$)

构件的裂缝发展和破坏形态处于上述二者的过渡,一般在剪应力叠加面(Ⅱ-Ⅱ)首先出现斜裂缝,往斜向延伸至顶面和底面以及另一侧面(Ⅲ-Ⅲ)的下部。破坏时截面侧边形成一个三角形的剪压区,称为扭剪破坏。

无腹筋梁在剪力和扭矩共同作用下的包络线接近圆曲线,表达式为

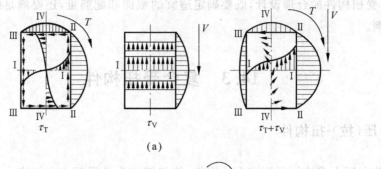

(a)

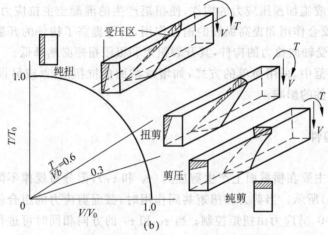

(b)

图 14-9   剪力和扭矩共同作用

(a) 剪应力的分布和叠加；(b) 包络图和破坏形态(无腹筋梁)

$$\left(\frac{T}{T_0}\right)^2 + \left(\frac{V}{V_0}\right)^2 = 1 \qquad (14-11)$$

式中，T_0——构件的纯扭($V=0$)极限承载力；

V_0——极限弯剪承载力($T=0$，第 13 章)。

14.3.3   弯-扭构件

承受扭矩作用的钢筋混凝土构件，纵筋的位置不论在截面的上、下或侧面都是受拉。在弯矩作用下，构件截面上有拉区和压区，钢筋的应力有拉、有压。弯矩(以正弯矩为例)和扭矩的共同作用，使弯拉区钢筋(A_s)的拉应力增大，弯压区钢筋(A_s')的拉应力减小，或为压应力。构件破坏时，两者不一定都能达到屈服强度(f_y 和 f_y')。

命弯压区和弯拉区钢筋承载力的比值为

$$\gamma = \frac{A_s' f_y'}{A_s f_y} \qquad (14-12)$$

对称配筋构件($\gamma=1$)的弯矩-扭矩破坏包络图可从试验中获得，其形状为左右对称的两段抛物线，如图 14-10(a)所示，回归式为

$$M > 0 \qquad\qquad \left(\frac{T}{T_0}\right)^2 + \frac{M}{M_0} = 1 \qquad (14-13)$$

式中，M_0——受拉钢筋（A_s）控制的纯弯（$T=0$）极限承载力。

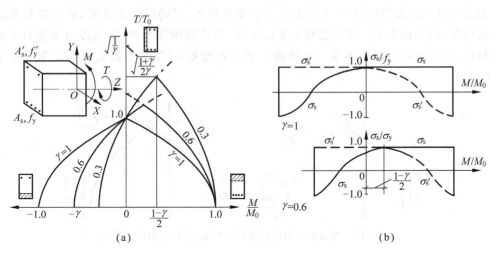

图 14-10　弯矩和扭矩共同作用

(a) 包络图；(b) 极限状态时钢筋的应力

构件处于极限状态时，弯拉区和弯压区的钢筋应力（σ_s 和 σ_s'）随弯矩-扭矩的相对值而变化（图 14-10（b））：只有在纯扭状态（$M=0$）时，两者都达受拉屈服强度；当有正弯矩（$M>0$）作用时，梁底钢筋总能达受拉屈服强度（$\sigma_s=f_y$），梁顶钢筋的应力（σ_s'）由纯扭（$M=0$）时的 $+f_y$ 随弯矩的增大而逐渐减小为零，并转为受压，至纯弯状态（$T=0$）时应力 $\sigma_s'=-f_y'$。反之，负弯矩作用（梁顶钢筋 A_s' 受拉）下，情况恰好相反。所以，T-M 包络曲线的右半为梁底钢筋（A_s）受拉屈服控制构件破坏，而左半包络线由梁顶钢筋（A_s'）受拉屈服控制。

非对称配筋的构件，$\gamma<1$，在纯弯矩作用下，正负向弯矩的极限值不等，分别为 M_0 和 $-\gamma M_0$。在纯扭的极限状态（T_0，$M=0$）下，梁顶钢筋（A_s'）已受拉屈服，而底部钢筋（A_s）低于屈服强度。再施加正弯矩，调整上下钢筋的应力，使之同时达屈服强度，可提高极限扭矩，并得最大极限扭矩值（图 14-10）。如果弯矩更大，又将产生相反的情况，即构件极限状态时，底部钢筋受拉屈服，而顶部钢筋不再受拉屈服，甚至受压。所以弯矩-扭矩包络曲线不对称，与最大极限扭矩相应的峰点偏向正弯矩一侧，且随着配筋承载力比值 γ 的减小，包络线偏移更大。

包络线峰点的右、左两侧抛物线分别由梁底和顶部钢筋的受拉屈服所控制，试验研究结果[14-12]给出的计算式为

底部纵筋（A_s）控制

顶部纵筋（A_s'）控制

$$\left.\begin{array}{l}\gamma\left(\dfrac{T}{T_0}\right)^2+\dfrac{M}{M_0}=1\\[3mm]\left(\dfrac{T}{T_0}\right)^2-\dfrac{1}{\gamma}\dfrac{M}{M_0}=1\end{array}\right\} \qquad (14\text{-}14)$$

上一式的延长线与纵轴相交，截距为 $\dfrac{T}{T_0}=\sqrt{\dfrac{1}{\gamma}}$。由式（14-14）计算两条抛物线的交点，即峰点的坐标为

$$\frac{M}{M_0}=\frac{1-\gamma}{2} \quad \text{和} \quad \frac{T_{\max}}{T_0}=\sqrt{\frac{1+\gamma}{2\gamma}} \qquad (14\text{-}15)$$

给出了最大极限扭矩值($T_{max} > T_0$)。

如果构件的截面很窄（h/b 比值大），或者侧边钢筋 A_s° 的数量太少时，在扭矩和弯矩的共同作用下，截面长边中间的钢筋首先受拉屈服，并控制构件的破坏，其极限承载力主要取决于扭矩，而弯矩值的影响不大。这种极限状态在弯矩-扭矩包络图上可近似为一水平线（图 14-11）。

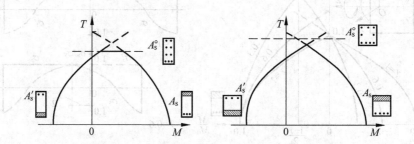

图 14-11   截面形状和侧边纵筋对弯矩-扭矩包络图的影响

构件的截面尺寸、纵筋的数量和分布不同，如果侧边钢筋 A_s° 控制的极限扭矩值低于底、顶部钢筋控制的最大极限扭矩时，弯矩-扭矩包络线将由三部分组成，否则就没有影响。

14.3.4   弯-剪-扭构件

钢筋混凝土构件在弯矩（M）、剪力（V）和扭矩（T）共同作用下的空间包络面如图 14-12 所示。在 M-T 平面为分别由梁底部和顶部钢筋受拉屈服控制的两段抛物线，在 T-V 平面则为圆或椭圆曲线。其简化表达式为

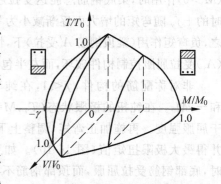

图 14-12   弯矩-剪力-扭矩包络图[14-13]

$$\left(\frac{T}{T_0}\right)^2 + \left(\frac{V}{V_0}\right)^2 + \frac{M}{M_0} = 1 \qquad (14\text{-}16)$$

截面狭长或侧面（长边）配筋少的构件，尚应考虑极限承载力的降低，在包络图上切割去一部分，详见文献[14-13]。

14.4   极限承载力的计算

前面已经提到，构件在扭矩作用下处于三维应力状态，且平截面假定不能适用，准确的理论计算难度大。虽然有限元方法已经成熟，又有现成的计算程序，但是能得到满意的计算结果的仍限于线弹性材料。对于非线性混凝土材料和开裂后的钢筋混凝土结构，有限元分析尚不完备。至今工程中受扭构件的设计主要采用基于试验结果的经验公式，或者根据简化力学模型推导的近似计算式。

14.4.1 经验计算式

我国进行的钢筋混凝土构件纯扭试验,得到的极限扭矩(T_u,图 14-13)经验回归式[14-6]为

$$\frac{T_u}{W_{tp} f_t} = 0.43 + 1.002\sqrt{\zeta} \frac{A_{st1} f_{yt} A_{cor}}{W_{tp} f_t s} + 0.5\sqrt{\zeta} \frac{A_{st2} f_{yt} A_{cor}}{W_{tp} f_t s} \tag{14-17a}$$

或简化成二项式

$$\frac{T_u}{W_{tp} f_t} = 0.35 + 1.2\sqrt{\zeta} \frac{A_{st} f_{yt} A_{cor}}{W_{tp} f_t s} \tag{14-17b}$$

$$A_{cor} = b_{cor} \times h_{cor}$$

式中,A_{st1}——适筋范围的单肢箍筋截面积,

$$A_{st1} + A_{st2} = A_{st};$$

A_{st2}——超出适筋范围的相应箍筋面积;

其余符号同前。

图 14-13 中理论线的转折点表明适筋和部分(箍筋)超筋的范围分界。

我国的设计规范[1-1]以此为基础,建立了受扭构件的设计计算方法。例如承受扭矩和剪力共同作用的矩形截面构件,抗扭和抗剪承载力的验算式分别为

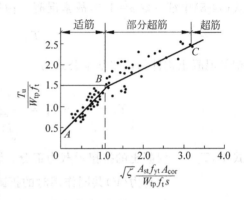

图 14-13 纯扭构件的极限扭矩[14-6]

$$T \leqslant 0.35\beta_t W_{tp} f_t + 1.2\sqrt{\zeta} \frac{A_{st} f_{yt} A_{cor}}{s} \tag{14-18a}$$

$$V \leqslant 0.7(1.5 - \beta_t) f_t b h_0 + \frac{A_{st} f_{yt} h_0}{s} \tag{14-18b}$$

式中,β_t——反映剪-扭共同作用的承载力降低系数,

$$\beta_t = \frac{1.5}{1 + 0.5 \dfrac{V W_{tp}}{T b h_0}} \tag{14-19}$$

当 $\beta_t < 0.5$ 时,取 $\beta_t = 0.5$;$\beta_t > 1$ 时,取 $\beta_t = 1$。对于纯扭构件($V = 0$),$\beta_t = 1.0$,式(14-18a)即式(14-17b)。

此外,若

$$\frac{T}{W_{tp}} + \frac{V}{b h_0} \leqslant 0.7 f_t \tag{14-20}$$

可按要求配设最低数量的纵筋和箍筋,而不进行抗剪-扭验算。而当

$$
\begin{aligned}
h_w \leqslant 4b && \frac{T}{0.8 W_{tp}} + \frac{V}{b h_0} > 0.25 f_c \\
h_w = 6b && \frac{T}{0.8 W_{tp}} + \frac{V}{b h_0} > 0.2 f_c
\end{aligned}
\right\} \tag{14-21}
$$

时,虽按计算配设大量钢筋,仍不能避免混凝土的主压应力破坏,应予增大截面或提高混凝土强度。

T 形和工字形等非矩形截面的受扭构件,可按前述方法(图 14-3)将截面划分成若干矩形块的组合,并计算各部分的塑性抵抗矩(W_{tp},式(14-6b)),按所占截面总塑性抵抗矩(式(14-8))的比例分配扭矩,分别进行计算和配筋。

至于承受弯矩、剪力和扭矩共同作用的构件,一般采用叠加法配置钢筋:纵向钢筋按正截面受弯和按剪-扭构件计算所需钢筋面积的总和,箍筋按剪-扭构件的抗扭和抗剪(式(14-18))计算所需面积的总和。

美国的设计规范[1-11]也根据有关试验结果给出了类似的计算方法。素混凝土纯扭构件在破坏时的最大剪应力(或主拉应力)值取为 $\tau_{max} = \sigma_1 = \sqrt{f_c'}/2$,$f_c'$ 为圆柱体抗压强度,单位为 N/mm^2。非矩形截面构件的受扭抵抗矩近似取为 $\sum (b_i^2 h_i/3)$,即式(14-4)、式(14-6)、式(14-8)中统一取 $\alpha = 1/3$,故素混凝土构件的极限扭矩为

$$T_{cr} = \frac{1}{6} \sqrt{f_c'} \sum b_i^2 h_i \qquad (14-22)$$

钢筋混凝土构件的抗扭基本公式为

$$T_u = T_c + T_s = \frac{\sqrt{f_c'} \sum \dfrac{b_i^2 h_i}{15}}{\sqrt{1 + \left(\dfrac{0.4V}{C_t T}\right)^2}} + \frac{A_{st} f_{yt} \alpha_t b_{cor} h_{cor}}{s} \qquad (14-23)$$

式中,T_c——混凝土的抗扭承载力部分,计算式的分子取 T_{cr}(式(14-22))的 40%,分母中考虑剪力(V)共同作用时的折减,其中 $C_t = bh_0 / \sum b_i^2 h_i$,$bh_0$ 为腹板的面积;

T_s——抗扭箍筋的承载力部分,其中 $\alpha_t = (2 + h_i/b_i)/3$。

由式(14-23)算得箍筋面积后,再按体积相等的原则计算所需的抗扭纵筋:

$$A_s = 2A_{st} \frac{b_i + h_i}{s} \qquad (14-24)$$

美国规范还规定当 $T_u \leqslant T_{cr}/4 = \sqrt{f_c'} \sum b_i^2 h_i \big/ 24$ 时,可忽略扭矩的作用;当计算 $T_s > 4T_c$ 时,应增大截面,防止混凝土受压破坏。

14.4.2 桁架模型

早在研究钢筋混凝土受扭构件的初期,1928 年德国 Rausch 就提出了桁架模型分析方法。以后经过各种改进和补充,又发展至弯-剪-扭共同作用的构件[14-13~14-16],称为斜压场理论和变角空间桁架模型等。在各种桁架模型的建立过程中,有些简化假设与构件实际受力状态相差较大,至今仍不理想。这里只简单地介绍桁架模型的基本概念和计算式的推导方法[14-13]。

钢筋混凝土矩形截面构件在纯扭矩作用下,沿周边形成平行的螺旋形斜裂缝,忽略抗扭作用较小的截面核心部分,成为一薄壁箱形截面,剪应力流强度为 q。再将它比拟为一空间桁架(图 14-14(a)):纵向钢筋为受拉弦杆,箍筋作为受拉腹杆,四周裂缝间的混凝土斜条作为受压腹杆。各类杆件的内力相应地为 P,Q,R,其中 R 的 Z 向分力与 P 平衡,R 的 X 或 Y 向分力在结点处与 Q 相平衡(图 14-14(b))。

截面上形成的剪应力流 q 抵抗构件的扭矩:

$$T = (qh_{cor}b_{cor} + qb_{cor}h_{cor}) = 2qA_{cor} \qquad (14-25)$$

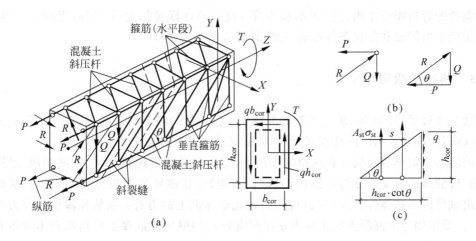

图 14-14 受扭构件的桁架模型

(a) 计算图形; (b) 平衡条件; (c) 隔离体

取侧面一斜裂缝范围为隔离体(图 14-14(c)),可知

$$Q = q h_{cor} = \frac{A_{st}\sigma_{st} h_{cor}\cot\theta}{s}$$

所以

$$q = \frac{A_{st}\sigma_{st}}{s}\cot\theta \tag{14-26}$$

建立平衡条件

$$P = Q\cot\theta$$

即

$$A_s\sigma_s\frac{h_{cor}}{u_{cor}} = q h_{cor}\cot\theta$$

故

$$\cot\theta = \frac{A_s\sigma_s}{q u_{cor}} \tag{14-27}$$

代入式(14-26),作变换后有

$$q = \sqrt{\frac{A_{st}\sigma_{st}}{s}\frac{A_s\sigma_s}{u_{cor}}} \tag{14-28}$$

代回式(14-25)后即得

$$T = 2A_{cor}\sqrt{\frac{A_{st}\sigma_{st}}{s}\frac{A_s\sigma_s}{u_{cor}}}$$

或

$$T = 2\sqrt{\zeta}\sqrt{\frac{\sigma_{st}\sigma_s}{f_{yt}f_y}}\frac{A_{st}f_{yt}}{s}A_{cor} \tag{14-29}$$

式中,σ_{st},σ_s——极限状态时箍筋和纵筋的应力,不一定达到屈服强度($\leqslant f_{yt}$ 或 f_y);

其余符号同前。

式(14-29)右侧的 $\sqrt{\sigma_{st}\sigma_s/f_{yt}f_y}$ 相当于式(14-18a)中的一个系数。如果再加上核心混凝

土和沿裂缝的骨料咬合作用的抗扭承载力 T_c,最终的计算式与式(14-18a)很相似。当然,各种桁架模型的假设和简化条件都有差别,计算式的形式多样。

14.4.3 斜扭面极限平衡

苏联学者最早(1958年)研究了钢筋混凝土受扭构件的破坏形态特点,建立了斜扭面的极限平衡条件,推导了相应的计算式[14-17],以后又经过改进和补充[14-13,14-18]。

钢筋混凝土矩形截面构件在纯扭矩作用下,经历裂缝的出现和发展、钢筋屈服,最终形成三面连续的螺旋形受拉裂缝和第四面(截面长边)受压破坏的斜扭面(图14-6)。沿此斜扭面取出试件的隔离体(图14-15(a)),作用在此破坏面上的力有:纵筋和箍筋的拉力与横向销栓力、受压侧边上混凝土的正应力 σ 和剪应力 τ、裂缝面的混凝土骨料咬合力和核心未开裂部分的混凝土剪应力流等。

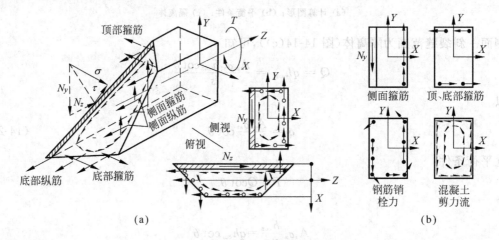

图 14-15 受扭构件的斜扭面极限平衡
(a)隔离体图;(b)抗扭力偶的组成

受压侧边上作用的正应力和剪应力可分解为沿 Z 轴和 Y 轴的力,其中 N_z 与纵筋拉力相平衡 $\left(\sum Z = 0\right)$,N_y 与对侧边的箍筋拉力组成抗扭力偶。此外,斜扭面上的抗扭力偶还有:顶部和底部箍筋的拉力、纵筋和箍筋的销栓力,以及混凝土的剪应力流等(图14-15(b))。对斜扭面的形状和纵筋、箍筋的应力作适当的简化假设后,建立此隔离体的平衡条件,就得到构件抗扭计算的基本公式,式中所需参数值由试验数据标定或验证。下面以弯-扭构件为例加以说明。

钢筋混凝土构件在弯矩和扭矩的共同作用下,可能出现多种不同的破坏形态,即受压破坏面落在截面的顶部、底部或左、右侧面(图14-10,图14-11),必须分别进行计算。建立基本公式时采用的假设和简化条件有:

① 3个表面的螺旋形斜裂缝与轴线的夹角都是 45°;

② 穿越斜扭面的所有纵筋和箍筋的应力都达到其屈服强度;

③ 压区为平行于表面的狭长面积,其中心到对侧箍筋的距离为 b_{cor} 或 h_{cor};

④ 忽略纵筋、箍筋的销栓作用和混凝土的剪应力流等的抗扭作用。

设正弯矩和扭矩的共同作用在梁顶面形成受压破坏区,取隔离体和计算图形如图 14-16(a)所示,根据平衡条件,对通过斜扭面中心的两个轴取矩,分别建立

$$\sum M_z = 0 \qquad T = A_{st} f_{yt} \frac{h_{cor}}{s} b_{cor} + A_{st} f_{yt} \frac{b_{cor}}{s} h_{cor} = 2A_{st} f_{yt} \frac{b_{cor} h_{cor}}{s} \qquad (14\text{-}30)$$

$$\sum M_x = 0 \qquad M = A_s f_y h_{cor} - A_{st} f_{yt} \frac{h_{cor}}{s} (b_{cor} + h_{cor}) \qquad (14\text{-}31)$$

式中,A_s——构件底部受拉钢筋的面积;

其余符号同前。

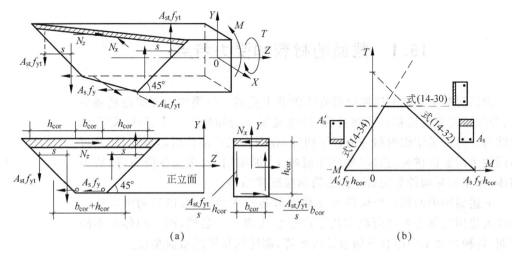

图 14-16 弯扭构件的斜扭面极限平衡分析
(a) 计算图形(顶部压区);(b) T-M 包络图

将式(14-30)代入式(14-31)后得

$$M = A_s f_y h_{cor} - \frac{T}{2b_{cor}} (b_{cor} + h_{cor}) \qquad (14\text{-}32a)$$

此式在弯矩-扭矩包络图上为一斜直线(图 14-16(b)),与两坐标的交点各为

$$M_0 = A_s f_y h_{cor} \qquad T_0 = \frac{2A_s f_y b_{cor} h_{cor}}{b_{cor} + h_{cor}} \qquad (14\text{-}32b)$$

同理,负弯矩和扭矩共同作用下,梁底面形成受压破坏区的相应计算式同式(14-30)及下式:

$$M = A_{st} f_{yt} \frac{h_{cor}}{s} (b_{cor} + h_{cor}) - A'_s f'_y h_{cor} \qquad (14\text{-}33)$$

得

$$M = \frac{T}{2b_{cor}} (b_{cor} + h_{cor}) - A'_s f'_y h_{cor} \qquad (14\text{-}34)$$

在弯矩-扭矩包络图上是另一条斜直线。

当受压破坏区位于截面侧边时,极限扭矩与弯矩 M 无关(即式(14-30)),在弯矩-扭矩包络图上是一条水平直线。

由这 3 个计算式构成的折线形弯矩-扭矩包络图(图 14-16(b))与试验结果(图 14-11)相比,宏观规律一致。但是具体的曲线形状和数值有一定的差别,显然是计算的简化假设和忽略其他抗扭成分的作用所引起。

分阶段制作和承载的构件

15.1　截面的材料和受力特点

　　钢筋混凝土结构的建造过程有两种基本类型。一类结构在建造现场分层、分段地支起模板和布设钢筋后,浇注混凝土凝固成为一个整体,简称现浇结构。另一类结构则划分为若干构件,分别在工厂制作后运至现场,通过不同的手段加以拼装、连接(如浇注混凝土、焊接钢件、施加预应力等)成为整体,称作预制构件装配式结构或简称装配式结构。

　　上述结构中的每一个构件及其截面都是一次建成,在以后的施工期间和投入使用后承受各种荷载作用下产生相应内力。显然,同一构件在不同时期、各种荷载不利组合下的设计或验算,都使用相同的截面参数。

　　此外,还有一类预制构件浇整式或称装配整体式结构。其特点是将分散的预制构件(包括梁、板、柱)运至现场就位后,不仅在构件间的节点区,还在梁、板的顶部或柱的周边同时浇筑混凝土,在构成整体结构的同时,还增大了构件的受力截面。工程实践中常用的有多层框架[15-1]、楼板和桥梁等(图15-1)。其主要优点是结构整体刚性好;减小结构层总高度;减小了预制

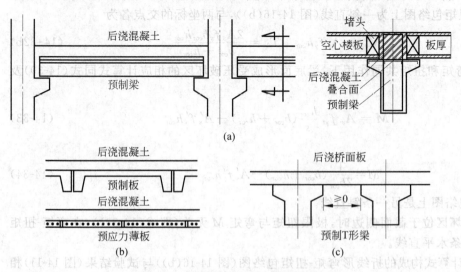

图 15-1　装配整体式叠合梁板结构
(a)多层框架梁;(b)楼板;(c)桥梁

构件的重量,便于制作、运输和安装;现场浇筑混凝土时,可省免模板和支撑等。

有些混凝土结构建成后,经过一段使用期,由于建筑功能的更改,要求扩建、增层或加大使用荷载,因此需要对原结构进行加固。有些结构则可能由于受到各种因素(如地震、火灾、过载或耐久性不足)的损伤,降低了使用性能和安全度,也需要加固。其中,加固梁柱构件的主要手段之一是增大截面(图 15-2)。

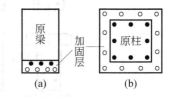

图 15-2　增大截面法加固梁柱构件
(a) 梁;(b) 柱

上述两类分阶段制作和承载的构件,叠合梁板和加固构件的受力性能显然不同于前面各章所介绍的构件,其主要特点如下:

① 构件的全截面是两阶段分别制作完成的,因而两部分材料可能有显著差异。钢筋或其他型钢的形状、强度等级不同。特别是混凝土,其原材料、强度等级和龄期等必有差别。故构件的性能及其分析必须基于非匀质、不等强材料的全截面。

② 前阶段制作的构件在施工和使用期已经承受了相当数量的荷载,在后阶段施工时不可能全部卸除,截面上存在的较高应力和变形状态,可看做构件完成制作后全截面上的局部初始应力和变形。此期间因混凝土收缩、徐变等原因引起的全截面应力(变)重分布,因其数值相对较小而不予考虑。构件完成制作后承载,全截面共同受力,但前后制作的两部分必存在显著的应力(变)史差。

③ 构件分阶段制作的混凝土结合面或叠合面的良好粘结和抗剪性能是保证全截面共同工作的必要条件,一般的方法是通过构造措施加以解决。例如结合面做成具有一定凹凸差的粗糙面或矩形齿面,预制构件中预留箍筋伸入后浇混凝土层,通过植筋或焊接等方法设置界面构造筋等[1-1]。

这些分阶段制作的构件,在保证结合面完好的条件下,当后阶段施加荷载、或在弯矩和轴力作用下直至承载力极限状态,以及承载力下降段,全截面仍可保持平面变形状态,已有许多试验证实。由于全截面有不同的混凝土和钢筋材料,还由于前阶段制作的部分截面上存在较高的初始应力,因而全截面受力后的应力状态和发展阶段,使用阶段的裂缝和变形,以及全截面的极限状态和破坏形态,及其控制位置和材料等都会有多种变化。经常出现的情况是构件在第二阶段的很小荷载下,甚至加载前,受拉混凝土就已经出现裂缝;达到设计荷载值时受拉钢筋的应力过高,构件的刚度小而变形大;在极限状态时,有几种材料达不到极限强度(变形)值。截面上各种材料同时达到各自强度的状况几乎不可能出现,亦即材料的强度不能充分利用。

由此可见,这类构件的第一阶段荷载在较小截面上产生的较高应力状态,对于全截面的受力性能属于不利因素。这类构件的受力性能只能依据其构造特点和截面参数分别进行试验研究和理论分析,下面将分节举例加以介绍。

除了上述两大类分阶段制作和承载的构件之外,工程实践中应用广泛的预应力混凝土结构(构件)也可算作此类构件的一种特例。预应力混凝土构件可在构件厂采用先张法或后张法完成制作(图 15-3(a)),或两次浇注混凝土制作成叠合式构件(图 15-3(b))后运往现场;也可在现场结构中预留孔道,穿过并张拉预应力筋,再往孔道内灌注砂浆后完成制作,或者直接埋设并张拉无粘结预应力钢绞线而成。

预应力混凝土构件是一次或分次完成制作,投入使用后一次承受荷载的。但是,施加预

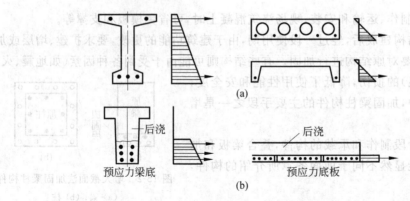

图 15-3　预应力混凝土构件及其张拉后的截面应力
(a) 一次制作构件；(b) 叠合式构件

应力的过程也可看做一次初始荷载,一般相当于截面上作用了一个偏心的轴向压力,形成了一个自平衡的应力状态,即预应力筋受拉,非预应力筋受压,混凝土全部受压,或大部受压、小部受拉(图 15-3)。构件投入使用后,随着荷载的增大,截面受拉区的混凝土逐渐地减消预压应力,然后才开始受拉并出现裂缝。因而大大地提高了构件的抗裂性和抗弯刚度。到达极限状态时,强度值和初始应力都相差极大的受拉区预应力筋和非预应力筋一般都能同时达到各自的极限强度值,材料的强度能充分利用。

显然与前述两类构件不同,对构件施加预应力所建立的初始应力状态是个有利因素,可大大改善其使用阶段的受力性能,且不影响其极限承载力。这也正是有意采用预应力混凝土施工工艺的主要目的。有关预应力混凝土构件的受力性能,已有充分的试验研究,设计和计算方法比较成熟,可查阅相关资料或规范,本书不再赘述。

15.2　预制-浇整叠合梁

15.2.1　分阶段荷载试验

预制梁、板上部后浇混凝土成为叠合(截面)构件,这种结构形式在国外早已有之,一般称为组合梁(composite beam)。但已有的试验研究仅限于构件浇整后的一次加载试验,侧重于研究叠(结)合面的抗剪性能,表面处理方法,以及连接两部分混凝土的配筋(箍)构造等。还有为专门研究结合面抗剪性能而设计的 Z 形试件加载试验(图 1-28(b))。但是,在国外的文献中尚未发现分阶段制作和加载的叠合梁试验研究。

叠合构件的分阶段制作和加载的试验研究可谓我国所特有。早在 20 世纪 60 年代,北京市在多层建筑的建设中大力推广装配整体式混凝土结构,一些高校和设计院合作开展了全面的研究,包括结构型式,结点构造,施工技术等[15-1]。其中,清华大学率先开创了二阶段加载的叠合梁抗弯试验方法,并揭示了叠合梁的主要受力特点[15-2]。在 20 世纪 70～80 年代,国内多所高校、研究院和设计院等组成了叠合构件的专题研究组,开展了全面的试验和理论研究,包括普通混凝土和预应力混凝土,简支梁和连续梁,承受单调和反复加载,梁的抗弯和抗剪,裂缝和变形(刚度)等,取得了丰硕的成果[15-3～15-11]。其要点首次纳入我国的《混凝土结构设计规范》(GB/J 10—1989),并一直沿用至现行规范[1-1]。

这里将举例[15-2]说明二阶段承载叠合梁的基本试验方法及其抗弯性能的主要特点。这种叠合梁(图 15-1(a))受力过程的第一阶段相当于施工期浇注叠合面上混凝土后,但尚未达预期强度。此时仅预制构件作为简支梁工作,其受力截面如图 15-4(a)所示,承受的内力由梁、板自重和楼板上的施工活荷载所产生。后浇混凝土达设计强度后,叠合梁的受力进入第二阶段,此时梁柱已构成刚性框架,施加的荷载仅为楼盖(地面和吊顶)恒载和使用活荷载,还需扣除第一阶段已计入的施工活荷载。叠合梁的内力需通过框架分析求得,其受力截面则为全截面(图 15-4(b))。

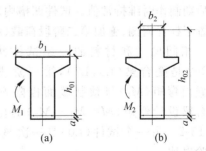

图 15-4　叠合梁受力的二阶段

(a) 第一阶段(叠合前);(b) 第二阶段(叠合后)

叠合构件在第一和第二阶段的应力状态、变形和裂缝情况,以及极限状态时的破坏形态和极限弯矩值等,主要由三个因素所决定:

① 二阶段的截面有效高度比 $\dfrac{h_{01}}{h_{02}}$;

② 第一阶段的弯矩(M_1)和两阶段总设计弯矩($M=M_1+M_2$)之比值;

③ 截面配筋率 $\mu=\dfrac{A_s}{b_2 h_{02}}$。在实际工程中,这三个参数的常用范围如表 15-1 所示。

表 15-1　叠合梁参数的常用范围[15-2]

建筑类型	$\dfrac{h_{01}}{h_{02}}$	$\dfrac{M_1}{M_1+M_2}$	$\mu/\%$
民用建筑	0.50~0.75	0.43~0.65	0.8~1.7
工业厂房	0.65~0.85	0.30~0.40	1.0~1.7

为了实现叠合梁的分阶段承载试验,试件经过特殊设计。第一阶段制作的预制件沿纵向成凹槽形(图 15-5(a)),跨中受弯试验段的截面即叠合前截面,而两端区段的截面为叠合

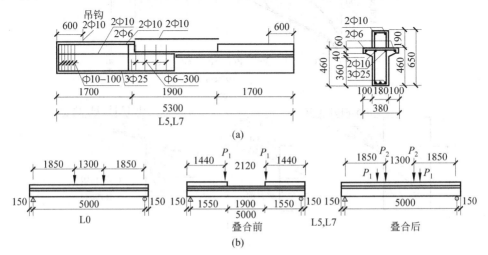

图 15-5　二阶段承载试验的叠合梁

(a) 试件构造;(b) 荷载位置

后的全截面(不出现后浇结合面),以防止试验过程中试件的端部剪切破坏或结合面滑移。

试件第一阶段的荷载($2×P_1$)采用杠杆和铁砝码施加在凹槽两侧的上方,可保证荷载在后期制作时维持常值。试件凹槽内后浇混凝土且达到强度后构成叠合梁,再用液压加载器置于杠杆内侧、施加第二阶段荷载($2×P_2$)直至试件破坏(图15-5(b))。

相同尺寸和材料的一组试件共3个。其中2个是叠合梁(L5,L7),第一阶段施加的跨中截面弯矩(M_1)与预制截面极限弯矩(M_{1u})、叠合梁设计弯矩($M=M_1+M_2$)的比值分列于表15-2。另一个试件(L0)是一次整浇梁,用作试验对比。

叠合梁试件经过两阶段加载试验、直至破坏,试验中量测的跨中挠度(ω),受拉钢筋应力(σ_s)截面曲率($1/\rho$)和应变分布等绘于图15-6,

表 15-2   叠合梁的试验参数

试件	$\dfrac{M_1}{M_1+M_2}$	$\dfrac{M_1}{M_{1u}}$
L0	0	0
L5	0.523	0.732
L7	0.680	0.980

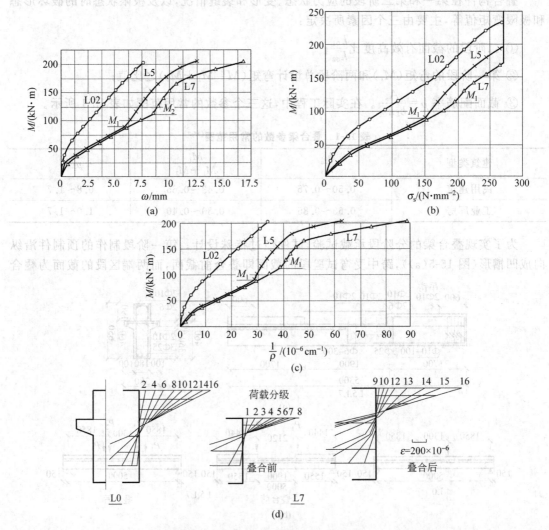

图 15-6   两阶段加载的叠合梁试验[15-2]

(a) 跨中挠度;(b) 受拉钢筋应力;(c) 截面曲率;(d) 应变分布

跨中试验段的裂缝分布和破坏形态如图 15-7 所示。整浇试件一次加载直至破坏,所量测的相应数据绘于同一图内,以资对比。三个试件的特征弯矩实测值,包括叠合前弯矩(M_1),叠合后受拉钢筋屈服弯矩(M_y)和极限弯矩(M_u)等列入表 15-3。

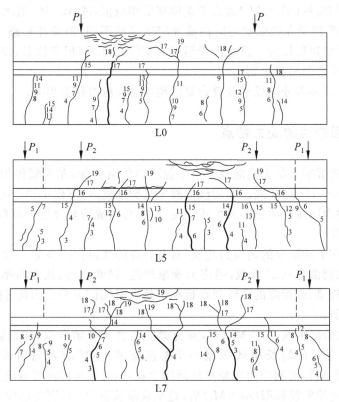

图 15-7 叠合梁的裂缝和破坏形态[15-2]

注:裂缝旁数字表示分级加载的级数

表 15-3 叠合梁的特征弯矩(kN·m)[15-2]

试件号	叠合前弯矩 M_1	钢筋屈服弯矩			极限变矩		
		叠合后净增 M_{2y}	总 值 $M_y = M_1 + M_{2y}$	比值	叠合后净增 M_{2u}	总 值 $M_u = M_1 + M_{2u}$	$\dfrac{M_y}{M_u}$
L0	0	230.0	230.0	1	245.0	245.0	0.939
L5	91.0	96.2	187.2	0.814	158.0	249.0	0.752
L7	118.3	51.5	169.8	0.738	141.5	259.8	0.654

根据这些试验结果,可以对分阶段承载叠合梁的受弯性能引出主要结论如下:

① 叠合梁在荷载作用下,直至极限状态,不论叠合前后,其截面在弯矩作用下始终保持平面变形。

② 叠合梁预制部分的截面小于整浇梁截面($h_{01} < h_{02}$),在弯矩($M \leqslant M_1$)作用下产生的钢筋应力、曲率、挠度和裂缝等都显著大于整浇梁的相应值。

③ 在使用荷载作用下(试件总弯矩为 $M = M_1 + M_2 \approx 140 \sim 170$ kN·m),叠合梁中受拉钢筋的应力很高,取决于 M_1/M_{1u}(表 15-2),甚至已接近其屈服强度(f_y)。相应地,试件的

变形和裂缝开展较大。

④ 叠合梁中受拉钢筋达到屈服强度时的弯矩(M_y)，比起整浇梁显著提前（表 15-3）。此后（$M > M_y$）叠合梁的变形（曲率和挠度）和裂缝显著地加快发展。叠合梁从钢筋屈服至极限状态的弯矩值增量（$M_u - M_y$）远大于整浇梁的相应值，或 M_y/M_u 值远小于后者。

⑤ 叠合梁和整浇梁在极限状态时的截面应变虽然不同，但破坏形态一致，极限应力图没有区别，故极限弯矩值接近。只是由于钢筋的实际强度、面积和位置，以及混凝土抗压强度等存在随机性变异而稍有差别。

其中，②③④统称为分阶段承载叠合梁的超应力或应力超前现象。

15.2.2 叠合后截面的受力特点

叠合梁在后浇混凝土凝固之前就是一个普通的预制构件，在荷载作用下的受力性能当然与一般梁（第 10～12 章）相同。而后浇混凝土达到强度后，不仅由单个静定构件转变为超静定结构，截面内力随荷载的施加发生重大变化；而且构成的叠合后截面在内力作用下出现一些重要的特殊性。

叠合梁中存在上述不利的超应力现象，有着特殊的规律性。在第一阶段加载（$M \leqslant M_1$）时，叠合梁仅有预制部分（h_{01}）承载，超应力现象严重，钢筋应力、截面曲率和试件挠度等的增长率远大于整浇梁，或相应的曲线斜率远小于整浇梁（图 15-6）。而且，随试件施加 M_1 的增大而扩大其差值。

然而，在第二阶段加载（$M > M_1$）时，叠合梁的全截面开始承载，其钢筋应力、截面曲率和试件挠度等随弯矩的增长率却明显小于整浇梁的，亦即前者的曲线更陡、斜率更大（图 15-6）。可见，此阶段的超应力现象虽然继续存在，但有明显的减轻或改善的趋向。

在叠合梁中受拉钢筋屈服（$M > M_y$）后，直至极限状态（M_u），钢筋的应力虽不再增大，但应变增长很快，使试件的变形和裂缝加快增长。相应曲线的斜率再次显著地小于整浇梁的斜率。

叠合梁完成制作并投入使用后，正处于弯矩从 M_1 增至钢筋屈服弯矩（M_y）之间的区段。这阶段超应力现象的特点深入分析如下。

在叠合梁两阶段加载试验中实测的截面应变（图 15-6(d)）都符合平面变形条件。现取叠合前阶段预制梁部分在弯矩 M_1 作用下的截面压应变图为 $\triangle abc$（图 15-8(a)）；叠合后阶段全截面在弯矩 M_2 作用下的截面压应变净增 $\triangle def$（图 15-8(b)），"中和轴" f 以下为截面

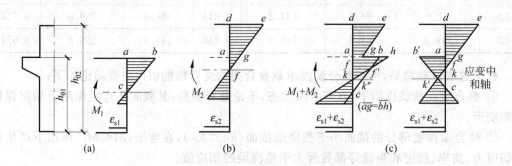

图 15-8 叠合梁截面应变和应力分析

(a) 叠合前应变；(b) 叠合后净增应变；(c) 叠合后总应变；(d) 叠合后净增应力

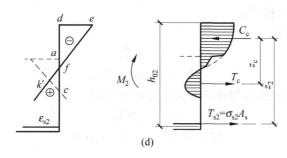

图 15-8 （续）

受拉区。此时,叠合梁的总应变由上二图叠加(图 15-8(c)),实际中和轴[1](零应变处)为 $k'kk''$,压区应变图比较复杂,受拉钢筋的应变为($\varepsilon_{s1}+\varepsilon_{s2}$)。两阶段施加的总弯矩($M_1+M_2$)必与此总应变图对应的截面应力图相平衡。

叠合后全截面在 M_2 作用下的中和轴 f 必位于叠合前预制截面中和轴 c 的上方。叠合后净增压应变 $\triangle def$ 与叠合前相应压应变相加后,就可得到对应的净压应力图(图 15-8(d))。而在"中和轴" f 的下部,既有弯矩 M_2 产生的拉应变抵消了叠合前压应变 $\triangle abc$ 中的一部分(即 $\triangle fk'c$)所出现的"假想拉力"或"附加拉力"(T_c),又有实际中和轴 $k'k$ 以下确实存在的混凝土拉应力。

附加拉力(T_c)在叠合后一开始加载就已经出现,随着荷载(或 M_2)的增加,由于下部受拉裂缝的开展,中和轴 f 位置的上升,和截面应变的增大而不断变化。当受拉钢筋屈服,混凝土受拉裂缝上升从预制部分进入后浇部分后,此附加拉力的绝对值达最大,即叠合前截面上全部压应力($\triangle abc$)的总和或钢筋的总拉力。且此值一直维持常数直至极限状态及其以后。反观叠合后截面 $k'k$ 轴下部混凝土的真实拉应力,其值必不大于其抗拉强度($\leq f_t$),且受拉面积随裂缝的向上延伸而逐渐缩小,故其总拉力值随 M_2 的增大而减小,至钢筋屈服时趋近于零。所以在分析叠合后截面在弯矩 M_2 作用下的受力性能时,必须考虑此附加拉力的作用,而可以忽略混凝土的抗拉强度。

叠合梁在弯矩 M_2 作用下,全截面上净增的应力图(15-8(d))可等效为三个集中力,即

C_c——压区混凝土的合力;

T_{s2}——钢筋拉力;

---

① 实际上零应力轴和零应变轴并不重合,前者应更靠近截面受压顶面。由于 f 轴下混凝土的应变变化相当于受压后的卸载过程,从应力-应变加卸载曲线可知,当压应变减小至 ε_{res} 时,混凝土的压应力已经为零;若使 ε_{res} 消失,必须使之受拉,即 $\varepsilon=0$ 时 $\sigma<0$(受拉)。

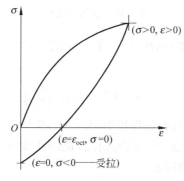

T_c——混凝土附加拉力。

写下两个平衡方程式为

$$C_c = T_{s2} + T_c \tag{15-1}$$

$$M_2 = T_{s2} z_2 + T_c z_c \tag{15-2}$$

其中,混凝土附加拉力和受拉钢筋所分担的弯矩分别为

$$M_c = T_c z_c = \beta M_2 \tag{15-3}$$

$$M_{s2} = T_{s2} z_2 = (1 - \beta) M_2 \tag{15-4}$$

于是得到系数

$$\beta = \frac{M_c}{M_2} = \frac{M_2 - M_{s2}}{M_2} \tag{15-5}$$

其物理意义为叠合后截面上混凝土附加拉力所承担的弯矩与叠合后施加弯矩的比值。

附加拉力(T_c)的数值和位置随弯矩 M_2 的变化复杂,要通过试验直接测定,技术难度极大。由于混凝土应力-应变关系的多变性,加卸载曲线的差异,以及叠合前后加载相隔至少 28 天中发生的收缩和徐变,即使在试验全过程中准确地量测到混凝土的全部应变值,仍然无法确定其应力和附加拉力。比较简单而合理的方法是在叠合后加载试验过程中,确定作用弯矩 M_2,并量测受拉钢筋应力(σ_{s2})和近似的力臂 z_2,由此计算钢筋的拉力 $T_{s2} = \sigma_{s2} A_s$ 和承担的弯矩 $M_{s2} = T_{s2} z_2$,按式(15-5)计算 β 值。

根据叠合梁试验数据计算确定的 β 值,从叠合后开始加载($M_2 = 0$)直至钢筋屈服($M_2 = M_{2y}$)近似直线递减(图 15-9)。其原因在于作用弯矩(M_2)按比例增长,而附加拉力(T_c)值的增长速度较慢,且其合力作用点上移、即力臂(z_c)渐减,所承担弯矩(M_c)的增长率渐减。这一变化规律正好说明:在叠合梁的叠合后阶段($M_2 = 0$ 至 M_{2y}),其应力和变形曲线的斜率由陡逐渐变缓的现象,却总是大于整浇梁在相应弯矩下的曲线斜率(图 15-6)。

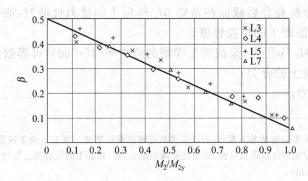

图 15-9　β 值的变化

这一组试验[15-2]量测的 β 值,约从 $0.5(M_2 = 0)$ 减小至 $0.1(M_2 = M_{2y})$,可近似地用一经验式表示:

$$\beta = 0.5 \left(1 - 0.87 \frac{M_2}{M_{2y}}\right) \tag{15-6}$$

经过试算可知,叠合梁在设计使用荷载作用下,M_2/M_{2y} 值为 $0.4 \sim 0.6$,计算得 $\beta = 0.33 \sim 0.24$,变动范围并不大。这表明在叠合梁的使用期间,混凝土附加拉力将承担作用弯矩(M_2)的 $1/4 \sim 1/3$,是个不可忽视的有利因素。

当然,β 值还随不同叠合梁的参数$(h_{01}/h_{02}, M_1/(M_1+M_2), \mu)$值而变化。更多的试验[15-7]结果表明,$\beta$ 值的变化规律相似,数值相近。在我国的设计规范[1-1]中,对叠合梁设计所建议采用的 β 是一个随 h_1/h 而变化的偏低值:

$$\beta = 0.5\left(1 - \frac{h_1}{h}\right) \tag{15-7}$$

当叠合前后截面高度比 $h_1/h=0.4, 0.6$ 和 0.8 时,相应的 β 值分别为 $0.3, 0.2$ 和 0.1。

15.2.3 设计计算方法

自从两阶段制作和承载的混凝土叠合梁开始应用于实际工程,其抗弯设计有过多种不同的概念和方法,反映了研究和设计人员对其受力性能认识的深入。

叠合梁应用的早期,缺乏相关的试验研究资料,设计时采用过的三种计算方法,只能基于对整浇梁的了解,以及对叠合梁受力性能的定性判断,因而比较简单,却有所不足。

[**方法一**] 计算图形如图 15-10(a)所示。取叠合前后弯矩之和,以 h_{02} 为梁高,按整浇梁同样的方法计算所需配筋 A_s。再取叠合前弯矩,以叠合前梁高(h_{01})计算所需配筋 A_{s1}。最终配筋取二者中之大值。

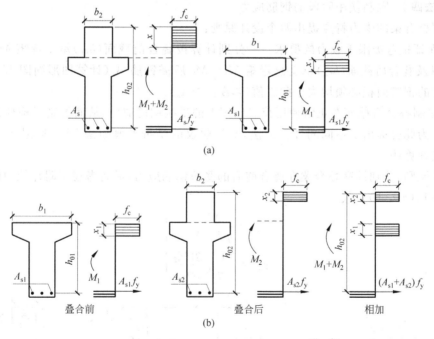

图 15-10 早期的计算方法

(a) 方法一;(b) 方法二

显然,按此法计算和设计的叠合梁可以确保叠合前后两阶段的极限承载力。而且在一般情况下,叠合前构件的使用性能也能满足要求。但是,由于叠合梁的超应力现象,使叠合后阶段的钢筋应力过高、甚至接近或达到屈服强度值而出现过大的裂缝和变形,不能满足使用要求。尤其是在叠合梁参数 h_{01}/h_{02} 偏小、$M_1/(M_1+M_2)$ 偏大的情况下更为严重。

[**方法二**] 计算图形如图 15-10(b)所示,钢筋面积分二次计算后叠加。叠合前弯矩(M_1)由预制梁承受,计算钢筋 A_{s1};叠合后弯矩(M_2)按高 h_{02} 的整浇梁计算钢筋 A_{s2}。所需钢筋即 $A_s = A_{s1} + A_{s2}$。

按此方法,叠合梁在 $M_1 + M_2$ 作用下的截面应力图显然与极限状态的实际状况不符。按此计算的钢筋面积比按方法一计算所需的钢筋面积要大 $10\% \sim 30\%$,且 h_{01}/h_{02} 越小时差别越大,甚至可相差 40% 以上。梁内所配钢筋的强度其实不能充分利用。另一方面,正是由于梁内配筋较多,叠合前后两阶段中钢筋的应力大为减小,事实上解决了叠合梁的超应力问题。

[**方法三**] 美国混凝土学会建议[15-12]取总弯矩($M_1 + M_2$)按整浇梁截面计算配筋,而截面有效高度取实际 h_{02} 和另一折算高度 h_{02}' 中之小值。后者的计算式为

$$h_{02}' = \left(1.15 + 0.25\frac{M_2}{M_1}\right)h_{01} \tag{15-8}$$

其意图是使叠合梁在使用荷载下的钢筋应力不超过屈服强度的 75%,但此式的来源不详。然后按所得配筋和有效高度 h_{01} 验算叠合前的承载力应 $\geqslant M_1$。

上述各方法都包含一些合理因素,但不完善。且各法计算所需的钢筋数量相差较多,常使设计人员难以抉择。然而,叠合梁的分阶段制作和承载试验研究提出的计算方法有着明确的设计概念和试验依据,确定的配筋数量合理,从 1985 年起就已经纳入我国的设计规范[1-1]。

[**方法四**] 限制使用阶段的钢筋应力

根据叠合梁的受力特点提出两个设计原则:

① 保证抗弯极限承载力的要求——分别计算按叠合前截面(h_{01})承受弯矩 M_1 所需钢筋 A_{s1},以及叠合后截面(h_{02})承受总弯矩 $M_1 + M_2$ 所需钢筋 A_s(计算图形同图 15-10(a))。最终确定的钢筋面积必须均大于此二值($\geqslant A_{s1}$, $\geqslant A_s$)。

② 限制叠合后截面在正常使用荷载作用下的受拉钢筋应力,从而控制了构件的裂缝和变形值。为此曾提出了不同的计算方法,最早建议的是折算弯矩法[15-2],规范[1-1]中最终采用了直接计算法。

按此原则,分别计算叠合梁在叠合前后的受拉钢筋应力,后者考虑了附加拉力的有利作用(图 15-11(a)、(b)),故

$$\left.\begin{array}{l}\sigma_{s1} = \dfrac{M_1}{\eta_1 h_{01} A_s} \\[3mm] \sigma_{s2} = \dfrac{(1-\beta)M_2}{\eta_2 h_{02} A_s}\end{array}\right\} \tag{15-9}$$

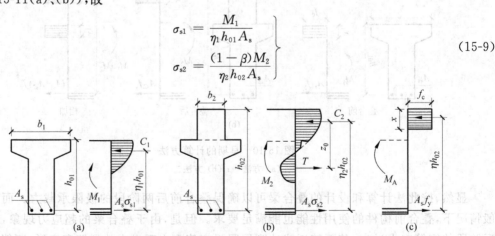

图 15-11 钢筋应力计算图

(a) 叠合前;(b) 叠合后;(c) 折算弯矩作用下

其总和必须小于该钢筋的允许拉应力，

$$\sigma_{s1} + \sigma_{s2} \leqslant [\sigma_s] \tag{15-10}$$

为了简化计算，规范[1-1]中建议

$$\eta_1 = \eta_2 = 0.87$$

由式(15-7)得

$$1 - \beta = 0.5\left(1 + \frac{h_1}{h}\right)$$

允许应力取

$$[\sigma_s] = 0.9 f_y$$

最终的验算式为

$$\frac{M_1}{0.87 A_s h_{01}} + \frac{0.5\left(1 + \dfrac{h_1}{h}\right)M_2}{0.87 A_s h_{02}} \leqslant 0.9 f_y \tag{15-11}$$

经简单变换后得

$$A_s \geqslant \frac{M_1}{0.78 f_y h_{02}} + \left(1 + \frac{h_1}{h}\right)\frac{M_2}{1.56 f_y h_{02}} \tag{15-12}$$

即为满足使用阶段限制应力所需的钢筋量，与承载力所需 A_{s1} 和 A_s 作比较后，取最大值作为叠合梁最终配筋。

根据上述折算弯矩法，由式(15-9)代入式(15-10)得

$$\frac{\eta_2}{\eta_1}\frac{h_{02}}{h_{01}}M_1 + (1-\beta)M_2 \leqslant \eta_2 h_{02} A_s[\sigma_s]$$

命名一个按极限状态应力图(图 15-11(c))计算的折算弯矩

$$M_A = \eta h_{02} A_s f_y$$

代入上式后有

$$\frac{\eta_2}{\eta_1}\frac{h_{02}}{h_{01}}M_1 + (1-\beta)M_2 \leqslant \frac{\eta_2}{\eta}\frac{[\sigma_s]}{f_y}M_A$$

当 η_2/η_1，β，η_2/η 和 $[\sigma_s]/f_y$ 各取近似值[15-2]后，即得一简单计算式：

$$M_A \geqslant \frac{h_{02}}{1.1 h_{01}}M_1 + 0.64 M_2 \tag{15-13}$$

由此折算弯矩，按简单的极限状态应力图计算所得的钢筋(A_s)就能使叠合梁在设计使用荷载下的钢筋应力满足式(15-10)要求。

同一叠合梁分别用上述四种方法计算抗弯所需的钢筋面积可作一比较[15-2]。方法一所得者为最小极值，只能满足承载力的要求而不计使用阶段的受力性能。其余三种方法所得者，除了保证承载力的要求，还按不同标准满足了使用阶段的受力性能。其中方法二所得者一般为最大值，方法四比方法三计算所得稍小。

一般情况下，叠合梁在使用阶段的裂缝和变形因限制了受拉钢筋的应力而可得控制。如果要确切地计算裂缝和变形值，也可采用适合普通混凝土梁的方法，考虑截面上不利的超应力现象和有利附加拉力作用，推导相应的计算式。至于叠合梁设计中的其他问题，如抗弯刚度和变形，抗剪承载力，预应力混凝土梁，连续梁等也都有相应的试验研究和建议的计算方法，可在国家规范[1-1]和有关文献[15-4~15-11]中找到。

15.3 抗弯加固的梁

15.3.1 应力状态分析

钢筋混凝土构件因使用功能更改或由于各种原因造成损伤后需要加固,可有多种处理方法[15-13]。其中经常采用的是增大截面法。对于梁的抗弯加固方案(图 15-12),可在原截面的一侧(图 15-2(a))、数侧或周边增设钢筋或型钢,用钢箍或条板相连后,再在外围灌注混凝土层;或者径直在受拉侧粘贴钢板或纤维增强复合材料(FRP)[15-14]。

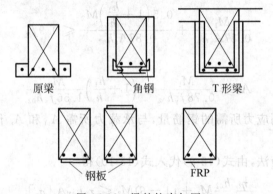

原梁   角钢   T 形梁

钢板   FRP

图 15-12 梁的抗弯加固

混凝土梁采用具有明显屈服台阶的钢筋或型钢进行抗弯加固,其受力全过程可基于平截面变形条件分析如下(图 15-13)。加固前原梁(h_{01},A_{s1})在曾经的最大荷载作用下,一般情况都已经超过开裂荷载,但小于屈服荷载,梁上必有相当数量的裂缝。即使进行加固作业前卸去部分荷载,这些裂缝也不可能完全恢复、弥合。

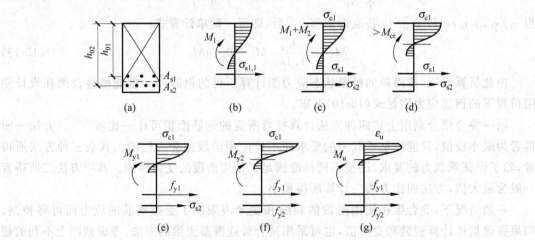

图 15-13 加固梁各阶段的截面应力状态

(a) 加固前,后截面;(b) 加固前;(c) 加固后,开裂前;(d) 开裂后;
(e) 原有钢筋屈服;(f) 后增钢筋屈服;(g) 极限状态

此梁在加固后再次加载,产生的截面弯矩为 M_2,连同加固前弯矩 M_1,总弯矩为 M_1+M_2。刚开始时,拉区的后浇混凝土保护层尚未开裂,但原梁上的裂缝虽经处理也未消失。此时原有钢筋(A_{s1})的拉应力为 $\sigma_{s1,1}$,而后增钢筋(A_{s2})的应力为零,此应力差值在加固后将一直存在,直至二者都达屈服强度为止。这是加固构件的超应力现象。截面上压区混凝土的面积和加固前的相差不大,加固后混凝土压应力(变)继续增大。

当弯矩增至 M_{cr} 时,加固梁的后浇混凝土开裂,截面中和轴上升较多,拉区钢筋应力小有突增,加固前后钢筋的应力差因力臂不同而有变化(减小),压区混凝土因面积减小而应力(变)加快增长。加固梁的使用期正处于这一受力阶段。

继续增大荷载,当加固前钢筋(A_{s1})首先达屈服强度(f_{y1})时,截面弯矩为 M_{y1}。此时中和轴又有突升,受拉裂缝扩张和延伸较多,梁的变形加快,但未失控。因为后增钢筋(A_{s2})尚未屈服,仍处弹性阶段($<f_{y2}$),可继续承载。

再次增加荷载,当后增钢筋(A_{s2})也达到屈服强度(f_{y2})时,截面弯矩为 M_{y2}。此时压区混凝土的面积更小,应力更高,但其应变仍小于极限值(ε_u)。荷载再有增加,全部钢筋(A_{s1} 和 A_{s2})不断拉伸变形而应力不增,裂缝的上升使压区面积一直减小,混凝土总压力值虽然不变,而其平均应力渐增。边缘压应变增至极限值时,到达适筋加固梁的极限状态(图 10-13),相应的弯矩值为 M_u。

加固梁内加固前和后增钢筋的应力,以及压区边缘混凝土的应力(σ_{c1})随弯矩增大而变化,如图 15-14 所示。图中明显可见超应力现象和两组钢筋应力差($\sigma_{s1}-\sigma_{s2}$)的变化过程。当然,加固梁的受力性能,包括各应力值、裂缝和变形,以及 M_{y1}/M_u,($M_{y2}-M_{y1}$)等重要指标都将由梁的设计参数(如 M_1/M_2,A_{s1}/A_{s2},h_{01}/h_{02})而定。

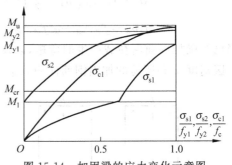

图 15-14 加固梁的应力变化示意图

以上是适筋加固梁的受力全过程。如果梁内配筋($A_{s1}+A_{s2}$)过多,也将出现超筋梁现象(见 10.1.2 节)。在极限状态下,压区混凝土达极限应变(ε_u),而全部钢筋或至少后增钢筋(A_{s2})未达屈服强度($<f_y$)。此时的应力状态和相应的极限弯矩值,需依据平截面变形假定和截面平衡条件另行分析确定。

上述加固梁和叠合梁都是分阶段制作和承载的构件,但截面参数有重大区别。叠合梁其实就相当于压区混凝土加固的梁,两阶段的钢筋数量(A_s)不变,而后阶段的截面高度大增($h_{02}>h_{01}$),受压区位置显著上移;加固梁后阶段的钢筋量大增($+A_{s2}$),而截面高度变化不大,压区位置不变。在使用阶段,叠合梁中全部钢筋(A_s)、加固梁中部分钢筋(A_{s1})存在超应力现象,产生较大的裂缝和变形。且二者的屈服弯矩提前到达,其 M_y/M_u 值比一次加载整浇梁的相应值显著减小。此外,叠合梁因截面压区位置的变化而出现附加拉力,对超应力现象有缓解作用;加固梁则无此特点。因此,二者的受力性能有较多相似处,却又有显著差别,其设计计算方法也相似而不相同。

15.3.2 设计计算方法

加固梁的准确计算可应用前面介绍的截面分析一般方法(见10.3节),分别计算加固前在荷载(M_1)作用下的截面应力状态,以及加固后在荷载作用(M_2)逐步增大时相应的应力状态,从而确定使用荷载下的截面性能、钢筋屈服弯矩(M_{y1},M_{y2})和极限弯矩(M_u)等。

多数情况下,加固梁的设计计算可采用更简单的方法。例如,加固前截面的承载力已无需计算;而加固后截面的承载力计算,因配设钢材(A_{s1},A_{s2})都有明显的屈服台阶,且二者屈服应变之和($f_{y1}/E_{s1} + f_{y2}/E_{s2}$)必远小于其屈服台阶的长度($\gg 1\%$),在极限状态时都能达到各自的屈服强度。截面极限应力图明确,极易计算极限弯矩值。至于使用荷载作用下的性能,可通过控制钢筋应力或增大钢筋面积等措施给予满足,为此有不同的简易计算方法。

我国的混凝土结构加固设计规范[15-13]对此类加固梁的计算方法建议如下。适筋加固梁的极限状态应力图取为如图15-15(a)所示。压区钢筋和混凝土均达极限强度,混凝土应力图等效为矩形,拉区的加固前钢筋(A_{s1})达到屈服强度(f_{y1}),而加固钢筋(A_{s2})取为其屈服强度的折减值$\alpha_s f_{y2}$,且$\alpha_s = 0.9$,以考虑应力滞后现象和连接构造的可能缺陷。于是可按照整浇梁的计算方法(见10.4节)建立平衡方程:

$$\left. \begin{aligned} M_u &= f_{y1}A_{s1}\left(h_{01} - \frac{x}{2}\right) + \alpha_s f_{y2}A_{s2}\left(h_{02} - \frac{x}{2}\right) + f_y'A_s'\left(\frac{x}{2} - a'\right) \\ f_c bx &= f_{y1}A_{s1} + \alpha_s f_{y2}A_{s2} - f_y'A_s' \end{aligned} \right\} \tag{15-14}$$

当已知梁加固前后荷载产生的弯矩,以及截面参数和材料强度时,即可由此式计算得到截面压区高度 x 和所需的加固钢筋面积 A_{s2}。

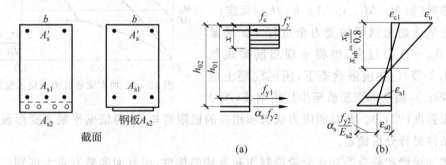

图15-15 加固梁截面计算图

(a) 适筋梁; (b) 界限受压区高度

如果加固梁内钢筋总面积($A_{s1} + A_{s2}$)过大,就可能构成超筋梁,为此先确定适-超筋界限的截面受压区高度(图15-15(b),参见图10-15)。混凝土压区边缘的应变在加固前为ε_{c1},加固后的极限状态时达ε_u。原有钢筋(A_{s1})在加固前的应力为σ_{s1},应变为ε_{s1}。此时尚无加固钢筋,但相应位置处的拉应变为ε_{s0},略大于ε_{s1}。后增钢筋(A_{s2})在加固后开始受力,达到屈服强度折减值的应变为$\alpha_s f_{y2}/E_{s2}$。截面上该位置的总应变则为

$$\frac{\alpha_s f_{y2}}{E_{s2}} + \varepsilon_{s0} \approx \frac{\alpha_s f_{y2}}{E_{s2}} + \frac{\sigma_{s1}}{E_{s1}} \tag{15-15}$$

依据平截面变形的假设,界限受压区相对高度的计算式为

$$\frac{x_{ub}}{h_{02}} = \frac{\varepsilon_u}{\varepsilon_u + \dfrac{\alpha_s f_{y2}}{E_{s2}} + \dfrac{\sigma_{s1}}{E_{s1}}} \tag{15-16}$$

按等效矩形应力图计算的界限受压区高度则为

$$x_b = 0.8 x_{ub} = \frac{0.8\varepsilon_u h_{02}}{\varepsilon_u + \dfrac{\alpha_s f_{y2}}{E_{s2}} + \dfrac{\sigma_{s1}}{E_{s1}}} \tag{15-17}$$

式中加固前钢筋应力可按近似式计算如下:

$$\sigma_{s1} = \frac{M_1}{0.87 h_{01} A_{s1} E_{s1}} \tag{15-18}$$

如果加固梁按式(15-14)计算所得的极限状态压区高度(x)大于界限值 x_b(式(15-17)),则判为超筋梁。应依据平截面假定,另行确定极限状态时的压区高度($>x_b$)和加固前、后钢筋的应力($<f_y$)进行设计。

按此方法计算、设计的加固梁,对后增钢筋的屈服强度予以折减,所得的钢筋量必然能保证加固后的承载力要求,也可降低使用阶段的钢筋应力和改善使用性能。但是,划一的折减系数($\alpha_s = 0.9$)能否适合不同参数(如 h_{01}/h_{02},$M_1/(M_1+M_2)$,A_{s1}/A_{s2} 等)的加固梁还需要更多验证。

至于采用纤维增强复合材料(fibre reinforced polymer,FRP)加固的梁(板),其设计计算方法另当别论。这类纤维属弹性高强材料,集合成束或编织成布后,经树脂固化粘合成棒状或片材,置于梁内或粘贴在原梁的表面。其抗拉强度为(2 000~3 000)MPa,应力-应变关系近似直线,断裂时的伸长率约为 1‰,毫无屈服现象和台阶。已有试验研究[15-15]表明,加固梁的 FRP 材料只有当加固前钢筋屈服以后才能充分地发挥其高强作用,提高梁的极限承载力。加固梁多因 FRP 材的拉断或剥离(粘合层破坏)而达承载力极限,此时截面压区边缘的混凝土尚未达极限应变值($<\varepsilon_u = 3.3 \times 10^{-3}$)。相应的设计计算方法见相关规范和文献[15-14,15-15]。

15.4 加 固 柱

15.4.1 试验研究

钢筋混凝土柱的加固有多种方案。最常用的增大截面法,可依据柱的受力状况(轴压或偏压)、在建筑中所处位置(中,边,角)和所需的加固后承载力等确定沿截面的一面、多边或周边进行加固(图 15-16(a))。加固材料可选用钢筋或型钢混凝土。此外,在柱外侧粘贴型钢加固[15-13],或者沿截面周边粘贴纤维增强复合材料进行横向约束加固[15-14](图 15-16(b),(c))等方法,则可以减小构件的后增面积、增大建筑的使用空间。

显然,加固柱也属分阶段制作和承载的构件。由于其试验荷载值大,荷载位置集中、难作变更,以及试验延续时间长等原因,仿真的模拟试验有较大技术难度。至今已有的试验方案分成两大类:即①试件二次制作、一次加载和②试件二次制作、二次加载。前者极易实

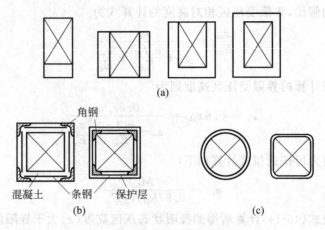

图 15-16 柱的加固

(a) 外侧浇混凝土；(b) 型钢加固；(c) 粘贴 FRP 横向加固

现,国内外都早已有之[15-16,15-17];后者较难实现,我国自 20 世纪 90 年代起探索过多种方法加以模拟[15-18~15-22],但仍有所不足。

加固柱二次制作、一次加载的试件(图 15-17)制作时,可将原柱的部分钢箍外伸,作为后增截面的箍筋,并加强两部分的结合。原柱的两端用钢筋混凝土覆盖,并加密箍筋,作为加固柱荷载试验的承力端。试件可按设计要求,前后相隔若干天,二次分别浇注不同强度等级的混凝土。待后浇混凝土达到预期强度后,试件即可应用普通液压试验机进行轴压或偏压试验,直至破坏。与整浇柱的试验过程没有区别。

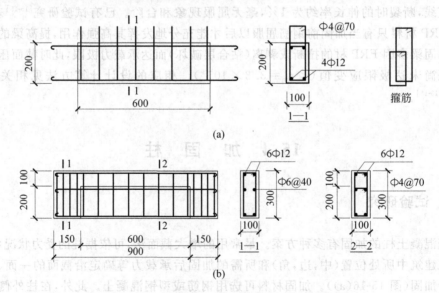

图 15-17 二次制作、一次加载的加固柱试件[15-17]

(a) 原柱；(b) 加固后

加固柱二次制作、一次加载的试验虽然简单,但只能研究加固前、后不同材料组成截面的力学性能,而无法反映二者间存在的应力史差。加固柱二次制作、二次加载试验的技术难点正在于此,即原柱施加荷载后,需要在加固的施工作业和混凝土养护的长时期内维持荷载不变,等后浇混凝土达到强度后,再次施加荷载,而且试件加固前后荷载作用的位置(或偏心距 e＝M/N)常有变化。

已有文献中介绍的加固柱二次承载试验的具体方法有三种。

① 概念性试验(图 15-18(a))[15-17]——用两种混凝土分别制作棱柱体 M_1 和 M_2,并列于试验机上、下压头间,试件 M_1 上端放置薄钢片(厚 δ)。启动试验机加载后,试件 M_1 首先单独承受压力;当变形缩短(δ)后,试件 M_2 才开始受压;此后二者共同受压,直至最大荷载(极限状态),甚至荷载的下降段。此法简易可行,且可应用于不同混凝土材料(或强度)、受力面积(A_1/A_2)和应力(变 $\varepsilon＝\delta/h$)史差,适合于系统性试验和概念性研究。但是所用试件与真实加固柱的构造相差甚远。

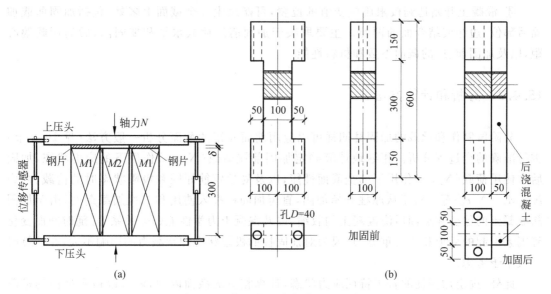

图 15-18 加固柱二次加载的试验方法

(a) 概念性试验[15-17];(b) 预加压力法[15-22]

② 缩短二次加载的时间间隔[15-18~15-20]——原柱制作后放入试验机内施加第一次荷载,并维持恒载的情况下,在试验现场进行加固作业。采用超早强混凝土浇筑加固部分,以求1～3天内达到设计强度后,立即进行二次加载试验。直观上,此法较好地模拟了加固柱的特点。但其不足是:所用混凝土不符常规、性能有别,荷载作用点难以更改,试验机占用时间长等。

③ 预加压力法(图 15-18(b))[15-22]——试件需经专门设计,加固前原柱两端各伸短悬臂,中有圆孔,柱中部矩(方)形截面为试验区。用高强螺杆穿过两端圆孔,贯穿试件全高,杆端各设高强螺帽。试件在试验机上施加第一次荷载后,立即拧紧螺帽,使螺杆对试件产生的压力替代加固前荷载。螺杆上粘贴的电阻应变片可全程监测实加的压力值及随后的变化。已经加载的原柱从试验机上取下后,可在任何地点进行加固作业,后浇混凝土,并加养护,时间不受限制。加固后的混凝土达到设计强度后,再次送入试验机进行二次加载试验,直至极限状态。加载的位置则可以另行选定。试验过程中同时量测螺杆的应变,以便确定柱的实际作用荷载。此法的优点明显,不足之处是试件制作较为复杂,螺杆预加压力难以维持恒值,原柱截面上的应力状态在二次加载前的全截面上发生重分布等。

从二次制作、二次加载的钢筋混凝土加固柱的已有试验研究成果,可得出如下规律和结论:

① 加固柱在加固前的第一次加载时和加固后的二次加载直至破坏,其截面平均应变均符合平截面变形的条件。

② 柱的加固前、后混凝土结合面,只需作简单构造处理,就能保证全截面的共同工作。例如表面粗糙化,后增箍筋与原柱可靠连接[15-13]。

③ 加固柱的两种典型破坏形态与整浇柱的相同(见 10.1.3 节),即大偏心压坏(截面边缘钢筋受拉屈服后,对侧混凝土受压破坏)和小偏心压坏(边缘或中部混凝土首先达极限压应变,而受拉钢筋的应力低于屈服强度)。

④ 混凝土开始达到极限压应变值的位置,可能发生在全截面上多处,包括加固前或加固后部位,边缘或结合面的两侧。主要取决于加固前的荷载水平和加固前、后的荷载偏心距,以及加固前、后的截面参数和材料性能。

15.4.2　分析和计算方法

分阶段制作和承载的加固柱同样可以应用前面介绍的截面分析一般方法(见 10.3 节)进行准确的全过程分析。相继地计算确定加固前在荷载(N_1, e_1)作用下的应力状态,加固后在使用荷载(N_2, e_2)作用下的全截面性能,以及受拉钢筋屈服和极限状态时的荷载(内力 $N_u, M_u = N_u e_u$)等。对于从原柱开始加固,直至加固柱投入使用和二次加载期间,由于加固前混凝土的徐变和加固后浇混凝土的收缩,以及混凝土力学性能(σ-ε 关系等)随时间而变化等因素引起的变形和应力重分布,因为对加固柱的极限状态和承载力的影响不大,在计算时一般不予考虑。

此外,选定加固柱的若干特征应力状态,计算相应的截面内力,就可以得到近似的极限承载力。也可用解析法求解极限状态的条件,并计算极限承载力。下面给出一个最简单的例子加以说明。

一个对称的轴心受压柱,原柱的截面积为 A_{c1}、配筋面积为 A_{s1},加固后增加截面积为 A_{c2},配筋面积为 A_{s2},且材料的应力-应变(σ-ε)关系已知(图 15-19)。计算采用的基本假定如下:

① 加固柱内各材料的应力-应变关系与所给材料的试验曲线一致。即不考虑加固前、后混凝土间的相互作用、包括后者对前者的横向约束作用的影响。

② 加固柱的构造措施可保证加固后全截面均匀、连续地变形,即平截面变形条件。

③ 加固柱受力全过程中,各材料的性能和截面应力(变)分布等不随时间因素而变化。

加固柱的截面几何参数和各材料性能,因工程实际情况而多有变化,相应地,柱的特征应力状态和极限承载力各有不同。今取工程中常见情况进行分析,即加固后浇混凝土的强度大于原柱混凝土($f_{c2} > f_{c1}$),钢筋的屈服应变小于同期制作混凝土的受压峰值应变($\varepsilon_{y1} < \varepsilon_{p1}, \varepsilon_{y2} < \varepsilon_{p2}$)。

根据基本假定,当此加固柱承受轴压(N)时,截面应变(ε)均匀,其值也即混凝土和钢筋的应变。四种材料抗力值的总和即为轴压值。若柱在加固前的轴压为 N_1,相应应变为 ε_1,

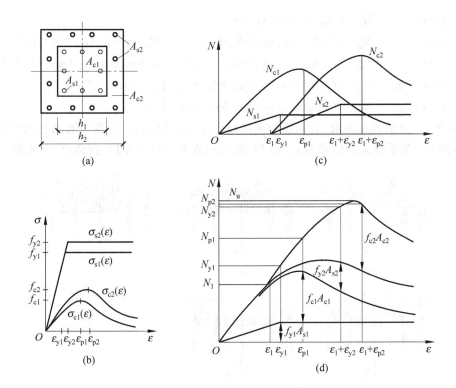

图 15-19　周边加固的轴压柱

(a) 截面；(b) 材料的应力-应变关系；(c) 材料的抗力-应变关系；(d) 加固柱的轴力-应变图

则可建立基本方程如下：

$$\varepsilon \leqslant \varepsilon_1 \qquad \left.\begin{array}{l} \varepsilon = \varepsilon_{c1} = \varepsilon_{s1} \\ N = N_{c1} + N_{s1} \end{array}\right\} \tag{15-19}$$

$$\varepsilon > \varepsilon_1 \qquad \left.\begin{array}{l} \varepsilon = \varepsilon_{c1} = \varepsilon_{s1} = \varepsilon_1 + \varepsilon_{c2} = \varepsilon_1 + \varepsilon_{s2} \\ N = N_{c1} + N_{s1} + N_{c2} + N_{s2} \end{array}\right\} \tag{15-20}$$

其中各混凝土和钢筋的分抗力值（N_{c1}，N_{c2}，N_{s1}，N_{s2}）等于相应的应力和面积的乘积。它们随柱应变（ε）的变化见图 15-19(c)。按上式计算后即得加固柱的轴力-应变全过程图（图 15-19(d)），此曲线的峰点必为加固柱的极限承载力（N_u）。

如果加固柱的四种材料能同时达到各自的强度值，可得到此柱的绝对最大承载力

$$N_{\max} = f_{c1}A_{c1} + f_{c2}A_{c2} + f_{y1}A_{s1} + f_{y2}A_{s2} \tag{15-21}$$

必须满足的条件是两种钢筋都已屈服，且两种混凝土同达强度值（f_{c1}，f_{c2}），即

$$\varepsilon_{p1} = \varepsilon_1 + \varepsilon_{p2} \geqslant \varepsilon_{y1} \quad \text{和} \quad \varepsilon_1 + \varepsilon_{y2} \tag{15-22}$$

实际上，此条件不可能实现。所以加固柱的极限承载力必低于此值（$N_u < N_{\max}$），需另行计算确定。

当柱完成加固后继续加载，随着应变值（ε）的单调增长，轴压从 N_1 开始，一直增大至极值（峰点 N_u），之后残余承载力逐渐减小（下降段）。期间必定先后经历 4 个特征应力状态，即钢筋（A_{s1}）屈服，混凝土（A_{c1}）达强度，钢筋（A_{s2}）屈服和混凝土（A_{c2}）达强度（图 15-20）。相应的轴压值可计算如下：

$$
\left.\begin{array}{ll}
\varepsilon=\varepsilon_1 & N_1=\varepsilon_1 E_{s1} A_{s1}+\sigma_{c1}(\varepsilon_1)A_{c1} \\
\varepsilon=\varepsilon_{y1} & N_{y1}=f_{y1}A_{s1}+\sigma_{c1}(\varepsilon_{y1})A_{c1}+(\varepsilon_{y1}-\varepsilon_1)E_{s2}A_{s2}+\sigma_{c2}(\varepsilon_{y1}-\varepsilon_1)A_{c2} \\
\varepsilon=\varepsilon_{p1} & N_{p1}=f_{y1}A_{s1}+f_{c1}A_{c1}+(\varepsilon_{p1}-\varepsilon_1)E_{s2}A_{s2}+\sigma_{c2}(\varepsilon_{p1}-\varepsilon_1)A_{c2} \\
\varepsilon=\varepsilon_1+\varepsilon_{y2} & N_{y2}=f_{y1}A_{s1}+\sigma_{c1}(\varepsilon_1+\varepsilon_{y2})A_{c1}+f_{y2}A_{s2}+\sigma_{c2}(\varepsilon_{y2})A_{c2} \\
\varepsilon=\varepsilon_{+}\varepsilon_{p2} & N_{p2}=f_{y1}A_{s1}+\sigma_{c1}(\varepsilon_1+\varepsilon_{p2})A_{c2}+f_{y2}A_{s2}+f_{c2}A_{c2}
\end{array}\right\}
\quad (15\text{-}23)
$$

式中，E_{s1} 和 E_{s2} 分别为加固前、后钢筋的弹性模量，$\sigma_{c1}(\varepsilon)$ 和 $\sigma_{c2}(\varepsilon)$ 分别为加固前、后混凝土的应力值，按 σ-ε 关系确定。注意当 $\varepsilon>\varepsilon_{p1}$ 后，加固前混凝土已处于应力(强度)下降段。

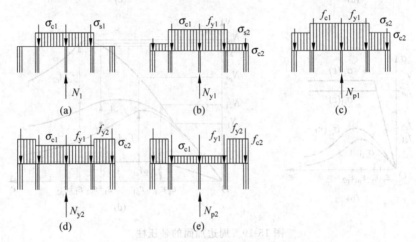

图 5-20　轴压加固柱的特征应力状态
(a) 二次加载前；(b) 原柱钢筋屈服；(c) 原柱混凝土达强度；
(d) 加固钢筋屈服；(e) 加固混凝土达强度

加固柱内 4 种材料的应力随轴压(N)或应变(ε)的变化过程相当复杂，在上述各特征状态时都出现了不同程度的转折(图 5-21)。

解析法求解曲线极值，即极限承载力(N_u)时，只需使承载力计算式(15-20)的一阶微商为 0：

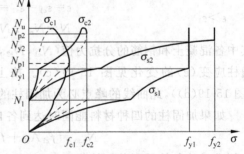

$$
\frac{dN}{d\varepsilon}=\frac{dN_{c1}}{d\varepsilon}+\frac{dN_{s1}}{d\varepsilon}+\frac{dN_{c2}}{d\varepsilon}+\frac{dN_{s2}}{d\varepsilon}=0
$$

$$(15\text{-}24)$$

解得唯一未知数(ε)后，即可计算准确的极限承载力(N_u)。

图 5-21　轴压加固柱内材料应力变化示意图

为满足此式，4 种材料分抗力的微商必须有正有负。从图 15-19(c)看到：当 $\varepsilon \leqslant \varepsilon_{p1}$ 时，4 种材料(N-ε)曲线的斜率(一阶微商)均 $\geqslant 0$；而当 $\varepsilon > \varepsilon_1+\varepsilon_{p2}$ 时，4 条(N-ε)曲线的斜率均 $\leqslant 0$，都不能满足式(15-24)的要求。只有当 $\varepsilon_{p1}<\varepsilon<\varepsilon_1+\varepsilon_{p2}$ 区间，$\dfrac{dN_{c1}}{d\varepsilon}<0$ 和另三个微商 $\geqslant 0$，才能使式(15-24)有解。故加固柱的极限承载力必定出现在加固前、后混凝土先后达到峰值应变(即极限强度)的区间。

再从图 15-19(d)可看到：在 $\varepsilon=\varepsilon_{p1}\sim\varepsilon_1+\varepsilon_{p2}$ 区间内，有三个特征轴压值：N_{p1}，N_{y2} 和

N_{p2}。极限承载力(N_u)虽然大于它们,但差值有限。故取用各特征轴压中的最大值作为近似的极限承载力,误差不大、且偏于安全。

当对称加固轴压柱的材料、截面和荷载参数有不同时,如 $\varepsilon_{y1} > \varepsilon_{p1}$,$\varepsilon_{y2} > \varepsilon_{p2}$,面积比($A_{c1}/A_{c2}$)和加固前荷载($N_1$)、应变($\varepsilon_1$)的增减时,柱的特征应力状态和轴压值都将发生变化。可依照上述方法分别进行分析计算。

至于不对称加固的轴压柱和各种情况加固的偏压柱,受力性能更加复杂。在荷载(N,e)作用下,截面上同种材料有不同的应力(变)值,不会同时达到需要的强度。因而柱的极限状态可能出现多种破坏形态,更多的破坏控制点和不同的破坏区[15-16~15-22]。它们取决于加固前的荷载水平(N_1/N_u),加固前后的偏心距(e_1,e_2),以及截面的几何和材料参数等。这类构件,以及截面上混凝土遭受不均匀损伤(如火灾后)的构件,也都可按照上述几种方法的原则和顺序进行分析和计算。

在我国的工程实践中,加固柱的计算常采用相应规范[15-13]中建议的简化方法。考虑到加固柱内后增混凝土和钢筋与原柱材料相比,存在应力史差,当极限状态时不一定能达到各自强度值,在计算极限承载力时,引入一个折减系数($\alpha_{cs} = 0.8$)。例如,对称加固轴压柱极限承载力的基本计算公式为

$$N_u = f_{c1}A_{c1} + f_{y1}A_{s1} + \alpha_{cs}(f_{c2}A_{c2} + f_{y2}A_{s2}) \tag{15-25}$$

与整浇柱的相应计算式比较,仅差此折减系数。同理,偏压加固柱的基本计算公式,也是在整浇柱的相应计算式内的同类分项前引入同一折减系数。

加固柱的这一计算方法十分简便,省略了加载全过程的应力状态分析,无须确定真实的极限状态和破坏形态。而且按式(15-25)计算的承载力 $N_u < N_{max}$(式(15-21)),对加固柱二次制作、二次承载的特点有所反映,计算结果比按整浇柱计算结果所保有的安全度有提高。另一方面,划一的材料强度折减系数($\alpha_{cs} = 0.8$)显然无法满足加固柱众多参数的变化,包括荷载、截面的几何和材料性能参数。对于不同参数加固柱的计算结果必然有不等的安全度。也曾有过建议对此折减系数加以修正,但都缺少足够的验证。

第4篇　构件的特殊受力性能

　　前3篇中介绍的钢筋混凝土材料和基本构件的力学性能,都是针对结构处于经常的、正常工作状态,一般是指室温下,短时间(数小时)内一次施加静力荷载后的反应。它反映了钢筋混凝土的主要受力特点和性能规律,但是不能完全代表实际结构工程所处的各种复杂环境,以及偶然出现的非正常状况下的特殊受力性能,例如:

　　非静力作用——厂房和桥梁结构的振动、地震引起的往复振动、爆炸产生的振动等;

　　非短期一次加载——荷载多次重复作用的疲劳现象、荷载的长期持续(以年计)作用、高速荷载(核爆炸、重物撞击)的瞬时作用等;

　　非常温环境——长期经受高温(200～500℃)的烟囱和厂房结构、火灾事故中的高温或超低温(如液化石油气的储存温度达−80℃)容器等,也包括大体积混凝土中水泥水化热的温度应力。

　　由于钢筋混凝土材料的力学性能和本构关系在这些非常状况下的巨大变化,引起构件和结构性能的特殊反应和显著差异,需要分别予以研究和解决。限于本书的篇幅,下面将只讨论结构的抗(地)震、疲劳、抗爆和抗火等特殊受力性能。

　　此外,混凝土结构建成后,在所处的自然环境和使用条件下,长期地经受温湿度的交替变化,以及周围水、气介质中有害物质的物理和化学侵蚀作用,使结构的外表和内部出现材料性能劣化和不同程度的破裂、损伤等现象,甚至承载力下降,不能满足结构在预期年限内继续安全、正常地使用,称为耐久性失效。这是另一类特殊而重要的问题,第20章将作简要介绍。

抗 震 性 能

16.1 结构抗(地)震性能的特点

地壳岩层中长期积聚的巨大变形能突然释放,使得局部地面在短期内发生强烈的垂直和水平运动,这就是地震。诱发地震的原因有火山爆发、岩层断层错位和地层陷落等。据观测,一次地震的时间很短,一般为数秒至数分钟。地震以波的形式从震源(地面上的相对位置称震中)向周围快速传播,通过岩土和地基,使建筑物的基础和上部结构产生不规则的往复振动和激烈的变形。

结构在地震时发生的相应运动称为地震反应,包括位移、速度、加速度。同时,结构在惯性力(地震荷载)作用下内部发生很大的内力(应力)和变形,当它们超过了材料和构件的各项极限值后,结构将出现不同程度的各种破坏现象,例如混凝土裂缝,钢筋屈服,显著的残余变形,局部的破损,碎块或构件坠落,整体结构倾斜,甚至倒塌等等。

在震中区附近,地面运动的垂直方向振动激烈,且频率高,水平方向振动较弱;距震中较远处,垂直方向的振动衰减快,其加速度峰值约为水平方向加速度峰值的 1/3~2/3。因此,对地震区的大部分建筑而言,水平方向的振动是引起结构强烈反应和破坏的主要因素。

钢筋混凝土结构在地震中损坏与否及其损伤程度,主要取决于地震的震级和所处位置的烈度,建筑物与震中的距离和所在场地的地基状况,以及地面运动的速度、加速度(峰值)、频谱特性、强震持续时间等地震参数,还取决于结构的抗震体系和布置、动力特性、自重、材料和构件的延性、构件和节点的构造等结构参数。

对地震区结构损伤状况的调查分析和已有的各种试验研究成果[1-23,16-1~16-3]表明,钢筋混凝土结构在地震作用下受力性能的主要特点如下:

(1) 结构的抗震能力和安全性,不仅取决于构件的(静)承载力,还在很大程度上取决于其变形性能和动力响应。地震时结构上作用的"荷载"是结构反应加速度和质量引起的惯性力,它不像静荷载具有确定的数值。结构的变形较大,延性好,能够耗散更多的地震能量,地震的反应显著减小,"荷载"小,可能损伤轻而更为安全。相反,静承载力大的结构,可能因为刚度大、重量大、延性差而招致更严重的破坏。故地震区一般优先考虑设计成抗震性能好的延性结构。

(2)屈服后的工作阶段。当发生的地震达到或超出设防烈度时,按照我国现行规范的设计原则和方法,钢筋混凝土结构一般都将出现不同程度的损伤;构件和节点受力较大处普遍出现裂缝,有些宽度较大,部分受拉钢筋屈服,有残余变形,构件表面局部破损剥落等,但结构不致倒塌[16-1]。故地震来临时,结构的"正常"工作阶段是在构件受力的后期,钢筋已经屈服,甚至进入了承载力的下降段。

(3)"荷载"低周反复作用。地震时结构在水平方向往复振动,相当于水平荷载在正、负方向的交变作用。由于地震的时间不长和结构的阻尼,荷载交变的反复次数不多(低周),一般约为数十次。荷载的反复作用使结构的内力(主要是弯矩和剪力,有时也有轴力)发生正负交变。所以,必须研究钢筋混凝土构件在交变荷载作用下的滞回特征,并建立恢复力模型,作为抗震结构受力全过程分析的基础。

(4)变形大。地震时结构有很大变形,例如柱和墙的侧向位移等。一方面对结构本身产生不利影响,如柱的二阶(P-Δ)效应,增大附加弯矩,甚至引起失稳或倾覆,以及构造缝相邻结构间的碰撞等;另一方面造成非结构部件,如填充墙、饰面、天花板、玻璃幕墙、电梯轨道等的破损或失效。故设计抗震结构时要控制其总变形和层间变形等。

16.2　单调荷载下的延性

16.2.1　延性的概念和表达

各种结构及其材料,在各个受力阶段的性能可有许多不同的具体反应,如弹性变形、塑性应变的出现和发展,混凝土的开裂和裂缝发展,钢筋的屈服和进入强化段,截面中和轴的漂移,受压失稳,等等。如果绘制出结构或材料的广义力-变形(F-D)全曲线(如图1-7的σ-ε,图10-1的M-$1/\rho$),那么上述各种现象都会在曲线上形成相应的几何特征点。故力-变形曲线的形状和变化是结构或材料的宏观力学性能的综合反应。

按照研究或分析的对象,广义力-变形关系有具体的物理概念和相应的曲线形状:

材料——应力-应变(σ-ε)曲线,如混凝土的受压(图1-7)和受拉(图1-22)曲线,钢筋拉伸曲线(图5-4)、钢筋和混凝土的粘结-滑移(τ-s,图6-7、图6-8)曲线;

构件截面——受弯构件的弯矩-曲率(M-$1/\rho$,图10-1)曲线,受扭构件的扭矩-扭转角(T-θ,图14-6(b))曲线;

构件——梁的荷载-跨中挠度(P-w)、荷载-支座转角(P-θ)、柱的轴力-变形(N-δ)、偏压柱的轴力-中点侧向位移(N-w)、剪力-跨中挠度(V-w)等曲线;

结构——框架或剪力墙的水平荷载-顶层水平位移(P-Δ)、水平荷载-层间位移(P-δ)等曲线。

所有这些宏观的力-变形(F-D)曲线,可概括为两类典型的形状(图 16-1):一类曲线有明显的尖峰,达到最大承载力(F_{max})后突然下跌;另一类曲线在临近最大承载力的上下有可观的平台,即能够经受很大的变形,而承载力没有显著降低。一般称前者为脆性,后者为延性。

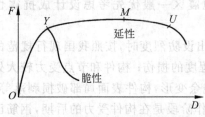

图 16-1　两类典型的力-变形曲线

在实际工程中判断结构的脆性或延性有重要的意义,可从延性结构的优越性加以说明:

① 破坏前有明显预兆,破坏过程缓慢,因而可采用偏小的计算安全系数或可靠度;

② 出现非预计荷载,例如偶然超载,荷载反向,温度升高或基础沉降等引起附加内力的情况下,有较强的承受和抗衡能力;

③ 有利于实现超静定结构的内力充分重分布,提高结构承载力,充分利用材料效能;

④ 承受动力作用(如振动、地震、爆炸等)情况下,减小惯性力,吸收更大动能,减轻破坏程度,有利于修复。

为了度量和比较结构或材料的延性,必须有一个明确的数值指标,一般取延性或延性比。其定义为:在保持结构或材料的基本承载能力(强度)的情况下,极限变形 D_u 和初始屈服变形 D_y 的比值,即

$$\beta_D = \frac{D_u}{D_y} \tag{16-1a}$$

当广义变形 D 定为具体物理量时,就有相应的延性比,如截面曲率延性比 $\beta_{(1/\rho)}$、构件或结构的挠度(位移)延性比 β_w、转角延性比 β_θ 等,故

$$\beta_{(1/\rho)} = \frac{(1/\rho)_u}{(1/\rho)_y}, \quad \beta_w = \frac{w_u}{w_y}, \quad \beta_\theta = \frac{\theta_u}{\theta_y}, \quad \cdots \tag{16-1b}$$

一般认为钢筋混凝土抗震结构要求的延性比为 $\beta = 3 \sim 4$。

对于理想的 F-D 曲线(图 16-2(a)),式(16-1a)中的 D_u 和 D_y,有准确值。在钢筋混凝土构件和结构的一般 F-D 曲线上,没有确凿无疑的 Y 和 U 点,例如受弯构件的弯矩-曲率曲线(M-$1/\rho$,图 16-2(b)),在经历弹性阶段和混凝土受拉开裂(cr)后,钢筋首次屈服(Y)时达到基本承载力,承载力增大有限即达最大承载力(M),此后曲线稍有下降,至混凝土压碎剥落后(U)承载力很快下降。从 $Y \to M \to U$ 点是一段较长的连续曲线,Y 点和 U 点并没有确切的转折点。如果在曲线的相应区段(图中虚线范围)内目估取值(D_y, D_u),且一值偏大、另一值偏小,那么所得延性比(β_D)值会有相当大的出入。

对初始屈服点(Y)和极限点(U)至今尚无统一认可的定值方法。确定初始屈服点的现有方法有:①能量等值法(图 16-2(c)),作二折线 OY-YM 替代原 F-D 曲线,条件是折线与曲线下的总面积相等,或图中面积 OAB =面积 YMB;②几何作图法(图 16-2(d)),作直线 OA 与曲线初始段相切,与过 M 的水平线交于 A 点;作垂线 AB 与曲线交于 B 点,连 OB 并延伸与水平线交于 C 点,作垂线得 Y 点(D_y)。

确定极限点(U)的现有方法有:①取最大承载力下降 15%,即 $F_u = 0.85 F_M$;②取混凝土达极限(压)应变值($\varepsilon_u = 3 \times 10^{-3} \sim 4 \times 10^{-3}$)的相应点。

初始屈服点和极限点(或 D_y 和 D_u)的其他定值方法还有:根据曲线形状目估定值;计

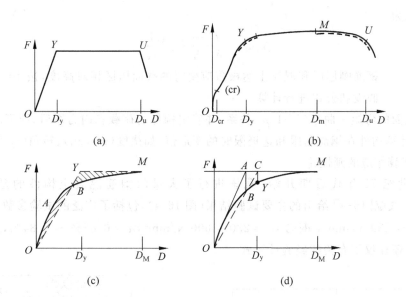

图 16-2 初始屈服点和极限点的确定

(a) 理想曲线；(b) 一般曲线（如 M-$1/\rho$）；(c) 能量等值；(d) 几何作图

算变形增量 ΔD 的增长率定值等。不同的定值方法对同一 F-D 曲线给出的延性比必有出入，应予区别对待。

16.2.2 计算方法

复杂结构和特殊构件的延性比一般需要进行专门的试验加以测定。最常用的简单梁、柱等弯、压构件可采用经过试验验证的方法计算延性比。

已知截面和配筋的压弯构件，可用 10.3 节的截面分析一般方法，其钢筋初始屈服和达极限变形时的截面应变分布如图 16-3 所示，对应的截面曲率为

$$\left.\begin{aligned}\left(\frac{1}{\rho}\right)_{\mathrm{y}} &= \frac{\varepsilon_{\mathrm{y}}}{h_0 - x_{\mathrm{y}}} = \frac{f_{\mathrm{y}}}{E_{\mathrm{s}}h_0(1 - \xi_{\mathrm{y}})} \\ \left(\frac{1}{\rho}\right)_{\mathrm{u}} &= \frac{\varepsilon_{\mathrm{u}}}{x_{\mathrm{u}}} = \frac{\varepsilon_{\mathrm{u}}}{\xi_{\mathrm{u}}h_0}\end{aligned}\right\}$$

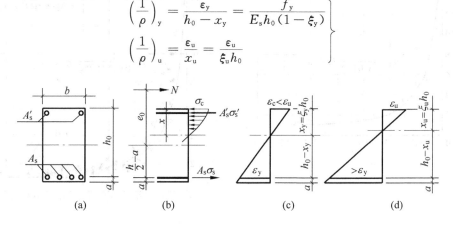

图 16-3 压弯构件截面延性比的计算图形

(a) 截面；(b) 荷载和应力；(c) 屈服时的应变；(d) 极限变形时的应变

曲率延性比为

$$\beta_{(1/\rho)} = \left(\frac{1-\xi_y}{\xi_u}\right) \frac{\varepsilon_u E_s}{f_y} \tag{16-2}$$

式中，ξ_y，ξ_u——钢筋刚屈服和混凝土达极限应变时的截面压区相对高度，按 10.3 节的基本假设和公式进行计算。

　　求得截面的弯矩－曲率$(M\text{-}1/\rho)$关系，并确定构件的荷载和内力图后，即可用虚功原理（第 12 章）计算构件在钢筋屈服和达极限时的变形值，如挠度(w_y,w_u)、转角(θ_y,θ_u)等，代入式(16-1)计算相应的延性比。

　　从 20 世纪 70 年代后期开始，我国进行了大量的钢筋混凝土构件的延性试验研究[16-4~16-6]。文献[16-4]给出的主要试验结果（图 16-4），包括了广泛的试验参数范围：混凝土$f_c = 16 \sim 130 \text{ N/mm}^2$，钢筋$f_y = 230 \sim 600 \text{ N/mm}^2$，$\mu = 0.48\% \sim 4.84\%$，$\xi = 0.03 \sim 1.133$。文中还建议了有关的经验计算式。

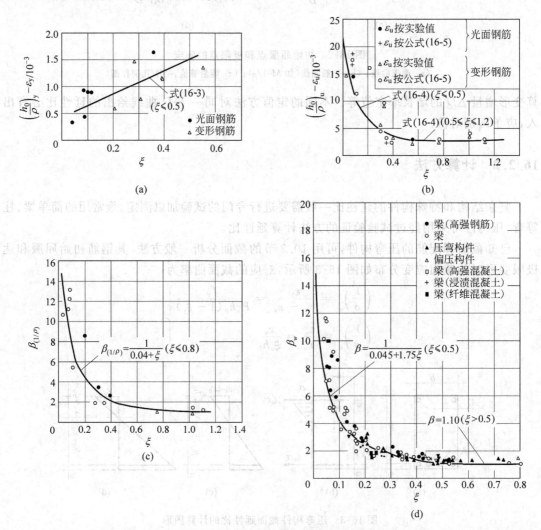

图 16-4　压弯构件的延性试验结果[16-4]

(a) 屈服曲率；(b) 极限曲率；(c) 曲率延性比；(d) 位移延性比

取构件最大承载力(M)时的变形作为极限点(U),它和钢筋初始屈服(Y)时的截面曲率经回归分析得

$$\left(\frac{h_0}{\rho}\right)_y = \varepsilon_y + (0.45 + 2.1\xi) \times 10^{-3} \tag{16-3}$$

$$\left.\begin{array}{ll} \left(\dfrac{h_0}{\rho}\right)_u = \varepsilon_u + \dfrac{1}{35 + 600\xi} & (\xi < 0.5) \\[3mm] \quad\quad\quad = \varepsilon_u + 2.7 \times 10^{-3} & (0.5 \leqslant \xi < 1.2) \end{array}\right\} \tag{16-4}$$

其中,构件极限状态时截面受压区边缘的混凝土应变为

$$\varepsilon_u = (4.2 - 1.6\xi) \times 10^{-3} \tag{16-5}$$

ξ 为极限状态时按矩形应力图计算的截面压区相对高度(图 10-13(d) 中 $\beta x_u/h_0$)。

截面曲率和构件挠度、转角的延性比,有如下的回归计算式:

$$\beta_{(1/\rho)} = \frac{1}{0.04 + \xi} \quad\quad\quad (\xi \leqslant 0.8) \tag{16-6}$$

$$\left.\begin{array}{ll} \beta_w = \beta_\theta = \dfrac{1}{0.045 + 1.75\xi} & (\xi \leqslant 0.5) \\[3mm] \beta_w = \beta_\theta = 1.1 & (\xi > 0.5) \end{array}\right\} \tag{16-7}$$

显然,构件的挠度和转角延性比都小于截面曲率延性比,$\beta_w \approx \beta_\theta < \beta_{(1/\rho)}$。

从上述的试验结果、计算图形(图 16-3)和计算式可以分析各主要因素对构件延性比的影响:① 受拉钢筋的含钢率($\mu = A_s/bh_0$)和轴压力(以轴压比 $N/f_c A$ 表示)的增大,使极限状态时的压区高度 ξ 加大,延性减小;② 受压区配置钢筋($\mu' = A_s'/bh_0$)和提高混凝土强度等级的效果恰好相反,使压区高度减小,延性增大;③ 提高受拉钢筋的屈服强度 f_y,使屈服曲率增大,而极限曲率减小,延性比下降。此外,构件内加密箍筋,构成约束混凝土,增大混凝土的极限压应变 ε_u,有利于延性。

在我国的有关设计规范[1-1,16-1] 中,虽然所有条款都没有对抗震结构延性比提出具体要求,但是在计算和构造的规定中给出了一系列措施,旨在保证结构的延性[16-7,16-8]。例如,构件的设计原则中要求做到"柱强于梁"、"剪强于弯"和"节点强于构件",以及"钢筋屈服先于锚固粘结破坏、并先于混凝土压溃"等,以实现延性破坏形态,避免脆性破坏;限制或减小构件截面的极限压区高度(ξ)、轴压比($N/f_c A$)、配筋率最大值和高强度等级钢筋的使用等;增大最小含钢率(μ_{min}),加长锚固长度,加密箍筋等。

16.2.3 塑性区转角

钢筋混凝土结构在荷载作用下,当部分区段内的钢筋达到屈服强度,但截面弯矩仍小于其极限值($M_y \leqslant M < M_u$)时,在最大弯矩截面两侧形成一个塑性变形区,长度为 $l_{pl} + l_{pr}$(图 16-5(a))。此区段内钢筋的塑性伸长大,曲率大大地超过构件的其他部分,形成一个局部的集中转角,称为塑性(铰)转角($\theta_p = \theta_c$)。

随着荷载和截面最大弯矩的增大,塑性区的长度和塑性转角继续加大。当截面最大弯矩达到极限弯矩 M_u 时,转角值也达到了构件的极限塑性转角 θ_u,即构件塑性区的极限转动能力。

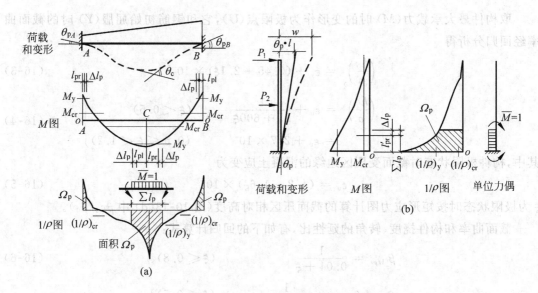

图 16-5　塑性变形区和塑性转角
(a) 固端梁受分布荷载；(b) 悬臂梁受集中荷载

钢筋混凝土杆系结构中钢筋局部受拉屈服形成塑性转角后，其直接结果是加大了结构的变形，例如悬臂结构产生很大的刚性转动变形（$\theta_p \cdot l$，图 16-5(b)），地震荷载下框架柱端的塑性转角加大了层间位移和总位移等。这些附加变形增大了柱、墙等垂直构件的 P-Δ 效应，影响了结构的极限承载力。另一方面，塑性转角的出现和发展，使超静定结构发生内力重分布，而极限塑性转角值又是验算该结构能否实现内力充分重分布所必须。

计算塑性转角 θ_p 和极限塑性转角 θ_u，可以采用虚功原理（见 12.3 节）：在塑性区两侧加上一对方向相反的单位力偶（图 16-5），建立基本方程（式（12-26b））后可知，塑性区范围内的曲率（$1/\rho$）图面积 Ω_p 即为塑性转角，

$$\theta_p = \Omega_p \tag{16-8}$$

在确定了构件的弯矩图、塑性区长度和截面的 M-$1/\rho$ 关系后，不难算得塑性转角（θ_p 和 θ_u）。

塑性铰区长度 l_p 主要取决于构件的弯矩图形状和最大弯矩值（$M > M_y$）。若最大弯矩截面至左、右两侧弯矩为 M_y 的截面分别相距 l_{pl} 和 l_{pr}，再附加上因为钢筋屈服破坏了与混凝土的粘结而发生在邻近的滑移段（Δl_p），其总长度应为

$$\sum l_p = l_{pl} + l_{pr} + \Delta l_{pl} + \Delta l_{pr} \tag{16-9}$$

为了简化计算，一般采用塑性（铰）区等效长度的概念。假设在此范围内各截面的曲率为一常数，其值（$1/\rho$）由最大弯矩（$M > M_y$）确定。若最大弯矩截面一侧的塑性区等效长度为 l_p，则塑性转角为

$$\left.\begin{array}{ll}
\text{跨中和中间支座} & \theta_p = \dfrac{2l_p}{\rho} \\[3mm]
\text{固定端} & \theta_p = \dfrac{l_p}{\rho}
\end{array}\right\} \tag{16-10}$$

相应的极限塑性转角分别为

$$\theta_u = \frac{2l_p}{\rho_u} \quad \text{或} \quad \theta_u = \frac{l_p}{\rho_u} \tag{16-11}$$

根据我国试验结果的统计[16-4],塑性(铰)区等效长度为

$$l_p = (0.2 \sim 0.5)h_0 \tag{16-12}$$

平均值 $l_p \approx h_0/3$。国外的研究者也建议了多种经验计算式,例如

$$\left.\begin{array}{ll} \text{Corley}^{[16-9]} & l_p = 0.5h_0 + 0.2\dfrac{z}{\sqrt{h_0}} \\[2mm] \text{Mattock}^{[16-10]} & l_p = 0.5h_0 + 0.05z \\[2mm] \text{Sawyer}^{[1-22]} & l_p = 0.25h_0 + 0.075z \end{array}\right\} \tag{16-13}$$

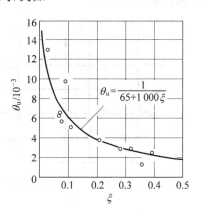

图 16-6 极限塑性转角[16-4]

式中,z——最大弯矩截面至 $M=0$ 截面或支座的距离。

文献[16-4]中还给出了极限塑性转角(单位为弧度)的经验计算式(图 16-6):

$$\theta_u = \frac{1}{65 + 1\,000\xi} \quad (\xi \leqslant 0.5) \tag{16-14}$$

其中 ξ 的意义同式(16-5)。

16.3 低周反复荷载下的滞回特性

16.3.1 滞回曲线的一般特点

发生地震时,结构在地震荷载的往复作用下工作,其内力(弯矩和剪力)将随之正负交替(图 16-7(a))。结构在这种受力状态下的性能,需要通过相应的低周反复荷载试验加以研究[16-11,16-12]。用结构的整体模型可以进行各种地震波的振动台试验,或者计算机控制的拟动力全过程试验。更多的则是取结构中的一部分,如柱、梁构件和节点,或者框架和剪力墙的局部等进行试验(图 16-7(b))。试件按照一定的比例制作,施加的荷载可参照实际受力状况确定,通常是先施加轴向压力 N,并维持恒定,然后按等增量(ΔP)施加往复作用的横向力 P;当结构(钢筋)屈服后,改为由正、负向变形(位移)增量($\Delta \Delta$)控制横向加载,直至构件破坏并丧失承载力为止(图 16-7(c))。

钢筋混凝土压弯构件在试验中量测的滞回曲线的一般形状如图 16-8 所示,正向和反向加卸载(P)的次序分别以奇数和偶数表示。从滞回曲线的形状可以分析构件的抗震滞回特性。

在钢筋屈服之前,构件上虽然已经出现了裂缝和混凝土的塑性应变,但总变形不大,加载曲线的斜率变化小,卸载后的残余变形也小,正反向加卸载各一次所构成的滞回环不明显。构件在这一阶段的受力性能不是抗震研究的重点。

构件的受拉钢筋屈服以后,荷载继续地往复作用,混凝土受拉裂缝不断地开展和延伸,钢筋的拉应变和混凝土的压应变逐渐地积累增大,总变形持续地增加,而承载力变化不大。

此时,构件的正反向加、卸载曲线呈现一些特点:

加载曲线——每一次加载过程中,曲线的斜率随荷载的增大而减小,且减小的程度加快;比较各次同向加载曲线,后次曲线比前次的斜率逐渐减小,说明了反复荷载下构件的刚度退化。数次反复荷载以后,加载曲线上出现反弯点(拐点),形成捏拢现象(图 16-8),而且捏拢程度逐次增大。

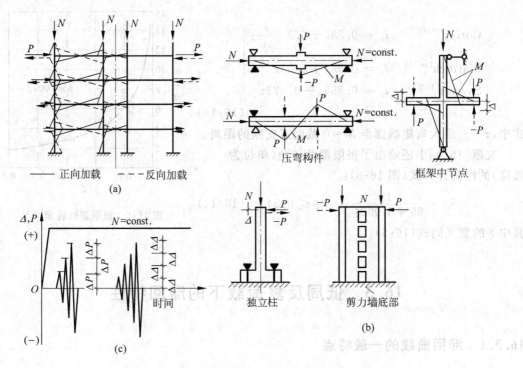

图 16-7　低周反复荷载试验

(a) 框架结构的荷载和内力;(b) 构件和节点试验;(c) 加载程序

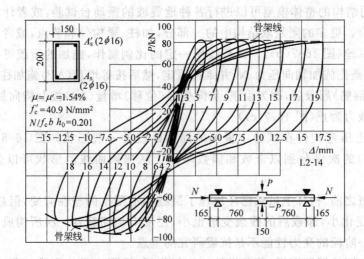

图 16-8　压弯构件的滞回曲线[16-11]

　　卸载曲线——刚开始卸载时曲线陡峭,恢复变形很小。荷载减小后曲线趋向平缓,恢复变形逐渐加快,称为恢复变形滞后现象。曲线的斜率随反复加卸载次数而减小,表明构件卸载刚度的退化。全部卸载后,构件留有残余变形,其值随反复加卸载次数不断地积累增大。

　　构件在正、反向各一次加卸载后所构成的荷载-位移(P-Δ)滞回环曲线具有不同的形状(图 16-9(a)):①理想弹塑性材料的滞回环为一个对边平行的封闭菱形;②Bauschinger材料的滞回环为卸载直线、再加载凸形曲线的丰满梭形;③梭形和④捏拢形是钢筋混凝土结构滞回环的一般形状,梭形和捏拢的饱满程度取决于构件的受力类型、材料、配筋和反复荷载的次数等。

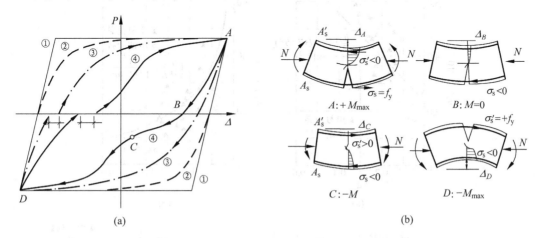

图 16-9　滞回环形状及捏拢现象分析
(a) 滞回环的形状;(b) 各点的变形和裂缝状态
① 菱形;② Bauschinger;③ 梭形;④ 捏拢形

　　钢筋混凝土结构的滞回曲线出现捏拢现象是很常见的,特别是在多次反复加卸载的后期总变形较大的情况。捏拢现象可以用压弯构件的受力状态加以解释(图 16-9(b)):构件达正向最大弯矩($+M_{\max}$,A 点)时,变形也最大,截面底部受拉钢筋早已屈服而出现很大塑性变形,裂缝开展宽,两旁混凝土粘结破坏;完全卸载后($M=0$,B 点),虽然仍有轴力(N)作用,但残余变形仍在($\Delta_B>0$),受弯裂缝没有闭合,底部钢筋(A_s)虽然受压而总应变仍为伸长,截面上部也有残余变形和压应力;开始反向加载($M<0$)后,上部的混凝土和钢筋(A_s')逐渐由压转为受拉,而截面下部只有钢筋(A_s)受压,因而变形增长大,P-Δ 曲线平缓。当下部钢筋受压屈服,原有混凝土裂缝逐渐闭合并开始受压后(C 点),变形增长速度减慢,P-Δ 曲线的斜率加大,形成了反弯点。继续反向加载,截面下部混凝土的受压塑性变形增加,上部的钢筋受拉屈服和混凝土裂缝开展,构件刚度再次减小,位移由正向转为负向;当构件达反向最大弯矩($-M_{\max}$,D 点),上部受弯(拉)裂缝很宽,钢筋滑移大。这就是曲线捏拢的受力全过程。

　　从上述分析可知,钢筋混凝土构件滞回曲线的捏拢程度主要取决于混凝土受拉裂缝的开展宽度、受拉钢筋的伸长应变、钢筋与混凝土的相对滑移,以及混凝土受压塑性(残余)变形的积累、中和轴的变化等。滞回环对角线的斜度反映构件的总体刚度,滞回环包围的面积则是荷载正反交变一周时结构所吸收的能量。显然滞回环饱满者有利于结构抗震。

　　在构件反复荷载试验的滞回曲线图上,将同方向各次加载的峰点依次相连得到的曲线称为骨架线(图 16-8)。许多试验表明[16-11],相同参数的构件,反复荷载试验的骨架线与单调加载试验的荷载-变形曲线($P\text{-}\Delta$)相比较,曲线的形状相似,各项指标的变化规律相同,但数值有所差别(图 16-10):最大承载力减小,一般不超过 10%,截面的屈服曲率$(1/\rho)_y$和极限曲率$(1/\rho)_u$有较大增长,曲率延性比$\beta_{(1/\rho)}$稍大,试件的位移延性比β_Δ略高,转角延性比β_θ略小于位移延性比值,极限塑性转角θ_u明显增大。这些差别显然是由于构件在低周反复荷载作用下,混凝土和钢筋的应力拉压多次交替变化,裂缝的往复张开和闭合,钢筋与混凝土间粘结应力方向反复交替,促使粘结破坏和滑移增大、残余变形不断积累的结果。

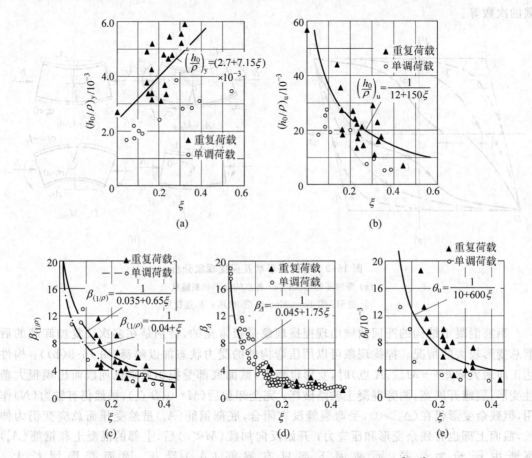

图 16-10　反复荷载骨架线和单调加载线的性能指标比较[16-11]

(a) 屈服曲率; (b) 极限曲率; (c) 曲率延性比; (d) 位移延性比; (e) 极限塑性转角

16.3.2　多种受力状态的滞回曲线

钢筋混凝土构件或节点采用不同的截面和材料、配筋构造,在各种荷载或内力的反复作用下,滞回曲线按一定规律发生变化。有一些重要的例子加以说明。

1. 配筋率

图 16-8 中试件对称配筋,配筋率为 $\mu=\mu'=1.54\%$。配筋率偏小($\mu=\mu'=0.467\%$)和

偏大($\mu = \mu' = 2.54\%$)、而其他参数接近的试件,在试验中测得的滞回曲线如图 16-11 所示。通过对比不难看出,提高纵向配筋率($\mu = \mu'$)对于构件的滞回特性和延性都有明显改善,每次反复荷载的滞回环所包围的面积增加,捏拢现象缓解,耗能的能力增强,刚度增大,有利于结构抗震。

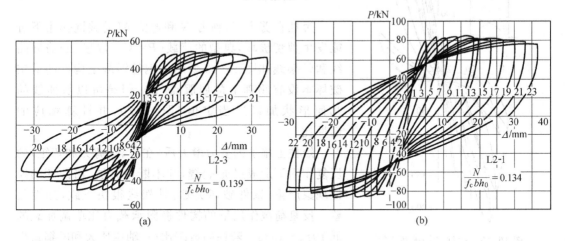

图 16-11 不同配筋率构件的荷载-位移滞回曲线[16-11]
(a) $\mu = \mu' = 0.467\%$;(b) $\mu = \mu' = 2.54\%$

2. 轴压比

图 16-8 中试件的轴压比为 $N/f_c bh_0 = 0.201$。轴压比偏小和偏大的试件,试验中测得的滞回曲线如图 16-12 所示。其中试件(L2-13)的轴力(轴压比)为零,即为受弯构件,滞回环最为丰满,即使压区混凝土已经破损,顶面和底面的对称配筋仍维持较高承载力,骨架线

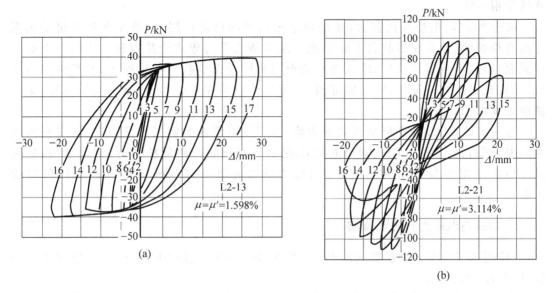

图 16-12 不同轴压比构件的荷载-位移滞回曲线[16-11]
(a) $N/f_c bh_0 = 0(\xi = 0)$;(b) $N/f_c bh_0 = 0.367(\xi = 0.419)$

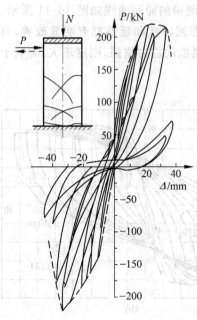

图 16-13 短柱剪切破坏[16-12]

未见下降,延性极好。但轴压比高($N/f_cbh_0=0.367$)的试件,在荷载的数次反复作用后,滞回环出现严重的捏拢现象,骨架线在峰值后迅即下降,延性较差。

3. 短柱剪切

短柱在剪力 V、轴力 N 和弯矩 M 的共同作用下可能发生剪切破坏,典型的荷载($P=V$)-位移(Δ)滞回曲线和骨架线如图 16-13 所示。钢筋混凝土构件的剪切破坏本没有物理上的屈服点(Y),但是可以从曲线的几何形状加以适当定值(图 16-2),并计算相应的延性比。

短柱上施加的剪力增大后,在荷载(剪力和弯矩)的反复作用下形成 X 形裂缝,并不断地开展,滞回环的捏拢现象严重,试件破坏突然,骨架线很快下跌,延性很差。反复荷载作用下的构件极限承载力比单调加载的低 10%~15%。若柱的剪跨比小、轴压比大和配箍量少时,滞回特性更差。反之,能有所改善。

4. 剪力墙

剪力墙的受力状况无异于一个垂直放置的悬臂梁(柱),即使墙上开洞,其主体受力性能不变。但是洞口的大小和位置决定了墙肢和连系梁的受力和破坏特征,影响剪力墙的性能。图 16-14 所示为两个开洞剪力墙的顶部水平荷载-侧向位移(P-Δ)滞回曲线。两者的滞回曲线和骨架线的显著区别是与其破坏形态相联系的,与普通梁、柱构件的变化规律相一致。

试件 S-9(2)的剪跨比较大,在墙顶水平荷载的反复作用下,首先在连系梁端出现弯曲受拉裂缝,然后在墙肢自下而上地出现多条水平的弯曲受拉裂缝。当墙肢钢筋受拉屈服,墙底形成塑性铰后,墙顶侧向变形很快增长而承载力变化很小,骨架线走向平缓,结构延性很好。最后,墙的底部因正、反塑性铰的往复变形,混凝土受压破坏,呈弯曲型破坏形态。

另一试件 S-1D 是底层加强的剪力墙,水平反复荷载为倒三角形分布,广义剪跨比为 1.38。试件加载后,底层的墙肢首先出现水平方向的弯曲受拉裂缝、钢筋屈服,后因受压墙肢出现斜裂缝而突然剪坏,承载力立即显著下降。破坏部位在底层门洞的上端。

5. 钢筋与混凝土的粘结-滑移

钢筋混凝土构件在地震荷载作用下承受正、负弯矩的反复作用,其内部的纵向钢筋必受拉、压力的反复作用。

粘结钢筋拉、压力反复加卸载试验测得的粘结应力-滑移(τ-S)滞回曲线如图 16-15(a)所示。其骨架线与单调加载试验的 τ-S 曲线(图 6-10)相似,但变形钢筋的平均粘结强度 τ_u

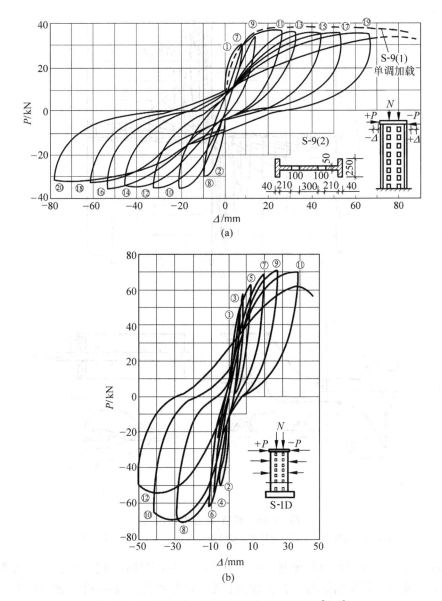

图 16-14 开洞剪力墙的顶点侧移滞回曲线[16-13]

(a) 弯曲破坏；(b) 弯剪破坏

约降低 14%，光圆钢筋的降低更多，不宜在工程中采用。

钢筋-混凝土间粘结-滑移滞回环的形状比一般钢筋混凝土构件的捏拢现象更严重：每次的卸载线几乎平行于纵轴，即使全部卸载（$\tau=0$），恢复变形仍极小；当反向加载、应力约达 $0.2\tau_{max}$ 时，出现一个长平台，残余滑移全部恢复、并发生很大的反向滑移，此后应力才伴随着滑移量而增大。

滞回曲线上形成滑移平台的原因是（图 16-15(b)）：正向加载（向右）至最大粘结应力 τ_{max}（A 点）时，钢筋横肋的前（右）侧混凝土有局部压碎区和内部斜裂缝，肋后（左）侧留有空隙；卸载时钢筋受反向摩擦的约束，回弹变形小，斜裂缝不闭合，故恢复变形极小（AB 段）；

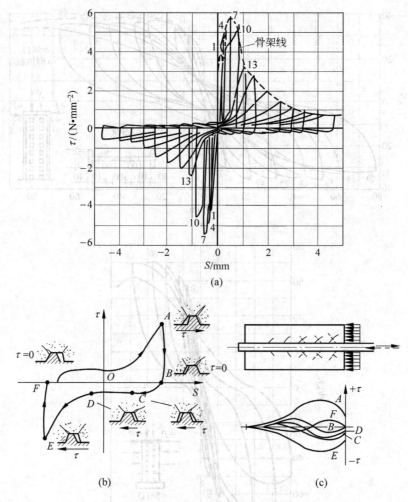

图 16-15 粘结-滑移滞回曲线

(a) 滞回曲线[16-14]；(b) 钢筋表面横肋旁的变形[0-1]；(c) 裂缝和 τ 分布[0-1]

反向加载(向左，BC 段)时，克服摩擦力($\bar{\tau} \approx 0.2\tau_{max}$)后，钢筋横肋移向左方，出现滑移平台($CD$ 段)；当横肋抵住左侧混凝土并施加挤压后，应力才上升(DE 段)，此时肋右侧斜裂缝闭合，而左侧斜裂缝逐渐开展。反向卸载和再次加载的过程与上述相似。

粘结钢筋在拉、压力的反复作用下，表面横肋往复滑移，轮番挤压两侧的混凝土，造成肋前破损区的积累和斜裂缝的开展，损伤区由加载端(或构件的裂缝截面)向内部延伸(图 16-15(c))，内部出现交叉斜裂缝。沿钢筋表面的粘结力分布也在正、反向摩擦的交替和破损积累的过程中发生相应变化。钢筋与混凝土的粘结性能在荷载的反复作用下显著地退化。

6. 梁柱节点

钢筋混凝土框架结构的梁柱节点附近，在地震作用下同时存在剪力和弯矩的最大值，是结构抗震的薄弱环节，常常成为震害的主要部位，应予充分重视。设计规范一般要求做成

"节点强于构件"的构造。框架中不同部位的梁柱节点,包括中节点、边节点和顶层的中节点、角节点等,都有相应的低周反复荷载试验的资料[16-15~16-19]。中节点的荷载-梁端位移滞回曲线如图 16-16(a)所示。

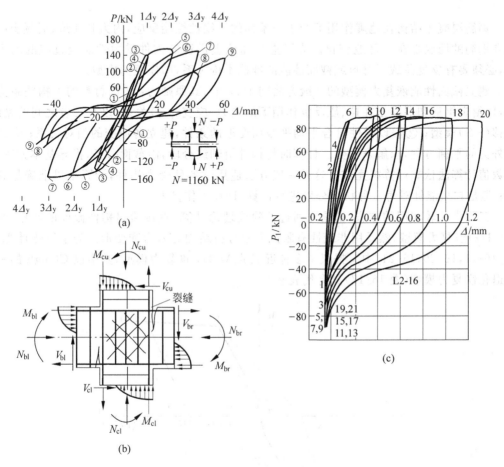

图 16-16　框架梁柱节点的滞回曲线和受力状态

(a) 滞回曲线[16-12];(b) 中间节点的受力状态;(c) 节点外侧钢筋变形的滞回曲线[16-11]

节点的核心区在梁和柱端的轴力、弯矩和剪力共同作用下处于多轴的复杂应力状态(图 16-16(b))。混凝土开裂前,节点应力接近于弹性分布,箍筋的应力很低。当荷载达到最大承载力的 60%~70% 时,核心区出现对角线方向的斜裂缝,箍筋应力突然增大。在荷载的多次反复作用下,核心区形成交叉的两组平行斜裂缝,箍筋逐个地屈服,裂缝不断地开展。同时,梁、柱内纵向钢筋受拉屈服,端部构成塑性铰,钢筋和混凝土的滑移区从构件部分逐渐地伸入节点内部,因而节点的变形增大,刚度退化。核心区混凝土在斜向拉、压应力的交替作用下,斜裂缝多次张合,磨损加重,滞回曲线上反映为严重的捏拢现象(图 16-16(a))。最终,核心区混凝土破损剥落,承载力下降。节点的承载力和滞回特性取决于梁、柱端内力的比例、轴压比、纵筋数量和箍筋构造、钢筋锚固等。

沿节点外侧梁、柱纵筋的变形滞回曲线呈不对称的形状(图 16-16(c))。钢筋受拉时裂缝开展,钢筋滑移区深入节点范围以内而长度长,总伸长变形较大;反之,当钢筋受压,出现捏拢现象,裂缝闭合后钢筋滑移量小,总压缩变形很小。

16.3.3   恢复力模型

钢筋混凝土结构在地震作用下产生一系列的非线性性能反应,内力和变形、混凝土的裂缝和钢筋的屈服都在往复地变化。为了进行随地震进程的构件受力性能全过程的动力分析,必须要有反复荷载下材料或截面性能的准确本构关系,即恢复力模型。

建立截面性能恢复力模型的一般方法同 10.3 节,其原则为:①以材料的本构关系为基础,即给定钢筋和混凝土在拉、压反复作用下的应力-应变(σ-ε)关系,以及二者之间的粘结-滑移(τ-S)模型;②假设构件符合平均平截面变形的条件,建立各应变的相对关系;③建立内外力的平衡方程,求解未知数。计算时将构件沿轴线分段,沿截面分条,推导基本方程后,用数值计算法依靠计算机完成。这种一般方法适用于各种受力构件,计算结果准确是其优点;但是它只能针对每一种状况分别进行计算,计算工作量大。

工程中比较实用的方法,都是先通过试验或理论计算,直接给出构件截面的弯矩-曲率(M-$1/\rho$)恢复力模型,然后用非线性有限元方法分析结构的内力和变形。为了简化计算,文献[16-11,16-20,16-21]中又提议了多种近似的 M-$1/\rho$ 恢复力模型,其中以 Clough 的三线型退化恢复力模型(图 16-17)具有代表性。

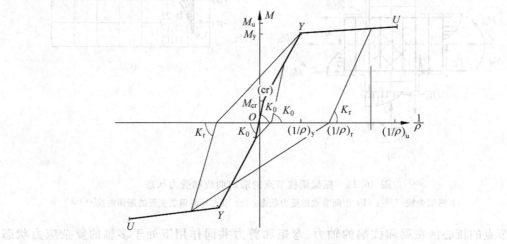

图 16-17   Clough 恢复力模型[16-11]

Clough 的 M-$1/\rho$ 恢复力模型的滞回规则要点为:

① 骨架线——由构件的混凝土受拉开裂(M_{cr},$(1/\rho)_{cr}$)、受拉钢筋屈服(M_y,$(1/\rho)_y$)和极限状态(M_u,$(1/\rho)_u$)时的三点相连得到两个方向的三折骨架线;

② 卸载线——取为斜直线,其斜率 K_r 随开始卸载时的弯矩值或相应的曲率值$(1/\rho)_r$而变化。考虑到钢筋屈服后构件的刚度退化,K_r 计算式为

当 $M \leqslant M_y$ $\qquad K_r = K_0$

当 $M_y < M \leqslant M_u$ $\qquad K_r = \left(\dfrac{(1/\rho)_y}{(1/\rho)_r}\right)^{\zeta} \cdot K_0$ $\left. \begin{array}{c} \\ \\ \end{array} \right\}$ (16-15)

式中,$K_0 = M_{cr}/(1/\rho)_{cr}$——构件(开裂前)的弹性刚度;

ζ ——经验系数。

试验结果为 ζ＝0.8～1.8,计算时可取为平均值 ζ≈1.15。

③ 再加载线——由一个方向卸载至 $M=0$,以此时的残余曲率为起点往另一方向再加载,与上一循环曾达到的最高点直线相连。如果该最高点未超过开裂点或钢筋屈服点,则与此特征点相连。此后再沿骨架线前进。

此恢复力模型在一定程度上反映了构件在反复荷载下的刚度退化和捏拢现象等主要特点,计算规则比较简单,因而应用颇广。其他模型在此基础上进行补充和修改,例如考虑节点区钢筋粘结-滑移附加变形的影响,轴力和剪力的影响,混凝土裂缝面的骨料咬合作用,更好地反映捏拢现象,等等,将部分或全部的折线和直线改为曲线,计算结果的准确度有所提高,但增加了计算工作量。

这些模型和实测的滞回曲线(图 16-11～图 16-16)相比较,仍有相当大的出入,显得过于简化。但是由于:①地震作用的随机性和不确定性;②混凝土材性、裂缝的出现和发展及粘结滑移等有较大离散性;③M-$1/\rho$ 模型的误差对某些结构的计算结果不很敏感等原因,按这些简化模型计算钢筋混凝土构件和结构的滞回性能,仍可取得满意的结果。

疲劳性能

按照一定承载能力设计的结构，在多年的使用期间，发生荷载超过设计值的场合一般不会有多次，超载的幅度也不会很大，工程中完全因为超载引起结构破坏的事故很少。此外是结构在荷载低于设计值的多次重复作用下，长年累月，荷载作用次数累加以万计，可能产生突然的脆性破坏，有时这种危险性更大。

结构在其内力低于静承载力的多次作用后发生破坏的现象，称为结构疲劳。常见的工程实例有：桥梁、吊车梁及其支承结构承受车辆的垂直和水平荷载；厂房结构承受机械设备的周期性（如偏心块的转动、摇臂机构的往复运动）或随机性振动；水工和海洋结构承受风浪和波涛的拍击等。这类荷载对结构的重复作用次数在使用期限内累计可达数百万次。

一般结构发生疲劳破坏时的荷载次数为 $10^4 \sim 2\times10^6$ 次。低于 1 000 次的称低周疲劳，在前一章中已经涉及。荷载重复次数达 10^7 后结构仍未发生疲劳者，一般认为不再会发生疲劳破坏。由此可确定材料或结构的疲劳极限值，即不会发生疲劳破坏的最大承载力。

结构发生疲劳破坏的一般原因是材料内部存在细微缺陷，如微裂缝、孔隙、低强界面或杂质等，荷载的作用在这些缺陷附近产生应力集中现象，经过荷载的多次重复加卸，缺陷附近出现损伤，并不断地积累和扩展，减少了有效受力面积，形成更不利的偏心受力和应力集中，招致结构承载力下降而突然破坏。

钢筋混凝土材料和结构的疲劳问题，国内外已有许多试验研究成果[17-1~17-5]。由于疲劳现象主要取决于材料内部的微观构造，影响因素众多，试验中测定的疲劳强度或荷载次数（即疲劳寿命）的离散度较大，理论分析仍不够成熟。

17.1 混凝土的疲劳性能

17.1.1 试验结果和表达方法

混凝土棱柱体试件在压应力重复作用下的应力-应变曲线如图 17-1 所示。当压应力低于混凝土的疲劳强度（如图中 σ_1、$\sigma_2 < f_c^f$），每次加载和卸载

构成的滞回环的面积随重复次数 n 的增多而减小。而且在多次重复后,加卸载的应力-应变关系渐趋于固定曲线,残余应变不再增大。表明混凝土内部材料组织的变形(包括裂缝的发展)已趋稳定,不再会产生过大变形而导致破坏。

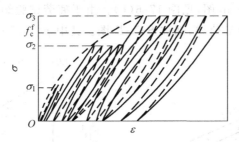

图 17-1　混凝土重复加压应力-应变曲线[0-1]

当混凝土的压应力超过疲劳强度($f_c > \sigma_3 > f_c^f$)时,在等应力($\sigma_{max} = \sigma_3$, σ_{min} 为定值)重复加卸 N 次(称疲劳寿命)后将发生破坏,其应力-应变的一般变化规律(图 17-2)为:开始重复加卸载,次数 $n \leqslant 20$ 时,滞回环的面积逐渐变小,加卸载线渐近于一直线,此后也暂时处于稳定变形状态;当重复加载次数 $n > 10^4$ 后,混凝土的徐变和内部微裂缝缓慢发展,加载和卸载曲线转变为凸向应变轴,试件的变形(包括残余应变)逐渐地增大,曲线的斜率(刚度)减小。此时的混凝土变形模量(E_c^f)仅及静载下弹性模量(E_c)的一半或更低些[1-1]。当重复次数超过某值后,混凝土的内部损伤积累,裂缝发展相连,使变形加快增长,以致发散而引发混凝土的破坏。

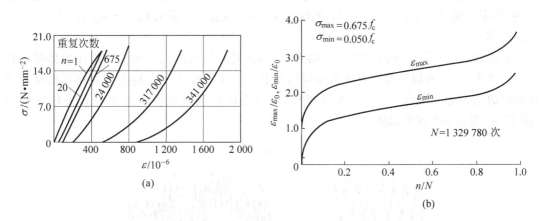

图 17-2　混凝土在重复应力下的应变变化
(a) 不同重复次数下的 σ-ε 曲线[17-2]；(b) 应变增长过程[17-1,17-4]

在疲劳试验中量测混凝土试件在最大应力(σ_{max})和最小应力(σ_{min})时的应变值(ε_{max}, ε_{min}),它们随荷载重复次数 n 的变化如图 17-2(b)所示。试验过程中还可用声发射仪量测混凝土内波速随荷载重复次数的变化。分析这些试验数据后,可将混凝土的疲劳破坏过程分成 3 个阶段:

① 试件内薄弱区形成初始裂缝($n/N < 0.1$),应变增长较快;

② 裂缝稳定发展($n/N = 0.1 \sim 0.9$),应变增加缓慢;

③ 裂缝不稳定扩展($n/N > 0.9$),应变发散。

其中 n 为荷载重复作用次数，N 为试件破坏时的荷载作用次数，即疲劳寿命。

将疲劳试验的结果作图，取试件的应力变化幅度 S 为纵坐标，试件破坏时的应力重复次数 N（或 lg N）为横坐标，即得表示材料疲劳强度的 S-N 图（图 17-3），称为 Wohler 图。另一种表示法称为 Goodman 图，见图 17-6(b)。由于疲劳试验结果的离散性较大，可按试件的疲劳破坏概率 p 画出等值线，则称 S-N-P 图。其中 $p=0.50$ 的曲线为平均疲劳强度。

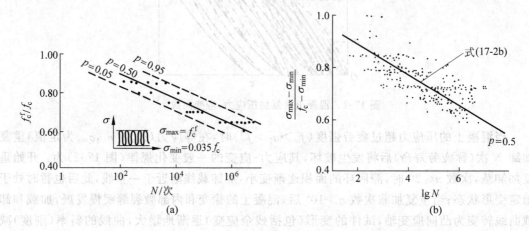

图 17-3　混凝土受压疲劳的 S-N 或 S-N-P 图[17-1]

(a) S-N-P 图；(b) S-N(lg N)图

对疲劳应力的变化幅度 S，因为研究人员的观点和试验数据的不同，采用了多种应力指标，例如应力差 $f_r = \sigma_{max} - \sigma_{min}$[1-11]，应力比 $\rho_f = \sigma_{min}/\sigma_{max}$[1-1]，还有 $(\sigma_{max} - \sigma_{min})/(f_c - \sigma_{min})$，$\sigma_{max}/f_c'$ 等。

上述的试验结果和分析都属于等幅疲劳，即重复施加的应力最大值和最小值始终保持常值。至今，国内外的绝大部分疲劳试验均属此类。工程中实际结构上重复作用的荷载或其材料的应力总有变化，甚至很大的变化，而且还随时间而改变。为此需要进行变幅的（图 17-4）或随机的疲劳试验。

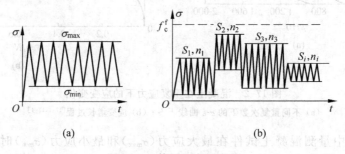

图 17-4　等幅和变幅疲劳

(a) 等幅疲劳；(b) 变幅疲劳

对于变幅疲劳情况，一般采用 Palmgren-Miner 假设来确定材料的疲劳强度。根据材料的疲劳损伤逐次积累的原理，将全部加卸载过程归纳为 k 种等幅加卸载的组合，则发生疲劳破坏的条件为

$$\sum_{i=1}^{k} \frac{n_i}{N_i} = 1.0 \qquad\qquad (17\text{-}1)$$

式中，n_i——第 i 种等幅加卸载的次数；

$\qquad N_i$——单独按第 i 种等幅加卸载直至破坏的疲劳寿命。

为数不多的变幅疲劳试验结果对此给出了不一致的结论[17-1,17-5]：有的认为式(17-1)合理，有的则认为式右的常数应小于1.0，有的还认为应该考虑不同变化幅度的先后次序（如应力幅度先大后小，或先小后大等）。但是，许多现行设计规范[1-1,1-11,1-12]仍都采用此式。

17.1.2 影响因素和计算式

影响混凝土疲劳强度（f_c^f）或疲劳寿命（N）的主要因素，除了应力变化幅度 S 之外还有以下几方面。

1. 应力梯度

棱柱体试件的不同偏心距（e）重复加卸载试验获得的 S-N 图如图 17-5 所示。它表明了加大应力梯度能提高混凝土的疲劳强度。应力梯度为零即均匀受压试件，全截面都处于高应力状态，混凝土较早地出现损伤的概率大，疲劳强度理应偏低。

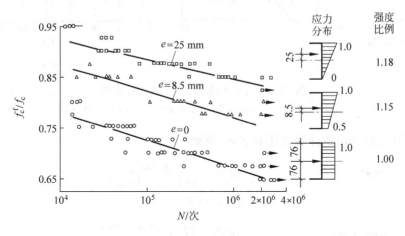

图 17-5 不同应力梯度的 S-N 图[17-6]

2. 混凝土的材料和组成

一般认为混凝土中的水泥含量、水灰比、骨料种类，以及养护条件和加载时的龄期等因素对于混凝土的疲劳强度无直接影响，但通过影响混凝土的抗压强度（静）而间接反映。高强混凝土的内部缺陷较少，相对的疲劳强度偏高[17-7]；轻骨料混凝土刚好相反，相对疲劳强度偏低[17-8]。

3. 加载的频率

试验时的加载频率为 $100\sim900$ 次/min，对混凝土疲劳强度无明显影响。加载速度很慢(如 4 次/min),徐变出现多,疲劳强度或寿命降低。

4. 受拉疲劳强度

试验结果表明,无论是轴心受拉、劈拉和弯曲受拉的混凝土疲劳强度,其相对值(f_t^f/f_t)相一致[17-9],但都低于其抗压疲劳强度(f_c^f/f_c)值。在拉-压应力反复作用下的混凝土疲劳强度,低于重复受拉的混凝土疲劳强度,规范[1-1]中建议取为 $f_c^f/f_c=f_t^f/f_t=0.6$。

为了验算结构中混凝土的疲劳强度或寿命,各国给出了多种形式的简化计算式或图表(图 17-6),数值一般偏低(安全)。有些只给出规定荷载重复次数时的疲劳强度(S),有的则还可以根据应力变化幅度计算疲劳寿命(N 次)。其中图 17-6(b)称为 Goodman 图,给出满足一定疲劳寿命(如 $N=10^6$)时的应力变化幅度(σ_{max} 和 σ_{min})。它与 $S\text{-}N$ 图同为表示材料疲劳强度的主要形式。

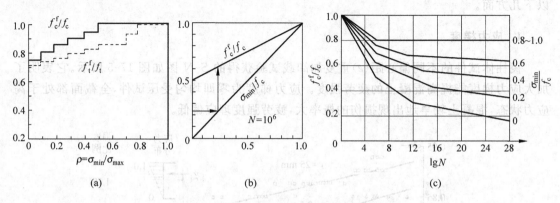

图 17-6　规范中混凝土疲劳强度计算图

(a) GB 50010—2010[1-1];(b) ACI 215 委员会[0-1];(c) CEB-FIP MC90[1-12]

其他研究人员给出的计算式还有多种,例如[17-1]:

Aas-Jacobson(瑞典)

$$\lg N=\frac{1-(\sigma_{max}/f_c)}{\beta(1-\sigma_{min}/\sigma_{max})} \tag{17-2a}$$

$$\beta=0.068\,5$$

Kakuta-Okamura(日本)

$$\lg N=17\left[1-\frac{\sigma_{max}-\sigma_{min}}{f_c-\sigma_{min}}\right] \tag{17-2b}$$

17.2　钢筋的疲劳性能

钢筋(钢材)的疲劳强度和寿命,也都依据试验结果用 $S\text{-}N(S\text{-}N\text{-}P)$ 图或 Goodman 图表示,图 17-7 为其示例。

钢筋的疲劳试验中有 3 种不同的试件:① 原状的光圆或变形钢筋;② 将钢筋锺制成光滑的标准试件,此二者直接在材料试验机上重复加卸载试验;③ 钢筋埋置在梁的受拉区,梁上两个集中荷载重复加卸作用。试验结果表明,原状钢筋的疲劳强度最低,梁内钢筋的疲劳断裂发生在纯弯段内裂缝截面附近,疲劳强度稍高。试验中发现,钢筋疲劳断裂口的起始

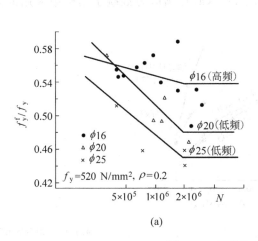
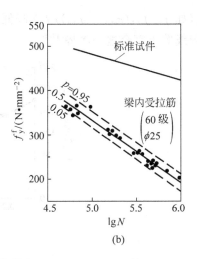

图 17-7　钢筋的疲劳强度

（a）原状钢筋[0-1]；（b）梁内钢筋和标准试件[17-1]

点常常在表面横肋的根部或厂商标铭处,故标准试件经过机械加工消除了大部分表面缺陷,疲劳强度几乎增大1倍。

钢筋疲劳破坏后的断裂面如图 17-8(a) 所示。经研究其疲劳破坏过程也可分成 3 个阶段：

（1）形成初始裂纹。钢筋在冶炼、轧制和现场成型加工过程中可能在其内部和表面出现一些缺陷,如杂质、缝隙、刻痕和锈蚀斑等。荷载作用下,这些缺陷附近和表面横肋的凹角处产生应力集中。当应力过高,使钢材晶粒滑移,就形成初始裂纹。

（2）裂纹扩展。应力重复作用的次数增加,裂

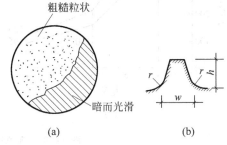

图 17-8　钢筋的疲劳断裂面

（a）断裂面；（b）横肋形状

纹逐渐扩展,损伤积累,减小了有效截面积。钢筋截面上的裂纹面因为重复加卸载产生的变形增大和恢复,使之摩擦光滑而色暗。

（3）当钢筋的剩余有效截面积不再能承受既定的荷载（拉力）时,试件突然脆性断裂。断裂面上部分面积色泽新亮,呈粗糙的晶粒状。

钢筋的变幅疲劳试验结果也表明,基于损伤积累原理的 Palmgren-Miner 假设（式(17-1)）可以适用,虽然看法不完全一致。

影响钢筋疲劳强度或寿命的主要因素也是应力变化幅度 S,但是各研究人员所选取的应力指标有所不同（见下）。其他影响因素还有：

（1）外形和直径

变形钢筋横肋底部的半径和肋高之比（r/h,图 17-8(b)）,影响肋底附近的应力集中系数（可达 $1.5 \sim 2.0$ 倍）[17-1]。增大 r/h 值,有利于提高疲劳强度；钢筋直径（d）大者,内部缺陷的概率增大,疲劳强度偏低（图 17-7(a)）。

（2）强度等级

提高钢筋的强度等级,其疲劳强度的绝对值（如 $\sigma_{max} = f_y^f$,$\Delta f_y^f = \sigma_{max} - \sigma_{min}$）增大,但相

对强度(如 f_y^f / f_y, $(\sigma_{max} - \sigma_{min}) / f_y$)降低(图 17-9(a))。预应力混凝土结构中采用的高强钢丝、钢绞线等也符合这一趋势[17-10]。

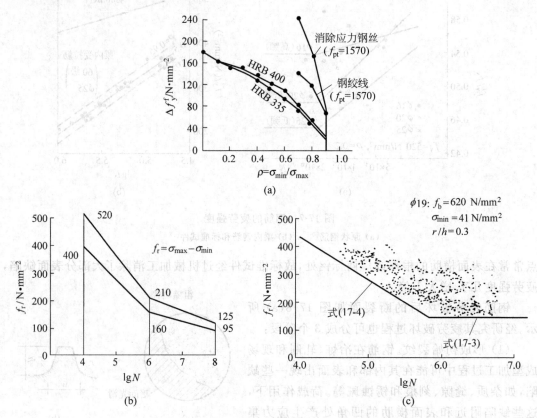

图 17-9　规范中钢筋受拉疲劳强度计算图
(a) GB 50010—2010[1-1];(b) CEB-FIP MC90[1-12];(c) 美国 AASHTO[17-1]

（3）钢筋的加工和环境

钢筋经过弯折、焊接、机械拼接等加工,或者在空气和海水中遭受腐蚀,受影响的局部处造成损伤,钢筋受力后加剧了应力集中现象,不利于其疲劳性能。甚至有试验给出了疲劳强度降低约 50% 的结果。

（4）加载的频率

钢筋的疲劳试验有低频(200～600 次/min)和高频(5 000～10 000 次/min)加载两种,取决于试验机功能和研究的要求。后者因为试验总时间短,损伤积累较小而给出稍高的疲劳强度。

为了验算结构中钢筋的疲劳强度或寿命,各国给出了多种形式的简化计算式或图表(图 17-9)。有关计算式为

$$f_r = \sigma_{max} - \sigma_{min} = 145 - 0.33\sigma_{min} + 55(r/h) \tag{17-3}$$

$$\lg N = 6.104\,4 - 591 \times 10^{-5} f_r - 200 \times 10^{-5} \sigma_{min} + 103 \times 10^{-3} f_b$$
$$- 8.77 \times 10^{-5} A_s + 0.012\,7 d(r/h) \tag{17-4}$$

式中,d—— 钢筋直径,mm;

A_s—— 截面积,mm²;

σ_{max}，σ_{min} 和 f_b—— 钢筋的应力和强度，单位均为 N/mm²；

r 和 h 见图 17-8(b)。

17.3　钢筋和混凝土粘结的疲劳性能

在重复荷载作用下，钢筋混凝土结构中无论是锚固端钢筋，还是裂缝面两侧的钢筋粘结区，由于钢筋（拉）应力的重复加卸作用，粘结应力的分布不断地变化，促使粘结损伤的积累，相对滑移量逐渐增大，粘结刚度减小，平均粘结强度降低。这些统称为粘结的退化。

钢筋和混凝土间粘结的退化，对于钢筋混凝土构件在使用阶段的性能有影响，使钢筋锚固或粘结区的局部变形增大，受拉裂缝加宽，构件的刚度降低，变形增长。有些构件，特别是光圆钢筋作为主筋的构件，在荷载的多次重复作用下，可能因承载力下降而提前破坏。例如主筋锚固端弯钩内侧的混凝土被压碎，主筋产生很大滑移，构件端部的斜裂缝迅速开展，箍筋拉断，压区混凝土压碎而提前破坏[17-11]。

钢筋粘结性能的重复荷载试验[17-12～17-14]，一般采用拉式试件（图 6-4）。虽然试件的形状、材料、构造和加载方法有所不同，但都得到了一致的结论。图 17-10(a)是钢筋-混凝土粘结疲劳强度（τ_u^f）的典型 S-N 图[0-1]。试件设计成短埋式（$l=3d$），重复荷载下的最小平均粘结应力为 $\tau_{min}=0.1\tau_u$，τ_u 为一次加载的（静）平均粘结强度。试验结果显示，随着荷载重复次数（N，即疲劳寿命）的增多，粘结强度（τ_u^f/τ_u）单调下降：当 $N=1\,000$ 时，$\tau_u^f/\tau_u=0.75\sim0.85$；$N=10^6$ 时，$\tau_u^f/\tau_u=0.6\sim0.7$。当然，改变重复荷载的最小值将影响粘结疲劳强度，增大 τ_{min} 可提高 $\tau_u^f=\sigma_{max}$，反之亦然。但是，试件的混凝土强度（$f_c=23.5\sim48$ N/mm²）和钢筋直径（$\phi8\sim\phi28$）对疲劳强度（τ_u^f/τ_u）的影响不显著。

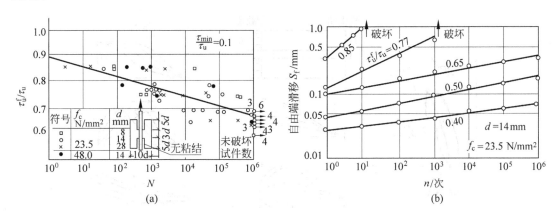

图 17-10　钢筋的粘结疲劳强度[0-1]

(a) S-N 图；(b) 自由端滑移

光圆钢筋与混凝土的粘结作用，主要依靠两者之间的摩擦阻力。当荷载重复地作用，摩擦力最易受损，故光圆钢筋的粘结疲劳强度（τ_u^f/τ_u）降低更多，退化现象更严重。

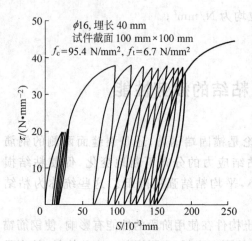

图 17-11　重复荷载的 τ-S 曲线[0-1]

重复荷载作用下,钢筋与混凝土间的平均粘结应力和相对滑移(τ-S)曲线如图 17-11 所示。它和混凝土的受压应力-应变曲线(图 17-1)有些相似的特点:在等量重复荷载(τ_{max} = const.)下每加、卸一次,τ-S 曲线构成一滞回环。环的面积逐次减小,并渐趋稳定;每次加载至最大值(τ_{max}),加载端和自由端的相对滑移都不断地增长(图 17-10(b));每次完全卸载(τ = 0)后,有残余相对滑移,但滑移增量逐次减小,并渐趋稳定;当增大重复荷载(τ_{max})后,滞回环的面积和加卸载时的滑移量又有新的增加,随重复次数 n 的增多,也有类似的变化规律。若荷载作用下钢筋的平均粘结应力大于粘结疲劳强度,经过荷载多次(N)重复后,滑移量突然增大(图 17-10(b)),周围混凝土劈裂或钢筋被拔出,试件即告破坏。

　　在每次加载—卸载—再加载过程中,钢筋在粘结段或锚固段的拉应力和粘结应力分布,以及表面横肋的受力情况示意于图 17-12(a)。对试件加载至最大值(τ_{max},图中 A 点),钢筋加载端拉应力达最大值,钢筋向右移动,横肋前方混凝土压碎,肋顶右上方有斜裂缝,肋后留有空隙;卸载至 B 点和 C 点,肋前的混凝土和斜裂缝很少恢复变形,肋左的空隙缩减不多,故试件的残余变形大;卸载后,钢筋加载端的应力为零,附近滑移区内钢筋应变大部回缩,应力很小,但是左半部钢筋在回弹时受到混凝土粘结力的反向摩阻约束,应力不能回零,形成两端小、中间大的拉应力分布。与此相应,左右两部分的粘结应力方向相反;再次加载经 D 点至 E 点(τ_{max}),钢筋加载端应力又增至最大值,肋右混凝土压碎区和斜裂缝又有发展,肋左的空隙和钢筋的滑移量有所增大,钢筋的高应力分布区有扩展,粘结应力的峰值内移。

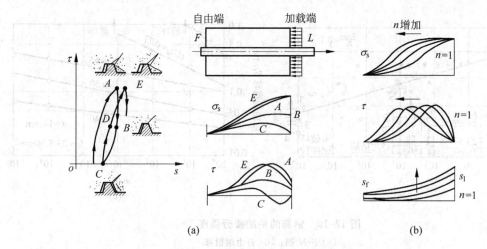

图 17-12　粘结试件的加卸载受力分析

(a)—一次加卸载;(b) 重复加卸载 n 次

随着荷载重复作用的次数增多,上述钢筋粘结区的混凝土变形和损伤逐渐积累,钢筋横肋前的破损情况逐个地从加载端往自由端扩展,加载端的滑移区继续扩大,试件的总变形和滑移一直增加,钢筋的拉应力和粘结应力分布也随之变化(图 17-12(b))。这就是钢筋与混凝土粘结退化的原因和机理。

钢筋与混凝土间的粘结退化涉及界面的微观受力和局部损伤等状况,影响因素多,离散度较大,进行定量计算尚有困难。少数文献[16-14]给出一些经验式可供参考。

还需强调说明,钢筋和混凝土间粘结退化的不可恢复是其一个重要特性。当粘结钢筋在高应力(σ_{max},τ_{max})的多次重复作用下发生退化,以后即使在较低的应力($\sigma_s < \sigma_{max}$,$\tau < \tau_{max}$)作用下,仍将发生很大的滑移变形、裂缝开展和刚度降低等。这表明实际结构承受数次较大的超载、发生粘结退化后,就将影响以后的结构性能,工程中应予注意。

17.4　构件的疲劳性能及其验算

钢筋混凝土(RC)结构在使用阶段存在受拉裂缝,重复荷载作用下力学性能退化,疲劳强度降低。为了提高结构的疲劳性能和保证其安全性,对主要承受重复动荷载的桥梁和吊车梁等结构常采用预应力混凝土,包括在使用荷载作用下混凝土不出现拉应力($\sigma_c < 0$)的"全预应力混凝土(PC)",允许出现拉应力($\sigma_c > 0$,但 $< f_t$)、甚至细微裂缝的"部分预应力混凝土(PPC)"。

对这几类混凝土结构的疲劳性能,国内外都已有较多的试验研究成果[17-11,17-14~17-19]。如果钢筋混凝土和预应力混凝土结构在荷载作用下不开裂,即不出现受弯垂直裂缝和弯剪(腹剪)斜裂缝,在荷载的多次重复加卸作用下,混凝土和钢筋、箍筋的应力幅度很小,构件都不会发生疲劳破坏。疲劳破坏一般只发生在使用阶段存在裂缝的构件。

17.4.1　受弯疲劳

钢筋混凝土受弯构件,在荷载重复作用下的开裂弯矩(M_{cr}^f)小于一次加载的相应值(M_{cr},第 11 章),其比值(M_{cr}^f/M_{cr})主要取决于混凝土的抗拉疲劳强度(f_t^f/f_t),随荷载重复作用次数(N)的增多而减小。当 $N \geq 2 \times 10^6$ 时,一般构件的 $M_{cr}^f = (0.5 \sim 0.6) M_{cr}$。

一般的钢筋混凝土和部分预应力混凝土构件,在重复荷载上限值(P_{max})的一次作用下就已经出现裂缝。因此在荷载的多次重复作用时,构件都处在带裂缝的工作阶段(图 10-2),直至发生疲劳破坏。

部分预应力混凝土构件疲劳试验结果的一例示于图 17-13。试件为工字形截面(同图 17-14),主筋采用冷拉Ⅳ级钢(3 Φ 14,$f_y = 750$ N/mm²)。先张法施加预应力,控制应力为 520 N/mm²,经过预应力放张和出现预应力损失后,在构件开始试验时的有效预应力减小至约 280 N/mm²。第一次加载至 $M = 0.625 M_u$(M_u 为一次加载的极限弯矩),构件已经出现受弯裂缝。卸载后在弯矩下限值 $M_{min} = 0.077 M_u$ 和上限值 $M_{max} = 0.423 M_u$ 之间重复加卸 2.05×10^6 次;提高上限至 $M_{max} = 0.5 M_u$,重复加卸 2.04×10^6 次;再次提高上限至 $M_{max} = 0.635 M_u$,在重复加卸 0.78×10^6 次时,有一根主筋断裂,构件疲劳破坏,荷载重复次数共计 4.87×10^6 次。

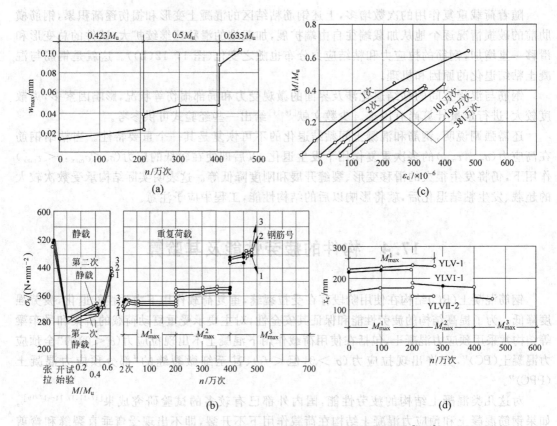

图 17-13　部分预应力混凝土构件的受弯疲劳试验结果[17-18]

(a) 裂缝宽度；(b) 钢筋应力；(c) 混凝土受压应变；(d) 受压区高度

$M_{max}^1 = 0.423M_u；M_{max}^2 = 0.5M_u；M_{max}^3 = 0.635M_u$

构件的力学性能在荷载的等幅重复加卸过程中逐渐地发生变化（图 17-13）。随着荷载重复次数 n 的增多，已有裂缝有所加宽（w_{max}），但渐趋稳定。已有裂缝之间，因混凝土抗拉疲劳强度的降低，可能出现新的裂缝，并逐渐地加宽和趋向稳定。每次加载达上限荷载（M_{max}）时的主筋拉应力 σ_s 和截面边缘的混凝土压应变 ε_c、卸载至零后的混凝土残余应变，以及钢筋和混凝土的粘结滑移、构件的挠度等都有相似的变化规律，也和混凝土棱柱体受压变形（图 17-1）、钢筋粘结滑移（τ-s，图 17-11）的变化规律相适应。

试验中量测到构件沿截面的应变分布，确定了中和轴位置或截面受压区高度（平均值 x_c）。在荷载的多次重复作用下，截面的平均应变仍符合平截面假定，压区高度的变化不大。

增大重复荷载的上限值（M_{max}），构件的裂缝和变形、钢筋和混凝土的应力等都有相应的增大，受压区高度减小。在多次重复加卸载后，各项指标将继续有所增加，但趋稳定。构件经过荷载多次加卸后趋于稳定的各项性能指标值，与构件第一次加载时的相应指标作比较，其增大（或减小）的幅度主要取决于荷载的上限值（M_{max}/M_u）、构件的材料和配筋、预应力程度、性能指标本身的敏感性等因素。例如上述的部分预应力梁在荷载（$M_{max} = 0.423M_u$）重复 2×10^6 次后，钢筋应力只增大 $1\% \sim 3\%$，挠度增大 $1\% \sim 8\%$，而混凝土压应变增大 $12\% \sim 28\%$，裂缝宽度增大 $0 \sim 50\%$。若是普通钢筋混凝土结构，这些性能指标的增大幅度显著加大。

当荷载的上限值达到构件的疲劳极限(M_u^f),经过一定次数(N)的重复加卸载后,构件发生疲劳破坏。绝大多数试件的破坏过程是,梁内的一根纵筋首先受拉疲劳断裂,其余钢筋的应力突增,裂缝开展,中和轴上移,压区面积减小(图17-13);再经过数万次的荷载重复加卸,材料的损伤积累,其余纵筋才相继疲劳断裂,构件完全丧失承载能力。构件中数根主筋同时疲劳断裂的可能性极小。一般取第一根主筋断裂时的荷载重复次数作为构件的疲劳寿命(N)。

国内外的试验结果表明,绝大多数的钢筋混凝土和部分预应力混凝土受弯构件的疲劳破坏是由纵筋的断裂所控制。只有极少数配筋率很高、截面形状特殊(如倒 T 形)的构件,才因为压区混凝土受压疲劳而破坏。部分预应力混凝土梁的抗弯疲劳极限以 $S = M_u^f/M_u$ 和 N 示于图17-14,其中 M_u 为一次加载的构件极限弯矩。

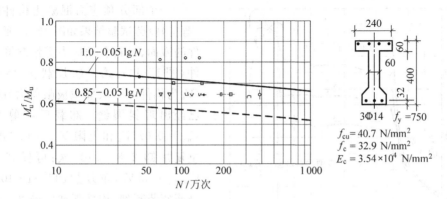

图 17-14   部分预应力混凝土梁的抗弯 S-N 图[17-18]

承受重复荷载的构件,首先用极限状态方法(第 10 章)按一般压弯构件进行承载力设计,确定截面尺寸和配筋等,然后验算其疲劳强度,但计算原则和方法均有不同:

(1) 疲劳荷载值

计算构件中材料重复应力的最小值和最大值(σ_{min},σ_{max})时必须确定荷载的最小值和最大值。前者一般取为结构自重和承受的恒载,并考虑有效预应力的作用。由于多次重复出现的荷载值必小于构件承载力设计所取的荷载值(包括了超载系数在内),验算疲劳强度的荷载最大值一般为偏低的荷载标准值[1-1]。

(2) 验算条件

在疲劳荷载作用下,构件截面上钢筋和混凝土的最大应力(σ_{max})应低于材料在相应的应力变化幅度(σ_{min},σ_{max})时的疲劳强度(图17-6,图17-9):

$$\left.\begin{array}{ll}\text{钢筋} & \sigma_{max}-\sigma_{min}\leqslant\Delta f_y^f \\ \text{混凝土} & \sigma_{max}\leqslant f_c^f\end{array}\right\}\tag{17-5}$$

(3) 疲劳应力计算

按换算截面(图12-3)计算疲劳荷载或相应的弯矩(M_{min},M_{max})值下的材料应力(σ_{min},σ_{max})。采用的基本假定为:①截面应变保持平面;②受压区混凝土应力为三角形分布;③忽略中和轴下受拉区混凝土的作用;④计算换算面积时,钢筋和混凝土的弹性模量比为 $n^f = E_s/E_c^f$,其中 E_c^f 为混凝土的疲劳变形模量,其值远小于混凝土的弹性模量 E_c[1-1]。

确定换算截面后，按匀质弹性材料的方法计算中和轴位置(式(12-9))和换算截面惯性矩(式(12-10))，以及材料的应力 σ_{min} 和 σ_{max}。

17.4.2　受(弯)剪疲劳

无腹筋的钢筋混凝土构件，在荷载重复作用下发生斜裂缝疲劳破坏的剪力值 V_u^f 约为一次加载的静极限剪力 V_u 的 60%[17-15]。

有腹筋的钢筋混凝土和部分预应力混凝土构件，在荷载重复作用下出现斜裂缝时的剪力 V_{cr}^f 小于一次加载的相应剪力 V_{cr}。构件内设置的箍筋，在混凝土开裂前的应力低，对延迟斜裂缝的出现影响很小。比值 V_{cr}^f/V_{cr} 主要取决于混凝土抗拉疲劳强度 f_t^f，随荷载重复作用次数(N)的增多而减小。

一个部分预应力混凝土构件的抗剪(弯剪)疲劳试验结果如图 17-15 所示。试件的截面、材料和预应力等情况同前一试件(图 17-14)。第一次加载至 $V=0.58V_u$(V_u 为构件的一次加载极限剪力)时，构件已经出现斜裂缝。卸载后在剪力下限 $V_{min}=0.071V_u$ 和上限 $V_{max}=0.39V_u$ 之间重复加卸 $2.81×10^6$ 次；再提高上限至 $V_{max}=0.58V_u$，重复加卸 $1.34×10^6$ 次后，箍筋疲劳断裂，构件斜截面破坏。荷载重复次数共计 $4.15×10^6$ 次。

试件第一次加载时，斜裂缝出现之前箍筋的拉应力仅为 $\sigma_{sv}<30\ N/mm^2$，剪力主要由混凝土承担；斜裂缝出现后，箍筋应力显著增大，混凝土承担的剪力减小；梁端各箍筋的应力(σ_{sv})值，因为测点所在位置与斜裂缝的靠近程度和裂缝宽度的不同而有较大差别(图 17-15 上)；完全卸载后斜裂缝没有闭合，各箍筋的残余拉应力为 $30\sim60\ N/mm^2$。

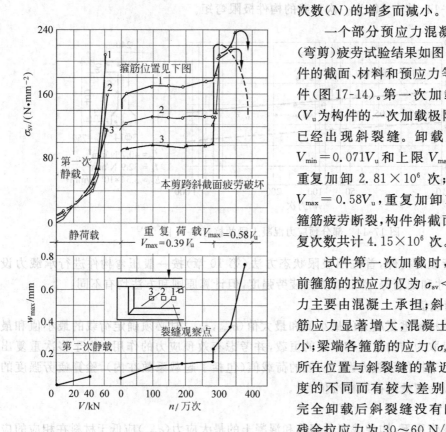

图 17-15　部分预应力混凝土构件的抗剪
疲劳试验结果[17-18]

在荷载的等幅重复加卸作用下，每次达到上限荷载(V_{max})时的箍筋应力(σ_{sv})和斜裂缝宽度(w_{max})(图 17-15 下)，以及卸载至下限荷载(V_{min})时的残余应力和裂缝宽度等随荷载重复次数(n)的增加有相似的变化规律：起始阶段增长明显，而后渐趋稳定。当增大重复荷载的上限值后，构件的应力、变形和斜裂缝等都有新的增长，重复次数增多后趋向稳定。

荷载的上限值达到构件的疲劳极限($V_{max}=V_u^f$)，经过一定次数(N)的荷载重复加卸作用将发生斜裂缝(弯剪)疲劳破坏，破坏形态有两类。一般过程是，与斜裂缝相交的箍筋中的一根首先疲劳断裂,相邻箍筋的应力和斜裂缝的宽度有一突增;荷载继续重复加卸,邻近的箍筋相继断裂,斜裂缝加宽,并同时向斜上、下方延伸和扩展;最终,因为压区混凝土面积减小,在剪力和压力共同作用下达疲劳强度时构件破坏。另一类破坏则是纵筋配筋率较低的构件,当箍筋发生断裂和斜裂缝开展后,纵筋因为拉应力和销栓力的共同作用而发生疲劳断裂,构件破坏,但是压区混凝土无明显的破坏征兆。

部分预应力混凝土梁的抗剪疲劳极限以 $S = V_u^f/V_u$ 和疲劳寿命 N 示于图 17-16。其中 V_u 为构件一次加载的极限抗(弯)剪力。

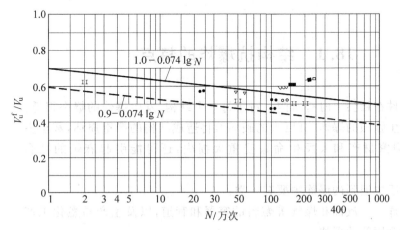

图 17-16　部分预应力混凝土梁的抗剪 S-N 图[17-18]

承受重复荷载的构件,首先用极限状态方法(第 13 章)按一般弯剪构件进行承载力设计或验算,确定截面尺寸和箍筋后,再验算其抗剪疲劳强度,采用的计算原则和方法也有不同:

疲劳荷载值——同梁的抗弯疲劳验算。

验算条件[1-1]——对于不允许出现斜裂缝的预应力混凝土构件,验算疲劳荷载下的最大主拉应力

$$\sigma_{tp}^f \leqslant f_t^f \tag{17-6}$$

对于允许出现裂缝的钢筋混凝土构件,按图 13-15 的截面应力图计算名义剪应力 v^f(式 13-15),其值即为混凝土的主拉应力。在

$$v^f \leqslant 0.6 f_t^f \tag{17-7}$$

的梁跨区段内,可不必验算箍筋的疲劳强度。梁端的区段若 $v^f > 0.6 f_t^f$,还需验算箍筋和弯起钢筋的疲劳强度。

疲劳应力计算——一般按梁模型或桁架模型(见 13.3.3 节)建立相应的简化计算公式,详见各国规范[1-1,1-12]的具体规定。

抗 爆 性 能

18.1　结构抗爆炸的特点

爆炸事件在社会上时有所闻。对于每一个结构,发生爆炸的概率很低,但是一旦发生强烈的爆炸,其巨大的破坏力将造成结构的严重损坏,甚至整体倒塌,使国家财产和人民生命蒙受重大损失,还可能引起麻烦的社会问题。

结构工程中遇到的爆炸主要有 4 类:

燃料爆炸——汽油和煤气等燃料的容器和管道,以及生产易燃化工产品的车间和仓库等的爆炸;

工业粉尘爆炸——面粉厂、纺织厂等类的生产车间充斥着颗粒极细的粉尘,在一定的温度和压力条件下突然起火爆炸;

武器爆炸——战争期间的常规武器和核武器的轰击、汽车炸弹的袭击、军火仓库的爆炸;

定向爆破——专为拆除现有结构而设计的爆炸。

这些爆炸多数是偶然性事故,许多则是人为的事件。

爆炸是物质内含的能量,在一定的环境条件下触发后瞬时间集中释放的现象。各种物质的爆炸需要不同的触发条件,会产生不同的爆炸过程和破坏力。现在以破坏力最大、最有特点的核爆炸为例,说明爆炸的性质和作用[18-1]。

当核弹在空气介质中引发爆炸后,爆心的反应区在瞬时内产生极高的压力,大大超过周围空气的正常气压(p_0,N/mm²)。于是,形成一股高压气流,从爆心很快地向四周推进,其前沿犹如一道压力墙面,称为波阵面。经过时间 t_z,波阵面到达距爆心 R_z 处,压力降为 p_z(图 18-1(a))。此时,波阵面处的超压值($\Delta p_z = p_z - p_0$)最高,靠爆心往里逐渐降低,称为压缩区($\Delta p_z > 0$);再往里,由于气体运动的惯性,以及爆心区得不到能量的补充,形成了空气稀疏区,或称负压区,压力低于正常气压($p_z - p_0 = \Delta p_z < 0$)。前后相连的压缩区和稀疏区构成了爆炸的空气冲击波。

空气冲击波从爆心往外推进,其运动速度超过了声速。随着时间的延续,压缩区和稀疏区的长度(面积)不断地增大,波阵面的压力峰值(p_z 或

Δp_z)逐渐降低。经过一定时间后,波阵面距爆心已远,爆心附近转为正常气压(p_0)。

一个距离爆心 R_z 的结构物,在发生爆炸后 t_z 秒波阵面到达时,所在处的气压即时由正常值升至峰值 p_z。波阵面过后,压缩区到达该处的超压值 Δp_z 逐渐减小,经过时间 t^+ 后超压值为零。稀疏区接踵而至,该处即出现负压,直至冲击波全部通过,才恢复正常气压。该处的气压与时间关系曲线如图 18-1(b) 所示,其中超压作用时间为 t^+,负压作用时间为 t^-。

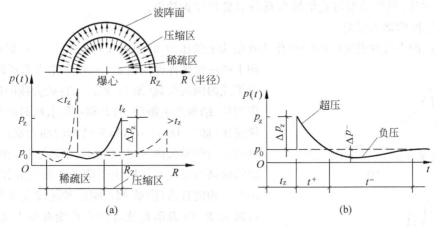

图 18-1　核爆炸的空气冲击波[18-1]

(a) 压力沿推进半径的分布;(b) 距爆心 R_z 处的 $p\text{-}t$ 曲线

根据试验研究,空气冲击波的超压峰值(Δp_z)、最大负压(Δp^-)和正、负压作用时间等都是 $\sqrt[3]{Q}/R$ 的单调变化函数,其中 R 为至爆心的距离,Q 为爆炸当量,即相当于黄色炸药(TNT)的用量。以 $Q = 10^9$ kg 的氢弹地面爆炸为例,爆炸后量测的冲击波参数如表 18-1 所示。

表 18-1　氢弹($Q=10^9$ kg)爆炸冲击波参数[18-1]

t_z/s	0.6	0.8	3.5
R_z/km	1.1	1.5	2.6
Δp_z/(N·mm^{-2})	0.6	0.3	0.1
Δp^-/(N·mm^{-2})	0.030~0.013		
t^+/s	1.4~2.1		
t^-/s	5.9~6.8		

核爆炸对结构的破坏作用,最主要的是空气冲击波的超压直接摧毁结构物。若水平方向的超压值 $\Delta p_z = 0.1$ N/mm^2(≈ 1 大气压),已相当于一般地区风荷载(0.5 kN/m^2)的数百倍,或者地震荷载的数倍至数十倍,地面结构物均难以幸存。其他破坏作用还有:爆炸时产生的光和高温辐射,以光速向周围传播,作用时间可达数十秒,结构经受高温冲击,可能引发火灾;爆炸时飞起的破碎物块坠落或撞击结构;接近核爆造成地表层的强烈振动,殃及地下结构;等等。

在结构工程中,与爆炸的性质相类似的还有一类撞击问题,例如导弹和飞机撞击核电站的安全壳,汽车撞击建筑物或其他结构物,舰船撞击桥梁的墩台或上部结构以及港口或海洋工程、打桩机的打桩过程、坠落重物的撞击等。

结构承受爆炸或者撞击的突发性瞬间冲击,它们的主要受力特点如下。

(1) 荷载的特殊性

这类荷载都是偶然性瞬间作用,作用次数常常只有一次,荷载值却特别大,但又不很确定。因此,这类结构的设计原则与承受普通荷载的结构应有不同:设计的安全度或者承载力储备可降低要求,允许结构在达到设计荷载时进入塑性屈服状态,出现较大的变形和裂缝,甚至局部损坏,但是必须防止倒塌和具备必要的维护功能。

(2) 结构的动力反应

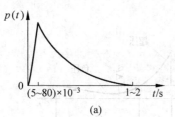

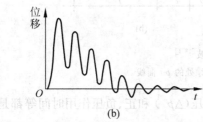

图 18-2   爆炸荷载和结构动力反应
(a) 荷载-时间曲线;
(b) 结构动力反应

爆炸后的空气冲击波(或撞击)作用在结构上的压力-时间曲线(图 18-1(b)),即可作为结构上的一次脉冲性动荷载,一般简化为升压段和衰减段组成的同向荷载(图 18-2(a))。在此荷载的作用时和作用后,结构产生振动,内力和变形值随时间按一定规律变化(如图 18-2(b)),称为结构的动力反应。由此可确定结构的最大内力,判断结构的安全性或损坏程度。结构的动力反应不仅取决于荷载的数值和作用时间,还与结构的自重(质量 M)、刚度和刚度变化所确定的自振周期(T)及阻尼比等动力性能有很大关系,需要进行专门的结构动力分析。

(3) 材料的高速加载或变形

结构在正常荷载作用下的材料应变速度($\dot{\varepsilon}$,1/s)极低。实验室内进行结构破坏试验时,若材料的极限应变为 $3\,000 \times 10^{-6}$,试验时间为 $10\,\text{min} \sim 2\,\text{h}$,其平均应变速度仅为 $(0.5 \sim 5) \times 10^{-6}/\text{s}$。混凝土和钢筋的力学性能标准试验一般在 $1 \sim 3\,\text{min}$ 内完成,其平均应变速度也不高,仅为 $(10 \sim 200) \times 10^{-6}/\text{s}$。

在核爆炸情况下,若在 $t_z = (5 \sim 80) \times 10^{-3}\,\text{s}$ 时达超压峰值,材料也达最大应变($\varepsilon = 2\,000 \times 10^{-6}$),平均应变速度为 $\dot{\varepsilon} = (25 \sim 400) \times 10^{-3}/\text{s}$,比标准材性试验的应变速度高出数千倍。在其他各种动(撞击)荷载作用下,结构材料应变速度的变化范围很大,其典型值见表 18-2。应变速度的巨大变化势必将影响材料和结构的强度与变形等力学性能。

表 18-2   材料应变速度的典型值[18-2]

荷载种类	$\dot{\varepsilon}/\text{s}^{-1}$	荷载种类		$\dot{\varepsilon}/\text{s}^{-1}$
交通	$(1 \sim 100) \times 10^{-6}$	硬物撞击		$1 \sim 50$
气体爆炸	$(50 \sim 500) \times 10^{-6}$	超高速撞击		$100 \sim 10^6$
地震	$(5 \sim 500) \times 10^{-3}$	材性试验	混凝土*	$(10 \sim 20) \times 10^{-6}$
打桩	$(10 \sim 1\,000) \times 10^{-3}$		钢筋*	$(50 \sim 100) \times 10^{-6}$
核爆炸	$(25 \sim 400) \times 10^{-3}$	结构试验*		$(0.5 \sim 5) \times 10^{-6}$
飞机撞击	$(50 \sim 2\,000) \times 10^{-3}$			

* 作者补充的数据。

（4）结构的形式

核爆炸后，在其有效破坏范围内的地面结构将荡然无存，必要的工事和隐蔽所必须修建在地下。在地面空气冲击波作用下，岩土内产生相应的应力波，使地下结构的荷载和内力分析更加复杂。地下结构的静载和动载都很大，跨度较大的结构常设计成拱形或厚壳，跨度较小的结构则为梁（板）、柱框架结构。一般构件的截面大，长高比小，抗剪有时成为主要因素。为了缩小构件尺寸和提高结构效率，采用高强材料较为合理。

18.2　快速加载的材料性能

18.2.1　试验设备和方法

一般的液压式材料试验机，由于构造和功率的限制，不可能实现应变速度很高的加载试验。为了探索结构材料在高速应变下的力学性能，必须有专用的加载试验设备。清华大学研制的 C—4 快速加载试验装置[①]，最大加载（压力）为 1 500 kN，最快的升压时间为 4×10^{-3} s，或最大应变速度 $\dot{\varepsilon} \approx 500 \times 10^{-3}$/s，其构造原理如图 18-3(a)所示。

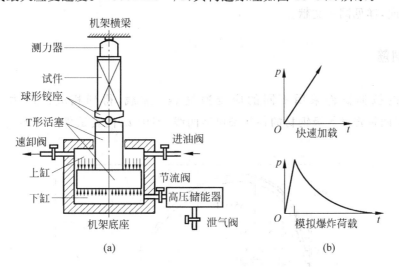

图 18-3　材料快速加载试验装置

(a) 构造原理；(b) 两类试验荷载

快速加载装置的主要部分包括机架、主缸体、高压储能器、管道和阀门控制系统等。机架为承力机构，包括丝杠、横梁和底座，主缸体置于其间。主缸体内有 T 形加载活塞，分成截面积不等的上缸和下缸。活塞的上端顺序安装球形铰座、试件和测力器。下缸与高压储能器通过节流阀相连。

---

① 清华大学地下建筑专业编. 抗爆结构研究报告第一集　结构材料的动力性能及其计算强度. 北京：清华大学，1971

此设备可进行两类加载试验(图 18-3(b)):

① 快速加载(变形)——主缸体的上缸留空,下缸内通过高压储能器将油或气高速压入,推动活塞快速上升,对试件加压;

② 模拟爆炸荷载——主缸体的上缸充油,下缸充气,调整两缸内的油气压力,使活塞保持平衡。

当打开速卸阀,上缸的高压油迅速泄放时,储能器内的高压气体(一般为氮气)进入下缸,使活塞快速上升对试件加压,形成荷载的升压段。在稍后的适当时刻打开泄气阀,储能器内的气压迅速降低,就形成荷载的衰减段。选择恰当的上、下缸内的油气压力,并调节速卸阀、节流阀和泄气阀的启动时间和开启程度,就可以控制加卸载的时间和数值,实现所需形状的荷载-时间(p-t)曲线。

试件上端的测力器和试件侧面上安装的变形传感器或粘贴的电阻片等,都经过动态应变仪与振子示波器连接。在试验前预先设定并在试验过程中相继控制示波器的启动时间、运转速度、各个阀门的加卸次序和时间等,振子示波器就自动记录下试件的应力和应变等随时间的变化曲线(σ-t,ε-t),经过计算分析即得应力-应变(σ-ε)曲线,或压力-变形(N-δ)曲线等。

钢筋受拉快速加载试验装置的原理同上(图 18-3),但是改变了机架和主缸体的相对位置和受力方向,详见同一文献。

18.2.2　钢筋

对钢筋的拉伸试件采用不同的应变速度($\dot{\varepsilon}$)加载,得到相应的应力-应变曲线,图 18-4 给出两种强度等级钢材的各几条典型曲线。图中 t_y 代表试件从开始受力到发生屈服的时间。

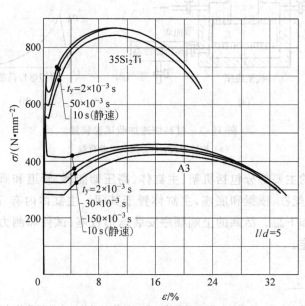

图 18-4　不同加载速度的钢筋拉伸曲线[18-3]

从试验结果可看到钢筋(材)的力学性能随加载速度($\dot{\varepsilon}$)的提高(或 t_y 的减小)而变化的一般规律:

① 上屈服点出现明显尖峰,应力提高大。加载速度越快,尖峰更高耸,甚至可能超过钢材的极限强度 f_{st}。但是,上屈服应力值的离散度大,且其后的屈服台阶显著低于此峰值,在工程中不能用作控制强度的指标。

② 由屈服台阶确定的屈服强度(f_y^{imp})单调地增长,且提高幅度较大。极限强度(f_{st}^{imp})虽稍有增长,但提高值不超过 5%～10%,故强屈比(f_{st}^{imp}/f_y^{imp})值下降。

③ 钢材的弹性模量 E_s、屈服台阶的长度和极限强度下的延伸率 δ_{gt} 等变形性能无明显变化。

④ 试件临破坏前的颈缩过程、破坏后的颈缩率和断口形状等均无明显差别。

⑤ 快速加载前施加初始应力($0.5\sim0.7$)f_y,对其快速加载强度无明显影响。

所以,快速加载(或变形)对钢筋性能的主要变化是屈服强度的提高,而变形性能(包括延性)不受损失。这一有利性质应该在结构设计中加以利用。国内外的已有试验研究[18-2,18-3]给出了不同品种钢筋在快速加载时的屈服强度提高值(f_y^{imp}/f_y,如图 18-5 所示),有些已经纳入各国的有关设计规范(如文献[1-12])。

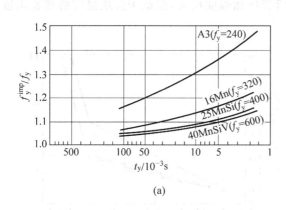
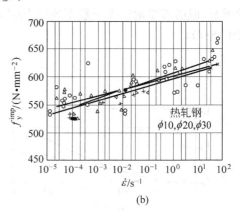

(a)   (b)

图 18-5　快速加载的钢筋屈服强度
(a) 文献[18-3];(b) 文献[18-2]

试验结果表明,强度等级(f_y)越高的钢材,快速加载时强度的提高幅度越小。当加载速度 $t_y=(8\sim40)\times10^{-3}$ s 或应变速度 $\dot{\varepsilon}=(50\sim250)\times10^{-3}$/s 时,图 18-5(a)中 4 个等级钢筋的屈服强度提高百分率依次约为:30%、13%、8% 和 6%。屈服强度 $f_y>600$ N/mm^2 或者无明显屈服台阶的高强钢材,在快速加载时的强度提高很少,设计中一般不予考虑。

18.2.3　混凝土

混凝土棱柱体受压试件在不同加载速度($\dot{\varepsilon}$)下量测的应力-应变曲线如图 18-6 所示,图中 t_c 代表试件从开始受力到最大应力(f_c^{imp})的加载时间。混凝土的受压性能随试件加载(或变形)速度提高的一般变化规律为:

① 棱柱体抗压强度(f_c^{imp})单调地增长;

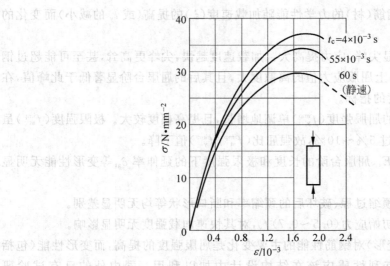

图 18-6　不同加载速度的混凝土受压应力-应变曲线[18-6]

② 应力-应变（σ-ε）曲线的形状无明显差别，峰值应变 ε_{p}^{imp} 和弹性模量 E_{c}^{imp} 值同为单调地增长，但前者增加幅度一般不超过 10％，后者增加幅度稍大，但低于抗压强度的增长幅度（图 18-7）；

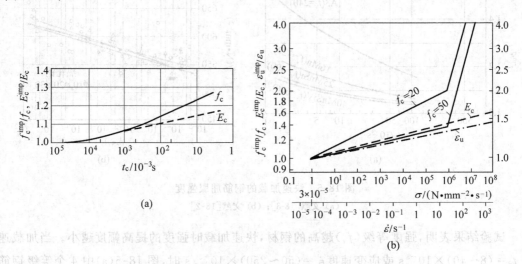

图 18-7　快速加载的混凝土抗压强度和变形
(a) 文献[18-6]；(b) 文献[18-2]

③ 泊松比值无明显变化；

④ 破坏形态与静载试验时相同，但更急速，高强混凝土破坏时有碎块飞出。

快速加载下混凝土的抗压强度和弹性模量已有不少试验研究成果[18-2,18-4~18-7]，如图 18-7 所示。它们给出了总体一致的变化规律，具体的数值有较大离散度。对于高强混凝土和中、低强度的性能差别也有不同的结论。如文献[18-6]认为混凝土 f_{c}＝20 N/mm²～100 N/mm² 间的强度提高幅度基本一致，而文献[18-2]对于 f_{c}＝20 N/mm² 和 50 N/mm² 的混凝土已给出显著的差别（图 18-7(b)）。这些差别可能与研究者采用了不同的加载设备和试验方法有关。

通观所有的试验数据，可有一近似的定量结论：加载或变形速度每加大 10 倍，混凝土的抗压强度约提高 10%。

不同加载或变形速度下混凝土的抗压强度 f_c^{imp} 和弹性模量 E_c^{imp} 值，除了图表之外，少数文献给出了计算式。模式规范 CEB-FIP MC90 根据文献[18-2]提供的数据，建议了计算式：

$$|\dot{\varepsilon}| \leqslant 30/\text{s} \qquad f_c^{imp} = f_c \left(\frac{\dot{\varepsilon}}{\dot{\varepsilon}_0}\right)^{1.026\alpha_s}$$

$$|\dot{\varepsilon}| > 30/\text{s} \qquad f_c^{imp} = f_c \gamma_s \left(\frac{\dot{\varepsilon}}{\dot{\varepsilon}_0}\right)^{1/3} \tag{18-1}$$

和

$$E_c^{imp} = E_c \left(\frac{\dot{\varepsilon}}{\dot{\varepsilon}_0}\right)^{0.026} \tag{18-2}$$

式中，$\dot{\varepsilon}$——混凝土的应变速度，$1/\text{s}$；

$\dot{\varepsilon}_0 = 30 \times 10^{-6}/\text{s}$；

其他参数为

$$\alpha_s = \frac{1}{5 + 0.9 f_c}, \quad \lg\gamma_s = 6.156\alpha_s - 2 \tag{18-3}$$

文献[18-7]中混凝土试件的抗压强度 $f_c = 37.43 \text{ N/mm}^2$，试验应变速度的范围为 $(10 \sim 20\,000) \times 10^{-6}/\text{s}$，提出的经验式为

$$f_c^{imp} = f_c \left[1 + 0.062\,2\,\lg\left(\frac{\dot{\varepsilon}}{\dot{\varepsilon}_0}\right)\right] \tag{18-4}$$

$$E_c^{imp} = E_c \left[1 + 0.045\,2\,\lg\left(\frac{\dot{\varepsilon}}{\dot{\varepsilon}_0}\right)\right] \tag{18-5}$$

式中取 $\dot{\varepsilon}_0 = 10 \times 10^{-6}/\text{s}$。

混凝土的抗拉强度和弹性模量在快速加载或变形下的变化规律，也有一些试验研究成果[18-7~18-9]，如图 18-8 所示。一般的结论为：随着加载速度的增大，混凝土抗拉性能的变化

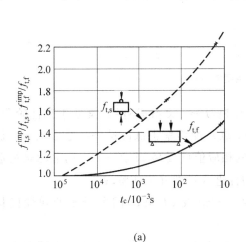

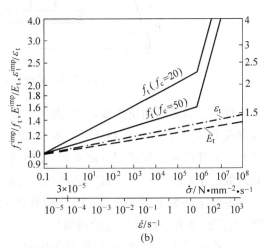

(a)　　　　　　　　　　(b)

图 18-8　快速加载时的混凝土抗拉强度和变形

(a) 劈裂和抗折试验[18-8]；(b) 轴心受拉试验[18-2]

规律与抗压性能的相似,但抗拉强度的提高幅度较大($f_t^{imp}/f_t > f_c^{imp}/f_c$),峰值应变的提高幅度相近($\varepsilon_t^{imp}/\varepsilon_t \approx \varepsilon_c^{imp}/\varepsilon_c$),弹性模量的提高幅度稍小($E_t^{imp}/E_t < E_c^{imp}/E_c$)。有些文献如[1-12,18-2,18-7]中还给出了经验计算式。

关于钢筋和混凝土之间的粘结强度,有试验结果[18-2,18-10]表明,加载速度对光圆钢筋粘结强度的影响可以忽略,对变形钢筋的粘结强度影响较大,且与混凝土的强度等级有关。文献中给出了经验计算式。一般的定性结论[18-1]是:钢筋和混凝土间的粘结强度在快速加载下的提高幅度大于钢筋强度的提高值,因而承受快速荷载的结构构件中钢筋的锚固长度和搭接长度等可采用正常荷载下的相同数值而保证安全。

18.3 构件性能

18.3.1 受弯构件

钢筋混凝土梁在快速加载或变形情况下的性能反应,也需有专门的加载设备和量测仪器进行试验研究。对一批梁试件进行了两种加载方式的试验[18-11]:①等变形快速加载,以确定其极限承载力和破坏形态等,从试件开始受力至钢筋受拉屈服的时间 t_y 约为 50×10^{-3} s;②模拟爆炸荷载(图 18-2(a)),以观察爆炸过后的构件残余性能,荷载峰值取为快速加载时钢筋屈服荷载 P_y 的 85 %～95 %,升压时间约为 50×10^{-3} s,衰减过程约 1 s。

钢筋混凝土梁在等变形快速加载试验中的荷载(抗力)-跨中挠度(P-w)典型曲线如图 18-9 所示。其宏观形状与静载试验的同类曲线(图 10-1)十分相像。曲线上的明显几何特征点反映了构件的受力阶段和性能特点。

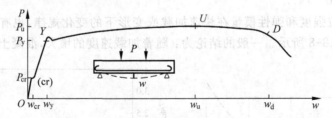

图 18-9 梁的荷载-挠度曲线[18-11]

构件在加载后的初始阶段,受拉混凝土尚未开裂,P-w 关系成直线,梁处于弹性阶段。受拉混凝土开裂时 P-w 曲线上出现突变(图上 cr 点),配筋率很低的试件甚至形成一明显的平台。试件的开裂荷载 P_{cr}(或弯矩)比静载下的相应值可提高 13 %～33 %,显然是快速加载时混凝土抗拉强度 f_t^{imp} 提高的缘故。此后构件进入带裂缝工作阶段。

在混凝土开裂之前和开裂以后,构件的刚度(P/w 或 dP/dw)因混凝土的弹性模量(E_c^{imp})提高而稍大于静载试验的同类构件。

当受拉钢筋进入屈服阶段,荷载先出现一个峰值,稍后有所下降,与钢筋的上屈服点尖峰(图 18-4)相对应。试件的配筋率越低,此屈服尖峰越高。构件的屈服荷载或弯矩(Y 点)取此峰谷的低值,均高出静载试验的相应值,但对应的变形 w_y 与静载试验的接近。

受拉钢筋屈服以后,构件的变形增长很大而荷载上升缓慢。钢筋拉应变的不断加大,裂缝开展并往压区延伸,减小了压区混凝土面积。截面边缘的压应变增大,达峰值压应变(ε_p^{imp})后进入应力下降段,出现水平裂缝。压区混凝土的合力中心至受拉钢筋的距离(即截面力臂),先是缓慢增大,而后减小,弯矩值变化不大,形成一个很长的塑性变形区。其间的最大值(U点)为构件的极限荷载 P_u 或弯矩 M_u^{imp}。构件的变形继续增加,压区混凝土的破损区由边缘向中和轴扩展,水平裂缝增多,以至压酥、剥落,承载力才显著下降(D点),$P\text{-}w$ 曲线出现转折和下跌。

快速加载的钢筋混凝土梁,在这一阶段的性能指标和静载试验梁相比较,极限承载力明显地提高,提高的幅度随钢筋的强度等级而异[18-11],例如,$M_u^{imp}/M_u = 1.25(f_y = 240 \text{ N/mm}^2)$,$1.07 \sim 1.16(f_y = 320 \text{ N/mm}^2)$,$1.06 \sim 1.12(f_y = 400 \text{ N/mm}^2)$,$1.06(f_y = 600 \text{ N/mm}^2)$ 和 1.0(冷拉钢筋)。这些数值约与钢筋屈服强度 f_y^{imp}/f_y 的提高幅度相一致。

但是,有关变形的性能指标,包括构件破坏时压区混凝土的极限应变、承载力达最大值和明显下降时的变形(w_u 和 w_d)、延性比(w_u/w_y,w_d/w_y)等,相同材料和配筋的梁在快速加载和静载下的试验结果没有明显的差别。

受弯构件的配筋率($\mu = A_s/bh_0$)不等,快速加载试验也有不同的荷载-挠度曲线(图 18-10(a)),与静载试验的结果相似。这一批试件的配筋率均低于发生超筋破坏的界限配筋率(使用 $f_y = 500 \text{ N/mm}^2$ 钢材时,$\mu_{max} \approx 0.42 f_c/f_y$),属受拉钢筋控制破坏的适筋梁。构件的配筋率增大,钢筋屈服时的荷载 P_y 和最大承载力 P_u 约按比例增长,但钢筋屈服后的塑性变形能力逐渐缩减,延性比减小。

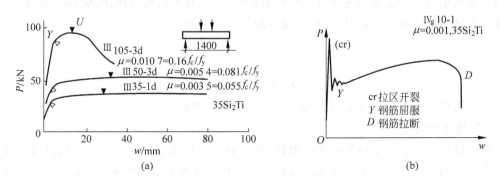

图 18-10　不同配筋率构件的快速加载-挠度曲线[18-11]
(a) $\mu = 0.35\% \sim 1.07\%$;(b) $\mu = 0.1\%$

配筋率过低的试件,拉区混凝土开裂时的荷载(图 18-10(b)中 cr 点)高出钢筋屈服时的荷载(Y),也高出钢筋发生颈缩断裂时的荷载 D。当第一条受拉裂缝出现后,构件承载力骤然下降,其他位置不再出现裂缝。裂缝截面的钢筋变形集中,迅即发生颈缩断裂。此时混凝土压区的最大应变仅约 $2\,000 \times 10^{-6}$,尚无破坏征兆。

另一类快速加载(即模拟爆炸荷载)试验的结果表明,只要当荷载峰值时构件受拉主筋的应力低于其屈服强度 f_y^{imp},不仅结构的安全性不成问题,变形和裂缝也都很小。试件在荷载峰值下的最大裂缝宽度为 $0.2 \sim 0.4$ mm,因钢筋的强度和配筋率而异。试验结束后,试件的残留裂缝宽度都小于 0.1 mm。而且配筋率较高的试件,残留缝宽越小,例如 $\mu = 1.5\%$ 时,缝宽仅 $0.03 \sim 0.04$ mm。在爆炸荷载的多次重复作用下,残留裂缝的宽度也不见明显增长。例如,用冷拉 IV 级钢($45\ \text{MnSiV}$, $f_y = 750\ \text{N/mm}^2$)配筋的试件,经过 6 次爆炸荷载试验,最大应力达 $770\ \text{N/mm}^2$,最终积累的残留裂缝宽度仍小于 $0.2\ \text{mm}$。

上述试验结果可引出一般性结论:快速加载情况下,钢筋混凝土梁的抗弯承载力明显提高,提高的幅度主要取决于钢筋的屈服强度(f_y^{imp}/f_y),而变形和延性与静载下构件的性能接近。

在设计或者验算钢筋混凝土构件的抗爆性能时,遵循的一般原则如下:

(1) 抗弯承载力

计算的方法和公式同静载构件,只需将其中的钢筋和混凝土强度项改取为考虑加载或应变速度($\dot{\varepsilon}$)后的提高值(f_y^{imp}, f_c^{imp})。试验证明,按此计算的极限弯矩值小于试验值,故偏于安全。且配筋率越低,越偏安全。构件的开裂弯矩(M_{cr})和钢筋屈服时的弯矩(M_y)均可按相同的原则进行计算。

(2) 刚度和变形

采用静载构件的相同方法进行计算,包括截面刚度(曲率)、构件开裂和钢筋屈服时的变形等。但是,计算式中的钢筋和混凝土的弹性模量和特征应变值应改用符合加载或应变速度的相应数值。

(3) 配筋率的限制

为了防止抗爆结构的总体坍塌,并具有较好的抗振性能,受弯构件应有充分的塑性变形能力。最基本的有效措施是更严格地控制截面配筋率,与静载构件相比,应该减小最大配筋率和增大最小配筋率。文献[18-11]建议的配筋率限制为

$$\left. \begin{array}{l} \mu_{\max} = 0.3\ \dfrac{f_c}{f_y} \\[2mm] \mu_{\min} = 0.14\ \% \sim 0.30\ \% \end{array} \right\} \tag{18-6}$$

构件中钢筋强度偏低和混凝土强度偏高者,$\mu_{\min}$ 取偏大的值。

(4) 加强构造措施

例如截面内配设受压钢筋和加密箍筋,虽然对抗弯承载力的提高有限,但很有利于增强塑性变形能力;适当加长钢筋的端部锚固长度和中间搭接长度;增强节点附近的连接构造筋;加厚变形钢筋的保护层厚度等,都有利于结构的抗坍塌能力,设计时应予重视。

钢筋混凝土梁除了有上述抗弯性能外,还必须注意其抗(弯)剪承载力。在快速加载或变形情况下,梁端斜裂缝破坏形态与静载构件的相同,有斜压、剪压和斜拉破坏等,随剪跨比(a/h_0)的增大而逐渐过渡。极限抗剪承载力则有显著提高,提高的幅度(V_u^{imp}/V_u)随破坏形态的变化、与混凝土的抗压或抗拉强度的提高幅度(f_c^{imp}/f_c 或 f_t^{imp}/f_t)相一致。

从原则上讲,设计或验算钢筋混凝土梁在快速加载或变形情况下的抗(弯)剪承载力,也可采用静载构件的相同计算方法和公式,对材料强度则以不同加载或变形速度下的数值代入。需注意,静载构件抗剪计算式中的误差和偏低取值,将随之引入。为了满足抗爆结构的塑性变形能力,设计时应保证构件首先出现受弯裂缝和钢筋屈服,防止过早地发生斜裂缝破坏,即为抗剪留出稍大的安全储备。

18.3.2 受压构件

钢筋混凝土轴心受压和偏心受压构件,在快速加载或变形情况下的性能已有相应的试验研究。文献[18-12]进行了两种加载方式的试验:①等变形快速加载,从试件开始受力至最大荷载值或钢筋受拉屈服的时间为 $t_y = (40 \sim 50) \times 10^{-3}$ s;②模拟爆炸荷载、升压时间约为 50×10^{-3} s,衰减过程约 2 s。

在等变形快速加载试验中对轴心受压试件量测的轴力-应变曲线,与静载试验的曲线对比于图 18-11。可见二者的曲线形状相似,前者的轴力峰值明显提高,而相应的应变值 $\varepsilon = 2\,300 \times 10^{-6} \sim 3\,000 \times 10^{-6}$,无显著变化。

偏心受压构件在等变形快速加载试验中,同样出现小偏心受压和大偏心受压两种破坏形态(第 10 章),随轴向力偏心距(e_0/h)的增大而过渡。两种构件的受力破坏过程分别与轴心受压(图 18-11)和受弯构件(图 18-9)的相似。破坏形态的特征和界限偏心距都与静载试件的相一致。试件的极限承载力因加载(变形)速度的变化,随材料强度同步增长,而特征变形值和塑性变形能力等都与相同偏心距的静载试件的相近。

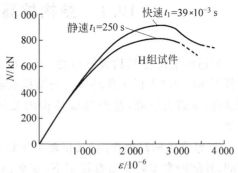

图 18-11 轴心受压柱的轴力-应变曲线[18-12]

钢筋混凝土柱的模拟爆炸试验[18-12]得以下主要结论:当轴心受压柱的试验荷载峰值为其最大承载力 N_u^{imp} 的 50 %~85 %,试验结束后,试件表面未见裂缝;再次做静载试验,得到的极限承载力 N_u 与未经爆炸试验的试件相比并不降低。但是,试验荷载峰值为 $0.95\,N_u^{imp}$ 的试件,在峰值过后的 70×10^{-3} s 时,荷载已经下降后才发生破坏。这种"滞后破坏"现象在素混凝土棱柱体受压试件的模拟爆炸荷载试验中常有出现。所以,在实际工程中处理超压衰减过程缓慢的爆炸荷载时应予重视。

偏心受压构件的模拟爆炸荷载试验中,试验荷载峰值$<0.8 N_u^{imp}$ 的试件,试验结束后的残余裂缝宽度$\leqslant 0.03$ mm。再次进行等变形快速加载试验直至试件破坏,其最大承载力 N_u^{imp} 与未经模拟爆炸荷载试验的试件无明显差别。

上述试验结果引出的一般性结论为:在快速加载(或变形)情况下,钢筋混凝土柱的极限承载力明显提高,提高的幅度主要取决于钢筋和混凝土的强度(f_y^{imp}/f_y,f_c^{imp}/f_c),而构件的破坏形态、变形性能和指标值等都与静载构件的无明显差别。计算构件的极限承载力和变形时,都可应用静载构件的有关公式,但式中的材料强度和弹性模量等需改用快速加载(变形)情况下的相应值。验证试验说明,这样计算的结果偏于安全。

抗高温性能

19.1 结构抗高温的特点

普通的混凝土结构设计规范,如文献[1-1,1-11,1-12]等都只适用于温度低于 80～100℃的工作环境。当结构的温度超过此限值时,将出现使用性能恶化,承载力下降,甚至酿成结构的破坏。结构工程常遇的高温情况有两类:

① 经常性的高温作用,属正常工作状态。例如冶金和化工企业的高温车间,其结构常年处于高温辐射下,表面温度可达 200℃或更高;烟囱排放高温烟气,内衬温度达 500～600℃,外壳达 100～200℃;核电站的反应堆压力容器和安全壳,局部位置达 120℃以上;……

② 短时间的高温冲击,一般为偶然性事故状态。例如建筑物火灾在 1 小时内可达1 000℃以上;化学爆炸和核爆炸等在更短时间内达更高温度,等等。

此外,还有一类温度应(内)力问题,虽然结构的温度绝对值不高(<100℃),但是温度差足以影响结构的使用性能和内力重分布。例如高层建筑和超长建筑的朝阳面因日晒和夏冬温度差引起的内力变化和结构变形;又如大体积水工结构因混凝土凝固过程中水泥水化热的积聚,和环境(水、空气、日照)温度变化等形成的不均匀温度场[19-6],虽然绝对温度一般不超过 60℃,温差不超过 25℃,但温度应力足以使结构混凝土大面积开裂,发生水的渗漏,影响结构的使用和安全。

钢筋混凝土结构的上述温度问题,国内外都已有若干相应的设计规范[19-1～19-5,2-19]给出设计指示,包括材料选用、计算方法和构造措施等。下面将只介绍钢筋混凝土结构的抗火性能及其分析,其原则和方法可供其他类结构高温问题作参考。

世界上每年都有因各种火灾造成的人员伤亡、自然资源和物质财富的极大损失,有些甚至引起巨大的社会影响。而且,随着社会现代化的发展,人员和资产的高度集中,火灾的危害性更严重。

为了防止发生火灾和减少火灾损失,人们从已往的火灾事故中吸取了教训和经验,并通过大量的试验研究工作提出了许多有效的措施,可以概括为两个方面：①防火，包括防止火灾的生成和蔓延[19-7]。例如建筑物设计时留足防火间距和消防通道，按划分的耐火等级确定建筑物的构造和材料，室内设施和家具选用阻燃或难燃材料制作，易燃材料外喷防火涂料，设置消防用水系统和灭火器材，安装自动报警和喷淋装置等。②提高建筑和结构构件的抗火能力。例如建立大型试验炉测定足尺构件的耐火极限，合理选用结构材料，改进细部构造，结构外表设置隔热材料层，研究分析理论和实用计算方法等。防火措施不属本书范围，不再赘言。

在各种材料的结构工程中，木结构本身可燃，不防火；钢结构虽不可燃，但是钢材导热快，且构件都是由壁厚不大的型钢和钢板组成，遭受火灾后很快升温而丧失承载力，发生局部失稳，甚至整体倒塌。由于混凝土材料的热惰性，火灾时钢筋混凝土结构内部升温慢，延迟了钢筋的升温，故承载力下降缓慢，其抗火性能远优于钢、木结构。当然，在很长时间的高温持续作用下，钢筋混凝土结构也将产生不同程度的损伤和破坏现象。例如构件表面龟裂、酥松，保护层爆裂和脱落，钢筋外露，构件下垂，混凝土局部破损剥落，甚至发生局部穿孔和倒塌等。

建筑物遭受火灾时，其结构体系应该维持足够的承载力和耐火时间，以使受灾人员安全撤离，消防人员进行灭火、救护和抢救重要器物等活动。因此，当结构达到下述极限状态之一时，即认为结构抗火失效[19-8,19-9]：①承载力极限，即结构升温后承载力和刚度严重下降，在使用荷载下发生破坏、失稳，或者大的挠度（如大于净跨度的 1/30）；②阻火极限，即结构的整体性受损坏，产生裂缝或孔洞，不再能阻止火焰的蔓延和高温烟气的穿透；③隔热极限，即着火空间周围结构背火面的温度过高（如平均升高 140℃，或最高处升高达180℃），可能引发相邻空间起火，致使火灾蔓延。

结构的构件和建筑的部件，如隔断墙、门、窗等，从开始受火后，达到上述极限状态之一所经受的时间称为耐火极限（单位为小时）。防火设计规范[19-7]中按照建筑物的重要性分成 4 个耐火等级，并对其中各种构件规定了不同的最低耐火极限，一般为(0.5~4.0)h。

为了测定各种构件的实际耐火极限，必须建造相应的试验炉，一般用煤气或油类作燃料，按照标准的温度-时间曲线进行燃烧升温。结构构件的抗火试验中，首先将构件安装在炉内，施加上设计荷载并维持常值，然后开始燃烧，直至极限状态为止。缺乏试验条件时，可查阅有关文献[19-8]，其中给出不同构造和尺寸的结构和建筑构件的燃烧性能和耐火极限，供设计时参考应用。

根据已有的工程实践经验和试验研究成果，抗高温（火）的钢筋混凝土结构具有下述受力特点[19-10]：

(1) 不均匀温度

混凝土的导热系数(λ_c)极低，结构受火后表面温度迅速升高，而内部温度增长缓慢，截面上形成不均匀温度场，表层的温度变化梯度尤大。但杆系结构一般不考虑沿构件纵向的温度不均匀性。决定截面温度场的主要因素是火灾温度和持续时间，以及构件的形状、尺寸和混凝土的热工性能等。温度场对结构的内力、变形和承载力等有很大影响。反之，结构的内力状态、变形和细微裂缝等对于其温度场的影响却很小。因而，对结构温度场的分析可以独立于、并应该先于结构的内力和变形分析。

（2）材料性能的严重恶化

高温下,钢筋和混凝土的强度和弹性模量降低很多,混凝土还出现开裂、边角崩裂等现象,是构件的承载力和耐火极限严重下降的主要原因。

（3）应力-应变-温度-时间的耦合本构关系

分析一般的常温结构时,只需要材料的应力-应变本构关系。高温结构的温度值和持续时间对于材料的变形及强度值影响很大,而且不同的升温-加载（应力）途径又有各异的材料变形和强度值,构成了材料的σ-ε-T-t四者的耦合本构关系,增大了对高温结构分析的难度。

（4）截面应力和结构内力的重分布

截面的不均匀温度场产生不等的温度变形和截面应力重分布。超静定结构因温度变形受约束而发生内力(M,V,N)重分布,改变了结构的破坏机构和破坏形态,影响了极限承载力。火灾经常是在局部空间或个别房间内生成,并向周围蔓延,高温区的结构变形受到非高温区结构的约束,无论是对温度场还是对结构的分析都是个动态问题。

19.2 截面温度场

19.2.1 温度-时间曲线

建筑物的火灾一般经历起火、燃烧、蔓延和灭火等阶段。这一过程一般为数小时,但短的仅几分钟,长的可达数天,个别地下建筑的火灾甚至达数十天。火灾时燃烧的温度越高,持续的时间越长,火灾越严重,损失越大。火灾的严重性主要取决于:①建筑物及其内的设施和堆放物中可燃材料的性质、数量和分布;②房间的面积和形状,以及门、窗洞口的大小和位置;③通风和气流条件。

火灾对结构的最直接作用是表面加热,因而温度-时间（T-t）曲线成为结构抗火分析的最基本、最重要的条件。足尺房间内木材燃烧试验量测的温度-时间曲线如图19-1所示。曲线上的第1个数字表示燃烧的木材数量（kg/m²）,第2个（括号内的）数字为墙上开孔的面积比。可见,一开始燃烧,室内温度就急剧升高,约半小时内可达最高温度,此后温度逐渐降低。

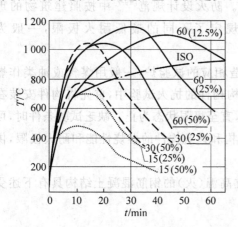

图19-1 燃烧木材试验的温度-时间曲线[19-8]

虽然现在已经有一些经验的和理论的公式,可以依据主要参数计算火灾的温度-时间曲线[19-5,19-9],但是实际工程中房间内的可燃物质混杂,种类繁多,数量和分布没有规律,通风和气流条件的变化很大,有些建筑在设计时还无法预知室内可燃物的状况,温度-时间曲线仍有较大的随机性。为了统一结构的抗火性能要求,以及建立一个客观的比较尺度,一些研究机构和组织制定了标准的温度-时间曲线

（图 19-2）。其中国际标准组织（ISO）建议的建筑构件抗火试验曲线最为常用，计算式取为

$$T - T_0 = 345 \lg (8t + 1) \qquad (19\text{-}1)$$

式中，T_0——初始温度，一般取为 20℃；

T——起燃后 t 分钟时的温度。

各种标准的温度-时间曲线都是单调升温曲线，且差别不大。虽然它们与实际燃烧过程（图 19-1）不可能相同，但是作为一个标准在构件的足尺试验中遵循，在分析结构的高温性能或验算结构的耐火极限时采用，可保证各个结构具有一致的抗火性能和耐火极限，或给出不同结构的可比抗火安全性。

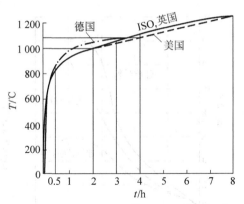

图 19-2　火灾的标准温度-时间曲线[19-8]

19.2.2　材料的热工性能

在分析结构的温度场和热应力时，必须掌握材料的热工参数，除了温度膨胀变形 ε_{th} 外，在热传导基本方程（式（19-8））中还出现材料的比热容 c、导热系数 λ 和质量密度 ρ 等基本热工参数。这些参数的数值因材料而异，还随温度的升高而非线性地变化。

混凝土的热工性能因为原材料的矿物化学成分、配合比和含水量等因素的差别而有较大变化，试验数据的离散度也大。下面给出个别混凝土材料的热工性能试验结果（图 19-3），来说明其一般数值和变化规律。

混凝土在一次升温过程中体积膨胀，其热应变 ε_{th} 的变化规律相似，但应变值因骨料而不等，轻骨料混凝土的温度膨胀变形要小得多。当温度 $T < 200℃$ 时，混凝土内的固体成分（即粗骨料和水泥砂浆）有体积膨胀，又因失水而收缩，二者相抵，变形增长较慢；当 $T > 300℃$ 后，混凝土内的固体成分继续膨胀，内部裂缝的出现和发展使变形加快增长；当 $T > 600℃$ 后，有些混凝土的温度膨胀变形减慢，甚至停滞，可能是骨料矿物成分的结晶发生变化，或者内部损伤的积累妨碍继续膨胀变形。

按照定义，混凝土的**平均线膨胀系数**可以用量测的温度变形进行计算

$$\bar{\alpha}_c(T) = \frac{\varepsilon_{th}}{T - T_0} \qquad (19\text{-}2)$$

其值一般为 $(6 \sim 30) \times 10^{-6}/℃$，随温度 T 成非线性变化。

混凝土升温达预定值后降温，膨胀的变形逐渐回缩，变形-温度曲线与升温曲线不重合。降至起始温度 T_0 时有残余变形（伸长，参见图 19-18），其值取决于混凝土曾到达的最高温度。在多次升降温循环下，混凝土的变形又将发生变化，详见文献[19-11]。

（1）质量热容或称比热容 c_c（图 19-3（b））

c_c 为单位质量的材料当温度升高 1K（或 1℃）所需吸入的热量，单位为 J/(kg·℃)。混凝土的比热容随温度的升高而缓慢增大，但在 $T = 100℃$（即 373K）附近，因水分蒸发、吸收汽化热而出现一尖峰。不同的骨料对混凝土的比热容影响不大。

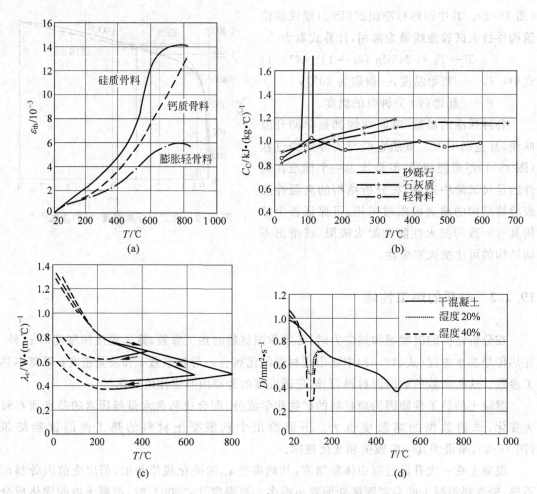

图 19-3　混凝土热工参数的试验结果[19-5]

(a) 升温膨胀变形；(b) 比热容；(c) 导热系数；(d) 热扩散率

（2）热导率或称导热系数 λ_c（图 19-3(c)）

λ_c 为单位时间(h)内、在单位温度梯度(K/m)情况下，材料单位面积(m^2)内所通过的热量，单位为 W/(m · ℃)。混凝土的导热系数随温度升高而明显减小，当 $T = 100$℃（即 373K）附近时受含水量的影响很大，$T > 200$℃（即 473K）后近似线性减小。不同骨料的混凝土，其导热系数可相差一倍以上。混凝土升温至一定值后降温时，导热系数不能恢复（增大）至原有值，而是继续减小，但变化幅度不大。

（3）质量密度 ρ

质量密度 ρ 的单位为 kg/m^3。混凝土升温后失水，质量密度略有减小，计算时一般取为常值。

（4）热扩散率 D

热扩散率 D（图 19-3(d)）为一导出的热工参数，按定义 $D = \lambda/c\rho$（见式（19-8）），单位为 m^2/h，其值随温度升高而减小。在 $T = 100$℃ 附近时出现一深谷，与比热容的尖峰相对应。

混凝土热工参数的数值范围和变化都大。进行结构高温分析时,若需要一种特定混凝土的热工参数准确值,唯一的方法是制作专门的试件加以试验测定。如果没有可靠的试验数据,文献[19-12]中给出的计算式可供应用参考:

$20℃ \leqslant T \leqslant 700℃$

$$\varepsilon_{th,c} = -1.8 \times 10^{-4} + 9T \times 10^{-6} + 2.3T^3 \times 10^{-11}$$

$700℃ < T \leqslant 1\,200℃$

$$\varepsilon_{th,c} = 14 \times 10^{-3}$$

(19-3)

$20℃ \leqslant T \leqslant 1\,200℃$

$$c_c = 0.215 + 1.59T \times 10^{-4} - 6.63T^2 \times 10^{-8} \; (\text{kcal/(kg} \cdot ℃)) \tag{19-4}$$

$$\lambda_c = 1.72 - 1.72T \times 10^{-3} + 0.716T^2 \times 10^{-6} \; (\text{kcal/(h} \cdot \text{m} \cdot ℃)) \tag{19-5}$$

$$\rho_c = 2\,300 \; \text{kg/m}^3 \tag{19-6}$$

以上公式适用于硅质骨料混凝土,其中式(19-4)、式(19-5)的单位必须化算为法定计量单位后使用($1\text{kcal} = 4.186\,8 \times 10^3 \text{J}$)。对于钙质(石灰石)骨料混凝土另有计算式。这些热工参数的代表值为 $\bar{\alpha}_c = 10 \times 10^{-6}/℃$,$c_c = (0.84 \sim 1.26) \times 10^3 \text{J/(kg} \cdot ℃)$,$\lambda_c = 1.63 \sim 0.58\text{W/(m} \cdot ℃)$。

钢材的热工性能随温度升高的变化趋势,与混凝土的相类似[19-5,19-13]。随温度的升高膨胀变形大致按线性增加,平均线膨胀系数 $\bar{\alpha}_s$ 变化不大;比热容 c_s 逐渐有所增大;导热系数 λ_s 则近似线性减小,变化幅度较大;质量密度变化很小。不同钢材的热工参数值的变化范围为:

$$\bar{\alpha}_s = (12 \sim 15) \times 10^{-6}/℃$$
$$c_s = (0.42 \sim 0.84) \times 10^3 \; \text{J/(kg} \cdot ℃)$$
$$\lambda_s = 52.3 \sim 27.9 \; \text{W/(m} \cdot ℃)$$
$$\rho_s = 7\,850 \; \text{kg/m}^3$$

(19-7)

各参数的代表值依次为 $14 \times 10^{-6}/℃$,$0.52 \times 10^3 \; \text{J/(kg} \cdot ℃)$,$34.9 \; \text{W/(m} \cdot ℃)$ 和 $7\,850 \; \text{kg/m}^3$。其中钢材的比热容比混凝土的小($c_s < c_c$),而导热系数比混凝土的(λ_s/λ_c)高出数十倍。

在一般的钢筋混凝土结构中,钢材的体积含量很小,一些设计规程中明确地允许忽略钢材的作用,按素混凝土的热工参数值进行结构高温分析。由此计算的结果与考虑钢材存在的计算结果相差很少,且偏于安全(温度略高)[19-5,19-12]。

19.2.3 热传导方程和温度场的确定

结构在高温下的温度场一般不受其内力和变形值的影响,因而可以独立地先于内力进行分析。温度场分析基于热传导的基本微分方程。根据能量原理可知,一质量密度为 ρ 的微体 $\text{d}x\text{d}y\text{d}z$,在单位时间内从其表面流入(或流出)的热量和微体内部所产生热量的总和,必等于微体温度升高所吸收(或温度降低时放出)的热量。所以,可建立[19-10]

$$\left[\frac{\partial}{\partial x}\left(\lambda\frac{\partial T}{\partial x}\right)+\frac{\partial}{\partial y}\left(\lambda\frac{\partial T}{\partial y}\right)+\frac{\partial}{\partial z}\left(\lambda\frac{\partial T}{\partial z}\right)\right]\mathrm{d}x\mathrm{d}y\mathrm{d}z+q_{\mathrm{d}}\mathrm{d}x\mathrm{d}y\mathrm{d}z$$

$$=c\rho\frac{\partial T}{\partial t}\mathrm{d}x\mathrm{d}y\mathrm{d}z \tag{19-8a}$$

或

$$\frac{\partial T}{\partial t}=\frac{1}{c\rho}\left[\frac{\partial}{\partial x}\left(\lambda\frac{\partial T}{\partial x}\right)+\frac{\partial}{\partial y}\left(\lambda\frac{\partial T}{\partial y}\right)+\frac{\partial}{\partial z}\left(\lambda\frac{\partial T}{\partial z}\right)\right]+\frac{q_{\mathrm{d}}}{c\rho} \tag{19-8b}$$

式中，T——微体的温度，℃；

$\qquad q_{\mathrm{d}}$——单位体积材料在单位时间内产生的热量，$\mathrm{W/m^3}$；

$\qquad t$——时间，s；

$\qquad c,\lambda$ 和 ρ——微体材料的热工参数，其定义和数值变化见前。

如果杆系结构沿构件轴线的温度相同，上述方程可化作二维；板和墙等二维构件若沿平面的温度相同，更可简化为一维方程。

式(19-8)适用于物体的温度随时间变化的任意过程，解之得动态或称瞬态温度场。若物体外部温度不随时间变化，内部又不发热($q_{\mathrm{d}}=0$)，则式(19-8)退化为

$$\frac{\partial}{\partial x}\left(\lambda\frac{\partial T}{\partial x}\right)+\frac{\partial}{\partial y}\left(\lambda\frac{\partial T}{\partial y}\right)+\frac{\partial}{\partial z}\left(\lambda\frac{\partial T}{\partial z}\right)=0 \tag{19-9}$$

解之得静态或称稳态温度场。

在解算上述热传导微分方程时，除了要获知材料的非线性热工参数以外，还要确定结构的初始条件和边界条件。前者即初始状态($t=0$)结构的温度分布。边界条件则随结构所处的环境和升温情况而不同，可分作多种类型：①已知结构表面温度是时间的函数 $T=f(t)$（如式(19-1)所示）；②已知表面热流量是时间的函数 $-\lambda\frac{\partial T}{\partial n}=f(t)$；③表面热流量与 $(T-T_{\mathrm{a}})$ 成正比(T_{a} 是周围空气的温度)；④与其他固体接触，界面的温度和热流量都连续等。各类边界问题的基本解法见有关专著[19-14,19-6]。

在钢筋混凝土结构的温度场分析中，有变化的升温过程、非线性的材料热工参数和复杂的边界条件，使得准确、快速地求解热传导微分方程非常困难。现今，在确定结构的温度场时，一般采用如下几种方法，可根据工程所要求的计算精度选择：

① 简化成稳态的和线性的一维或二维问题，求解析解；

② 用有限元法或差分法，或二者结合的方法，编制计算机程序进行数值分析，有些通用的结构分析程序可以计算简单的温度场问题；

③ 制作足尺试件进行高温试验，加以实测；

④ 直接利用有关专著，设计规程和手册所提供的温度场图表或数据。

温度场的计算图表中，一般按照构件的截面形状和尺寸、混凝土的材料、火灾(ISO 曲线)时间等条件，分别给出等温线[19-5,19-10,19-15]（如图 19-4 所示），或者按截面网格给出温度值[19-12]。使用这种图表十分方便，但是有局限性，计算精度也有限。

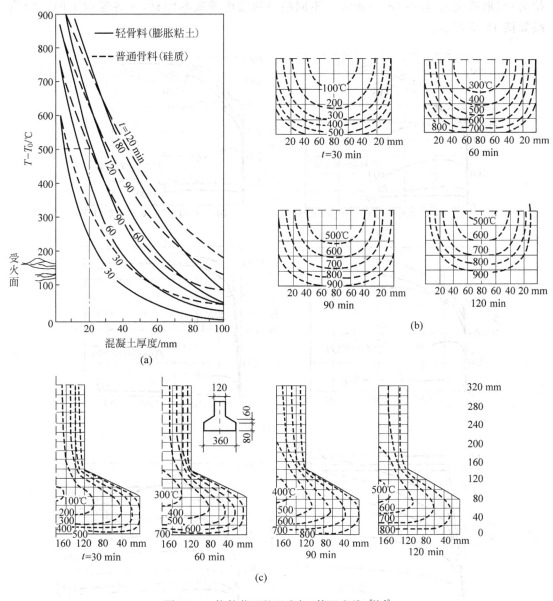

图 19-4 构件截面的温度场(等温度线)[19-5]

(a) 板单面受火；(b) 矩形梁下部(硅质骨料)($b=160$ mm，$h=320$ mm)；(c) T 形梁下部(硅质骨料)

19.3 材料的高温力学性能

19.3.1 钢材的性能

钢材在高温下的力学性能需要专门的升温-加载试验机进行测定。将试件置于加热炉内升温至预定值(T,℃)、并维持恒定,一次加载(拉伸)直至试件断裂,同时记录下拉力-变形或应力-应变(σ-ε)曲线。不同品种和强度等级的钢材,在各温度下的拉伸曲线如图 19-5 所示。

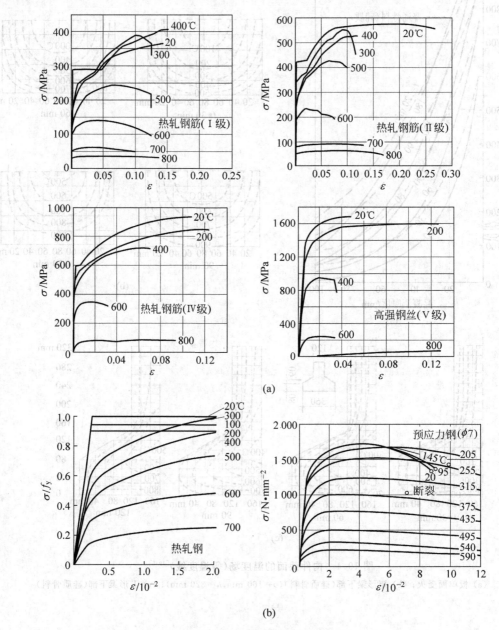

图 19-5 不同钢材的高温拉伸曲线
(a) 文献[19-13];(b) 文献[19-5]

在常温下具有明显屈服台阶的钢材(热轧钢),在温度 $T<200℃$ 时仍可看到屈服台阶,屈服强度($f_y{}^T<f_y$)稍有降低;当温度 $T>250℃$ 时,屈服台阶已难辨认,屈服强度不易准确定值。钢材的极限强度 f_{st}^T(即曲线的峰值)随温度的升高而显著降低。

常温下,试件达到极限强度 f_{st} 后继续被拉伸,不久即出现局部颈缩而断裂。试件的颈缩面积差别明显,颈缩段长度较短,约为直径的 2 倍。高温下试件达极限强度后,拉力(或名义应力值)缓慢下降。试件破坏时颈缩段的长度随温度升高而越长,颈缩现象越不显著。当温度 $T \geqslant 800\,℃$ 时,钢材已软化,整个试件拉长变细,看不到颈缩现象。

根据拉伸曲线确定的高温下钢筋屈服强度(f_y^T,确定方法见文献[19-13])和极限强度(f_{st}^T),以其与常温下相应强度(f_y 和 f_{st})的比值示于图 19-6。热轧钢筋(Ⅰ~Ⅳ级)在 $T \leqslant 300\,℃$ 时,强度损失较小,个别试件的强度甚至可能超过常温强度;T 在 $400 \sim 800\,℃$ 时,强度急剧下降。当 $T = 800\,℃$ 时,钢材的强度已经很低,一般不足常温下强度的 10%。高强钢丝(Ⅴ级)的强度在高温下损失更严重,在 $T = 200\,℃$ 时强度已明显下降,T 在 $200 \sim 600\,℃$ 时强度急剧降低,当 $T = 800\,℃$ 时强度只及常温强度的约 5%。

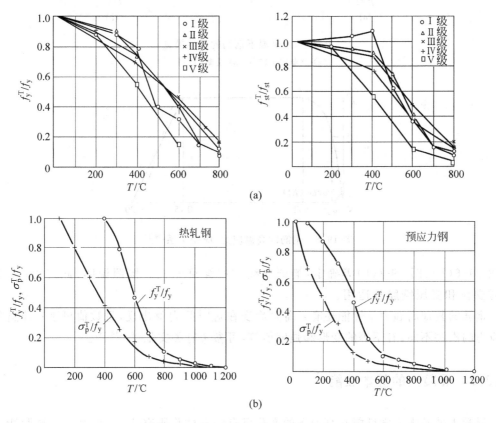

图 19-6 高温下钢筋的屈服强度和极限强度

(a) 文献[19-13];(b) 文献[19-12]

钢筋的弹性模量随温度升高的变化趋势与强度的变化相似。当 $T \leqslant 200\,℃$ 时,弹性模量下降有限,T 在 $300 \sim 700\,℃$ 范围内迅速下降,当 $T = 800\,℃$ 时弹性模量很低,一般不超过常温下模量值的 10%(图 19-7)。

钢筋的高温应力-应变关系,有文献建议取为简单的几何形状,如弹-塑性二折线,不同斜率的两段上升折线[19-13,19-16],或由直线段加曲线硬化段构成[19-10],并给出特征强度和变形值的计算式。文献[19-12]则给出了应力-应变全曲线,由弹性直线、椭圆过渡曲线、塑性水平段和下降段等组成。各线段连接点的特征应力和应变值由图 19-8

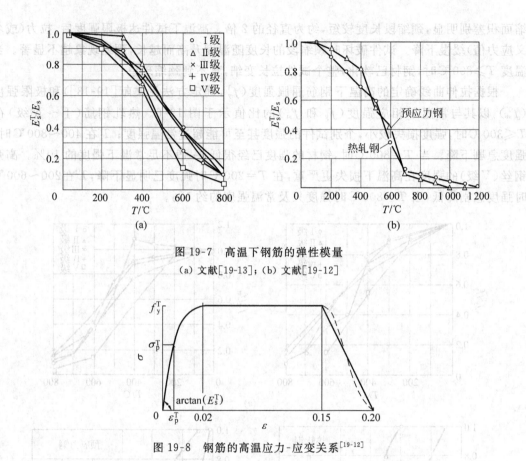

图 19-7   高温下钢筋的弹性模量

(a) 文献[19-13]；(b) 文献[19-12]

图 19-8   钢筋的高温应力-应变关系[19-12]

和图 19-6(b)、图 19-7(b)等确定，椭圆曲线方程详见原文。按照说明，此应力-应变关系对受拉和受压钢筋都适用。

钢筋的其他高温力学性能还有：高温徐变在短时间内就出现，且数值可观；升温和施加应力的次序不同，有不等的变形和强度值等，可参考有关文献[19-5,19-13]。

19.3.2   混凝土的基本性能

混凝土的基本力学性能在高温下的变化已有许多试验研究[19-10,19-16～19-20]。试验所用的加热炉一般由研究单位自行制备，置于普通液压试验机的工作平台上，将经过预热的试件放入炉内调整均温，或将试件直接放入炉内加热至预定温度值。试件一次加载直至破坏，量测其变形和强度值。由于混凝土是热惰性材料(导热系数 λ。很小)，对试件加热并恒温很长时间后，其内外温度才接近均匀。例如边长 100 mm 的立方体，当炉内加温至 700℃时，试件表面温度近似700℃，但试件中心的温度仅为 300～400℃，保持炉内恒温 6 h，其中心温度才达 680℃[19-18]。

混凝土的高温性能主要取决于其组成材料的矿物化学成分、配合比和含水量等因素，还因为研究人员所用试验设备、试验方法、试件的尺寸和形状，以及加热速度和恒温时间等的不同而有较大差别。试验条件相同的同组试件，测定的数据也有一定离散度。

　　混凝土的最基本力学性能指标,即立方体抗压强度 f_{cu}^T 随温度 T 的变化如图 19-9 所示,其一般规律如下:

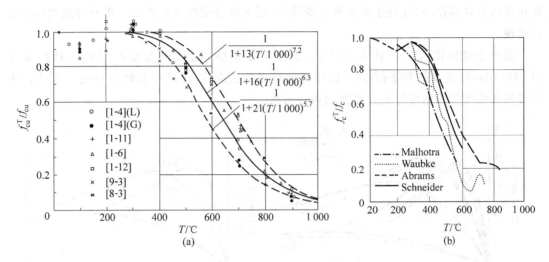

图 19-9　高温时混凝土的立方体抗压强度

(a) 文献[19-10];(b) 研究者试验结果的比较[19-5]

　　① $T=100\ ℃$,$f_{cu}^T/f_{cu}=0.88\sim0.94$,混凝土内自由水逐渐蒸发,试件内部形成空隙和裂缝,加载后缝隙尖端应力集中,促使裂缝扩展,抗压强度下降。

　　② $T=200\sim300\ ℃$,$f_{cu}^T/f_{cu}=0.98\sim1.08$,混凝土强度比 $T=100\ ℃$ 时有提高,甚至可能超过常温强度。其原因估计是水泥凝胶体内的结合水开始脱出,有利于加强胶合作用并缓和缝端的应力集中。

　　③ $T>400\ ℃$ 以后,强度急剧下降,混凝土温度升高后,粗骨料和水泥砂浆的温度变形差逐渐扩大,界面裂缝不断开展和延伸;水泥水化生成的氢氧化钙等脱水,体积膨胀,促使裂缝发展。

　　④ $T>600\ ℃$ 后,未水化的水泥颗粒和骨料中的石英成分形成晶体,伴随着巨大的膨胀,一些骨料内部开始形成裂缝。这些因素使混凝土的强度持续下降,一般值见右表。

$T/℃$	f_{cu}^T/f_{cu}
500	$0.75\sim0.84$
700	$0.30\sim0.50$
900	$0.05\sim0.12$

　　⑤ 温度 $T>800\ ℃$ 后,混凝土强度值所剩无几,且难有保证。试验结束时,试件已经破碎,不成整体。

　　高温作用造成混凝土的强度损失和变形性能恶化的主要原因是:①水分蒸发后形成的内部空隙和裂缝;②粗骨料和其周围水泥砂浆体的热工性能不协调,产生变形差和内应力;③骨料本身的受热膨胀破裂等,这些内部损伤的发展和积累随温度升高而更趋严重。

　　根据已有试验研究的一般认识,各种因素对混凝土高温强度的影响有:轻骨料和钙质骨料(如石灰石)混凝土的高温强度(f_{cu}^T/f_{cu})高于硅质骨料(如花岗石)混凝土;混凝土的强度越高,高温下强度的损失越大,即 f_{cu}^T/f_{cu} 减小;升温速度慢的试件强度偏低;高温下暴露的时间越长,强度损失越大,但绝大部分强度损失在加热后的前两天内出现;试件升温后不加应力而降至室温,进行加载试验测得的火(灾)后残余强度稍低于或等于在相同高温时测得的强度(f_{cu}^T),取决于降温的速度,表明混凝土在高温后的降温过程中又出现新的损伤;经过多次升降温循环,混凝土的强度逐渐降低,但大部分强度损失在第一次升降温循环时就已出现。

混凝土棱柱体或圆柱体的受压应力-应变全曲线,随试验温度的增高而趋向扁平(图19-10),峰点显著下降和右移,即棱柱体高温抗压强度 f_c^T 降低和峰值应变 ε_p^T 增大。不同骨料和强度等级的混凝土有相似的曲线形状。

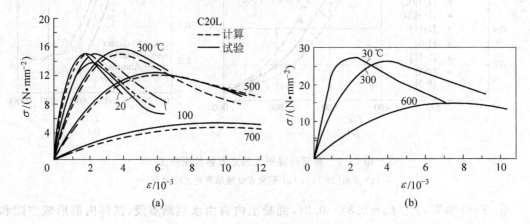

图 19-10 高温时混凝土的受压应力-应变全曲线
(a) 文献[19-10];(b) 文献[19-19]

棱柱体的受力变形和破坏过程分作 3 个阶段:①$\sigma/f_c^T<0.3\sim0.5$,试件变形与应力近似线性增长。高温下,试件在加载之前就出现较多裂缝,加载后变形大;②$\sigma/f_c^T=0.5\sim1.0$,高温试件的表面和内部遍布裂缝,并有较大开展,塑性变形发展快,曲线斜率渐减,峰部平缓,峰点不突出;③应力峰值后($\varepsilon>\varepsilon_p^T$),继续加大试件变形,裂缝扩展,应力下降,混凝土无突发性破碎,下降段平稳。试件的最终破坏形态和常温试件的类似,也可见明显的斜向贯通裂缝,但裂缝的破碎带更宽,倾斜角减小,且表面上布满龟裂裂缝。

从应力-应变全曲线上的峰点摘取混凝土的棱柱体高温强度 f_c^T 和峰值应变 ε_p^T,它们随试验温度的变化如图 19-11 所示。高温下棱柱体强度(f_c^T/f_c)与立方体强度(f_{cu}^T/f_{cu},图 19-9(a))的变化规律一致,但前者的下降幅度稍大,峰值应变则随温度的升高而加快增长。

从实测的应力-应变曲线上取 $\sigma=0.4f_c^T$ 时的割线模量作为混凝土的初始弹性模量 E_0^T,由棱柱体强度和相应应变计算峰值变形模量 $E_p^T=f_c^T/\varepsilon_p^T$。这两个模量都随温度的升高(>50℃)而单调下降(图 19-12),且数值很接近。还有试验表明,混凝土的弹性模量在降温过程中很少变化(图 19-12(b))[19-20],与抗压强度的状况相似,同样是高温下混凝土内部的损伤不可恢复所致。

混凝土的泊松比随温度升高(>50℃)而减小,至 400℃ 时其值不足常温时的一半。在

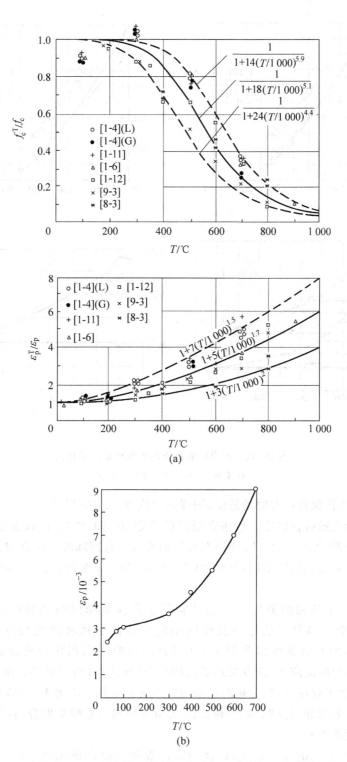

图 19-11　高温时混凝土的棱柱体抗压强度和峰值应变

(a) 文献[19-10]；(b) 文献[19-19]

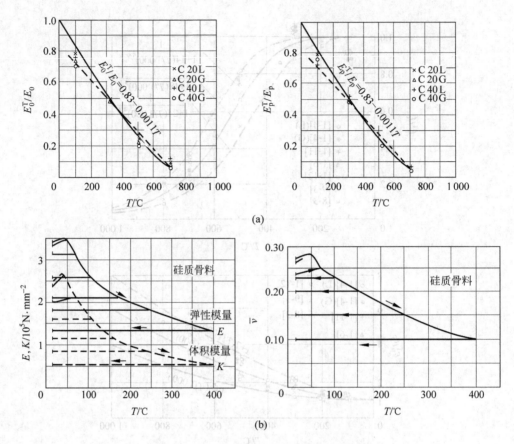

图 19-12   高温时混凝土的弹性模量和泊松比

(a) 文献[19-10]；(b) 文献[19-20]

降温过程中,泊松比保持高温时的低值,同样不可恢复(图 19-12(b))。

高温下混凝土的抗拉强度一般用劈裂试验测定(图 19-13)。抗拉强度(f_t^T/f_t)在 $T=100\sim300$ ℃时下降约 20%,当 $T\geqslant400$ ℃时近似按线性急剧降低。注意,混凝土抗拉强度和抗压强度随温度的变化规律不同,其比值(f_t^T/f_c^T)不是一个常值,在 $T=300\sim500$ ℃时出现最小值。

钢筋和混凝土的粘结强度(τ_u^T)随试验温度升高而降低的趋势(图 19-14)与抗拉强度(f_t^T)的相似。高温时的粘结强度因钢筋的表面形状和锈蚀程度而有较大差别。显然,光圆钢筋的粘结强度损失最大,甚至超过混凝土高温抗拉强度的损失幅度。

混凝土在高温时的应力-应变关系是结构高温(抗火)分析所必须。由于混凝土的抗拉强度低,高温下更无保证,结构分析时一般忽略其抗拉作用。混凝土在不同温度下的受压应力-应变全曲线,若以相对坐标 σ/f_c^T 和 $\varepsilon/\varepsilon_p^T$ 表示可用同一方程来拟合,各文献[19-12,19-16,19-18]建议了多种不同的形式。

文献[19-12]给出的理论曲线,以及所需的混凝土高温抗压强度(f_c^T/f_c)和特征变形(ε_p^T 和 ε_u^T)的数值见图 19-15。上升段曲线的方程为

$$\sigma = \frac{3(\varepsilon/\varepsilon_p^T)}{2 + (\varepsilon/\varepsilon_p^T)^3} f_c^T \tag{19-10}$$

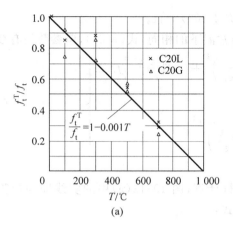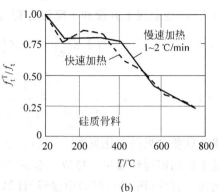

(a)   (b)

图 19-13　高温时混凝土的抗拉强度

(a) 文献[19-18]；(b) 文献[19-5]

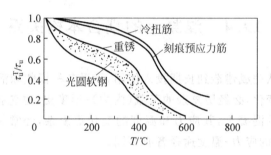

图 19-14　高温时钢筋和混凝土的粘结强度[19-21]

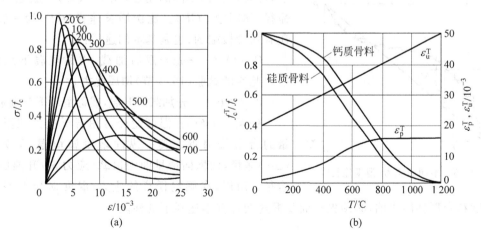

(a)   (b)

图 19-15　混凝土的高温压应力-应变理论曲线[19-12]

(a) 应力-应变曲线；(b) 强度和应变值

下降段可取为由峰点(ε_p^T,f_c^T)至极限点(ε_u^T,0)相连的直线，或者合理曲线。

　　文献[19-10]建议了高温下混凝土棱柱体抗压强度和峰值应变的计算式为

$$f_c^T = \frac{f_c}{1 + 18(T/1\ 000)^{5.1}} \tag{19-11}$$

$$\varepsilon_p^T = [1 + 5(T/1\,000)^{1.7}]\varepsilon_p \tag{19-12}$$

采用的应力-应变曲线上升段和下降段方程与常温下的相同(式(1-6)),但参数值有变:

$$\frac{\varepsilon}{\varepsilon_p^T} \leqslant 1 \qquad \sigma = \left[2.2\left(\frac{\varepsilon}{\varepsilon_p^T}\right) - 1.4\left(\frac{\varepsilon}{\varepsilon_p^T}\right)^2 + 0.2\left(\frac{\varepsilon}{\varepsilon_p^T}\right)^3\right]f_c^T$$

$$\frac{\varepsilon}{\varepsilon_p^T} \geqslant 1 \qquad \sigma = \frac{\left(\dfrac{\varepsilon}{\varepsilon_p^T}\right)}{0.8\left(\dfrac{\varepsilon}{\varepsilon_p^T} - 1\right)^2 + \left(\dfrac{\varepsilon}{\varepsilon_p^T}\right)}f_c^T \tag{19-13}$$

理论曲线与试验结果的对比见图 19-10(a)。

混凝土的高温弹性模量可按以上公式进行计算,图 19-12(a)中的实线即为计算结果,或者简化为一直线(图 19-12(a)中虚线)计算式:

$$T = 60 \sim 700℃ \qquad \frac{E_0^T}{E_0} = \frac{E_p^T}{E_p} = 0.83 - 0.001\,1T \tag{19-14}$$

19.4　混凝土的耦合本构关系

实际的结构工程从完成建造到长期投入使用,承受各种恒载和活载的作用,以及遭受经常性或偶然性的温度变化,必经历复杂的荷载(内力)-温度史,也包括升降温过程中的内力重分布。结构中一点的混凝土,其应力和温度的变化更复杂,经常是交替地或同时地变化(增大或减小),且各点的应力-温度途径各有不同。

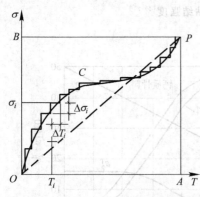

图 19-16　不同的应力-温度途径[19-22]

混凝土从起始条件到达应力和温度的一个确定值,可有许多种不同的途径(图 19-16),一般地为任意途径(如图中 *OCP*)。比例增长途径(*OP*)为一特例,还有两种极端的、也是基本的途径:

① *OAP*——先升温后加载,或称恒温下加载途径。此前的试验(19.3 节)均属此类。

② *OBP*——先加载后升温,或称恒载下升温途径。

任意一个应力-温度途径可用若干应力和温度增量的台阶线逼近。其中纵向增量属恒温(T_i)加载($\Delta\sigma_i$)途径,而横向增量即为恒载(应力 σ_i)升温(ΔT_i)途径。所以,在确定任意的应力-温度途径下混凝土的强度和变形性能之前,必须先全面掌握这两种基本途径下的性能。

19.4.1　抗压强度的上、下限

按不同的应力-温度途径试验测定的混凝土立方体抗压强度[19-10,19-23]如图 19-17 所示。其中恒温加载途径下的抗压强度连线(同图 19-9)是各种途径下抗压强度的下包络线,即混凝土高温抗压强度的下限。而恒载升温途径下的连线为上包络线,即高温抗压强度的上限。其他各种加载-升温途径下的混凝土强度都在此上、下限范围之内。例如比例加载-升温途

径,又如先加初始应力($\sigma_0/f_c=0.2,0.4,0.6$),后升温至 350~820℃,再加载直至试件破坏。

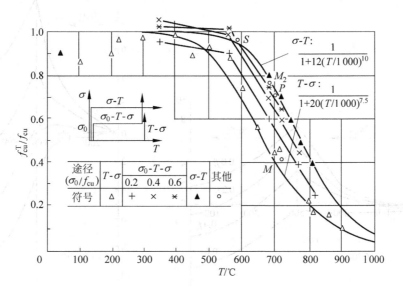

图 19-17　混凝土高温抗压强度的上、下限[19-10]

混凝土高温抗压强度的上限和下限,在温度 $T=600\sim800$℃时差别最大,绝对值相差($0.20\sim0.35$)f_{cu},上下限强度的比值达1.4~2.5。文献[19-10]中给出了上、下限强度的计算式。

恒载升温途径下混凝土抗压强度偏高的原因是,先期压应力的作用限制了混凝土在高温下的自由膨胀变形(见 19.4.2 节),以及缓解了高温对骨料和水泥砂浆间粘结的破坏作用。

19.4.2　应力下的温度变形和瞬态热应变

混凝土在升温和降温过程中的温度(膨胀)变形值受其应力状态的影响而有很大变化(图 19-18)。试件在自由升温($\sigma=0$)情况下,混凝土的长度膨胀变形为 ε_{th}(同图 19-3(a)),降至室温后有残余变形(伸长)。试件在室温下先施加压应力(σ),应变为负值(缩短)。在此恒定压应力作用下升温,测得的试件应变(膨胀)增长量和达到相同温度时的总应变量(ε_T)与自由试件的相应值相差悬殊。应力较高的试件,在升温后甚至出现负应变(缩短),与自由试件的应变异号。

在降温过程中,不同压应力值的试件的应变值都减小(缩短),且变形曲线近似平行。回至室温后的残余应变一般为缩短,其值随应力水平而有很大差别。

在相同的温度下,混凝土的自由膨胀应变(ε_{th})和应力下的温度应变(ε_T)的差值①称为瞬态热应变 ε_{tr}[19-23],即

$$\varepsilon_{tr} = \varepsilon_{th} - \varepsilon_T \tag{19-15}$$

将 ε_{th} 和 ε_T 的试验值(图 19-18(a))代入后得图 19-19。瞬态热应变(ε_{tr})在升温阶段随温度而

---

　　① 文献[19-24]中将此差值称为"应力引起的温度应变",并认为它由"瞬态热应变"和"基本徐变"等两部分组成,但以前者为主。

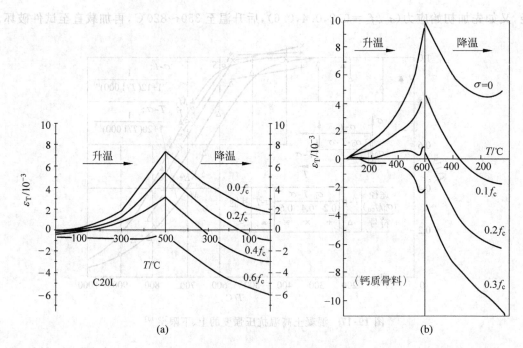

图 19-18 恒定应力下混凝土的温度变形

(a) 文献[19-22]；(b) 文献[19-24,19-25]

加速增长,且约与应力水平(σ/f_c)成正比,在降温阶段则近似常值。

结构内承受压应力的混凝土,其瞬态热应变(ε_{tr})的数值很大,且在升温的即时出现,成为混凝土高温变形的主要部分,对于结构的应力重分布或应力松弛的影响很大,在结构的高温分析中必须加以考虑。瞬态热应变的数值远大于常温下混凝土的受压峰值应变,也大于高温时的短期徐变(图 19-21),但其机理至今尚不清楚,一般认为是混凝土内水泥生成物的化学变化和空隙的体积改变等原因所引起。

根据上述两类高温试验的结果,可对混凝土在不同应力-温度(σ-T)途径下的变形值作一比较。图19-20中的0AP线代表恒温加载途径、0BQ线代表恒载升温途径下的混凝土

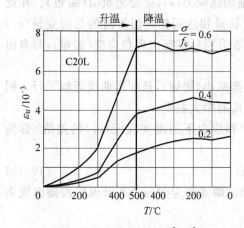

图 19-19 瞬态热应变[19-22]

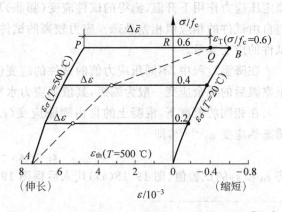

图 19-20 不同应力-温度途径下的混凝土变形[19-22]

应变值。当混凝土的温度同为 500℃、应力同为 $\sigma/f_c=0.6$ 时,前者的总应变为 PR(膨胀),而后者的应变为 RQ(缩短),二者符号相反,数值相差悬殊($\Delta\bar\varepsilon=PQ$)。在其他应力值($\sigma/f_c=0\sim0.6$)时,两种极端途径下的混凝土总应变分别为 AP 和 AQ 线,可见其差别($\Delta\varepsilon$)的巨大。

因此,在进行结构的高温性能分析时,必须考虑混凝土的应力-温度途径,引入耦合本构关系,否则不可能获得准确、合理的结果。

19.4.3 短期高温徐变

混凝土的另一类与应力有关的温度变形是短期高温徐变(ε_{cr}),即在恒定的应力和温度情况下,随时间而增长的变形(图 19-21)。

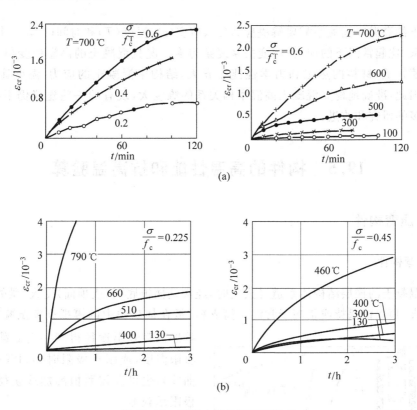

图 19-21 混凝土的短期高温徐变
(a) 文献[19-23];(b) 文献[19-5]

混凝土的短期高温徐变,在起始阶段($t<60min$)增长较快,往后逐渐减慢,持续数日仍有少量增加。高温徐变与应力水平($\sigma/f_c^T\leqslant0.6$)约成正比增加,但随温度的升高而加速增长。

混凝土的短期高温徐变值远大于常温下的徐变值,且在很短时间(以分钟计)内就可量测到。但是与上述混凝土的温度应变和高温下应力产生的即时应变(ε_{th},ε_T,ε_{tr})等相比,其绝对值却小得多。

19.4.4　耦合本构关系

混凝土在应力和温度的共同作用下所产生的应变值,按照应力-温度途径的分解(图 19-16),可看做由 3 部分组成[19-10,19-23]:恒温下应力产生的应变(ε_σ,即图 19-10)、恒载(应力)下的温度应变(ε_T)和短期高温徐变(ε_{cr}),故总应变为

$$\varepsilon = -\varepsilon_\sigma(\sigma, T) + \varepsilon_T(\sigma/f_c, T) - \varepsilon_{cr}(\sigma/f_c^T, T, t) \tag{19-16}$$

将式(19-15)代入得

$$\varepsilon = -\varepsilon_\sigma(\sigma, T) + \varepsilon_{th}(T) - \varepsilon_{tr}(\sigma/f_c, T) - \varepsilon_{cr}(\sigma/f_c^T, T, t) \tag{19-17}$$

式中各高温应变分量可分别从试验中测定(见前面有关插图),或者采用文献[19-10,19-26]中建议的经验计算式。有些文献[19-22]将 4 个应变分量合并为 2 个或 3 个分量,计算可以简化。

混凝土的高温本构关系需要解决应力(σ)、应变(ε)、温度(T)和时间(t)等 4 个因素的相互耦合关系,比起常温下的应力-应变关系复杂得多。况且混凝土的高温应变值很大,而应力(强度)值很低,材料的热工和力学性能变异大,结构中混凝土的应力-温度途径变化极多……。因此,准确地建立混凝土高温本构关系的难度大,现有的一些建议仍不够完善,还需进行更多的研究和改进。

19.5　构件的高温性能和抗高温验算

19.5.1　压弯构件

1. 受弯构件

钢筋混凝土的楼层结构体系遭受火灾时,经常是楼板底面(或顶面)受火,梁的底面和侧面三面受火,顶面仍保持或稍高于常温。简支梁、板在加热炉中的模拟火灾试验[19-27],可以按照恒载升温途径得到一定荷载水平下的极限温度,或耐火极限时间(ISO 标准 T-t 曲线),也可以按照恒温加载途径得到高温极限承载力。

一组矩形截面对称配筋梁的三面高温试验结果[19-28]示于图 19-22。拉区高温的试件在恒温加载途径下,材料强度(f_y^T,f_c^T)因升温而有不同程度的下降。试件加载后,当弯矩产生的钢筋拉应力达到其高温屈服强度($\sigma_s = f_y^T$)时,构件临界截面的裂缝迅速开展,挠度增长而破坏。试件破坏时的高温极限弯矩和常温下极限弯矩的比值(M_u^T/M_u)

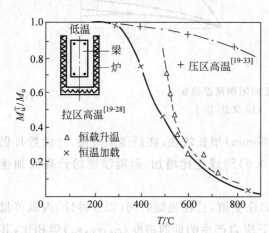

图 19-22　三面高温梁的极限弯矩-温度关系

随试验温度的升高而降低,其变化规律与钢筋屈服强度的变化(图19-6)很接近。

试件破坏后冷却至室温,可见表面裂缝分布均匀,宽度大;临界截面的受拉裂缝延伸很长,已接近压区边缘;混凝土压碎部分的高度小,但纵向长度大;残余变形大,明显地挠曲。

拉区高温的试件在恒载升温试验中,初始荷载(或弯矩)在截面上建立的应力状态(σ_s, σ_c),在升温过程中因为截面应力重分布和中和轴的少量移动而发生一定波动。升温后,材料强度逐渐下降,当钢筋的屈服强度降低至当时的应力值时$(f_y^T = \sigma_s)$,试件临界截面因裂缝迅速开展,挠度增大而破坏,此时的温度为极限温度(T_u)。从图19-22可见,试件在恒载升温途径下的极限承载力-温度曲线高于恒温加载途径的相应值。

受弯构件的另一种三面高温试验为截面的压区和侧面高温,相当于连续梁中间支座的负弯矩区。试件升温后,梁顶部受拉钢筋的温度不高,强度损失有限。但压区混凝土因升温而降低强度(f_c^T),极限状态时的压区面积增大才能和钢筋拉力保持平衡。因而截面力臂减小,极限弯矩(M_u^T)相应地减小,但减小的幅度有限(图19-22),其高温承载力大大高于拉区高温的试件。

钢筋混凝土受弯构件的高温极限承载力或耐火极限还因为混凝土骨料的种类和性质、热工参数、截面尺寸、保护层厚度、配筋率等因素的影响而变动。此外,受弯构件的极限抗(弯)剪承载力(V_u^T)也随温度的升高而降低。由于梁的弯剪破坏主要取决于截面高度中间和顶部(压区)的混凝土强度,而且梁内部温度低,强度损失少,故极限弯剪承载力(V_u^T/V_u)的降低幅度一般小于抗弯承载力(M_u^T/M_u)的降低幅度。有些在常温下应该发生斜裂缝弯剪破坏的试件,因为试验温度较高而转为弯曲破坏[19-28]。

2. 轴心受压构件

钢筋混凝土轴心受压柱在四面受火情况下的极限承载力(N_u^T)随温度的升高而降低[19-29,19-30]。恒载升温试验中,试件的极限温度或耐火时间随初始荷载水平(N_u^T/N_0)的提高而减小。其变化规律与素混凝土棱柱体抗压强度(图19-11)的相似,降低幅度取决于骨料的种类、截面尺寸、保护层厚度、混凝土强度和配筋率等。

轴心受压柱在三面高温情况下进行恒温加载试验[19-31,19-32],试件升温后,截面温度不均匀且不对称,产生凸向高温面的挠曲变形,成为加载时的初始偏心距。施加轴力后,高温区的混凝土弹性模量下降多,压应变大于低温区,试件产生凹向高温区的挠曲变形。二者变形方向相反。试验温度$T > 400℃$的试件,破坏时的变形凹向高温一侧,为小偏心受压破坏形态,即高温侧混凝土压坏,低温侧有横向受拉裂缝。试件的极限承载力(N_u^T)随温度的升高而下降,降低的幅度小于四面高温的情况。

3. 压弯构件

杆系结构遭受火灾时最普遍的是三面(或一面)受火的压弯构件。柱和墙一侧受火是如此,梁和板受火后,其轴向膨胀常受周围未受火结构的约束而承受轴压力也是如此。轴压力有利于提高构件的极限弯矩值,且影响较大。

在常温下,矩形截面对称配筋构件的极限承载力,以轴心受压$(e_0 = 0)$时为最大(N_0)。轴向荷载偏心作用时,极限承载力(N_e)随偏心距(e_0/h)的增大而降低。偏心距位于截面形心的两侧,对构件的受力性能和承载力没有区别,在轴力-弯矩包络图上有对称的包络线(图19-23)。

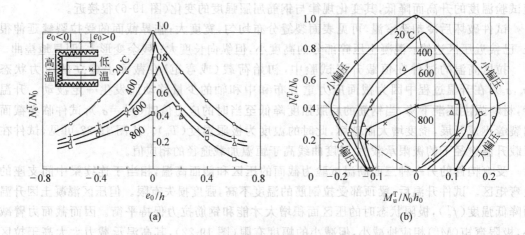

图 19-23 不同温度下的压弯构件极限承载力

(a) 极限承载力和偏心距[19-31,19-33]；(b) 极限弯矩-轴力包络图[19-33]

压弯构件在三面高温情况下的系列试验结果示于图 19-23。三面高温的试件，截面上有不均匀且不对称的温度场，材料的力学性能发生相应变化，形成不均匀且不对称的强度场和变形场，截面的强度中心必定移向低温一侧。在相同的温度条件下，轴心受压构件的承载力(N_e^T，$e_0 = 0$)并非最大值。当荷载移向低温一侧($e_0 > 0$)时，极限承载力逐渐增大；当偏心距 $e_0 = e_u^T$ 时，承载力达最大值；$e_0 > e_u^T$ 后，承载力又逐渐减小。构件在某一温度下达到最大承载力时的荷载(轴向力)偏心距称为极强偏心距(e_u^T)。

对称截面构件的极强偏心距在常温时为零，随着温度的升高，极强偏心距逐渐向低温侧漂移。在构件的极限轴力-偏心距($N_e^T/N_0 - e_0/h$)曲线上，在极强偏心距处出现一个尖峰，峰点两侧的曲线不对称。右侧曲线代表截面低温侧的混凝土受压破坏(小偏压状态)控制、或者高温侧的钢筋受拉屈服(大偏压状态)控制的构件极限承载力，曲线的下降斜率大。右侧曲线的含义相反，下降斜率较小。

压弯构件的极限轴力-弯矩($N_e^T/N_0 - M_u^T/N_0h_0$)包络图(图 19-23(b))，在常温状态时对轴力轴对称，在高温下曲线不再对称，其峰点随温度升高而逐渐往右下方移动。压弯构件的大、小偏压破坏形态的界限也随温度而变化，截面两侧的界限偏心距(e_b^T)不再相等。

三面高温压弯构件的变形和破坏过程比常温构件的复杂，极限状态时的附加偏心距变化也大。构件自由升温($N = 0$)时，截面温度变形不均，产生凸向高温侧的挠曲变形。构件在荷载作用下的变形取决于截面的应力和混凝土高温弹性模量的分布。当荷载偏向低温侧($e_0 > 0$)较多时，荷载变形凸向高温侧，与温度变形同向相加；当荷载偏向高温一侧($e_0 < 0$)时，荷载变形凹向高温侧，与温度变形反向，构件的附加偏心距在加载过程中将发生正负号变化。压弯构件最终变形的方向和数值，取决于试验温度和荷载偏心距等，详见文献[19-33]。

建筑物的角柱和边梁，以及相邻两侧有墙或板的其他柱和梁，在遭受火灾时截面的相邻两面受火，其温度分布和受力性能显然不同于有一个对称轴的三面和一面受火构件。已有的两面高温压弯构件的试验研究[19-34~19-36]表明：试件升温后，截面的双向不对称温度场[19-10]引起相应的材料性能场，产生不等的双向弯曲变形；加载后，试件的裂缝发展和双向变形均不对称、变化更复杂;破坏时,截面中和轴与几何对称轴倾斜,受压区为三角形或梯形,呈双向偏压破坏形态,即使轴心受压柱($e_0=0$)也是如此。

两面高温偏压构件的极限承载力和大、小偏压破坏形态随偏心距的变化规律与三面高温偏压构件的相似。具有相同材料和截面尺寸的矩形截面构件,在相同的升温-时间的试验情况下,两面高温和三面高温构件的极限承载力对比如图 19-24。虽然两面高温构件的截面温度分布沿两方向均不对称,且在截面短向出现更大的横向弯曲变形,但截面上高温部分的面积小,总体的材料强度损失少,因而比三面高温构件有更高的极限承载力。在混凝土抗压控制的小偏压状态下,二者的承载力相差更大。

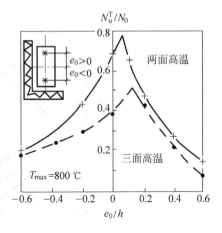

图 19-24 两面高温偏压构件的
极限承载力[19-34]

4. 不同荷载(内力)-温度途径的影响

建筑遭受火灾后,其中各构件(截面)的荷载(内力)-温度途径千变万化,对其高温极限承载力或耐火极限有不同程度的影响。

三面高温偏压构件的恒温加载途径和恒载升温途径的比较[19-34]表明,相同温度和偏心距的试件,在两种途径下有一致的破坏形态,弯曲方向相同,截面压区的破裂高度和受拉裂缝的发展情况也都接近。两种途径下的构件极限轴力-弯矩包络图的形状相似,而恒载升温途径的包络线落在恒温加载途径包络线的外侧,即前者的抗高温性能优于后者。特别是属于小偏压破坏范围的构件相差较大,其主要原因是混凝土材料在恒载升温途径下有更高的抗压强度(图 19-17)。

除了上述两种基本的荷载-温度途径之外,在建筑火灾全过程中,还可能出现多种常见的温度工况,包括高温持续和最终降至室温。文献[19-37～19-39]设计了 4 种温度工况进行对比试验:

① 作为基准的常温(室温)加载;

② 试件升温至 800℃(炉温,下同)、恒温 10 min 后立即加载;

③ 试件升温至 800℃、维持恒温(±25℃)2 h 后加载;

④ 试件升温至 800℃、恒温 10 min,自然冷却至常温(16～20 h)后加载。

钢筋混凝土偏压构件在这 4 种温度工况下所得的高温极限轴力-弯矩包络线如图 19-25。可见这 3 种经受不同高温工况的构件,其极限承载力均比常温构件的显著降低。

高温时加载②和降温后加载④的试件,当偏心距 $e_0 \leqslant 0.2 h_0$ 时为小偏压破坏或低温区受拉钢筋控制的大偏压破坏形态,两种工况下的混凝土(f_c^T)和钢筋强度($\approx f_y$)均接近,极限承载力相差较少;当偏心距 $e_0 > 0.2 h_0$,试件为高温区受拉钢筋控制的大偏压破坏形态,高温时加载②的试件钢筋温度高,承载力下降较多,而降温后加载④的试件,内部钢筋已恢复常温强度而承载力下降较少。

高温下持续 2 h 后加载③的试件,截面内部的温度普遍升高,钢筋的温度接近表面温

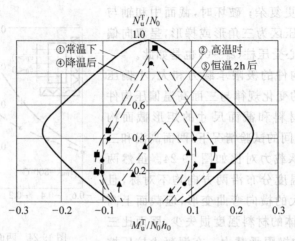

图 19-25 不同温度工况下压弯构件极限承载力的比较[19-37]

度,更大面积的混凝土材料性能严重恶化,变形增大且极限承载力严重受损,包络线猛然缩小且偏斜更多,是最不利的温度工况。

19.5.2 超静定结构

实际工程中钢筋混凝土结构的绝大多数是超静定结构,在高温(火灾)作用下,必发生内力重分布,它的受力性能和破坏过程与常温结构有很大差别。至今虽有一些试验资料发表,但量测数据不完整。文献[19-28,19-40,19-41]进行了连续梁和单跨框架的高温试验,量测了试件的多余未知反力,获得了内力重分布全过程,有助于了解超静定结构高温性能的一些重要特点。

一个矩形截面对称配筋的二跨连续梁试件(编号 Tcb 1-2,见文献[19-28])(图 19-26),先在每跨的三分点上各施加一集中荷载,约等于此梁常温下极限荷载值的 50%($P_0=$

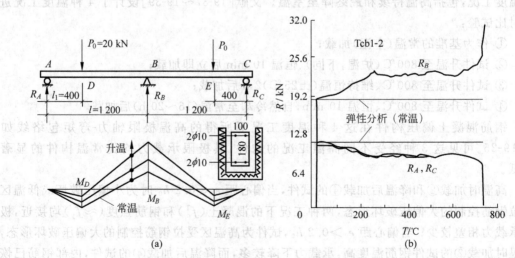

图 19-26 二跨连续梁的恒载升温试验[19-28]

(a) 试件、荷载和弯矩图;(b) 支座反力

20 kN≈0.5P_u)。试件在维持荷载恒定的情况下,在截面的底边和侧边三面加热。当炉内温度达到 T_u=743.2℃时,连续梁形成机构而破坏。对另一个试件(Tcb 1-1)施加的荷载值为 P_0=0.25P_u,则加热至 T_u=950℃时破坏。二者的破坏过程和形态相似。

对试件在常温下施加荷载时,测得的支座反力与弹性计算值相差很少(<2%)。试件升温后,截面温度不均产生的下凸挠曲变形受到支座的约束,使中间支座反力(R_B)增大,而两端支座反力(R_A=R_C)减小(图 19-26)。相应地,跨中弯矩(M_D=M_E=R_A·l_1)减小,支座弯矩(M_B)增大,但保持 M_D+M_B(l_1/l)=M_0=$P_0 l_1$($l-l_1$)/l 为一常值,即简支梁的荷载作用点弯矩值。

试验中量测了构件的支座反力,可确定构件内力(M,V)在升温过程中的重分布。在温度 T=20～300℃时,混凝土材料和构件截面刚度的变化还不大,不均匀的截面温度变形使连续梁有明显的内力重分布;当 T>300℃后,混凝土的材性下降,构件的裂缝开展,截面刚度迅速下降,内力重分布过程比较稳定,变化幅度减慢;当跨中首先出现塑性铰,该处的极限弯矩随升温而继续减小,端支座反力(R_A=R_C)很快下降,中间支座的反力(R_B)和截面弯矩(M_B)上升;当中间支座附近形成塑性铰后,连续梁成为机构而破坏。

常温条件下的连续梁,在荷载作用下一般首先在弯矩较大的支座截面出现塑性铰,其次才在跨中出现塑性铰,形成机构后破坏。在高温情况下,即使温度变形引起的内力重分布使跨中弯矩(M_D)减小,但是此截面为拉区高温,极限弯矩值的降低幅度更大,反而首先出现塑性铰。支座截面为压区高温状态,极限弯矩值降低很少(图 19-22),形成塑性铰较晚。常温和高温情况下,连续梁的破坏机构虽然相同,但是塑性铰出现的次序恰好相反。

超静定次数更高的框架结构,在高温试验中显示了更复杂、变化大的受力变形全过程。根据量测的内力重分布数据和破坏试件的表面状态,可获知塑性铰的位置和出现次序、框架的破坏机构和极限荷载等,这些都和常温下框架结构的受力状态有重大差别(详见文献[19-28,19-10])。

从钢筋混凝土超静定结构的高温试验研究中,已经可看到的重要力学性能特点有:①高温下,截面和构件的极限承载力和变形性能严重下降;②不对称高温(三面、一面高温)构件,在正、负弯矩作用下的极限承载力和变形值相差悬殊;③升温过程中发生剧烈的内力重分布,构件某些区段内的弯矩将正、负易号;④塑性铰形成后,其弯矩值仍随温度值而不断变化,不能保持常值;⑤塑性铰的位置和出现次序,以及破坏机构等随结构的温度而变化;⑥构件的高温变形大,对于内力和极限承载力都有较大影响;⑦不同的荷载-温度史影响结构的内力(承载力)和破坏过程;⑧局部空间的结构高温变形,受到周围常温结构的约束,产生相应的约束力。这些问题的引入,都增添了结构高温分析的复杂性和困难性。

19.5.3　结构的高温分析和近似计算

对于现有的或拟建的结构进行火灾或其他高温作用的危险性和可能损伤的预估时,以及对于灾后结构的损伤程度和残余性能作评定时,都应进行结构的高温分析,主要内容包括:
① 确定温度-时间曲线和分析结构的温度场;
② 确定材料的高温耦合本构关系和分析构件截面的内力-变形-温度-时间关联特性;
③ 分析杆系结构或二、三维结构的温度内力和变形,确定极限承载力或耐火极限等。

这三部分密切相关,又互有影响,但又有相对的独立性。

结构高温分析的一般原理和方法与常温结构的无异。但是,首先要确定在 t 时刻的结构温度场,建立材料的高温本构关系,然后代入相应的几何(变形)协调方程和平衡方程,求解后得到截面的或结构的应力(内力)和变形状态,进行极限承载力的校核。

结构的升温和温度场分析经常是瞬态或动态的过程,混凝土和钢筋的热工和力学性能都是非线性的、还是耦合的,有些结构应考虑几何非线性的影响,使得结构的高温分析成为极复杂的非线性过程,解析法求解难有可能。一般采用有限元分析法或者有限元和差分法的结合,将结构划分为网格单元,按照时间或温度步长依次地进行数值计算。

由于混凝土材料的高温性能复杂,变化大,以及高温结构具有许多特殊性,建立一个准确的钢筋混凝土结构的荷载-温度全过程分析程序仍有很大难度。有些著名的结构通用分析程序(如 ADINAT)中虽然有高温分析的功能,但只限于极简化的热工参数和材料的高温本构关系,很难适用于钢筋混凝土结构的高温受力全过程分析。有些文献如[19-10,19-26,19-42~19-44]中针对一些特定的截面形状构件和结构型式,编制了专用的结构高温分析程序,计算的准确性有待更多的试验和实践加以验证。

无论如何,结构抗高温(火)性能中最重要的指标是高温(火灾)持续一定时间后的极限承载力,或者在一定荷载水平下的耐高温(火)极限时间(或最高温度)。制作足尺试件,进行高温(燃烧)试验加以测定是比较准确、可靠的方法。此外,一些设计规程或指示中给出了钢筋混凝土构件截面的高温极限承载力的实用计算方法。据此就可以直接验算静定构件,甚至用极限平衡法验算超静定结构的抗高温安全性。

文献[19-15]给定了不同种类的混凝土和钢筋随温度变化的计算强度值(f_c^T,f_y^T,图 19-27(a)),这些数值约为试验的下限值。还给出若干种混凝土板和 T 形梁在不同火灾(遵循 ISO 的标准 T-t 曲线)延烧时间(0.5~4.0 h)后的截面温度分布。构件极限状态时的截面应力分布简化如图 19-27(b)所示,钢筋 A_s 和 A_s' 的强度值分别由各自的温度(T_s,T_s')确定;压区混凝土取为矩形应力图,应力值为 $0.67f_c^T$,f_c^T 由压区面积的平均温度 $\overline{T}_c$ 确定;拉区混凝土的作用忽略不计。构件的高温极限承载力(M_u^T 或 M_u^T-N_u^T)很容易由极限平衡方程解算求得。

文献[19-12]采用另一种简化计算方法。首先根据给出的构件截面温度场表格,确定某一火灾延烧时间(0.5~4.0 h)后截面上的 500 ℃等温线,忽略去截面上 $T>500$ ℃的部分,将有效面积($T\leqslant500$ ℃)近似为一矩形(图 19-28(a))。构件的计算截面由此矩形面积的混凝土和截面上的全部钢筋组成。钢筋的强度由所在处的温度确定(图 19-6(b)),混凝土的强度取为常温抗压强度($f_c^T=f_c$,图 19-28(b))。截面平衡方程的建立和解算与常温构件的相同。

文献[19-10,19-34,19-37]中建议的等效截面法,将混凝土和钢筋的高温计算强度图简化为梯形或台阶形(图 19-29)。当确定了构件截面的温度场和若干温度值的等温线后,将各温度区段的截面实有宽度按照混凝土高温计算强度的比例(f_c^T/f_c)加以折减,即可得相应的等效梯形或单、双翼缘的 T 形截面(图 19-29(d))。此后,构件的极限承载力就可按匀质混凝土(强度为 f_c)的等效截面进行计算,与普通的常温构件无异。各种构件的具体计算公式详见文献[19-10]。

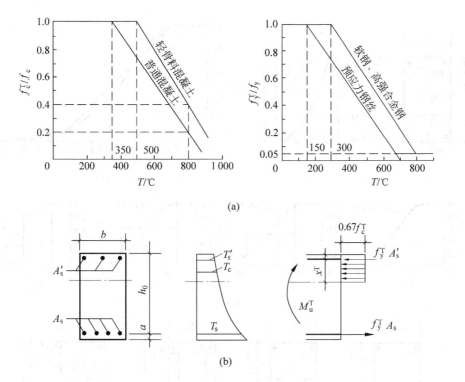

图 19-27 高温极限承载力的计算图形[19-15]

(a) 材料高温强度计算值；(b) 截面的温度和应力分布

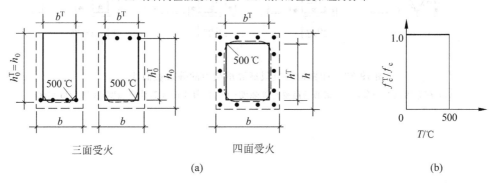

图 19-28 高温极限承载力的计算图形[19-12]

(a) 计算截面；(b) 混凝土计算强度

各国的结构抗火设计规程或指示(如文献[19-4,19-5,19-9,19-12,19-15])中,除了建议所需的计算方法和有关数据之外,都强调了构造措施对结构抗火性能的重要性,并对下述几方面提出明确要求:合理地选择结构材料,规定了构件的截面最小尺寸,特别是薄壁和空腹构件的壁厚,最小的混凝土保护层厚度,配设附加钢筋,防止外层混凝土在高温时崩裂,加强钢筋的锚固,延长纵筋(特别是支座负弯矩钢筋)的切断长度和埋设长度,妥善处理预制构件的接缝,防止火焰和热气的穿透等。

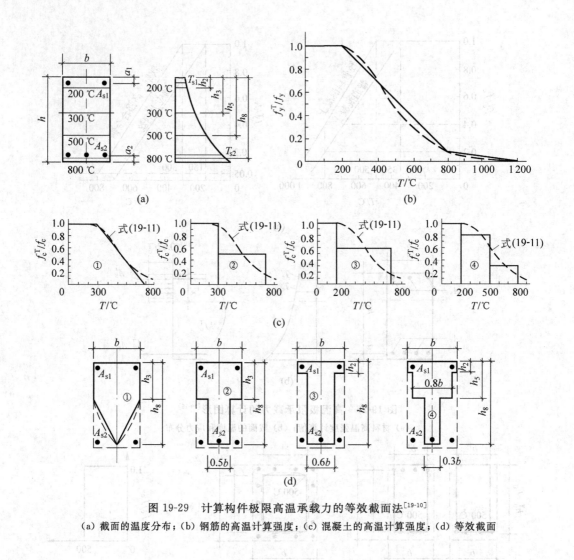

图 19-29　计算构件极限高温承载力的等效截面法[19-10]

(a) 截面的温度分布；(b) 钢筋的高温计算强度；(c) 混凝土的高温计算强度；(d) 等效截面

各国的试验资料，提出了经验建议式（如文献［19-4，19-5，19-9，19-12，19-15］）中上了已知受压高温计算强度的关系曲线之外，钢筋的高温强度对构件的承载力起着重要作用。如图 19-29 几方面指出应该是：对钢筋屈服强度的影响之外，温度下不同体的截面强度折减，各钢筋和破坏及其间距。混凝土在高温下损伤，也随着温度不均匀分布而强度的各种损失；加上钢筋长变形图（梁等期间支承的结构可挠性程度长），钢温度越长间表示及应力及破坏构件的各种计算的分析。

第 20 章 耐 久 性

20.1 混凝土结构耐久性的特点

20.1.1 工程中的问题

结构混凝土的主要原材料是各种天然矿物成分的粗、细骨料,粘结材料同样是石灰矿石烧制加工成的水泥。在一般的环境条件下,天然矿石类材料和有机物的木材、纯金属的钢材等相比,有更稳定的物理和化学性能,抵抗温湿度变化、各种化学作用和生物侵蚀的能力较强,故混凝土结构比木结构、钢结构更为耐久。

自从混凝土结构问世以来,至今已逾百年,国内外建成了大量的各种混凝土结构。其中大部分处于正常环境条件和极少维护的情况中,它们能长期保持良好的工作性能,且可望延续使用很长时间。

但是,工程中也常发现个别结构,以及某些地区或环境条件下的成批结构,建成后不久,在远低于其预期的使用期限前,就因为各种原因而出现不同程度的损伤和局部破裂现象。如混凝土严重开裂、掉皮,棱角缺损,强度下降,钢筋的保护层剥落、裸露和锈蚀,构件弯曲下垂等,妨碍结构的继续使用;更严重的甚至造成承载力损失,埋下安全隐患。例如某些化工和冶金工业建筑遭受化学侵蚀,建成后 2~10 年就发生严重破坏,甚至尚未投入生产就要废弃[20-1];沿海地区和海洋工程的混凝土结构受氯盐侵蚀;露天的公路桥梁和路面,因冬季撒放除冰盐而造成严重腐蚀;严寒地区的结构,因遭受反复冻融作用而使混凝土胀裂……。这些都属于混凝土结构的耐久性劣化或失效。据统计,我国现有的工业厂房中,约有半数须进行耐久性评估,其中半数以上急需维修加固后才能正常使用[20-2],铁路桥梁中约有 19%存在不同程度的损伤。

结构在预定的使用期限内,出现耐久性失效,不仅影响建(构)筑物的正常生产和生活功能,而且造成巨大的直接经济损失。据国内外资料,有些工程过早地出现破损现象,为了延长其使用年限而投入检修和加固的费用,甚至超出原投资的数倍。

混凝土结构的耐久性是指结构及其各组成部分,在所处的自然环境和使用条件等因素的长期作用下,抵抗材料性能劣化、仍能维持结构的安全和适用功能的能力。结构在正常使用条件下,无需重大维修而仍能满足安全和适用功能所延续的时间,称为使用年限(寿命),可作为表达结构耐久性的数量指标。

关于混凝土材料和结构的耐久性问题,人们早在20世纪50年代之前就有所察觉,开始了有关的研究工作;至20世纪60年代后引起工程界和学术界的广泛重视,开展了全面、系统的研究,召开了多次专题性国际会议。一些国家的学术组织制定了有关的设计规程,以指导拟建结构的设计和构造。如日本土木学会的《混凝土结构物耐久性设计准则(试行)》(1989),欧洲混凝土委员会的《耐久性混凝土结构设计指南》(1992)等。我国从20世纪80年代开始,也从多方面投入研究,取得了不少成果。混凝土结构设计规范(GB 50010,2002版)[1-1]中,首次明确地提出了耐久性的要求和设计指示,旋后又专门颁布了国家标准"混凝土结构耐久性设计规范"[20-3]。

根据工程事故的调研和有关的试验、理论研究,混凝土结构的耐久性失效主要有以下几类:渗透、冻融、碱-骨料反应、混凝土碳化、化学(氯盐)腐蚀和钢筋锈蚀等。其他还有疲劳(第17章)、摩擦损伤(如过水坝和路面、机场跑道)、生物腐蚀、钢筋的应力腐蚀等。

20.1.2 耐久性失效的特点

前几章介绍的混凝土结构特殊(抗震、疲劳、抗爆、抗高温)性能有一共同特点,即主要研究材料和构件在不同条件下的受力(包括惯性力、冲击力)作用所产生的承载力失效,与材料的力学性能(f,E)联系密切。而混凝土材料及其结构的耐久性劣化或失效,本质上并非外力作用所致,它具有以下主要特点:

① 在所处环境条件下,耐久性失效是由于外界介质或材料内部对混凝土的化学和物理作用的结果。混凝土耐久性失效的主要原因有:空气中的 CO_2、海水或除冰盐中的氯离子 Cl^-、水泥中的碱质等与混凝土或钢筋(Fe)的化学作用,多次温度升降或冻融循环使混凝土交替地膨胀和收缩的物理作用等,造成混凝土内部细观结构的破坏、引发性能的退化。

② 耐久性失效是个缓慢的积累过程。结构所受的荷载增大至极限值后,即时出现承载力失效,是以小时计、甚至分秒计的短期现象。而结构的耐久性失效则是一个由于外界环境因素和材料内部对混凝土和钢筋的缓慢作用后,材料的损伤和材性的退化由小扩大、由表及里的逐渐积累过程,是以月、年计,甚至难以制定一个确切的失效标准和失效时刻。

③ 引起耐久性失效的诸因素相互关联、相互影响。例如混凝土的碳化和化学腐蚀促使钢筋锈蚀;碱骨料反应和冻融循环产生混凝土裂缝,促使混凝土碳化深入内部和钢筋锈蚀;钢筋锈蚀后体积膨胀,产生顺筋裂缝,保护层爆裂等。

④ 耐久性失效首先受控于正常使用(适用性)极限状态、而非承载能力极限状态[20-4,20-5]。当混凝土结构因各种因素招致不可接受的外观损伤,如裂缝宽大,混凝土剥落、钢筋外露和锈蚀等,已不能满足使用功能,首先达到适用性极限状态。此时,结构的承载力损失有限,并不立刻失效。当然,经过了更长的时间,材性劣化严重和损伤积累扩张后,仍有可能进入承载能力极限状态。

混凝土的材性劣化和耐久性受损是一个复杂而缓慢的化学和物理作用的过程,影响因素众多。许多因素,如环境条件和变迁、介质含量等的随机性强,更兼混凝土材料成分多样,施工质量不均,离散大等,增大了不确定性和分析的难度。经过国内外专家多年的工程调查、试验研究和理论分析,对混凝土结构的耐久性问题已有了较全面的认识,初步探明了各种因素对耐久性的劣化规律和损伤机理。但是,也存在着不同的学术观点、机理分析和计算模型。至今仍难以制定一个统一的、概念明确和定量准确的计算方法,可供工程师们在设计新结构时采用。为了保证或提高混凝土结构的耐久性,目前采取的主要措施是,依靠工程经验,加强构造处理,以及宏观地控制混凝土的材料成分和施工质量等。本章介绍各种耐久性失效的主要概念,包括现象、机理、影响因素,改进和预防措施等。已有的多种详细的物理(化学)模型和计算方法参见有关文献。

20.1.3 混凝土的孔结构

多种因素可引发混凝土的性能劣化和耐久性失效,其严重性在很大程度上都取决于混凝土材料内部结构的多孔性和渗透性。一般而言,因混凝土的密实度差,即内部孔隙率大,则各种液体和气体渗透进入其内部的可能性大,渗透的数量和深度都大,因而将加速混凝土的冻融破坏,碳化反应层更厚(深),增大化学腐蚀,钢筋易生锈,甚至可能完全透水。故研究和解决混凝土的耐久性问题,首先要了解其内部孔结构的组成和特点。

第1章中已经说明了混凝土材料内部结构的特点,是包含粗、细骨料和水泥等固体颗粒物质,游离水和结晶水等液体,以及气孔和缝隙中的气体等所组成的非匀质、非同向的三相混合材料。混凝土内部的孔隙是其施工配制和水泥水化凝固过程的必然产物,因其产生的原因和条件的不同,孔隙的尺寸、数量、分布和孔形(封闭或开放式)等多有区别,故对混凝土的渗透性有很大影响。混凝土内部的孔结构,依其生成原因和尺度可分作三类[20-1],其典型尺寸和在混凝土内部所占体积如表20-1所示。

表 20-1　混凝土空隙结构的类型和特性[20-1]

序号	孔隙类型	主要形成原因	典型尺寸/μm	占总体积/%	孔　形
1	凝胶孔	水泥水化的化学收缩	$0.03\sim3$	$0.5\sim10$	大部分封闭
2	毛细孔	水分蒸发遗留	$1\sim50$	$10\sim15$	大部分开放
3	内泌水孔	钢筋或骨料周界的离析	$10\sim100$	$0.1\sim1$	大部分开放
4	水平裂隙	分层离析	$(0.1\sim1)\times10^3$	$1\sim2$	大部分开放
5	气孔	引气剂专门引入	$5\sim25$	$3\sim10$	大部分封闭
		搅拌、浇注、振捣时引入	$(0.1\sim5)\times10^3$	$1\sim3$	大部分封闭
6	微裂缝	收缩	$(1\sim5)\times10^3$	$0\sim0.1$	开放
		温度变化	$(1\sim20)\times10^3$	$0\sim1$	开放
7	大孔洞和缺陷	漏振、捣不实	$(1\sim500)\times10^3$	$0\sim5$	开放

1. 凝胶孔

混凝土经搅拌后,水泥遇水发生水化作用后生成水泥石。首先,水泥颗粒表面层的熟料矿物开始溶解,逐渐地形成凝聚结构和结晶结构,裹绕在未水化的水泥颗粒核心的周围。随着水泥的水化作用从表层往内部的深入,未水化核心逐渐缩减,而周围的凝胶体加厚,并和相邻水泥颗粒的凝胶体溶合、连接。

凝胶孔就是散布在水泥凝胶体中的细微空间。水化作用初期生成的凝胶孔多为封闭形,后期因水分蒸发,所以孔隙率逐渐增大。凝胶孔的尺度小,多为封闭孔,且占混凝土的总体积不大,故渗透性能差,属无害孔。

2. 毛细孔

水泥水化后水分蒸发,凝胶体逐渐变稠硬化,水泥石内部形成细的毛细孔。初始时混凝土的水灰比大,水泥石和粗、细骨料的界面生成直径稍大的毛细孔,水泥水化程度越低,毛细孔越大。随着水泥水化作用的逐渐深入,水泥颗粒表层转变为凝胶体,其体积增大(约1.2倍),毛细孔的孔隙率下降。

水泥石中毛细孔的形状多样,大部分为开放形,且孔隙的总体积较大。而在水泥石和骨料界面处,因水分蒸发形成的毛细孔孔径更大,数量和体积更大。毛细孔的总体积可占混凝土体积的 10%～15%,对其渗透性影响最大。

3. 非毛细孔

除了上述水泥水化必然形成的两种孔隙外,在混凝土的施工配制和凝结硬化过程中,又形成不同形状、大小和分布的非毛细孔,主要包括:①在混凝土搅拌、浇注和振捣过程中自然引入的气孔;②为提高抗冻性而有意掺入引气剂所产生的气孔;③混凝土拌合物离析,或在粗骨料、钢筋周围(下方)水泥浆离析、泌水所产生的缝隙;④水化作用多余的拌合水蒸发后遗留的孔隙;⑤混凝土内外的温度或湿度差别引起的内应力所产生的微裂缝;⑥施工中操作不当,在混凝土表层和内部遗留的较大孔洞和缝隙等。

影响混凝土孔结构和孔隙率的主要因素如下。

(1) **水灰比 W/C(或水胶比 W/B)**

混凝土的水灰(胶)比越大,水泥颗粒周围的水层越厚,多余拌合水蒸发后形成相互连通的、不规则的毛细孔系统,且孔的直径明显增大,总孔隙率就越大。混凝土水灰(胶)比一般都超过水泥充分水化作用所需的量($W/C \approx 0.20 \sim 0.25$),多余的水量越多,蒸发后遗留的孔隙率越大。

(2) **水泥的品种和细度**

在相同的条件下,分别用膨胀水泥、矾土水泥、普通硅酸盐水泥和火山灰、矿渣水泥等配制的混凝土,其孔隙率依次增大。水泥中粗颗粒含量较多者,凝胶孔和毛细孔的尺寸、体积率都增大。掺加细颗粒的粉煤灰、硅粉等可减小孔隙率。

(3) **骨料品种**

密实的天然岩石作为粗骨料,内部孔隙率很小,且多为封闭形孔;但不同岩石有不等的孔隙率,如花岗石优于石灰石。各种天然的和人造的轻骨料,本身具有很大的孔隙率,且许多孔形属开放形孔。

(4) **配制质量**

混凝土的搅拌、运输、浇注和振捣等施工操作不善,易在内部产生大孔洞和缺陷,精心施工可减小孔隙率。

（5）**养护条件**

及时、充分的养护，有利于保证水泥的水化作用，减小毛细孔的孔径和总孔隙率。采用加热养护时，温湿度的变化都将影响毛细孔的结构，甚至因温湿度梯度大而引起内部裂缝，增大孔隙率。

20.2　若干耐久性问题

20.2.1　渗透

当混凝土与周围介质存在压力差时，高压一方的液体或气体将向低压方迁移，这种现象称为渗透。例如混凝土水坝、水池、水管或路面在水压作用下向结构内部和背水面的渗透，空气中的二氧化碳和侵蚀性成分向混凝土内部的渗透等。过量的渗透将使混凝土材料和结构的耐久性劣化。例如混凝土层完全透水后，水工结构阻水失效；渗入的水发生冰冻，造成冻融破坏；有害气体的侵入使混凝土碳化或腐蚀；……

混凝土抵抗液体和气体渗透的能力称为抗渗性。结构工程中最常见的液体介质是水。混凝土的抗渗水性可用渗透系数（k，cm/s）[20-6]作为定量指标。其定义为：试件在单位时间（s）内、单位水头（cm）作用下、通过单位截面积（cm²）、渗透过厚度 L（cm）的渗水量 Q（cm³/s），表达式为

$$k = \frac{QL}{hF} \quad (\text{cm/s}) \tag{20-1}$$

或

$$Q = k\frac{hF}{L}$$

式中，h——试验时作用水头（cm）；

F——试件渗水截面积（cm²）。

对于不易渗水的密实混凝土，宜按标准试验方法[20-7]测定的抗渗标号来评定。对标准试件施加水压，并按规定速度（0.1 MPa/8 h）缓慢地增压，当一组试件 6 个中的 3 个在背水面出现水珠或湿点时，记下水压值（H，MPa）。抗渗标号的计算式为

$$S = 10H - 1 \tag{20-2}$$

各项结构工程可依据所处环境（水压）和使用要求，确定混凝土所应达到的抗渗标号（$S_2 \sim S_{30}$）或限制渗透量（Q，cm³/s）。混凝土的抗渗标号和渗透系数之间可以互相换算，试验给出的结果如表 20-2 所示。

表 20-2　抗渗（水）标号和渗透系数的换算[20-1]

抗渗标号		S_2	S_4	S_6	S_8	S_{10}	S_{12}	S_{16}	S_{30}
渗透系数 k/(10^{-9}cm·s^{-1})		19.6	7.83	4.19	2.61	1.77	1.29	0.767	0.236
控制水灰比	防水混凝土			0.55～0.60	0.50～0.55			0.45～0.50	
	水工混凝土	<0.75	0.60～0.65	0.55～0.60	0.50～0.55				

液体和气体在混凝土中的渗透,主要经由其内部的毛细孔道,渗透性的强弱取决于混凝土的孔结构和孔隙率。凡是使混凝土孔隙增大的因素,必导致渗透性更强;减小孔隙率和改善孔结构(成封闭形)就可提高抗渗性。根据工程使用的需求,既可配制成高抗渗性($>S_{30}$)的混凝土,也可配制成完全透水的混凝土。例如建筑工程中的地下室、储水池、设备基础等所需的防水混凝土,要求抗渗标号$>S_6$。通过严格控制混凝土的配合比,限制水灰比(见表20-2),注意施工质量,保证密实度,就可以实现。

为了提高混凝土的抗渗性,除了从材料和施工方面着手,减小其孔隙率之外,还可采取外部措施,如在表面覆盖防水涂料或防水砂浆,甚至采用浸渍混凝土。

20.2.2 冻融

混凝土凝固硬化后遗存的游离水,和通过孔隙渗透进入的水都存留在内部的各种孔隙中。当周围气温下降时,孔隙中的水受冻结冰,体积膨胀,破坏材料的内部结构。若这些孔隙中混有部分空气时,一部分未冰冻的水被挤入凝胶孔和其他孔隙,可减小膨胀压力,对冰冻破坏起缓冲作用。

但是,当混凝土处于饱水状态时,毛细孔中的水结冰膨胀,产生较大压力。而凝胶孔因孔径很小,其中的水处于过冷状态(可达$-78℃$)而不结冰。其蒸发压力超过同温度冰的蒸发压力,因而向毛细孔中冰的界面渗透,产生渗透压力[20-1]。此时毛细孔壁同时承受膨胀压力和渗透压力,超过混凝土的细观强度后,破坏孔壁结构,使混凝土内部开裂。

混凝土环境温度的周期性降低和升高,使内部的水冻成冰,冰融成水,反复循环。每次循环使内部结构的损伤不断积累,裂缝继续扩张延伸并相互贯通。破裂现象从混凝土的表层逐渐向深层发展,促使混凝土的强度下降。

混凝土抵抗冻融破损的能力称为抗冻性,用抗冻标号作为定量指标。按照我国国家标准(GB/T 50082—2009)[20-7]规定的试验方法,用28天龄期的标准试件进行慢冻法,在每次冻融循环后测定其质量和抗压强度。当质量损失不超过5%或抗压强度损失不超过25%时的最大冻融循环次数,即为混凝土的抗冻标号,如D25,…,D300。

混凝土抗冻融性能的另一定量指标称为抗冻耐久性指数(DF),是指试件经过300次快速冻融循环后混凝土的动弹性模量(E_1)与其初始值(E_0)的比值,即$DF=E_1/E_0(\%)$。对于寒冷地区的重要工程和大型工程,应按照环境条件(温度,含水量,水质)和设计使用年限等,要求所用混凝土的DF值不低于$40\sim85$[20-3]。

混凝土在凝固之前早期受冻的情况可分成两种:①拌合后立即受冻,混凝土体积膨胀。由于水泥尚未与水发生水化作用,凝固过程中断。当温度回升后冰融化为水,水泥与水照常进行水化作用,混凝土逐渐凝结硬化。但冰化成水后留下的大量孔隙,使混凝土强度降低。②混凝土已经部分凝结,但尚未达足够强度时受冻。由于水泥没有充分水化,起缓冲作用的凝胶孔尚未形成,毛细孔水结冰,体积膨胀,且混凝土内部结构强度降低,受损严重,造成最终强度的巨大损失。混凝土受冻时的龄期越早,所达强度越低,抵抗膨胀的能力越小(图20-1),抗冻结破坏的能力(循环数)越差。

混凝土的抗冻性主要取决于其内部的孔结构和孔隙率,含水饱和程度,受冻龄期等。为了提高其抗冻性,除了采取:降低水灰比,掺加优质粉煤灰和硅粉,材料合理配比,改进施工操作和加强养护等措施,提高混凝土的密实性,减小孔隙率等之外,还有其他方法,如:①拌合混凝土时掺加引气剂,在混凝土内形成大量的分布均匀、但互不连通的封闭形微气孔(表20-1),可吸收毛细孔水结冰时产生的膨胀作用,减轻对内部结构的破坏程度。这是提高抗冻性最为简单有效(图20-2)的方法;②冬季施工时,在混凝土内添加防冻剂、早强剂,或升温养护等方法,防止早期受冻,促进凝固硬化过程。

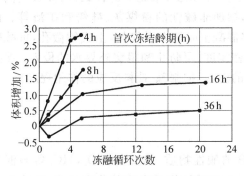

图 20-1　受冻龄期与体积膨胀[20-1]

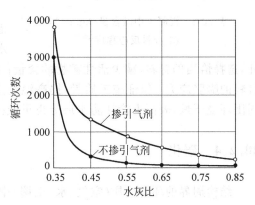

图 20-2　掺引气剂后的抗冻性[20-1]

20.2.3　碱-骨料反应

混凝土骨料中的某些活性矿物与混凝土孔隙中的碱性溶液(KOH,NaOH)之间发生化学反应,体积膨胀,在内部产生膨胀应力,导致混凝土开裂和强度下降,称为碱-骨料反应。它一般发生在混凝土凝固数年之后,但碱-骨料反应可遍及混凝土的全体(不仅是表层),因而很难阻抗和修补,严重的可使混凝土完全破坏。

依据混凝土中骨料矿物成分的不同,碱-骨料反应可分作三类[20-8,20-9]:

① 碱-硅反应,燧石岩、硅化岩石、砂岩、石英岩等矿物骨料,其中的微晶氧化硅与混凝土中的碱溶液反应,生成硅酸体,遇水膨胀,引起开裂;

② 碱-硅酸盐反应,片状硅化岩、千枚岩等骨料中的活性硅酸盐与混凝土中碱性化合物的反应,引起缓慢的体积膨胀,破坏程度较轻;

③ 碱-碳酸盐反应,白云石质石灰岩等碳酸盐骨料是活性的,其中的 $MgCO_3$ 与混凝土中碱性物质反应后转化为水镁石 $Mg(OH)_2$,体积膨胀,使混凝土内部开裂。

混凝土中碱-骨料反应的必要条件是:混凝土中含碱,骨料有活性和孔隙中含水,且各自达一定指标。

混凝土含碱的主要来源是配制的原材料中水泥、骨料、掺合料、外加剂和拌合水中所含的可溶性碱,还有周围环境侵入的碱。其中水泥的含碱量所占份额最大。水泥中含碱的成分和数量取决于制造水泥的原材料和生产工艺。水泥的含碱量可按氧化钠当量($Na_2O+0.658\ K_2O$)的计算值表示。当水泥的碱当量浓度<0.6%时,称为低碱水泥,基本上可避免

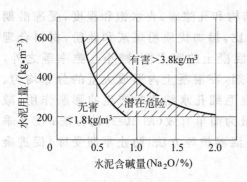

图 20-3 混凝土中碱含量（kg/m³）与
碱-骨料反应程度[20-1]

混凝土的碱-骨料反应（图 20-3）。

混凝土中的总含碱量主要取决于水泥品种所决定的氧化钠当量和水泥用量（kg/m³）。混凝土碱-骨料反应的可能性和严重性,可宏观地用单位体积内的含碱量（kg/m³）来表示（图 20-3）。各国规范为防止碱-骨料反应,都区别不同的环境条件,规定了混凝土的最大含碱量（一般取为 3～3.5 kg/m³）[1-1,20-3]。

防止和减轻混凝土的碱-骨料反应的最有效措施是控制（减少）水泥中的含碱量,如采用低碱水泥,掺加非碱性的粉煤灰、硅粉和矿渣等。此外,选择恰当的骨料,减少活性矿物的含量;搅拌混凝土时加入引气剂,生成细微孔,可减轻骨料的膨胀应力;保证施工质量,提高混凝土的密实度,可防止和阻缓外界水的侵入;保持周围环境干燥,表面上涂抹防水层等也可减少水的渗入,抑制碱-骨料反应的作用程度。

20.2.4 碳化

结构周界的环境介质（空气、水、土壤）中所含的酸性物质,如 CO_2,SO_2,HCl 等与混凝土表面接触,并通过各种孔隙渗透至内部,与水泥石的碱性物质发生的化学反应,称为混凝土的中性化[20-1]。最普遍发生的形式是空气中混凝土的碳化。空气中的 CO_2 首先渗透到混凝土的孔隙和毛细孔中,而后溶解于孔中液体,与水泥的水化作用产物氢氧化钙 $Ca(OH)_2$、硅酸钙等作用形成碳酸钙等。

混凝土碳化后,部分凝胶孔和毛细孔被碳化产物堵塞,对其密实性和抗压强度（f_c）有所提高（图 20-4）,是其有利方面。但是,更主要的是有害作用。混凝土碳化（中性化）后降低了碱度（pH 值）,一旦碳化层深及钢筋表面,将破坏其表面的钝化膜而使钢筋生锈。而且,碳化的混凝土加剧了收缩变形,导致裂缝的出现、粘结力的下降,甚至钢筋保护层的剥落。

空气中的其他气体,如 SO_2,HCl,Cl_2 等比 CO_2 的浓度低,但酸性更强。它们与混凝土接触并进入内部孔隙后,与 $Ca(OH)_2$ 作用生成酸性盐（$CaSO_4$,$CaCl_2$,…）,大部分沉积在混凝土表面很薄的一层内（图 20-5）。

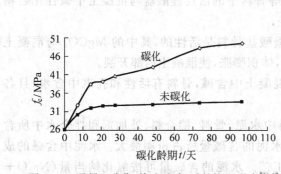

图 20-4 混凝土碳化（快速试验）后的抗压强度[20-2]

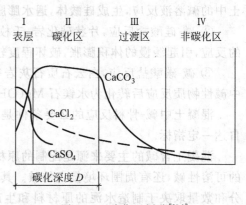

图 20-5 碳化区划分[20-1]

空气中的 CO_2 浓度超过其他酸性气体的数百倍，混凝土的碳化从表层逐渐地扩散至内部，但生成的碳酸钙含量趋向衰减（图 20-5）。含量最高部分即为碳化区，往里为过渡区和非碳化区。接近表面的薄层内，存在的酸性盐部分地破坏了已出现的碳酸盐，故 $CaCO_3$ 的含量较低。混凝土表面至碳化层的最大厚度称为碳化深度（D，mm）。

空气中 CO_2 的浓度一般为 0.03%，混凝土的碳化作用非常缓慢，数十毫米厚的钢筋保护层完全碳化需要数年至数十年不等，取决于其密实性。我国国家标准（GB/T 50082—2009）[20-7]规定，可采用快速试验方法，用高浓度 CO_2（含量（20 ± 3）%）气体测定混凝土的碳化深度（图 20-6）。根据大量的试验室快速试验和实际工程的现场实测，得到混凝土碳化深度与其周围空气中的 CO_2 浓度（C，%）、碳化龄期（t）的一般关系式为

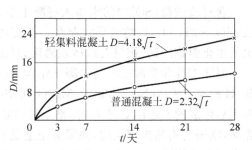

图 20-6　快速试验测定的碳化深度[20-1]

$$D = \alpha \sqrt{Ct} \tag{20-3}$$

式中，α——碳化速度系数。

若快速试验的 CO_2 浓度为 C_k，龄期 t_k 时的碳化深度为 D_k，则自然环境下，当 CO_2 的含量为 C_n，碳化龄期 t_n 时的深度可按下式计算推测：

$$D_n = \sqrt{\frac{C_n t_n}{C_k t_k}} D_k \tag{20-4}$$

碳化速度系数（α）是反映混凝土抗碳化能力的一个物理化学性能指标。其值主要取决于混凝土中所用的水泥品种、水灰比、水泥用量、粉煤灰等掺加料的数量、骨料的品种、养护条件，以及环境温湿度和 CO_2 浓度等，国内外的研究人员提供了各自的经验计算式[20-1]。有些文献[20-2]还提出了多种比较复杂的物理和数学模型，可以预测混凝土的碳化深度。

为了减轻和延缓混凝土的碳化进程，提高结构的耐久性，可采取的措施有：选用抗碳化性能较好的普通硅酸盐水泥；配制的混凝土中有足够的水泥用量、较低的水灰比，掺加优质粉煤灰或硅粉等，以减小孔隙率；精心施工，在搅拌、浇注、振捣和养护过程中，保证混凝土的密实性；表面用涂料或砂浆覆盖，隔绝空气中 CO_2 的渗入，适当增大钢筋的保护层厚度，延迟碳化层抵达钢筋的时间。

20.2.5　化学腐蚀

与混凝土相接触的周围介质，如空气、水（海水）或土壤中含有不同浓度的酸、盐和碱类侵蚀性物质时，当它们渗透进入混凝土内部、与相关成分发生物理作用或化学反应后，使混凝土遭受腐蚀，逐渐地发生胀裂和剥落，进而引起钢筋的腐蚀、以至结构失效。

混凝土腐蚀的原因和机理随侵蚀介质与环境条件而异，可分成以下两类。

（1）溶蚀型腐蚀

水泥的水化生成物中，$Ca(OH)_2$ 最容易被渗入的水溶解，又促使水化硅酸钙等多碱性化合物发生水解，而后破坏低碱性水化产物（CaO，SiO_2）等，最终完全破坏混凝土中的水泥

石结构。某些酸盐(如含 SO_2，H_2S，CO_2)溶液渗入混凝土,生成无凝胶性的松软物质,易被水溶蚀。水泥石的溶蚀程度随渗透水流的速度而增大。水泥石溶蚀后,减弱了其胶结能力,破坏了混凝土材料的整体性。

(2) 结晶膨胀型腐蚀

含有硫酸盐(SO_4^{2-})的水渗入混凝土中,与水泥水化产物$Ca(OH)_2$的化学作用生成石膏($CaSO_4 \cdot 2H_2O$),以溶液形式存在。石膏再和水化物铝硫酸盐起作用,则形成带多个结晶水的水化铝硫酸钙(钙矾石),体积膨胀,导致混凝土开裂破坏。

海洋工程和滨海工程的混凝土结构,长期受海水或潮湿空气的作用,其中含有大量的氯盐、镁盐和硫酸盐($NaCl$，$MgCl_2$，$MgSO_4$，$CaSO_4$ 等)。它们与混凝土中的水泥水化物$Ca(OH)_2$作用后生成的 $CaCl_2$，$CaSO_4$ 等,都是易溶物质。$NaCl$ 又提高其溶解度,增大了混凝土的孔隙率,削弱材料的内部结构,使混凝土遭受腐蚀。混凝土腐蚀的形式,则因结构所处位置和标高而有不同[20-1]:在海水高潮线以上的结构,不与海水直接接触,但潮湿的含盐空气渗入混凝土后,易造成冻融破坏和钢筋锈蚀;在海水浪溅区,混凝土遭受海水的干湿循环作用,产生膨胀型腐蚀和加速钢筋锈蚀;在潮汐涨落的水位变化区,混凝土遭受海浪冲刷、干湿和冻融循环的作用,发生溶蚀性腐蚀,破坏最为严重;在海水低潮线以下,结构长期浸泡在海水中,易受化学分解、腐蚀混凝土,但冻融破坏和钢筋锈蚀不严重。

地下结构与土壤、地下水长期邻接,若其中含有侵蚀性化学成分时,也将使混凝土腐蚀。当含有可溶性硫酸盐($>0.1\%$),即使质量很好的硅酸盐水泥混凝土,也将发生结晶膨胀型腐蚀。地下水中含盐量高者($\approx 1\%$),可使混凝土完全腐蚀解体。水泥中 C_3A 的含量较高者更为不利,有关标准规定不得大于 $3\% \sim 5\%$。地下水中含酸、主要是碳酸(H_2CO_3),当pH 值<6.5 时就可对水泥石产生腐蚀;pH 值$=3 \sim 6$ 时,腐蚀在初期发展很快,后期渐趋缓慢。一般情况下,酸性对大体积混凝土的腐蚀只涉及其表层。但若地下水的压力大,混凝土又不甚密实,酸性水将渗入深层混凝土,可引起严重腐蚀。

有些化工、冶金和造纸等工厂,生产的产品就是强酸和碱,或者生产过程需用大量强酸,使得环境空气的腐蚀性浓度大,且渗漏入地下后又使土壤和地下水带有强酸性。这对于厂房的结构、地下基础和管道等产生很强的腐蚀作用,结构可在很短时间内严重受损,甚至不值得修复而被废弃。

为了防止和减轻混凝土的腐蚀,提高结构的耐久性,除了慎重地选择建造地址,对所在环境的空气、水、土进行检测,控制其中的侵蚀性介质(硫酸盐、镁盐、碳酸盐)含量和 pH 值外,还可从结构设计、选用混凝土材料和施工要求等方面采取措施:选用抗腐蚀性能较强的水泥品种(表 20-3);配制混凝土时采用较低的水灰比,保证必要的水泥用量,添加活性掺合料,加强振捣和养护,以提高混凝土的密实度和抗渗性;适当增大受力钢筋的保护层厚度;对结构混凝土的表面加以涂料或浸渍处理,防止侵蚀性水的渗入和减少混凝土的溶蚀流失。

20.2.6 钢筋锈蚀

混凝土结构中的钢筋是承受拉力的主要抗体,是保证承载力所必需。结构中混凝土在上述各种因素作用下发生耐久性劣化,出现裂缝和损伤,强度的损失并不很大,但若裂缝、腐蚀和碳化等深入到钢筋所在位置,很易招致钢筋锈蚀。由于钢筋的直径和截面积小,锈蚀后的强度将显著降低,使结构的承载力严重折减而出现安全问题。

表 20-3 各种水泥的抗化学腐蚀性能比较[20-1]

腐蚀原因		硫酸盐	弱酸	海水	纯水
硅酸盐水泥	快硬	低	低	低	低
	普通	低	低	低	低
	低热	中	低	低	低
抗硫酸盐水泥		高	低	中	低
矿渣硅酸盐水泥		中～高	中～高	中	中
火山灰质水泥		高	中	高	中
超抗硫酸盐水泥		很高	很高	高	低
矾土水泥		很高	高	很高	高

混凝土中钢筋的锈蚀是一个电化学腐蚀过程[20-1,20-10]。普通硅酸盐水泥配制的密实混凝土,水泥的水化作用使内部溶液具有高碱性,在未经碳化之前,pH 值约为 13,使钢筋表面形成一层由 $Fe_3O_3 \cdot nH_2O$ 或 $Fe_3O_4 \cdot nH_2O$ 组成的致密钝化膜,厚度约为$(0.2\sim1)\mu m$,可保护钢筋免以生锈(图 20-7)。

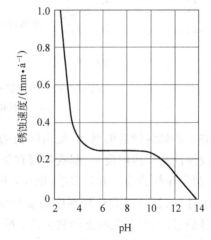

图 20-7 混凝土碱性与钢筋的锈蚀速度[20-1]

当混凝土表层碳化并深入到钢筋表面,或者混凝土中原生的和各种原因产生的缝隙,使周围空气、水和土壤中的氯离子(Cl^-)到达钢筋表面,都降低了混凝土的碱度(pH 值),破坏了钢筋局部表面上的钝化膜,露出铁基体。它与完好的钝化膜区域之间形成电位差,锈蚀点成为小面积的阳极,而大面积的钝化膜为阴极(图 20-8)。大阴极的阴极反应生成 OH^-,提高 pH 值;小阳极表面的铁溶解后生成 $Fe(OH)_2$,成为固态腐蚀物。

钢筋锈蚀后首先出现点蚀,发展为坑蚀,并较快地向外蔓延,扩展为全面锈蚀。钢筋锈蚀产物的体积均显著超过铁基体的数倍(图 20-9)。钢筋沿长度方向的锈蚀和体积膨胀,使

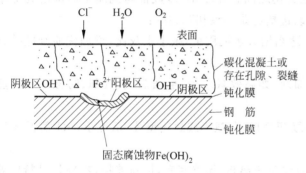

图 20-8 钢筋表面点蚀示意图[20-2]

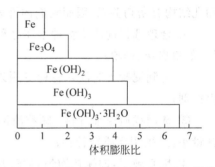

图 20-9 钢筋腐蚀产物的体积膨胀比[20-1]

构件发生顺筋裂缝,裂缝的扩张更加速了钢筋的锈蚀、保护层的破损和爆裂、粘结力的破坏和钢筋抗力的下降,最终使结构承载力失效。

文献[20-11]通过快速腐蚀试验,测定了钢筋锈蚀后的截面积和强度的损失规律。钢筋试件浸泡在4‰的盐(NaCl)溶液内,并加入少量盐酸(HCl),在预定时间取出试件进行测试,得到腐蚀钢筋和原钢筋相比的面积和屈服强度等的损失率。图20-10中表明:随着钢筋腐蚀的加剧,不仅面积减小,其强度损失更大,而且延伸率的减弱最多,即力学性能也有退化,其退化程度随钢材的品种和强度等级而异。

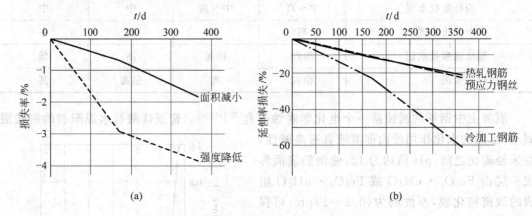

图 20-10　锈蚀钢筋的面积和力学性能退化[20-11]
(a) 面积和屈服强度;(b) 延伸率

防止和延缓钢筋的锈蚀,提高结构的耐久性,可采取如下措施:从环境方面着手,控制各种侵蚀性物质的浓度,限制碳化层和氯离子等深入混凝土内部、抵达钢筋表面。从材料的选用、制作和构造设计方面着手,则应:优先选用耐腐蚀的水泥(表 20-3),减少配制混凝土的粗细骨料、掺合料和外加剂中的氯化物含量;减小水灰比,掺加优质掺合料,注意振捣质量和养护条件,提高混凝土的密实度;配制混凝土时掺加钢筋阻锈剂[20-1];适当增大钢筋的保护层厚度,保证保护层的完好无损,或在混凝土外表喷刷防腐涂料,阻延腐蚀介质接触钢筋表面;采用耐腐蚀的钢筋品种,如环氧树脂涂层钢筋、镀锌钢筋、不锈钢钢筋等。

上面分别介绍了混凝土(结构)耐久性劣化和失效的各种现象和主要原因,以及其机理、影响因素和改进措施。由于各类耐久性劣化之间相互联系,多数都与混凝土内部的孔隙率和孔结构有密切关系,因而它们的许多改进措施是一致和互利的:

① 合理选择优质或特种水泥品种,适当增大水泥用量,减小水灰比,添加优质细粒掺合料,如粉煤灰、硅粉;

② 配制混凝土时注入各种专用外加剂,如高效减水剂、早强剂、引气剂、防冻剂和钢筋阻锈剂;

③ 选用优质粗细骨料:颗粒清洁,级配合理,孔隙小或封闭型孔,活性小,pH 值低,Cl⁻含量小,或采用优质轻骨料;

④ 精心施工,即搅拌均匀,运输和浇注防止离析,振捣密实,加强养护,特别是早龄期养护,减小混凝土的孔隙率;

⑤ 结构设计时,适当增大钢筋的保护层厚度,并保证有效作用;

⑥ 表面和表层处理,即喷涂或浸渍各种隔离材料,阻止周围介质中有害液体和气体的渗入;

⑦ 控制和改善环境条件,如温度、湿度及其变化幅度,降低液体和气体中侵蚀性物质的浓度等。

但是,也应注意到有些措施的两面性,即对改善某些耐久性的劣化现象有利,而对另外一些现象可能反而有害。例如:

① 配制混凝土时掺加适量的优质粉煤灰或硅粉,既可减小混凝土的孔隙率,提高密实度和抗渗性,又能降低混凝土的碱性、减轻碱-骨料反应,延缓碳化进度,并有利于抗化学腐蚀和钢筋的防锈。但如果掺合料的质量差、数量过多,则需要更多的拌合水,使混凝土的孔隙率增大,强度和抗冻性下降,又易引起钢筋锈蚀。

② 水泥中的含碱量适当,可增大 pH 值,有利于钢筋防锈。而含碱量过高,易产生不利的碱-骨料反应。

③ 混凝土浇、捣后采用加热养护,虽能使混凝土获得较高的早期强度,增强抗冻性,但却将加速混凝土的碳化进程,不利于钢筋防锈。

④ 混凝土中掺加引气剂后,在内部产生分布均匀的封闭型微孔,有利于混凝土的抗冻性、抗渗透性和抗腐蚀性。但如果产生的气孔直径大、分布不均匀或总量过多,则会起反面作用,并降低其强度。

⑤ 采用多孔轻骨料的混凝土有利于抗冻,又可配制要求渗透性好的混凝土。但显然不利于要求抗渗的混凝土,且抗碳化和抗化学腐蚀能力减弱,钢筋易于锈蚀。

故对于提高混凝土耐久性所采取的措施,应做全面深入的分析和评估,以免顾此失彼、适得其反。

20.3　结构的耐久性设计和评估

20.3.1　耐久性设计

一般的混凝土结构,其设计使用年限为 50 年,要求较高者可定为 100 年,而临时性结构可予缩短(如 30 年)。建成的结构和构件在正常维护条件下,不经大修加固,应在此预定期间内保持其安全性和全部使用功能。

过去,由于对混凝土结构耐久性的认识不全面、研究不充分,在设计时因建筑物选址不当,或构造措施不力,或施工质量欠佳等问题,当结构建成后、在使用年限到达之前,甚至建成不久就发现结构性能劣化,有明显的宏观破损现象,无法继续使用,即耐久性失效。对这些结构进行检测、维修和加固将耗费大量经费和物资,其中有些甚至不值得修复而废弃,造成极大浪费。

现今,混凝土(结构)耐久性问题的许多方面,如冻融深度、碳化深度、氯离子侵入、钢筋锈蚀率等,都已建立起多种不同的物理和数学模型[20-2,20-5],可进行定量的理论分析。但是,由于混凝土耐久性劣化和失效的牵涉面广、影响因素多而变化幅度大,物理和化学作用复杂,延续时间长等原因,致使各种理论模型的观点难求统一,机理解释有别,计算方法的通用性和准确度都不足以满足实际工程的需求,有待于继续研究改进。

在这种情况下,为保证新建结构具有足够的耐久性,在结构设计和施工阶段可采取的措施有:结构工程合理选址,控制环境条件,改进结构构造,加强施工管理,选用合理材料,提高混凝土配制技术和质量监督等。根据已有的工程经验和教训、试验研究和理论分析等综合结果,可提出对耐久性混凝土的基本定量要求,我国混凝土结构耐久性设计规范[20-3]的规定如表 20-4 所示。表中依据结构所处环境类别和作用等级的差别,给出了混凝土的最低强度等级,最大水胶比和保护层最小厚度等的不同限制值。对构件中钢筋的种类和直径,以及构件的构造措施等规范中也提出了相应要求。有抗渗性和抗冻性要求的混凝土另应满足标准的有关要求。

表 20-4　各种环境类别与作用等级状况下混凝土材料和保护层厚度的要求[20-3]

环境类别		环境作用等级						腐蚀机理
		轻微	轻度	中度	严重	非常严重	极端严重	
Ⅰ	一般环境	Ⅰ-A	Ⅰ-B	Ⅰ-C				混凝土碳化引起钢筋锈蚀
Ⅱ	冻融环境			Ⅱ-C	Ⅱ-D	Ⅱ-E		反复冻融导致混凝土损伤
Ⅲ	海洋氯化物环境			Ⅲ-C	Ⅲ-D	Ⅲ-E	Ⅲ-F	氯盐引起钢筋锈蚀
Ⅳ	除冰盐等其他氯化物环境				Ⅳ-C	Ⅳ-D	Ⅳ-E	氯盐引起钢筋锈蚀
Ⅴ	化学腐蚀环境				Ⅴ-C	Ⅴ-D	Ⅴ-E	硫酸盐等化学物质对混凝土的腐蚀
混凝土强度等级		C25～C30	C30～C35	C35～C45	C40～C50	C45～C55	C50～C55	
最大水胶比(W/B)		0.55～0.60	0.50～0.55	0.40～0.50	0.36～0.50	0.36～0.45	0.36	
保护层最小厚度(mm)		20～25	25～30	30～45	40～55	40～60	60～65	

说明:① 各种环境类别中作用等级的确定条件,以及对混凝土材料的确切要求详见规范正文。

② 表中所列对材料的要求只适用于梁、柱等条形构件,对于板、墙等面形构件另有规定。

③ 表中所列对材料的要求只适用于设计使用年限为 50 年的结构构件。对于设计使用年限为 100 年或 30 年的构件表中所列数值有增减。

20.3.2　已有结构的耐久性检测和评估

已建成的混凝土结构物使用多年后,在各种环境因素和周围介质的不利作用下,或在特殊荷载的偶然作用下,结构的外表和内部常形成程度不等的损伤、性能劣化,耐久性下降。当需要确定其能否在设计使用年限内继续安全承载并满足全部使用功能时,应对结构进行耐久性的检测和评估。

混凝土结构的现场踏勘和检测是了解结构现状和耐久性劣化程度的主要手段,是进行耐久性评估的重要依据。检测的主要内容和方法如下(应尽可能地采用非破损性的检测手段)。

(1) 调查结构和构件的全貌

包括结构的体系和布置,结构和基础的沉降,宏观的结构施工质量,结构使用过程的异常情况,如火灾、冲击或局部超载等有害的特殊作用,曾否改建和加固等。必要时可进行现场加载试验,测定结构的实有受力性能。

(2) 检查外观损伤

如构件裂缝的位置、数量、分布、宽度和深度,构件的变形状况,包括挠度、侧移、倾斜、转动和颤动,支座和节点的变形及裂缝,混凝土表层的缺损,如起皮、剥落、缺棱、掉角等。

(3) 测试混凝土性能

用非破损(回弹、超声波)法或局部破损(拔出、钻芯取样)法测定混凝土实有强度,用超声波或声发射仪等测试内部的孔洞缺陷,钻芯取样测定密实性和抗渗性,钻检测孔,测定碳化深度,现场取样并送试验室,分析氯离子含量、侵入深度及碱含量。

(4) 检测钢筋

检查钢筋保护层的完整性,用专门的仪器或凿开局部保护层,测定构件中钢筋的保护层厚度、位置、直径和数量,以及锈蚀状况和程度,必要时切取适量钢筋试样并送试验室,测定其锈蚀后的面积和强度(损失率)。

(5) 调研和测试环境条件

如结构所处环境的温度、湿度及其变化规律,周围的空气、水或土壤等介质中各种侵蚀性物质的种类和含量(浓度)。

将全部的结构现场观察调研和试验室检测的详细结果汇总后进行统计分析,按照结构的损伤和性能劣化的严重程度,评定各部分的耐久性损伤等级[1],整个结构按相同的损伤等级划分为若干区段,以便分别进行处理。

对现有结构的承载力评定,可根据结构的计算图形和实测的截面尺寸、材料强度等进行计算,也可通过现场的荷载试验进行检验,都可能获得比较准确的结果,做出明确的评定。

但是,要求准确评估结构的"安全耐久年限"和"适用耐久年限"[20-12],或相应的剩余寿命,至今仍难以实现。虽然通过现场踏勘和试验室检测可得到结构现状的详细数据,尽管众多文献(如[20-2])中提供了许多种混凝土结构耐久性评估的理论分析方法,如可靠性鉴定法、综合鉴定法、层次分析法专家系统、人工神经网络分析法,等等,由于结构耐久性问题的复杂性和一定的随机性、结构材料和施工的离散性,以及耐久性失效本来就很难用一个确切的数值(年,月)来衡量,因此至今尚无成熟、准确的方法可敷应用,较多的还是依靠工程统计资料和经验分析等加以推算、估计。

---

① 按我国正在编制的《混凝土结构耐久性评定标准》[20-12],耐久性损伤等级按严重程度分作四级。

符 号 表

说明

1. 下面所列为本书中所引用的主要符号和工程中的常用符号。各章节中局部使用的次要符号和计算系数等未予列人。

2. 由于本书涉及不同材料的多种受力构件在许多工况下的各种性能,各部分所用的物理符号、参数和计算系数众多。有些符号难免类似、甚或重复。为便于查对和避免混淆,将相关的符号大体按书内各章节的内容和顺序,分类列出。

材料的力学性能

混凝土的基本力学性能

C——强度等级,如 C30 表明其标准立方体抗压强度为 30 N/mm²;

f_{cu}——标准立方体的抗压强度;

f_c——标准棱柱体的抗压强度,即轴心抗压强度;

f_c'——圆柱体的抗压强度;

ε_p——与轴心抗压强度相应的峰值应变;

E_c——弹性模量标定值;

ν——泊松比。

f_t——轴心抗拉强度;

$f_{t,s}$——劈裂试验的抗拉强度;

$f_{t,f}$——弯曲试验的抗拉强度;

$\varepsilon_{t,p}$——与轴心抗拉强度相应的峰值应变;

E_t——受拉弹性模量;

ν_t——受拉泊松比。

γ_m——受弯截面抵抗矩塑性影响系数,其值为 $f_{t,f}/f_t$;

τ_p——抗剪强度;

γ_p——与抗剪强度相应的峰值剪应变；

G——剪切模量。

混凝土在不同条件下的力学性能

EV——荷载重复加卸作用下应力-应变曲线的外包络线；

CM——荷载重复加卸作用下应力-应变曲线上的共同点轨迹线；

ST——荷载重复加卸作用下应力-应变曲线上的稳定点轨迹线；

K_c——CM 与 EV 的相似比值；

K_s——ST 与 EV 的相似比值。

e_0——轴向力作用在截面上的偏心距；

$f_{c,e}$——偏心抗压强度；

$\varepsilon_{p,e}$——与偏心抗压强度相应的峰值应变；

$f_{t,e}$——偏心抗拉强度；

$\varepsilon_{t,e}$——与偏心抗拉强度相应的峰值应变；

γ——偏心抗拉强度与轴心抗拉强度的比值。

t——混凝土龄期；

$f_c(t)$——不同龄期的轴心抗压强度；

$E_c(t)$——不同龄期的弹性模量；

ε_{cs}——收缩应变；

t_0——施加应力时龄期；

$\varepsilon_{cc}(t,t_0)$——应力长期作用下的徐变；

$C(t,t_0)$——徐变度或单位徐变，即单位应力作用下的徐变；

$\phi(t,t_0)$——徐变系数，即徐变与加载时初始应变的比值。

ρ——质量密度，当 $\rho \leqslant 1\,900\ \mathrm{kg/m^3}$ 时为轻质混凝土；

CL——轻质混凝土的强度等级，如 CL20；

$f_{cu,L}$——轻质混凝土立方体抗压强度；

$f_{c,L}$——轻质混凝土轴心抗压强度；

$E_{c,L}$——轻质混凝土的弹性模量；

$\varepsilon_{p,L}$——轻质混凝土的抗压峰值应变；

$f_{t,L}$——轻质混凝土的抗拉强度。

f_1,f_2,f_3——三轴（主）应力状态下的极限强度（$f_1 \geqslant f_2 \geqslant f_3$）；

$\varepsilon_{1p},\varepsilon_{2p},\varepsilon_{3p}$——与三轴极限强度相应的峰值（主）应变；

f_{cc}——二轴等压强度（$f_1=0,f_2=f_3$）；

f_{ttt}——三轴等拉强度（$f_1=f_2=f_3>0$）。

$f_{c,c}$——约束混凝土的抗压强度；

ε_{pc}——约束混凝土的受压峰值应变；

A_{cor}——受约束的核芯混凝土截面积；

μ_t——横向约束箍筋或钢管的体积配筋率；

λ_t——箍筋或钢管的横向约束指标。

f_{cb}——局部抗压强度；

β——局部抗压强度提高系数；

A_l——集中力作用在截面上的局部面积；

A_b——支承截面上的有效承载面积。

钢筋的种类和力学性能

HRB——普通热轧带肋钢筋，如 HRB400 的强度级别为 400 MPa；

HRBF——细晶粒热轧带肋钢筋，如 HRBF500；

RRB——余热处理带肋钢筋，如 RRB400；

HPB——热轧光圆钢筋，如 HPB300；

ϕ——钢筋直径的符号，用于文字和工程图说明；如 $\phi20$ 表示其直径为 20 mm；

d——钢筋直径，用作计算符号。

f_y——屈服强度，或硬钢的名义屈服强度；

f_{st}——极限强度；

ε_y——屈服应变；

δ_{gt}——最大拉应力(f_{st})时的总伸长率，也称均匀伸长率；

E_s——弹性模量；

ν_s——泊松比；

$\Delta\sigma_r$——应力松弛值。

钢筋和混凝土的粘结

τ——沿钢筋长度分布的粘结应力；

$\bar{\tau}$——粘结长度内的平均粘结应力；

τ_u——极限粘结强度；

s_l——粘结钢筋加载端的相对滑移；

s_f——粘结钢筋自由端的相对滑移；

l_a——保证钢筋充分发挥强度所必需的最小锚固长度；

τ_{cr}——拉拔钢筋后产生劈裂缝时的平均粘结应力；

S_{cr}——与 τ_{cr} 相应的相对滑移；

τ_r——钢筋拔出时的残余粘结应力；

S_r——钢筋开始拔出时的相对滑移。

基本构件的承载力和变形

截面的几何和配筋参数

b——矩形截面的宽度；

h——矩形截面的高度；

h_0——截面的有效高度；

a——受拉钢筋重心至截面受拉边缘的距离；

a'——受压钢筋重心至截面受压边缘的距离；

A_s——受拉钢筋总面积；

A_s'——受压钢筋总面积；

μ——受拉钢筋的配筋率(A_s/bh_0)；

μ'——受压钢筋的配筋率(A_s'/bh_0)；

n——钢筋和混凝土的弹性模量比值(E_s/E_c)；

λ——混凝土的受压变形塑性系数；

A_0——视作单一混凝土的换算截面面积；

I_0——换算截面的惯性矩；

W_0——换算截面受拉边缘的截面抵抗矩。

材料内部的应力状态

$\sigma_1,\sigma_2,\sigma_3$——一点的三方向主应力,且 $\sigma_1 \geqslant \sigma_2 \geqslant \sigma_3$(受拉为＋,受压为－)；

$\varepsilon_1,\varepsilon_2,\varepsilon_3$——一点的三方向主应变；

I_1——应力张量的第一不变量；

J_2——应力偏量的第二不变量；

J_3——应力偏量的第三不变量；

ξ——静水压力；

r——偏应力；

σ_{oct}——八面体正应力；

τ_{oct}——八面体偏应力；

θ——罗德角。

压弯承载力

N——荷载作用下的截面轴力；

M——荷载作用下的截面弯矩；

e_0——轴力作用在截面上的初始偏心距；

M_{cr}——混凝土受拉开裂时的截面弯矩；

M_y——受拉钢筋屈服时的截面弯矩；

M_u——截面极限弯矩；

N_u——截面极限轴力；

x_u——极限状态时的截面压区高度；

x——按等效矩形应力图计算的极限状态截面压区高度；

η——极限状态时轴向压力的偏心距增大系数；

x_{ub}——区分两种破坏形态的截面界限受压区高度；

e_b——区分两种破坏形态的轴向力界限偏心距；

ξ——极限状态时的截面相对压区高度，如 $\xi_u = x_u/h_0$，$\xi = x/h_0$，$\xi_{ub} = x_{ub}/h_0$；

μ_{min}——受弯构件的最小配筋率；

μ_{max}——受弯构件的最大配筋率。

受弯(拉)裂缝和变形

N_{cr}——受拉构件的混凝土开裂轴力；

M_{cr}——受弯构件的混凝土开裂弯矩；

γ——构件的截面抵抗矩塑性影响系数；

l_m——受拉裂缝的平均间距；

w_m——受拉裂缝的平均宽度；

w_{max}——计算的构件表面最大裂缝宽度；

ψ——裂缝间受拉钢筋的应变不均匀系数；

c——构件表面裂缝至内部最近钢筋表面的距离。

$\dfrac{1}{\rho}$——荷载作用下截面的曲率；

B_0——构件开裂前的截面弯曲刚度(E_cI_0)；

B——构件开裂后的截面平均弯曲刚度；

B_{cr}——裂缝截面的弯曲刚度；

w_c——构件的跨中挠度；

θ_A——构件的端部(A)转角；

θ——荷载长期作用下的挠度增大系数。

抗剪和抗扭承载力

V——荷载作用下的截面剪力；

v——名义剪应力(平均值)；

a——梁端剪弯段长度，称剪跨；

λ——剪跨比(a/h_0)；

V_u——梁端的极限弯剪承载力；

V_c——无腹筋梁或截面混凝土的弯剪承载力；

β_h——混凝土弯剪承载力的截面高度影响系数；

V_{cs}——有腹筋梁的弯剪承载力；

A_{sv}——截面内各肢箍筋的总面积；

f_{yv}——箍筋的屈服强度；

s——箍筋的间距；

A_{sb}——同一平面的弯起钢筋面积；

α——弯起钢筋与梁轴线的夹角；

P_u——板的极限冲切承载力；

u_m——确定冲切承载力时冲切锥的计算周边长度。

T——荷载作用下的截面扭矩；

T_{cr}——混凝土开裂时的截面扭矩；

T_u——截面极限扭矩；

T_p——截面材料全部达到极限强度时的全塑性扭矩；

W_{te}——截面的受扭弹性抵抗矩；

W_{tp}——截面的受扭(全)塑性抵抗矩；

ζ——受扭的纵向钢筋和箍筋在单位长度内的强度比值；

β_t——剪力和扭矩共同作用时的构件承载力降低系数。

分阶段制和承载的构件

M_1——叠合梁第一阶段荷载作用下的截面弯矩；

M_{1u}——叠合梁第一阶段截面的极限弯矩(截面有效高度为 h_{01})；

M_2——叠合梁第二阶段净增的截面弯矩；

M_y——叠合梁第二阶段钢筋屈服时的总弯矩；

M_u——叠合梁第二阶段的截面极限弯矩；

β——叠合梁第二阶段截面上混凝土附加拉力承担的弯矩比值；

M_A——叠合梁的折算弯矩。

A_{s1}——加固梁原有钢筋面积；

A_{s2}——加固梁后增钢筋面积；

α_s——后增钢筋屈服强度的折减系数；

α_{cs}——加固柱后增混凝土和钢筋极限承载力的折减系数。

构件的特殊受力性能

抗震

β ——延性比,如截面曲率延性比 $\beta_{(1/\rho)}$,构件挠度延性比 β_w,结构侧移延性比 β_Δ 等;

θ_p ——塑性变形区的塑性转角;

l_p ——最大弯矩截面一侧的等效塑性区长度;

$N/f_c bh_0$ ——轴压比。

疲劳

n ——荷载重复加卸作用次数;

σ_{min} ——荷载重复加卸作用下,试(构)件内的最小应力;

σ_{max} ——荷载重复加卸作用下,试(构)件内的最大应力;

N ——试(构)件疲劳破坏时的荷载重复加卸作用次数,即疲劳寿命;

p ——疲劳破坏概率;

f_c^f ——混凝土抗压疲劳强度;

f_t^f ——混凝土抗拉疲劳强度;

f_y^f ——钢筋的疲劳(屈服)强度;

Δf_y^f ——钢筋疲劳的应力幅限值($\sigma_{max} - \sigma_{min}$);

τ_u^f ——钢筋和混凝土的粘结疲劳强度;

M_u^f ——受弯构件的疲劳弯矩;

V_u^f ——受弯构件的疲劳剪力。

抗爆

Δp_z ——爆炸冲击波的波阵面超压值;

t_z ——爆炸发生后波阵面到达的时间;

$\dot{\varepsilon}$ ——材料受力时的应变速度;

t_y ——钢筋开始受力至发生屈服的时间;

f_y^{imp} ——钢筋快速加载时的屈服强度;

t_c ——混凝土开始受力至极限强度的时间;

f_c^{imp} ——混凝土快速加载时的抗压强度;

E_c^{imp} ——混凝土快速加载时的弹性模量。

抗高温

T ——温度;

ε_{th}——混凝土的温度膨胀应变；

$\bar{\alpha}_c, \bar{\alpha}_s$——混凝土、钢筋的平均线膨胀系数；

ρ_c, ρ_s——混凝土、钢筋的质量密度；

c_c, c_s——混凝土、钢筋的质量热容，或比热容；

λ_c, λ_s——混凝土、钢筋的热导率或导热系数；

D——热扩散率；

f_y^T, f_{st}^T——高温下钢筋的屈服强度和极限强度；

E_s^T——高温下钢筋的弹性模量；

f_{cu}^T, f_c^T——高温下混凝土的立方体和棱柱体抗压强度；

ε_p^T——高温下混凝土轴心受压的峰值应变；

E_0^T, E_p^T——高温下混凝土的初始弹性模量和峰值变形模量；

f_t^T——高温下混凝土的抗拉强度；

ε_σ——高温下应力作用产生的应变；

ε_T——应力作用下温度变化产生的应变；

ε_{tr}——高温下的瞬态热应变；

ε_{cr}——短期高温徐变；

N_0——常温下轴心受压极限承载力；

N_u^T——高温下截面的极限轴向力；

M_u^T——高温下截面的极限弯矩；

e_0——轴力的初始偏心距；

e_u^T——受压构件的极强偏心距。

耐久性

k——混凝土的渗透系数；

S——混凝土的抗渗标号，如 S_{10}；

D——混凝土的抗冻标号，如 D25；

D_n——龄期 t_n 时混凝土表面的碳化深度；

α——碳化速度系数；

C——CO_2 浓度。

思考与练习

1-1 已知表 1-1 中所列的混凝土内硬化水泥浆体和粗骨料的各项物理力学性能指标值。分析和估计：混凝土凝固后受力（压或拉）、发生失水收缩、徐变和温湿度变化等情况，对其内部的应力分布、变形和损伤各有何影响。

1-2 已知混凝土棱柱体试件的尺寸为 100 mm×100 mm×300 mm，由立方试件的试验结果推算得其棱柱体抗压强度 $f_c = 26$ N/mm^2 和峰值应变 $\varepsilon_p = 1.6 \times 10^{-3}$，应力-应变曲线符合式（1-6）、式（1-7），$\alpha_a = 1.7$，$\alpha_d = 0.8$。若应用普通液压试验机（总线刚度为 150 kN/mm）进行加载，能否顺利地获得受压应力-应变全曲线（下降段）？

1-3 计算并作图比较下述混凝土受压应力-应变全曲线（σ/f_c-$\varepsilon/\varepsilon_p$）模型（表 1-6）：Hognestad、Rüsch、Kent-Park、Sahlin、Young、Desayi 和式（1-6）、式（1-7）（$\alpha_a = 2.0$，$\alpha_d = 0.6$）等。

1-4 混凝土的立方体抗压强度为 $f_{cu} = 30$ N/mm^2，计算并比较相应的棱柱体抗压强度（f_c）、抗拉强度（f_t，$f_{t,sp}$）和抗剪强度（τ_p），以及其峰值应变值（10^{-3}）、应力-应变曲线（σ/f_c-$\varepsilon/\varepsilon_p$，$\tau/\tau_p$-$\gamma/\gamma_p$）形状、初始弹性模量（$E_o$，$G_o$）和峰值割线变形模量（$E_p$，$G_p$）。

2-1 推导偏心受压构件的承载力和截面中和轴位置的弹性计算式（2-3）和式（2-4）。

2-2 已知混凝土的轴心抗压和抗拉强度（f_c，f_t），计算并绘出偏心（$e_o/h = 0.3$）受压和受拉的应力-应变全曲线，并与轴心受力情况作比较；分别计算并比较 2 倍峰值应变（$2\varepsilon_{p,e}$，$2\varepsilon_{t,p}$）范围内，应力-应变曲线下的面积。

2-3 已知混凝土的应力-时间史（σ/f_c-t）如图，计算并绘出弹性模量（$E_c(t)/E_c$）的增长曲线，并定性地描绘相应的应变-时间（ε-t）变化曲线。

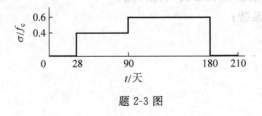

题 2-3 图

3-1 已知数种结构混凝土的抗压强度（f_c）和应力-应变曲线参数（α_a、α_d）值如表所示。计算相应的峰值应变（ε_p），绘制应力-应变（σ/f_c-$\varepsilon/\varepsilon_p$）全曲线，计算曲线下的面积：$\Omega_1$，$\Omega_2/2$，$(\Omega_1 + \Omega_2)/3$，并作比较。

表题 3-1

混凝土种类		$f_c/(\mathrm{N} \cdot \mathrm{mm}^{-2})$	$\varepsilon_p/10^{-3}$	α_a	α_d	Ω_1	$\Omega_2/2$	$(\Omega_1+\Omega_2)/3$
普通混凝土	C20	20		2.0	0.6			
	C40	40		1.7	2.0			
高强混凝土 C60		60		1.5	3.0			
轻骨料混凝土 CL20		20		1.7	4.0			
加气混凝土		3	2.0	1.1	6.0			
钢纤维混凝土		25	3.0	2.5	0.2			

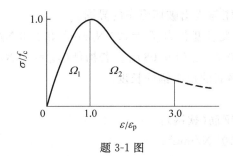

题 3-1 图　　　　　　　　　题 3-2 图

3-2 上题各种结构混凝土,当应力过峰点(f_c)并下降至 $0.85f_c$ 和 $0.5f_c$ 时,其应变值相应为 ε_{d1} 和 ε_{d2}。分别计算其值并进行比较。

4-1 求证:当应力状态为
① $\sigma_1 > \sigma_2 = \sigma_3$(拉子午线)时,$\theta \equiv 0°$;
② $\sigma_1 = \sigma_2 > \sigma_3$(压子午线)时,$\theta \equiv 60°$;
③ $\sigma_2 = (\sigma_1+\sigma_3)/2$ 或 $\sigma_1-\sigma_2 = \sigma_2-\sigma_3$(剪子午线)时,$\theta \equiv 30°$。

4-2 3 个混凝土立方试件按等比例($\sigma_1 : \sigma_2 : \sigma_3 = $ const.)加载试验,测得的多轴强度如下表:

试件	应力状态	多轴强度/$(\mathrm{N} \cdot \mathrm{mm}^{-2})$			单轴强度/$(\mathrm{N} \cdot \mathrm{mm}^{-2})$	
		f_1	f_2	f_3	f_c	f_t
A	C/C/C	-40.5	-40.5	-162	24.50	—
B	C/C	0	-15.2	-30.4	21.66	—
C	T/C/C	$+1.26$	-2.8	-6.9	19.00	1.89

分别采用 Ottosen 准则和式(4-12)、式(4-13)计算各试件的多轴强度理论值,并与试验值作比较。

4-3 应用混凝土破坏准则的一般式(4-12)、式(4-13),按下述 5 个特征强度值:$(0.95f_t, 0.95f_t, 0)$、$(f_t, 0, 0)$、$(0, 0, -f_c)$、$(0, -0.7f_c, -1.4f_c)$ 和 $(0, -1.2f_c, -1.2f_c)$,且

$f_t = 0.1 f_c$,确定准则的参数值,并绘制二轴包络图。

4-4 已知混凝土的单轴抗压强度 $f_c = 20$ N/mm²、峰值应变 $\varepsilon_p = 1.5 \times 10^{-3}$ 和初始弹性模量 $E_i = 3 \times 10^4$ N/mm²,初始和峰值泊松比取为 $\nu_i = 0.20$ 和 $\nu_f = 0.36$。当应力状态为 $(0 : -0.5 : -1)$ 时,二轴抗压强度 $f_3 = 1.5 f_c$。分别用 Ottosen、Darwin-Pecknold 和过-徐本构模型计算二轴应力-应变理论曲线,并作比较。

5-1 一钢绞线的极限抗拉强度 $f_{st} = 1\,860$ N/mm²,弹性模量 $E_s = 1.95 \times 10^5$ N/mm²,应用式(5-4)计算并绘制其应力-应变曲线。

5-2 说明钢筋在重复加卸载(拉力)和拉压反复加卸载情况下的受力性能和应力-应变曲线的区别。

6-1 比较光圆钢筋和螺纹钢筋的粘结锚固性能与拔出破坏形态的异同。

6-2 试验测定热轧带肋钢筋和光圆钢筋的屈服强度各为 $f_y = 420$ N/mm² 和 250 N/mm²,在混凝土内的平均粘结强度分别为 $\tau_u = 0.36 f_{cu}$ 和 $0.08 f_{cu}$。若构件($f_{cu} = 30$ N/mm²)内的受拉主筋直径为 20 mm,计算两种钢筋的最小锚固长度。

7-1 一钢筋混凝土短柱,面积为 A,配有两种钢筋(软钢):

① $\mu_1 = 1\%$,$f_y = 300$ N/mm²,$E_s = 2 \times 10^5$ N/mm²;

② $\mu_2 = 1\%$,$f_y = 600$ N/mm²,$E_s = 2 \times 10^5$ N/mm²。

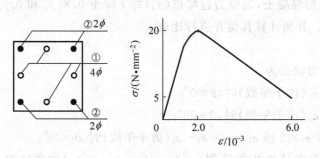

题 7-1 图

混凝土的应力-应变曲线如图所示,上升段方程为

$$\frac{\sigma}{f_c} = 2\left(\frac{\varepsilon}{\varepsilon_p}\right) - \left(\frac{\varepsilon}{\varepsilon_p}\right)^2$$

下降段为斜直线。试计算此柱的各特征轴力值:初始屈服、极限轴力和其他转折点,并绘出轴力-应变(N-ε)和轴力-应力(N-σ_s)图。

7-2 一预应力受拉构件,矩形截面的面积为 A,4 角配筋(4ϕ)的总面积为 A_s(屈服强度 f_y),中央有后张无粘结预应力束,面积为 A_p(抗拉强度 f_{py}),有效控制应力为 σ_{p0}。试给出此构件在张拉阶段和受力(N)阶段,混凝土、钢筋和预应力束的应力随构件应变的变化曲线和轴力-应变(N-ε)曲线。

7-3 分析拉杆受拉刚化效应随轴力的变化规律和其影响因素。

8-1　比较柱的方形箍筋、螺旋箍筋和钢管混凝土约束作用的异同。

8-2　一钢筋混凝土方柱,截面 300 mm×300 mm,混凝土
强度为 $f_c = 22$ N/mm²;配设纵筋 8 ⊉18($f_y =$
340 N/mm²),净保护层厚 25 mm;复合箍筋
⊉ 8@50,$f_y = 240$ N/mm²,构造如图所示。计算此
柱的约束特性($f_{c,c}, \varepsilon_{pc}, \alpha_{a,c}, \alpha_{d,c}$)和极限承载力,并
讨论保护层的作用和影响。

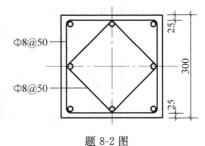

题 8-2 图

8-3　讨论混凝土局部受压的可能破坏形态类型及其控
制方法。

9-1　一对称配筋混凝土板,沿截面发生不均匀的自由收缩(如图所示),推导混凝土和钢筋的
收缩应力计算式,并绘出截面应力分布图。
(说明:混凝土和钢筋的弹性模量取为定值:E_c 和 E_s)

9-2　一 T 形截面大梁的配筋构造如图所示。当混凝土发生均匀的自由收缩 $\varepsilon_{sh} = 500 \times 10^{-6}$
时,计算并绘出截面的收缩应力分布图。
(说明:混凝土和钢筋的弹性模量取为定值,$E_c = 3 \times 10^4$ N/mm²,$E_s = 2.1 \times 10^5$ N/mm²)

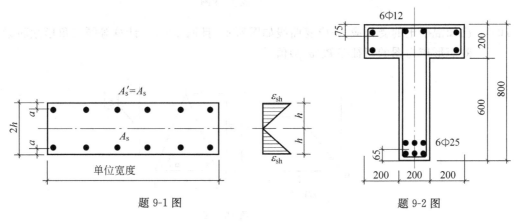

题 9-1 图　　　　　　　　　　　　题 9-2 图

9-3　一方形截面(300 mm×300 mm)柱,采用 C30 混凝土($f_c = 24$ N/mm²,$E_c = 3 \times$
10⁴ N/mm²)和 HRB 335 钢筋 4 ⊉25($f_y = 335$ N/mm²,
$E_s = 2.0 \times 10^5$ N/mm²),在轴心压力 $N = 1\,800$ kN 作用
下持续 3 年。若混凝土的徐变系数为 $\varphi = 2.0$,计算此柱
在①加载后即时,②荷载持续 3 年后,③3 年后卸载之
后,柱内混凝土和钢筋的应力值。

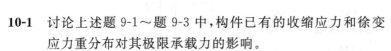

10-1　讨论上述题 9-1～题 9-3 中,构件已有的收缩应力和徐变
应力重分布对其极限承载力的影响。

10-2　一矩形截面构件为非对称配筋($A_{s2} = 2A_{s1}$,如图),试描绘
定性的极限轴力-弯矩($\pm N, \pm M$)包络图,并标出特征
点,说明其物理意义。

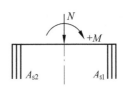

题 10-2 图

10-3 若混凝土的受压应力-应变曲线取为下列数种,计算相应的等效矩形应力图的特征参数(α,β)值(取 $\gamma=1$)。

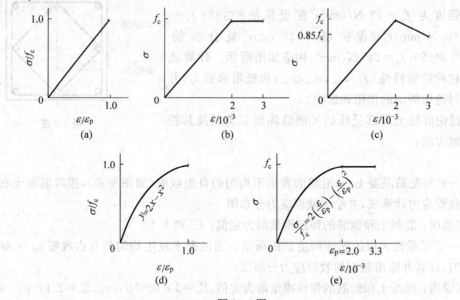

题 10-3 图

10-4 已知混凝土的受压应力-应变曲线如图所示,且取 $\gamma=1$。计算等腰三角形截面梁的等效矩形应力图的特征参数(α,β)值。

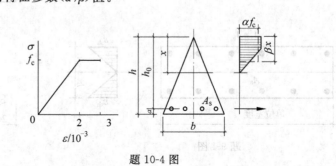

题 10-4 图

11-1 混凝土构件受拉裂缝的机理分析有 3 种方法,试比较其主要概念和处理方法的异同。

11-2 一钢筋混凝土梁的荷载和截面构造如图所示。采用的 C30 混凝土,$f_c=20$ N/mm^2,$f_t=2$ N/mm^2,$E_c=3\times10^4$ N/mm^2,配设钢筋 $3\Phi18$,$f_y=300$ N/mm^2,$E_s=2.1\times10^5$ N/mm^2。计算:①梁的开裂荷载 P_{cr};②所示荷载作用下的裂缝间距和最大宽度。

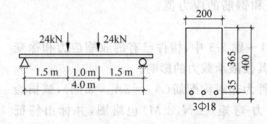

题 11-2 图

12-1 一钢筋混凝土梁的截面尺寸和配筋如图所示,采用 C30 混凝土($f_c=25$ N/mm^2, $f_t=$ 2.0 N/mm^2, $E_c=3\times10^4$ N/mm^2)制作,试计算:

① 梁开裂时的弯矩(M_{cr})和曲率($1/\rho_{cr}$);

② 钢筋 A_{s1} 和 A_{s2} 屈服时的弯矩(M_{y1}, M_{y2})和曲率($1/\rho_{y1}$, $1/\rho_{y2}$);

③ 极限状态时的弯矩(M_u)和曲率($1/\rho_u$);

④ 绘出折线形弯矩-曲率($M-1/\rho$)图。

(说明:①、②按换算截面(图 12-3)计算;$E_s=2\times10^5$ N/mm^2)

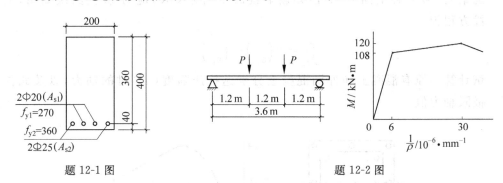

题 12-1 图　　　　　　　　　　　　题 12-2 图

12-2 一等截面简支梁的荷载和截面弯矩-曲率关系如图所示。

试计算:① 屈服荷载(P_y)和相应的跨中挠度(w_y);

② 极限荷载(P_u)和相应的跨中挠度(w_u)。

12-3 用下述两种方法分别计算题 11-2 中简支梁的截面刚度和跨中挠度,比较说明受弯构件的受拉刚化效应:

① 不考虑拉区混凝土的作用(图 12-3(c));

② 解析法(式(12-17))。

(说明:截面刚度沿全跨长可取为常值)

13-1 列表比较无腹筋混凝土梁弯剪破坏的 3 种典型形态,说明其主要特征和控制因素。

(说明:可参照表 1-8 的类似形式)

13-2 一等截面矩形梁的极限弯矩为 $M_u=\mu\eta bh_0^2 f_y$,而两个对称集中荷载作用下的极限剪力(V_u)如式(13-5)所示,确定弯曲破坏和弯剪破坏的界限剪跨比($\lambda_b=a/h_0$)理论值。

13-3 对照图 13-21,顺序绘出各种破坏形态和相应荷载位置的示意图,说明其过渡关系。

14-1 用堆砂模拟法推导矩形截面($b\times h$)梁的受扭塑性抵抗矩 W_{tp}(式(14-6b))。

14-2 说明附加内力(轴力 N、弯矩 M、剪力 V)对构件抗扭承载力的有利或不利影响。

15-1 全面比较预制-浇整叠合梁的截面附加拉力和整浇梁截面拉力的异同:成因、位置、分布、数值、和变化规律等。

15-2 钢筋混凝土梁($b\times h$)原有钢筋 A_{s1},荷载作用下的应力(σ_{s1})低于屈服强度(f_{y1})。加固后增加钢筋(A_{s2})形成超筋梁。分析此梁受力全过程的特征应力状态、并绘出截面应变、应力图。

15-3 对称轴压柱加固前、后混凝土的受压峰值应变均小于相应钢筋的屈服应变,即 $\varepsilon_{p1} < \varepsilon_{y1}$ 和 $\varepsilon_{p2} < \varepsilon_{y2}$。分析此柱受力全过程的特征应力状态,绘出轴力-应变(N-ε)图,并判定出现极限承载力的应变区间。

15-4 一钢筋混凝土柱,截面为 300 mm×300 mm,配有钢筋 $4\phi20$($f_y = 260$ N/mm²,$E_s = 2.1 \times 10^5$ N/mm²),承受轴力 $N_1 = 1\,500$ kN。由于建筑物使用要求变更,对此柱在维持轴力(N_1)不变的情况下进行加固,截面扩大至 400 mm×400 mm,增配钢筋 $8\phi20$(性能同上)。已知新老混凝土均为 C30,应力-应变曲线如图,上升段方程为

$$\frac{\sigma}{f_c} = 2\left(\frac{\varepsilon}{\varepsilon_p}\right) - \left(\frac{\varepsilon}{\varepsilon_p}\right)^2$$

试计算当原有混凝土和外围混凝土分别达抗压强度(f_c)时的轴力,以及此柱的极限轴力值。

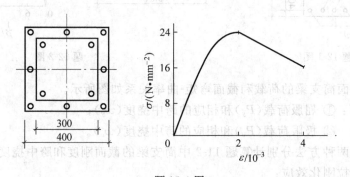

题 15-4 图

16-1 计算题 12-1 和题 12-2 中梁的曲率延性比 $\beta_{(1/\rho)}$ 和跨中挠度延性比 β_w。

16-2 计算题 12-2 中梁在极限状态时的塑性区转角 θ_p。

16-3 当下列因素(材料强度(f_y,f_c)、配筋量(A_s,A_s')、轴力或轴压比(N/f_cbh_0)、剪跨比、箍筋数量等)单独地增大或减小时,混凝土偏压构件的延性比将如何变化,以矩形截面构件为例加以说明。

17-1 讨论适用于材料变幅疲劳的 Palmgren-Miner 假设的概念和应用方法。

18-1 说明混凝土构件在荷载高速作用下的受力性能,包括材性、承载力和变形等与常速加载情况的异同。

19-1 综述不同应力-温度途径对混凝土强度和变形性能的影响。

19-2 一单筋矩形截面梁的尺寸和配筋如图(a)所示,承受线性分布的高温(图(b),温度沿截面宽度为常值)作用。若材料高温强度的计算值按图(c)采用,计算当拉区高温和压区高温情况下此梁的极限弯矩($\pm M_u^t$)值,并与常温极限弯矩作比较。

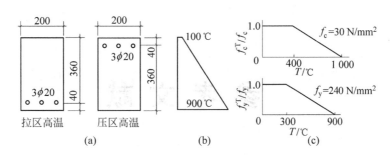

题 19-2 图

（a）截面；（b）温度分布；（c）材料高温计算强度

19-3　一矩形截面梁三面受火，简化后的等温线如图所示。已知其配筋和钢筋的高温屈服强度为 f_y^{T1} 和 f_y^{T2}，混凝土的高温抗压强度（f_c^T）如图示。给出此梁的等效截面，并推导在拉区高温和压区高温情况下的截面极限弯矩计算式。

（说明：注意中和轴的可能不同位置）

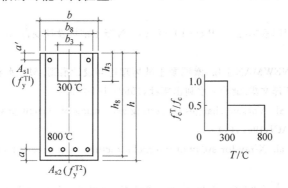

题 19-3 图

19-4　一轴心受压方柱，化整后的等温线如下图所示。当混凝土的高温计算强度简化为梯形或台阶形（如图所示）时，分别确定柱的极限承载力（N^T），并作比较。

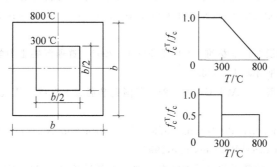

题 19-4 图

20-1　列表说明混凝土的各种材料因素，如水泥品种、用量、水灰比、添加掺合料、养护状况、保护层厚度等对于结构各项耐久性（渗透、冻融、碱-骨料、碳化、化学腐蚀、钢筋锈蚀）的影响：有利还是不利？大还是小？互利还是相斥？

参 考 文 献

[0-1] 王传志,滕智明.钢筋混凝土结构理论[M].北京:中国建筑工业出版社,1985.

[0-2] 滕智明.钢筋混凝土基本构件[M].2版.北京:清华大学出版社,1987.

[0-3] 沈聚敏,王传志,江见鲸.钢筋混凝土有限元与板壳极限分析[M].北京:清华大学出版社,1993.

[0-4] 过镇海.混凝土的强度和变形(试验基础和本构关系)[M].北京:清华大学出版社,1997.

[0-5] 过镇海.钢筋混凝土原理[M].北京:清华大学出版社,1999.

[0-6] 过镇海,时旭东.钢筋混凝土原理和分析[M].北京:清华大学出版社,2003.

[1-1] 中华人民共和国国家标准　GB 50010—2010　混凝土结构设计规范[S].北京:中国建筑工业出版社,2010.

[1-2] NEWMAN K,NEWMAN J B. 素混凝土破坏理论与设计准则[M].水利水电科学研究院,译.混凝土的强度和破坏译文集.北京:水利出版社,1982:194-246.

[1-3] SLATE F O,et al. Volume changes on setting and curing of cement paste and concrete from zero to seven days[J]. ACI,1967,(1).

[1-4] SLATE F O,et al. X-ray for study of internal structures of microcracking of concrete[J]. ACI,1963,(5).

[1-5] HSU T T C,et al. Microcracking of plain concrete and the shape of the stress-strain curve[J]. ACI,1963,(2):209~224.

[1-6] LIU T C Y,et al. Stress-strain response and fracture of concrete in uniaxial and biaxial Compression[J]. ACI,1972,(5):291-295.

[1-7] NEVILLE A M. 混凝土的性能[M].李国泮,等,译.北京:中国建筑工业出版社,1983.

[1-8] L'HERMITE R. 混凝土工艺问题[M].于宏,译.北京:中国建筑工业出版社,1964.

[1-9] KOTSOVOS M D, et al. Generalized stress-strain relation for concrete[J]. ASCE, 1978,104(EM4).

[1-10] 中华人民共和国建设部行业标准　GB/T 50081—2002　普通混凝土力学性能试验方法标准[S].北京:中国建筑工业出版社,2003.

[1-11] 中国建筑科学研究院,译.ACI 318M—1989 美国钢筋混凝土房屋建筑规范 (1992 年公制修订版)[M].北京:1993.

[1-12] Comite Euro-International du Beton. Bulletin D'information No. 213/214,CEB-FIP Model Code 1990,Concrete structures[R]. Lausanne,1993.

[1-13] 过镇海,张秀琴.单调荷载下的混凝土应力-应变全曲线试验研究[M]//清华大学抗震抗爆工程研究室.科学研究报告集(第三集):钢筋混凝土结构的抗震性能.北京:清华大学出版社,1981:1-18.

[1-14] 混凝土基本力学性能研究组.混凝土的几个基本力学指标[M]//国家建委建筑科学研究院.钢筋混凝土结构研究报告选集.北京:中国建筑工业出版社,1977:21-36.

[1-15] 林大炎,王传志.矩形箍筋约束的混凝土应力-应变全曲线研究[M]//清华大学抗震抗爆工程研究

室.科学研究报告集(第三集)：钢筋混凝土结构的抗震性能.北京：清华大学出版社,1981：19-37.

[1-16] WHITNEY C S. Discussion on VP Jensen's paper[J]. ACI,1943,(11).

[1-17] RÜSCH H. Research toward a general flexural theory for structural concrete[J]. ACI,1960,(7)：1-28.

[1-18] SARGIN M. Stress-strain relationships for concrete and the analysis of structural concrete sections[M]. Waterloo,Canada：University of Waterloo,1971.

[1-19] WANG P T,et al. Stress-strain curves of normal and lightweight concrete in compression[J]. ACI,1978,(11).

[1-20] 过镇海,张秀琴,等.混凝土应力-应变全曲线的试验研究[J].建筑结构学报,1982,3(1)：1-12.

[1-21] HOGNESTAD E. Concrete stress distribution in ultimate strength design[J]. ACI,1955,(12)：455-479.

[1-22] KENT D C,PARK R. Flexural members with confined concrete[J]. ASCE,1971,97(ST7)：1969-1990.

[1-23] PARK R,PAULAY T. Reinforced concrete structures[M]. New York：John Wiley & Sons,1975.

[1-24] POPVICS S. A review of stress-strain relationships of concrete[J]. ACI,1970,(3).

[1-25] HUGHES B P,CHAPMAN G P. The complete stress-strain curve for concrete in direct tension[J]. RILEM Bulletin(Paris). 1966,(30)：95-97.

[1-26] EVANS R H,MARATHE M S. Microcracking and stress-strain curves for concrete in tension[J]. Materials and Structures,Research and Testing,1968,1(1)：61-64.

[1-27] PETERSSON P E. Crack growth and development of fracture zone in plain concrete and similar materials[D]. Sweden：Lund Institute of Technology,1981.

[1-28] GOPALARATNAM V S,SHAH S P. Softening response of plain concrete in direct tension[J]. ACI,1985,82(3)：310-323.

[1-29] 过镇海,张秀琴.混凝土受拉应力-变形全曲线的试验研究[J].建筑结构学报,1988(4)：45-53.

[1-30] GUO Z H,ZHANG X Q. Investigation of complete stress-deformation curves for concrete in tension[J]. ACI Materials Journal,1987,84(4)：278-285.

[1-31] 李永录,过镇海.混凝土偏心受拉应力-应变全曲线的试验研究[M]//清华大学抗震抗爆工程研究室.科学研究报告集(第六集)：混凝土力学性能的试验研究.北京：清华大学出版社,1996：131-157.

[1-32] 张琦,过镇海.混凝土抗剪强度和剪切变形的研究[J].建筑结构学报,1992(5)：17-24.

[1-33] MATTOCK H. Shear transfer in reinforced concrete[J]. ACI,1969,(2)：52.

[1-34] IOSIPESCU N,NEGOITA A. A new method for determining the pure shearing strength of concrete[J]. Journal of Concrete Society,1969,3(1)：63.

[1-35] BRESLER B,PISTER K S. Strength of concrete under combined stresses[J]. ACI,1958,(9)：321-346.

[2-1] 过镇海,张秀琴.反复荷载下混凝土的应力-应变全曲线的试验研究[M]//清华大学抗震抗爆工程研究室.科学研究报告集(第三集)：钢筋混凝土结构的抗震性能.北京：清华大学出版社,1981：38-53.

[2-2] SINHA B P,GERSTLE K H,TULIN L G. Stress-strain relations for concrete under cyclic loading[J]. ACI,1964,(2)：195-211.

[2-3] KARSAN I D,JIRSA J O. Behavior of concrete under compression loading[J]. ASCE,1969,45(ST12).

[2-4] 杜育科,王传志.混凝土偏心受压应力-应变全曲线的试验研究[M]//清华大学抗震抗爆工程研究室.

科学研究报告集(第六集):混凝土力学性能的试验研究.北京:清华大学出版社,1996:111-130.

[2-5] STURMAN G M, SHAH S P,WINTER G. Effect of flexural strain gradients on microcracking and stress-strain behavior of concrete[J]. ACI,1965,(7):805-821.

[2-6] CLARK L E,GERSTLE K H,TULIN L G. Effect of strain-gradient on the stress-strain curves of mortar and concrete[J]. ACI,1967,(9):580-586.

[2-7] UPPAL J Y,KEMP K O. The effect of longitudinal gradient of compressive stress upon the failure of concrete[J]. Magazine of Concrete Research,1971,23(74):11-22.

[2-8] HEILMANN H G. Zugspannung und dehnung im unbewehrten betonquer schnitten bei exzentrischer belastung[R]. Deutscher Ausschuss für Stahlbeton, Heft 269,Berlin,1976.

[2-9] 李同春.应力梯度对混凝土极限拉伸值的影响[D].南京:河海大学,1986.

[2-10] 赵国藩,等.钢筋混凝土构件抗裂度和最大裂缝宽度的试验和计算方法[J].建筑结构学报,1980 (4).

[2-11] 蔡绍怀.抗裂度塑性系数 γ。取值方法的改进[M]//国家建委建筑科学研究院.钢筋混凝土结构研究报告选集.北京:中国建筑工业出版社,1977:298-315.

[2-12] Comite Euro-International du Beton. Bulletin D'information No. 217, Selected justification notes, CEB FIP Model Code 1990[R]. Lausanne,1993.

[2-13] PICKETT G. Effect of aggregate on shrinkage of concrete and a hypothesis concerning shrinkage [J]. ACI, 1956,(2).

[2-14] ACI Committe 209, Prediction of creep. Shrinkage and Temperature Effect in Concrete Structures. ACI SP—27,1971:51-93.

[2-15] MEYERS B L, THOMAS E W. Elasticity,shrinkage, creep, and thermal movement of concrete [M]//KONG F K,et al. Handbook of Structural Concrete. London:Pitman, 1983:11.1-11.33.

[2-16] NEVILLE A M,DILGER W H, BROOKS J J. Creep of plain and structural concrete[M]. London and New York:Construction Press,1983.

[2-17] 惠荣炎,黄国兴,易冰岩.混凝土的徐变[M].北京:中国铁道出版社,1988.

[2-18] 黄国兴,陈改新.混凝土徐变的研究[M].北京:中国水利水电科学研究院,1996.

[2-19] 中华人民共和国水利部行业标准 SL 191—2008 水工混凝土结构设计规范[S].北京:中国水利出版社,2008.

[2-20] 朱伯芳.混凝土的弹性模量、徐变度与应力松弛系数[J].水利学报,1985,(9).

[3-1] 陈肇元,朱金铨,吴佩刚.高强混凝土及其应用[M].北京:清华大学出版社,1992.

[3-2] 中华人民共和国建设部行业标准 CECS 104—1999 高强混凝土结构设计技术规程[S].北京:中国建筑工业出版社,1999.

[3-3] FOWLER D W. Polymers in concrete[M]//KONG F K, et al. Handbook of structural concrete. London:Pitman,1983:8.1-8.32.

[3-4] 冯乃谦.高性能混凝土[M].北京:中国建筑工业出版社,1996.

[3-5] NAWY E G,BALAGURU P N. High-strength concrete[M]//KONG F K, et al. Handbook of structural concrete. London:Pitman, 1983:5.1-5.33.

[3-6] 许锦峰.高强混凝土应力-应变全曲线的试验研究[D].北京:清华大学,1986.

[3-7] 胡海涛.复合箍筋约束高强混凝土应力-应变性能[D].北京:清华大学,1990.

[3-8] 吴佩刚,等.高强混凝土的物理力学性能[M]//中国建筑科学研究院.混凝土结构研究报告选集(3).北京:中国建筑工业出版社,1994:399-406.

[3-9] ACI Committee 363. State-of-the-art report on high-strength concrete[R]. 1984.

[3-10] 过镇海,张秀琴.加气混凝土构件的计算及其试验基础[M]//清华大学抗震抗爆工程研究室.科学研究报告集(第二集).北京:清华大学出版社,1981.

[3-11] 中华人民共和国建设部行业标准 JGJ/T 17—2008 蒸压加气混凝土应用技术规程[S].北京:中国建筑工业出版社,2008.

[3-12] 中华人民共和国建设部行业标准 JGJ 51—2002 轻骨料混凝土技术规程[S].北京:中国建筑工业出版社,2002.

[3-13] 中华人民共和国建设部行业标准 JGJ 12—2006 轻骨料混凝土结构设计规程[S].北京:中国建筑工业出版社,2006.

[3-14] HOLM T A. Structural Lightweight Concrete[M]//KONG F K, et al. Handbook of structural concrete. London:Pitman,1983:7.1-7.34.

[3-15] 顾万黎,等.轻骨料混凝土应力-应变全曲线的试验研究[M]//中国建筑科学研究院.混凝土结构研究报告选集(3).北京:中国建筑工业出版社,1994:303-315.

[3-16] ACI Committee 544. State-of-the-art report on fiber reinforced concrete (ACI 544.1R—82)[R]. Detroit, 1982.

[3-17] American Concrete Institute. Fiber-reinforced concrete, SP-44[R]. Detroit,1974.

[3-18] SHAH S P. Fiber reinforced concrete[M]//KONG F K, et al. Handbook of structural concrete. London:Pitman,1983:6.1-6.14.

[3-19] SHAH S P, RANGAN B V. Fiber reinforced concrete properties[J]. ACI,1971,68(2):126-135.

[3-20] 张忠刚.钢纤维混凝土基本特性及钢纤维混凝土与普通混凝土叠合构件的弯曲性能[D].大连:大连理工大学,1987.

[3-21] 高丹盈.钢纤维混凝土及其配筋构件力学性能的研究[D].大连:大连理工大学,1989.

[3-22] ACI Committee 544. Design consideration for steel fiber reinforced conerete[J]. ACI Structural Journal,1988,(9-10).

[3-23] 中华人民共和国建设部行业标准 CECS 38:92 钢纤维混凝土结构设计与施工规程[S].北京:中国建筑工业出版社,1992.

[4-1] 于骁中,等.混凝土在二轴应力作用下的强度和变形[J].岩石·混凝土·断裂与强度,1982,(1).

[4-2] 徐积善.混凝土强度理论及其应用[M].北京:水利出版社,1981.

[4-3] 王传志,过镇海,张秀琴.二轴和三轴受压混凝土的强度试验[J].土木工程学报,1987,20(1):15-26.

[4-4] 过镇海,王传志,张秀琴.多轴应力下混凝土的强度和破坏准则研究[J].土木工程学报,1991,24(3):1-14.

[4-5] 宋玉普.钢筋混凝土有限元分析中的力学模型研究[D].大连:大连理工大学,1988.

[4-6] 薛林华.拉压二向应力状态下混凝土特性的试验研究[D].南京:河海大学,1989.

[4-7] SHICKERT G. Design of an apparatus for short-time testing of concrete under triaxial load, concrete for nuclear reactors[R]. ACI SP 34—63, 1972,Ⅲ:1355-1376.

[4-8] GERSTLE K H, et al. Behavior of concrete under multi-axial stress states[J]. ASCE, 1980,106 (EM6):1383-1403.

[4-9] NEWMAN J B. Apparatus for testing concrete under multi-axial states of stress[J]. Magazine of Concrete Research,1974,26(81):221-238.

[4-10] KUPFER H, HILSDORF H K, RÜSCH H. Behavior of concrete under biaxial stresses[J]. ACI, 1969,66(8):656-666.

[4-11] LAUNAY P, GACHON H. Strain and ultimate strength of concrete under triaxial stress,concrete for nuclear reactors[R]. ACI SP 34-63, 1972,Ⅰ:269-282.

[4-12] ROBINSON G S. Behavior of concrete in biaxial compression[J]. ASCE, 1967,93(ST2): 71-86.

[4-13] 过镇海,周云龙,NECHVATAL.慕尼黑工业大学的混凝土多轴强度试验资料的汇集和分析[M]// 清华大学抗震抗爆工程研究室.科学研究报告集(第六集):混凝土力学性能的试验研究.北京:清 华大学出版社,1996:85-110.

[4-14] REIMANN H. Kritische spannungszustande des betons bei mehrachsiger ruhender kurzzeitbelastung[R]. Deutscher Ausschuss für Stahlbeton. Heft 175,Berlin,1965.

[4-15] MILLS L L,ZIMMERMAN R M. Compressive strength of plain concrete under multiaxial loading conditions[J]. ACI, 1970,67(10): 802-807.

[4-16] KUPFER H. Das verhalten des betons unter mehrachiger kurzzeitbelastung unter besonderer berücksichtigung der zweiachigen beanspruchung[R]. Deutscher Ausschuss für Stahlbeton, Heft 229,Berlin,1973.

[4-17] SCHICKERT G, WINKLER H. Versuchergebnisse zur festigkeit und verformung von beton bei mehraxialer druckbeanspruchung [R]. Deutscher Ausschuss für Stahlbeton, Helt 277, Berlin, 1977.

[4-18] VAN MIER J G M. Strain-softening of concrete under multiaxial loading conditions[D]. The Netherlands: Eindhoven University of Technology, 1984.

[4-19] ГВОЗДЕВ А А,БИЧ П М. Прочность ветонов при двухосном напряженном состоянии[J]. Бетон и Железобетон,1974,(7): 10-11.

[4-20] ЧЕЧЕ А А. Прочность ветона при трехосном равномерном растяжении[J]. Бетон и Железобетон, 1979,(6): 33-34.

[4-21] WANG C Z , GUO Z H, ZHANG X Q. Experimental investigation of biaxial and triaxial compressive concrete strength[J]. ACI Materials Journal, 1987,84(2): 92-100.

[4-22] WANG C Z, GUO Z H, et al. An experimental invistigation of biaxial and triaxial compressive concrete strength and deformation[C]//Proceedings of 9th International Conference on SMiRT, Lausanne, Aug 1987,A: 193-198.

[4-23] 过镇海.混凝土的多轴强度介绍[J]. 建筑结构学报,1994,15(6): 72-75.

[4-24] 曲俊义.二轴三轴应力下混凝土强度的试验研究[D].北京:清华大学,1985.

[4-25] 郑汝玫.二轴受压混凝土的强度和变形试验研究[D].北京:清华大学,1987.

[4-26] 叶献国.三轴受压混凝土的强度和变形试验研究[D].北京:清华大学,1988.

[4-27] 李伟政.二轴拉压应力全组合下混凝土的强度及变形试验研究[D].北京:清华大学,1989.

[4-28] 王敬忠.三轴拉压强度试验和混凝土破坏准则的研究[D].北京:清华大学,1989.

[4-29] 徐焱.混凝土三轴拉压强度与变形的试验研究[D].北京:清华大学,1991.

[4-30] 黄真.钢筋混凝土三维非线性有限元方法[D].天津:天津大学,1988.

[4-31] 郭玉涛.二轴应力下高强混凝土强度和变形的试验研究[D].北京:清华大学,1995.

[4-32] 张秀琴,刘颖,过镇海.加气混凝土两轴受压的强度和变形[J].加气混凝土工业,1988(3): 19-23.

[4-33] 彭放.复杂应力状态下多种混凝土材料的破坏准则及本构模型研究[D].大连:大连理工大 学,1990.

[4-34] TRAINA L A,MANSON S A. Biaxial strength and deformational behavior of plain and steel fiber concrete[J]. ACI Materials Journal,1991,88(4).

[4-35] BUYKOZTURK O, TSENG T M. Concrete in biaxial cyclic compression[J]. ASCE, 1984,113 (ST3).

[4-36] SALAMI M R,DESAI C S. Constitutive modeling including multiaxial testing for plain concrete under low-confining pressure[J]. ACI Materials Journal,1990,87(3).

[4-37] 揽生瑞,过镇海.定侧压下混凝土二轴受压变形特性的试验研究[J].土木工程学报,1996,29(2)：28-36.

[4-38] 揽生瑞,过镇海.不同应力途径下混凝土多轴受压强度的试验研究[M]//清华大学抗震抗爆工程研究室.科学研究报告集(第六集)：混凝土力学性能的试验研究.北京：清华大学出版社,1996：52-64.

[4-39] LAN S R, GUO Z H. Biaxial compressive behavior of concrete under repeated loading[J]. Journal of Materials in Civil Engineering ASCE. 1999,11(2)：105-115.

[4-40] 过镇海,王传志,张秀琴,等.混凝土的多轴强度试验和破坏准则研究[M]//清华大学抗震抗爆工程研究室.科学研究报告集(第六集)：混凝土力学性能的试验研究.北京：清华大学出版社,1996：1-51.

[4-41] CHEN W F. Plasticity in reinforced concrete[M]. New York：McGraw-Hill,1982.

[4-42] WILLAM K J, WARNKE E P. Constitutive models for the triaxial behavior of concrete[J]. IABSE Proceeding, 1975,19：1-30.

[4-43] OTTOSEN N S. A failure criterion for concrete[J]. ASCE, 1977,103(EM4)：527-535.

[4-44] HSIEH S S, TING E C,CHEN W F. An elastic-fracture model for concrete[C]//Proceedings of 3rd Engineering Mechanics Division,Special Conference ASCE,Austin 1979：437-440.

[4-45] KOTSOVOS M D. A mathematical description of the strength properties of concrete under generalized stress[J]. Magazine of Concrete Research,1979,31(108)：151-158.

[4-46] PODGORSKI J. General failure criterion for isotropic media[J]. ASCE,1985,111 (EM2)：188-201.

[4-47] 俞茂铉.强度理论新体系[M].西安：西安交通大学出版社,1992.

[4-48] 过镇海.1990 CEB-FIP 模式规范(混凝土结构)有关内容介绍：混凝土的多轴强度和本构关系(Ⅰ,Ⅱ,Ⅲ)[J].建筑结构,1995,(8)：49-56,(9)：49-52,(10)：53-57.

[4-49] Fédération Internationale de la Precontrainte. The design and construction of prestessed concrete reactor vessels[M]. Slough：FIP,1978.

[4-50] KUPFER H, GERSTLE K H. Behavior of concrete under biaxial stresses[J]. ASCE,1973,99 (EM4).

[4-51] TASUJI M E,SLATE F O,NILSON A H. Stress-strain response and fracture of concrete in biaxial loading[J]. ACI,1978,75(7)：306-312.

[4-52] 李伟政,过镇海.二轴拉压应力状态下混凝土的强度和变形试验研究[J].水利学报,1991(8)：51-56.

[4-53] ROMSTAD K M, TAYLOR M A, HERRMANN L R. Numerical biaxial characterization for concrete[J]. ASCE,1974,100(EM5)：935-948.

[4-54] PALANISWAMY R,SHAH S P. Fracture and stress-strain relationship of concrete under Triaxial Compression[J]. ASCE,1974,100(ST5)：901-915.

[4-55] CEDOLIN L,CRUTZEN YRJ,DEI POLI S. Triaxial stress-strain relationship for concrete[J]. ASCE,1977,103(EM3)：423-439.

[4-56] OTTOSEN N S. Constitutive model for short-time loading of concrete[J]. ASCE,1979,105 (EM1)：127-141.

[4-57] Comite Euro-International du Beton. Bulletin D'information No. 156,Concrete under multiaxial states of stress constitutive equations for practical design[R]. Paris,1983.

[4-58] LIU T C Y, NILSON A H,SLATE F O. Biaxial stress-strain relations for concrete[J]. ASCE, 1972,98 (ST5)：1025-1034.

[4-59] TASUJI M E, NILSON A H, SLATE F O. Biaxial stress-strain relationships for concrete[J].

Magazine of Concrete Research,1979,31(109):217-224.

[4-60] DARWIN D,PECKNOLD D A. Nonlinear biaxial stress-strain law for concrete[J]. ASCE,1977,103(EM2):229-241.

[4-61] ELWI A A, MURRAY D W. A 3D hypoelastic concrete constitutive relationship[J]. ASCE,1979,105(EM4):623-641.

[4-62] KOTSOVOS M D,NEWMAN J B. Generalized stress-strain relations for concrete[J]. ASCE,1978,104(EM4):845-855.

[4-63] KOTSOVOS M D. A mathematical model of the deformational behavior of concrete under generalised stress based on fundamental materials properties[J]. Materials and Structures,1980,13(76):289-298.

[4-64] GERSTLE K H. Simple formulation of biaxial concrete behavior[J]. ACI,1981,78(1):62-68.

[4-65] GERSTLE K H. Simple formulation of triaxial concrete behavior[J]. ACI,1981,78(5):382-387.

[4-66] STANKOWSKI T,GERSTLE K H. Simple formulation of concrete behavior under multiaxial load[J]. ACI,1985,82(2):213-221.

[4-67] 徐焱,过镇海.三轴拉压应力状态下混凝土的强度及变形[J].结构工程学报(专刊),1991,2(3-4):401-406.

[4-68] 过镇海,郭玉涛,徐焱,等.混凝土非线弹性正交异性本构模型[J].清华大学学报,1997,37(6):78-81.

[4-69] 严宗达.塑性力学[M].天津:天津大学出版社,1988.

[4-70] HAN D J, CHEN W F. A nonuniform hardening plasticity model for concrete materials[J].Mechanics of Materials,1985,(4).

[4-71] YODER P J, IWAN W D. On the formulation of strain-space plasticity with multiple loading surfaces[J].Journal of Applied Mechanics,1981,48(12):773-778.

[4-72] DOUGILL J W. Some remarks on path independence in the small in plasticity[J]. Quarterly of Applied Mathematics,1975, 32:233-243.

[4-73] BAZANT Z P, KIM S S. Plastic-fracturing theory for concrete[J]. ASCE, 1979,105(EM3):407-428.

[4-74] FLÜGGE W. Visco-elasticity[M].Berlin:Springer-Verlag,1975.

[4-75] CRISTESCU N, SULICIU I. Visco-plasticity [M]. [s. l.]: Bucharest Martinus Nijhoff Publishers,1982.

[4-76] BAZANT Z P,BHAT P D. Endochronic theory of inelasticity and failure of concrete[J]. ASCE,1976,102(EM4):701-722.

[4-77] 韩大健.塑性、断裂及损伤力学在建立混凝土本构模型中的应用[J].力学与实践,1988,10(1).

[4-78] YAZDANI S,SCHREYER H L. An anisotropic damage model with dilatation for concrete[J].Mechanics of Materials,1988, 7:231-244.

[4-79] YAZDANI S, SCHREYER H L. Combined plasticity and damage mechanics model for plain concrete[J].ASCE,1990,116(EM7).

[4-80] 宋玉普,赵国藩.混凝土内时损伤本构模型[J].大连理工大学学报,1990,30(5).

[4-81] KLISINSKI M. Plasticity theory based on fuzzy sets[J].ASCE,1988,114(EM4).

[4-82] GHABOUSSI J, GARRETT J H,WU X. Knowledge based modeling of material behavior with neutral Networks[J].ASCE,1991,117(EM1).

[5-1] 中华人民共和国国家标准　GB 1499.1—2008　钢筋混凝土用钢　第 1 部分:热轧光圆钢筋[S].北

京：中国标准出版社,2008.

[5-2] 中华人民共和国国家标准 GB 1499.2—2007 钢筋混凝土用钢 第 2 部分：热轧带肋钢筋[S].北京：中国标准出版社,2007.

[5-3] 中华人民共和国国家标准 GB 13014—1991 钢筋混凝土余热处理钢筋[S].北京：中国标准出版社,1991.

[5-4] 中华人民共和国黑色冶金行业标准 YB/T 156—1999 中强度预应力混凝土用钢丝[S].北京：冶金工业出版社,1999.

[5-5] 中华人民共和国国家标准 GB/T 20065—2006 预应力混凝土用螺纹钢筋[S].北京：中国标准出版社,2006.

[5-6] 中华人民共和国国家标准 GB/T 5224—2003 预应力混凝土用钢绞线[S].北京：中国标准出版社,2003.

[5-7] 黄成若,李引擎,等.配置无屈服台阶钢筋的预应力混凝土受弯构件强度计算[G]//中国建筑科学研究院.钢筋混凝土结构设计与构造——1985 年设计规范背景资料汇编.北京：1985：105-111.

[5-8] PARK R, PAULAY T. Reinforced concrete structures[M]. New York：John Wiley & Son Inc,1975.

[5-9] KATO B, AOKI H, YAMANONCHI H. Experimental study of structural steel subjected to tensile and compressive cycle loads[C]//Proceeding 14th Japan Congress on Materials Research, March 1971.

[5-10] SINGH A, GERSTLE K H, TULIN L G. The behavior of reinforcing steel under reversed loading [J]. Journal of ASTM, Materials Research & Standards,1965,5(1).

[5-11] 钢筋调查研究组.冷拉钢筋和冷拔低碳钢丝的几个问题[M]//国家建委建筑科学研究院.钢筋混凝土结构研究报告选集.北京：中国建筑工业出版社,1977：37-54.

[5-12] 成文山.配置无明显屈服点钢筋的混凝土受弯构件截面弯矩及曲率分析[J].土木工程学报,1982, 15(4)：1-10.

[5-13] 建筑科学研究院建筑结构研究所.常温下钢筋松弛性能的试验研究[J]//国家建委建筑科学研究院.钢筋混凝土结构研究报告选集.北京：中国建筑工业出版社,1977：55-65.

[6-1] ACI Committee 408. Bond stress—the states of the art[R]. 1966.

[6-2] 徐有邻.变形钢筋-混凝土粘结锚固性能的试验研究[D].北京：清华大学,1990.

[6-3] KEMP E L,BRENZY F S, UNTERSPAN J A. Effect of rust and scale on the bond characteristics of deformed reinforcing bars[J]. ACI,1968,65(9).

[6-4] RILEM-FIP-CEB. Tentative recommendation—bond test for reinforcing steel[J]. Materials and Structures,1973,(32).

[6-5] ACI Committee 408. A guide of the determination of bond strength in beam specimens[R]. 1964.

[6-6] SORETZ S. A comparison of beam tests and pull out tests[J]. Materials and Structures,1972,(28).

[6-7] MAINS R M. Measurement of the distribution of tensile and bond stresses along reinforcing bars[J]. ACI, 1951,(11).

[6-8] BROMS B B. Technique for investigation of internal cracks in reinforced concrete members[J]. ACI, 1965,62(1)：35-44.

[6-9] GOTO Y. Cracks formed in concrete around deformed tension bars[J]. ACI,1971,68(4)：244-251.

[6-10] REHM G. Über die grundlagen des verbundes zwischen stahl und beton[R]. Deutscher Ausschuss für Stahlbeton, Heft 138,Berlin, 1961.

[6-11] LUTZ L A,GERGELY P. Mechanics of bond and slip of deformed bars in concrete[J]. ACI,1967,

64(11)：711-721.

[6-12] LUTZ L A. Analysis of stresses in concrete near a reinforcing bar due to bond and transverse cracking. ACI,1970,67(10)：778-787.

[6-13] MIRZA S M, HONDE J. Study of bond stress-slip relationship in reinforced concrete[J]. ACI, 1979,76(1)：19-46.

[6-14] TEPFERS R. Cracking of concrete cover along anchored deformed reinforcing bars[J]. Magazine of Concrete Research,1979,(3)：3-12.

[6-15] LOSBERG A, OLSSEN P A. Bond failure of deformed reinforcing bars based on the longitudinal splitting effect of the bars[J]. ACI,1979,76(1)：5-18.

[6-16] KEMP E L, WILHELM W J. Investigation of the parameters influencing bond cracking[J]. ACI, 1979,76(1)：47-72.

[6-17] SORETZ S, HÖLZENBEIN H. Influence of rib Dimensions of reinforcing bars on bond and bondability[J]. ACI,1979,76(1)：111-125.

[6-18] ROBINSON T R. Influence of transverse reinforcement on shear and bond strength[J]. ACI,1965, 62(3)：343-362.

[6-19] UNTRAUER R E, HENRY R L. Influence of normal pressure on bond strength[J]. ACI,1965, 62(5)：577-586.

[6-20] ORANGUN C O,JIRSA J O,BREEN J E. A reevaluation of test data on development length and splices[J]. ACI,1977,74(3).

[6-21] HAWKINS N M, LIU I J, JEANG F L. Local bond strength of concrete for cyclic reversed loadings[C]// Proceedings of the International Conference on Bond in Concrete,1982：151-161.

[6-22] TASSIOS T P. Properties of bond between concrete and steel under load cycles idealizing seismic action[R]. National Technical University Athens,Greece,1982.

[6-23] NILSON A H. Internal measurement of bond-slip[J]. ACI,1972,69(7)：439-441.

[8-1] KING J W H. Some investigation of the effect of core size and steel and concrete quality in short reinforced concrete columns[J]. Magazine of Concrete Research,1949,(2).

[8-2] SOLIMAN M T M, TU C W. The flexural stress-strain relationship of concrete confined by rectangular transverse reinforcement[J]. Magazine of Concrete Research,1967,19(61)：223-238.

[8-3] IYENGAR RKTS,DESAYI P,REDDY K N. Stress-strain characteristics of concrete confined in steel binders[J]. Magazine of Concrete Research,1970, 22(72)：173-184.

[8-4] SARGIN M. Stress-strain relationships for concrete and the analysis of structural concrete sections [M]. Waterloo,Canada：University of Waterloo, 1971.

[8-5] SHEIKH S A, UZUMERI S M. Strength and ductility of tied concrete columns[J]. ASCE,1980,106 (ST5).

[8-6] 林大炎,王传志.矩形箍筋约束的混凝土应力-应变全曲线研究[M]//清华大学抗震抗爆工程研究室.科学研究报告集(第三集)：钢筋混凝土结构的抗震性能.北京：清华大学出版社,1981：19-37.

[8-7] 过镇海,张秀琴,翁义军.箍筋约束混凝土的强度和变形[C]//城乡建设部抗震办公室,等.唐山地震十周年中国抗震防灾论文集.北京,1986：143-150.

[8-8] 罗苓隆,过镇海.箍筋约束混凝土的受力机理及应力-应变全曲线的计算[M]//清华大学抗震抗爆工程研究室.科学研究报告集(第六集)：混凝土力学性能的试验研究.北京：清华大学出版社,1996：202-223.

[8-9] MOCHLE J P, CAVANAGH T. Confinement effectiveness of cross ties in reinforced concrete[J].

ASCE,1985,111(ST10).

[8-10] 马宝民.具有不同箍筋形式的钢筋混凝土柱抗震性能的试验研究[D].北京:清华大学,1983.

[8-11] SHEIKH S A, UZUMERI S M. Analytical model for concrete confinement in tied columns[J]. ASCE, 1982,108(ST12).

[8-12] KENT D C, PARK R. Flexural members with confined concrete[J]. ASCE,1971,97(ST7): 1969-1990.

[8-13] 张秀琴,过镇海,王传志.反复荷载下箍筋约束混凝土的应力-应变全曲线方程[J].工业建筑,1985 (12):16-20.

[8-14] GARDNER N J, JACOBSON E R. Structural behavior of concrete filled steel tubes[J]. ACI, 1967,64(7):402-412.

[8-15] PARK K B. Axial load design for concrete filled steel tubes[J]. ASCE,1970,96(ST10).

[8-16] 钟善桐,王用纯.钢管混凝土轴心受压构件计算理论的研究[J].建筑结构学报,1980(1):61-71.

[8-17] 汤关祚,等.钢管混凝土基本力学性能的研究[J].建筑结构学报,1982,(1):13-31.

[8-18] 蔡绍怀,焦占栓.钢管混凝土短柱的基本性能和强度计算[J].建筑结构学报,1984,(6):13-29.

[8-19] 蔡绍怀.钢管混凝土结构的计算和应用[M].北京:中国建筑工业出版社,1989.

[8-20] 钟善桐.钢管混凝土结构[M].哈尔滨:黑龙江科学技术出版社,1994.

[8-21] 韩林海,钟善桐.钢管混凝土力学[M].大连:大连理工大学出版社,1996.

[8-22] 中华人民共和国建设部行业标准　CECS 28—1990　钢管混凝土结构设计与施工规程[S].北京: 中国建筑工业出版社,1990.

[8-23] MEYERHOF G G. The Bearing capacity of concrete and rock[J]. Magazine of Concrete Research, 1953,4(12):107-116.

[8-24] SHELSON W. Bearing capacity of concrete[J]. ACI,1957,29(5):405-414.

[8-25] AN T,BAIRD D L. Bearing capacity of concrete blocks[J]. ACI,1960,31(9):869-879.

[8-26] 蔡绍怀.混凝土及配筋混凝土的局部承压强度[J].土木工程学报,1963,9(6):1-10.

[8-27] HAWKINS N M. The bearing strength of concrete loaded through rigid plates[J]. Magazine of Concrete Research,1968,20(62):31-40.

[8-28] HAWKINS N M. The bearing strength of concrete loaded through flexible plates[J]. Magazine of Concrete Research,1968,20(63):95-102.

[8-29] NIYOGI S K. Bearing strength of concrete—geometric variations[J]. ASCE,1973,99(ST7):1471-1490.

[8-30] HAWKINS N M. The bearing strength of concrete for strip loadings[J]. Magazine of Concrete Research,1970,22(71):87-98 .

[8-31] 刘永颐,等.混凝土及钢筋混凝土的局部承压计算[G]//中国建筑科学研究院.钢筋混凝土结构设计 与构造-1985 年设计规范背景资料汇编. 1985:156-161.

[8-32] NIYOGI S K. Concrete bearing strength support,mix, size effect[J]. ASCE, 1974,100(ST8): 1685-1702.

[8-33] 蔡绍怀,薛立红.高强混凝土的局部承压强度[J].土木工程学报,1994,27(5):52-61.

[8-34] 蔡绍怀,尉尚民,焦占栓.方格网套箍混凝土的局部承压强度[J].土木工程学报,1986,19(4): 17-25.

[8-35] 国家基本建设委员会建筑科学研究院.TJ 10—74　钢筋混凝土结构设计规范[M].北京:中国建筑 工业出版社,1974.

[10-1] MACGREGOR J G,BREEN J E, PFRANG E O. Design of slender concrete coulumns[J]. ACI, 1970,67(1):6-28.

[10-2] 国家建委建筑科学研究院建筑结构研究所.钢筋混凝土偏心受压构件的纵向弯曲[M]//国家建委建筑科学研究院.钢筋混凝土结构研究报告选集.北京：中国建筑工业出版社,1977：182-200.

[10-3] 陈家夔等.钢筋混凝土构件偏心距增大系数 η 值计算[G]//中国建筑科学研究院.钢筋混凝土结构设计与构造——1985 年设计规范背景资料汇编.1985：69-87.

[10-4] 沈聚敏,翁义军.钢筋混凝土构件的刚度和延性[M]//清华大学抗震抗爆工程研究室.科学研究报告集(第三集)：钢筋混凝土结构的抗震性能.北京：清华大学出版社,1981：54-71.

[10-5] 朱伯龙,董振祥.钢筋混凝土非线性分析[M].上海：同济大学出版社,1985.

[10-6] 滕智明,陈家夔,等.钢筋混凝土构件正截面强度计算[G]//中国建筑科学研究院.钢筋混凝土结构设计与构造——1985 年设计规范背景资料汇编.1985：53-60.

[10-7] 偏心受压构件强度专题研究组.钢筋混凝土偏心受压构件正截面强度的试验研究[M]//中国建筑科学研究院.钢筋混凝土结构研究报告集(2).北京：中国建筑工业出版社,1981：19-61.

[10-8] BRESLER B. Design criteria for reinforced columns under axial load and biaxial bending[J]. ACI, 1960(11)：481-490.

[10-9] PARME A L, NIEVES J M, GONWENS A. Capacity of reinforced rectangular columns subject to biaxial bending[J]. ACI,1966,63(9)：911-920.

[10-10] FURLONG R W. Concrete columns under biaxially eccentric thrust[J]. ACI, 1979, 76(10)：1093-1118.

[10-11] 鲍质孙.钢筋混凝土双向偏心受压构件的强度计算[M]//国家建委建筑科学研究院.钢筋混凝土结构研究报告选集.北京：中国建筑工业出版社,1977：201-215.

[10-12] 兰宗建,滕智明.钢筋混凝土双向偏心受压构件正截面强度计算[G]//中国建筑科学研究院.钢筋混凝土结构设计与构造——1985 年设计规范背景资料汇编.1985.88-96.

[10-13] 鲍质孙,吕志涛,等.钢筋混凝土双向偏心受拉构件正截面强度计算[G]//中国建筑科学研究院.钢筋混凝土结构设计与构造——1985 年设计规范背景资料汇编.1985：97-104.

[10-14] 庄崖屏,等.高强混凝土偏心受压柱正截面承载力[M]//中国建筑科学研究院.混凝土结构研究报告选集(3).北京：中国建筑工业出版社,1994：407-414.

[10-15] 黄成若,孙文达,郑澄溪,等.无屈服台阶钢筋混凝土受弯构件的强度计算及可靠度设计水平的概率分析[J].建筑结构学报,1982,3(4)：1-11.

[10-16] 滕智明,等.均匀配筋构件正截面强度计算[G]//中国建筑科学研究院.钢筋混凝土结构设计与构造——1985 年设计规范背景资料汇编.1985：61-68.

[11-1] 徐文江,胡德炘.钢筋混凝土构件裂缝控制的等级和要求[G]//中国建筑科学研究院.钢筋混凝土结构设计与构造——1985 年设计规范背景资料汇编.1985：38-44.

[11-2] 李树瑶,等.钢筋混凝土构件抗裂度计算[G]//中国建筑科学研究院.钢筋混凝土结构设计与构造——1985 年设计规范背景资料汇编.1985：174-178.

[11-3] 蔡绍怀.抗裂度塑性系数 γ。取值方法的改进[M]//国家建委建筑科学研究院.钢筋混凝土结构研究报告选集.北京：中国建筑工业出版社,1977：298-315.

[11-4] 易伟建,沈蒲生.钢筋混凝土板的裂缝和变形性能[M]//中国建筑科学研究院.混凝土结构研究报告选集(3).北京：中国建筑工业出版社,1994：102-112.

[11-5] SALIGAR R. High grade steel in reinforced concrete[R]. Preliminary publication, 2nd Congress of IABSE, Berlin-Munich,1936.

[11-6] МУРАШЕВ В И. Трещиноустойчивость, жесткость, и прочность железобетон. Москва,Стройиздат, 1950.

[11-7] RÜSCH H, REHM G. Notes on crack spacing in members subjected to bending[R]. RILEM,

Symposium on Bond and Crack Formation in Reinforced Concrete, Stockholm, 1957.

[11-8] CHI K, KIRSTEIN A. Flexural cracks in reinforced concrete beams[J]. ACI, 1958,(4).

[11-9] DESAYI P. Determination of the w_{max} in reinforced members[J]. ACI, 1976, 73(8).

[11-10] 南京工学院第五系. 钢筋混凝土受弯构件变形和裂缝的计算[M]//国家建委建筑科学研究院. 钢筋混凝土结构研究报告选集. 北京：中国建筑工业出版社, 1977：237-290.

[11-11] 四川省建筑科学研究所, 等. 钢筋混凝土轴心受拉构件裂缝宽度的计算[M]//国家建委建筑科学研究院. 钢筋混凝土结构研究报告选集. 北京：中国建筑工业出版社, 1977：291-297.

[11-12] BASE G D, READ J B, BEEBY A W, TAYLOR H P J. An investigation of the crack control, characteristics of various types of bar in reinforced concrete beams[R]. Research Report No. 18 Part Ⅰ, Cement and Concrete Association, London, 1966.

[11-13] BASE G D. Crack control in reinforced concrete—present position[R]. Syposium on Serviceability of Concrete, Melbourne, 1975.

[11-14] BROMS B B. Stress distribution in reinforced concrete members with tension cracks[J]. ACI, 1965, 62(9)：1095-1108.

[11-15] BROMS B B. Crack width and spacing in reinforced concrete members[J]. ACI, 1965, 62(10).

[11-16] BROMS B B, LUTZ L A. Effects of arrangement of reinforcement on crack width and spacing of reinforced concrete members[J]. ACI, 1965, 62(11).

[11-17] WATSTEIN D, MATHEY R G. Width of cracks in concrete at the surface of reinforcing steel evaluated by means of tensile bond specimens[J]. ACI, 1959,(7).

[11-18] BROMS B B. Technique for investigation of internal cracks in reinforced concrete members[J]. ACI, 1965, 62(1)：39-44.

[11-19] 后藤幸正, 大塚诰司. 引張を受けろ異形鐵筋周辺のコンクソートに発生するひびわれに関する実験的研究[J]. 日本土木学会論文報告集, 1980,(2).

[11-20] MILLS G M, ALBAMDER F A. The prediction of crack width in reinforced concrete beams[J]. Magazine of Concrete Research, 1974,(9).

[11-21] BEEBY A W. The prediction and control of flexural cracking in reinforced concrete members[R]. ACI SP−30, Detroit, 1971.

[11-22] BORGES J F, LIMA J A. Formation of cracks in beams with low percentage of reinforcement[R]. RILEM Symposium, Stockholm, 1957.

[11-23] 于庆荣, 等. 钢筋混凝土构件裂缝和刚度统一计算模式的研究[M]//中国建筑科学研究院. 混凝土结构研究报告选集(3). 北京：中国建筑工业出版社, 1994：136-141.

[11-24] FRANTZ G C, BREEN J E. Cracking on the side faces of large reinforced concrete beams[J]. ACI, 1980, 77(5).

[11-25] 兰宗建, 李树瑶, 等. 钢筋混凝土构件裂缝宽度计算[G]//中国建筑科学研究院. 钢筋混凝土结构设计与构造——1985 年设计规范背景资料汇编. 1985：183-195.

[11-26] 兰宗建, 王清湘, 等. 混凝土保护层厚度对钢筋混凝土构件裂缝宽度影响的试验研究[M]//中国建筑科学研究院. 混凝土结构研究报告选集(3). 北京：中国建筑工业出版社, 1994：90-101.

[11-27] GERGELY P, LUTZ L A. Maximum crackwidth in reinforced concrete members[R]. ACI SP−20, Detroit, 1968.

[12-1] FLING R S, et al. Allowable deflections[J]. ACI, 1968, 65(6)：433-444.

[12-2] ACI Committee 435. Proposed revisions by committee 435 to ACI building code and commentary provisions on deflections[J]. ACI, 1978, 75(6)：229-238.

[12-3] 兰宗建,等.钢筋混凝土受弯构件刚度计算公式的改进和简化[G]//中国建筑科学研究院.钢筋混凝土结构设计与构造——1985 年设计规范背景资料汇编.1985：196-200.

[12-4] BRANSON D E. Discussion of "proposed revision of ACI 318-63: building code requirement for reinforced concrete",by ACI Committee 318[J]. ACI, 1970,67(9)：692-695.

[12-5] WASHA G W, FLUCK P G. The effect of compressive reinforcement on the plastic flow of reinforced concrete beams[J]. ACI, 1952,48(8)：89-108.

[12-6] YU W W ,WINTER G. Instantaneous and long time deflections of reinforced concrete beams under working loads[J]. ACI,1960,57(1)：29-50.

[12-7] HAJNAL-KONYI K. Tests on beams with sustained loading [J]. Magazine of Concrete Research,1963.

[12-8] BRANSON D E. Compressive steel effect on long-time deflections[J]. ACI,1971,68(8)：555-559.

[13-1] Report of ACI-ASCE Committee 326. Shear and diagonal tension[J]. ACI, 1962,59(1)：1-30,(2)：277-333,(3)：353-395.

[13-2] Joint ASCE-ACI Task Committee 426. The shear strength of reinforced concrete members[J]. ASCE,1973(ST6)：1091-1187.

[13-3] MACGREGOR J G, HANSON J M. Proposed changes in shear provisions for reinforced and prestressed concrete beams[J]. ACI,1969,66(4)：276-288.

[13-4] 抗剪强度计算研究组.钢筋混凝土的抗剪强度计算[M]//国家建委建筑科学研究院.钢筋混凝土结构研究报告选集.北京：中国建筑工业出版社,1977：125-152.

[13-5] 施岚青,喻永言,等.钢筋混凝土构件斜截面抗剪强度计算[G]//中国建筑科学研究院.钢筋混凝土结构设计与构造——1985 年设计规范背景资料汇编.1985：112-139.

[13-6] WATSEIN P, MATHEY R G. Strains in beams having diagonal cracks[J]. ACI, 1958,(12).

[13-7] KANI G N J. Basic facts concerning shear failure[J]. ACI,1966,63(5)：675-692.

[13-8] BAUMANN T,RÜSCH H. Schubversuche mit indirekter krafteinleitung[R]. Deutscher Ausschuss für Stahlbeton, Heft 210, Berlin,1970.

[13-9] MORETTO O. An investigation of the strength of welding stirrups in reinforced concrete beams [J]. ACI, 1945,42(2)：141-162.

[13-10] NGO D, SCORDELIS A C. Finite element analysis of reinforced concrete beams[J]. ACI, 1967, 63(3)：152-164.

[13-11] TAYLOR R. Some shear tests on reinforced concrete beams without web reinforcement[J]. Magazine of Concrete Research,1960.

[13-12] 重庆建筑工程学院土木系.间接加载钢筋混凝土梁的抗剪强度[M]//中国建筑科学研究院.钢筋混凝土结构研究报告选集(2). 北京：中国建筑工业出版社,1981：129-151.

[13-13] PLACAS A, REGAN P E. Shear failure of reinforced concrete beams[J]. ACI,1971,68(10)：763-773.

[13-14] LEONHARDT F,WALTHER R. Beiträge zur behandlung der schubprobleme in stahlbetonbau [J]. Beton und Stahlbetonbau,1962,(2)、(3)、(5)、(6)、(7).

[13-15] 国家建委建筑科学研究院.受拉边倾斜梁斜截面抗剪强度的试验研究[M]//国家建委建筑科学研究院.钢筋混凝土结构研究报告选集.北京：中国建筑工业出版社,1977：153-181.

[13-16] MOODY K G, VIEST I M, et al. Strength of reinforced concrete beams,part Ⅱ [J]. ACI, 1955.

[13-17] KRIZ L B, RATHS C H. Connection in precast concrete structures-strength of carbels[J]. Journal of Prestressed Concrete Institute,1965,10(1).

[13-18] 冶金工业部建筑科学研究院.钢筋混凝土牛腿的试验研究[M]//国家建委建筑科学研究院.钢筋混凝土结构研究报告选集.北京：中国建筑工业出版社,1977：397-419.

[13-19] 束继华,等.钢筋混凝土牛腿的设计方法[G]//中国建筑科学研究院.钢筋混凝土结构设计与构造——1985年设计规范背景资料汇编.1985：280-284.

[13-20] RICHART F E. Reinforced concrete wall and column footings[J]. ACI ,1948,45(2)：97-127,(3)：237-260.

[13-21] ELSTNER R C, HOGNESTAD E. Shearing strength of reinforced concrete slabs[J]. ACI,1956,(1)：29-58.

[13-22] 楼板及基础冲切强度专题组.钢筋混凝土板和基础冲切强度的试验研究[J].建筑结构学报,1987,8(4)：12-22.

[13-23] 范家骧,等.钢筋混凝土柱下独立基础板的冲切承载力[M]//中国建筑科学研究院.混凝土结构研究报告选集(3).北京：中国建筑工业出版社,1994：36-50.

[14-1] HSU T T C. Torsion of structural concrete—a summary on pure torsion[R]. ACI SP-18, Detroit, 1968.

[14-2] KEMP E L. Behavior of concrete members subject to torsion and to combined torsion,bending and shear[R]. ACI SP-18,Detroit, 1968.

[14-3] COWAN H J. Design of beams subjected to torsion related to the new australian code[J]. ACI, 1960：591-618.

[14-4] HSU T T C. Ultimate torque of reinforced rectangular beams[J]. ASCE,1968,94(ST2)：485-510.

[14-5] OSBURN D L, MAYOGLON B, MATTOCK A H. Strength of reinforced concrete beams with web reinforcement in combined torsion,shear and bending[J]. ACI, 1969,66(1)：31-41.

[14-6] 王振东,等.钢筋混凝土及预应力混凝土受扭构件的设计方法[G]//中国建筑科学研究院.钢筋混凝土结构设计与构造——1985年设计规范背景资料汇编.1985：140-147.

[14-7] 胡松林,谢育良.钢筋混凝土构件抗扭机理探讨[J].南京建筑工程学院学报,1985,(1).

[14-8] 郑作樵,吴炎海,等.高强混凝土纯扭构件的试验研究[M]//中国建筑科学研究院.混凝土结构研究报告选集(3).北京：中国建筑工业出版社,1994：433-439.

[14-9] 铁摩辛柯,古地尔.弹性理论[M].徐芝纶,等,译.北京：高等教育出版社,1964.

[14-10] 徐秉业,陈森灿.塑性理论简明教程[M].北京：清华大学出版社,1981.

[14-11] HSU T T C, KEMP E L. Background and practical application of tentative design criterion for torsion[J]. ACI,1969,66(1)：12-23.

[14-12] LAMPERT P, COLLINS M P. Torsion, bending and confusion—an attemp to establish the facts [J]. ACI, 1972,69(8)：500-504.

[14-13] ELFREN L, KARLSSON I, LOSBERG A. Torsion-bending-shear interaction for concrete beams [J]. ASCE, 1974,100(ST8)：1657-1676.

[14-14] 王振东,施岚青,等.桁架理论在钢筋混凝土构件受弯、受剪和受扭分析中的应用[M]//中国建筑科学研究院.混凝土结构研究报告选集(3).北京：中国建筑工业出版社,1994：1-13.

[14-15] 王振东,施岚青,等.桁架理论在钢筋混凝土构件受弯剪扭复合作用分析中的应用[M]//中国建筑科学研究院.混凝土结构研究报告选集(3).北京：中国建筑工业出版社,1994：14-26.

[14-16] 王振东,康谷贻,等.混凝土构件受弯、剪、扭以及复合受力状态的模型分析与试验研究[G]//中国建筑科学研究院.混凝土结构设计规范第五批科研课题综合报告汇编.1996,11：Ⅲ.1-Ⅲ.28.

[14-17] GVOZDEV A A, LESSIG N N, RULLE L K. Research on reinforced concrete beams under combined bending and torsion in Soviet Union[R]. ACI SP—18,Detroit,1968.

[14-18] MCMULLEN A E, WARWARUK J. Concrete beams in bending, torsion and shear[J]. ASCE, 1970,96(ST5)：885-903.

[15-1] 北京市建筑设计院,清华大学.装配式钢筋混凝土框架新型节点的构造与设计[J].土木工程学报(工程结构),1966(2)：30-38.

[15-2] 过镇海,等.钢筋混凝土叠合梁(叠合前后二次受力)的受力性能和设计方法试验研究(1965)[M]//过镇海.常温和高温下混凝土材料和构件的力学性能.北京：清华大学出版社,2006：63-89.

[15-3] 装配整体梁板专题研究组.装配整体梁板设计方法的试验研究[J].建筑结构学报,1982(6)：1-19.

[15-4] 周旺华,贺采旭.预应力混凝土叠合梁受力性能的试验研究[J].建筑技术通讯——建筑结构,1982(4)：12-16.

[15-5] 周旺华,谢汉,石刚.二次受力钢筋混凝土简支叠合梁抗剪强度计算[J].工业建筑,1989(1)：38-42.

[15-6] 伋雨林.钢筋混凝土叠合构件的刚度计算[J].建筑结构,1984(6)：32-40.

[15-7] 专题研究组.钢筋混凝土叠合构件的设计方法[G]//中国建筑科学研究院.钢筋混凝土结构设计与构造——1985年设计规范背景资料汇编.1985：245-261.

[15-8] 专题研究组.预应力混凝土叠合构件的设计方法[G]//中国建筑科学研究院.钢筋混凝土结构设计与构造——1985年设计规范背景资料汇编.1985：262-267.

[15-9] 专题研究组.钢筋混凝土及预应力混凝土叠合连续梁正截面受力性能的试验研究[M]//中国建筑科学研究院.混凝土结构研究报告选集(3).北京：中国建筑工业出版社,1994：256-258.

[15-10] 专题研究组.钢筋混凝土及预应力混凝土叠合连续梁斜截面受力性能的试验研究[M]//中国建筑科学研究院.混凝土结构研究报告选集(3).北京：中国建筑工业出版社,1994：259-278.

[15-11] 专题研究组.低周反复荷载下钢筋混凝土叠合梁、板受力性能的试验研究[M]//中国建筑科学研究院.混凝土结构研究报告选集(3).北京：中国建筑工业出版社,1994.279-288.

[15-12] Tentative recommendations for the design and construction of composite beams and girders for building[J]. ACI,1960,32(6)：609-628.

[15-13] 中华人民共和国国家标准 GB 50367—2006 混凝土结构加固设计规范[S].北京：中国建筑工业出版社,2006.

[15-14] 中华人民共和国国家标准 GB 50608—2010 纤维增强复合材料建设工程应用技术规范[S].北京：中国计划出版社,2011.

[15-15] 冯鹏,陆新征,叶列平.纤维增强复合材料建设工程应用技术——试验、理论与方法[M].北京：中国建筑工业出版社,2011.

[15-16] 田安国.钢筋混凝土围套加固偏心受压矩形柱试验研究[D].南京：东南大学,1991.

[15-17] 刘利先.增大截面法加固高温损伤钢筋混凝土柱受力性能的试验研究[D].北京：清华大学,2002.

[15-18] 韩兵康.钢筋混凝土柱加大截面加固的试验研究[D].上海：同济大学,1993.

[15-19] 张晖.二次受力的钢筋混凝土双侧加固的大偏心受压构件的试验研究[D].南京：东南大学,1993.

[15-20] 赵宇辉.单向加大截面面积二次受力小偏心加固柱的试验和研究[D].南京：东南大学,1993.

[15-21] 罗苓隆.加大截面受压钢筋混凝土柱的受力试验研究[J].四川建筑科学,2000,22(6)：81-88.

[15-22] 胡波.加大截面法加固有应力史钢筋混凝土柱的试验研究[D].北京：清华大学,2003.

[16-1] 中华人民共和国国家标准 GB 50011—2010 建筑抗震设计规范[S].北京：中国建筑工业出版社,2010.

[16-2] 中国建筑科学研究院建筑结构研究所.高层建筑结构设计[M].北京：科学出版社,1984.

[16-3] 陆竹卿,等.钢筋混凝土结构构件抗震设计中一般规定[G]//中国建筑科学研究院.钢筋混凝土结构设计与构造——1985年设计规范背景资料汇编.1985：285-289.

[16-4] 沈聚敏,翁义军.钢筋混凝土构件的刚度和延性[M]//清华大学抗震抗爆工程研究室.科学研究报告集(第三集):钢筋混凝土结构的抗震性能.北京:清华大学出版社,1981:54-71.

[16-5] 朱伯龙,吴明舜.钢筋混凝土受弯构件延性系数的研究[J].同济大学学报,1978,(1).

[16-6] 方鄂华,等.轴压比和含箍率对框架柱延性的影响[J].建筑技术通讯(建筑结构),1983,(3).

[16-7] 孙慧中,等.多层钢筋混凝土框架梁的抗震设计[G]//中国建筑科学研究院.钢筋混凝土结构设计与构造——1985年设计规范背景资料汇编.1985:294-298.

[16-8] 邹银生,等.多层钢筋混凝土框架柱的抗震设计[G]//中国建筑科学研究院.钢筋混凝土结构设计与构造——1985年设计规范背景资料汇编.1985:299-308.

[16-9] Corley W G. Rotational Capacity of Reinforced Concrete Beams[J]. ASCE,1966,92(ST5):121-146.

[16-10] Mattock A H. Discussion of [16-9][J]. ASCE,1967,93(ST2):519-522.

[16-11] 沈聚敏,翁义军,冯世平.周期反复荷载下钢筋混凝土压弯构件的性能[M]//清华大学抗震抗爆工程研究室.科学研究报告集(第三集):钢筋混凝土结构的抗震性能.北京:清华大学出版社,1981:72-95.

[16-12] 朱伯龙.我国钢筋混凝土恢复力特性的研究[C]//唐山地震十周年中国抗震防灾论文集.1987.

[16-13] 方鄂华,李国威.开洞钢筋混凝土剪力墙性能研究[M]//清华大学抗震抗爆工程研究室.科学研究报告集(第三集):钢筋混凝土结构的抗震性能.北京:清华大学出版社,1981:96-117.

[16-14] 徐有邻.交变荷载下钢筋混凝土粘结性能的退化[R].中国建筑科学研究院,1996.

[16-15] 框架节点专题研究组.低周反复荷载作用下钢筋混凝土框架梁柱节点抗剪强度的试验研究[J].建筑结构学报,1983,(6).

[16-16] 白绍良,等.钢筋混凝土框架顶层边节点的静力及抗震性能试验研究[M]//中国建筑科学研究院.混凝土结构研究报告选集(3).北京:中国建筑工业出版社,1994:184-216.

[16-17] 焦心亮,张连德,卫云亭.钢筋混凝土框架顶层中节点抗震性能研究[J].建筑结构,1995,(11).

[16-18] 姜维山,等.多层钢筋混凝土框架节点的抗震设计[G]//中国建筑科学研究院.钢筋混凝土结构设计与构造——1985年设计规范背景资料汇编.1985:314-321.

[16-19] 钢筋混凝土结构标准技术委员会节点连接学组与结构抗震学组.混凝土结构节点连接及抗震构造研究与应用论文集[C].北京:中国建筑工业出版社,1996.

[16-20] Bazant Z P,等.钢筋混凝土有限元分析[M].周氏,等,译.南京:河海大学出版社,1988.

[16-21] 朱伯龙,董振祥.钢筋混凝土非线性分析[M].上海:同济大学出版社,1985.

[17-1] HANSON J M. Design for fatigue[M]//KONG F K, et al. Handbook of structural concrete. London:Pitman,1983:16.1-16.35.

[17-2] NORDBY G M. A review of research—fatigue of concrete[J]. ACI,1958,55(2):191-220.

[17-3] ACI Committee 215. Consideration for design of concrete structure subjected to fatigue loading[J]. ACI,1974,71(3):97-121.

[17-4] 姚明初,宋玉普,李惠民,等.混凝土受弯构件疲劳可靠性验算方法的研究[M]//中国建筑科学研究院.混凝土结构研究报告选集(3).北京:中国建筑工业出版社,1994:538-592.

[17-5] 宋玉普,吴佩刚,等.疲劳极限状态设计方法研究[G]//中国建筑科学研究院.混凝土结构设计规范第五批科研课题综合报告汇编.1996,11:Ⅺ.1-Ⅺ.21.

[17-6] OPLE F S ,HULSKOS C L. Probable fatigue life of plain concrete with stress gradient[J]. ACI,1966,63(1):59-81.

[17-7] 白利明,吴佩刚,赵光仪.高强混凝土的抗压疲劳性能研究[M]//清华大学抗震抗爆工程研究室.科学研究报告集(第六集):混凝土力学性能的试验研究.北京:清华大学出版社,1996:158-171.

[17-8] TEPFERS R,KUTTI T. Fatigue strength of plain, ordinary, and lightweight concrete[J]. ACI, 1979,76(5)：635-652.

[17-9] 詹巍巍,赵光仪,吴佩刚.高强混凝土的抗拉疲劳性能研究[M]//清华大学抗震抗爆工程研究室.科学研究报告集(第六集)：混凝土力学性能的试验研究.北京：清华大学出版社,1996：172-180.

[17-10] 陈惠玲,周法仁.预应力高强钢丝疲劳强度的研究[G]//建筑科学研究院.预应力混凝土吊车梁研究报告集.1978.

[17-11] TAYLOR R. Some fatigue test on reinforced concrete beams[J]. Magazine of Concrete Research, 1964,16(46).

[17-12] BRESLER B,BERTERO V. Behavior of reinforced concrete under repeated load[J]. ASCE,1968, 94(ST6)：1576-1590.

[17-13] ISMAIL H A F, JIRSA J O. Bond deterioration in reinforced concrete subject to low cycle load[J]. ACI,1972,69(6)：334-343.

[17-14] CHANG T S, KESLER C E. Fatigue behavior of reinforced concrete beams[J]. ACI, 1958,55(2)：245-254.

[17-15] CHANG T S, KESLER C E. Static and fatigue strength in shear of beams with tensile reinforcement [J]. ACI, 1958,54(12)：1033-1057.

[17-16] 林志伸,李秀贞,周凤珍.预应力混凝土梁正截面疲劳开裂的试验研究[J].冶金建筑,1981,(6).

[17-17] 田种德,李惠民,等.钢筋混凝土受弯构件正截面疲劳验算方法的研究[M]//中国建筑科学研究院.钢筋混凝土结构研究报告选集(2).北京：中国建筑工业出版社,1981：235-254.

[17-18] 沈在康,孙慧中,等.允许出现裂缝的部分预应力混凝土梁的疲劳性能[M]//中国建筑科学研究院.钢筋混凝土结构研究报告选集(2).北京：中国建筑工业出版社,1981：184-234.

[17-19] 王清湘,等.钢筋混凝土板在疲劳荷载作用下裂缝宽度计算[M]//中国建筑科学研究院.混凝土结构研究报告选集(3).北京：中国建筑工业出版社,1994：113-122.

[18-1] 清华大学,等.地下防护结构[M].北京：中国建筑工业出版社,1982.

[18-2] Comite Euro-International Du Beton. Bulletin D'information No. 187, Concrete structures under impact and impulsive loading[R]. Lausanne, 1988.

[18-3] 陈肇元.高强钢筋在快速变形下的性能及其在抗爆结构中的应用[M]//清华大学抗震抗爆工程研究室.科学研究报告集(第四集)：钢筋混凝土结构构件在冲击荷载下的性能.北京：清华大学出版社,1986：63-72.

[18-4] WATSTEIN D. Effect of straining rate on the compressive strength and elastic properties of concrete[J]. ACI,1953,49(6)：729-744.

[18-5] HUGHES B P, GREGORY R. Concrete subject to high rates of loading in compression[J]. Magazine of Concrete Research,1972,(24)：25-36.

[18-6] 陈肇元,阚永魁.高标号混凝土用于抗爆结构的若干问题[M]//清华大学抗震抗爆工程研究室.科学研究报告集(第四集)：钢筋混凝土结构构件在冲击荷载下的性能.北京：清华大学出版社,1986：73-83.

[18-7] 尚仁杰.混凝土动态本构行为研究[D].大连：大连理工大学,1994.

[18-8] 阚永魁.混凝土在快速变形下的抗拉强度[M]//清华大学抗震抗爆工程研究室.科学研究报告集(第四集)：钢筋混凝土结构构件在冲击荷载下的性能.北京：清华大学出版社,1986：84-89.

[18-9] ZIELINSKI A J,KÖRMELING H A, REINHARDT H W. Experiment on concrete under uniaxial impact tensile loading. RILEM Materials and Structures,1981,14(80)：102-112.

[18-10] VOS E, REINHARDT H W. Influence of loading rate on bond behaviour of reinforcing steel and

prestressing strands[J]. RILEM Materials and Structures,1982,15(85)：3-10.

[18-11] 陈肇元,施岚青.钢筋混凝土梁在静速和快速变形下的弯曲性能[M]//清华大学抗震抗爆工程研究室.科学研究报告集(第四集)：钢筋混凝土结构构件在冲击荷载下的性能.北京：清华大学出版社,1986：1-32.

[18-12] 陈肇元,罗家谦.钢筋混凝土轴压和偏压构件在快速变形下的性能[M]//清华大学抗震抗爆工程研究室主编.科学研究报告集(第四集)：钢筋混凝土结构构件在冲击荷载下的性能.北京：清华大学出版社,1986：33-44.

[19-1] 冶金工业部冶金建筑科学研究院,等.YS 12—1979(试行)　冶金工业厂房钢筋混凝土结构抗热设计规程[M].北京：冶金工业出版社,1979.

[19-2] Fédération Internationale de la Précontrainte. The design and construction of prestressed concrete reactor vessels[M]. Slough：FIP, 1978.

[19-3] ASME. Boiler and pressure vessels code[S]. An American National Standard (ACI Standard 359－74). Section Ⅲ,Division 2. 1975.

[19-4] Fédération Internationale de la Précontrainte. FIP/CEB recommendations for the design of reinforced and prestressed concrete structural members for fire resistance[M]. Slough：FIP, 1975.

[19-5] Fédération Internationale de la Précontrainte. FIP/CEB report on methods of assessment of the fire resistance of concrete structural members[M]. Slough：FIP,1978.

[19-6] 朱伯芳,王同生,丁宝瑛,郭之章.水工混凝土结构的温度应力与温度控制[M].北京：水利电力出版社,1976.

[19-7] 中华人民共和国国家标准　GBJ 16—1987　建筑设计防火规范[S].北京：中国建筑工业出版社,1988.

[19-8] BARDHAN-ROY B K. Fire resistance-design and detailing[M]//KONG F K, et al. Handbook of structural concrete. London：Pitman,1983,(14)：14. 1-14. 46.

[19-9] 李引擎,马道贞,徐坚.建筑结构防火设计计算和构造处理[M].北京：中国建筑工业出版社,1991.

[19-10] 过镇海,时旭东.钢筋混凝土的高温性能及其计算[M].北京：清华大学出版社,2003.

[19-11] 南建林,过镇海,时旭东.温度升降循环下混凝土变形性能的试验研究[J].建筑科学,1997,(2)：16-21.

[19-12] Commission of the European Communities. Eurocode No. 2, Design of concrete structures,part 10：Structural fire design[R]. 1990.

[19-13] 吕彤光.高温下钢筋的强度和变形试验研究[D].北京：清华大学,1996.

[19-14] 王洪纲.热弹性力学概论[M].北京：清华大学出版社,1989.

[19-15] Joint Committee of the Institution of Structural Engineers and the Concrete Society. Design and detailing of concrete structures for fire resistance[R]. London,1978.

[19-16] 钮宏,陆洲导,陈磊.高温下钢筋与混凝土本构关系的试验研究[J].同济大学学报,1990,18(3).

[19-17] HARADA T, et al. Strength, elasticity and thermal properties of concrete subjected to elevated temperature[G]//Concrete for Nuclear Reactors,Vol. Ⅰ、Ⅱ、Ⅲ. ACI SP 34－21,Detroit,1972. 377-406.

[19-18] 李卫,过镇海.高温下混凝土的强度和变形性能试验研究[J].建筑结构学报,1993,14(1)：8-16.

[19-19] BALDWIN R,NORTH M A. A stress-strain relationship for concrete at high temperature[J]. Magazine of Concrete Research,1973(12)：208-211.

[19-20] MARECHAL J C. Variations in the modulus of elasticity and poisson's ratio with temperature [G]//Concrete for Nuclear Reactors,Vol. Ⅰ、Ⅱ、Ⅲ. ACI SP 34－27：495-503.

[19-21] DIEDERICHS U, SCHNEIDER U. Bond strength at high temperature[J]. Magazine of Concrete Research,1981(6): 75-84.

[19-22] 过镇海,李卫.混凝土在不同应力-温度途径下的变形性能和本构关系[J].土木工程学报,1993,26(5): 58-69.

[19-23] 南建林,过镇海,时旭东.混凝土的温度-应力耦合本构关系[J].清华大学学报,1997,37(6): 87-90.

[19-24] KHOURY G A, GRAINGER B N, SULLIVAN P J E. Strain of concrete during first heating to 600℃ under load[J]. Magazine of Concrete Research, 1985,37(133): 195-215.

[19-25] KHOURY G A, GRAINGER B N, SULLIVAN P J E. Strain of concrete during first cooling from 600℃ under load[J]. Magazine of Concrete Research,1986,38(134): 3-12.

[19-26] ANDERBERG Y. Predicted fire behaviour of steel and concrete sturctures[R]. International Seminar on Three Decades of Structural Fire Safety,London,1983.

[19-27] ELLINGWOOD B, LIN T D. Flexure and shear behavior of concrete beams during fires. ASCE, 1991,117(ST2): 440-457.

[19-28] 时旭东.高温下钢筋混凝土杆系结构试验研究和非线性有限元分析[D].北京:清华大学,1992.

[19-29] NG A H B, MIRZA N S, LIE T T. Response of direct models of reinforced concrete columns subjected to fire[J]. ACI Structural Journal,1990, 87(5-6): 313-323.

[19-30] 苏南,林铜柱,LIE T T.钢筋混凝土柱的抗火性能[J].土木工程学报,1992,25(6): 25-36.

[19-31] 李华东.高温下钢筋混凝土压弯构件的试验研究[D].北京:清华大学,1994.

[19-32] 时旭东,李华东,过镇海.三面受火钢筋混凝土轴心受压柱的受力性能试验研究[J].建筑结构学报,1997,18(4): 13-22.

[19-33] 张杰英.钢筋混凝土压弯构件的高温试验研究[D].北京:清华大学,1997.

[19-34] 杨建平.高温下钢筋混凝土压弯构件的试验研究和理论分析及实用计算[D].北京:清华大学,2000.

[19-35] 杨建平,时旭东,过镇海.两面高温下钢筋混凝土压弯构件的试验研究[J].建筑结构,2000,30(2): 23-27.

[19-36] 杨建平,时旭东,过镇海.两面与三面高温下钢筋混凝土压弯构件的性能比较[J].工业建筑,2000, 30,(6): 34-37.

[19-37] 孙劲峰.多种温度工况下钢筋混凝土基本构件性能的比较研究[D].北京:清华大学,2001.

[19-38] 孙劲峰,李琰,时旭东,过镇海.不同温度工况下钢筋混凝土偏压构件受力性能的对比试验研究[J].建筑结构学报,2001,22(4): 84-89.

[19-39] 孙劲峰,时旭东,过镇海.三面受热钢筋混凝土梁在高温时和降温后受力性能的试验研究[J].建筑结构,2002,32(1): 34-36.

[19-40] 时旭东,过镇海.高温下钢筋混凝土连续梁的破坏机构和内力重分布研究[J].建筑结构,1996,7: 34-37.

[19-41] 时旭东,过镇海.高温下钢筋混凝土框架的受力性能试验研究[J].土木工程学报,2000,33(1): 36-45.

[19-42] LIE T T. A procedure to calculate fire resistance of structural members[R]. International Seminar on Three Decades of Structural Fire Safety, London,1983.

[19-43] 王学谦.火灾高温下钢筋混凝土梁截面极限弯矩的计算[J].建筑结构,1996,(7): 38-42.

[19-44] BECKER J M, BRESLER B. Reinforced concrete frames in fire environment[J]. ASCE,1977,103(ST1): 211-223.

[20-1] 龚洛书,柳春圃.混凝土的耐久性及其防护修补[M].北京:中国建筑工业出版社,1990.

[20-2] 金伟良,赵羽习.混凝土结构耐久性[M].北京:科学出版社,2002.

[20-3] 中华人民共和国国家标准　GB/T 50476—2008　混凝土结构耐久性设计规范[S].北京:中国建筑工业出版社,2008.

[20-4] 邸小坛,高小旺,徐有邻.我国混凝土结构的耐久性与安全问题[G]//清华大学结构工程与振动教育部重点实验室.土建结构工程的安全性与耐久性.北京:2001:191-196.

[20-5] 陈肇元.混凝土结构的耐久性设计[C]//混凝土结构耐久性及耐久性设计.北京:2002:59-79.

[20-6] 徐维忠,等.建筑材料[M].北京:中国工业出版社,1962.

[20-7] 中华人民共和国国家标准　GB/T 50082—2009　普通混凝土长期性能和耐久性能试验方法[S].北京:中国建筑工业出版社,2009.

[20-8] 郝挺玉.混凝土碱-骨料反应及其预防[C]//混凝土结构耐久性及耐久性设计.北京:2002:273-282.

[20-9] 王增忠.刘建新.混凝土碱集料反应与耐久性若干问题的探讨[G]//清华大学结构工程与振动教育部重点实验室.土建结构工程的安全性与耐久性.北京:2001:213-219.

[20-10] 洪乃丰.氯盐引起的钢筋锈蚀及耐久性设计考虑[C]//混凝土结构耐久性及耐久性设计.北京:2002:20-35.

[20-11] 徐有邻,王晓峰,等.锈蚀钢筋力学性能的试验研究[C]//混凝土结构耐久性及耐久性设计.北京:2002:291-297.

[20-12] 王庆霖,牛获涛.混凝土结构耐久性评定标准编制[G]//清华大学结构工程与振动教育部重点实验室.土建结构工程的安全性与耐久性.北京:2001:178-180.